高职高专"十一五"规划教材

仪 器 分 析

李继睿　杨　迅　静宝元　主编

李赞忠　主审

化学工业出版社
·北京·

本书共分12章，重点介绍了可见和紫外分光光度法、红外吸收光谱法、原子吸收光谱法、原子发射光谱法、电化学分析法、气相色谱法、高效液相色谱法、离子色谱法等常用仪器分析方法，对方法的基本原理、主要特点、仪器结构、实验方法和应用技术等作了较为详细的论述，同时还摘要介绍了荧光分析法、流动注射分析法、核磁共振波谱法、质谱法以及仪器联用技术。

本书可作为高等职业院校的工业分析与检验、应用化学、化工、环保、制药、轻工等专业的仪器分析课程的教材，也可供地质、冶金、农林、食品等相关专业的师生和分析工作者参考。

图书在版编目（CIP）数据

仪器分析/李继睿，杨迅，静宝元主编．—北京：化学工业出版社，2010.6（2022.9重印）
高职高专"十一五"规划教材
ISBN 978-7-122-08399-9

Ⅰ．仪… Ⅱ．①李…②杨…③静… Ⅲ．仪器分析
Ⅳ．O657

中国版本图书馆CIP数据核字（2010）第075631号

责任编辑：陈有华　旷英姿　　　　　　文字编辑：刘志茹
责任校对：陈　静　　　　　　　　　　装帧设计：于　兵

出版发行：化学工业出版社（北京市东城区青年湖南街13号　邮政编码100011）
印　　装：三河市延风印装有限公司
787mm×1092mm　1/16　印张23　字数601千字　2022年9月北京第1版第8次印刷

购书咨询：010-64518888　　　　　　　售后服务：010-64518899
网　　址：http://www.cip.com.cn
凡购买本书，如有缺损质量问题，本社销售中心负责调换。

定　　价：55.00元　　　　　　　　　　　　　　　　　版权所有　违者必究

前　言

本教材是以生产过程中岗位对人才知识、技能、素质要求为指导，并有企业专家共同参加编审而成的，是一本突出实践技能的实用性教材。本书加强了数据处理、样品前处理、干扰的抑制和消除、实验条件的优选等方面的内容，引入了一些新的研究成果和应用技术，适当拓宽了知识面。

本书共分 12 章，重点介绍了可见和紫外分光光度法、红外吸收光谱法、原子吸收光谱法、原子发射光谱法、电化学分析法、气相色谱法、高效液相色谱法、离子色谱法等常用仪器分析方法，对方法的基本原理、主要特点、仪器结构、实验方法和应用技术等作了较为详细的论述，同时还扼要介绍了荧光分析法、流动注射分析法、核磁共振波谱法、质谱法以及仪器联用技术。

本书第 1、2、3、4、10 章由湖南化工职业技术学院李继睿编写，第 5 章由株洲冶炼集团公司高级工程师向德磊编写，第 6、7、12 章由四川化工职业技术学院杨迅编写，第 8、9 章由天津渤海职业技术学院静宝元编写，第 11 章由长沙航空职业技术学院禹耀萍编写，全书由李继睿负责统稿。内蒙古化工职业学院李赞忠担任主审，参加审稿的人员有中盐株洲化工集团公司高级工程师侯定军、高级工程师郭扬武，湖南化工职业技术学院王织云、王潇蕤、陈杰山、张桂文等，他们对教材的编写提出了非常宝贵的意见，编者深表感谢。

本书可作为高等职业院校的工业分析与检验、应用化学、化工、环保、制药、轻工等专业的仪器分析课程的教材，也可供地质、冶金、农林、食品等相关专业的师生和分析工作者参考。

由于编者水平有限，不足之处在所难免，恳请读者批评、指正。

编　者
2010 年 3 月

目 录

第1章 仪器分析概述 …………… 1
1.1 仪器分析的内容与方法 ………… 1
1.1.1 仪器分析的内容 ………… 1
1.1.2 仪器分析的方法 ………… 1
1.2 仪器分析的特点及局限性 ……… 2
1.2.1 仪器分析的特点 ………… 2
1.2.2 仪器分析的局限性 ……… 2
1.3 仪器分析的发展及趋势 ………… 2
1.3.1 仪器分析的发展过程 …… 2
1.3.2 仪器分析的发展趋势 …… 3

第2章 可见（Vis）和紫外（UV）分光光度法 ………… 6
2.1 光的性质 ………… 6
2.2 物质的颜色与其对光的选择性吸收 ……… 7
2.3 吸收（光谱）曲线 ………… 7
2.4 光的吸收定律 ………… 8
2.4.1 朗伯-比耳定律 ………… 8
2.4.2 偏离朗伯-比耳定律的原因 ……… 11
2.4.3 目视比色法 ………… 12
2.5 分光光度计 ………… 12
2.5.1 分光光度计的组成 ……… 12
2.5.2 可见分光光度计的分类 … 15
2.6 显色与显色条件的选择 ………… 17
2.6.1 显色反应及显色剂 ……… 17
2.6.2 显色反应条件的选择 …… 19
2.7 测量条件的选择 ………… 21
2.7.1 入射光波长的选择 ……… 21
2.7.2 参比溶液的选择 ………… 21
2.7.3 吸光度范围选择与控制 … 22
2.7.4 比色皿的使用 …………… 23
2.8 分光光度法的应用 ……………… 25
2.8.1 定量分析 ………………… 25
2.8.2 酸碱离解常数的测定 …… 28
2.8.3 配合物组成及稳定常数的测定 ……… 28
2.9 紫外分光光度法 ………………… 29
2.9.1 紫外吸收光谱的产生 …… 29
2.9.2 紫外吸收光谱法的影响因素 ……… 31
2.9.3 紫外吸收光谱法的应用 … 33
技能训练2-1 锅炉给水中铁含量的测定 ……… 34
技能训练2-2 丁二酮肟法测定镍的含量 …… 36
技能训练2-3 尿素中缩二脲含量的测定 …… 37
技能训练2-4 水中磷酸盐含量的测定 …… 38
技能训练2-5 水中挥发酚的测定 ………… 40
技能训练2-6 混合液中钴和铬双组分含量测定 ……… 42
技能训练2-7 邻二氮菲法测铁条件探讨（开放性实训） ……… 43
技能训练2-8 快速测定水果蔬菜中维生素C含量 ……… 45
技能训练2-9 锅炉水及冷却水硝酸盐的含量测定 ……… 46
技能训练2-10 双波长法测定三氯苯酚存在时的苯酚含量 ……… 47
技能训练2-11 紫外吸收光谱法测定APC片剂中乙酰水杨酸的含量 ……… 49
思考题 ……… 51
习题 ……… 51

第3章 红外光谱法（IR） ………… 53
3.1 概述 ……… 53
3.2 红外光谱法的基本原理 ………… 54
3.2.1 红外光及红外光谱 ……… 54
3.2.2 分子的振动能级与振动频率 ……… 54
3.2.3 红外吸收光谱产生的必要条件 ……… 56
3.2.4 分子的基本振动形式 …… 57
3.2.5 影响吸收谱带位置和强度的因素 ……… 59
3.3 各类有机物基团的特征吸收频率 ……… 62
3.3.1 分子结构与吸收带之间的关系 ……… 62
3.3.2 各种官能团的吸收频率范围 ……… 62
3.3.3 各种有机物的特征吸收 … 63
3.4 红外光谱仪 ……… 75
3.4.1 色散型红外光谱仪 ……… 75
3.4.2 傅里叶变换红外光谱仪 … 77
3.5 红外光谱在有机物结构分析中的应用 ……… 78
3.5.1 试样的制备 …………… 78
3.5.2 红外光谱的应用 ………… 79
3.5.3 光谱解析的一般程序 …… 80
技能训练3-1 苯甲酸的红外光谱测定 ……… 83

技能训练 3-2　红外光谱对未知样品的
　　　　　　定性分析 …………………… 84
技能训练 3-3　醛和酮的红外光谱 ………… 85
习题 ……………………………………………… 86

第 4 章　原子吸收光谱法（AAS） ……… 88
4.1　概述 ………………………………… 88
4.2　原子吸收光谱法的基本原理 ……… 89
　4.2.1　原子吸收光谱的产生 …………… 89
　4.2.2　原子吸收光谱与原子结构 ……… 89
　4.2.3　原子吸收光谱轮廓 ……………… 89
4.3　原子吸收光谱的测量 ……………… 90
　4.3.1　积分吸收 ………………………… 90
　4.3.2　峰值吸收 ………………………… 90
　4.3.3　实际测量 ………………………… 91
4.4　原子吸收分光光度计 ……………… 92
　4.4.1　光源 ……………………………… 92
　4.4.2　原子化技术 ……………………… 93
　4.4.3　光学系统 ………………………… 99
　4.4.4　检测器 …………………………… 99
　4.4.5　数据处理系统 …………………… 99
　4.4.6　仪器验收方法及指标 …………… 99
　4.4.7　原子吸收分光光度计的类型 … 100
4.5　定量分析方法 …………………… 100
　4.5.1　标准曲线法 …………………… 100
　4.5.2　标准加入法 …………………… 101
　4.5.3　测定结果的评价 ……………… 101
4.6　原子吸收光谱分析应用技术 …… 102
　4.6.1　样品的处理 …………………… 102
　4.6.2　标准样品溶液 ………………… 104
　4.6.3　干扰及其抑制方法 …………… 104
　4.6.4　最佳测定条件的选择 ………… 108
　4.6.5　火焰原子吸收法最佳条件选择 … 110
　4.6.6　石墨炉分析最佳条件选择 …… 111
4.7　原子荧光光谱法简介 …………… 112
　4.7.1　基本原理 ……………………… 112
　4.7.2　原子荧光光谱的产生及类型 … 112
　4.7.3　原子荧光光谱仪构造 ………… 113
技能训练 4-1　火焰原子吸收光谱法灵
　　　　　　敏度和自来水中钙、镁
　　　　　　的测定 ……………………… 114
技能训练 4-2　标准加入法测定水样中
　　　　　　铜的含量 …………………… 115
技能训练 4-3　土壤中镉的测定 …………… 116
技能训练 4-4　原子吸收法测人发中锌
　　　　　　含量 ………………………… 118
技能训练 4-5　冷原子吸收光度法测定头
　　　　　　发中汞的含量 ……………… 119
技能训练 4-6　氢化物发生原子吸收法
　　　　　　测定食品和饮用水中的
　　　　　　微量铅 ……………………… 120
技能训练 4-7　食品中铅、镉、铬的测定
　　　　　　（开放性实训） ……………… 122
思考题 ………………………………………… 125
习题 …………………………………………… 125

第 5 章　原子发射光谱法（AES） ……… 128
5.1　等离子体、电弧和火花光源 …… 128
　5.1.1　电感耦合等离子体光源 ……… 129
　5.1.2　电弧和火花光源 ……………… 130
5.2　摄谱法 …………………………… 131
　5.2.1　摄谱仪 ………………………… 131
　5.2.2　光谱干板 ……………………… 132
　5.2.3　定性分析 ……………………… 133
　5.2.4　半定量分析 …………………… 133
　5.2.5　定量分析 ……………………… 134
5.3　光电直读光谱法 ………………… 136
　5.3.1　光电光谱仪 …………………… 136
　5.3.2　全谱直读等离子体光谱仪 …… 137
5.4　定量分析 ………………………… 137
技能训练 5-1　矿泉水中微量元素的
　　　　　　测定 ………………………… 138
技能训练 5-2　微波等离子炬原子发射
　　　　　　法测定水中的镁和锌 ……… 139
技能训练 5-3　原子发射光谱法——
　　　　　　摄谱法 ……………………… 140
习题 …………………………………………… 143

第 6 章　电化学分析法（EM） ………… 144
6.1　电化学分析法概述 ……………… 144
　6.1.1　基本概念和术语 ……………… 144
　6.1.2　电化学分析法的分类 ………… 147
　6.1.3　电化学分析法的特点和应用 … 147
6.2　电位分析法基本原理 …………… 148
　6.2.1　电位分析法概述 ……………… 148
　6.2.2　电位分析法理论依据 ………… 149
　6.2.3　参比电极 ……………………… 150
　6.2.4　金属基指示电极 ……………… 152
6.3　离子选择性电极与膜电位 ……… 153
　6.3.1　离子选择性电极的基本构造 … 153
　6.3.2　离子选择性电极的膜电位 …… 154
　6.3.3　离子选择性电极的主要性能
　　　　指标 ……………………………… 155
　6.3.4　离子选择性电极的类型和应用 … 157
6.4　直接电位法 ……………………… 162

6.4.1 pA（pH）值的实用定义 …… 162
6.4.2 离子浓度的测定条件 …… 163
6.4.3 定量分析方法 …… 164
6.4.4 常用酸度计和离子计的使用 …… 167
6.4.5 影响直接电位法准确度的因素 …… 169
6.5 电位滴定法 …… 170
　6.5.1 电位滴定法的基本原理、特点和应用 …… 170
　6.5.2 电位滴定法实验装置及电极的选择 …… 171
　6.5.3 电位滴定实验方法及滴定终点的确定 …… 171
　6.5.4 自动电位滴定法 …… 173
6.6 库仑分析法简介 …… 176
　6.6.1 法拉第电解定律 …… 176
　6.6.2 电解时的副反应及其消除方法 …… 177
　6.6.3 控制电流库仑分析法 …… 177
　6.6.4 控制电位库仑分析法 …… 180
　6.6.5 微库仑分析法 …… 181
技能训练6-1 电位法测定工业循环冷却水的pH …… 182
技能训练6-2 氟离子选择性电极法测定生活饮用水中氟的含量 …… 184
技能训练6-3 重铬酸钾电位滴定法测定水溶液中亚铁离子的含量 …… 186
技能训练6-4 乙酸电离常数的测定 …… 188
技能训练6-5 库仑滴定法测定硫代硫酸钠的浓度 …… 189
技能训练6-6 自动电位滴定法测定碘离子和氯离子含量及溶度积（开放性实训） …… 191
电化学分析法技能考核标准示例 …… 194
思考题及习题 …… 196

第7章 气相色谱法（GC） …… 200
7.1 色谱法概述 …… 200
　7.1.1 色谱法的由来 …… 200
　7.1.2 色谱法的分类 …… 201
　7.1.3 色谱法的发展历程 …… 202
7.2 气相色谱法分析过程与分离原理 …… 203
　7.2.1 气相色谱法的分析过程 …… 203
　7.2.2 气相色谱法的特点和应用范围 …… 203
　7.2.3 气相色谱法的分离原理 …… 204
7.3 色谱流出曲线及常用术语 …… 205
　7.3.1 关于色谱峰的常用术语 …… 205
　7.3.2 关于保留值的常用术语 …… 206
　7.3.3 关于分配平衡的常用术语 …… 207
　7.3.4 色谱流出曲线的意义 …… 207
7.4 气相色谱仪及其使用 …… 208
　7.4.1 气路系统 …… 208
　7.4.2 进样系统 …… 212
　7.4.3 分离系统 …… 215
　7.4.4 检测系统 …… 217
　7.4.5 温控系统 …… 224
　7.4.6 记录系统 …… 225
　7.4.7 常用气相色谱仪的使用 …… 225
7.5 气相色谱理论基础 …… 229
　7.5.1 塔板理论 …… 229
　7.5.2 速率理论 …… 230
　7.5.3 分离度 …… 233
7.6 气相色谱固定相及其选择 …… 234
　7.6.1 液体固定相 …… 234
　7.6.2 固体吸附剂 …… 238
　7.6.3 合成固定相 …… 239
　7.6.4 色谱柱的制备 …… 239
7.7 气相色谱分离操作条件的选择 …… 242
　7.7.1 载气流速及其种类的选择 …… 242
　7.7.2 柱温的选择 …… 243
　7.7.3 汽化室温度的选择 …… 244
　7.7.4 进样量的选择 …… 244
7.8 气相色谱分析方法及应用 …… 245
　7.8.1 定性分析 …… 245
　7.8.2 定量分析 …… 247
　7.8.3 气相色谱法的应用及实例 …… 251
技能训练7-1 气相色谱仪基本操作（Ⅰ） …… 253
技能训练7-2 气相色谱仪基本操作（Ⅱ） …… 255
技能训练7-3 载气流速及柱温变化对分离度的影响 …… 256
技能训练7-4 苯系物的分析——归一化法 …… 258
技能训练7-5 甲苯试剂纯度的测定——内标法 …… 260
技能训练7-6 白酒中甲醇含量的测定——外标法 …… 261
技能训练7-7 丙酮试剂中微量水分的测定——标准加入法 …… 263
技能训练7-8 气固色谱法分析O_2、N_2、CO及CH_4混合气体 …… 264

技能训练 7-9　程序升温毛细管色谱法
　　　　　　　分析白酒中微量成分的
　　　　　　　含量 ………………… 266
技能训练 7-10　玫瑰花中玫瑰精油的
　　　　　　　提取及分析（课外开
　　　　　　　放性实验） ………… 268
气相色谱法技能考核标准示例 ………… 271
思考题与习题 …………………………… 272

第 8 章　高效液相色谱法（HPLC）… 276
8.1　概述 ……………………………… 276
　8.1.1　高效液相色谱法 …………… 276
　8.1.2　高效液相色谱法的特点 …… 277
　8.1.3　高效液相色谱法与气相色谱法的
　　　　 比较 ……………………… 277
8.2　高效液相色谱仪 ………………… 277
　8.2.1　高压输液泵 ………………… 278
　8.2.2　进样器 ……………………… 279
　8.2.3　色谱柱 ……………………… 279
　8.2.4　检测器 ……………………… 280
　8.2.5　工作站 ……………………… 282
8.3　液相色谱固定相和流动相 ……… 282
　8.3.1　基质（载体） ……………… 282
　8.3.2　化学键合固定相 …………… 283
　8.3.3　流动相 ……………………… 284
8.4　高效液相色谱法的分类 ………… 286
　8.4.1　液-固色谱法（液-固吸附
　　　　 色谱法） …………………… 286
　8.4.2　液-液色谱法（液-液分配
　　　　 色谱法） …………………… 287
　8.4.3　离子交换色谱法 …………… 288
　8.4.4　凝胶色谱法（空间排阻
　　　　 色谱法） …………………… 289
　8.4.5　离子对色谱法 ……………… 289
8.5　高效液相色谱法分离方式的选择 … 290
8.6　毛细管电泳（CE） ……………… 290
8.7　固相萃取（SPE） ………………… 292
8.8　高效液相色谱法的应用 ………… 293
技能训练 8-1　果汁中维生素 C 含量的
　　　　　　　测定 ………………… 294
技能训练 8-2　饮料中苯甲酸钠、糖精钠
　　　　　　　含量的测定 ………… 295
技能训练 8-3　用反相液相色谱法分离芳
　　　　　　　香烃 ………………… 296
技能训练 8-4　阿莫西林胶囊含量的测定 … 297
液相色谱法技能考核标准示例 ………… 298
思考题与习题 …………………………… 299

第 9 章　离子色谱（IC） ……………… 301
9.1　基本原理 ………………………… 301
　9.1.1　分离原理 …………………… 301
　9.1.2　离子色谱的特点 …………… 302
　9.1.3　离子色谱的新进展 ………… 302
9.2　离子色谱仪 ……………………… 303
　9.2.1　输液系统 …………………… 303
　9.2.2　进样器 ……………………… 304
　9.2.3　分离柱 ……………………… 304
　9.2.4　检测器 ……………………… 305
9.3　实验技术 ………………………… 307
　9.3.1　分离方式和检测方式的选择 … 307
　9.3.2　分离度的改善 ……………… 308
9.4　离子色谱法应用 ………………… 310
思考题与习题 …………………………… 310

第 10 章　流动注射分析法（FIA）
　　　　　和荧光分析法（MFA） …… 311
10.1　流动注射分析 …………………… 311
　10.1.1　概述 ………………………… 311
　10.1.2　分析过程 …………………… 311
　10.1.3　试样带的分散和分散系数 … 312
　10.1.4　化学反应动力学过程 ……… 313
　10.1.5　流动注射分析仪器 ………… 314
　10.1.6　流动注射技术 ……………… 315
　10.1.7　应用实例 …………………… 317
10.2　荧光分析法 …………………… 318
　10.2.1　基本原理 …………………… 318
　10.2.2　荧光分析 …………………… 321
　10.2.3　荧光光度计 ………………… 323
　10.2.4　应用与示例 ………………… 325

第 11 章　核磁共振波谱法（NMR）
　　　　　和质谱法（MS） …………… 326
11.1　核磁共振波谱法（NMR） ……… 326
　11.1.1　基本原理 …………………… 326
　11.1.2　核磁共振波谱仪 …………… 332
　11.1.3　核磁共振波谱实验方法和
　　　　　技术 ……………………… 333
　11.1.4　其他核磁共振波谱法 ……… 336
11.2　质谱法（MS） …………………… 337
　11.2.1　质谱法概述 ………………… 337
　11.2.2　质谱仪 ……………………… 337
　11.2.3　质谱图解析的基础知识 …… 343
　11.2.4　质谱解析的一般规律 ……… 345
思考题与习题 …………………………… 347

第 12 章　仪器联用技术简介 ………… 348
12.1　气相色谱-质谱联用（GC-MS） … 348

12.1.1 GC-MS 联用系统 …………… 348
12.1.2 GC-MS 的接口 ……………… 349
12.1.3 GC-MS 的质量色谱图 ……… 349
12.1.4 GC-MS 的应用 ……………… 350
12.2 气相色谱-傅里叶变换红外光谱
　　　联用（GC-FTIR）……………… 350
12.2.1 GC-FTIR 联用系统 ………… 350
12.2.2 GC-FTIR 的红外光谱图 …… 351
12.2.3 GC-FTIR 的应用 …………… 351
12.3 液相色谱-质谱联用（LC-MS）… 351
12.3.1 LC-MS 的难点与解决方法 … 351
12.3.2 LC-MS 的接口 ……………… 351
12.3.3 LC-MS 的应用 ……………… 352
附录 ……………………………………… 353
　附表1　相对原子质量表 ……………… 353
　附表2　压力换算 ……………………… 354
　附表3　不同温度下一些液体的
　　　　　密度 …………………………… 354
　附表4　几种常用物质的蒸气压 ……… 355
　附表5　不同温度下水的饱和蒸气压 … 355
　附表6　常用酸碱溶液的浓度（25℃）… 356
　附表7　弱电解质的电离常数（25℃）… 357
参考文献 ………………………………… 358

第 1 章 仪器分析概述

1.1 仪器分析的内容与方法

1.1.1 仪器分析的内容

分析化学是人们用来认识、解剖自然的重要手段之一；分析化学是研究获取物质的组成、形态、结构等信息及其相关理论的科学；分析化学是化学中的信息科学；分析化学的发展促进了分析科学的建立；分析化学的发展过程是人们从化学的角度认识世界、解释世界的过程。

仪器分析是以测量物质的物理性质或物理化学性质为基础来确定物质的化学组成、含量以及化学结构的一类分析方法，由于这类分析方法需要比较复杂且特殊的仪器设备，故称之为仪器分析。仪器分析是从 20 世纪初发展起来的，相对于化学分析法而言，它又有近代分析法之称。

近年来，随着电子技术、计算机技术和激光技术等的迅猛发展，仪器分析发生了深刻的变化，古老的仪器分析法出现了新面貌，新的仪器分析方法不断涌现，即使是经典的化学分析法也在不断地仪器化。在化学学科本身的发展上以及和化学有关的各科学领域中，仪器分析正起着越来越重要的作用。因此，了解仪器分析方法的基本原理，掌握仪器分析的实验技术已成为一切化学化工工作者必须掌握的基础知识和基本技能。

1.1.2 仪器分析的方法

仪器分析所包含的方法很多，目前已有数十种，按照测量过程中所观测的性质进行分类，可分为光学分析法、电化学分析法、色谱分析法、质谱分析法、热分析法、放射化学分析法和电镜分析法等，其中以光学分析法、电化学分析法及色谱分析法的应用最为广泛。常用仪器分析方法见表 1-1。

表 1-1 常用仪器分析方法

方法类型	测量参数或有关性质	相应的分析方法
光学分析法	辐射的发射	原子发射光谱法,火焰光度法等
	辐射的吸收	原子吸收光谱法,分光光度法(紫外、可见、红外),核磁共振波谱法,荧光光谱法
	辐射的散射	比浊法,拉曼光谱法,散射浊度法
	辐射的折射	折射法,干涉法
	辐射的衍射	X 射线衍射法,电子衍射法
	辐射的转动	偏振法,旋光色散法,圆二向色性法
电化学分析法	电导	电导分析法
	电位	电位分析法,计时电位法
	电流	电流滴定法
	电流-电压	伏安法,极谱分析法
	电量	库仑分析法
色谱分析法	两相间分配	气相色谱法,液相色谱法
热分析法	热性质	热重法,差热分析法,示差扫描量热分析
电镜分析法	高能电子束与试样作用,成像	透射电子显微术,扫描电子显微术

1.2 仪器分析的特点及局限性

1.2.1 仪器分析的特点

(1) 分析速度快　适于批量试样的分析，许多仪器配有连续自动进样装置，采用数字显示和电子计算机技术，可在短时间内分析几十个样品，适于批量分析。有的仪器可同时测定多种组分。

(2) 灵敏度高　适于微量成分的测定，灵敏度由 1×10^{-6}% 发展到 1×10^{-12}%；可进行微量分析和痕量分析。

(3) 容易实现在线分析和遥控监测　在线分析以其独特的技术和显著的经济效益引起人们的关注与重视，现已研制出适用于不同生产过程的各种不同类型的在线分析仪器。例如中子水分计就是一种较先进的在线测水仪器，可在不破坏物料结构和不影响物料正常运行状态下准确测量，并用于钢铁、水泥和造纸等工业流程的在线分析。又如，高聚物的高熔点和高黏度，使聚合物生产过程的本身及聚合物改性直至形成产品的一系列过程都要在高温、高压条件下进行，这使对聚合物的采样分析十分困难。利用光纤探头式分光光度计可监测聚合过程中聚醚的羟基浓度，反射式探头直接插入反应罐内，仪器离探测点 50m。

(4) 用途广泛，能适应各种分析要求　除能进行定性分析及定量分析外，还能进行结构分析、物相分析、微区分析、价态分析和剥层分析等。

(5) 样品用量少　可进行不破坏样品的无损分析，并适于复杂组成样品的分析。

1.2.2 仪器分析的局限性

① 仪器设备复杂，价格及维护费用比较昂贵，对维护及环境要求较高；

② 仪器分析是一种相对分析方法，一般需用已知组成的标准物质来对照，而标准物质的获得常常是限制仪器分析广泛应用的问题之一；

③ 相对误差较大，通常在百分之几至百分之几十，不适用于常量和高含量分析。

由此可见，仪器分析法和化学分析法是相辅相成的，在使用时应根据具体情况，取长补短，互相配合，充分发挥各种方法的特长，才能更好地解决分析化学中的各种实际问题。

1.3 仪器分析的发展及趋势

1.3.1 仪器分析的发展过程

化学的三个发展阶段，三次变革。

阶段一：16 世纪，天平的出现，分析化学具有了科学的内涵。20 世纪初，依据溶液中四大反应平衡理论，形成分析化学的理论基础，分析化学由一门操作技术变成一门科学。分析化学的第一次变革，20 世纪 40 年代前，化学分析占主导地位，仪器分析种类少和精度低。

阶段二：20 世纪 40 年代后，仪器分析的大发展时期。仪器分析使分析速度加快，促进化学工业发展；化学分析与仪器分析并重，仪器分析自动化程度低。

这一时期一系列重大科学发现，为仪器分析的建立和发展奠定基础。仪器分析的发展引发了分析化学的第二次变革。与分析化学有关的诺贝尔奖见表 1-2。

阶段三：80 年代初，以计算机应用为标志的分析化学第三次的变革。

表 1-2 与分析化学有关的诺贝尔奖

编号	获奖年份	获奖者	获奖项目
1	1901 年	Rontgen, Wilhelm Conrad	首次发现了 X 射线的存在
2	1901 年	Van't Hoff, Jacobus Henricus	发现了化学动力学的法则及溶液势头压
3	1902 年	Arrhenius, Svante August	对电解理论的贡献
4	1906 年	Thomson, Sir Josep john	对气体电导率的理论研究及实验工作
5	1907 年	Michelson, Albert Abraham	首先制造了光学精密仪器及对天体所作的光谱研究
6	1914 年	Von Laue, Max	发现结晶体 X 射线的衍射
7	1915 年	Bragg, Sir William Henry 及 Bragg, William Lawrence	共同采用 X 射线技术对晶体结构的分析
8	1917 年	Barkla, Charles Glover	发现了各种元素 X 射线的不同
9	1922 年	Aston, Francis William	发明了质谱技术可以用来测定同位素
10	1923 年	Pregl, Fritz	发明了有机物质的微量分析
11	1924 年	Einthoven, Willen	发现了心电图机制
12	1924 年	Siegbahn, Karl Manne Georg	在 X 射线的仪器方面的发现及研究
13	1926 年	Svedberg, The(Theodor)	采用超离心机研究分散体系
14	1930 年	Raman, Sir Chandrasekhara Venkata	发现了拉曼效应
15	1939 年	Lawrence, Ernest Orlando	发明并发展了回旋加速器
16	1944 年	Rabi, Isidor Isaac	用共振方法记录了原子核的磁性
17	1948 年	Tiselius, Arne Wilhelm Kaurin	采用电泳及吸附分析发现了血浆蛋白质的性质
18	1952 年	Bloch, Felix & Purcell, Edward Mills	发展了核磁共振的精细测量方法
19	1952 年	Martin, Archer John Porter & Synge, Richard Laurence Millington	发明了分配色谱法
20	1953 年	Zernike, Frits (Frederik)	发明了相差显微镜
21	1959 年	Heyrovsky, Jaroslav	首先发展了极谱法
22	1979 年	Cormack, Allan M. 及 Hounsfield, Sir Godfrey N.	发明计算机控制扫描层析诊断法(CT)
23	1981 年	Siegbahn, Kai M.	发展了高分辨电子光谱法
24	1981 年	Bloembergen, Nicolaas 及 Schawlow, Arthur L.	发展了激光光谱学
25	1982 年	Klug, Sir Aaron	对晶体电子显微镜的发展
26	1986 年	E. Ruska	研制成功第一台电子显微镜
27	1986 年	Binnig, Gerd 及 Rohrer, Heinrich	扫描隧道显微镜的创始者
28	1991 年	Ernst, Richard R.	对高分辨核磁共振方法的发展

① 计算机控制的分析数据采集与处理:实现分析过程的连续、快速、实时、智能;促进化学计量学的建立。

② 化学计量学:利用数学、统计学的方法设计选择最佳分析条件,获得最大程度的化学信息。化学信息学:化学信息处理、查询、挖掘、优化等。

③ 以计算机为基础的新仪器的出现:傅里叶变换红外光谱仪;色谱-质谱联用仪。

1.3.2 仪器分析的发展趋势

仪器分析正向智能化、数字化方向发展。发展趋势主要表现是:基于微电子技术和计算机技术的应用实现分析仪器的自动化,通过计算机控制器和数字模型进行数据采集、运算、统计、分析、处理,提高分析仪器数据处理能力,数字图像处理系统实现了分析仪器数字图像处理功能的发展；分析仪器的联用技术向测试速度超高速化、分析试样超微量化、分析仪器超小型化的方向发展。

重点研究方向包括：①高通量分析，即在单位时间内可分析测试大量的样品。②极端条件分析，其中单分子单细胞分析与操纵为目前热门的课题。③在线、实时、现场或原位分析，即从样品采集到数据输出，实现快速的或一条龙的分析。④联用技术，即将两种（或两种以上）分析技术联接，互相补充，从而完成更复杂的分析任务。联用技术及联用仪器的组合方式，特别是三联甚至四联系统的出现，已成为现代分析仪器发展的重要方向。⑤阵列技术，如果把联用分析技术看成计算机中的串行方法，那么阵列技术就等同于计算机中的并行运算方法。和计算机一样，阵列方法是大幅度提高分析速度或样品批处理量的最佳方案。一旦将并行阵列思路与集成和芯片制作技术完美结合，分析化学就将向新的领域进发。

(1) 提高灵敏度　这是各种分析方法长期以来所追求的目标。当代许多新的技术引入分析化学，都与提高分析方法的灵敏度有关，如激光技术的引入，促进了激光共振电离光谱、激光拉曼光谱、激光诱导荧光光谱、激光光热光谱、激光光声光谱和激光质谱的发展，大大提高了分析方法的灵敏度，使得检测单个原子或单个分子成为可能。多元配合物、有机显色剂和各种增效试剂的研究与应用，使吸收光谱、荧光光谱、发光光谱、电化学及色谱等分析方法的灵敏度和分析性能得到大幅度的提高。

(2) 解决复杂体系的分离问题及提高分析方法的选择性　迄今，人们所认识的化合物已超过 1000 万种，而且新的化合物仍在快速增长。复杂体系的分离和测定已成为分析化学家所面临的艰巨任务。由液相色谱、气相色谱、超临界流体色谱和毛细管电泳等所组成的色谱学是现代分离、分析的主要组成部分并获得了很快的发展。以色谱、光谱和质谱技术为基础所开展的各种联用、接口及样品引入技术已成为当今分析化学发展中的热点之一。在提高方法选择性方面，各种选择性试剂、萃取剂、离子交换剂、吸附剂、表面活性剂、各种传感器的接着剂、各种选择检测技术和化学计量学方法等是当前研究工作的重要课题。

(3) 扩展时空多维信息　现代分析化学的发展已不再局限于将待测组分分离出来进行表征和测量，而是成为一门为物质提供尽可能多的化学信息的科学。随着人们对客观物质的认识的深入，某些过去所不甚熟悉的领域，如多维、不稳态和边界条件等也逐渐提到分析化学家的日程上来。例如现代核磁共振波谱、红外光谱、质谱等的发展，可提供有机物分子的精细结构、空间排列构型及瞬态等变化的信息，为人们对化学反应历程及生命过程的认识展现了光辉的前景。化学计量学的发展，更为处理和解析各种化学信息提供了重要基础。

(4) 微型化及微环境的表征与测定　微型化及微环境分析是现代分析化学认识自然从宏观到微观的延伸。电子学、光学和工程学向微型化发展，人们对生物功能的了解，促进了分析化学深入微观世界的进程。电子显微技术、电子探针 X 射线微量分析、激光微探针质谱等微束技术已成为进行微区分析的重要手段。在表面分析方面，电子能谱、次级离子质谱、脉冲激光原子探针等的发展，可检测和表征一个单原子层，因而在材料科学、催化剂、生物学、物理学和理论化学研究中占据重要的位置。此外，对于电极表面修饰行为和表征过程的研究，各种分离科学理论、联用技术、超微电极和光谱电化学等的应用，为揭示反应机理，开发新体系，进行分子设计等开辟了新的途径。

(5) 形态、状态分析及表征　在环境科学中，同一元素的不同价态和所生成的不同的有机化合物分子的不同形态都可能存在毒性上的极大差异。在材料科学中物质的晶态、结合态更是影响材料性能的重要因素。目前已报道利用诸如阳极溶出伏安法、X 射线光电子能谱、X 射线荧光光谱、X 射线衍射、热分析、各种吸收光谱方法和各种联用技术来解决物质存在的形态和状态问题。

(6) 生物大分子及生物活性物质的表征与测定　20 世纪 70 年代以来，世界各发达国家都将生命科学及其有关的生物工程列为科学研究中最优先发展的领域，在欧、美、日等地区和国家具有战略意义的宏大研究规划"尤利卡计划"，"人类基因图"及"人体研究新前沿"中，生物大分子的结构分析研究都占据重要的位置。我国在 2000 年前发展高技术战略的规划中，也把生物技术列为七个重点领域之一。一方面生命科学及生物工程的发展向分析化学提出了新的挑战。另一方面仿生过程的模拟，又成为现代分析化学取之不尽的源泉。当前采用以色谱、质谱、核磁共振、荧光、磷光、化学发光和免疫分析以及化学传感器、生物传感器、化学修饰电极和生物电分析化学等为主体的各种分析手段，不但在生命体和有机组织的整体水平上，而且在分子和细胞水平上来认识和研究生命过程中某些大分子及生物活性物质的化学和生物本质方面，已日益显示出十分重要的作用。

(7) 非破坏性检测及遥测　它是分析方法的又一重要外延。当今的许多物理和物理化学分析方法都已发展为非破坏性检测。这对于生产流程控制，自动分析及难以取样的诸如生命过程等的分析是极端重要的。遥测技术应用较多的是激光雷达、激光散射和共振荧光、傅里叶变换红外光谱等，已成功地用于测定几十千米距离内的气体、某些金属的原子和分子、飞机尾气组成、炼油厂周围大气组成等，并为红外制导和反制导系统的设计提供理论和实验根据。

(8) 自动化及智能化　微电子工业、大规模集成电路、微处理器和微型计算机的发展，使分析化学和其他科学与技术一样进入了自动化和智能化的阶段。机器人是实现基本化学操作自动化的重要工具。专家系统是人工智能的最前沿。在分析化学中，专家系统主要用作设计实验和开发分析方法，进行谱图说明和结构解释。20 世纪 80 年代兴起的过程分析已使分析化学家摆脱传统的实验室操作，进入到生产过程，甚至生态过程控制的行列。分析化学机器人和现代分析仪器作为"硬件"，化学计量学和各种计算机程序作为"软件"，其对分析化学所带来的影响将会是十分深远的。

总之，仪器分析正在向快速、准确、自动、灵敏及适应特殊分析的方向迅速发展。仪器分析还将不断地吸取数学、物理、计算机科学以及生物学中的新思想、新概念、新方法和新技术，改进和完善现有的仪器分析方法，并建立起一批新的仪器分析方法，这就是当今仪器分析发展的总趋势。

第 2 章 可见（Vis）和紫外（UV）分光光度法

【学习指南】 本章应重点掌握光吸收基本定律、显色条件和测量条件的选择、仪器基本构造和使用方法、定量方法和紫外定性应用等知识要点。通过技能训练应能熟练地对紫外-可见分光光度计进行校验并能使用它对样品进行分析检验；能对实验数据进行正确分析和处理，准确表述分析结果；能对仪器进行日常维护保养工作，学会排除简单的故障。

许多物质是有颜色的，例如高锰酸钾在水溶液中呈深紫色，铜离子在水溶液中呈蓝色。这些有色溶液颜色的深浅与这些物质的浓度有关。溶液愈浓，颜色愈深。因此，可以用比较颜色的深浅来测定物质的浓度，这种测定方法就称为比色分析法。

基于物质对光的选择性吸收，并根据物质对一定波长光的吸收程度来确定物质的含量的分析方法，称为分光光度法。分光光度法包括紫外分光光度法、可见光分光光度法、红外分光光度法。本章讨论可见-紫外光分光光度法。分光光度法具有如下特点：

(1) 灵敏度高　分光光度法适用于微量和痕量组分的分析，可以测定组分的浓度下限（最低浓度）可达 $10^{-5}\sim10^{-6}$ mol/L，相当于含量为 0.001%～0.0001% 的微量组分。

(2) 准确度较高　分光光度法的相对误差为 2%～5%，其准确度虽不如滴定分析法及称量分析法，但对微量组分的分析而言，基本满足准确度的要求。如一滴 0.02mol/L 的 $KMnO_4$ 溶液以水稀释至 100mL 时，仍可得到明显的适于比色分析的颜色。但这滴溶液所含的 $KMnO_4$ 的量只相当于约 0.06mg 金属锰。显然，该含量用化学分析法如滴定分析法及称量分析法是很难得到准确结果的。

(3) 选择性好　近年来由于新显色剂和掩蔽剂的不断出现，提高了选择性，通过选择适当的测定条件，可不分离干扰物质，直接测定混合体系中各组分的含量。

(4) 操作简便、快速　比色法及分光光度法的仪器设备简单，操作简便。进行分析时，试样处理成溶液后，一般只经过显色和比色两个步骤，即可得到分析结果。

(5) 应用广泛　几乎所有的无机离子和有机化合物都可直接或间接地用分光光度法进行测定。在化工、医学、生物学等领域中常用来剖析天然产物的组成和结构、测定化合物的含量及进行生化过程的研究等。不仅用于组分定性、定量分析，还可用于化学平衡及配合物组成的研究。

2.1 光的性质

光是一种电磁波，具有波粒二象性。光的偏振、干涉、衍射、折射等现象就是其波动性的反映，波长 λ 与频率 ν 之间的关系式：$\lambda\nu=c$（c 为光速，3×10^{10} cm/s）亦反映光的波动性。光又是由大量具有能量的粒子流所组成的，这些粒子称为光子。光子的能量则反映微粒性，光子的能量 E 与波长 λ 的关系：$E=h\nu=h\dfrac{c}{\lambda}$（$h$ 为普朗克常量，6.626×10^{-34} J/s）亦可用来表示光的微粒性。由上述关系可知,光子的能量与光的波长(或频率)有关,波长越短,光能越大,反之亦然。

单色光是仅具有单一波长的光,而复合光是由不同波长的光(不同能量的光子)所组成的。人们肉眼所见的白光(如阳光等)和各种有色光实际上都是包含一定波长范围的复合光。

电磁波的能量范围很广,在波长或频率上相差大约20个数量级。电磁波按照波长的长短顺序排列,可得到电磁波谱表,如表2-1所示。

表 2-1 电磁波谱表

光谱名称	波长范围	跃迁类型	分析方法
X 射线	$10^{-1} \sim 10$ nm	K 和 L 层电子	X 射线光谱法
远紫外光	$10 \sim 200$ nm	中层电子	真空紫外分光光度法
近紫外光	$200 \sim 400$ nm	价电子	紫外分光光度法
可见光	$400 \sim 760$ nm	价电子	比色及可见分光光度法
近红外光	$0.76 \sim 2.5 \mu m$	分子振动	近红外光谱法
中红外光	$2.5 \sim 50 \mu m$	分子振动	中红外光谱法
远红外光	$50 \sim 1000 \mu m$	分子振动和低位振动	远红外光谱法
微波	$0.1 \sim 100$ cm	分子转动	微波光谱法
无线电波	$1 \sim 1000$ m		核自旋共振光谱

2.2 物质的颜色与其对光的选择性吸收

物质呈现的颜色与光有着密切关系。一种物质呈现什么颜色,与光的组成和物质本身的结构有关。当一束白光(日光、白炽灯灯光等)通过棱镜后,就可分解为红、橙、黄、绿、青、蓝、紫七种颜色的光,这种现象称光的色散。相反,不同颜色的光按照一定的强度比例混合后又可成为白光。如果两种适当的色光按一定的强度比例混合后形成白光,这两种光称为互补色光。图 2-1 中处于直线关系的两种单色光,如绿光和紫光、蓝光和黄光为互补色的光。

图 2-1 光的互补色

当用不同波长的混合光照射物质分子时,分子只选择性地吸收一定波长的光,其他波长的光(吸收光的互补色光)会透过,这就是分子对光的选择性吸收特征。物质所呈现的颜色是未被吸收的透过光的颜色。如有一束白光照射 $KMnO_4$ 溶液时,$KMnO_4$ 溶液会选择性地吸收白光中的绿青色光,而透过紫红色,即呈现紫红色。如果物质能把白色光完全吸收,则呈现黑色,如果对白色光完全不吸收,则呈现无色。物质颜色(透过光)与吸收光颜色的互补关系见表2-2。

表 2-2 物质颜色(透过光)与吸收光颜色的互补关系

物质颜色	黄绿	黄	橙	红	紫红	紫	蓝	绿蓝	蓝绿
吸收光颜色	紫	蓝	绿蓝	蓝绿	绿	黄绿	黄	橙	红
波长/nm	400~450	450~480	480~490	490~500	500~560	560~580	580~610	610~650	650~760

2.3 吸收(光谱)曲线

任何一种物质溶液,对于不同波长光的吸收程度是不同的。如果将各种波长的单色光依次通过一定浓度的某一物质溶液,测量该溶液对各种单色光的吸收程度,即吸光度 A (absorbance),然后以波长 λ (单位 nm) 为横坐标,以吸光度 A 为纵坐标,作图可得如图 2-2 所示的曲线,该曲线描述了物质对不同波长的光的吸收能力,称为吸收(光谱)曲线。

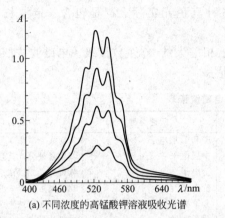 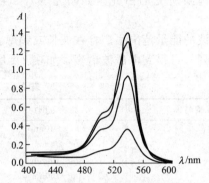

(a) 不同浓度的高锰酸钾溶液吸收光谱   (b) 不同浓度的二甲基黄溶液吸收光谱

图 2-2 不同物质溶液吸收光谱曲线

图 2-2 中曲线分别是不同浓度高锰酸钾溶液、不同浓度的二甲基黄溶液吸收光谱的吸收曲线。可见,同一物质对不同波长光的吸收程度是不同的,图 2-2 中高锰酸钾溶液在 λ=525nm 处,吸光度 A 最大,所对应的波长称最大吸收波长,用 λ_{max} 表示。不同物质吸收曲线的形状和最大吸收波长不同,说明光的吸收与溶液中物质的结构有关,根据这一特性可进行物质的初步定性分析。浓度不同的同种物质,最大吸收波长不变,但吸光度随浓度的增加而增大,尤其在最大吸收峰附近吸光度随浓度的变化更加明显。一般在最大吸收波长处测定吸光度,则灵敏度最高。因此,吸收曲线是分光光度法中选择测定波长的重要依据。从吸收(光谱)曲线图中可知:

① 同一种物质对不同波长光的吸光度不同。吸光度最大处对应的波长称为最大吸收波长 λ_{max}。

② 不同浓度的同一种物质,在某一定波长下吸光度 A 有差异,在 λ_{max} 处吸光度 A 的差异最大。

③ 不同浓度的同一种物质,其吸收曲线形状相似,λ_{max} 相同。不同物质的吸收曲线形状及 λ_{max} 不同。吸收曲线可以提供物质的结构信息,并作为物质定性分析的依据之一。

2.4 光的吸收定律

2.4.1 朗伯-比耳定律

2.4.1.1 吸光度与透射比

如图 2-3 所示,当一束平行单色光(光强度 I_0)通过厚度为 b 的均匀、非散射的溶液时,溶液吸收了光能,光的强度就要减弱。溶液的浓度越大,液层越厚,则光被吸收得越多,透过溶液的光强度越小,以光通量表示光的强度。则溶液的吸光度 A 与光通量的关系如下:

$$A = \lg \frac{\Phi_0}{\Phi_t} \tag{2-1}$$

在吸光度的测量中,也用透射比 τ (亦称透射率、透光度) 表示有色物质对光的吸收程度。透射比描述入射光透过溶液的程度,即透过光通量 Φ_t 与入射光通量 Φ_0 之比:

$$\tau = \frac{\Phi_t}{\Phi_0} \qquad (2\text{-}2)$$

当溶液对光不吸收时，$\Phi_t = \Phi_0$，$A=0$，$\tau=100\%$；当溶液对光全吸收时，$\Phi_t=0$，$A=\infty$，$\tau=0$。由式(2-1)和式(2-2)可知，透射比与吸光度的关系为：

$$A = -\lg\tau \qquad (2\text{-}3)$$

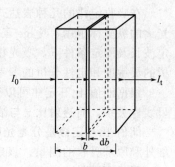

图 2-3 光吸收示意图

2.4.1.2 光吸收的基本定律——朗伯-比耳定律

朗伯（Lambert）和比耳（beer）分别于 1760 年和 1852 年研究了光的吸收与有色溶液液层的厚度及溶液浓度的定量关系，奠定了分光光度分析法的理论基础。

朗伯-比耳定律是由实验观察得到的。当一束平行的单色光通过均匀的、非散射的有色物质的稀溶液时，溶质吸收了光能，光的强度就要减弱，如图 2-3 所示。

溶液的浓度愈大，通过的液层厚度愈大，则光被吸收得愈多。即物质对光的吸收程度与液层厚度和溶液的浓度成正比，这是定量分析的依据，即朗伯-比耳定律。其表达式为：

$$A = Kbc \qquad (2\text{-}4)$$

式中，A 为吸光度；b 为光程长度（比色皿内光透过溶液的厚度）；c 为溶液中吸光物质的浓度；K 为吸光系数。其物理意义是：单位浓度的溶液，当液层厚度为 1cm 时，在一定波长下测得的吸光度。K 值的大小取决于吸光物质的性质、入射光波长、溶液温度和溶剂性质等，与溶液浓度大小和液层厚度无关。但 K 值大小因溶液浓度所采用的单位的不同而异。

(1) 质量吸光系数 当溶液浓度采用质量浓度（g/L）时，吸收定律表达为：

$$A = ab\rho$$

式中，a 为质量吸光系数，单位为 L/(g·cm)。

(2) 摩尔吸光系数 当溶液的浓度以物质的量浓度（mol/L）表示时，吸收定律表达为：

$$A = \varepsilon bc$$

相应的比例常数 ε 称为摩尔吸光系数。其单位为 L/(mol·cm)。摩尔吸光系数的物理意义是：浓度为 1mol/L 的溶液，在厚度为 1cm 的比色皿中，在一定波长下测得的吸光度。

摩尔吸光系数是吸光物质的重要参数之一，它表示物质对某一特定波长光的吸收能力。ε 愈大，表示该物质对某波长光的吸收能力愈强，测定的灵敏度也就愈高。因此，测定时，为了提高分析的灵敏度，通常选择摩尔吸光系数大的有色化合物进行测定，选择具有最大 ε 值的波长作入射光。一般认为，$\varepsilon < 1\times10^4$ L/(mol·cm) 灵敏度较低；ε 在 $1\times10^4 \sim 6\times10^4$ L/(mol·cm) 属中等灵敏度；$\varepsilon > 6\times10^4$ L/(mol·cm) 属高灵敏度。

摩尔吸光系数由实验测得。在实际测量中，不能直接取 1mol/L 这样高浓度的溶液去测量摩尔吸光系数，只能在稀溶液中测量后，换算成摩尔吸光系数。

(3) 比吸光系数 有时在化合物的组成不明的情况下，物质的摩尔质量不知道，因而物质的量浓度无法确定，就不能用摩尔吸光系数，而是采用比吸光系数 $A_{1cm}^{1\%}$，其意义是指质量分数为 1% 的溶液，用 1cm 比色皿时的吸光度，这时吸收定律表达为：

$$A = A_{1cm}^{1\%} bw \quad (w\text{ 为质量分数})$$

ε、a、$A_{1cm}^{1\%}$ 三者的换算关系为：

$$a = \frac{\varepsilon}{M},\quad A_{1cm}^{1\%} = 10\frac{\varepsilon}{M} \quad (M\text{ 为吸光物质的摩尔质量})$$

在吸收定律的几种表达式中，$A=\varepsilon bc$ 在分析上是最常用的，ε 也是最常用的，有时吸收光谱的纵坐标也用 ε 或 $\lg\varepsilon$ 表示，并以最大摩尔吸光系数 ε_{max} 表示物质的吸收强度。ε 是在特定波长及测定条件下，吸光物质的一个特征常数，它是物质吸光能力的量度，可估计定量分析的灵敏度和定性分析的参考。

根据朗伯-比耳定律可以得出：当入射光波长和吸收池光程一定时，吸光度 A 与浓度 c 呈线性关系，而透射比 τ 与浓度 c 之间存在指数关系（$\tau=10^{-\varepsilon bc}$）。

朗伯-比耳定律是分光光度法的理论基础和定量测定的依据，广泛应用于紫外、可见、红外和原子吸收的测量。该定律不仅适用于溶液，也适用于其他均匀、非散射的吸光物质（包括气体和固体）。

对于多组分体系，若体系中各组分间无相互作用，则各组分的吸光度具有加和性。设体系中有 n 个组分，则在任一波长 λ 处的吸光度为各组分的吸光度的和：

$$A=A_1+A_2+\cdots+A_i+\cdots+A_n=\varepsilon_1 bc_1+\varepsilon_2 bc_2+\cdots+\varepsilon_i bc_i+\cdots+\varepsilon_n bc_n \tag{2-5}$$

【例 2-1】 已知含 Fe^{3+} 浓度为 $500\mu g/L$ 溶液用 KCNS 显色，在波长 480nm 处用 2cm 比色皿测得 $A=0.197$，计算摩尔吸光系数。

解 $c(Fe^{3+})=500\times10^{-6}/55.85=8.95\times10^{-6}$ mol/L

$\varepsilon=A/bc=0.197/(8.95\times10^{-6}\times2)=1.1\times10^4$ L/(mol·cm)

【例 2-2】 精密称取维生素 B_{12}（VB_{12}）样品 25.0mg，用水溶液配成 100mL。精密吸取 10.00mL，置于 100mL 容量瓶中，加水至刻度。取此溶液在 1cm 的比色皿中，于 361nm 处测定吸光度为 0.507，求维生素 B_{12} 的质量分数？〔已知维生素 B_{12} 的质量吸光系数为 207 L/(g·cm)〕

解 $A=\varepsilon cb$

$$c_{VB_{12}}=\frac{0.507}{207\times1}=2.45\times10^{-6} \quad (g/mL)$$

$$m_{VB_{12}}=\frac{2.45\times10^{-6}\times100}{10}\times100=2.45\times10^{-3} \quad (g)$$

$$w_{VB_{12}}\%=\frac{m_{VB_{12}}}{m_{样}}\times100\%=\frac{2.45\times10^{-3}}{25.0\times10^{-3}}\times100\%=9.80\%$$

【例 2-3】 取钢试样 1.00g 溶解于酸中，将其中的锰氧化成 $KMnO_4$，准确配制成 250mL，测得其吸光度为 1.00×10^{-3} mol/L $KMnO_4$ 溶液吸光度的 1.5 倍，计算钢中锰的质量分数。

解 根据 $A=\varepsilon bc$

得 $$\frac{A_x}{A}=\frac{\varepsilon c_x b}{\varepsilon cb}=\frac{c_x}{1.00\times10^3}=1.5$$

$$c_x=1.50\times10^{-3} \quad (mol/L)$$

钢样中锰的质量 $m=c_x VM=1.50\times10^{-3}\times0.250\times54.94=0.0206$（g）

钢样中锰的质量分数 $w_{Mn}=(0.0206/1.00)\times100\%=2.06\%$

【例 2-4】 浓度为 5.00×10^{-4} g/L 的 Fe^{2+} 溶液与邻菲啰啉（也叫 1,10-邻二氮杂菲）反应生成橙红色配合物，该配合物在 508nm、比色皿厚度 2cm 时，测得 $A=0.190$。计算 1,10-邻二氮杂菲亚铁的 a 及 ε。

解 根据 $A=abc$，得

$$a=\frac{0.190}{2\times5.00\times10^{-4}}=1.90\times10^2 \quad [L/(g·cm)]$$

$$\varepsilon=Ma=55.85\times1.90\times10^2=1.10\times10^4 \quad [L/(mol·cm)]$$

2.4.2 偏离朗伯-比耳定律的原因

当入射光波长及光程一定时,吸光度 A 与吸光物质的浓度 c 呈线性关系。以某物质的标准溶液的浓度 c 为横坐标,以吸光度 A 为纵坐标,绘出 A-c 曲线,所得直线称标准曲线(也称工作曲线)。但实际工作中,尤其当溶液浓度较高时,标准曲线往往偏离直线,发生弯曲,如图 2-4 所示,这种现象称为对朗伯-比耳定律的偏离。引起这种偏离的原因主要有如下两方面。

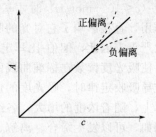

图 2-4 标准曲线及对朗伯-比耳定律的偏离

(1) 物理因素引起的偏离

① 单色光不纯 朗伯-比耳定律的前提条件之一是入射光为单色光,但即使是现代高精度分光光度计也难以获得真正的纯单色光。大多数分光光度计只能获得近乎单色光的狭窄光带,它仍然是具有一定波长范围的复合光。因物质对不同波长光的吸收程度不同,所以复合光可导致对朗伯-比耳定律的偏离,举例如下:

假设入射光是包含两个波长 λ_1 和 λ_2 的复合光,当每一个波长的光照射某种物质的溶液时,按朗伯-比耳定律可得

$$A_1 = \lg \frac{\Phi_{01}}{\Phi_{t1}} = \varepsilon_1 bc \qquad A_2 = \lg \frac{\Phi_{02}}{\Phi_{t2}} = \varepsilon_2 bc$$

$$\Phi_{t1} = \Phi_{01} \times 10^{-\varepsilon_1 bc} \qquad \Phi_{t2} = \Phi_{02} \times 10^{-\varepsilon_2 bc}$$

总的吸光度为

$$A = \lg \frac{\Phi_{01} + \Phi_{02}}{\Phi_{t1} + \Phi_{t2}} = \lg \frac{\Phi_{01} + \Phi_{02}}{\Phi_{01} \times 10^{-\varepsilon_1 bc} + \Phi_{02} \times 10^{-\varepsilon_2 bc}}$$

当 $\varepsilon_1 = \varepsilon_2$ 时,即入射光为单色光时,吸光度 A 与浓度 c 呈线性关系。

若 $\varepsilon_1 \neq \varepsilon_2$ 时,则 A 与 c 不呈线性关系,ε_1 和 ε_2 差别越大,偏离线性关系越严重。

为了克服非单色光引起的偏离,应选择较好的单色器。此外还应把最大吸收波长 $\lambda_{\max}$ 选定为入射波长,这样不仅是因为在 $\lambda_{\max}$ 处能获得最大灵敏度,还因为在 $\lambda_{\max}$ 附近的一段范围内吸收曲线较平坦,即在 $\lambda_{\max}$ 附近各波长光的摩尔吸光系数 ε 大体相等。图 2-5(a) 为吸收曲线与选用谱带之间的关系,图 2-5(b) 为标准曲线。若选用吸光度随波长变化不大的谱带 M 的复合光作入射光,则吸光度的变化较小,即 ε 的变化较小,引起的偏离也较小,A 与 c 基本呈直线关系。若选用谱带 N 的复合光测量,则 ε 的变化较大,A 随波长的变化较明显,因此出现较大偏离,A 与 c 不呈直线关系。

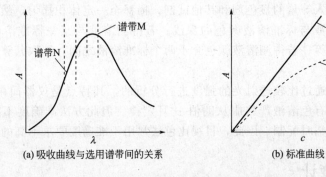

(a) 吸收曲线与选用谱带间的关系　　(b) 标准曲线

图 2-5 复合光对朗伯-比耳定律的影响

② 非平行光 造成光的损失,使吸光度降低。

③ 杂散光 是指从单色器分出的光不在入射光谱带宽度范围内,与所选波长相距较远。杂散光来源主要有:仪器本身缺陷;光学元件污染造成。

（2）化学因素引起的偏离　化学因素主要有两大类：一类是吸光分子或离子间相互作用，另一类来自化学平衡。

按照朗伯-比耳定律的假定，所有的吸光质点之间不发生相互作用。但实验证明只有在稀溶液（$c<10^{-2}$ mol/L）时才基本符合。当溶液浓度较大时，吸光质点间可能发生缔合等相互作用，直接影响了它对光的吸收，如在图 2-5(b) 中表现为 A-c 曲线上部（高浓度区域）弯曲愈严重，因此，朗伯-比耳定律只适用于稀溶液。在实际测定中应注意选择适当的浓度范围，使吸光度读数在标准曲线的线性范围内。

推导吸收定律时，吸光度的加和性隐含着测定溶液中各组分之间没有相互作用的假设。但实际上，随着浓度的增大，各组分之间甚至同组分的吸光质点之间的相互作用是不可避免的。例如，可以发生缔合、离解、光化学反应、互变异构及配合物配位数的变化等，会使被测组分的吸收曲线发生明显的变化，吸收峰的位置、强度及光谱精细结构都会有所不同，从而破坏了原来的吸光度与浓度之间的函数关系，可导致吸光质点的浓度和吸光性质发生变化而产生对朗伯-比耳定律的偏离。

如在测定重铬酸钾的含量时，其在水溶液中存在下列平衡：

$$Cr_2O_7^{2-}（橙色）+H_2O \rightleftharpoons 2CrO_4^{2-}（黄色）+2H^+$$

$2CrO_4^{2-}$、$Cr_2O_7^{2-}$ 的颜色不同，在同波长下的 ε 值不同，所以如果稀释溶液或增大 pH 时，平衡向右移动，$Cr_2O_7^{2-}$ 浓度下降，引起朗伯-比耳定律的偏离。故控制溶液为高酸度，使溶液以 $Cr_2O_7^{2-}$ 的形式存在，才能测出 $Cr_2O_7^{2-}$ 的浓度，见图 2-6。

另外，当测定溶液有胶体、乳状液或悬浮物质存在时，入射光通过溶液时，有一部分光会因散射而损失，造成"假吸收"，使吸光度偏大，导致比耳定律的正偏离。质点的散射强度与照射光波长的四次方成反比，所以在紫外光区测量时，散射光的影响更大。

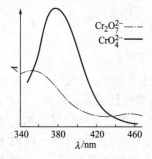

图 2-6　水溶液中 Cr(Ⅵ) 两种离子的吸收曲线

2.4.3　目视比色法

用肉眼比较溶液颜色深浅以测定物质含量的方法，称目视比色法。常用的目视比色法是标准系列法。其方法是使用一套由同种材料制成的、大小形状相同的平底玻璃管（比色管），其中分别加入一系列不同浓度的标准溶液和待测液，在实验条件相同的情况下，再加入等量的显色剂和其他试剂，稀释至一定体积摇匀，然后从管口垂直向下观察，比较待测溶液与标准溶液颜色的深浅。若待测溶液与某一标准溶液颜色深度一致，则说明两者浓度相等；若待测溶液颜色介于两个标准溶液之间，则取其算术平均值作为待测溶液的浓度。

目视比色法实质是通过比较透射光的强度进行分析的，其特点是仪器简单，操作方便，灵敏度较高，且不要求有色溶液严格服从朗伯-比耳定律。但此方法准确度不高，标准系列不能久存，需要测定时临时配制。因此，目视比色法常用于准确度要求不高的常规分析中。

2.5　分光光度计

2.5.1　分光光度计的组成

分光光度计的种类和型号繁多，但其基本结构由以下几部分组成：光源、单色器、吸收池、检测系统及信号显示系统。

第 2 章 可见 (Vis) 和紫外 (UV) 分光光度法

$$\boxed{光源} \to \boxed{单色器} \to \boxed{吸收池} \to \boxed{检测系统} \to \boxed{信号显示系统}$$

(1) 光源 在吸光度的测量中,要求光源发出的所需波长范围内的连续光谱具有足够的光强度,并能在一定时间内保持稳定。

在可见光区测量时,一般用钨丝灯作光源。钨丝加热到白炽时,其辐射波长范围为 320~2500nm,辐射强度在各波段的分布与钨丝温度有关。温度升高,辐射总强度增大,且在可见光区的强度分布增大,但同时会减少灯的寿命。钨丝灯一般工作温度为 2600~2870K。碘钨灯通过在灯泡内引入少量碘蒸气较好地克服了钨丝灯的缺点,具有更大的发光强度和更长的使用寿命。在近紫外-可见分光光度计中广泛采用碘钨灯作光谱区光源。为保持光源的稳定性,还需配有很好的稳压电源。

近紫外区光源一般采用氢、氘等,在低压下通过气体放电产生连续光谱。氢灯是最早的紫外分光光度计的光源,目前逐渐被氘灯所取代,氘灯辐射强度和使用寿命比氢灯高 3~5 倍,发射 185~400nm 的连续光谱。常用可见紫外光源见图 2-7。

(a) 卤钨灯光源

(b) 氘灯光源

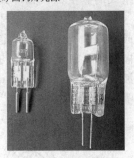
(c) 卤钨灯(可见光)

(d) 氘灯(紫外)

图 2-7 常用可见紫外光源

(2) 单色器 单色器是能将光源发射的连续光谱(复合光)分解为单色光并从中选出任一波长单色光的光学系统。它由入射狭缝、准光器(透镜或凹面反射镜,使入射光变成平行光)、色散元件、聚焦元件和出射狭缝等几个部分组成。其核心部分是色散元件,起分光作用。单色光的纯度取决于色散元件的色散特性和出射狭缝的宽度,狭缝宽度过大时,谱带宽度太大,入射光单色性差,狭缝宽度过小时,又会减弱光强。图 2-8 为棱镜单色器示意图。

当一束平行混合光通过棱镜后,因棱镜对不同波长光的折射率不同,将复合光分成不同波长排列的单色光。

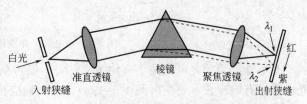

图 2-8 棱镜单色器示意图

通过转动棱镜或移动出射狭缝的位置，使所需波长的光通过出射狭缝进入吸收池。

使用棱镜单色器可以获得纯度较高的单色光（半峰宽为5～10nm），且可以方便地改变测定波长。在380～800nm区域，采用玻璃棱镜较合适；在紫外光区，可采用各种类型的石英棱镜。

光栅是在一抛光的金属表面上刻划一系列等距离的平行刻线（槽）或在复制光栅表面喷镀一层铝薄膜而制成。目前多数精密分光光度计采用光栅。光栅是根据光的衍射和干涉原理将复合光色散为不同波长的单色光，然后再让所需波长的光通过狭缝照射到吸收池上。它的分辨率比棱镜高，可用的波长范围也较宽。

（3）吸收池　吸收池又称比色皿，用于盛装参比溶液和待测试液。仪器一般配有液层厚度为0.5cm、1cm、2cm、3cm等的长方形比色皿。理想的吸收池本身应不吸收光，实际上各种材料对光都有不同程度的吸收，因此一般只要求它们有恒定而均匀的吸收。可见光区测量时一般用玻璃吸收池，紫外光区测量时采用石英吸收池。使用吸收池时应注意保持清洁、透明，不要磨损光面。为减少光的反射损失，吸收池的光学面必须严格垂直于光束方向。在高精度分析测定中（尤其是紫外光区尤其重要），吸收池要挑选配对，使它们的性能基本一致，因为吸收池材料本身及光学面的光学特性以及吸收池光程长度的精确性等对吸光度的测量结果都有直接影响。

实际工作中，为了消除误差，在测量前还必须对吸收池进行配套性检验，使用吸收池的过程中，也应特别注意保护两个光学面。

（4）检测系统　检测系统通常利用光电效应将透过吸收池的光信号转变成可测的电信号，而且所产生的电信号应与照射于检测器上的光信号成正比。可见分光光度计常使用光电管或光电倍增管作检测器。

光电管是一个由中心阳极和一个光敏阴极组成的真空二极管，其结构如图2-9所示。当光照射表面涂有一层碱金属或碱土金属氧化物（如氧化铯）等光敏材料的光敏阴极时，阴极立刻发射电子并被阳极收集，因而在电路中形成电流。光电管在一定电压下工作时，光电管响应的电流大小取决于照射光强度。不同的阴极材料，其光谱响应的波长范围不同。在阴极表面沉积锑和铯时，光谱响应在"蓝敏"区，波长范围为210～625nm；当阴极表面沉积银和氧化铯时，光谱响应在"红敏"区，波长范围为625～1000nm。

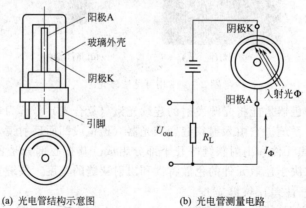

(a) 光电管结构示意图　　　(b) 光电管测量电路

图2-9　光电管工作电路示意图

光电管产生的光电流虽小（约10^{-11}A），但可借助于外部放大电路获得较高的灵敏度。光电管具有响应快（响应时间小于$1\mu s$），光敏响应范围广，不易疲劳等优点。

光电倍增管是在普通光电管中引入具有二次电子发射特性的倍增电极组合而成，因而其本身具有放大作用,灵敏度比光电管更高,适用波长范围为160～700nm,见图2-10。

(5) 信号显示系统 光电转换器产生的各种电信号,经放大等处理后,用一定方式显示出来,以便于计算和记录。信号显示器有许多种,如检流计、数字显示、微机自动控制器。现代的分光光度计采用屏幕显示(吸收曲线、操作条件和结果均可在屏幕上显示出),并利用微机进行仪器自动控制和结果处理,提高了仪器的自动化程度和测量精度。

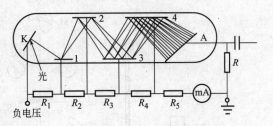

图2-10 光电倍增管的光电倍增原理和线路示意图
K—光敏阴极;1～4—打拿极;A—阳极;
R,R_1～R_5—电阻

2.5.2 可见分光光度计的分类

(1) 单光束分光光度计 单光束分光光度计光路示意图如图2-11所示,经单色器分光后的一束平行光,轮流通过参比溶液和样品溶液,以进行吸光度的测定。这种简易型分光光度计结构简单,操作方便,维修容易,适用于常规分析。国产721、722型分光光度计等均属于此类型。

紫外-可见分光光度计由光源、单色器、样品池(吸光池)、检测器、记录装置以及数据处理等部分组成。为得到全波长范围(200～800nm)的光,使用分立的双光源,其中氘灯的波长为185～395nm,钨灯的为350～800nm。绝大多数仪器都通过一个动

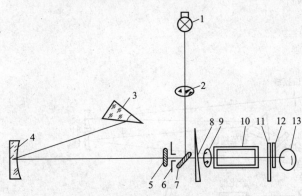

图2-11 721型分光光度计的构造
1—光源;2,9—聚光透镜;3—色散透镜;4—准直镜;
5,12—保护玻璃;6—狭缝;7—反射镜;8—光栅;
10—吸收池;11—光门;13—光电管

镜实现光源之间的平滑切换,可以平滑地在全光谱范围内扫描。光源发出的光通过光孔调制成光束,然后进入单色器;单色器由色散棱镜或衍射光栅组成,光束从单色器的色散原件发出后成为多组分不同波长的单色光,通过光栅的转动分别将不同波长的单色光经狭缝送入样品池,然后进入检测器,最后由电子放大电路放大,从微安表或数字电压表读取吸光度,或通过计算机处理,得到光谱图。

紫外-可见分光光度计设计一般都尽量避免在光路中使用透镜,主要使用反射镜,以防止由仪器带来的吸收误差。当光路中不能避免使用透明元件时,应选择对紫外、可见光均透明的材料(如样品池和参考池均选用石英玻璃)。仪器构造如图2-12所示。

近年来,仪器的发展主要集中在检测器和光栅的改进上,以及提高仪器的分辨率、准确性和扫描速度,最大限度地降低杂散光干扰。目前,大多数仪器配备了微型计算机或工作站,软件界面更贴近我们所要完成的分析工作,具有单波长或多波长定量分析、波长扫描、动力学测量、数据处理、图谱曲线打印、故障自诊断等功能,仪器控制如图2-13所示。

(2) 双光束分光光度计 其光路示意于图2-14。光经单色器分光后经扇形镜分解为强度相等的两束光,一束通过参比池,另一束通过样品池,分光光度计能自动比较两束光的强度,此比值即为试样的透射比,经对数变换将它转换成吸光度并作为波长的函数记录下来。双光束分光光度计一般都能自动记录吸收光谱曲线。由于两束光同时分别通过参比池和样品池,还能自动消除光源强度变化所引起的误差。

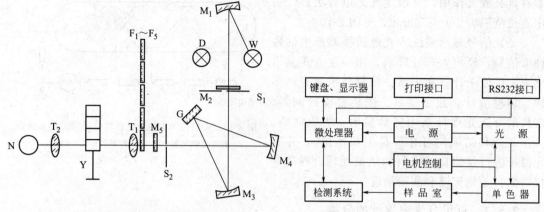

图 2-12 单光束紫外-可见分光光度计的构造
D—氘灯；W—钨灯；G—光栅；N—接收器；
M_1—聚光镜；M_2，M_5—保护片；
M_3，M_4—准直镜；T_1，T_2—透镜；
F_1~F_5—滤色片；S_1，S_2—狭缝；Y—样品池

图 2-13 紫外-可见分光光度计控制图

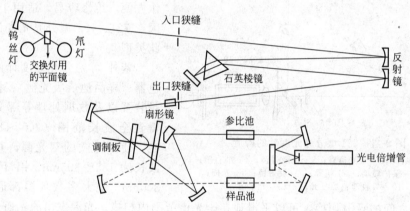

图 2-14 双光束紫外-可见分光光度计光程原理图

（3）双波长分光光度计 双波长分光光度计结构如图 2-15 所示，它是一种新型的分光光度计，能把同一光源发出的光通过一个特别的单色器，把光调成两束不同波长的光，经过切光器，使其交替通过样品池，再至检测器，可以测出样品与参比的吸光值，从而计算出被测组分的浓度。这类仪器的优点是可以消除人工配制的空白溶液与样品基体之间的差别而引起的误差，还能测定混合物溶液。

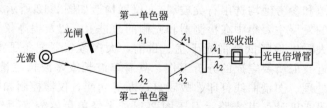

图 2-15 双波长分光光度计光程原理图

（4）仪器波长的检验与校正 按照分光光度计使用的步骤，以空气作参比，以错铵滤光片进行波长的校正，具体操作如下：

① 调节好仪器后，在 500~540nm 波长范围内，每隔 2nm 测一次吸光度值，找出吸光

度最大时对应的波长示值（$\lambda_{测}$）。

② 当 $|\lambda_{测}-529|>3\text{nm}$ 时，应仔细调节波长调节螺丝，再按①的方法测定，重复以上两步操作，直至 $\lambda=529\text{nm}$ 对应的吸光值最大。

③ 波长校正之后，就可以使用该仪器进行测定了。

(5) 可见分光光度计的日常维护与保养　对仪器工作环境的要求：分光光度计应安装在稳固的工作台上（周围不应有强磁场，以防电磁干扰），室内温度宜保持在 15~28℃，室内应干燥，相对湿度宜控制在 45%~75%，不应超过 80%。室内应无腐蚀性气体（如 SO_2、NO_2 及酸雾等）；应与化学分析操作室隔开，室内光线不宜过强。

仪器保养和维护方法如下：

① 仪器工作电源一般允许 220V±10% 的电压波动。为保持光源灯和检测系统的稳定性，在电源电压波动较大的实验室，最好配备有过电压保护功能的稳压器。

② 为了延长光源使用寿命，在不使用时不要开光源灯，如果光源灯亮度明显减弱或不稳定，应及时更换新灯。更换后要调节好灯丝位置。不要用手直接接触窗口或灯泡，避免油污黏附，若不小心接触过，要用无水乙醇擦拭。

③ 单色器是仪器的核心部分，装在密封盒内，不能拆开，为防止色散元件受潮生霉，必须经常更换单色器盒内干燥剂。

④ 电转换元件不能长时间曝光，应避免强光照射或受潮积尘。

2.6　显色与显色条件的选择

有些物质本身具有吸收可见光的性质，可直接进行可见光分光光度法测定。但大多数物质本身在紫外、可见光区没有吸收或虽有吸收但摩尔吸光系数很小，因此不能直接进行分光光度法测定，这时就需要借助适当试剂，使之转化为摩尔吸光系数较大的有色化合物后再进行测定。此转化反应称为显色反应，所用的试剂称为显色剂。

2.6.1　显色反应及显色剂

显色反应一般分两类，氧化还原反应和配位反应，而配位反应是最常用的显色反应。在分析时，显色剂和显色反应条件的选择和控制十分重要。

(1) 对显色反应的要求

① 灵敏度高　分光光度法多用于微量组分的测定，因此，对显色反应的灵敏度要求较高。摩尔吸光系数 ε 的大小是显色反应灵敏度高低的重要标志。一般来说，ε 达 $10^4\sim10^5$ L/(mol·cm) 时可认为灵敏度较高。

② 选择性好　选用的显色剂最好只与被测组分发生显色反应，或所选显色剂与被测组分和干扰离子生成的两种有色化合物的吸收峰相隔较远。一般来讲，在满足测定灵敏度要求的前提下，常常根据选择性的高低来选择显色剂。如 Fe^{2+} 与 1,10-邻二氮杂菲显色反应的灵敏度虽不很高 $[\varepsilon_{512\text{nm}}=1.0\times10^4\text{L/(mol·cm)}]$，但由于其选择性高，因此邻二氮杂菲分光光度法测铁已成为测铁的经典方法。

③ 显色剂在测定波长处无明显吸收　显色剂在测定波长处无明显吸收，试剂空白较小，可以提高测定的准确度。通常把显色剂与有色化合物两者最大吸收波长之差 $\Delta\lambda_{max}$ 称为"对比度"，一般要求对比度 $\Delta\lambda_{max}$ 大于 60nm。

④ 有色化合物组成恒定，化学性质稳定　这样可以保证在测定过程中吸光物质不变，否则将影响吸光度测量的准确度和重现性。如有色化合物易受空气的氧化或日光的照射而分

解，就会引入测量误差。

(2) 显色剂 显色剂有无机显色剂和有机显色剂两种。无机显色剂与金属离子形成的配合物在稳定性、灵敏度和选择性方面较差，一般较少使用。目前仍有一定实用价值的无机显色剂仅有硫氰酸盐、钼酸铵、过氧化氢等几种。而有机显色剂能与金属离子形成稳定的配合物，其显色反应具有较高的灵敏度和选择性，故应用较广。

有机显色剂的种类繁多，其结构及具体应用可参见有关书籍，本书仅简单介绍较为常用的显色剂。

① 偶氮类显色剂 偶氮类显色剂具有性质稳定、显色反应灵敏度高、选择性好、对比度大等优点，是目前应用最广的一类显色剂。其中偶氮胂（Ⅲ）：2,2'-[1,8-二羟基-3,6-二磺基萘-2,7-双偶氮]二苯胂酸，特别适用于 Th、Zr、Hf、U、Pa 等元素以及稀土元素总量的测定，其衍生物偶氮氯膦（Ⅲ）是目前我国广为采用的测定微量稀土元素的较好试剂。4-(2-吡啶偶氮)间苯二酚（PAR），能与多种金属离子形成红色或紫红色可溶于水的配合物，应用广泛，如用于 Ag、Hg、Ga、U 及钢铁中 Nb、V、Sb 等元素的比色测定，PAR 的三元配合物的应用日趋增多。1-(2-吡啶氮)萘（PAN），广泛用于 Co^{2+}、Ni^{2+}、Zn^{2+}、Pb^{2+} 的测定。

② 三苯甲烷类显色剂 这一类显色剂应用很广，种类也很多，如铬天菁（蓝）S、二甲酚橙、结晶紫和罗丹明 B 等。

铬天菁（蓝）S：3″-磺酸-2,6″-二氯-3,3″-二甲基-4-羟基品红酮-5,5″-二羟酸，简称 CAS，经常使用其易溶于水的 CAS 三钠盐二水合物，它能与许多金属离子（如 Al^{3+}、Be^{2+}、Co^{2+}、Cu^{2+}、Fe^{3+} 及 Ga^{3+} 等）形成蓝色、蓝紫色或紫色配合物，灵敏度较高，对比度也较大，当有表面活性剂存在时，灵敏度会得到提高，ε 可达 $10^4 \sim 10^5$ L/(mol·cm)。目前铬天菁（蓝）S 常用来测定铍和铝。

③ 其他有机显色剂 邻菲啰啉（1,10-邻二氮杂菲）是目前测 Fe^{2+} 的较好显色剂。当测铁的总量时，通常先用还原剂（如盐酸羟胺）将 Fe^{3+} 还原为 Fe^{2+}，用缓冲溶液控制 pH=3~9 之后再显色。此时 Fe^{2+} 与邻菲啰啉生成 3:1 溶于水的橙红色配合物，显色快、选择性高，$\lambda_{max}=508$nm，$\varepsilon=1.18\times10^4$ L/(mol·cm)。丁二酮肟是比色法测镍的有效试剂，在 NaOH 碱性介质中，有氧化剂（如过硫酸铵）存在时，丁二酮肟与镍生成红色配合物，其 $\lambda_{max}=470$nm，$\varepsilon=1.3\times10^4$ L/(mol·cm)。常见显色剂见表 2-3 和表 2-4。

表 2-3 常见的无机显色剂

显色剂	测定元素	反应介质	有色化合物组成	颜色	λ_{max}/nm
硫氰酸盐	铁	0.1~0.8mol/L HNO_3	$[Fe(CNS)_5]^{2-}$	红	480
	钼	1.5~2mol/L H_2SO_4	$[Mo(CNS)_6]_6$ 或 $[MoO(CNS)_5]^{2-}$	橙	460
	钨	1.5~2mol/L H_2SO_4	$[W(CNS)_6]_6$ 或 $[WO(CNS)_5]^{2-}$	黄	405
	铌	3~4mol/L HCl	$[NbO(CNS)_4]^-$	黄	420
	铼	6mol/L HCl	$[ReO(CNS)_4]^-$	黄	420
钼酸铵	硅	0.15~0.3mol/L H_2SO_4	硅钼蓝	蓝	670~820
	磷	0.15mol/L H_2SO_4	磷钼蓝	蓝	670~820
	钨	4~6mol/L HCl	磷钨蓝	蓝	660
	硅	稀酸性	硅钼杂多酸	黄	420
	磷	稀 HNO_3	磷钼钒杂多酸	黄	430
	钒	酸性	磷钼钒杂多酸	黄	420
氨水	铜	浓氨水	$[Cu(NH_3)_4]^{2+}$	蓝	620
	钴	浓氨水	$[Co(NH_3)_6]^{2+}$	红	500
	镍	浓氨水	$[Ni(NH_3)_6]^{2+}$	紫	580
过氧化氢	钛	1~2mol/L H_2SO_4	$[TiO(H_2O_2)]^{2+}$	黄	420
	钒	3~6.5mol/L H_2SO_4	$[VO(H_2O_2)]^{3+}$	红橙	400~450
	铌	18mol/L H_2SO_4	$Nb_2O_3(SO_4)_2(H_2O_2)$	黄	365

表 2-4 常见的有机显色剂

显色剂	测定元素	反应介质	λ_{max}/nm	ε/[L/(mol·cm)]
磺基水杨酸	Fe^{3+}	pH2~3 pH5~6	520 420	1.6×10^3 1.6×10^4
邻菲啰啉	Fe^{2+} Cu^+	pH3~9	510 435	1.1×10^4 7×10^3
丁二酮肟	Ni(Ⅳ)	氧化剂存在、碱性	470	1.3×10^4
1-亚硝基-2-苯酚	Co^{2+}		415	2.9×10^4
钴试剂	Co^{2+}		570	1.13×10^5
双硫腙	Cu^{2+}、Pb^{2+}、Zn^{2+}、Cd^{2+}、Hg^{2+}	不同酸度	490~550(Pb520)	4.5×10^4~3×10^4 (Pb6.8×10^4)
偶氮胂(Ⅲ)	Th(Ⅳ)、Zr(Ⅳ)、La^{3+}、Ce^{4+}、Ca^{2+}、Pb^{2+}等	强酸至弱酸	665~675(Th665)	10^4~1.3×10^5 (Th1.3×10^5)
4-(2-吡啶偶氮)间苯二酚(PAR)	Co、Pd、Nb、Ta、Th、In、Mn	不同酸度	(Nb550)	(Nb3.6×10^4)
二甲酚橙	Zr(Ⅳ)、Hf(Ⅳ)、Nb(Ⅴ)、UO_2^{2+}、Bi^{3+}、Pb^{2+}等	不同酸度	530~580 (Hf530)	1.6×10^4~5.5×10^4 Hf4.7×10^4
铬天菁 S	Al	pH5~5.8	530	$5.9~\times10^4$
结晶紫	Ca	7mol/L HCl,$CHCl_3$-丙酮萃取		5.4×10^4
罗丹明 B	Ca、Tl	6mol/L HCl、苯萃取,1mol/L HBr、异丙醚萃取		6×10^4 1×10^5
孔雀绿	Ca	6mol/L HCl,C_6H_5Cl-CCl_4		9.9×10^4
亮绿	Tl B	0.01~0.1mol/L HBr、乙酸乙酯萃取,pH3.5、苯萃取		7×10^4 5.2×10^4

2.6.2 显色反应条件的选择

显色反应往往会受显色剂用量、体系酸度、显色反应温度、显色反应时间等因素影响。合适的显色反应条件一般是通过实验来确定的。

(1) **显色剂的用量** 为保证显色反应完全,需加入过量显色剂,但也不能过量太多,因为过量显色剂有时会导致副反应发生,从而影响测定。确定显色剂用量的具体方法是:保持其他条件不变仅改变显色剂用量,分别测定其吸光度,绘制吸光度 A-c_R(显色剂用量)关系曲线,有如图 2-16 所示的几种情况。

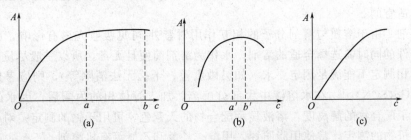

图 2-16 吸光度与显色剂浓度的关系曲线

图 2-16(a) 表明当显色剂浓度 c_R 在 0~a 范围内时,显色剂用量不足,待测离子没有完全转变为有色配合物,随着显色剂浓度的增加,吸光度不断增大;在 a~b 范围内曲线较平

直，吸光度变化不大，因此可在 $a\sim b$ 范围内选择显色剂用量。这类反应生成的有色配合物稳定，显色剂可选的浓度范围较宽，适用于光度分析。图 2-16(b) 中曲线表明，显色剂过多或过少都会使吸光度变小，因此必须严格控制 c_R 的大小。显色剂浓度只能选择在吸光度大且较平坦的区域（$a'b'$ 段）。如硫氰酸盐与钼的反应就属于这种情况。

$$[Mo(SCN)_3]^{2+} \underset{-SCN^-}{\overset{+SCN^-}{\rightleftharpoons}} Mo(SCN)_5 \underset{-SCN^-}{\overset{+SCN^-}{\rightleftharpoons}} [Mo(SCN)_6]^-$$

（浅红）　　　　　　　（橙红）　　　　　　（浅红）

图 2-16(c) 中，吸光度随着显色剂浓度的增加而增大。例如 SCN^- 与 Fe^{3+} 反应生成逐级配合物 $[Fe(SCN)_n]^{3-n}$，$n=1,2,\cdots,6$，随着 SCN^- 浓度增大，将生成颜色深的高配位数配合物。在这种情况下，必须非常严格地控制显色剂的用量。

（2）溶液的酸度　酸度对显色反应的影响是多方面的。许多显色剂本身就是有机弱酸，酸度的变化会影响它们的解离平衡和显色反应能否进行完全；另外，酸度降低可能使金属离子形成各种形式的羟基配合物乃至沉淀；某些逐级配合物的组成可能随酸度而改变，如 Fe^{3+} 与磺基水杨酸的显色反应，当 $pH=2\sim 3$ 时，生成组成为 $1:1$ 的紫红色配合物；当 $pH=4\sim 7$ 时，生成组成为 $1:2$ 的橙红色配合物；当 $pH=8\sim 10$ 时，生成组成为 $1:3$ 的黄色配合物。

一般确定适宜酸度的具体方法是：在其他实验条件相同时，分别测定不同 pH 条件下显色溶液的吸光度。通常可以得到如图 2-17 所示的吸光度与 pH 的关系曲线。适宜酸度可在吸光度较大且恒定的平坦区域所对应的 pH 范围中选择。控制溶液酸度的有效办法是加入适宜的 pH 缓冲溶液，但同时应考虑由此可能引起的干扰。

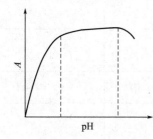

图 2-17　吸光度与 pH 的关系

（3）显色反应温度　多数显色反应在室温下即可很快进行，但也有少数显色反应需在较高温度下才能较快完成。这种情况下需注意升高温度带来的有色物质热分解问题。温度的稍许变化，对测量影响不大，但是有的显色反应受温度影响很大，需要进行反应温度的选择和控制。特别是进行热力学参数的测定、动力学方面的研究等特殊工作时，反应温度的控制尤为重要。适宜的温度可通过实验确定。

（4）显色反应时间　时间对显色反应的影响需从以下两方面综合考虑。一方面要保证足够的时间使显色反应进行完全，对于反应速率较小的显色反应，显色时间需长一些。另一方面测定必须在有色配合物稳定的时间内完成。对于较不稳定的有色配合物，应在显色反应已完成且吸光度下降之前尽快测定。确定适宜的显色时间同样需通过实验做出显色温度下的吸光度-时间关系曲线，在该曲线的吸光度较大且恒定的平坦区域所对应的时间范围内尽快完成测定是最适宜的。

（5）溶剂　由于溶质与溶剂分子的相互作用对紫外-可见吸收光谱有影响，因此在选择显色反应条件的同时需选择合适的溶剂。水作为溶剂简便且无毒，所以一般尽量采用水相测定。如果水相测定不能满足测定要求（如灵敏度差、干扰无法消除等），则应考虑使用有机溶剂。如 $[Co(SCN)_4]^{2-}$ 在水溶液中大部分解离，加入等体积的丙酮后，因水的介电常数减小而降低了配合物的解离度，溶液显示配合物的天蓝色，可用于钴的测定。对于大多数不溶于水的有机物的测定，常使用脂肪烃、甲醇、乙醇和乙醚等有机溶剂。

（6）共存离子的干扰及消除　若共存离子有色或共存离子与显色剂形成的配合物有色将干扰待测组分的测定。通常采用下列方法消除干扰。

① 加入掩蔽剂　如光度法测定 Ti^{4+}，可加入 H_3PO_4 作掩蔽剂，使共存的 Fe^{3+}（黄色）

生成无色的 $[Fe(PO_4)_2]^{3-}$，消除干扰。又如用铬天菁 S 光度法测定 Al^{3+}，加入抗坏血酸作掩蔽剂，将 Fe^{3+} 还原为 Fe^{2+}，从而消除 Fe^{3+} 的干扰。选择掩蔽剂的原则是：掩蔽剂不与待测组分反应；掩蔽剂本身及掩蔽剂与干扰组分的反应产物不干扰待测组分的测定。

② 分离干扰离子　在不能掩蔽的情况下，一般可采用沉淀、有机溶剂萃取、离子交换和蒸馏挥发等分离方法除去干扰离子，其中以有机溶剂萃取在分光光度法中应用最多。

③ 控制酸度　根据配合物的稳定性不同，可以利用控制酸度的方法提高反应的选择性，以保证主反应进行完全。例如，双硫腙能与 Hg^{2+}、Pb^{2+}、Cu^{2+}、Ni^{2+}、Cd^{2+} 等十多种金属离子形成有色配合物，其中与 Hg^{2+} 生成的配合物最稳定，在 $0.5mol/L\ H_2SO_4$ 介质中仍能定量进行，而上述其他离子在此条件下不发生反应。

④ 利用生成惰性配合物　例如钢铁中微量钴的测定，常用钴试剂为显色剂。但钴试剂不仅与 Co^{2+} 有灵敏的反应，而且与 Ni^{2+}、Zn^{2+}、Mn^{2+}、Fe^{2+} 等都有反应。但它与 Co^{2+} 在弱酸性介质中一旦完成反应后，即使再用强酸酸化溶液，该配合物也不会分解。而 Ni^{2+}、Zn^{2+}、Mn^{2+}、Fe^{2+} 等与钴试剂形成的配合物在强酸性介质中很快分解，从而消除了上述离子的干扰，提高了反应的选择性。

⑤ 选择适当的测量波长　如 $K_2Cr_2O_7$ 存在下测定 $KMnO_4$ 时，不选 λ_{max}（525nm），而选 $\lambda=545nm$。这样测定 $KMnO_4$ 溶液的吸光度，$K_2Cr_2O_7$ 就不干扰了。

另外，选择适当的光度测量条件（如合适的波长与参比溶液等）也能在一定程度上消除干扰离子的影响。还可以利用化学计量学方法实现多组分同时测定，以及利用导数光谱法、双波长法等新技术来消除干扰。

2.7　测量条件的选择

分光光度法测定中，除了需从试样的角度选择合适的显色反应和显色条件外，还需从仪器的角度选择适宜的测定条件，以保证测定结果的准确度。

2.7.1　入射光波长的选择

如前所述，在最大吸收波长 λ_{max} 处测定吸光度不仅能获得高的灵敏度，而且还能减少由非单色光引起的对朗伯-比耳定律的偏离。因此，在分光光度法测定中一般选择 λ_{max} 作为入射光波长。但若在 λ_{max} 处有共存离子干扰，则应考虑选择灵敏度稍低但能避免干扰的入射光波长。例如，用 4-氨基安替比林显色测定废水中酚时，氧化剂铁氰化钾和显色剂都呈黄色，干扰测定，但若选择用 520nm 单色光为入射光，则可以消除干扰，获得满意结果。因为黄色溶液在 420nm 左右有强吸收，但 500nm 后则无吸收。

有时为测定高浓度组分，也选用灵敏度稍低的吸收峰波长作为入射波长，以保证其标准曲线有足够的线性范围。

2.7.2　参比溶液的选择

在实验中，要选择合适的空白溶液作为参比溶液来调节仪器的零点，以便消除显色溶液中其他有色物质的干扰，抵消吸收池和试剂对入射光的影响等。根据试样溶液的性质，选择合适组分的参比溶液是很重要的。

为此，应采用光学性质相同、厚度相同的比色皿装好参比溶液，调节仪器使透过参比的吸光度为零。测得试液的吸光度为下式：

$$A=\lg\frac{\Phi_0}{\Phi}\approx\frac{\Phi_{参比}}{\Phi_{试液}}$$

常用的参比溶液有：溶剂参比、试剂参比、试样参比、褪色参比等。

(1) 溶剂参比 当试样溶液的组成较为简单，共存的其他组分很少且对测定波长的光几乎没有吸收，显色剂及其他试剂没有吸收时，可采用溶剂作为参比溶液，这样可消除溶剂、吸收池等因素的影响。

(2) 试剂参比 如果显色剂或其他试剂在测定波长有吸收，按显色反应相同的条件，只是不加入待测组分时，同样加入试剂和溶剂作为参比溶液。这种参比溶液可消除试剂中的组分产生吸收的影响。

(3) 试样参比 如果试样基体（其他组分）有吸收，但不与显色剂反应，则当显色剂无吸收时，可用试样溶液作参比溶液，即将试液与显色液作相同处理，只是不加显色剂，这称为试液参比溶液，这样可以消除有色离子的影响。例如 H_2O_2、吡啶偶氮间苯二酚 (PAR) 测定钒，生成 V-PAR-H_2O_2 三元配合物，采用不加 H_2O_2 的样品溶液作参比。

(4) 褪色参比 如果显色剂及样品基体有吸收，可以在显色液中加入某种褪色剂，选择性地将被测离子配位（或改变其价态），生成稳定无色的配合物，使已显色的产物褪色，用此溶液作参比溶液，称为褪色参比溶液。例如用铬天菁 S 与 Al^{3+} 显色后，可以加入 NH_4F 夺取 Al^{3+}，形成无色的 $[AlF_6]^-$，将褪色后的溶液作参比可以消除显色剂的颜色及样品中微量共存离子的干扰。褪色参比是一种比较理想的参比溶液，但遗憾的是并非任何显色溶液都能找到适当的褪色方法。

(5) 平行操作溶液参比 用不含被测组分的试样，在相同条件下与被测试样同样进行处理，由此得到平行操作参比溶液。

试剂参比、褪色参比、平行操作溶液参比只用于试样溶液的测定，不能用于标准溶液的测定。

选择参比溶液的原则如下：

① 如果待测物与显色剂的反应产物有吸收，以纯溶剂作参比溶液；

② 显色剂或其他试剂有吸收，以空白溶液（不加试样）作参比溶液；

③ 试样中其他组分有吸收，但不与显色剂反应，显色剂无吸收，以试样作参比溶液；

④ 显色剂略有吸收，试液中加掩蔽剂再加显色剂作为参比溶液。

总之，选择参比溶液时，应尽可能全部抵消各种共存有色物质的干扰，使试液的吸光度真正反映待测物的浓度。

2.7.3 吸光度范围选择与控制

任何分光光度计都有一定的测量误差，测量误差的来源主要是光源的发光强度不稳定，光电效应的非线性，电位计的非线性，杂散光的影响，单色器的光不纯等因素，对于一台固定的分光光度计来说，以上因素都是固定的，也就是说，它的误差具有一定的稳定性。其大小可由分光光度计的透光率的读数准确度表现出来。具体来说，对于一个给定的分光光度计来说，其透射比的读数误差等于常数 ΔT，约为 0.01~0.02。但透射比的读数误差不能代表测定结果的误差。测量结果的误差常用浓度的相对误差 $\Delta c/c$ 表示（Δc 表示测量结果的浓度的绝对误差）。它的大小与 ΔT 的大小有关。

根据朗伯-比耳定律：
$$A = -\lg T = \varepsilon bc$$

对透射比 T 和浓度 c 微分得 $-d\lg T = -0.434 d\ln T = -\dfrac{0.434}{T}dT = \varepsilon b dc$

两式相除并以有限值 Δ 代替微分 d，可得

$$\frac{\Delta c}{c} = \frac{0.434}{T\lg T}\Delta T$$

可见，同样大小的 ΔT 在透射比不同时（溶液浓度不同），所引起的浓度相对误差是不同的。表 2-5 列出了在一定 ΔT 时不同透光率所对应的浓度误差，图 2-18 为 $\frac{\Delta c}{c}$-T 关系曲线。

由表中可知，$T\%$ 在 $80\%\sim10\%$ 即 $A=1\sim0.1$ 时的浓度测量的相对误差较小。对于精度较好的仪器，当 $T\%$ 在 $60\%\sim20\%$ 时，测量误差约为 1%。当 $T=0.368$ 或 $A=0.434$ 时，浓度的测量误差最小。在实际测量中应通过调节被测溶液的浓度或者使用厚度不同的吸收池，创造条件使测量在适宜的吸光度范围（$A=0.2\sim0.8$）内进行。

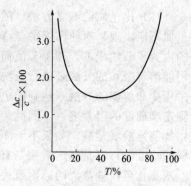

图 2-18　$\Delta c/c$-T 关系曲线（$\Delta T=\pm 0.5\%$）

表 2-5　不同 T（或 A）时的浓度相对误差 $\Delta T=\pm 0.5\%$

$T/\%$	A	$\Delta c/c/\%$	$T/\%$	A	$\Delta c/c/\%$
95	0.022	±10.2	40	0.399	±1.36
90	0.046	±5.3	30	0.523	±1.38
80	0.097	±2.8	20	0.699	±1.55
70	0.155	±2.0	10	1.000	±2.17
60	0.222	±1.63	3	1.523	±4.75
50	0.301	±1.44	2	1.699	±6.38

2.7.4　比色皿的使用

选择适宜规格的比色皿，尽量把吸光度值调整在 0.2～0.8 之间。同一实验使用同一规格的同一套比色皿。以减小测量误差，所以用普通分光光度法不适用于高含量或极低含量物质的测定。

(1) 比色皿使用注意事项　比色皿一般为长方体，其底及两侧为磨毛玻璃，另两面为光学玻璃制成的透光面采用熔融一体、玻璃粉高温烧结和胶粘合而成。所以使用时应注意以下几点：①拿取比色皿时，只能用手指接触两侧的毛玻璃，避免接触光学面。同时注意轻拿轻放，防止外力对比色皿的影响，产生应力后破损。②凡含有腐蚀玻璃的物质（如 F^-、$SnCl_2$、H_3PO_4 等）的溶液，不得长期盛放在比色皿中。③不能将比色皿放在火焰或电炉上进行加热或干燥箱内烘烤。④比色皿使用后应立即用水冲洗干净，当发现比色皿里面被污染后，应用无水乙醇清洗，及时擦拭干净。⑤不得将比色皿的透光面与硬物或脏物接触。盛装溶液时，高度为比色皿的 2/3 处即可，光学面如有残液可先用滤纸轻轻吸附，然后再用镜头纸或丝绸擦拭。

(2) 比色皿成套性测试　石英比色皿在 220nm 处装蒸馏水；在 350nm 处装 0.006000% 的 $K_2Cr_2O_7$ 的 0.001mol/L $HClO_4$ 溶液，玻璃比色皿 600nm 处装蒸馏水；在 400nm 处装 0.006000% 的 $K_2Cr_2O_7$ 的 0.001mol/L $HClO_4$ 溶液。以一个比色皿为参比，调节 T 为 100%，测量其他各比色皿的透射比，透射比的偏差小于 0.5% 的比色皿可配成一套。

实际工作中还可以采用下面较为简便的方法进行校正：用铅笔在洗净的比色皿毛面外壁编号并标注放置方向，在比色皿中都装入测定用空白参比溶液，以其中一个为参比，在测定条件下，测定其他比色皿的吸光度。如果测定的吸光度为零或两个比色皿吸光度相等，即为配对比色皿。若不相等，可以选出吸光度最小的比色皿为参比，测定其他比色皿的吸光度，求出校正值。测定样品时，将待测溶液装入校准过的比色皿中，将测得的吸光度值减去该比色皿的校正值即为测定真实值。

(3) 比色皿的洗涤方法　随着光谱分析仪器的迅速发展，微量、半微量、荧光等一些比色皿不断出现，对使用维护、清洗比色皿有了更高的要求。一般在国外都是一次性使用，在国内为了节约成本，开源节流而重复使用。如何对比色皿进行清洗，只能按照各种试剂，采用能溶解中和的方法来进行清洗，原则上一是不能损坏比色皿的结构和透光性能；二是能够采用中和溶解的方法来达到比色皿干净如初的效果。而分光光度法中比色皿洁净与否是影响测定准确度的因素之一。因此，必须重视选择正确的洗净方法。下面介绍几种清洗方式：①比如测定溶液是酸，如果不干净，就用弱碱溶液洗；要是测定溶液是碱，如果不干净，就用弱酸溶液洗；要是测定溶液是有机物质，如果不干净，就用有机溶剂，比如酒精等溶液洗。②选择比色皿洗涤液的原则是去污效果好，不损坏比色皿，同时又不影响测定。③分析常用的铬酸洗液不宜用于洗涤比色皿，这是因为带水的比色皿在该洗液中有时会局部发热，致使比色皿胶接面裂开而损坏。同时经洗液洗涤后的比色皿还很可能残存微量铬，其在紫外区有吸收，因此会影响铬及其他有关元素的测定。一般主张使用硝酸和过氧化氢（5:1）的混合溶液泡洗，然后用水冲洗干净。④对一般方法难以洗净的比色皿，还可以采取以下方法洗涤：a. 先将比色皿浸入含有少量阴离子表面活性剂的碳酸钠（20g/L）溶液中泡洗，经水冲洗后，再于过氧化氢和硝酸（5:1）混合溶液中浸泡30min。b. 在通风橱中用盐酸、水和甲醇（1:3:4）混合溶液泡洗，一般不超过10min。c. 比色皿不可用碱液洗涤，也不能用硬布、毛刷刷洗。d. 用3mol/L HCl和等体积乙醇的混合液浸泡洗涤。生物样品、胶体或其他在比色皿光学面上形成薄膜的物质要用适当的溶剂洗涤。

石英比色皿清洁方法是：市场面上一般使用的石英比色皿均为石英粉烧结的，专用超声波清洗，比色皿清洗时应毛面朝下。或用以下方法洗涤：①用乙醚和无水乙醇的混合液（各50%）清洗。②若太脏可用专用洗液清洗。但时间要短（10min），再用清水清洗干净。③不要用洗洁精之类的清洁剂，以免影响测量。注：高级分光光度计都采用专利技术加工的石英比色皿，采用石英本体材料经过高温熔融胶合，减少污染，使用寿命更长（价格是普通石英比色皿的2倍）。

【例2-5】 某含铁约0.2%的试样，用邻二氮杂菲亚铁分光光度法 $[\varepsilon=1.1\times10^4 \text{L/(mol·cm)}]$ 测定。试样溶解后稀释至100mL，用1.0cm比色皿在508nm波长下测定吸光度。若 $\Delta T=0.5\%$，为使吸光度测量引起的浓度相对误差最小，应当称取试样多少克？如果所使用的分光光度计透射比最适宜读数范围为20%～65%之间，则测定溶液中铁的物质的量浓度范围应控制在多少？

解 根据
$$\frac{\Delta c}{c}=\frac{0.434}{T\lg T}\Delta T$$

当 $\Delta T=0.5\%$ 时，令其导数为零，得 $T_{\min}=0.368$，$A_{\min}=0.434$

根据
$$A_{\min}=\varepsilon bc$$

得
$$c=\frac{A_{\min}}{\varepsilon b}=\frac{0.434}{1.1\times10^4\times1.0}=3.95\times10^{-5}(\text{mol/L})$$

100mL溶液中含铁的质量 $m=3.95\times10^{-5}\times0.100\times55.85=2.20\times10^{-4}(\text{g})$

应称取样品的质量 $m=2.20\times10^{-4}/0.2\%=0.11(\text{g})$

若透射比 T 读数在20%～65%之间，则吸光度 A 在0.699～0.187之间

根据
$$A=\varepsilon bc$$

得
$$c_1=\frac{0.699}{1.1\times10^4\times1.0}=6.35\times10^{-5}(\text{mol/L})$$

$$c_2=\frac{0.187}{1.1\times10^4\times1.0}=1.70\times10^{-5}(\text{mol/L})$$

测定溶液中铁的物质的量浓度应控制在 $1.70 \times 10^{-5} \sim 6.35 \times 10^{-5}$ mol/L 之间。

2.8 分光光度法的应用

分光光度法主要用于微量组分含量的测定，也可以用于高含量组分的测定、多组分分析以及化学平衡和配合物组成的研究。

2.8.1 定量分析

(1) 单组分的含量测定

① 工作曲线法　工作曲线法又称标准曲线法，它是实际工作中使用最多的一种定量方法。工作曲线的绘制方法是：配制 4 个以上浓度不同的待测组分的标准溶液，以空白溶液为参比溶液，在选定的波长下，分别测定各标准溶液的吸光度。以标准溶液浓度为横坐标，吸光度为纵坐标，在坐标纸上绘制曲线（见图 2-19），此曲线即称为工作曲线（或称标准曲线）。在相同条件下对待测试样进行显色反应，并测定其吸光度 A_x。再从标准曲线上查找待测组分的浓度 m_x。若试样本身为有色的，则无需显色反应。

② 比较法　这种方法是用一个已知浓度的标准溶液（c_s），在一定条件下，测得其吸光度 A_s，然后在相同条

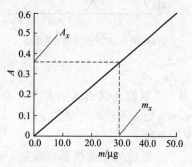

图 2-19　工作曲线

件下测得试液 c_x 的吸光度 A_x；设试液、标准溶液完全符合朗伯-比耳定律，则

$$c_x = \frac{A_x}{A_s} \times c_s$$

【例 2-6】　在 1cm 比色皿和 525nm 时，1.00×10^{-4} mol/L $KMnO_4$ 溶液的吸光度为 0.585。现有 0.500g 锰合金试样，溶于酸后，用高碘酸盐将锰全部氧化成 MnO_4^-，然后转移至 500mL 容量瓶中。在 1cm 比色皿和 525nm 时，测得吸光度为 0.400。求试样中锰的百分含量（Mn：54.94）。

解　根据 $A = \varepsilon b c$

$$A_s = \varepsilon b c_s \qquad A_x = \varepsilon b c_x$$

则

$$\frac{A_s}{A_x} = \frac{c_s}{c_x}$$

即

$$\frac{0.585}{0.400} = \frac{1.0 \times 10^{-4}}{c_x}$$

$$c_x = 6.8 \times 10^{-5} \text{mol/L}$$

$$w(\text{Mn}) = \frac{c_x \times V \times \dfrac{54.94}{1000}}{m_s} \times 100\%$$

$$= \frac{6.8 \times 10^{-5} \times 500 \times 0.05494}{0.500} \times 100\% \approx 0.37\%$$

(2) 混合多组分的含量测定　多组分是指在被测溶液中含有两个或两个以上的吸光组分。对于多组分的试液，如果各种吸光物质之间没有相互作用，且服从比耳定律，这时体系的总吸光度等于各组分吸光度之和［见式(2-5)］。

通常，各组分的吸收光谱有以下几种情况。进行多组分混合物定量分析的依据是吸光度

的加和性。假设溶液中同时存在两种组分a和b,它们的吸收光谱一般有下面三种情况:若试样中含有两种或两种以上的被测组分,可利用吸光度的加和性,不经分离直接测定各个组分的含量。现假定溶液中存在两种组分X和Y,它们的吸收曲线一般有以下三种情况(见图2-20)。

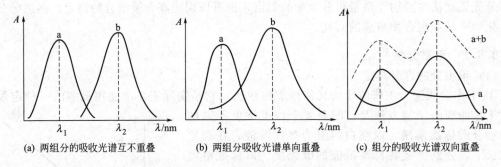

(a) 两组分的吸收光谱互不重叠　　(b) 两组分吸收光谱单向重叠　　(c) 组分的吸收光谱双向重叠

图 2-20　双组分体系吸收光谱曲线

① 吸收光谱曲线不重叠,或在a组分的最大吸收波长处b不吸收,在b组分的最大吸收波长处a不吸收[见图2-20(a)],则可分别在波长λ_1和λ_2处测定组分a和b,而相互不产生干扰。

② 吸收光谱曲线部分重叠,在a组分的最大吸收波长处b不吸收[见图2-20(b)],在b组分的最大吸收波长处a有吸收,则可看作a组分的单组分溶液,在波长λ_1处测定组分a。

③ 吸收光谱曲线重叠[见图2-20(c)]时,可选定二个波长λ_1和λ_2并分别在λ_1和λ_2处测定吸光度A_1和A_2,根据吸光度的加和性,列出如下方程组:

$$\begin{cases} A_1 = \varepsilon_{\lambda_1}^{a} b c_a + \varepsilon_{\lambda_1}^{b} b c_b \\ A_2 = \varepsilon_{\lambda_2}^{a} b c_a + \varepsilon_{\lambda_2}^{b} b c_b \end{cases} \quad (2\text{-}6)$$

式中,c_a、c_b分别为a组分和b组分的浓度;$\varepsilon_{\lambda_1}^{a}$、$\varepsilon_{\lambda_1}^{b}$分别是a组分和b组分在波长$\lambda_1$处的摩尔吸光系数;$\varepsilon_{\lambda_2}^{a}$、$\varepsilon_{\lambda_2}^{b}$分别是a组分和b组分在波长$\lambda_2$处的摩尔吸光系数;$\varepsilon_{\lambda_1}^{a}$、$\varepsilon_{\lambda_1}^{b}$、$\varepsilon_{\lambda_2}^{a}$、$\varepsilon_{\lambda_2}^{b}$可以用a、b的标准溶液分别在$\lambda_1$、$\lambda_2$处测定吸光度后计算求得。将$\varepsilon_{\lambda_1}^{a}$、$\varepsilon_{\lambda_1}^{b}$、$\varepsilon_{\lambda_2}^{a}$、$\varepsilon_{\lambda_2}^{b}$代入方程组(2-6),可得两组分的浓度。

(3) 双波长分光光度法　　当混合物的吸收曲线重叠时,还可用双波长方法——等吸收点法消除干扰,双波长分光光度法与普通分光光度法的区别在于不需参比溶液,而需要参比波长。将光源发出的光分成两束,通过两个单色器获得两束单色光(λ_1和λ_2),分别称为测定波长和参比波长。再通过切光器的调节,两束单色光快速交替通过同一样品溶液,之后到达检测器,从而产生交流信号。双波长分光光度法中如何选择测定波长和参比波长,是提高测定准确度的关键问题。一般选择原则如下。

① 干扰组分在λ_1和λ_2处具有相等的吸光度;

② 待测组分在λ_1和λ_2处有足够大的吸光度差值。

具体做法:将a视为干扰组分,现要测定b组分。分别绘制各自的吸收曲线;画一平行于横轴的直线分别交于a组分曲线上两点,并与b组分曲线相交,见图2-21。

以交于a上一点所对应的波长λ_2为参比波长,另一点对应的为测量波长λ_1,并对混合液进行测量,得到:

$$A_1 = A_{1a} + A_{1b}$$

即：
$$A_2 = A_{2a} + A_{2b}$$
$$A_1 = \varepsilon_{\lambda_1}^a bc_a + \varepsilon_{\lambda_1}^b bc_b$$
$$A_2 = \varepsilon_{\lambda_2}^a bc_a + \varepsilon_{\lambda_2}^b bc_b$$

二式相减，即得：
$$A_1 - A_2 = \varepsilon_{\lambda_1}^a bc_a - \varepsilon_{\lambda_2}^a bc_a + \varepsilon_{\lambda_1}^b bc_b - \varepsilon_{\lambda_2}^b bc_b$$

由于 a 组分在两波长处的吸光度相等，因此
$$\Delta A = (\varepsilon_{\lambda_1}^b - \varepsilon_{\lambda_2}^b) bc_b \tag{2-7}$$

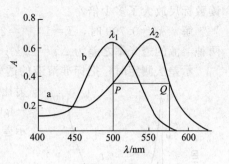

图 2-21 双波长法

可见，吸光度差 ΔA 与待测物（b）浓度成正比，用工作曲线法可测定 c_b。双波长分光光度法通过测定参比波长 λ_1 处和测定波长 λ_2 处的吸光度的差值进行定量，由于仅用一个比色皿，且用试液本身作参比液，因此消除了比色皿及参比液所引起的误差，在一定程度上克服了单波长的局限性，扩展了分光光度法的应用范围。

(3) 高含量组分的测定——示差分光光度法 一般分光光度法仅适用于微量组分的测定，对于常量或高含量组分的测定产生较大的误差。这是因为当待测组分浓度过高时，会偏离朗伯-比耳定律，也会因所测的吸光度值超出适宜的读数范围而产生较大的浓度相对误差，使测定结果的准确度降低。若采用示差分光光度法，能较好地解决这一问题。

示差分光光度法与普通分光光度法的主要区别在于它们所采用的参比溶液不同。示差法一般采用一个合适浓度（接近试样浓度）的标准溶液作参比溶液来调节分光光度计标尺读数以进行测量。

设待测溶液的浓度为 c_x，标准溶液浓度为 c_s（$c_s < c_x$）。示差法测定时，首先用标准液 c_s 作参比调节仪器透光率 T 为 100%（$A=0$），然后测定待测溶液的吸光度，该吸光度为相对吸光度 ΔA。比如用普通分光光度法测得待测溶液和标准溶液的吸光度分别为 A_x 和 A_s，则

$$A_x = \varepsilon bc_x, \quad A_s = \varepsilon bc_s$$
$$\Delta A = A_x - A_s = \varepsilon bc_x - \varepsilon bc_s = \varepsilon b \Delta c \tag{2-8}$$

上式表明示差法所测得的吸光度实际上相当于普通分光光度法中待测溶液与标准溶液吸光度之差 ΔA，ΔA 与待测溶液与标准溶液的浓度差 Δc 呈线性（正比）关系。若用 c_s 为参比，测定一系列 Δc 已知的标准溶液的相对吸光度 ΔA，以 ΔA 为纵坐标，以 Δc 为横坐标，绘制 ΔA-Δc 工作曲线，即示差法的标准曲线。再由测得的待测溶液的相对吸光度 ΔA_x，即可从标准曲线上查出相应的 Δc，根据 $c_x = c_s + \Delta c$ 计算得出待测溶液的浓度 c_x。

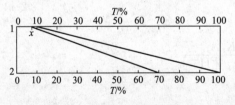

图 2-22 示差法标尺扩大原理

示差法能够测定高浓度试样的原理见图 2-22。设普通分光光度法中，浓度为 c_s 的标准溶液的透射比 T_s 为 10%，而示差法中该标准溶液用作参比溶液，其透射比调至 $T_r = 100\%$（$A=0$），这相当于将仪器透光率标尺扩大了 10 倍。若待测溶液 c_x 在普通分光光度法中的透光率为 $T_x = 7\%$，则示差法中将是 $T_r = 70\%$，此读数落在透光率的适宜范围内，从而提高了 Δc 测量的准确度。

【例 2-7】 用一般分光光度法测量 0.0010mol/L 锌标准溶液和含锌的试液，分别测得吸光度 $A_s = 0.700$ 和 $A_x = 1.00$，两种溶液的透光率相差多少？如果用 0.0010mol/L 锌标准溶液作参比溶液，用示差法测定，试样的吸光度是多少？示差法与普通分光光度法相比较，

读数标尺放大了多少倍？

解 $A_s=0.700$ 时，$T=10^{-A}=20\%$；$A_x=1.00$ 时，$T=10\%$

两种溶液的透光率之差为 $\Delta T=20\%-10\%=10\%$

示差法测定时，把标准溶液的透射比 20% 调节为 100%，放大了 5 倍，此时，试液的透射比由 10% 被放大为 50%，所以试液的吸光度为 $A=-\lg0.5=0.301$

示差法读数标尺放大的倍数为 $50/10=5$ 倍。

若绘制不同浓度的标准溶液作参比溶液时的误差曲线，可得图 2-23 所示的曲线。图中（a）、（b）、（c）和（d）分别是不同浓度（a 至 d 浓度依次变大）的标准溶液作参比时的误差曲线（假定 $\Delta T=\pm0.5\%$）。由图可见随着参比溶液浓度的增加，浓度相对误差也减小。若合理选择参比溶液的浓度，示差法的准确度可接近于滴定分析法。

应用示差法时，要求仪器光源有足够的发射强度或能增大光电流的放大倍数，以便能调节示差法所用参比溶液的透光度为 100%。因此，示差法要求仪器具有质量较高的单色器并足够稳定。

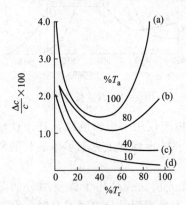

图 2-23 不同浓度的标准溶液作参比时的误差曲线

2.8.2 酸碱离解常数的测定

分光光度法可用于测定酸（碱）的离解常数。设有一元弱酸 HL，按下式离解：

$$HL \rightleftharpoons H^+ + L^- \qquad K_a^\ominus = \frac{[H^+][L^-]}{[HL]}$$

先配制一系列总浓度（c）相等，而 pH 不同的 HL 溶液，用酸度计测定各溶液的 pH。在酸式（HL）或碱式（L^-）有最大吸收的波长处，用 1cm 比色皿测定各溶液的吸光度 A。则

$$A=\varepsilon_{HL}[HL]+\varepsilon_{L}[L^-]$$

$$A=\varepsilon_{HL}\frac{[H^+]c}{K_a+[H^+]}+\varepsilon_{L^-}\frac{K_a c}{K_a+[H^+]} \qquad (2\text{-}9)$$

假设高酸度时，弱酸全部以酸式形式存在（即 $c=[HL]$），测得的吸光度为 A_{HL}，则

$$A_{HL}=\varepsilon_{HL}c \qquad (2\text{-}10)$$

在低酸度时，弱酸全部以碱式形式存在（即 $c=[L^-]$），测得的吸光度为 A_{L^-}，则

$$A_{L^-}=\varepsilon_{L^-}c \qquad (2\text{-}11)$$

将式(2-10)和式(2-11)代入式(2-9)，得

$$A=\frac{[H^+]A_{HL}}{K_a+[H^+]}+\frac{K_a A_{L^-}}{K_a+[H^+]}$$

整理得

$$K_a=\frac{A_{HL}-A}{A-A_{L^-}}[H^+] \qquad (2\text{-}12)$$

式(2-12)是用分光光度法测定一元弱酸离解常数的基本公式。利用实验数据，可由此公式计算求得离解常数。

2.8.3 配合物组成及稳定常数的测定

分光光度法还可以研究配合物组成（配位比）和测定稳定常数。其中摩尔比法最为常用。

设金属离子 M 与配位剂 L 的配位反应为：
$$M + nL \rightleftharpoons ML_n$$
固定金属离子的浓度 c_M，逐渐增加配位剂的浓度 c_L，测定一系列 c_M 一定而 c_L 不同的溶液的吸光度，以吸光度为纵坐标，以 c_L/c_M 为横坐标作图，如图 2-24 所示。当 $c_L/c_M < n$ 时，金属离子没有完全配位，随配位剂量的增加，生成的配合物增多，吸光度不断增大。当 $c_L/c_M > n$ 时，金属离子几乎全部生成配合物 ML_n，吸光度不再改变。两条直线的交点（若配合物易解离，则曲线转折点不敏锐，应采用直线外延法求交点）所对应的横坐标 c_L/c_M 的值，就是 n 的值，配合物的配位比为 $1:n$。此法适用于解离度小的配合物组成的测定，尤其适用于配位比高的配合物组成的测定。

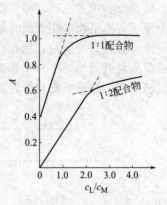

图 2-24 1:1 和 1:2 型配合物的摩尔比法示意图

2.9 紫外分光光度法

紫外分光光度法具有如下特点。

① 紫外吸收光谱所对应的电磁波长较短，能量大，它反映了分子中价电子能级的跃迁情况。主要应用于共轭体系（共轭烯烃和不饱和羰基化合物）及芳香族化合物的分析。

② 由于电子能级改变的同时，往往伴随有振动能级的跃迁，所以电子光谱图比较简单，但峰形较宽。一般来说，利用紫外吸收光谱进行定性分析信息较少。

③ 紫外吸收光谱常用于共轭体系的定量分析，灵敏度高，检出限低。

2.9.1 紫外吸收光谱的产生

（1）物质分子内部三种运动形式　物质内部存在着多种形式的微观运动，每一种微观运动都有许多种可能的状态，不同的状态具有不同的能量，属于不同的能级。当分子吸收电磁波能量受到激发，就要从原来能量较低的能级跃迁到能量较高的能级，从而产生吸收光谱。分子吸收电磁波的能量不是连续的而是具有量子化的特征。分子内部的微观运动可分为价电子运动、分子内原子在其平衡位置附近的振动、分子本身绕其重心的转动。

分子具有三种不同能级：电子能级、振动能级和转动能级。三种能级都是量子化的，且各自具有相应的能量。因此，分子的能量 E 是这三种运动能量的总和。

即 $E = E_e + E_v + E_r$

且 $\Delta E_e > \Delta E_v > \Delta E_r$

（2）分子能级跃迁　分子存在三种不同形式的能级跃迁，见图 2-25。

① 转动能级间的能量差 ΔE_r 为 0.005～0.050eV，跃迁产生吸收光谱位于远红外区。远红外光谱或分子转动光谱；

② 振动能级的能量差 ΔE_v 约为 0.05～1eV，跃迁产生的吸收光谱位于红外区，红外光谱或分子振动光谱；

③ 电子能级的能量差 ΔE_e 较大，为 1～20eV。电子跃迁产生的吸收光谱在紫外-可见光区，紫外-可见光谱或分子的电子光谱。换言之，用紫外或可见光照射物质可以引起分子内部电子能级的跃迁。

（3）电子能级跃迁　电子能级间跃迁的同时，总伴随有振动和转动能级间的跃迁。即电子光谱中总包含有振动能级和转动能级间跃迁产生的若干谱线而呈现宽谱带（带状光谱）。

有机化合物中有三种不同性质的价电子。根据分子轨道理论,当两个原子结合成分子时,两个原子的原子轨道线性组合形成分子轨道。其中的一个具有较低的能量,叫作成键轨道,另一个具有较高的能量,叫作反键轨道。有机化合物中有三种电子:σ电子、π电子和n电子。通常外层电子均处于分子轨道的基态,即成键轨道或非键轨道上。当外层电子吸收紫外或可见辐射后,就从基态向激发态(反键轨道)跃迁。如图2-26所示。

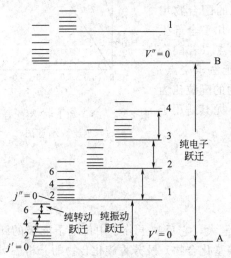

图2-25 双原子分子的能级跃迁示意图

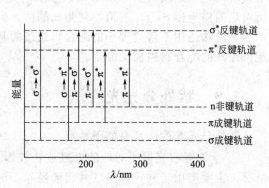

图2-26 电子能级跃迁示意图

主要有四种跃迁,下面分别进行讨论。

① $\sigma \rightarrow \sigma^*$ 跃迁 $\sigma \rightarrow \sigma^*$ 跃迁是单键中 σ 电子在 σ 成键和反键轨道间的跃迁,所需能量最大,相应的激发光波长最短,σ 电子只有吸收远紫外光的能量才能发生跃迁。饱和烷烃的分子吸收光谱出现在远紫外区(吸收波长 λ<200nm,只能被真空紫外分光光度计检测到)。如甲烷的 λ_{max} 为 125nm,乙烷 λ_{max} 为 135nm。

② $n \rightarrow \sigma^*$ 跃迁 $n \rightarrow \sigma^*$ 跃迁是氧、氮、硫、卤素等杂原子的未成键 n 电子向 σ 反键轨道跃迁。所需能量较大。当分子中含有—NH$_2$、—OH、—SR、—X 等基团时,就能发生这种跃迁。吸收波长为 150~250nm,大部分在远紫外区,近紫外区仍不易观察到。含非键电子的饱和烃衍生物(含 N、O、S 和卤素等杂原子)均呈现 $n \rightarrow \sigma^*$ 跃迁。如一氯甲烷、甲醇、三甲基胺 $n \rightarrow \sigma^*$ 跃迁的 λ_{max} 分别为 173nm、183nm 和 227nm。

③ $\pi \rightarrow \pi^*$ 跃迁 $\pi \rightarrow \pi^*$ 跃迁是不饱和键中的 π 吸收能量跃迁到 π^* 反键轨道。跃迁所需能量较小,吸收波长处于远紫外区的近紫外端或近紫外区,但在共轭体系中,吸收带向长波方向移动;摩尔吸光系数 ε_{max} 一般在 10^4 L/(mol·cm) 以上,属于强吸收。不饱和烃、共轭烯烃和芳香烃类均可发生该类跃迁。如乙烯 $\pi \rightarrow \pi^*$ 跃迁的 λ_{max} 为 162nm,ε_{max} 为 1×10^4 L/(mol·cm)。

④ $n \rightarrow \pi^*$ 跃迁 当不饱和键上连有杂原子时,杂原子上的 n 电子能跃迁到 π^* 轨道。$n \rightarrow \pi^*$ 跃迁是四种跃迁中所需能量最低的,吸收波长 λ>200nm。这类跃迁在跃迁选律上属于禁阻跃迁,摩尔吸光系数一般为 10~100L/(mol·cm),吸收谱带强度较弱。分子中孤对电子和 π 键同时存在时发生 $n \rightarrow \pi^*$ 跃迁。丙酮 $n \rightarrow \pi^*$ 跃迁的 λ_{max} 为 275nm,ε_{max} 为 22 L/(mol·cm)(溶剂为环己烷)。

以上讨论的是跃迁所需的能量,即吸收带的位置问题。四种跃迁中,只有 $n \rightarrow \pi^*$ 跃迁、共轭体系的 $\pi \rightarrow \pi^*$ 跃迁和部分 $n \rightarrow \sigma^*$ 跃迁产生的吸收带位于近紫外区域,能被普通的分光光度计所检测。由此可见，紫外吸收光谱的应用范围有很大的局限性。

吸收带的强度（一般用摩尔吸光系数表示）与跃迁几率有关。跃迁几率与跃迁偶极矩的平方成正比。跃迁偶极矩与基态跃迁到激发态过程中所发生的电子电荷分布的变化成正比。由成键轨道向反键轨道跃迁的几率大，所以 $\pi \to \pi^*$ 跃迁产生的是强吸收；由非键轨道向反键轨道的跃迁几率小，所以 $n \to \pi^*$ 跃迁产生的吸收带较弱。

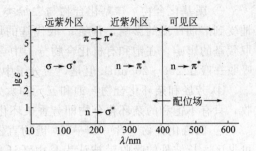

图 2-27 电子跃迁所处的波长范围

电子跃迁类型不同，实际跃迁需要的能量不同，吸收能量的次序为：$\sigma \to \sigma^* > n \to \sigma^* \geqslant \pi \to \pi^* > n \to \pi^*$，因此，产生吸收的波长也不相同：$\sigma \to \sigma^*$，约为 150nm、$n \to \sigma^*$，约为 200nm、$\pi \to \pi^*$，约为 200nm、$n \to \pi^*$，约为 300nm，见图 2-27。

特殊的结构就会有特殊的电子跃迁，对应着不同的能量（波长），反映在紫外可见吸收光谱图上就有一定位置一定强度的吸收峰，根据吸收峰的位置和强度就可以推知待测样品的结构信息。

2.9.2 紫外吸收光谱法的影响因素

各种因素对吸收谱带的影响表现为谱带位移、谱带强度的变化、谱带精细结构的出现或消失等。影响紫外吸收光谱的因素有：共轭效应、超共轭效应、溶剂效应、溶液 pH。

(1) 发色团　指具有跃迁的不饱和基团，这类基团与不含非键电子的饱和基团成键后，使化合物的最大吸收位于 200nm 或 200nm 以上，摩尔吸光系数较大（一般不低于 5000），简单的生色团由双键或三键体系组成。现简要讨论含生色团的不同类型有机化合物的电子吸收光谱。

① 乙烯及其衍生物　简单无环烯烃，如乙烯的跃迁的最大吸收在 180nm 附近，有烷基取代基时，由于碳原子的 sp^2 杂化，最大吸收略有红移，这种现象的实质是诱导效应或超共轭效应引起的。

共轭生色团，含一个以上生色团的分子的吸收带可能是彼此隔开的生色团吸收的叠加，或可能是生色团相互作用的结果。即使两个生色团为一个单键所隔开，也会发生共轭作用，于是电子吸收光谱与孤立的生色团的吸收带相比，呈现出明显的变化。

最简单的一个例子是 1,3-丁二烯 $CH_2=CH-CH=CH_2$，该分子中，两个 C=C 键为一个单键隔开，由于共轭作用，该分子的吸收光谱向低能量方向移动。在共轭体系中，电子离域于至少四个原子之间；这导致了跃迁能量的下降，同时由于跃迁几率增加而使摩尔吸光系数也有所增加。共轭作用对跃迁的影响相当大。对乙烯（193nm）1,3-丁二烯（217nm）、己三烯（258nm）、辛四烯（300nm）系列来说，可以看到：随该系列中每个化合物的 C=C 双键的逐渐增加，产生红移并伴有摩尔吸光系数的增加。

② 多炔和烯炔烃　简单三键的跃迁在 175nm 处有最大吸收，摩尔吸光系数约为 6000。

共轭炔的电子吸收带也向低能量方向移动，但是，其摩尔吸光系数则要比共轭烯的低得多。例如，乙烯乙炔 $CH_2=CH-C\equiv CH$ 所呈现的吸收带在 1,3-丁二烯附近（约 219nm），但其摩尔吸光系数仅为 6500，而 1,3-丁二烯的是 21000。当共轭体系扩展到 3～6 个三键时，则产生高强度吸收带，摩尔吸光系数达 10^5 数量级。含双键的炔烃共轭体系，其紫外吸收光谱与多炔烃相似，在碳链长度相同的情况下，烯炔烃的吸收强度比多炔烃大，且最大吸收波长进一步红移。

③ 羰基化合物 羰基化合物与二烯类、非极性不饱和化合物不同，前者的吸收带强烈地受到溶剂性质的影响，且随 α-取代基的增加，跃迁的吸收带逐渐红移；后者一般不受 α-取代基的影响。在饱和有机化合物分子中含有酸、酯、内酯和内酰胺等结构单元时，羰基的吸收一般在 200~205nm。但是，当分子中的双键与羰基共轭时，其吸收带显著增强。

④ 芳烃和杂环化合物 饱和五元和六元杂环化合物在 200nm 以上的紫外可见区没有吸收，只有不饱和的杂环化合物即芳香杂环化合物在近紫外区有吸收。

⑤ 偶氮化合物 含—N＝N—键的直链化合物产生的低强度的吸收带位于近紫外区和可见区。长波处的吸收带被认为是由跃迁所致。对脂肪族的叠氮化合物来说，285nm 处低能量吸收带被认为是电子跃迁所致，而 215nm 处的吸收带则被认为是 s→p 跃迁所致。

(2) 助色团 指带有孤对电子的基团，如—OH、—OR、—NH_2、—NHR、—Cl、—Br、—I 等，它们本身不会使化合物分子产生颜色或者不能吸收大于 200nm 的光，但当它们与发色团相连时，能使发色团的吸收带波长（λ_{max}）向长波方向移动，同时使吸收强度增加。

① 吸电子助色团 吸电子助色团是一类极性基团，如硝基中氧的电负性比氮大，故氮氧键是强极性键，当—NO_2 引入苯环分子中，产生诱导效应和共轭效应，使苯环电子密度向硝基方向移动，且环上各碳原子电子密度分布不均，分子产生极性。

② 给电子助色团 给电子助色团是指带有未成键 p 电子的杂原子的基团，当它引入苯环中，产生 p-π 共轭作用，如氨基中的氮原子含有未成键的电子，它具有推电子性质，使电子移向苯环，同样使苯环分子中各碳原子电子密度分布不均，分子产生偶极。

无论是吸电子基或给电子基，当它与共轭体系相连，都导致大 π 键电子云流动性增大，分子中跃迁的能级差减少，最大吸收向长波方向移动，颜色加深。同时也指出助色团对苯衍生物的助色作用，不仅与基团本身的性质有关，而且与基团的数量及取代位置有关。

③ 红移、蓝移、增色效应和减色效应 在有机化合物中，因取代基的引入或溶剂的改变而使最大吸收波长发生移动。向长波方向移动称为红移，向短波方向移动称为蓝移，溶剂极性增加 n→π* 蓝移，π→π* 则红移，见图 2-28 所示。

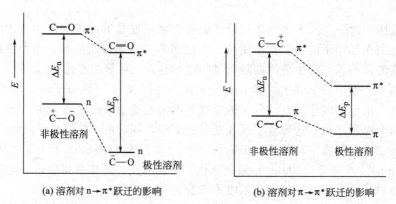

图 2-28 溶剂对能级的影响

由于化合物分子结构中引入取代基或受溶剂改变的影响，使吸收带强度即摩尔吸光系数增大或减小的现象称为增色效应或减色效应。

(3) 吸收带

① R 吸收带 由化合物的跃迁产生的吸收带。具有杂原子和双键的共轭基团，如 C＝O、—NO、—NO_2、—N＝N—、—C＝S 等。其特点是：跃迁的能量最小，处于长波方

向，一般 λ_{max} 在 270nm 以上，但跃迁几率小，吸收强度弱，一般摩尔吸光系数小于 100。

② K 吸收带 是由共轭体系中的跃迁产生的吸收带。其特点是：吸收峰的波长比 R 带短，一般 $\lambda_{max}>$ 200nm，但跃迁几率大，吸收峰强度大。一般摩尔吸光系数大于 10^4，随着共轭体系的增大，π 电子云束缚更小，引起跃迁需要的能量更小，K 带吸收向长波方向移动。

K 吸收带是共轭分子的特征吸收带。借此可判断化合物中的共轭结构。这是紫外光谱中应用最多的吸收带。

③ B 吸收带 由苯环本身振动及闭合环状共轭双键跃迁而产生的吸收带，是芳香族的主要特征吸收带。其特点是：在 230～270nm 呈现一宽峰，且具有精细结构，常用于识别芳香族化合物。

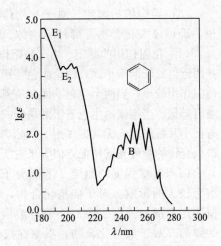

图 2-29 苯在环己烷中的紫外光谱

④ E 吸收带 芳香族化合物的特征吸收带，可以认为是苯环内三个乙烯基共轭发生的跃迁而产生的。E 带可分为 E_1 和 E_2 吸收带，都属于强吸收，如图 2-29 所示。

2.9.3 紫外吸收光谱法的应用

物质的紫外吸收光谱基本上是其分子中生色团及助色团的特征，而不是整个分子的特征。如果物质组成的变化不影响生色团和助色团，就不会显著地影响其吸收光谱，如甲苯和乙苯具有相同的紫外吸收光谱。另外，外界因素如溶剂的改变也会影响吸收光谱，在极性溶剂中某些化合物吸收光谱的精细结构会消失，成为一个宽带。所以，只根据紫外光谱是不能完全确定物质的分子结构的，还必须与红外吸收光谱、核磁共振波谱、质谱以及其他化学、物理方法共同配合才能得出可靠的结论。

(1) 化合物的鉴定 利用紫外光谱可以推断有机化合物的分子骨架中是否含有共轭结构体系，如 C=C—C=C、C=C—C=O、苯环等。利用紫外光谱鉴定有机化合物远不如利用红外光谱有效，因为很多化合物在紫外没有吸收或者只有微弱的吸收，并且紫外光谱一般比较简单，特征性不强。利用紫外光谱可以用来检验一些具有大的共轭体系或发色官能团的化合物，可以作为其他鉴定方法的补充。

① 如果一个化合物在紫外区是透明的，则说明分子中不存在共轭体系，不含有醛基、酮基或溴和碘。可能是脂肪族碳氢化合物、胺、腈、醇等不含双键或环状共轭体系的化合物。

② 如果在 210～250nm 有强吸收，表示有 K 吸收带，则可能含有两个双键的共轭体系，如共轭二烯或 α,β-不饱和酮等。同样在 260nm、300nm、330nm 处有高强度 K 吸收带，表示有三个、四个和五个共轭体系存在。

③ 如果在 260～300nm 有中强吸收 ($\varepsilon=200\sim1000$)，则表示有 B 带吸收，体系中可能有苯环存在。如果苯环上有共轭的生色基团存在时，则 ε 可以大于 10000。

④ 如果在 250～300nm 有弱吸收带 (R 吸收带)，则可能含有简单的非共轭并含有 n 电子的生色基团，如羰基等。

(2) 纯度检查 如果有机化合物在紫外可见光区没有明显的吸收峰，而杂质在紫外区有较强的吸收，则可利用紫外光谱检验化合物的纯度。如果有机化合物在紫外可见光区没有明显的吸收峰，而杂质在紫外区有较强的吸收，则可利用紫外光谱检验化合物的纯度。

(3) **异构体的确定** 对于异构体的确定，可以通过经验规则计算出 λ_{max} 值，与实测值比较，即可证实化合物是哪种异构体。如乙酰乙酸乙酯的酮-烯醇式互变异构。

(4) **位阻作用的测定** 由于位阻作用会影响共轭体系的共平面性质，当组成共轭体系的生色基团近似处于同一平面，两个生色基团具有较大的共振作用时，λ_{max} 不改变，ε_{max} 略微降低，空间位阻作用较小；当两个生色基团具有部分共振作用，两共振体系部分偏离共平面时，λ_{max} 和 ε_{max} 略有降低；当连接两生色基团的单键或双键被扭曲得很厉害，以致两生色基团基本未共轭，或具有极小共振作用或无共振作用，剧烈影响其 UV 光谱特征时，情况较为复杂化。在多数情况下，该化合物的紫外光谱特征近似等于它所含孤立生色基团光谱的"加和"。

(5) **氢键强度的测定** 溶剂分子与溶质分子缔合生成氢键时，对溶质分子中的 UV 光谱有较大的影响。对于羰基化合物，根据在极性溶剂和非极性溶剂中 R 带的差别，可以近似测定氢键的强度。溶剂分子与溶质分子缔合生成氢键时，对溶质分子的 UV 光谱有较大的影响。对于羰基化合物，根据在极性溶剂和非极性溶剂中 R 带的差别，可以近似测定氢键的强度。

(6) **定量分析** 朗伯-比耳定律是紫外吸收光谱法进行定量分析的理论基础，它的数学表达式为：$A=\varepsilon bc$，定量分析方法与可见分光光度法相同。

技能训练 2-1　锅炉给水中铁含量的测定

（一）实训目的与要求

1. 了解邻二氮杂菲法测定铁含量的基本原理及基本条件、显色溶液的制备技术。
2. 掌握吸收曲线的绘制和测量波长的选择。
3. 掌握标准曲线法定量的实验技术。

（二）基本原理

邻二氮杂菲（又称邻菲啰啉）在测定微量铁时，通常以盐酸羟胺还原 Fe^{3+} 为 Fe^{2+}，在 pH 为 2～9 的范围内，Fe^{2+} 与邻二氮杂菲反应生成稳定的橙红色配合物，其 $\lg K=21.3$。反应如下：

$$Fe^{2+}+3\,\text{phen} \longrightarrow [Fe(\text{phen})_3]^{2+}$$

该配合物的最大吸收波长为 510nm。本方法不仅灵敏度高（摩尔吸光系数 $\varepsilon=1.1\times 10^4$），而且选择性好。相当于含铁量 40 倍的 Sn^{2+}、Al^{3+}、Ca^{2+}、Mg^{2+}、Zn^{2+}、SiO_3^{2-}，20 倍的 Cr^{3+}、Mn^{2+}、$V(V)$、PO_4^{3-}，5 倍的 Co^{2+}、Cu^{2+} 等均不干扰测定。

Fe^{2+} 与邻二氮杂菲在 pH=2～9 范围内均能显色，但酸度高时，反应较慢，酸度太低时 Fe^{2+} 易水解，所以一般在 pH=5～6 的微酸性溶液中显色较为适宜。

邻二氮杂菲与 Fe^{3+} 能生成 3∶1 的淡蓝色配合物（$\lg K=14.1$），因此在显色前应先用还原剂盐酸羟胺将 Fe^{3+} 全部还原为 Fe^{2+}：

$$2Fe^{3+}+2NH_2OH\cdot HCl \longrightarrow 2Fe^{2+}+N_2\uparrow+2H_2O+4H^++2Cl^-$$

（三）仪器与试剂

1. 仪器

(1) 722 型分光光度计。

(2) 50mL 容量瓶 7 只/组。

(3) 吸量管（10mL、5mL、2mL、1mL）。

2. 试剂

(1) 100μg/mL 的铁标准溶液：准确称取 0.8634g $NH_4Fe(SO_4)_2 \cdot 12H_2O$ 于烧杯中，加入 20mL 1:1 的 HCl 和少量水溶解后，定量转移至 1L 容量瓶中，加水稀释至刻度，摇匀。所得溶液含 Fe^{3+} 100μg/mL。

(2) 10μg/mL 的铁标准溶液：准确移取 25.0mL 100μg/mL 的铁标准溶液于 250mL 容量瓶中，加水稀释至刻度，摇匀。

(3) 10% 盐酸羟胺溶液（临用时配制）：称取 10g 盐酸羟胺溶于 100mL 水中。

(4) 0.15% 邻二氮杂菲溶液（新近配制）：称取 0.15g 1,10-邻二氮杂菲，先用少许酒精溶解，再用水稀释至 100mL，若不溶可稍加热。

(5) HAc-NaAc 溶液：136g $NaAc \cdot 3H_2O$ 溶于水，加入 100mL 冰乙酸，稀释至 1000mL。

(6) 2mol/mL 盐酸溶液。

(7) 待测铁溶液。

(四) 操作步骤

1. 吸收曲线的绘制

取标准系列中含 Fe^{3+} 标准溶液 4.00mL 的溶液绘制吸收曲线。用 1cm 比色皿，以空白为参比，从 450nm 测到 550nm，每隔 5nm 测定一次吸光度，吸收峰附近应多测几个点。绘制吸收曲线，根据吸收曲线选择最大吸收峰的波长。

2. 工作曲线的绘制

分别取 0mL（空白）、1.00mL、2.00mL、4.00mL、6.00mL、8.00mL、10.00mL 铁标准溶液于 7 个 50mL 容量瓶中，依次分别加入 1mL 盐酸羟胺溶液、5mL HAc-NaAc 缓冲溶液、5mL 邻菲啰啉溶液，用蒸馏水稀释至刻度，摇匀。放置 10min，用分光光度计于 510nm 处，以空白调零测吸光度。以吸光度为纵坐标，相对应的铁含量为横坐标绘制工作曲线。

3. 水样中铁含量的测定

吸取水样 10.00mL 于 50mL 容量瓶中，依次分别加入 1mL 盐酸羟胺溶液、5mL HAc-NaAc 缓冲溶液、5mL 邻菲啰啉溶液，用蒸馏水稀释至刻度，摇匀。放置 10min，用分光光度计于 510nm 处，以空白调零测吸光度，记录读数。平行测定两次。

(五) 计算公式

铁含量 $\rho_{(Fe)} = \dfrac{m}{10} \times 10^3$ (mg/L)

(六) 数据记录和结果计算

1. 工作曲线的绘制

容量瓶编号	1	2	3	4	5	6	7
铁标液体积/mL							
铁含量 m/mg							
吸光度 A							

2. 水样中铁含量的测定

试样编号	测定次数	1	2
	试样吸光度 A		
	铁含量/(mg/L)		
	测定结果(算术平均值)		
	平行测定结果的绝对差		

(七) 思考题

1. 用邻二氮杂菲法测微量铁时,在显色前加入盐酸羟胺的作用是什么?
2. 此法所测铁量是试样中总铁量还是 Fe^{2+} 量?
3. 显色时,加入还原剂、显色剂的顺序可否颠倒?为什么?
4. 何谓标准曲线?何谓吸收曲线?各有何实际意义?

技能训练 2-2 丁二酮肟法测定镍的含量

(一) 实训目的与要求

1. 掌握丁二酮肟法测定镍含量的原理和基本条件。
2. 掌握丁二酮肟法测定镍的显色溶液的制备和操作技术。

(二) 基本原理

试样经酸溶解后,在碱性溶液中,Ni^{2+} 先与丁二酮肟形成 Ni^{2+}-丁二酮肟配合物,在氧化剂——过硫酸铵作用下,Ni^{2+}-丁二酮肟配合物被氧化成可溶性的酒红色 Ni^{4+}-丁二酮肟配合物(以 NiD_2 表示)。465nm 处吸收最强,ε 为 15000,但由于铁、铝等干扰离子与掩蔽剂酒石酸或柠檬酸盐形成的配合物在此波长处有较强的吸收,故测定时选用 520nm 或 530nm,以消除酒石酸铁的干扰。

(三) 仪器与试剂

1. 仪器

722 型分光光度计。

2. 试剂

(1) 1mg/mL Ni^{2+} 溶液:从干燥器中取出 $Ni(NO_3)_2 \cdot 6H_2O$ (分析纯),称取 0.4954g 于一烧杯中,加蒸馏水溶解转移至 100mL 容量瓶,稀释至刻度,摇匀[注意使用过后,应将 $Ni(NO_3)_2 \cdot 6H_2O$ 放入干燥器中保存,避免 $Ni(NO_3)_2 \cdot 6H_2O$ 吸水潮解]。

(2) 20μg/mL Ni^{2+} 标准溶液:准确移取 5.00mL 1mg/mL Ni^{2+} 溶液于 250mL 容量瓶中,用蒸馏水稀释至刻度,摇匀。

(3) 8%NaOH:称取 20.0g 固体 NaOH(分析纯)于一烧杯中,加蒸馏水溶解,冷却至室温。转移至 500mL 容量瓶,用蒸馏水稀释至刻度,摇匀。

(4) 1%丁二酮肟:称取 0.5000g 丁二酮肟(分析纯)于一烧杯中,加 5%NaOH 溶解之后,转移至 50mL 容量瓶,用 5%NaOH 稀释至刻度,摇匀(注意 1%丁二酮肟应避光保存,若室温接近 27℃时,即放进冰箱保存,防止丁二酮肟在 27~28℃升华)。

(5) 4%过硫酸铵:称取 4.0000g 过硫酸铵(分析纯)于一烧杯中,加蒸馏水溶解之后,转移至 100mL 容量瓶,用蒸馏水稀释,摇匀(注意,过硫酸铵不稳定,需当天配制)。

(四) 操作步骤

1. 样品中镍含量的测定

移取 10.00mL 试液三份,分别置于 50mL 容量瓶中,其中两份依次分别加入 10mL 酒石酸钠溶液(30%)、10ml 氢氧化钠溶液(8%)、5mL 过硫酸铵(4%),立即加入 2.0mL 丁二酮肟溶液,用蒸馏水稀释至刻度,摇匀,放置~(室温 30℃时) 20min (室温 5℃时),另一份为参比液,加入 10mL 酒石酸钠溶液(30%)、10mL 氢氧化钠溶液(8%)、2mL 乙醇、5mL 过硫酸铵(4%),用蒸馏水稀释至刻度,摇匀。以参比液为参比,用分光光度计于 530nm 处,以空白调零测吸光度。从工作曲线上查出相应的镍含量。

2. 工作曲线的绘制

分别取 20μg/mL 的镍标准溶液 0mL、1.00mL、2.00mL、3.00mL、4.00mL、5.00mL

于 6 个 50mL 容量瓶中，按上述步骤依次分别加入酒石酸钠等各种试剂，其中不加镍的一份按参比液处理，以空白调零测吸光度。绘制吸光度对镍含量（μg）的校准曲线。

（五）计算公式

镍含量
$$\rho = \frac{m}{V} \text{ (mg/L)}$$

式中，m 为从工作曲线上查出的镍的含量，μg；V 为测定所取试样的体积，mL。

（六）数据记录和结果计算

1. 工作曲线的绘制

容量瓶编号	1	2	3	4	5	6
镍标液体积/mL						
镍含量 m/μg						
吸光度 A						

2. 试样中镍含量的测定

试样编号	测定次数	1	2
	试样吸光度 A		
	镍含量/(mg/L)		
	测定结果平均值/(mg/L)		
	平行测定结果的极差		

（七）思考题

1. 显色时加入各种试剂的顺序对测定有何影响？为什么？
2. 为什么不用最大吸收波长测定，而是选择吸收较小的 530nm 处测定？

技能训练 2-3　尿素中缩二脲含量的测定

（一）实训目的与要求

1. 掌握尿素中缩二脲含量测定方法的原理与操作。
2. 掌握固体样品的处理与测定操作。

（二）基本原理

在酒石酸钾钠的碱性溶液中缩二脲与硫酸铜生成紫红色配合物，最大吸收波长为 550nm，在此处测定其吸光度，用工作曲线法定量。

（三）仪器与试剂

1. 仪器

水浴（30℃±5℃），分光光度计（带有 3cm 的比色皿）。

2. 试剂

(1) 硫酸铜溶液（15g/L）。
(2) 酒石酸钾钠碱性溶液（50g/L）。
(3) 缩二脲标准溶液（2.00g/L）。

（四）操作步骤

1. 标准系列溶液的制备和吸光度测定

在 8 个 100mL 的容量瓶中，分别加入 0.0mL、2.5mL、5.0mL、10.0mL、15.0mL、20.0mL、25.0mL、30.0mL 含缩二脲 2.00mg/mL 的标准溶液，每个容量瓶用水稀释至约

50mL，然后依次分别加入 20.0mL 酒石酸钾钠碱性溶液和 20.0mL 硫酸铜溶液，摇匀，稀释至刻度，把容量瓶浸入 30℃±5℃ 的水浴中约 20min，不时摇动。在 30min 内，以缩二脲的吸光度为零的溶液作参比溶液，用 3cm 比色皿，在 550nm 波长处，测定各溶液的吸光度。记录读数。

2. 试样及试液制备和吸光度测定

称量约 50g 试样，精确至 0.01g，置于 250mL 烧杯中，加水约 100mL 溶解，用硫酸或氢氧化钠溶液调节溶液的 pH=7，将溶液定量转移至 250mL 容量瓶中，稀释至刻度，摇匀。

分取含有 20～50mg 缩二脲的上述试液两份于 100mL 容量瓶中，然后依次加入 20.0mL 酒石酸钾钠碱性溶液和 20.0mL 硫酸铜溶液，摇匀，稀释至刻度，把容量瓶浸入 30℃±5℃ 的水浴中约 20min，不时摇动。用与标准系列溶液吸光度测定相同的手续测定吸光度。记录读数。

3. 空白试验

除不用试样外，操作手续和应用的试剂与测定试样时相同。记录读数。

（五）数据记录

容量瓶编号	含缩二脲 2.00mg/mL 标准溶液								试液		空白
	1	2	3	4	5	6	7	8	9	10	11
移取的体积/mL	0.0	2.5	5.0	10.0	15.0	20.0	25.0	30.0			
100mL 溶液含缩二脲/mg	0	5	10	20	30	40	50	60			
吸光度 A											

（六）数据记录及结果计算

以 100mL 溶液含缩二脲的质量（mg）为横坐标，相对应的吸光度为纵坐标绘制标准曲线；从标准曲线上查出所测试液吸光度对应的缩二脲的量。

试样中缩二脲含量 x 以质量百分数（%）表示，按下式计算：

$$x = \frac{(m_1 - m_2)D}{m} \times 100\%$$

式中，m_1 为测得的试液中缩二脲的质量，g；m_2 为测得的空白试液中缩二脲的质量，g；m 为试样的质量，g；D 为试样的总体积与分取的试液体积之比。

所得结果表示至两位小数。

试样编号	测定次数	1	2
	m_1/g		
	m_2/g		
	m/g		
	D		
	缩二脲含量 x/%		
	测定结果（算术平均值）/%		
	平行测定结果的绝对差/%		

技能训练 2-4　水中磷酸盐含量的测定

（一）实训目的与要求

1. 掌握磷钼蓝分光光度法测定磷含量的原理和方法。

2. 进一步熟悉分光光度计的构造及使用方法。

(二) 基本原理

微量磷的测定常采用磷钼蓝分光光度法。测定时，先将试样中所有磷转化成 PO_4^{3-} 形式，PO_4^{3-} 与钼酸铵在酸性条件下生成黄色磷钼杂多酸，反应如下：

$$H_3PO_4 + 12H_2MoO_4 \Longleftrightarrow H_3[P(Mo_3O_{10})_4] + 12H_2O$$
磷钼杂多酸（黄色）

该黄色化合物用 $SnCl_2$ 还原生成淡蓝色磷钼蓝，用以分光测定，其反应如下：

$$H_3[P(Mo_3O_{10})_4] + 2HCl \Longleftrightarrow H_3PO_4 \cdot 10MoO_3 \cdot Mo_2O_5 (磷钼蓝) + SnCl_4 + H_2O$$

磷钼蓝的最大吸收波长为 690nm。大量 Fe^{3+} 的存在对测定有影响，可加入 NaF 将 Fe^{3+} 掩蔽起来，从而消除其干扰。

(三) 仪器与试剂

1. 仪器

(1) 721 型分光光度计。

(2) 50mL 容量瓶 7 只/组。

(3) 10mL、5mL 移液管。

2. 试剂

(1) 钼酸铵-硫酸混合液：溶解 2.5g 钼酸铵于 100mL 5mol/L 的硫酸中。

(2) $SnCl_2$-甘油溶液：溶解 2.5g $SnCl_2$ 于 100mL 甘油中，此溶液可保存数周。

(3) 磷标准溶液：称取在 105℃ 烘箱中烘干的分析纯 KH_2PO_4 0.2067g，溶解于约 200mL 水中，加浓硫酸 1mL，转入 500mL 容量瓶中加水定容。此溶液含磷为 100μg/mL，将此溶液准确稀释 10 倍，配成含磷 10μg/mL 的标准溶液。

(4) 待测含磷溶液。

(四) 操作步骤

1. 工作曲线的绘制

分别取 0mL（空白）、2.00mL、4.00mL、6.00mL、8.00mL、10.00mL 磷酸盐 (10.0μg/mL) 标准溶液于 6 个 50mL 容量瓶中，加水稀释至 40mL 左右，然后分别加入 7mL 钼酸钠-硫酸溶液，摇匀，加入氯化亚锡-甘油溶液 5 滴，用蒸馏水稀释至刻度，摇匀。于 30℃ 恒温水浴中放置 10min，用分光光度计于 660nm 处，以空白为参比测定吸光度。以吸光度为纵坐标，相对应的磷酸根含量 m（μg）为横坐标绘制工作曲线。

2. 水样的测定

吸取水样 10.00mL 于 50mL 容量瓶中，加入 5mL 氨磺酸，放置 1min，加水稀释至 40mL 左右，其他步骤同工作曲线的绘制。测出吸光度后，在工作曲线上查出磷酸根的质量 (mg)。按下式计算磷酸盐的含量。平行测定两次。

(五) 计算公式

$$\rho = \frac{m}{10} \quad (mg/L)$$

(六) 数据记录和结果计算

1. 工作曲线的绘制

容量瓶编号	1	2	3	4	5	6
磷酸盐标液体积/mL						
磷酸盐含量 m/μg						
吸光度 A						

2. 水样中磷酸盐含量的测定

试样编号	测定次数	1	2
	试样吸光度 A		
	磷酸盐含量/(mg/L)		
	测定结果(算术平均值)		
	平行测定结果的极差		

（七）思考题

1. 本实验加入 $SnCl_2$ 的作用是什么？
2. 配制钼酸铵溶液时为什么要加硫酸？
3. 本实验为什么要特别注意磷钼蓝有色配合物的稳定时间？
4. 何谓参比溶液？它有何作用？本实验能否采用去离子水作参比溶液？

技能训练 2-5　水中挥发酚的测定

（一）实训目的与要求

1. 掌握测定方法原理，了解影响实验测定准确度的因素。
2. 掌握用分光光度测定挥发酚的实验技术。

（二）基本原理

挥发酚类通常指沸点在 230℃ 以下的酚类，属一元酚，是高毒物质。生活饮用水和Ⅰ、Ⅱ类地表水水质限值均为 0.002mg/L，污染水中最高容许排放浓度为 0.5mg/L（一、二级标准）。测定挥发酚类的方法有 4-氨基安替比林分光光度法、溴化滴定法、气相色谱法等。本实验采用 4-氨基安替比林分光光度法测定废水中的挥发酚。碱性条件及铁氰化钾存在下，酚与 4-氨基安替比林形成紫红色配合物，在 510nm 处测定其吸光度，用工作曲线法定量。

（三）仪器与试剂

1. 仪器　分光光度计、容量瓶等。

2. 试剂

（1）无酚水：于 1L 水中加入 0.2g 经 200℃ 活化 0.5h 的活性炭粉末，充分振摇后，放置过夜。用双层中速滤纸过滤，滤出液储于硬质玻璃瓶中备用。或加氢氧化钠使水呈强碱性，并滴加高锰酸钾溶液至紫红色，移入蒸馏瓶中加热蒸馏，收集馏出液备用。

（2）苯酚标准储备液：称取 1.00g 无色苯酚溶于水，移入 1000mL 容量瓶中，稀释至标线，置于冰箱中备用。该溶液按下述方法标定。

吸取 10.00mL 苯酚标准储备液于 250mL 碘量瓶中，加 100mL 水和 10.00mL 0.1000mol/L 溴酸钾-溴化钾溶液，立即加入 5mL 浓盐酸，盖好瓶塞，轻轻摇匀，于暗处放置 10min。加入 1g 碘化钾，密塞，轻轻摇匀，于暗处放置 5min 后，用 0.125mol/L 硫代硫酸钠标准溶液滴定至淡黄色，加 1mL 淀粉溶液，继续滴定至蓝色刚好褪去，记录用量。以水代替苯酚储备液做空白试验，记录硫代硫酸钠标准溶液的用量。苯酚储备液浓度按下式计算：

$$苯酚含量\quad \rho = \frac{(V_1 - V_2)c \times 15.68}{V} \quad (mg/L)$$

式中，V_1 为空白试验消耗硫代硫酸钠标准溶液的体积，mL；V_2 为滴定苯酚标准储备液时消耗硫代硫酸钠标准溶液的体积，mL；V 为取苯酚标准储备液的体积，mL；c 为硫代硫酸钠标准溶液的浓度，mol/L；15.68 为苯酚（$1/6C_6H_5OH$）摩尔质量，g/mol。

（3）苯酚标准中间液：取适量苯酚贮备液，用水稀释至含 0.010mg/mL 苯酚。使用时当天配制。

(4) 20g/L 4-氨基安替比林溶液：称取 4-氨基安替比林（$C_{11}H_{13}N_3O$）2g 溶于水，稀释至 100mL，置于冰箱内保存。可使用一周。或临用新配。固体试剂易潮解、氧化，宜保存在干燥器中。

(5) 20g/L 铁氰化钾溶液：称取 8g 铁氰化钾 $K_3[Fe(CN)_6]$ 溶于水，稀释至 100mL，置于冰箱内保存，可使用一周。或临用新配。

(6) 氨水-氯化铵缓冲溶液（pH9.8）：20g 氯化铵，溶于 100mL 氨水中。

（四）操作步骤

1. 水样预处理

(1) 量取 250mL 水样置于蒸馏瓶中，加数粒小玻璃珠以防暴沸，再加二滴甲基橙指示液，用磷酸溶液调节至 pH4（溶液呈橙红色），加 5.0mL 硫酸铜溶液（如采样时已加过硫酸铜，则补加适量）。

如加入硫酸铜溶液后产生较多量的黑色硫化铜沉淀，则应摇匀后放置片刻，待沉淀后，再滴加硫酸铜溶液，至不再产生沉淀为止。

(2) 连接冷凝器，加热蒸馏，至蒸馏出约 225mL 时，停止加热，放冷。向蒸馏瓶中加入 25mL 水，继续蒸馏至馏出为 250mL 为止。

蒸馏过程中，如发现甲基橙的红色褪去，应在蒸馏结束后，再加 1 滴甲基橙指示液。如发现蒸馏后残液不呈酸性，则应重新取样，增加磷酸加入量，进行蒸馏。

2. 工作曲线的绘制

分别取 0mL（空白）、2.00mL、4.00mL、6.00mL、8.00mL、10.00mL 酚（10.0μg/mL）标准溶液于 6 个 50mL 容量瓶中，依次分别加入蒸馏水 20mL、缓冲溶液 0.5mL、4-氨基安替比林溶液 1mL。每加入一种溶液都要摇匀，最后加入铁氰化钾溶液 1mL，充分摇匀。放置 10min，用分光光度计于 510nm 处，以空白为参比测吸光度。以吸光度为纵坐标，相对应的酚含量 $m(\mu g)$ 为横坐标绘制工作曲线。

3. 水样的测定

吸取水样 10.00mL 于 50mL 容量瓶中，加入蒸馏水 20mL、缓冲溶液 0.5mL、4-氨基安替比林溶液 1mL。每加入一种溶液都要摇匀，最后加入铁氰化钾溶液 1mL，充分摇匀。放置 10min，用分光光度计于 510nm 处，以空白为参比测吸光度。测出吸光度后，在工作曲线上查出酚的质量（μg）。按下式计算酚的含量。平行测定两次。

（五）计算公式

酚含量 $\quad\quad\quad\quad\quad\quad \rho = \dfrac{m}{10} \quad (\mathrm{mg/L})$

（六）数据记录和结果计算

1. 工作曲线的绘制

容量瓶编号	1	2	3	4	5	6
酚标液体积/mL						
酚含量 $m/\mu g$						
吸光度 A						

2. 水样中酚含量的测定

试样编号	测定次数	1	2
	试样吸光度 A		
	酚含量/(mg/L)		
	测定结果（算术平均值）		
	平行测定结果的极差		

（七）注意事项

1. 如水样含挥发酚较高，移取适量水样并加至 250mL 进行蒸馏，则在计算时应乘以稀释倍数。如水样中挥发酚类浓度低于 0.5mg/L 时，采用 4-氨基安替比林萃取分光光度法。

2. 当水样中含游离氯等氧化剂、硫化物、油类、芳香胺类及甲醛、亚硫酸钠等还原剂时，应在蒸馏前先做适当的预处理。

技能训练 2-6　混合液中钴和铬双组分含量测定

（一）实训目的与要求

1. 了解混合液中 Co^{2+}、Cr^{3+} 含量的测定原理。
2. 掌握用分光光度法测定双组分的原理和方法。

（二）基本原理

当溶液中含有多种吸光物质，一定条件下分光光度法不经分离即可对混合物进行多组分分析。这是因为吸光度具有加和性，在某一波长下总吸光度等于各个组分吸光度的总和。

如果混合液中各个组分的吸收带互有重叠，只要它们能符合朗伯－比耳定律，对几个组分即可在几个波长下进行几次吸光度测定，然后解几元联立方程组，可求算出各个组分的含量。可选定二个波长 λ_1 和 λ_2 并分别在 λ_1 和 λ_2 处测定吸光度 A_1 和 A_2，根据吸光度的加和性，列出如下方程组：

$$\begin{cases} A_1 = \varepsilon_{\lambda_1}^a b c_a + \varepsilon_{\lambda_1}^b b c_b \\ A_2 = \varepsilon_{\lambda_2}^a b c_a + \varepsilon_{\lambda_2}^b b c_b \end{cases}$$

式中，c_a、c_b 分别为 a 组分和 b 组分的浓度；$\varepsilon_{\lambda_1}^a$、$\varepsilon_{\lambda_1}^b$ 分别是 a 组分和 b 组分在波长 λ_1 处的摩尔吸光系数；$\varepsilon_{\lambda_2}^a$、$\varepsilon_{\lambda_2}^b$ 分别是 a 组分和 b 组分在波长 λ_2 处的摩尔吸光系数；$\varepsilon_{\lambda_1}^a$、$\varepsilon_{\lambda_1}^b$、$\varepsilon_{\lambda_2}^a$、$\varepsilon_{\lambda_2}^b$ 可以用 a、b 的标准溶液分别在 λ_1、λ_2 处测定吸光度后计算求得。将 $\varepsilon_{\lambda_1}^a$、$\varepsilon_{\lambda_1}^b$、$\varepsilon_{\lambda_2}^a$、$\varepsilon_{\lambda_2}^b$ 代入方程组，可得两组分的浓度。

本实验测定 Co^{2+}、Cr^{3+} 的有色混合物的组成。

（三）仪器与试剂

1. 仪器

可见分光光度计；

容量瓶（50mL 10 个）；

吸量管（1mL、5mL、10mL 各 2 只）。

2. 试剂

（1） 0.350mol/L $Co(NO_3)_2$ 标准溶液；0.100mol/L $Cr(NO_3)_3$ 标准溶液；

（2）样品溶液：取 Co^{2+}、Cr^{3+} 标准溶液等体积混合。

（四）操作步骤

1. 溶液配制

取 4 个 25mL 容量瓶，分别加入 2.50mL、5.00mL、7.50mL、10.00mL 0.350mol/L $Co(NO_3)_2$ 标准溶液，另取 4 个 25mL 容量瓶，分别加入 2.50mL、5.00mL、7.50mL、10.00mL 0.100mol/L $Cr(NO_3)_3$ 标准溶液，分别用水稀释至刻度，摇匀。

另取 1 个 25mL 容量瓶，加入未知试液 10.00mL，用水稀释至刻度，摇匀。

2. 波长的选择

分别取含 $Co(NO_3)_2$ 标准溶液 5.00mL、含 $Cr(NO_3)_3$ 标准溶液 5.00mL 的两个容量瓶

的溶液测绘吸收曲线。用1cm比色皿,以蒸馏水为参比,从420nm测到700nm,每隔20nm测定一次吸光度,吸收峰附近应多测几个点。将两种组分的吸收曲线绘在同一个坐标系内,根据吸收曲线选择最大吸收峰的波长。

3. 吸光度的测量

以蒸馏水为参比选择已校正好的1cm比色皿,在λ_1、λ_2处分别测定上述配好的溶液的吸光度。

（五）数据记录和结果计算

(1) 不同波长下Co^{2+}、Cr^{3+}溶液的吸光度

λ/nm									
$A_{Co^{2+}}$									
$A_{Cr^{3+}}$									

(2) 摩尔吸光系数的测定

标准溶液	0.350mol/L Co(NO$_3$)$_2$				0.100mol/L Cr(NO$_3$)$_3$			
取样量/mL	2.50	5.00	7.50	10.00	2.50	5.00	7.50	10.00
稀释后浓度/(mol/L)								
A_{λ_1}								
A_{λ_2}								

(3) 试液中Co^{2+}、Cr^{3+}的测定

测定波长/nm	λ_1	λ_2
吸光度A		

① 绘制Co^{2+}、Cr^{3+}的吸收曲线,选择测定波长λ_1、λ_2。
② 分别绘制Co(NO$_3$)$_2$标准溶液、Cr(NO$_3$)$_3$标准溶液在λ_1、λ_2处吸收的标准曲线(共4条),求出各自的斜率,即得$\varepsilon_{\lambda_1}^{Co}$、$\varepsilon_{\lambda_1}^{Cr}$、$\varepsilon_{\lambda_2}^{Co}$、$\varepsilon_{\lambda_2}^{Cr}$。
③ 解联立方程组,计算出试液中Co^{2+}、Cr^{3+}的浓度,并换算成原始试样的浓度(mol/L)。

（六）思考题

1. 同时测定两组分时,应如何选择测量波长?
2. 摩尔吸光系数与哪些因素有关?测定的方法有哪些?

技能训练2-7 邻二氮菲法测铁条件探讨（开放性实训）

（一）实训目的与要求

初步掌握通过实验方法确定显色反应的条件。

（二）基本原理

显色反应的条件试验,一般包括溶液的酸度、显色剂的用量、溶剂、反应温度、干扰离子的影响、有色物质的稳定性等。

1. 溶液的酸度试验

固定其他条件,使反应在不同的pH条件下测定溶液的吸光度,然后绘制A-pH曲线,以吸光度大,且曲线较平稳的酸度范围作为适宜的酸度条件。

2. 显色剂用量试验

也是固定其他条件,测定显色剂的不同加入量的吸光度,然后绘制 $A\text{-}V_{显色剂}$ 曲线,以吸光度达到最大,而且适当过量又不会减少吸光度的显色剂加入量为宜。

3. 有色溶液稳定性试验

在溶液开始显色后,每隔一定时间测定一次吸光度,绘制 $A\text{-}t$ 曲线来选择合适的显色时间范围。

(三) 操作步骤及记录

1. 有色溶液稳定性实验

50mL 容量瓶两只,一只准确加入 10μg/mL Fe^{3+} 标液 5.00mL,另一只不加。分别加 1%盐酸羟胺 1mL,摇匀,稍停,再加入 1mol/L NaAc 5mL,邻菲啰啉 2mL,用水稀释至刻度,迅速摇匀。立即用 1cm 比色皿,以不含铁的试剂空白作参比,在 510nm 波长处测吸光度,并记下读取吸光度的时间,然后固定使用这对比色皿,依次测定放置下列时间后的吸光度。

放置时间/min	0	1	3	5	10	30	60	120
A								

2. 溶液酸度实验

按下表由上至下依次加入试剂,在 50mL 容量瓶中配制显色溶液。

容量瓶号	1	2	3	4	5	6	7	8
Fe^{3+}/mL	5.00	5.00	5.00	5.00	5.00	5.00	5.00	5.00
盐酸羟胺/mL	1.0	1.0	1.0	1.0	1.0	1.0	1.0	1.0
1mol/L HCl/mL	2.0	1.0	1.0	1.0	1.0	1.0	1.0	1.0
0.2mol/L NaOH/mL	0	0	3.0	4.0	6.0	8.0	8.5	9.5
邻菲啰啉/mL	2.0	2.0	2.0	2.0	2.0	2.0	2.0	2.0
pH								
A								

由于此显色体系的试剂空白溶液吸光度不随酸度而变,仍用步骤 1. 中的试剂空白作参比,在 510nm 处用 1cm 比色皿测各溶液的吸光度 A 值,然后再用精密试纸或精密酸度计测定其较准确的 pH。

3. 显色剂用量试验

按表由上至下依次加入试剂,在 50mL 容量瓶中配制显色溶液。

容量瓶编号	1	2	3	4	5	6	7	8
铁标液/mL	5.00	5.00	5.00	5.00	5.00	5.00	5.00	5.00
10%盐酸羟胺/mL	1.0	1.0	1.0	1.0	1.0	1.0	1.0	1.0
邻菲啰啉/mL	0.0	0.1	1.0	1.5	2.0	3.0	4.0	
1mol/L NaAc/mL	5.0	5.0	5.0	5.0	5.0	5.0	5.0	5.0
A								

以 1 号不含显色剂的溶液为参比,用 1cm 比色皿测定各溶液的吸光度。

(四) 数据处理

分别绘制 $A\text{-}t$ 曲线、$A\text{-}pH$ 曲线、$A\text{-}V_{显色剂}$ 曲线,从所作曲线上得出最佳显色条件。

(五) 思考题

1. 从曲线上观察邻二氮菲铁配合物的稳定情况,判断能否用于实际分析中,并确定合适的测定时间。

2. 确定邻二氮菲法测铁显色剂的用量和最佳 pH 范围, 试分析超过此范围对测定结果有什么影响?

技能训练 2-8　快速测定水果蔬菜中维生素 C 含量

(一) 实训目的与要求

1. 通过训练学会紫外分光光度计的使用与维护方法。

2. 学会用紫外分光光度法测定有机物的含量。

(二) 基本原理

维生素 C 又称抗坏血酸, 广泛存在于水果及蔬菜中, 柑橘、番茄、辣椒、苹果、鲜枣、猕猴桃、豆芽、甘蓝、洋葱等果蔬中均具有较高的含量。由于维生素 C 具有较强的还原性, 对光敏感, 氧化后的产物称为脱氢抗坏血酸, 脱氢抗坏血酸仍然具有生理活性。进一步水解则生成 2,3-二酮古洛糖酸并失去生理活性。食品中的维生素 C 主要以前 2 种形式存在, 通常以二者的总量表示食品中维生素 C 的含量。测定维生素 C 的方法很多, 常用的有 2,6-二氯靛酚滴定法、荧光法、高效液相色谱法等。

紫外测定法是维生素 C 快速测定的方法, 操作简单, 不受其他还原性物质等成分的干扰。其原理是根据维生素 C 具有对紫外光产生吸收、对碱不稳定的特性, 在 243nm 处测定样品液与碱处理样品液两者吸光度值之差, 并通过标准曲线, 即可计算出维生素 C 的含量。

(三) 材料、试剂与仪器

1. 材料

各种水果蔬菜、果汁及饮料。

2. 试剂

(1) 10% HCl: 取 133mL 浓盐酸, 加水稀释至 500mL;

(2) 1% HCl: 取 22mL 浓盐酸, 加水稀释至 100mL;

(3) 1mol/L NaOH 溶液: 称取 40g 氢氧化钠, 加蒸馏水, 不断搅拌至溶解, 然后定容至 1000mL。

3. 仪器

紫外分光光度计, 离心机, 分析天平, 容量瓶 (10、25mL), 移液管 (0.5、1.0mL), 吸管, 研钵。

(四) 操作步骤

1. 标准曲线的制作

(1) 维生素 C 标准溶液的配制: 在分析天平上准确称取维生素 C 10mg, 加 2mL 10% HCl, 再用蒸馏水定容至 100mL, 混匀, 即为 100μg/mL 维生素 C 标准溶液。

(2) 测定并制作标准曲线: 取具塞刻度试管 8 支, 依序加入 100μg/mL 维生素 C 标准溶液 0.1mL、0.2mL、0.3mL、0.4mL、0.5mL、0.6mL、0.8mL、1.0mL, 分别补加蒸馏水至 10.0mL, 摇匀。以蒸馏水为空白, 在 243nm 处测定标准系列维生素 C 溶液的吸光度。以维生素 C 的质量 (μg) 为横坐标, 以对应的吸光度 (A_{243nm}) 为纵坐标作标准曲线。

2. 样品中维生素 C 含量的测定

(1) 样品的提取: 将果蔬样品洗净、擦干、切碎、混匀。称取 5.00g 混匀的样品于研钵中, 加入 2～5mL 1% HCl, 匀浆, 转移到 25mL 容量瓶中, 稀释至刻度。若提取液澄清透明, 则可直接取样测定, 若有浑浊、沉淀现象, 则需要离心 (10000g, 10min), 再测定。

(2) 样品提取液的测定: 取 0.1～0.2mL 提取液, 放入盛有 0.2～0.4mL 10% HCl 的

10mL 容量瓶中，用蒸馏水稀释至刻度后摇匀。以蒸馏水为空白，在 243nm 处测定吸光度。

3. 待测碱处理液的制备与测定

分别吸取 0.1～0.2mL 提取液、2mL 蒸馏水和 0.6～0.8mL 1mol/L NaOH 溶液依次放入 10mL 容量瓶中，混匀，15min 后加入 0.6～0.8mL 10% HCl，混匀，加蒸馏水定容至刻度。以蒸馏水为空白，在 243nm 处测定吸光度。也可以碱处理待测液为空白，在 243nm 处测定样品提取液的吸光度。

（五）计算

1. 由待测液及碱处理待测液的 A_{243nm} 值之差，查标准曲线，计算样品中维生素 C 的含量；

2. 或者直接以碱处理待测液作空白测得的样品提取液的吸光度值查标准曲线，计算样品中维生素 C 的含量。

$$维生素\ C\ 的含量(\mu g/g) = \frac{cV}{V_1 W}$$

式中，C 为由标准曲线查得的维生素 C 含量，μg；V 为样品提取液的定容体积，mL；V_1 为测定时吸取样品提取液的体积，mL；W 为称取样品的质量，g。

技能训练 2-9　锅炉水及冷却水硝酸盐的含量测定

（一）基本原理

在 219nm 波长处，硝酸根离子和亚硝酸根离子的摩尔吸光系数相同。水样中某些有机物在该波长处可能也有吸收，故干扰测定。为此，取两份水样，第一份加锌-铜粒还原剂除去其中全部的硝酸根离子和亚硝酸根离子，作为空白对照液；第二份加氨基磺酸破坏其中的亚硝酸根离子，在 219.0nm 处测定硝酸根离子的吸光度。本方法适用于原水、锅炉用水、冷却水的控制分析。测定含量范围为：0～40mg/L。

（二）仪器与试剂

1. 仪器

（1）紫外-可见分光光度计（带 1cm 石英比色皿）。

（2）比色管：25mL。

2. 试剂

（1）5% 硫酸铜溶液。

（2）1% 氨基磺酸溶液（新鲜配制）。

（3）2mol/L 盐酸溶液：17mL 浓盐酸和 83mL 四级试剂水混匀。

（4）锌-铜还原剂：取 5g 粒径为 2～3mm 锌粒，用三级试剂水冲洗两次，再用 2mol/L 盐酸溶液洗净，最后用三级试剂水洗两次，放入 100mL 5% 硫酸铜溶液至锌粒表面出现一层黑色薄膜，弃去溶液，用四级试剂水再洗两次，将处理后的锌-铜粒风干，装瓶备用。注：若锌粒表面没有全部变黑，而且 5% 硫酸铜溶液颜色褪去，可将该溶液弃去后，再加入 50mL 5% 硫酸铜溶液处理，直至锌粒表面变黑为止。

（5）硝酸钾标准溶液（1mL 含 1mg NO_3^-）

① 硝酸钾贮备溶液（1mL 含 0.4mg NO_3^-）：准确称取 0.6523g 经 105℃ 干燥 24h 的硝酸钾，溶于 20mL 四级试剂水中，移入 1L 容量瓶中，用三级试剂水稀释至刻度，摇匀。

② 硝酸钾标准溶液（1mL 含 0.1mg NO_3^-）：准确吸取 25mL 硝酸钾贮备液于 100mL 容量瓶中，用四级试剂水稀释至刻度，摇匀。

（三）测定步骤

1. 标准曲线的绘制

(1) 准确吸取 0.5mL、1mL、2mL、3mL、4mL、5mL 硝酸钾标准溶液,分别加入六支 25mL 比色管中,用四级试剂水稀释至刻度,摇匀。

(2) 以四级试剂水作空白对照,在 219nm 处,用 1cm 石英比色皿测定其相应的吸光度,并以吸光度为纵坐标,硝酸根离子含量(mg)为横坐标绘制标准曲线。

2. 水样的测定

(1) 准确吸取两份各 10mL 经慢速滤纸过滤的水样,分别置于 25mL 比色管中,一份水样加入 0.8g(3~4 粒)锌-铜还原剂和 1mL 2mol/L 盐酸溶液,放置 5h 后过滤于 25mL 比色管中,用四级试剂水洗涤并稀释至刻度,摇匀,称为甲液。

(2) 另一份水样中加入 1mL 1‰氨基磺酸溶液,用四级试剂水稀释至刻度,摇匀,称为乙液。

(3) 以上述甲液作空白对照,在 219nm 处,用 1cm 石英比色皿测定乙液的吸光度,从标准曲线上查出相应的硝酸根离子的含量 a(mg)。

(四)计算

水中硝酸盐含量 X(mg/L)按下式计算

$$X = \frac{a}{10} \times 1000$$

式中,a 为从标准曲线上查出的硝酸根离子含量,mg;10 为吸取的水样体积,mL。

允许差:水中硝酸盐含量测定的允许差见表 2-6。

表 2-6 硝酸盐测定的允许差/mg/L

范围	室内允许差 T_2	室间允许差 $Y_{2.2}$
0~10.0	0.44	2.11
>10.0~15.0	0.68	5.00
>15.0~25.0	1.16	2.11
>25.0~35.0	1.65	16.56
>35.0~40.0	1.89	19.45

技能训练 2-10 双波长法测定三氯苯酚存在时的苯酚含量

(一)实训目的与要求

掌握双波长等吸光度法消除干扰的原理。

(二)基本原理

分光光度法测定多组分化合物时,可以通过解联立方程式求出各组分的含量,也可以通过导数光谱的方法解决。但对于吸收光谱互相重叠的两组分混合物,若只测定其中的某一组分的含量,可利用双波长等吸光度法进行测定。

在含有 X 和 Y 两组分的试样溶液中,根据吸光度的加和性,在波长 λ_1 和 λ_2 处的吸光度分别为

$$A_{\lambda_1} = A_{\lambda_1}^x + A_{\lambda_1}^y$$
$$A_{\lambda_2} = A_{\lambda_2}^x + A_{\lambda_2}^y$$

则 $\Delta A_x = A_{\lambda_2} - A_{\lambda_1} = A_{\lambda_2}^x - A_{\lambda_1}^x + A_{\lambda_2}^y - A_{\lambda_1}^y$

如果干扰组分 Y 在选择的两个波长 λ_1 和 λ_2 处有相同的吸光度,即 $A_{\lambda_2}^y = A_{\lambda_1}^y$ 则有:

$$\Delta A_x = A_{\lambda_2}^x - A_{\lambda_1}^x = (\varepsilon_{\lambda_2}^x - \varepsilon_{\lambda_1}^x) bc_x$$

即 ΔA_x 与浓度 c_x 成线性关系。这种测量浓度的方法叫双波长等吸收法。

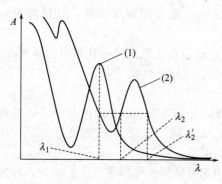

图 2-30 双波长法中波长对的确定
(1) 苯酚；(2) 三氯苯酚

在双波长等吸收法中所选择的两个波长必须满足两个条件：

① 在这两个波长处，干扰组分 Y 应具有相同的吸光度，即 $\Delta A_y = 0$；

② 在这两个波长处，待测组分 X 的吸光度差值 ΔA_x 足够大。

λ_1 和 λ_2 的选择有多种方法，通常采用的方法是作图法，作图操作步骤如下（参照图 2-30）。

① 在一定的波长范围内绘制 X 和 Y 的吸收光谱；

② 在 X 吸收峰处或其附近选择测定的 λ_2；

③ 过 λ_2 作垂直于波长轴的直线交 Y 的吸收光谱上的某一点；

④ 再过这一交点作波长轴的并行线，在 Y 的吸收光谱上可以得到一个或多个交点，则该交点对应的波长即 λ_1，若作出图时存在多个 λ_1 时，则选择的 λ_1 应满足 ΔA_x 有最大值。2,4,6-三氯苯酚水溶液和苯酚水溶液的吸收光谱相互重叠，本实验是用双波长等吸光度法，在 2,4,6-三氯苯酚存在下测定苯酚的含量。

（三）仪器与试剂

1. 仪器

(1) 紫外可见分光光度计；

(2) 1.00mL 石英比色池；

(3) 25mL 容量瓶 7 个。

2. 试剂

(1) 苯酚标准水溶液（0.250g/L）：准确称取 25.0mg 苯酚，用去离子水溶解，稀释到 100mL 容量瓶中，摇匀。

(2) 2,4,6-三氯苯酚（0.10g/L）：准确称取 10.0mg 2,4,6-三氯苯酚，用去离子水溶解，稀释到 100mL 容量瓶中，摇匀。

（四）操作步骤

1. 准确移取 0.250g/L 苯酚溶液 1.00mL、2.00mL、3.00mL、4.00mL、5.00mL 于 25mL 容量中，用蒸馏水稀释至刻度，摇匀。

2. 准确移取 0.10g/L 苯酚溶液 5.00mL 于 25mL 容量中，用蒸馏水稀释至刻度，摇匀。

3. 苯酚水溶液及 2,4,6-三氯苯酚水溶液吸收光谱的绘制：在同一坐标下，以蒸馏水为参比溶液，分别用苯酚水溶液（30.0mg/L）和 2,4,6-三苯酚水溶液（20.0mg/L），在 220～350nm 范围内绘制吸收光谱。选择合适的 λ_1 和 λ_2 后，再用 2,4,6-三苯酚水溶液在 λ_1 和 λ_2 处测定其吸光度是否相等。若不相等，微微变化 λ_2 的波长，直至相等为止。

4. 苯酚水溶液的标准曲线绘制及未知试样溶液的测定：以蒸馏水为参比溶液，在所选择的测定波长 λ_2 及参比波长 λ_1 处，分别测量苯酚系列标准溶液及含有 2,4,6-三苯酚未知试样溶液的吸光度。

（五）数据处理

1. 在同一坐标上绘制苯酚和 2,4,6-三苯酚水溶液的吸收光谱，并选择合适的测定波长 λ_2 和参比波长 λ_1。

2. 求出一系列苯酚溶液在两波长处的差值 $\Delta A = (A_{\lambda 2} - \Delta A_{\lambda 1})$。以 ΔA 为纵坐标，苯酚浓度 c 为横坐标，绘制标准工作曲线。由未知试样的 ΔA 值，从标准工作曲线上求出未知试样溶液中苯酚的浓度（mg/L）。

（六）思考题

1. 本实验与普通的分光光度法有何异同？
2. 欲要求测定试样中苯酚和 2,4,6-三苯酚两组分的含量，应如何设计实验？测量波长应如何选择？

技能训练 2-11　紫外吸收光谱法测定 APC 片剂中乙酰水杨酸的含量

（一）实训目的与要求

1. 了解紫外-可见分光光度计的性能、结构及其使用方法。
2. 掌握紫外-可见分光光度法定量分析的基本原理和实验技术。

（二）基本原理

APC 药片，研磨成粉末，用稀 NaOH 水溶液溶解提取，乙酰水杨酸水解成水杨酸钠进入水溶液中，该提取液在 295nm 左右有一个吸收峰，测出稀释成一定浓度的提取液的吸光度值，并用已知浓度的水杨酸的 NaOH 水溶液做出一条标准曲线，则可从标准曲线上求出相当于乙酰水杨酸的含量。根据两者的分子量，即可求得 APC 中乙酰水杨酸的含量。溶剂和其他成分不干扰测定。

$$\text{乙酰水杨酸浓度} = [\text{水杨酸浓度}] \times \frac{180.15}{138.12}$$

（三）仪器与试剂

1. 仪器

紫外-可见分光光度计；P_{16} 玻璃砂芯漏斗 1 个；抽滤瓶 250mL 1 个；容量瓶 250mL 1 支；50mL 7 支；吸量管 20mL 1 只；刻度吸量管 5mL 2 只。

2. 试剂

（1）0.5000mg/mL 水杨酸贮备液：称取 0.5000g 水杨酸，先溶于少量 0.10mol/L NaOH 溶液中，然后用蒸馏水定容于 1000mL 容量瓶中。

（2）0.10mol/L NaOH 溶液。

（四）操作步骤

1. 对照液的配制

将 7 个 50mL 容量瓶按 0～6 依次编号。分别移取水杨酸储备液 0.00mL、1.00mL、2.00mL、3.00mL、4.00mL、5.00mL 于相应编号容量瓶中，各加入 1.0mL 0.10mol/L NaOH 溶液，先用蒸馏水稀释至 30mL 左右，80℃ 水浴加热 10min，冷却至室温，稀释至刻度，摇匀。

2. 供试品液的配制

放一片 APC 药片在清洁的 50mL 烧杯中，加 2.0mL 0.10mol/L NaOH 先溶胀，再用玻璃棒搅拌溶解。在玻璃砂芯漏斗中先放入一张滤纸，用玻璃砂芯漏斗定量地转移烧杯中的内含物，用 10mL 的 0.1mol/L NaOH 淋洗烧杯和玻璃砂芯漏斗 2 次（共 20mL），20mL 蒸馏水淋洗漏斗 4 次（共 80mL），并将滤液收集于同一个 250mL 容量瓶中，最后用蒸馏水稀释至刻度，摇匀。

从 250mL 容量瓶中取 20.0mL APC 溶液至一个 50mL 容量瓶中，蒸馏水稀释至 30mL

左右，80℃水浴加热10min，冷却至室温，稀释至刻度，摇匀。

3. 样品测定

在紫外分光光度计上对标样3进行扫描，波长范围是320～280nm，找出最大吸收波长，并在该波长下由低浓度到高浓度测定标准溶液的吸光度，最后测定未知液的吸光度。

4. 数据处理

(1) 以吸光度A为纵坐标，水杨酸浓度c为横坐标作标准曲线。

(2) 根据APC溶液的吸光度值，在标准曲线上求出相应的浓度（mg/mL），并换算成乙酰水杨酸的浓度。

(3) 稀释关系，求出1片APC中乙酰水杨酸的含量，与制造药厂所标明的含量（25mg）进行比较，计算误差。

（五）注意事项

1. 配制样品前要将所使用的玻璃仪器用自来水冲洗，再用少量蒸馏水润洗。

2. 取标准溶液时，应先倒少量标准溶液于小烧杯中移取，不要直接将移液管伸入标准液试剂瓶中。移取标准溶液之前要润洗移液管。

3. 药片需充分溶胀后，再碾碎。

4. 水浴加热时容量瓶塞子要松松塞住，防止加热气体膨胀，塞子冲出。

5. 测量前用待测液润洗比色皿，测量由低浓度到高浓度依次进行。

6. 从实验步骤可知，试样是两次稀释后，用很稀的浓度进行吸光度测试的，因此提取和各步转移必须严格定量，制作标准曲线的标样浓度也必须很准确，不然就会使求得的试样浓度产生较大的误差，而乘上稀释体积后，所求的药片含量误差会更大。

（六）思考题

1. 实验中为什么要加热？
2. 引起误差的因素有哪些？如何减少误差？

分光光度法考核评分参考表

序号	评分点	配分	评 分 标 准	扣分	得分
（一）	配制标准系列溶液				
1	移液管的使用	5	洗涤不符合要求，扣1分 没有润洗或润洗不合要求，扣1分 吸液操作不正确规范，扣1分 放液操作不正确规范，扣1分 用后处理及放置不当，扣1分		
2	容量瓶的使用	5	洗涤不符合要求，扣1分 没有试漏，扣1分 加入溶液的顺序不正确，扣1分 不能准确定容，扣1分 没有摇匀，扣1分		
（二）	分光光度计的使用				
1	测定前的准备	5	波长选择不正确，扣2分 灵敏度选择不当，扣1分 不能正确调"0"和"100%"，扣2分		
2	测定操作	9	不能正确使用比色皿，扣2分 不正确使用参比溶液，扣2分 比色皿盒拉杆操作不当，扣2分 开关比色皿暗箱盖不当，扣2分 读数不准确，扣1分		

第 2 章　可见（Vis）和紫外（UV）分光光度法

续表

序号	评分点	配分	评 分 标 准	扣分	得分
3	测定的结果	4	台面不清洁，扣 1 分 未取出比色皿及未洗涤，扣 2 分 没有倒尽洗涤容量瓶，扣 1 分		
（三）	标准（工作）曲线的绘制	6	标准（工作）曲线绘制不适当，扣 6 分		
（四）	测定结果	6	考生平行结果大于允许差，小于或等于 1/2 倍允许差，扣 3 分 考生平行结果大于 1/2 倍允许差，扣 6 分		
		10	考生平均结果与参照值对比大于 1 倍小于或等于 2 倍允许差，扣 3 分 考生平均结果与参照值对比大于 2 倍小于或等于 3 倍允许差，扣 6 分 考生平均结果与参照值对比大于 3 倍允许差，扣 10 分		
（五）	考核时间		考核时间为 120min。超过 5min 扣 2 分，超过 10min 扣 4 分，超过 15min 扣 8 分。……以此类推，扣完本题分数为止		
	合计	50			

注：1. 以标准结果为参照值，允许误差为不大于 2%。
2. 平行测定结果允差值为不大于 1%。

思 考 题

1. 什么叫单色光？复色光？哪一种光适用于朗伯-比耳定律？
2. 什么叫互补色？与物质的颜色有何关系？
3. 何谓透射比和吸光度？两者有何关系？
4. 朗伯-比耳定律的物理意义是什么？什么叫吸收曲线？什么叫标准曲线？
5. 何谓摩尔吸光系数？质量吸光系数？两者有何关系？
6. 分光光度法的误差来源有哪些？
7. 分光光度计的基本部件有哪些？
8. 如何选择参比溶液？
9. 何谓示差分光光度法？此法主要适合于哪些样品的测定？它为什么能提高测定的准确度？
10. 测定工业盐酸中铁含量时，常用盐酸羟胺还原 Fe^{3+}，用邻二氮杂菲显色。显色剂本身及其他试剂均无色，邻二氮杂菲-Fe^{2+} 为橙色。用标准曲线法进行工业盐酸中微量铁含量分析时，应选用什么作参比溶液？

习 题

1. 浓度为 6μg/mL 的 Fe^{3+} 标准溶液，其吸光度为 0.304。在同一条件下测得某铁试样溶液的吸光度为 0.510，求试样中铁的含量（mg/L）。
2. 有两种不同浓度的有色溶液，当液层厚度相同时，对于某一波长的光，透光率 T 分别为（1）65.0%，（2）41.8%，求它们的吸光度 A。若已知溶液（1）的浓度为 6.51×10^{-4} mol/L，求溶液（2）的浓度。
3. 一束单色光通过厚度为 1cm 的有色溶液后，强度减弱 70%，当它们通过 5cm 厚的相同溶液后，强度将减少多少？
4. 已知某一吸光物质的摩尔吸光系数为 1.1×10^4 L/(mol·cm)，当此物质溶液的浓度为 3.00×10^{-5} mol/L，液层厚度为 0.5cm 时，求 A 和 T 各是多少？
5. 浓度为 25.5μg/50mL 的 Cu^{2+} 溶液，用双环己酮草酰二腙比色测定。在波长 600nm 处，用 1cm 的比色皿测得 $T=70.8\%$，求摩尔吸光系数和质量吸光系数。
6. 0.088mg Fe^{3+}，用硫氰酸盐显色后，在容量瓶中用水稀释到 50mL，用 1cm 比色皿，在波长 480nm 处测得 $A=0.740$。求吸光系数 a 和 ε。

7. 用 1cm 的比色皿在 525nm 波长处测得浓度为 1.28×10^{-4} mol/L $KMnO_4$ 溶液的透光率是 50%，试求：
 (1) 此溶液的吸光度是多少？
 (2) 如果 $KMnO_4$ 的浓度是原来浓度的两倍，透光率和吸光度各是多少？
 (3) 在 1cm 比色皿中，透光率是 75%，其浓度又是多少？

8. 有一化合物的相对分子质量是 125，摩尔吸光系数为 2.50×10^4 L/(mol·cm)，今欲配制该化合物的溶液 1L，使其在稀释 1200 倍后，在 1cm 的比色皿中测得的吸光度为 0.60，则应称取该化合物多少克？

9. 今有一台分光光度计，透光率的读数误差为 0.5%。计算在下列吸光度时，测得的浓度相对误差（不考虑正负误差）？
 (1) 0.095   (2) 0.631   (3) 0.803   (4) 0.492

10. 某溶液浓度为 c，以纯试剂作参比溶液时，吸光度 A 为 0.434，设仪器读数误差为 0.2%；(1) 求浓度的相对误差；(2) 在相同测量条件下，浓度为 $3c$ 的溶液在测量时引起的浓度相对误差为多少？

11. 在 1.00cm 比色皿中测得下列数据，求 A+B 混合液中 A 和 B 的物质的量浓度分别为多少？

溶液	浓度/(mol/L)	吸光度(450nm)	吸光度(700nm)
A	5.0×10^{-4}	0.800	0.100
B	2.0×10^{-4}	0.100	0.600
A+B	未知	0.600	1.000

12. 用 8-羟基喹啉-氯仿萃取比色法测定 Fe^{3+} 和 Al^{3+} 时，吸收曲线有部分重叠。在相应的条件下，用纯铝 $1\mu g$ 在波长 390nm 和 470nm 处分别测得 A 为 0.025 和 0.000，纯铁 $1\mu g$ 在波长 390nm 和 470nm 处分别测得 A 为 0.010 和 0.020。现取 1mg 含铁、铝的试样，在波长 390nm 和 470nm 处测得试液的吸光度分别为 0.500 和 0.300。求试样中 Fe 和 Al 的质量分数。

13. 用普通的分光光度法测定 0.00100mol/L 锌标准溶液和含锌的试样溶液，分别测得 $A_{标}=0.700$，$A_{样}=1.00$。若用 0.00100mol/L 锌标准溶液作参比溶液，此时试样溶液的吸光度是多少？读数标尺扩大了多少倍？

14. 用硅钼蓝法测定 SiO_2。用浓度为 0.020mg/mL 的 SiO_2 标准溶液作参比溶液，测定另一浓度为 0.100mg/mL 的 SiO_2 标准溶液，得透光率 T 为 14.4%。今有一未知溶液，在相同的条件下测得透光率 T 为 31.8%。求该未知溶液的 SiO_2 浓度（提示：$\Delta A=ab\Delta c$）。

15. 用磺基水杨酸法测定微量铁。标准溶液是由 0.2160g 的 $NH_4Fe(SO_4)_2\cdot 12H_2O$ 溶于水中稀释至 500mL 配制。根据下列数据，绘制标准曲线：

标准铁溶液体积 V/mL	0.0	2.0	4.0	6.0	8.0	10.0
吸光度 A	0.0	0.165	0.320	0.480	0.630	0.790

某试液 5.0mL，稀释至 250mL。取此稀释液 2.0mL，与绘制的标准曲线相同条件下显色和测定吸光度，测得 $A=0.500$，求试液铁含量（mg/mL）。

第 3 章　红外光谱法（IR）

【学习指南】 红外光谱来源于分子的振动和转动，属分子吸收光谱。通过本章学习，要求了解红外光谱法原理、红外光谱分析的特点与应用。掌握红外吸收光谱法原理（红外光谱的产生、双原子分子的简谐振动、多原子分子的振动、基团频率与振动的关系）；了解红外光谱的特征吸收频率及其与分子结构的关系；熟悉红外光谱仪（双光束红外分光光度计、傅里叶变换红外分光光度计）的结构及操作维护。

3.1　概述

红外光谱与有机化合物、高分子化合物的结构之间存在密切的关系。它是研究结构与性能关系的基本手段之一。红外光谱分析具有速度快、取样量微少、灵敏高，并能分析各种状态的样品等特点，广泛用于药物及高聚物领域，如对高聚物材料的定性定量分析，研究高聚物的序列分布，研究支化程度，研究高聚物的聚集态结构，高聚物的聚合过程的反应机理和老化，还可以对高聚物的力学性能进行研究。

红外光谱属于振动光谱，其光谱区域可进一步细分为近红外区（12800～4000 cm^{-1}）、中红外区（4000～200 cm^{-1}）和远红外区（200～10 cm^{-1}）。其中最常用的区域是 4000～

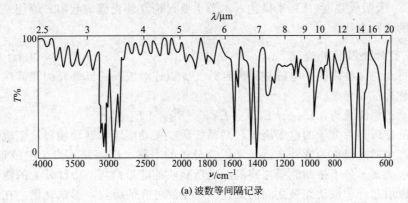

(a) 波数等间隔记录

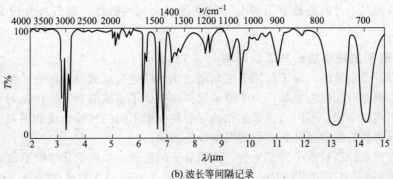

(b) 波长等间隔记录

图 3-1　聚苯乙烯红外光谱

400cm^{-1}，大多数化合物的化学键振动能的跃迁发生在这一区域。

图 3-1 为典型的红外光谱。横坐标为波数（cm^{-1}，最常见）或波长（μm），纵坐标为透射比或吸光度。

红外光谱法是研究红外光与物质间相互作用的科学，即以连续波长的红外光为光源照射样品引起分子振动和转动能级之间跃迁，所测得的吸收光谱为分子的振转光谱，又称红外光谱。红外光谱区可分为以下几个区域，见表 3-1。

表 3-1 红外光谱区域划分

区域	波长 λ/μm	波数 $\tilde{\nu}$/cm^{-1}	能级跃迁类
近红外区	0.76~2.5	13158~4000	NH、OH、CH 倍频区
中红外区	2.5~50	4000~200	振动转动
远红外区	50~1000	200~10	转动

红外光谱在化学领域中主要用于分子结构的基础研究（测定分子的键长、键角等）以及化学组成的分析（即化合物的定性定量），但其中应用最广泛的还是化合物的结构鉴定，根据红外光谱的峰位、峰强及峰形，判断化合物中可能存在的官能团，从而推断出未知物的结构。有共价键的化合物（包括无机物和有机物）都有其特征的红外光谱，除光学异构体及长链烷烃同系物外，几乎没有两种化合物具有相同的红外吸收光谱，即所谓红外光谱具有"指纹性"，因此红外光谱法用于有机药物的结构测定和鉴定是最重要的方法之一。

3.2 红外光谱法的基本原理

红外光谱法主要研究分子结构与其红外光谱之间的关系。一条红外吸收曲线，可由吸收峰（λ_{max} 或 $\tilde{\nu}$）及吸收强度（ε）来描述，本节主要讨论红外光谱的起因、峰位、峰数、峰强及红外光谱的表示方法。

3.2.1 红外光及红外光谱

介于可见光与微波之间的电磁波称为红外光。以连续波长的红外光为光源照射样品时所测得的光谱称为红外光谱。

分子运动的总能量为：$E_{分子} = E_{电子} + E_{平动} + E_{振动} + E_{转动}$。

分子中的能级是由分子的电子能级、平动能级、振动能级和转动能级所组成。引起电子能级跃迁所产生的光谱称为紫外光谱。又因为分子的平移（$E_{平动}$）不产生电磁辐射的吸收，故不产生吸收光谱。分子振动能级之间的跃迁所吸收的能量恰巧与中红外光的能量相当，所以红外光可以引起分子振动能级之间的跃迁，产生红外光的吸收，形成光谱。在引起分子振动能级跃迁的同时不可避免地要引起分子转动能级之间的跃迁，故红外光谱又称为振-转光谱。

3.2.2 分子的振动能级与振动频率

分子是由原子组成的，原子与原子之间通过化学键连接组成分子，分子是非刚性的，而且有柔曲性，因而可以发生振动。为了简单起见，把原子组成的分子，模拟为不同原子相当于各种质量不同的小球，不同的化学键相当于各种强度不同的弹簧组成的谐振子体系，进行简谐振动。所谓简谐振动就是无阻尼的周期线性振动。

为了研究简单，以双原子分子为例，说明分子的振动。如果把化学键看成是质量可以忽略不计的弹簧，A、B两原子看成两个小球，则双原子分子的化学键振动可以模拟为连接在一根弹簧两端的两个小球的伸缩振动。也就是说把双原子分子的化学键看成是质量可以忽略不计的弹簧，把两个原子看成是在其平衡位置作伸缩振动的小球（见图 3-2）。振动位能与原子间距离 r 及平衡 r_e 距离间关系为：

$$U=\frac{1}{2}k(r-r_e)^2 \qquad (3-1)$$

式中，k 为力常数；当 $r=r_e$ 时，$U=0$；当 $r>r_e$ 或 $r<r_e$ 时，$U>0$。振动过程位能的变化，可用位能曲线描述（见图 3-3）。假如分子处于基态（$v=0$），振动过程原子间的距离 r 在 f 与 f' 间变化，位能沿 $f \to$ 最低点 $\to f'$ 曲线变化，在 $v=1$ 时，r 在 e 与 e' 间变化，位能沿 $e \to$ 最低点 $\to e'$ 曲线变化。其他类推，在 A、B 两原子距平衡位置最远时

$$E_v=U=\left(v+\frac{1}{2}\right)h\nu \qquad (3-2)$$

式中，ν 为分子的振动频率；v 为振动量子数。$v=0,1,2\cdots$；h 为普朗克常数。

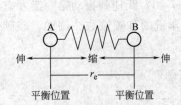

图 3-2 谐振子振动示意图

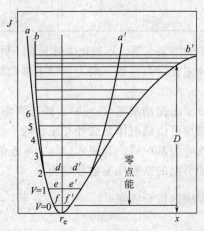

图 3-3 势能曲线

由图 3-3 势能曲线可知：

① 振动能是原子间距离的函数，振幅加大。振动能也相应增加。

② 在常态下，分子处于较低的振动能级，分子的振动与谐振子振动模型极为相似。只有当 $v=3$ 或 $v=4$ 时，分子振动势能曲线才显著偏离谐振子势能曲线。而红外吸收光谱主要从基态（$v=0$）跃迁到第一激发态（$v=1$）或第二激发态（$v=2$）引起的红外吸收。因此可以利用谐振子的运动规律近似讨论化学键的规律。

③ 振幅越大，势能曲线的能级间隔将越来越密。

④ 从基态（v_0）跃迁到第一激发态（v_1）时将引起一强的吸收峰称为基频峰；从基态（v_0）跃迁到第二激发态（v_2）或更高激发态（v_3）时将引起一弱的吸收峰称为倍频峰。

⑤ 振幅超过一定值时，化学键断裂，分子离解，能级消失，势能曲线趋近于一条水平直线，此时 E_{max} 等于离解能（见图 3-3 中 $b \to b'$ 曲线）

根据虎克 Hooke 定律，谐振子的振动频率：

$$\nu=\frac{1}{2\pi}\sqrt{\frac{k}{\mu}} \qquad (3-3)$$

式中，k 为力常数，单位 N/m；μ 为折合质量。

表示双原子分子的振动时，k 以 mdyn/Å 为单位（1dyn$=10^{-5}$N，1Å$=10^{-10}$m），m 以原子的摩尔质量表示，单位为 g。用 $\tilde{\nu}$ 波数表示振动频率，则：

$$\tilde{\nu}=1307\sqrt{\frac{K}{\mu'}}=1307\sqrt{\frac{K}{\frac{m_A m_B}{m_A+m_B}}} \qquad (3-4)$$

式中，K 为化学键常数；m_A、m_B 分别为 A、B 的摩尔质量，g。
表 3-2 为部分化学键的键常数。

表 3-2　部分化学键的键常数

化学键	分子	K	化学键	分子	K
H—F	HF	9.7	H—C	$CH_2{=}CH_2$	5.1
H—Cl	HCl	4.8	H—C	CHCH	5.9
H—Br	HBr	4.1	C—Cl	CH_3Cl	3.4
H—I	HI	3.2	C—C		4.5~5.6
H—O	H_2O	7.8	C=C		9.5~9.9
H—S	H_2S	4.3	C≡O		15~17
H—N	NH_3	6.5	C—O		12~13
H—C	CH_3X	4.7~5.0	C=O		16~18

实验结果表明，不同化学键具有不同的力常数，单键力常数（k）的平均值为 5mdyn/Å，双键和三键的力常数分别为单键力常数的二倍及三倍，即双键的 $k=10$mdyn/Å，三键的 $k=15$mdyn/Å。

分子由振动基态（$v=0$），跃迁到振动激发态的各个能级，需要吸收一定的能量来实现。这种能量可由照射体系红外光来供给。由振动的基态（$v=0$）跃迁到振动第一激发态所产生的吸收峰为基频峰。利用式(3-4)可近似计算出各种化学键的基频波数。例如，碳碳键的伸缩振动引起的基频峰波数分别为：

碳碳键折合质量　　　　　$\mu'=\dfrac{m_A m_B}{m_A+m_B}=\dfrac{12\times12}{12+12}=6$

C—C　　$k=5$mdyn/Å　　$\tilde{\nu}=1307\sqrt{\dfrac{K}{\mu'}}=1307\sqrt{\dfrac{5}{6}}=1190\text{cm}^{-1}$

C=C　　$k=10$mdyn/Å　　$\tilde{\nu}=1307\sqrt{\dfrac{K}{\mu'}}=1307\sqrt{\dfrac{10}{6}}=1690\text{cm}^{-1}$

C≡C　　$k=15$mdyn/Å　　$\tilde{\nu}=1307\sqrt{\dfrac{K}{\mu'}}=1307\sqrt{\dfrac{15}{6}}=2060\text{cm}^{-1}$

上式表明化学键的振动频率与键的强度和折合质量的关系。键常数（K）越大，折合质量（μ'）越小，振动频率越大。反之，K 越小，μ' 越大，振动频率越小。由此可以得出：

① 由于 $K_{C≡C}>K_{C=C}>K_{C-C}$，故红外振动波数：$\tilde{\nu}_{C≡C}>\tilde{\nu}_{C=C}>\tilde{\nu}_{C-C}$。

② 与 C 原子成键的其他原子随着原子质量的增加，μ' 增加，相应的红外振动波数减小：
$\tilde{\nu}_{C-H}>\tilde{\nu}_{C-C}>\tilde{\nu}_{C-O}>\tilde{\nu}_{C-Cl}>\tilde{\nu}_{C-Br}>\tilde{\nu}_{C-I}$。

③ 与氢原子相连的化学键的红外振动波数，由于 μ' 小，它们均出现在高波数区：$\tilde{\nu}_{C-H}$ 2900cm^{-1}、$\tilde{\nu}_{O-H}$ 3600~3200cm^{-1}、$\tilde{\nu}_{N-H}$ 3500~3300cm^{-1}。

④ 弯曲振动比伸缩振动容易，说明弯曲振动的力常数小于伸缩振动的力常数，故弯曲振动在红外光谱的低波数区，如 δ_{C-H} 1340cm^{-1}，γ_{CH} 1000~650cm^{-1}。伸缩振动红外光谱的高波数区 ν_{C-H} 3000cm^{-1}。

3.2.3　红外吸收光谱产生的必要条件

产生红外吸收的振动必须要满足两个必要条件：

（1）辐射光子具有的能量与发生振动跃迁所需的跃迁能量相等　当有红外辐射照射到分

子时，若红外辐射的光子（ν_L）所具有的能量（E_L）恰好等于分子振动能级的能量差（ΔE_v）时，则分子将吸收红外辐射而跃迁至激发态，导致振幅增大。产生红外吸收：

$$E_L = \Delta E_v$$

（2）辐射与物质之间有偶合作用　为满足这个条件，分子振动必须伴随偶极矩的变化。红外跃迁是偶极矩诱导的，即能量转移的机制是通过振动过程所导致的偶极矩的变化和交变的电磁场（红外线）相互作用发生的。

分子由于构成它的各原子的电负性的不同，也显示不同的极性，称为偶极子。通常用分子的偶极矩（μ）来描述分子极性的大小。

当偶极子处在电磁辐射电场时，该电场作周期性反转，偶极子将经受交替的作用力而使偶极矩增加或减少。由于偶极子具有一定的原有振动频率，显然，只有当辐射频率与偶极子频率相匹配时，分子才与辐射相互作用（振动偶合）而增加它的振动能，使振幅增大，即分子由原来的基态振动跃迁到较高振动能级。因此，只有能引起分子偶极矩（μ）变化（$\Delta\mu \neq 0$）的振动，才能观察到红外吸收光谱。非极性分子在振动过程中无偶极矩变化，故观察不到红外光谱。如同单质的双原子分子（如 H_2、O_2、Cl_2 等），只有伸缩振动，这类分子的伸缩振动过程不发生偶极矩变化，没有红外吸收。对称性分子的对称伸缩振动（如 CO_2 的 $\nu_{O=C=O}$）也没有偶极矩变化，也不产生红外吸收。不产生红外吸收的振动称为非红外活性振动。

在红外吸收光谱中，振动能级由基态（$v=0$）跃迁到振动第一激发态（$v=1$）的吸收基频峰，由于 $\Delta v=1$，所以分子的基频峰位置，即分子的振动频率。分子由 $v=0$ 跃迁到第二激发态（$v=2$）的 $\Delta v=2$，$\tilde{\nu}_{光子}=2\tilde{\nu}_{振}$ 所吸收的红外线频率是基团基本振动频率的二倍，产生的吸收峰为二倍频峰。

在倍频峰中，二倍频峰还较强，三倍频峰以上，由于跃迁几率很小，常常是很弱的，一般测不到。由于分子的非谐性质，倍频峰并非基频峰的整数倍，而是略小一些。除此之外还有合频峰（v_1+v_2），（$2v_1+v_2$）……，差频峰（v_1-v_2），（$2v_1-v_2$）……等。倍频峰、合频峰及差频峰统称为泛频峰，在红外图谱上出现的区域称为泛频区。泛频峰的存在，使光谱变得复杂，但也增加了光谱对分子结构特征性的信息。

3.2.4　分子的基本振动形式

（1）基本振动形式　有机化合物分子大都是多原子分子，振动形式比双原子分子要复杂得多，在红外光谱中分子的基本振动形式可分为两大类，一类是伸缩振动（ν），另一类为弯曲振动（δ）。

① 伸缩振动（stretching vibration）　沿键轴方向发生周期性变化的振动称为伸缩振动。多原子分子（或基团）的每个化学键可以近似地可看成一个谐振子，其振动形式可分为：对称伸缩振动 ν_s 和不对称伸缩振动 ν_{as}。

② 弯曲振动（bending vibration）　使键角发生周期性变化的振动称为弯曲振动。其振动形式可分为面内弯曲振动（β）和面外弯曲振动（γ）。

面内弯曲振动（β）：弯曲振动在几个原子所构成的平面内进行，称为面内弯曲振动。其又可分为两种 a. 剪式振动（δ），在振动过程中键角发生变化的振动；b. 面内摇摆振动（ρ），基团作为一个整体，在平面内摇摆的振动。

面外弯曲振动（γ）：弯曲振动在垂直于几个原子所构成的平面外进行，称为面外弯曲振动。也可分为两种：a. 面外摇摆振动（ω）；b. 卷曲振动（τ）。

下面以次甲基（ $>CH_2$ ）为例来说明各种振动形式：

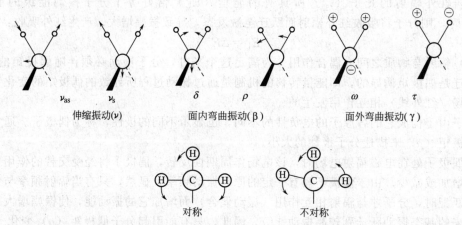

对于—CH_3 或—NH_3 等基团的弯曲振动也有对称和不对称振动之分。上面几种振动形式中出现较多的是伸缩振动（ν_s 和 ν_{as}）、剪式振动（δ）和面外弯曲振动（γ）。按照振动形式的能量排列，一般为 $\nu_{as} > \nu_s > \delta \gg \gamma$。

(2) 振动的自由度与峰数　理论上讲，一个多原子分子在红外光区可能产生的吸收峰的数目，决定于它的振动自由度。原子在三维空间的位置可用 x、y、z 三个坐标表示，称原子有三个自由度，当原子结合成分子时，自由度数目不损失。对于含有 N 个原子的分子中，分子自由度的总数为 $3N$ 个。分子的总的自由度是由分子的平动（移动）、转动和振动自由度构成。即分子的总的自由度 $3N$＝平动自由度＋转动自由度＋振动自由度。

分子的平动自由度：分子在空间的位置由三个坐标决定，所以有三个平动自由度。

分子的转动自由度：是因分子通过其重心绕轴旋转产生，故只有当转动时原子在空间的位置发生变化的，才产生转动自由度。

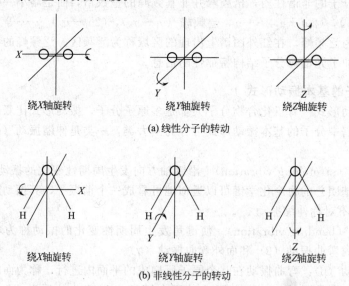

线性分子：线性分子的转动有以下 A、B、C 三种情况，A 方式转动时原子的空间位置未发生变化，没有转动自由度，因而线性分子只有两个转动自由度。

所以线性分子的振动自由度＝$3N-3-2=3N-5$。

非线性分子：有述三种转动方式，每种方式转动原子的空间位置均发生变化，因而非线性分子的转动自由度为 3。

所以非线性分子的振动自由度 $=3N-3-3=3N-6$。

理论上讲,每个振动自由度(基本振动数)在红外光谱区就将产生一个吸收峰。但是实际上,峰数往往少于基本振动的数目,其原因如下:

① 当振动过程中分子不发生瞬间偶极矩变化时,不引起红外吸收;
② 频率完全相同的振动彼此发生简并;
③ 弱的吸收峰位于强、宽吸收峰附近时被重叠;
④ 吸收峰太弱,以致无法测定;
⑤ 吸收峰有时落在中红外区域 (4000~400cm^{-1}) 以外。

若有泛频峰时,也可使峰数增多,但一般很弱或者超出了红外区。

【例 3-1】 水分子的基本振动形式与其红外光谱,见图 3-4。

水分子为非线性分子,振动自由度 $=3\times3-6=3$,三种振动形式与红外光谱见图 3-4,每一种基本振动形式,产生一个吸收峰。

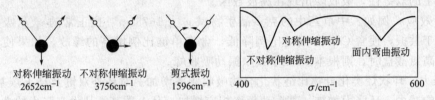

图 3-4 H$_2$O 分子的三种振动形式与其红外光谱

【例 3-2】 CO$_2$ 分子的基本振动形式与其红外光谱,见图 3-5。

CO$_2$ 为线性分子,振动自由度 $=3\times3-5=4$,其四种振动形式及其红外光谱见图 3-5。

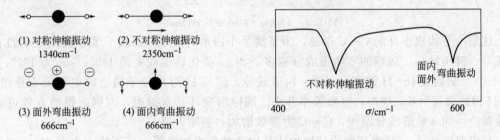

图 3-5 CO$_2$ 分子的振动形式与其红外光谱

有四种振动形式,但红外图上只出现了两个吸收峰 2349cm^{-1} 和 667cm^{-1},这是因为 CO$_2$ 的对称伸缩振动,不引起瞬间偶极矩变化,是非红外活性的振动,因而无红外吸收,CO$_2$ 面内弯曲振动(δ)和面外弯曲振动(γ)频率完全相同,谱带发生简并。

3.2.5 影响吸收谱带位置和强度的因素

3.2.5.1 影响吸收谱带位置的因素

分子内各基团的振动不是孤立的,而是受到邻近基团和整个分子其他部分结构的影响,了解峰位的影响因素有利于对分子结构的进行准确判定。

(1)内部因素

① 电子效应

a. 诱导效应(I 效应) 由于电负性物质的取代而使基团周围电子云密度发生变化,吸电子基团的诱导效应常使吸收峰向高频移动。

b. 共轭效应(C 效应或 M 效应) 共轭效应的存在使电子云密度平均化,使双键的性质降低，力常数减小，双键吸收峰向低波数区移动。

② 空间效应

a. 场效应（F效应） 诱导效应与共轭效应是通过化学键而使电子云密度发生变化的，场效应是通过空间作用使电子云密度发生变化的，通常只有在立体结构上相互靠近的基团之间才能发生明显的场效应。

b. 空间位阻

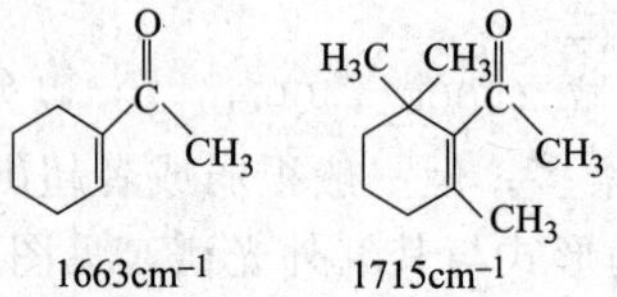

$$1663cm^{-1} \qquad 1715cm^{-1}$$
$$\text{I} \qquad\qquad \text{II}$$

II 的立体障碍比较大，使环上的双键与 C═O 共平面性降低，共轭受到限制，故 II 的双键性强于 I 的双键性，吸收峰出现在高波数区。

c. 跨环效应 例如：中草药中的克多品生物碱 $\nu_{C=O}$ 1675cm^{-1} 比正常的 $\nu_{C=O}$ 吸收频率低，主要由于共振，使含 C═O 双键比例降低，含有单键比例增高的缘故。如果使克多品生物碱生成高氯酸盐时，则根本看不到 $\nu_{C=O}$ 振动吸收峰。

d. 环张力 环状烃类化合物比链状化合物吸收频率增加。对环外双键及环上羰基来说，随着环元素的减少，环张力增加，其振动频率相应增加，环上羰基类从没有张力的六元环每减少一个碳原子，使 $\nu_{C=O}$ 吸收频率升高 30cm^{-1}，如：

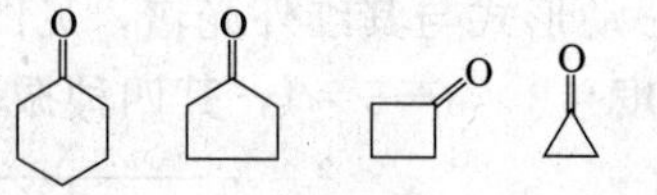

$$1715cm^{-1} \quad 1745cm^{-1} \quad 1780cm^{-1} \quad 1815cm^{-1}$$

这是由于构成小环的 C—C 单键，为了满足小内角的要求，需要 C 原子提供较多的 p 轨道成分（键角越小，碳键的 p 轨道成分越多，如 sp 杂化轨道间夹角 180°；sp^2 为 120°；sp^3 为 109°），从而使 C—H 键有较多的 s 轨道成分，C 与 H 形成分子轨道时电子云重叠增加，C—H 键的强度（K）增加，吸收频率升高。同样形成环外双键时，双键 σ 键的 p 轨道成分相应减少，而 s 轨道成分增加，C═C 力常数增加，频率升高。

环内双键的 $\nu_{C=C}$ 则随环张力的增加或环内角的变小而降低，环丁烯（内角 90°）达最小值，环内角继续变小（环丙烯内角 60°），吸收频率反而升高。

③ 氢键效应

a. 分子内氢键 分子内氢键的形成，可使吸收带明显向低频方向移动（见图 3-6）。

(a) $\nu_{C=O}$（缔合）1622cm^{-1}，
$\nu_{C=O}$（游离）1675cm^{-1}

(b) $\nu_{C=O}$（游离）1776cm^{-1}，ν_{OH}（游离）3610cm^{-1}，
ν_{OH}（缔合）2843cm^{-1}

图 3-6 分子内氢键的形成

b. 分子间氢键 分子间氢键受浓度影响较大，在极稀的溶液中（醇或酚）呈游离的状态，随着浓度的增加，分子间形成氢键的可能性增大，ν_{OH} 向低频方向移动。在羧酸类化合

物中，分子间氢键的生成不仅使ν_{OH}向低频方向移动，而使$\nu_{C=O}$也向低频方向移动。

④ 互变异构　分子发生互变异构，吸收峰也将发生位移，在红外图谱上能够看出各互变异构的峰形。如乙酰乙酸乙酯的酮式和烯醇式的互变异构，酮式为$\nu_{C=O}$ 1738cm^{-1}、1717cm^{-1}，烯醇式为$\nu_{C=O}$ 1650cm^{-1}、ν_{OH} 3000cm^{-1}。

⑤ 振动偶合效应　当两个相同的基团在分子中靠得很近时，其相应的特征吸收峰常发生分裂，形成两个峰，这种现象叫作振动偶合。

还有一种振动偶合作用称为费米共振（Fermi resonance），当倍频峰（或泛频峰）出现在某强的基频峰附近时，弱的倍频峰（或泛频峰）的吸收强度常常被增强，甚至发生分裂，这种倍频峰（或泛频峰）与基频峰之间的振动偶合现象称为费米共振。

⑥ 样品物理状态的影响　气态下测定红外光谱，可以提供游离分子的吸收峰的情况；液态和固态样品，由于分子间的缔合和氢键的产生，常常使峰位发生移动。如丙酮$\nu_{C=O}$气态为 1738cm^{-1}，液态为 1715cm^{-1}。

(2) 外部因素

① 溶剂影响　极性基团的伸缩振动常常随溶剂极性的增加而降低。极性基团的伸缩振动频率常常随溶剂极性的增加而降低。如羧酸中$\nu_{C=O}$的伸缩振动在非极性溶剂、乙醚、乙醇和碱中的振动频率分别为 1760cm^{-1}、1735cm^{-1}、1720cm^{-1}和 1610cm^{-1}。所以在核对文献时要特别注意溶剂的影响。

② 仪器的色散元件　棱镜与光栅的分辨率不同，光栅光谱与棱镜光谱有很大不同。在 4000～2500cm^{-1}波段内尤为明显。

3.2.5.2 影响吸收带强度的因素

(1) 峰强度的表示　物质对红外光的吸收符合朗伯-比耳定律，故峰强可用摩尔吸收系数 ε 表示。通常 ε＞100 时，为很强吸收，用 vs 表示；ε＝20～100 时，为强吸收，用 s 表示；ε＝10～20 时，中强吸收，用 m 表示；ε＝1～10，为弱吸收，用 w 表示；ε＜1 时，为很弱吸收，用 vw 表示。

(2) 影响吸收带强度的因素　能级跃迁几率与振动过程中偶极矩变化均可影响吸收带强度。如倍频峰当由基态跃迁到第二激发态时，振幅加大，偶极矩变大，但由于这种跃迁的几率很低，结果峰强度很弱。又如样品浓度增大，峰强增大，这是由于跃迁几率增加的缘故，基态分子的很少一部分吸收某一频率的红外线，产生振动能级的跃迁而处于激发态。激发态分子通过与周围基态分子的碰撞等原因，损失能量而回到基态，它们之间形成动态平衡。跃迁过程中激发态分子占总分子数的百分数，称为跃迁几率，谱带强度是跃迁几率的量度。一般来说，跃迁几率与偶极矩变化（$\Delta\mu$）有关，$\Delta\mu$越大，跃迁几率越大，谱带强度越强。对于基频峰的强度来说，主要取决于振动过程中偶极矩的变化，因为只有引起偶极矩变化的振动才能吸收红外线而引起能级的跃迁，瞬间偶极矩变化越大，吸收峰越强。

(3) 分子的对称性　对称性越高的分子，振动过程中瞬间偶极矩变化越小，吸收峰的强度越小，完全对称的分子振动过程中 $\Delta\mu=0$，不吸收红外光。如：CO_2 的对称伸缩振动 O=C=O，没有红外吸收。丁二酮的$\nu_{C=O}$对称伸缩振动，不产生红外光的吸收。

(4) 其他因素的影响

① 费米共振　有频率相近的泛频峰与基频峰相互作用产生费米共振，结果使泛频峰强度大大增加或发生分裂。

如苯甲醛分子在 2830cm^{-1}和 2730cm^{-1}处产生二个特征吸收峰，这就是由于苯甲醛中 ν_{C-H}（2800cm^{-1}）的基频峰和 δ_{C-H}（1390cm^{-1}）的倍频峰（2780cm^{-1}）费米共振形

成的。

② 氢键的形成 氢键的形成往往使吸收峰强度增大，谱带变宽，因为氢键的形成使偶极矩发生了明显的变化。

③ 与偶极矩变化大的基团共轭 如 C=C 键的伸缩振动过程偶极矩变化很小，吸收峰强度很弱，但它与 C=O 键共轭时，则 C=O 与 C=C 两个峰的强度都增强。

3.3 各类有机物基团的特征吸收频率

3.3.1 分子结构与吸收带之间的关系

化合物的红外光谱是分子结构的客观反映，图谱中每个吸收峰都相对应于分子和分子中各种原子、键和官能团的振动形式。

按照红外光谱与分子结构的特征，红外光谱可大致分为两个区域，特征区（官能团区）（4000~1300cm^{-1}）和指纹区（1300~400cm^{-1}）。

(1) 特征区 即化学键和基团的特征振动频率区。在该区出现的吸收峰一般能用于鉴定官能团的存在，在此区域的吸收峰称为特征吸收峰或特征峰。红外光谱波数在 4000~1300cm^{-1}，这一区间的吸收峰比较稀疏，容易辨认。例如 3300cm^{-1} 附近的吸收峰是由 X—H 伸缩振动引起的，可用来辨认 C—H、N—H 和 O—H 等基团。如果形成氢键，吸收峰向低频方向移动，且峰形加宽。2500~1600cm^{-1} 称为不饱和区，是辨认 C≡N、C≡C、C=O、C=C 等基团的特征区，其中 C≡N 和 C=O 的吸收特征更强。1600~1450cm^{-1} 是由苯环骨架振动引起的区域，是辨认苯环存在的特征吸收区。1600~1300cm^{-1} 区域主要有 —CH$_3$、—CH$_2$、—CH 以及 OH 的面内弯曲振动引起的吸收峰，但特征性较差。也有少数官能团的特征频率超出官能团区域，如醚、酯的 ν_{C-O-C} 伸缩振动出现在 1200cm^{-1} 左右，C—Cl 的伸缩振动出现在 800~700cm^{-1}。总之，在特征区内没有出现某些化学键和官能团的特征峰，则否定该基团的存在，比出现某些化学键和官能团的特征峰则肯定该基团的存在要容易得多。

(2) 指纹区 红外区吸收光谱上 1300~400cm^{-1} 的低频区称为指纹区，该区域出现的谱带主要是单键的伸缩振动和各种弯曲振动所引起的，同时，也有一些相邻键之间的振动偶合而成，并与整个分子的骨架结构有关的吸收峰，所以这一区域比较密集，对于分子来说就犹如人的"指纹"，没有两个不同的人具有相同的指纹一样，没有不同的化合物具有相同的该区域红外吸收光谱，各个化合物结构上的微小差异在指纹区都会得到反映，因此，在确定有机化合物时用处也特别大。

(3) 相关峰 一个基团有数种振动形式，每种红外活动的振动都通常相应给出一个吸收峰，这些相互依存、相互佐证的吸收峰称为相关峰。主要基团可能产生数种振动形式，如羧酸中基团（羧基结构式）的相关峰有五种，即 ν_{OH}、$\nu_{C=O}$、δ_{O-H}、ν_{C-O} 和 ν_{O-H}。又如甲基（—CH$_3$）相关峰有 ν_{C-H}、δ_{C-H} 和 δ_{C-C} 三种，同时还可以找出 δ_{C-H}^{as}、δ_{CH}^{s}、δ_{C-H}^{as}、δ_{C-H}^{s} 等振动吸收峰作为佐证—CH$_3$ 存在的依据。

在确定有机化合物是否存在某种官能团时，首先应当注意有无特征峰，而相关峰的存在也常常是一个有力的旁证。

3.3.2 各种官能团的吸收频率范围

特征峰可用于鉴定官能团的存在。多数情况下，一个官能团有数种振动形式，每一种红外活性的振动，一般相应产生一个吸收峰。各种官能团的不同振动所产生的相应吸收峰列于

表 3-3 中,可以作为鉴定官能团的存在的充分依据。

表 3-3　各种官能团的吸收频率范围

区域	基团	吸收频率 /cm^{-1}	振动形式	吸收强度	说明
第一区域	—OH（游离）	3650~3580	伸缩	m,sh	判断有无醇类、酚类和有机酸的重要依据
	—OH（缔合）	3400~3200	伸缩	s,b	
	—NH$_2$，—NH（游离）	3500~3300	伸缩	m	
	—NH$_2$，—NH（缔合）	3400~3100	伸缩	s,b	
	—SH	2600~2500	伸缩		
	C—H 伸缩振动 不饱和 C—H				不饱和 C—H 伸缩振动出现在 3000cm^{-1} 以上
	≡C—H（三键）	3300 附近	伸缩	s	末端 C—H 出现在 3085cm^{-1} 附近
	=C—H（双键）	3010~3040	伸缩	s	强度上比饱和 C—H 稍弱,但谱带较尖锐
	苯环中 C—H	3030 附近	伸缩	s	
	饱和 C—H			s	饱和 C—H 伸缩振动出现在 3000~2800cm^{-1},取代基影响较小
	—CH$_3$	2960±5	反对称伸缩	s	
	—CH$_3$	2870±10	对称伸缩	s	三元环中的 CH$_2$ 出现在 3050cm^{-1}
	—CH$_2$	2930±5	反对称伸缩	s	—C—H 出现在 2890cm^{-1},很弱
	—CH$_2$	2850±10	对称伸缩	s	
第二区域	—C≡N	2260~2220	伸缩	s 针状	干扰少
	—N=N	2310~2135	伸缩	m	R—C≡C—H,2100~2140cm^{-1}
	—C≡C—	2260~2100	伸缩	v	R—C≡C—R',2190~2260cm^{-1}
	—C=C=C—	1950 附近	伸缩	v	若 R'=R,对称分子无红外谱带
第三区域	C=C	1680~1620	伸缩	m,w	苯环的骨架振动
	芳环中 C=C	1600,1580	伸缩	v	
		1500,1450			
	—C=O	1850~1600	伸缩	s	其他吸收带干扰少,是判断羰基(酮类、酸类、酯类、酸酐等)的特征频率,位置变动大
	—NO$_2$	1600~1500	反对称伸缩	s	
	—NO$_2$	1300~1250	对称伸缩	s	
	S=O	1220~1040	伸缩	s	
第四区域	C—O	1300~1000	伸缩	s	C—O 键(酯、醚、醇类)的极性很强,故强度强,常成为谱图中最强的吸收
	C—O—C	900~1150	伸缩	s	醚类中 C—O—C 的 ν_{as}=1100±50 是最强的吸收。C—O—C 对称伸缩在 900~1000,较弱
	—CH$_3$,—CH$_2$	1460±10	—CH$_3$ 反对称变形,CH$_2$ 变形	m	大部分有机化合物都含有 CH$_3$、CH$_2$ 基,所以此峰经常出现
	—CH$_3$	1370~1380	对称变形	s	
	—NH$_2$	1650~1560	变形	m,s	
	C—F	1400~1000	伸缩	s	
	C—Cl	800~600	伸缩	s	
	C—Br	600~500	伸缩	s	
	C—I	500~200	伸缩	s	
	\CH$_2$/	910~890	面外摇摆	s	
	—(CH$_2$)$_n$—(n>4)	720	面内摇摆	v	

3.3.3　各种有机物的特征吸收

3.3.3.1　烷烃类化合物

烷烃主要有 ν_{CH} 和 δ_{CH} 两种吸收峰。

(1) ν_{CH} 在小于 3000cm^{-1}，即直链饱和烷烃 ν_{CH} 在 2800～3000cm^{-1} 范围内，环烷烃随着环张力的增加，ν_{CH} 向高频区移动。具体表现如下。

—CH$_3$：ν^{as}_{CH}2970～2940cm^{-1}（s），ν^{s}_{CH}2875～2865cm^{-1}（m）；

—CH$_2$：ν^{as}_{CH}2932～2920cm^{-1}（s），ν^{s}_{CH}2855～2850cm^{-1}（m）；

—CH：在 2890cm^{-1} 附近，但通常被—CH$_3$ 和—CH$_2$—的伸缩振动所覆盖；

—CH$_2$—（环丙烷）：2990～3100cm^{-1}（s）。

(2) δ_{CH} 甲基、亚甲基的面内弯曲振动多出现在 1490～1350cm^{-1}，而甲基显示出了对称与不对称面内弯曲振动两种形式。

—CH$_3$：δ^{as}_{CH}1450cm^{-1} 附近（m），δ^{s}_{CH}1380cm^{-1} 附近（s），δ_{CH} 峰的出现是化合物中存在甲基的证明。

—CH$_2$—：δ_{CH}1465cm^{-1} 附近（m）。

当化合物中存在有—CH(CH$_3$)$_2$（异丙基）或—C(CH$_3$)$_3$（叔丁基）时，由于振动偶合，结果使甲基的对称面内弯曲振动（1380cm^{-1}）峰发生分裂，出现双峰。例如：异丙基，1380cm^{-1} 分裂为 1385cm^{-1}（s）附近和 1370cm^{-1}（s）附近的两个吸收带，强度基本相等。叔丁基，1380cm^{-1} 分裂为 1390cm^{-1}（s）附近和 1365cm^{-1}（s）附近的两个吸收带，且 1365cm^{-1} 附近谱带强度强于 1390cm^{-1} 附近谱带强度（约 2 倍）。如果是 [—C(CH$_3$)$_2$—]，1380cm^{-1} 分裂为 1385cm^{-1}（s）附近和 1370cm^{-1}（s）附近的两个吸收带，且强度相差很大。

甲氧基中的甲基：甲氧基中的碳直接与氧原子连接，氧原子的影响使 C—H 伸缩振动显示特别的吸收峰，该振动在 2835～2815cm^{-1} 范围内出现尖锐而中等强度的吸收，具有很强的结构检定的意义，一般在 2830cm^{-1} 附近出现尖锐而中等强度的吸收峰，便可初步认定化合物中含有甲氧基，如醚类或酯类化合物。

乙酰基中的甲基：乙酰基中的甲基以 1430cm^{-1} 和 1360cm^{-1} 的两个吸收带为特征吸收，具有鉴别意义。图 3-7 和图 3-8 说明烷烃类化合物的特征吸收。

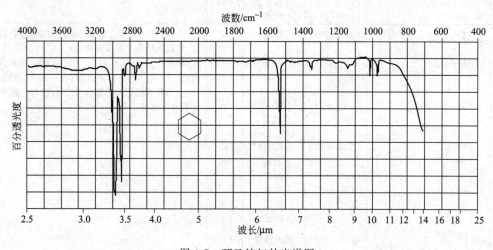

图 3-7 环己烷红外光谱图

在—(CH$_2$)$_n$—，当 $n>4$ 时此类化合物在 720cm^{-1} 处出现吸收峰；当 $n=4$ 和 $n=5$ 时二者不易分开；当 $n>15$ 时，此类化合物的红外光谱不能给出特征的吸收峰，鉴别失去意义。

3.3.3.2 烯烃类化合物

烯烃主要有 $\nu_{=CH}$、$\nu_{C=C}$ 和 $\gamma_{=CH}$ 吸收峰。

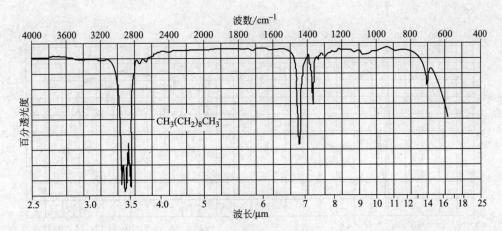

图 3-8 正癸烷红外光谱图

(1) $\nu_{=CH}$ 发生在大于 $3000cm^{-1}$，很容易与饱和的 ν_{C-H} 区分开。一般出现在 $3100\sim3010cm^{-1}$，强度都很弱。

(2) $\nu_{C=C}$ 没有共轭 $\nu_{C=C}$ 发生在 $1680\sim1620cm^{-1}$，强度较弱。共轭 $\nu_{C=C}$ 向低频方向移动，发生在 $1600cm^{-1}$ 附近，强度增大。$\nu_{C=O}$ 也发生在这一区域附近，但前者的强度弱且峰尖，后者由于氧原子的电负性大于碳原子的电负性，振动过程中 C=O 偶极矩变化大于 C=C 偶极矩变化，所以峰的强度很强，足以区分羰基化合物和烯烃类化合物。

(3) $\gamma_{=CH}$ 是烯烃类化合物最重要的振动形式，可提供结构确定最有价值的信息。它可以用来判断双键上的取代类型。取代类型与 $\gamma_{=CH}$ 发生的振动频率见表 3-4。

表 3-4 不同取代类型的 $\gamma_{=CH}$

取代类型	振动频率/cm^{-1}	吸收峰强度
$RCH=CH_2$	900 和 910	s
$R_2C=CH_2$	890	m,s
$RCH=CR'H$(顺)	690	m,s
$RCH=CR'H$(反)	970	m,s
$R_2C=CRH$	$840\sim790$	m,s

【例 3-3】 下列化合物 (A) 与 (B) 在 C—H 伸缩振动区域中有何区别？

解 (A) 在大于 $3000cm^{-1}$ 处（$3025cm^{-1}$）有不饱和的 C—H 伸缩振动，而 (B) 在大于 $3000cm^{-1}$ 处没有吸收。

环烯：环内双键的吸收频率随着环元素的减少，环张力增大，吸收频率降低，环丁烯达到最小；环外双键的吸收频率随着环元素的减少，环张力增大，吸收频率升高（如前所述，环张力对吸收峰谱带位置的影响）。图 3-9 说明烯烃类化合物的特征吸收。

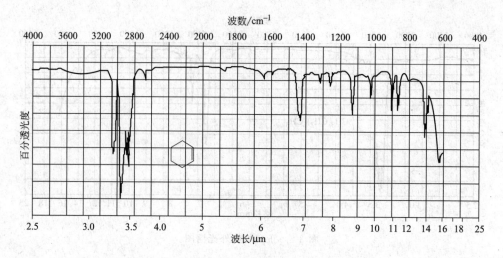

图 3-9 环己烯的红外光谱

【例 3-4】 下列化合物的红外光谱有何不同？

$$CH_3—CH\!=\!CH—CH_3 \qquad CH_3—CH\!=\!CH_2$$
$$(A) \qquad\qquad\qquad (B)$$

解 （A）、（B）都在 $1680\sim1620cm^{-1}$ 区间有 $\nu_{C=C}$ 的吸收，但（A）分子对称性较高，对称伸缩振动时，引起瞬间偶极矩变化较小，吸收小、峰较弱。另外，C—H 的面外弯曲振动（γ_{CH}）不同，（B）为 $RCH\!=\!CH_2$ 单取代类型，在 $990cm^{-1}$ 和 $910cm^{-1}$ 处有两个强的吸收峰，而（A）为 $RCH\!=\!CR'H$ 双取代类型，在 $970cm^{-1}$（反式）或 $690cm^{-1}$（顺式）处有一个中强或强的吸收峰。

3.3.3.3 炔烃类化合物

炔烃主要有 $\nu_{\equiv CH}$ 和 $\nu_{C\equiv C}$ 吸收峰。

(1) $\nu_{\equiv CH}$ $\nu_{\equiv CH}>\nu_{=CH}>\nu_{-CH}$，发生在 $3360\sim3300cm^{-1}$，吸收峰强且尖锐，易于辨认。

$\nu_{\equiv CH}>\tilde{\nu}_{=CH}>\tilde{\nu}_{-CH}$，可用 C—H 中 C 原子的杂化类型不同进行解释，C 原子的杂化中 s 轨道的成分越多，与 H 原子的 s 轨道成键形成分子轨道时，重叠的部分就越多，化学键就越稳定，键常数就越大，振动频率就越高。

(2) $\nu_{C\equiv C}$ 发生在 $2100\sim2260cm^{-1}$。$RC\equiv CH$，$\nu_{C\equiv C}$ 发生在 $2100\sim2140cm^{-1}$；$R'C\equiv CR$，$\nu_{C\equiv C}$ 发生在 $2190\sim2260cm^{-1}$（W）。$\nu_{C\equiv N}$ 也发生在这一区域附近，但峰很强，可以加以区分。如果在 $2270cm^{-1}$、$2210cm^{-1}$、$2100cm^{-1}$ 出现 $2\sim3$ 个 $C\equiv C$ 振动特征峰时提示可能有 —C≡C—C≡C— 的存在。

3.3.3.4 芳香族化合物

芳香族化合物主要有 $\nu_{=CH}$、$\nu_{C=C}$、泛频区、δ_{CH} 和 $\gamma_{=CH}$ 五种振动形式。

(1) $\nu_{=CH}$ 苯环的 =CH 伸缩振动中心频率通常发生在 $3030cm^{-1}$，中等强度。

(2) $\nu_{C=C}$（苯环的骨架振动） 在 $1650\sim1450cm^{-1}$ 范围内常常出现四重峰，其中 $1600cm^{-1}$ 附近和 $1500cm^{-1}$ 附近的两谱带最重要，它们与苯环的 =CH 伸缩振动结合，可作为芳香环存在的依据。此二峰的强度变化较大，非共轭时强度较小，有时甚至以其他峰的肩峰存在，$1500cm^{-1}$ 附近峰稍强些，当苯环与其他共轭时，这些峰强度大大增强。其他两个谱峰为 $1580cm^{-1}$ 附近（vw）和 $1450cm^{-1}$ 附近，后者与 —CH_2 弯曲振动重叠，二者都不易识别，结构信息不明显，意义不大。泛频区：芳香族化合物出现在 $2000\sim1666cm^{-1}$ 范围内的吸收峰称为泛频峰，其强度很弱，但这一范围的吸收峰的形状和数目，可以作为芳香族化合物取代类型的重要信息，它与取代基的性质无关。这个区域内典型的各种取代形式见图 3-10。

(3) δ_{CH}　出现在 $1225 \sim 955 cm^{-1}$ 范围内，该区域的吸收峰的特征性较差，结构解析意义不大。

$\gamma_{=CH}$：芳香环的碳氢面外弯曲振动在 $900 \sim 690 cm^{-1}$ 范围内出现强的吸收峰，它们是由芳香环的相邻氢振动强烈偶合而产生的，因此它们的位置与形状由取代后剩余氢的相对位置与数量来决定，与取代基的性质基本无关。常见苯环各种取代形式见图 3-10。

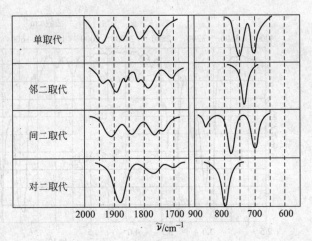

图 3-10　苯的取代物特征吸收

【例 3-5】　下列化合物的红外光谱有何不同？

(A) 间二甲苯　(B) 对二甲苯

解　(A)、(B) 主要在 $1000 \sim 690 cm^{-1}$ 区间内的吸收不同，(A) 有三个相邻的 H 原子，通常情况下，这三个相邻的 H 原子相互偶合，在 $900 \sim 690 cm^{-1}$ 区间内出现两个吸收峰，即在 $810 \sim 750 cm^{-1}$ 区间内有一强峰，在 $725 \sim 680 cm^{-1}$ 区间内出现一中等强度的吸收峰。而 (B) 有两个相邻的 H，所以在 $860 \sim 800 cm^{-1}$ 区间内出现一中等强度的吸收峰。

图 3-11、图 3-12 和图 3-13 说明芳香族化合物的特征吸收。

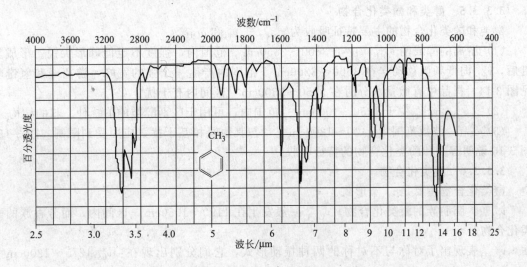

图 3-11　甲苯的红外光谱图

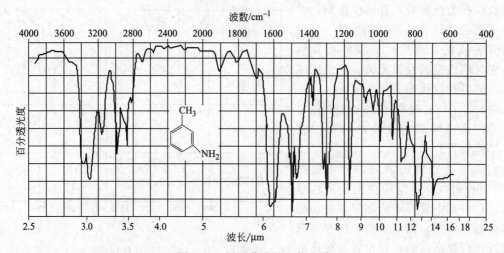

图 3-12 间甲苯胺的红外光谱

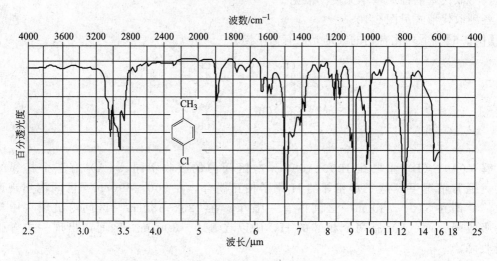

图 3-13 对氯甲苯的红外光谱

3.3.3.5 醇类和酚类化合物

醇类和酚类化合物的主要特征吸收为 ν_{OH}、ν_{C-O} 和 δ_{OH}。

(1) 游离的醇或酚 ν_{OH}　位于 3600~3650cm^{-1} 范围内，强度不定但峰形尖锐。形成氢键后，ν_{OH} 向低频区移动，在 3500~3200cm^{-1} 范围内产生一个强的宽峰。游离峰和氢键峰见图 3-14，样品中有微量水分时在 3650~3500cm^{-1} 区间内有干扰。

(2) ν_{C-O}　ν_{C-O} 位于 1250~1000cm^{-1} 范围内，可用于区别醇类的伯、仲、叔的结构。

(3) δ_{OH}　波数范围为 1400~1200cm^{-1}，与其他峰相互干扰，应用受到限制。图 3-15、图 3-16 说明醇类和酚类化合物的特征吸收。

3.3.3.6 醚类化合物

醚类化合物主要是 ν_{C-O} 形式。

ν_{C-O}：脂肪族的醚类化合物，ν_{C-O} 一般发生在 1150~1050cm^{-1} 区间内，而芳香族的醚类化合物

ν_{C-O} 表现出了对称与不对称的两种振动形式，它们分别出现在：ν_{C-O}^{s} 1275~1200cm^{-1} (s)，ν_{C-O}^{as} 1075~1020cm^{-1}。图 3-17 说明醚类化合物的特征吸收。

第3章 红外光谱法（IR）

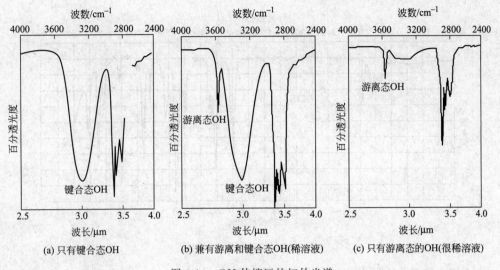

图 3-14 OH 伸缩区的红外光谱

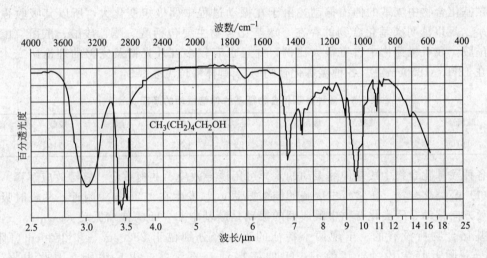

图 3-15 1-己醇红外光谱

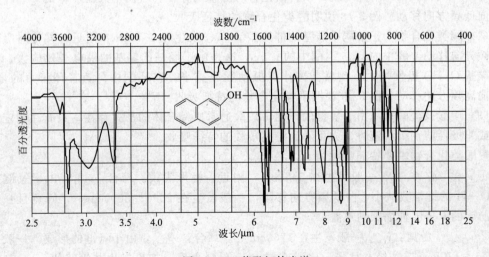

图 3-16 2-萘酚红外光谱

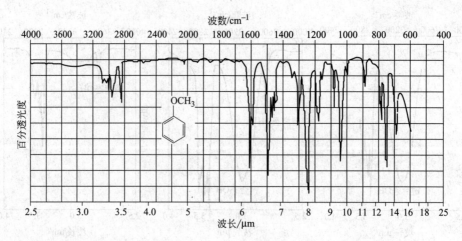

图 3-17 甲苯醚红外光谱

3.3.3.7 羰基化合物

羰基化合物中羰基的伸缩振动,由于在振动过程中偶极矩变化大,所以其吸收强度很大,$\nu_{C=O}$ 足以证明羰基化合物的存在。羰基化合物主要包括醛、酮、羧酸、酸酐、酯、酰卤、酰胺,在有机药物中占有很大比例,并且也有较多红外光谱及完善的理论研究。$\nu_{C=O}$ 发生在 1850~1650cm^{-1}。各种羰基化合物 $\nu_{C=O}$ 具体峰位见表 3-5。

表 3-5 各种羰基化合物羰基的伸缩振动的频率/cm^{-1}

酸酐 I	酰氯	酸酐 II	酯	醛	酮	羧酸	酰胺
1810	1800	1760	1735	1725	1715	1710	1690

各种羧基化合物中羰基伸缩振动的差异可用诱导效应、共轭效应、氢键效应解释。

(1) 醛类化合物　正常醛中羰基的伸缩振动 $\nu_{C=O}$ 发生在 1725cm^{-1} 附近,共轭时吸收峰向低频方向移动。醛类化合物中最典型的振动是羰基中 C—H 的伸缩振动(ν_{C-H}),这是其他羰基化合物所没有的。出现两个特征的吸收峰分别位于 2820cm^{-1} 和 2720cm^{-1} 附近,2720cm^{-1} 附近峰尖锐,与其他 C—H 伸缩振动互不干扰,很易识别。因此根据 $\nu_{C=O}$ 1725cm^{-1} 和 2720cm^{-1} 附近峰就可以判断是否有醛基的存在。若发生共轭羰基的 C—H 伸缩振动向低频方向移动。图 3-18 说明醛类化合物的特征吸收。

(2) 酮类化合物　正常酮中羰基的伸缩振动 $\nu_{C=O}$ 发生在 1715cm^{-1} 附近,共轭时吸收峰向低频方向移动。醛中的 $\nu_{C=O}$ > 酮中的 $\nu_{C=O}$,这是由于烃基比氢基的供电子效应大,使酮基中羰基 C=O 极性增大,键常数减小,振动频率减小。在环酮中,随着环张力的增大,吸收向高频方向移动。图 3-19 说明酮类化合物的特征吸收。

(3) 羧酸及羧酸盐　由于氢键的作用,羧酸通常以缔合体的形式存在,只有在测定气体样品或非极性溶剂稀溶液时,方可看到游离羧酸的特征吸收。

羧酸类化合物主要特征吸收为 ν_{OH}、$\nu_{C=O}$、ν_{C-O} 和 γ_{OH}。

① ν_{OH}　游离:ν_{OH} 一般发生在 3550cm^{-1} 附近,峰形尖锐。缔合:ν_{OH},由于氢键的形成,O—H 的键常数减小,向低频方向移动,一般发生在 2500~3000cm^{-1},峰宽且强,常与脂肪族的 C—H 伸缩振动重叠。

② $\nu_{C=O}$　游离:$\nu_{C=O}$ 一般发生在 1760cm^{-1}。缔合:$\nu_{C=O}$,由于氢键的形成,一般发生在 1725~1705cm^{-1},峰宽且强,比醛或酮 $\nu_{C=O}$ 更强更宽。如果发生共轭,使 $\nu_{C=O}$ 向低频

方向移动，如芳香羧酸 $\nu_{C=O}$ 一般发生在 1690cm^{-1} 附近。

ν_{OH} 和 $\nu_{C=O}$ 区域吸收峰的出现可以断定羧基的存在。

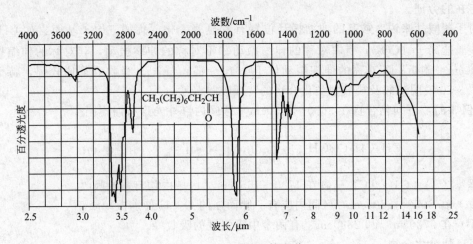

图 3-18　壬醛的红外光谱

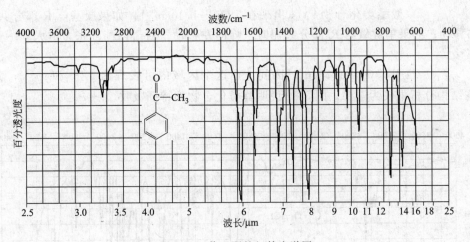

图 3-19　苯乙酮的红外光谱图

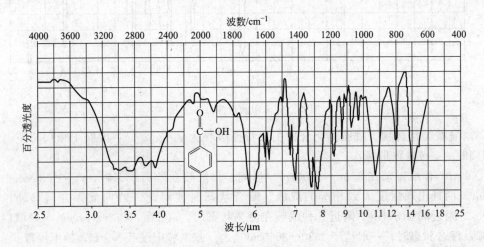

图 3-20　苯甲酸红外光谱

③ ν_{C-O} 在 1320～1200cm^{-1} 区间产生中等强度的多重峰，应用受到限制。

④ γ_{OH} 在 950～900cm^{-1}（920cm^{-1}）区间产生一谱带，强度变化很大，可作为羧基是否存在的旁证。

对于羧酸盐来说，羧基的伸缩振动位置有着显著变化，犹如三原子基团（如 CH_2）一样，羧酸盐离子（CO_2^-）有着对称的伸缩振动和不对称的伸缩振动，其对称的伸缩振动位于 1400cm^{-1} 附近；不对称的伸缩振动位于 1610～1550cm^{-1}。吸收峰都比较强，特征性很强。图 3-20 说明羧酸及羧酸盐类化合物的特征吸收。

【例 3-6】 下列化合物在 3650～1650cm^{-1} 区间内红外光谱有何不同？

$$\underset{(A)}{CH_3CH_2COOH} \qquad \underset{(B)}{CH_3CH_2-\overset{\overset{O}{\|}}{C}-H} \qquad \underset{(C)}{CH_3-\overset{\overset{O}{\|}}{C}-CH_3}$$

解 (A)、(B)、(C) 三者在 1700～1650cm^{-1} 区域内均有强的吸收。

(A) 在 3000～2500cm^{-1} 区间内应有一胖而强的 O—H 伸缩振动峰。

(B) 在 2720cm^{-1} 和 2820cm^{-1} 有两个中等强度的吸收峰。

(4) 酯类化合物

酯类化合物主要的特征吸收为 $\nu_{C=O}$、ν_{C-O}。

① $\nu_{C=O}$ 一般酯类化合物 $\nu_{C=O}$ 出现在 1725～1740cm^{-1}。如果羰基与 R 部分共轭时，峰向右移动；如果单键氧与 R′ 部分共轭时，峰向左移动；对于内酯环张力增大，$\nu_{C=O}$ 向高波数位移。

② ν_{C-O} 位于 1300～1050cm^{-1} 区间，在这个区域内可表现出 ν_{C-O}^{as} 和 ν_{C-O}^{s}，其中以 ν_{C-O}^{as} 在结构分析中较为重要。图 3-21 说明酯类化合物的特征吸收。

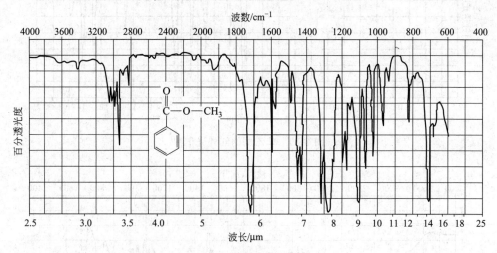

图 3-21 苯甲酸甲酯红外光谱

(5) 酰胺类化合物　酰胺类化合物主要特征吸收为 ν_{NH}、$\nu_{C=O}$（酰胺Ⅰ峰）、δ_{NH}（酰胺Ⅱ峰）和 ν_{C-N}（酰胺Ⅲ峰）。

① ν_{NH} 伸缩振动在 3500～3100cm^{-1} 区间。伯酰胺在游离状态时，ν_{NH} 在 3500cm^{-1} 和 3400cm^{-1} 两处出现强度大致相等的双峰。缔合状态时使得此二峰向低频方向移动，位于 3300cm^{-1} 附近和 3180cm^{-1} 附近。仲酰胺在游离状态时，ν_{NH} 在 3500～3400cm^{-1} 区域内出现一个峰，缔合状态时，一般位于 3330～3060cm^{-1} 内。叔酰胺中没有 N—H，故不出现 ν_{NH}。无论游离的还是缔合的 N—H 伸缩振动的峰都比相应氢键缔合的 O—H 伸缩振动的峰弱而尖锐。

② $\nu_{C=O}$：酰胺Ⅰ峰。

伯酰胺，游离状态 1690cm^{-1} 附近，缔合状态 1650cm^{-1} 附近；

仲酰胺，游离状态 1680cm^{-1} 附近，缔合状态 1640cm^{-1} 附近；

叔酰胺，不缔合 1650cm^{-1} 附近。

酰胺中的 $\nu_{C=O}$ 较一般羰基的 $\nu_{C=O}$ 在低频区，这是由于氮上的孤对电子与羰基发生共轭电子云平均化，羰基的双键性减弱，单键性增强，键常数减小的缘故。

③ δ_{NH} 酰胺Ⅱ峰。

伯酰胺 δ_{NH} 出现在 1640～1600cm^{-1}，游离态在高波数区，缔合态在低波数区。仲酰胺出现在 1570～1510cm^{-1}，特征性非常强，足以区分伯、仲酰胺的存在。

④ ν_{C-N} 酰胺Ⅲ峰。

伯酰胺，出现在 1400cm^{-1} 附近，仲酰胺出现在 1300cm^{-1} 附近，这些峰都很强。环内酰胺，随着环张力的增大，$\nu_{C=O}$ 向高波数区位移。

图 3-22 说明酰胺类化合物的特征吸收。

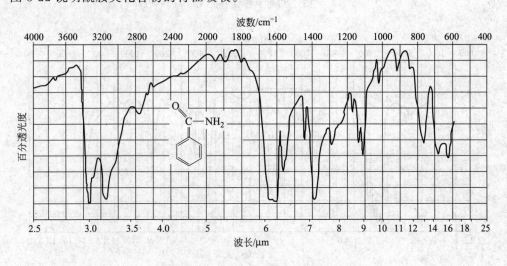

图 3-22 苯甲酰胺红外光谱

(6) 酰卤类化合物 脂肪酰卤的 $\nu_{C=O}$ 在 1800cm^{-1} 附近，如果 C=O 与不饱和基共轭时，吸收在 1850～1765cm^{-1}。ν_{C-X} 吸收在 1250～910cm^{-1} 区间，峰形较宽。

(7) 羧酸酐类化合物 羧酸酐中由于两个羰基振动的偶合，在 1860～1800cm^{-1} 区间和 1775～1740cm^{-1} 区间有两个强的吸收带，但相对强度不变，前者为 $\nu_{C=O}^{as}$，后者为 $\nu_{C=O}^{s}$。ν_{C-O} 位于 1300～900cm^{-1} 区间，是一宽而强的吸收带。

(8) 胺类化合物 胺类化合物主要特征吸收为 ν_{NH}、δ_{NH} 和 ν_{C-N}。

① ν_{NH} 伸缩振动在 3500～3300cm^{-1} 区间。伯胺在游离状态时，ν_{NH} 在 3490cm^{-1} 附近和 3400cm^{-1} 附近两处出现双峰。仲胺在游离状态时，ν_{NH} 在 3500～3400cm^{-1} 区域内出现一个峰。脂肪仲胺的强度弱，难以辨认，芳香仲胺的强度则很强。叔胺中没有 N—H，故不出现 ν_{NH}。

② δ_{NH} 伯胺 δ_{NH} 出现在 1650～1570cm^{-1}。仲胺出现在 1500cm^{-1} 附近。

③ ν_{C-N} 脂肪族胺出现在 1020～1250cm^{-1}。芳香族胺出现在 1380～1250cm^{-1}。

图 3-23、图 3-24 说明胺类化合物的特征吸收。

(9) 硝基类化合物 硝基类化合物的主要特征吸收为 $\nu_{N=O}$ 和 ν_{C-N}。

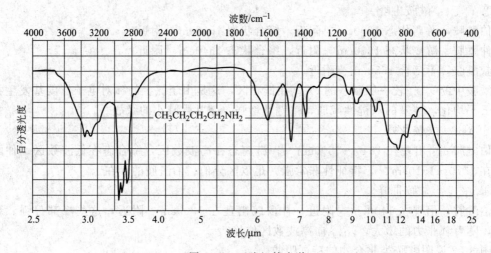

图 3-23 丁胺红外光谱

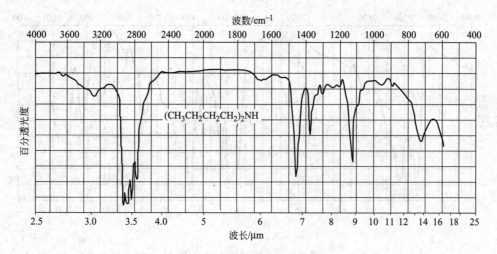

图 3-24 二丁胺红外光谱

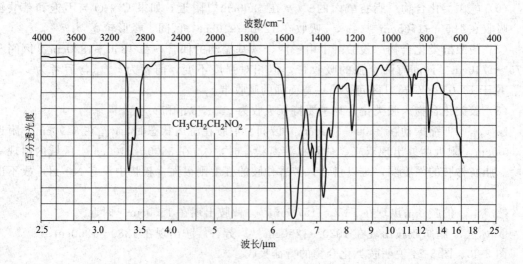

图 3-25 1-硝基丙烷红外光谱

① $\nu_{N=O}$ 产生两个强吸收峰，一个在 1600～1500cm^{-1} ($\nu_{N=O}^{as}$)，另一个在 1390～1300cm^{-1} ($\nu_{N=O}^{s}$)。

② ν_{C-N} 发生在 920～800cm^{-1}。图 3-25 说明硝基类化合物的特征吸收。

(10) 氰类化合物 氰类化合物的主要特征吸收为 $\nu_{C\equiv N}$。$\nu_{C\equiv N}$ 在 2260～2215cm^{-1} 产生一个中等强度的尖峰，这一区域没有干扰，容易辨认。与双键或苯环共轭时峰向低频方向移动。图 3-26 说明氰类化合物的特征吸收。

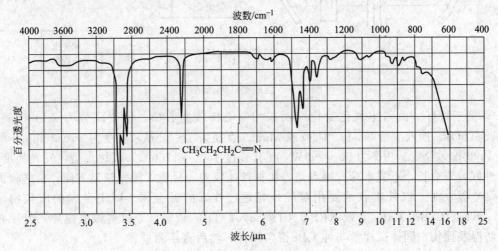

图 3-26 丁腈的红外光谱

3.4 红外光谱仪

3.4.1 色散型红外光谱仪

色散型的红外光谱仪采用双光束，光源发出的辐射被分为等强度的两束光，一束通过样品池，另一束通过参比池。通过参比池的光束经衰减器（亦称光楔或光梳）与通过样品池的光束会合于斩光器（亦称切光器）处，使两光束交替进入单色器（现一般用光栅）色散之后，同样交替投射到检测器上进行检测。单色器的转动与光谱仪记录装置谱图图纸横坐标方向相关联。横坐标的位置表明了单色器的某一波长（波数）的位置。若样品对某一波数的红外光有吸收，则两光束的强度便不平衡，参比光路的强度比较大。因此检测器产生一个交变的信号，该信号经放大、整流后负反馈于连接衰减器的同步电机，该电机使光楔更多地遮挡参比光束，使之强度减弱，直至两光束又恢复强度相等。此时交变信号为零，不再有反馈信号。此即"光学零位平衡"原理。移动光楔的电机同步地联动记录装置的记录笔，沿谱图图纸的纵坐标方向移动，因此纵坐标表示样品的吸收程度。单色器转动的全过程就得到一张完整的红外光谱图，见图 3-27。

红外光谱仪由光源、吸收池、单色器、检测器和记录系统组成。

(1) 光源 红外光谱仪中所用的光源通常是一种惰性固体，用电加热使之发射高强度的红外辐射。常用的是硅碳棒和能斯特（nernst）灯。

① 硅碳棒 由碳化硅烧结而成，两端粗（约 ϕ7mm×27mm），中间较细（约 ϕ5mm×50mm）。在低电压大电流下工作（4～5A）。耗电功率约为 200～400W，工作温度为 1200～1500℃。其优点是：发光面积大，波长范围宽（可低至 200cm^{-1}），坚固、耐用，使用方便及价格较低。缺点是：电极触头发热需水冷，工作时间长时电阻增大。

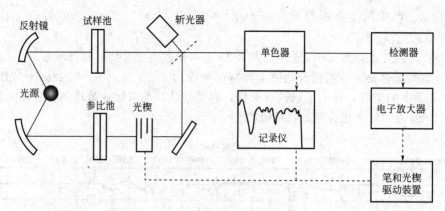

图 3-27　色散型红外光谱仪

② 能斯特灯　由稀土氧化物烧结而成的空心棒或实心棒，主要成分为 ZrO（75%）、Y_2O_3、ThO_2，掺入少量 Na_2O、CaO 或 MgO。直径为 1～2mm，长度为 25～30mm，两端绕有 Pt 丝作为导线。功率为 50～200W，工作温度 1300～1700℃。其优点是：发光强度大，稳定性好，寿命长，不需水冷。缺点是：机械性能较差，易脆，操作较不方便，价格较贵。

（2）吸收池　红外吸收池要用对红外光透过性好的碱金属、碱土金属的卤化物，如 NaCl、KBr、CsBr、CaF_2 等或 KRS-5（TlI 58%，TlBr 42%）等材料做成窗片。窗片必须注意防湿及损伤。固体试样常与纯 KBr 混匀压片，然后直接测量。

（3）单色器　单色器由几个色散元件、入射狭缝和出射狭缝、聚焦和反射用的反射镜（不用透镜，以防色差）组成。

色散元件有棱镜和光栅：棱镜主要用于早期仪器中，棱镜由对红外光透射率好的碱金属或碱土金属的卤化物单晶做成，不同材料做成棱镜有不同的使用波长范围，应注意选择。对于红外光，要获得较好分辨本领时，可选用 LiF（2～15μm）、CaF_2（5～9μm）、NaF（9～15μm）、KBr（15～25μm）等，棱镜易受损和受水腐蚀，要特别注意干燥。

光栅单色器常用几块不同闪耀波长的闪耀光栅组合，可以自动更换，使测定的波数范围更为扩展且能得到更高的分辨率。闪耀光栅存在次级光栅的干扰，因此需与滤光片或棱镜结合起来使用。

单色器系统中的狭缝可以控制单色光的纯度和强度，狭缝愈窄，纯度愈高，分辨率也愈大，但是由于红外光强度很弱，能量低，且整个波数范围内强度不是恒定的，所以在波数扫描过程中，狭缝要随光源的发射特性曲线自动调节宽度，既要使到达检测器的光强近似不变，又要达到尽可能高的分辨能力。

（4）检测器　对红外检测器的要求：由于是利用热电效应进行检测的，所以要求检测器的热容量小，检测元件吸收不同能量红外光所产生的信号变化大，这样灵敏度才会高；光束要集中，受热能的"靶"体积要小，要薄；要减少热能的损失及环境热源的干扰，所以要置于真空中；响应速度要快，响应波长范围要宽。

① 真空热电偶　真空热电偶是利用不同导体构成回路时的温差电现象，将温差转变为电热差。以一片涂黑的金箔作为红外辐射的接受面，在其一面上焊两种热电势差别大的不同金属、合金或半导体，作为热点偶的热接端，而在冷接端（通常为室温）连接金属导线。密封于高真空（约 $7×10^{-7}$ Pa）腔体内。在腔体上对着涂黑金属接收面的方向上开一小窗，窗口放红外透光材料盐片。

当红外辐射通过盐窗照射到金箔片上时，热接端的温度升高，产生温差电势差，回路中就有电流通过，而且电流大小与红外辐射的强度成正比。如图 3-28 所示。

② 测热辐射计　把温度电阻系数较大的涂黑金属或半导体薄片作为惠斯登电桥的一臂。当涂黑金属片接受红外辐射时，温度升高，电阻发生变化，电桥失去平衡，桥路上就有信号输出，以此实现对红外辐射强度的检测。由于红外辐射能量很低，信号很弱，所以施加给电桥的电压需要非常稳定，这成为其最大的缺点，因此，现在的仪器已很少使用这种检测器。

③ 高莱池（GolayCell）　高莱池是一个高灵敏的气胀式检测器，红外辐射通过盐窗照射到气室一端的涂黑金属薄膜上，使气室温度升高，气室中的惰性气体（氙气或氩气）膨胀，另一端涂银的软镜膜变形凸出。导致检测器光源经过透镜、线栅照射到软镜膜后反射到达光电倍增管的光量改变。光电管产生的信号与红外照射的强度有关，从而达到检测的目的。如图 3-29 所示。

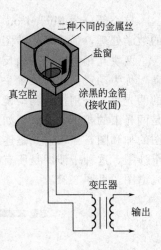

图 3-28　真空热电偶

④ 热释电检测器　以硫酸三甘酞（$NH_2CH_2COOH)_3H_2SO_4$（Triglycine Sulfate，简称 TGS）这类热电材料的单晶片为检测元件，其薄片（$10\sim20\mu m$）的正面镀铬，反面镀金成

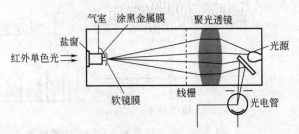

图 3-29　高莱池检测器示意图

两电极，连接放大器，一起置于带有盐窗的高真空玻璃容器内。TGS 是铁氧体，在居里点（49℃）以下，能产生很大的极化效应，温度升高时，极化度降低，当红外辐射照射到 TGS 薄片上时，引起温度的升高，极化度降低，表面电荷减少，相当于释放出部分电荷，经放大后进行检测记录。TGS 检测器的特点是响应速度快，噪声影响小，能实现高速扫描，故被用于傅里叶变换红外光谱仪中。目前使用最广泛的材料是氘化了的 TGS（DTGS），居里点温度为 62℃，热电系数小于 TGS。

⑤ 碲镉汞检测器（MCT 检测器）　跟上面的热电检测器不同，MCT 检测器是光电检测器。它是由宽频带的半导体碲化镉和半金属化合物碲化汞混合做成的，改变其中各成分的比例，可以获得对测量不同波段的灵敏度各异的各种 MCT 检测器。MCT 元件受红外辐射照射后，导电性能发生变化，从而产生检测信号。这种检测器灵敏度高于 TGS 约 10 倍，响应速度快，适于快速扫描测量和气相色谱-傅里叶变换红外光谱联机检测。MCT 检测器需在液氮温度下工作。

(5) 记录系统　红外光谱都由记录仪自动记录谱图。现代仪器都配有计算机，以控制仪器操作、优化谱图中的各种参数、进行谱图的检索等。

3.4.2 傅里叶变换红外光谱仪

傅里叶（Fourier）变换红外光谱仪是一种干涉型红外光谱仪，干涉型红外光谱仪的原理如图 3-21 所示，傅里叶变换红外光谱仪主要由光源（硅碳棒、高压汞灯）、迈克尔逊（Michelson）干涉仪、检测器、计算机和记录仪组成。如图 3-30 所示。

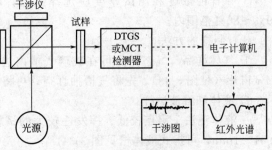

图 3-30　傅里叶变换红外光谱仪工作原理示意图

核心部分为 Michelson 干涉仪，它将光源来的信号以干涉图的形式送往计算机进行变换的数学处理，最后将干涉图还原成光谱图，如图 3-31 所示。

两块互相垂直的平面反射镜，固定不动的称为定镜，可以沿图示的方向作往复微小移动，称为动镜。之间放置一呈 45°的半透膜光束分裂器，它能把光源投来的光分为强度相等的两光束，分别投射到动镜和定镜，然后又反射回来在检测器汇合。因此检测器上检测到的是两光束的相干光信号。如果是两种频率不同的光一起进入干涉仪，则得到两种单色光干涉图的加和图，当入射光是连续频率的多色光时，得到的是中心极大而向两侧迅速衰减的对称干涉图，这种干涉图是所有各种单色光干涉图的总加和图，再通过计算机转换为所需的红外光谱图，见图 3-32。

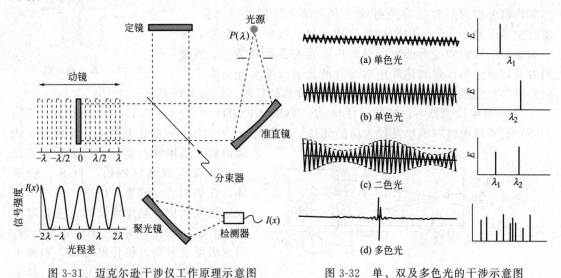

图 3-31　迈克尔逊干涉仪工作原理示意图　　图 3-32　单、双及多色光的干涉示意图

3.5　红外光谱在有机物结构分析中的应用

3.5.1　试样的制备

（1）红外光谱法对试样的要求

红外光谱的试样可以是液体、固体或气体，一般要求如下：

① 试样应该是单一组分的纯物质，纯度应大于 98% 或符合商业规格，才便于与纯物质的标准光谱进行对照。

② 试样中不应含有游离水。水本身有红外吸收，会严重干扰样品光谱，而且会侵蚀吸收池的盐窗。

③ 试样的浓度和测试厚度应选择适当，以使光谱图中大多数吸收峰的透射比处于 10%～80% 范围内。

（2）制样的方法

① 气体样品　气态样品可在玻璃气槽内进行测定，它的两端粘有红外透光的 NaCl 或 KBr 窗片（见图 3-33）。先将气槽抽真空，再将试样注入。

② 液体和溶液试样

a. 液体池法　沸点较低、挥发性较大的试样，可注入封闭液体池中，液层厚度一般为 0.01～1mm，可拆式液体槽见图 3-34。

b. 液膜法　沸点较高的试样，直接滴在两个盐片之间，形成液膜。

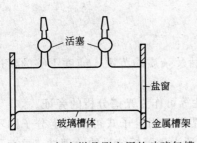
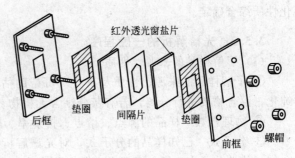

图 3-33 气态样品测定用的玻璃气槽　　　　图 3-34 可拆式液体槽

③ 固体试样

a. 压片法　将 1~2mg 试样与 200mg 纯 KBr 研细均匀，置于模具中，用 $(5~10) \times 10^7$ Pa 压力在油压机上压成透明薄片，即可用于测定。试样和 KBr 都应经干燥处理，研磨到粒度小于 $2\mu m$，以免散射光影响测定。

b. 石蜡糊法　将干燥处理后的试样研细，与液体石蜡或全氟代烃混合，调成糊状，夹在盐片中测定。

c. 薄膜法　主要用于高分子化合物的测定。可将它们直接加热熔融后涂制或压制成膜。也可将试样溶解在低沸点的易挥发溶剂中，涂在盐片上，待溶剂挥发后成膜测定。

3.5.2　红外光谱的应用

(1) 鉴定是否为某一已知成分

① 用检的标准品与检品在同样的条件下测定红外光谱，并进行对照。完全相同的可初步断定为同一化合物（也有例外，如对映异构体）。

② 也可与标准图谱对照。但要注意所用的仪器是否相同，测绘条件（如检品的物理状态、浓度及使用的溶剂）是否相同，这些条件都会影响红外图谱的差别。

(2) 检验反应是否进行，某些基团的引入或消去　对于比较简单的化学反应，基团的引入或消去可根据红外图谱中该基团相应特征峰的存在或消失加以判定。对于复杂的化学反应，需与标准图谱比较做出判定。

(3) 化合物分子的几何构型与立体构象的研究　如化合物 $CH_3HC=CHCH_3$ 具有顺式与反式两种构型结构，这两种化合物的红外光谱在 $1000~650cm^{-1}$ 区域内有显著不同，顺式 $\gamma_{=CH}$ 在 $690cm^{-1}$ 附近出现吸收峰（s），反式 $\gamma_{=CH}$ 在 $970cm^{-1}$ 附近出现吸收峰（vs）。

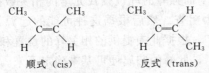

顺式 (cis)　　　　反式 (trans)

又如氨基醇类的红外光谱，苏式异构体仅在 $3350~3380cm^{-1}$ 区域内出现一个 ν_{OH} 强峰（缔合），而赤式异构体在同一区域内出现三个峰：$3620cm^{-1}$ ν_{OH}（游离）附近，$3575~3595cm^{-1}$ ν_{OH}（缔合，OH……π键），及 $3485~3520cm^{-1}$ ν_{OH}（缔合，OH……NRR'）。

又如：1,3-环己烷二醇和 1,2-环己烷二醇优势构象的确定。此二化合物在红外光谱的 $3450cm^{-1}$（ν_{OH}）中都有一宽而强的吸收峰，用四氯化碳稀释后，二者的谱带位置和强度都不改变，说明这两个化合物均可能形成分子内氢键，据此可以断定第一种化合物的优势构象是双直立键优势，而第二种化合物的优势构象是双平伏键优势。

(4) 未知结构化合物的确定　比较简单的未知结构的有机化合物，可通过红外光谱的解析来确定。对复杂的全未知的化合物结构测定，必须配合 UV、NMR、MS、元素分析及理化性质综合确定。

3.5.3 光谱解析的一般程序

(1) 了解样品的来源、性质

① 了解样品的来源、性质及灰分 可帮助估计样品及杂质的范围，纯度不够的要进行纯化，混合物要进行分离，若有灰分则含无机物。

② 物理常数 样品的沸点、熔点、折射率、旋光性等可作为光谱分析的旁证。

③ 分子式 已知样品的分子式，对光谱解析很有帮助。用分子式可以确定分子的不饱和度，估计分子中双键、环及芳环等是否存在，并可验证光谱解析结果的合理性，可获得分子结构的重要信息。

不饱和度又称缺氢指数，是指分子结构中距离达到饱和时所缺一价元素的"对数"。它反映了分子中含环和不饱和键的总数，其计算公式如下：

$$\Omega = (2n_4 + 2 + n_3 - n_1)/2$$

式中，n_4 为四价元素（C）的原子个数；n_3 为三价元素（N）的原子个数；n_1 为一价元素（H，X）的原子个数。

当 $\Omega=0$ 时分子结构为链状饱和化合物，当 $\Omega=1$ 时分子结构可能含有一个双键或一个脂肪环。当分子结构中含有三键时，$\Omega \geqslant 2$。分子结构中含有六元芳环时，$\Omega \geqslant 4$。

【例 3-7】 求 $C_8H_7ClO_3$ 的不饱和度。

解 $\Omega = (2n_4 + 2 + n_3 - n_1)/2 = (2 \times 8 + 2 + 0 - 8)/2 = 5$（一个苯环，一个双键）

④ 进行初步化学反应试验，确定未知物的可能类别。

(2) 红外光谱解析程序

红外光谱解析程序，没有固定的模式可循，各人根据自己的经验进行解析，但对于初学者来说，可首先根据以下程序来熟悉图谱解析的基本方法。

首先根据红外图谱的特征，把红外图谱分为特征区（$4000 \sim 1333 cm^{-1}$）和指纹区（$1333 \sim 400 cm^{-1}$）两大部分。

其次根据"先特征，后指纹，先最强峰，后次强峰；先粗查，后细找；先否定，后肯定；一抓一组相关峰"的程序和原则进行图谱的解析。

"先特征，后指纹，先最强峰，后次强峰"是指先由特征区第一强峰入手，因为特征区峰疏，易于辨认。

"先粗查，后细找"指按上面强峰的峰位查找光谱的相关数据（表 3-3），初步了解该峰的起源与归属，这一过程称为粗查。然后根据这种可能的起源与归属，细找按基团排列的"主要基团的红外特征吸收峰"，根据此表提供的相关峰的位置和数目与被解析的红外图谱查找核对，若找到所有相关峰了，此峰的归属便可基本确定下来。

"先否定，后肯定"因为吸收峰的不存在，对否定官能团的存在比吸收峰的存在对肯定一个官能团的存在要容易得多，根据也确凿得多。因此，在解析过程中，采取先否定的办法，以便逐步缩小未知物的范围。

总之，是先识别特征区第一强峰的起源（由何种振动所引起）及可能的归属（属于什么基团），而后找出该基团所有或主要相关峰，进一步确定或佐证第一强峰的归属。同样的方法可用于解析特征区的第二强峰及相关峰，第三强峰及相关峰等。如有必要可重新解析指纹区的第一强峰、第二强峰及其相关峰。无论解析特征区还是指纹区的强峰都应掌握："抓住"一个峰解析一组相关峰的方法，它们可以互为佐证，提高图谱解析的可信度，避免孤立解析造成结论的错误。简单的图谱，一般解析三、四组图谱即可解析完毕。但结果的最终确定，还需与标准图谱进行对照。初学者可能有对红外光谱中每一个峰进行解析的愿望，这是做不到的，也是没有必要的。

另外，注意比较相同基团或相近基团在不同结构中的红外光谱，应当说是利用红外光谱确定结构的基本出发点，这一点应当引起足够的注意。

在解析图谱时有时会遇到特征峰归属不清的问题，如化合物中含有若干个羰基（C═O）、碳碳双键（C═C）或芳环时，它们的吸收峰均出现在 1850～1600cm^{-1} 区间内，此时需通过其他辅助手段来区别，如溶剂的影响，溶剂极性增加，极性的 π→π*（C═O）跃迁的吸收向低频方向移动，而非极性的 π→π*（C═C）跃迁的吸收不受影响。也可以利用化学手段进行一些官能团的归属及酯化、酰化、水解、还原等方法对化合物的结构进行辅助测定。

上述解析图谱程序只适用于较简单光谱的解析，复杂化合物的光谱，由于各种官能团间的相互作用，要与标准光谱对照。

（3）光谱解析实例

【例 3-8】 图 3-35 是含有 C、H、O 的有机化合物的红外光谱图，试问：（1）该化合物是脂肪族还是芳香族？（2）是否为醇类？（3）是否为醛、酮、羧酸类？（4）是否含有双键或三键？

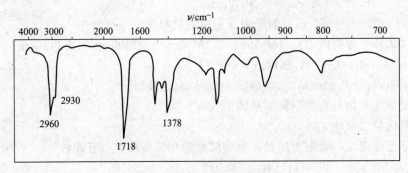

图 3-35 未知物红外光谱图

解 （1）在 3000cm^{-1} 以上无 ν_{C-H} 的伸缩振动，在 1600～1450cm^{-1} 无芳环的骨架振动，所以不是芳香族化合物。2960～2930cm^{-1} 是脂肪族化合物。

（2）在 3500～3300cm^{-1} 区间无任何吸收，故此化合物不是醇类化合物。

（3）在 1718cm^{-1} 图谱有一强吸收，表示可能为醛、酮、羧酸类化合物。但在 2830cm^{-1} 和 2730cm^{-1} 处没有醛基 C—H 的特征吸收，故可否定是醛类化合物；又在 3000cm^{-1} 没有 COOH 伸缩振动的宽而强的吸收峰，故也可否定羧酸的存在，只能是酮类化合物。

（4）在 1650（$\nu_{C=C}$）及 2200（$\nu_{C\equiv C}$）没有明显的吸收，说明此化合物除 C═O 外，无三键或双键。1378cm^{-1} 是甲基（—CH$_3$）面内弯曲振动 δ_{CH} 引起的吸收峰，是—CH$_3$ 的特征吸收峰。

综上所述该化合物应该是脂肪族的酮类。

【例 3-9】 某无色或淡黄色有机液体，具有刺激性臭味，沸点为 145.5℃，分子式为 C$_8$H$_8$，其红外光谱见图 3-36，试进行光谱解析，判断该化合物的结构。

解

（1）$\Omega = \dfrac{2\times 8+2-8}{2} = 5$（可能有苯环）

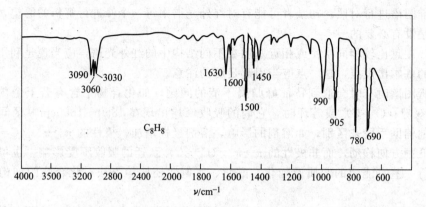

图 3-36　C_8H_8 的红外光谱

（2）特征区的第一强峰 $1500cm^{-1}$。

粗查：按照此强峰的波数 $1500cm^{-1}$ 查表 3-3，可知，$1500cm^{-1}$ 是由苯环的 $\nu_{C=C}$ 伸缩振动引起的。由相关图可知取代苯环的相关峰有五种。

细找：按基团或类别查找取代苯的五种相关峰。

① ν_{C-H} $3090cm^{-1}$、$3060cm^{-1}$ 及 $3030cm^{-1}$。

② 泛频峰，$2000\sim1667cm^{-1}$ 的峰表现为单取代峰形。

③ $\nu_{C=C}$（苯环的骨架振动）：$1600cm^{-1}$、$1570cm^{-1}$、$1500cm^{-1}$ 及 $1450cm^{-1}$（共轭环）。

④ δ_{C-H} $1250\sim1000cm^{-1}$，弱峰。

⑤ γ_{C-H} $780cm^{-1}$ 及 $690cm^{-1}$（双峰）苯环单取代峰形。

故可判定该化合物具有单取代苯基团。

（3）特征区第二强峰 $1630cm^{-1}$

由于苯环已经确定，确定为烯烃，可知烯烃的相关振动类型有四种。

① $\nu_{=CH}$ $3090cm^{-1}$、$3060cm^{-1}$ 和 $3030cm^{-1}$。

② $\nu_{C=C}$ $630cm^{-1}$。

③ $\delta_{=CH}$ $1430\sim1260cm^{-1}$ 出现中等强度峰。

④ $\gamma_{=CH}$ $990cm^{-1}$ 及 $905cm^{-1}$ 落在乙烯基单取代范围内。

第二强峰是乙烯基单取代，未知物可能结构为苯乙烯：

$$\text{C}_6\text{H}_5-\text{CH}=\text{CH}_2$$

（4）查 Sadtler 光谱对照与苯乙烯的光谱完全一致。

【例 3-10】　分子式为 C_8H_8O 的化合物的 IR 光谱见图 3-37，沸点 $202℃$，试通过解析光谱判断其结构。

解　$\Omega=\dfrac{2\times 8+2-8}{2}=5$（可能有苯环）

在 $3500\sim3000cm^{-1}$ 无任何吸收（$3400cm^{-1}$ 附近吸收为水干扰峰）。证明分子中无 OH。在 $1680cm^{-1}$ 与 $2730cm^{-1}$ 无明显的吸收峰可否认醛的存在。$1680cm^{-1}$ 说明是酮且发生共轭。

$3000cm^{-1}$ 以上的 $\nu_{\Phi-H}$ 及 $1600cm^{-1}$、$1580cm^{-1}$、$1450cm^{-1}$ 等峰的出现，泛频区弱的吸收证明为芳香族化合物，而 $\nu_{\Phi-H}$ 的 $750cm^{-1}$ 及 $690cm^{-1}$ 出现提示为单取代苯。$2960cm^{-1}$、$2920cm^{-1}$ 及 $1360cm^{-1}$ 出现提示有 $-CH_3$ 存在。

综上所述，结合分子式说明化合物只能是苯乙酮，结构式为：

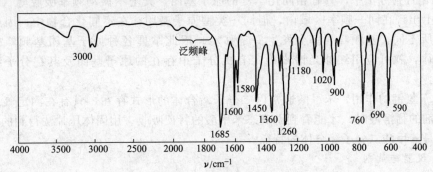

经标准图谱核对，并对照沸点等数据，证明结论与事实完全符合。

图 3-37 C_8H_8O 的 IR 光谱

【例 3-11】 某无色透明的有机流体沸点为 142.7℃，分子式为 C_8H_{10}，其红外光谱见图 3-38，试判断该化合物的结构。

图 3-38 C_8H_{10} 的红外光谱

解 $\Omega = \dfrac{2 \times 8 + 2 - 10}{2} = 4$（可能有苯环）

在特征区最强峰 1497cm^{-1} 同时还再现 1602cm^{-1}、1468cm^{-1} 强峰，在大于 3000cm^{-1} 出现振动，泛频区弱峰，提示有苯环存在，同时在 741cm^{-1} 出现单峰主要是由苯环的振动引起的，由附表可以查得它在苯取代物的邻双取代 770～730cm^{-1} 范围内，提示可能是邻双取代苯化合物。

从图谱观察，2957cm^{-1}、2950cm^{-1}、2930cm^{-1}、2880cm^{-1}、2860cm^{-1} 及 1468cm^{-1}、1380cm^{-1} 分别是由 CH_3 存在的特征峰。再根据分子式比较，该化合物是邻二甲苯：

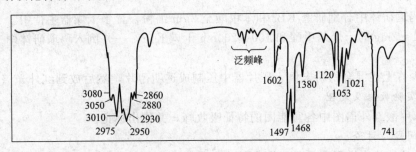

与标准图谱核对，结论完全正确。

技能训练 3-1 苯甲酸的红外光谱测定

（一）实训目的与要求
1. 学习用红外光谱进行化合物的定性分析，了解苯甲酸的红外光谱图。
2. 掌握红外光谱分析时固体样品的压片法样品制备技术。
3. 熟习红外分光光度计的工作原理及其使用方法。

（二）基本原理

1. 将固体样品与卤化碱（通常是KBr）混合研细，并压成透明片状，然后放到红外光谱仪上进行分析，这种方法就是压片法。

2. 在化合物分子中，具有相同化学键的原子基团，其基本振动频率吸收峰（简称基频峰）基本上出现在同一频率区域内，但同一类型原子基团，在不同化合物中，因所处的化学环境有所不同，基频峰频率会发生一定移动。因此掌握各种原子基团基频峰的频率及其位移规律，就可应用红外光谱来确定有机分子中存在的原子基团及其在分子结构中的相对位置。

3. 由于氢键的作用，苯甲酸通常以二分子缔合体的形式存在。只有在测定气态样品或非极性溶剂的稀溶液时，才能看到游离态苯甲酸的特征吸收。用固体压片法得到的红外光谱中显示的是苯甲酸二分子缔合体的特征。

（三）仪器与试剂

(1) 傅里叶变换红外光谱仪；KBr 压片器及附件。

(2) 苯甲酸（分析纯）、KBr（分析纯）。

(3) 玛瑙研钵，烘箱。

（四）操作步骤

1. 在玛瑙研钵中分别研磨 KBr 和苯甲酸至 $2\mu m$ 细粉，置于干燥器中待用。

2. 取 1~2mg 的干燥苯甲酸和 100~200mg 干燥 KBr，一并倒入玛瑙研钵中进行混合直至均匀。

3. 取少许上述混合物粉末倒入压片器中压制成透明薄片，然后放到红外光谱仪上测试。

（五）实验数据及处理

指出苯甲酸红外谱图中各官能团的特征吸收峰，并作出标记。

（六）问题与讨论

影响样品红外光谱图质量的因素是什么？

技能训练 3-2　红外光谱对未知样品的定性分析

（一）实训目的与要求

1. 了解鉴定未知物的一般过程。

2. 掌握用标准谱库进行化合物鉴定的方法。

（二）基本原理

比较在相同的制样和测定条件下，被分析的样品和标准纯化合物的红外光谱图，若吸收峰的位置、吸收峰的数目和峰的相对强度完全一致，则可认为两者是同一个化合物。

（三）仪器与试剂

(1) 傅里叶红外光谱仪。

(2) 压片和压膜、钢铲、镊子。

(3) 分析纯的 KBr 粉末和四氯化碳。

(4) 已知分子式的未知试样：1号 C_8H_{10}，2号 $C_4H_{10}O$，3号 $C_4H_8O_2$，4号 $C_7H_6O_2$。

（四）操作步骤

1. 压片法

取 1~2mg 的未知样品粉末与 200mg 干燥的 KBr 粉末（颗粒大小在 $2\mu m$ 左右），在玛瑙研钵中混匀后压片，测绘红外谱图，进行谱图处理（基线校正、平滑、归一化）及谱图检索（操作见说明书），确认其化学结构。

2. 液膜法

取 1~2 滴未知样品滴加在两个 KBr 晶片之间。用夹具轻轻夹住，测绘红外谱图，进行谱图处理，谱图检索（操作见说明书），确认其化学结构。

（五）实验数据及处理

(1) 在测绘的谱图上标出所有吸收峰的波数位置。
(2) 对确定的化合物，列出主要吸收峰并指认归属。

（六）问题与讨论

(1) 区分饱和烃和不饱和烃的主要标志是什么？
(2) 羰基化合物谱图的主要特征是什么？
(3) 芳香烃的特征吸收在什么位置？

技能训练 3-3　醛和酮的红外光谱

（一）实训目的与要求

1. 选择醛和酮的羰基吸收频率进行比较，说明取代效应和共轭效应，指出各个醛、酮的主要谱带。
2. 熟悉压片法及可拆式液体池的制样技术。

（二）基本原理

醛和酮在 1870~1540cm^{-1} 范围内出现强吸收峰，这是 C═O 的伸缩振动吸收带。其位置相对较固定且强度大，很容易识别。而 C═O 的伸缩振动受到样品的状态、相邻取代基团、共轭效应、氢键、环张力等因素的影响，其吸收带实际位置有所差别。

脂肪醛在 1740~1720cm^{-1} 范围内有吸收，碳上的电负性取代基会增加 C═O 谱带吸收频率。例如，乙醛在 1730cm^{-1} 处有吸收，而三氯乙醛在 1768cm^{-1} 处有吸收。双键与羰基产生共轭效应，会降低 C═O 的吸收频率。芳香醛在低频处吸收。内氢键也使吸收向低频方向移动。

酮的羰基比相应的醛的羰基在稍低的频率处吸收。饱和脂肪酮在 1715cm^{-1} 左右有吸收。同样，双键的共轭会造成吸收向低频移动。酮与溶剂之间的氢键也将降低羰基的吸收频率。

（三）仪器与试剂

(1) 傅里叶变换红外光谱仪。压片、压膜器及附件。
(2) 苯甲醛；肉桂醛；正丁醛，二苯甲酮；环己酮，苯乙酮；滑石粉；无水乙醇；KBr。
(3) 玛瑙研钵，烘箱。

（四）操作步骤

用可拆式液体池将苯甲醛、肉桂醛、正丁醛、环己酮、苯乙酮等分别制成 0.015~0.025mm 厚的液膜，绘出红外光谱。而二苯甲酮为固体，则可按压片法制成 KBr 片剂，测其红外光谱图。

（五）实验数据及处理

(1) 确定各化合物的羰基吸收频率，根据各化合物的光谱写出它们的结构式。
(2) 根据苯甲醛的光谱，指出在 3000cm^{-1} 左右及 675cm^{-1}、750cm^{-1} 之间所得到的主要谱带，简述分子中的键或基团构成这些谱带的原因。
(3) 根据环己酮光谱，指出在 2900cm^{-1} 和 1460cm^{-1} 附近吸收的主要谱带对应的基团。
(4) 比较肉桂醛、苯甲醛与正丁醛的烷基频率，论述共轭效应和芳香性对羰基吸收频率的影响。
(5) 共轭效应及芳香性对酮的羰基的频率影响如何？

(六) 问题与讨论

(1) 解释若用氯原子取代烷基，羰基频率会发生位移的原因。

(2) 推测苯乙酮 C=O 伸缩的泛频在什么频率处出现。

习 题

1. 某化合物结构不是Ⅰ，便是Ⅱ，根据下面的红外光谱图加以判定。

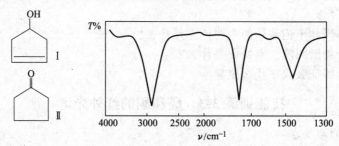

2. 某化合物结构为Ⅰ、Ⅱ、Ⅲ、Ⅳ的一种，根据下面的红外光谱图判定其结构。

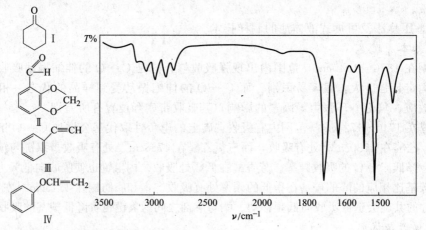

3. 根据化合物红外光谱图确定其化合物结构。

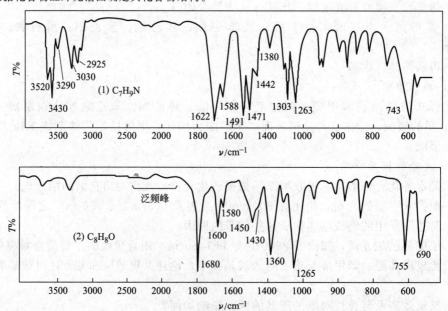

4. 已知分子式，根据下列化合物红外光谱图确定化合物结构。

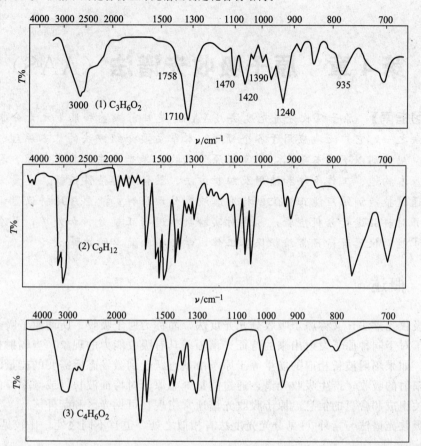

第4章　原子吸收光谱法（AAS）

【学习指南】　原子吸收分光光度法（AAS）是目前微量和痕量元素分析中灵敏且有效的方法之一，它广泛地应用于各个领域。本章主要介绍方法的基本原理、仪器、应用技术等。应达到以下基本要求：①掌握原子吸收分光光度法的基本原理、原子吸收分光光度计基本构造、工作条件和使用及维护方法、最佳实验条件选择、定量方法等知识要点；②通过技能训练应能正确配制标准溶液和处理试样；能熟练地将仪器调试到最佳工作状态并对样品进行分析检验；③能对实验数据进行正确分析和处理，并准确表述分析结果；④能对仪器进行日常维护保养工作，学会排除简单的故障。

4.1　概述

原子吸收光谱法，又称原子吸收分光光度法，简称为原子吸收。所谓原子吸收是指气态的基态原子对于同种原子发射出来的特征光谱辐射具有吸收能力的现象。当辐射投射到原子蒸气上时，如果辐射波长相应的能量等于原子由基态跃迁到激发态所需要的能量时，就会引起原子对辐射的吸收，产生吸收光谱，通过测量气态原子对特征波长（或频率）的吸收，便可获得有关组成和含量的信息。原子吸收光谱通常出现在可见光区和紫外区。

原子吸收光谱法与紫外-可见分光光度法有相似之处，也有不同之处，比较见表4-1。

表4-1　原子吸收光谱法与紫外-可见分光光度法的异同

	相似之处			不同之处		
紫外-可见光谱法	均属吸收光谱的范畴	工作波段 190～900nm	光源 单色器 吸收池 检测器	分子吸收带状光谱	连续光源（钨灯、氘灯）	光源→单色器→吸收池→检测器
原子吸收光谱法			锐线光源 单色器 原子化器 检测器	原子吸收线状光谱	锐线光源（空心阴极灯）	锐线光源→原子化器→单色器→检测器

原子吸收光谱分析能在短短的30多年中迅速成为分析实验室的有力武器，是因为它具有许多分析方法无可比拟的优点。

（1）**灵敏度高**　采用火焰原子化方式，大多元素的灵敏度可达10^{-6}量级，少数元素可达10^{-9}量级，若用高温石墨炉原子化，其绝对灵敏度可达10^{-10}～10^{-14}g，因此，原子吸收光谱法极适用于痕量金属元素的分析。

（2）**选择性好**　由于原子吸收线比原子发射线少得多，因此，本法的光谱干扰少，加之采用单元素制成的空心阴极灯作锐线光源，光源辐射的光谱较纯，对样品溶液中被测元素的共振线波长处不易产生背景发射干扰。

（3）**操作方便、快速**　原子吸收光谱分析与分光光度分析极为类似，其仪器结构、原理也大致相同，因此对于长期从事化学分析的人来说，使用原子吸收仪器极为方便，火焰原子吸收分析的速度也较快。

(4) 抗干扰能力强 从玻耳兹曼方程可知，火焰温度的波动对发射光谱的谱线强度影响很大，而对原子吸收分析的影响则要小得多。

(5) 准确度好 空心阴极灯辐射出的特征谱线仅被其特定元素所吸收。所以，原子吸收分析的准确度较高，火焰原子吸收分析的相对误差一般为 0.1%～0.5%。

(6) 测定元素多 原则上说，原子吸收可直接测定自然界中存在的所有金属元素，火焰原子化中，采用空气-乙炔火焰可以测定 30 多种元素，采用氧化亚氮-乙炔火焰可以测定 70 余种元素。

当然，原子吸收光谱分析也存在一些不足之处，原子吸收光谱法的光源是单元素空心阴极灯，测定一种元素就必须选用该元素的空心阴极灯，这一原因造成本法不适用于物质组成的定性分析，对于难熔元素的测定不能令人满意。另外原子吸收不能对共振线处于真空紫外区的元素进行直接测定。

4.2　原子吸收光谱法的基本原理

4.2.1　原子吸收光谱的产生

当有辐射通过自由原子蒸气，且入射辐射的频率等于原子中的电子由基态跃迁到较高能态（一般情况下都是第一激发态）所需的能量频率时，原子就要从辐射场中吸收能量，产生共振吸收，电子由基态跃迁到激发态，同时伴随着原子吸收光谱的产生。

4.2.2　原子吸收光谱与原子结构

由于原子能级是量子化的，因此，在所有的情况下，原子对辐射的吸收都是有选择性的。由于各元素的原子结构和外层电子的排布不同，元素从基态跃迁至第一激发态时吸收的能量不同，因而各元素的共振吸收线具有不同的特征。

$$\Delta E = E_1 - E_0 = h\nu = h\frac{c}{\lambda}$$

原子吸收光谱位于光谱的紫外区和可见区。

4.2.3　原子吸收光谱轮廓

一束频率为 ν、强度为 I_0 的光通过厚度为 L 的原子蒸气时，部分光被吸收，部分光被透过，透过光的强度 I_ν 服从吸收定律

$$I_\nu = I_0 \times 10^{-K_\nu L} \tag{4-1}$$

式中，k_ν 是基态原子对频率为 ν 的光的吸收系数。不同元素的原子吸收不同频率的光，透过光强度对吸收光频率作图，如图 4-1 所示。

由图 4-1 可知，在频率 ν_0 处透过光强度最小，即吸收最大。

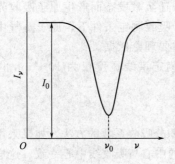

图 4-1　I_ν 与 ν 的关系

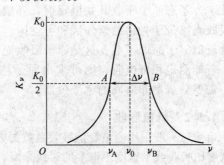

图 4-2　吸收曲线（K_ν-ν 曲线）轮廓

若将吸收系数 k 对频率 ν 作图，所得曲线为吸收线轮廓（见图 4-2）。原子吸收线轮廓以原子吸收谱线的中心频率 ν_0（或中心波长）和半宽度 $\Delta\nu$ 表征。中心频率 ν_0 由原子能级决定。半宽度是中心频率位置，吸收系数极大值 k_0 一半处，谱线轮廓上两点之间频率或波长的距离。

谱线具有一定的宽度，主要由两方面的因素决定：一类是由原子性质所决定的，例如，自然宽度；另一类是外界影响所引起的，例如，热变宽、碰撞变宽等。

(1) **自然宽度**　没有外界影响，谱线仍有一定的宽度称为自然宽度。它与激发态原子的平均寿命有关，平均寿命越长，谱线宽度越窄。不同谱线有不同的自然宽度，多数情况下约为 10^{-5} nm 数量级。

(2) **多普勒变宽**　由于辐射原子处于无规则的热运动状态，因此，辐射原子可以看作运动的波源。这一不规则的热运动与观测器两者间形成相对位移运动，从而发生多普勒效应，使谱线变宽。这种谱线的所谓多普勒变宽，是由于热运动产生的，所以又称为热变宽，一般可达 10^{-3} nm，是谱线变宽的主要因素。

(3) **压力变宽**　由于辐射原子与其他粒子（分子、原子、离子和电子等）间的相互作用而产生的谱线变宽，统称为压力变宽。压力变宽通常随压力增大而增大。在压力变宽中，凡是同种粒子碰撞引起的变宽叫 Holtzmark（赫尔兹马克）变宽；凡是由异种粒子引起的变宽叫 Lorentz（洛仑兹）变宽。

此外，在外电场或磁场作用下，能引起能级的分裂，从而导致谱线变宽，这种变宽称为场致变宽。

(4) **自吸变宽**　由自吸现象而引起的谱线变宽称为自吸变宽。空心阴极灯发射的共振线被灯内同种基态原子所吸收产生的自吸现象，从而使谱线变宽。灯电流越大，自吸变宽越严重。

4.3　原子吸收光谱的测量

4.3.1　积分吸收

在吸收线轮廓内，吸收系数的积分称为积分吸收系数，简称为积分吸收，它表示吸收的全部能量。从理论上可以得出，积分吸收与原子蒸气中吸收辐射的原子数成正比。数学表达式为：

$$\int k_\nu \mathrm{d}\nu = \frac{\pi e^2}{mc} f_{0i} N_0 \tag{4-2}$$

式中，e 为电子电荷；m 为电子质量；c 为光速；N_0 为单位体积内基态原子数；f_{0i} 振子强度，即能被入射辐射激发的每个原子的平均电子数，它正比于原子对特定波长辐射的吸收几率。基态原子吸收其共振辐射，外层电子由基态跃迁至激发态而产生原子吸收光谱。原子吸收光谱位于光谱的紫外区和可见区。在通常的原子吸收测定条件下，原子蒸气中基态原子数近似等于总原子数。这是原子吸收光谱分析法的重要理论依据。

若能测定积分吸收，则可求出原子浓度。但是，测定谱线宽度仅为 10^{-3} nm 的积分吸收，需要分辨率非常高的色散仪器。

4.3.2　峰值吸收

目前，一般采用测量峰值吸收系数的方法代替测量积分吸收系数的方法。如果采用发射线半宽度比吸收线半宽度小得多的锐线光源，并且发射线的中心与吸收线中心一致。这样就不需要用高分辨率的单色器，而只要将其与其他谱线分离，就能测出峰值吸收系数（见图 4-3）。

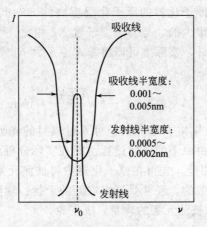

图 4-3 峰值吸收测量

在一般原子吸收测量条件下，原子吸收轮廓取决于 Doppler（热变宽）宽度，通过运算可得峰值吸收系数：

$$k_0 = \frac{2}{\Delta \nu_D} \sqrt{\frac{\ln 2}{\pi}} \frac{\pi e^2}{mc} f_{0j} N_0 \tag{4-3}$$

可以看出，峰值吸收系数与原子浓度成正比，只要能测出 K_0 就可得出 N_0。

4.3.3 实际测量

在实际工作中，对于原子吸收值的测量，是以一定光强的单色光 I_0 通过原子蒸气，然后测出被吸收后的光强 I，此一吸收过程符合朗伯-比耳定律，即

$$I = I_0 e^{-k_\nu NL} \tag{4-4}$$

式中，I_0 是入射辐射强度；I 是透过原子吸收层后的辐射强度；L 是原子吸收层厚度；k_ν 是对频率为 ν 的辐射吸收系数。在实际分析工作中，使用锐线光源，实际测量的仍是在一有限通带范围内的吸收强度。通过仪器分光系统投射到分析原子吸收层的入射辐射强度为 I_0，

$$I_0 = \int_0^{\Delta \nu} I_\nu d\nu \tag{4-5}$$

经过厚度为 L 的分析原子吸收层之后的透射辐射强度为

$$I_0 = \int_0^{\Delta \nu} I_\nu e^{-k_\nu L} d\nu \tag{4-6}$$

根据吸光度 A 的定义，$A = \lg \dfrac{I_0}{I} = \lg \dfrac{\int_0^{\Delta \nu} I_\nu d\nu}{\int_0^{\Delta \nu} I_\nu e^{-k_\nu L} d\nu}$

$$= \lg \frac{\int_0^{\Delta \nu} I_\nu d\nu}{e^{-k_\nu L} \int_0^{\Delta \nu} I_\nu d\nu} = 0.4343 k_\nu L \tag{4-7}$$

在原子发射线中心频率 ν_0 的很窄的 $\Delta \nu$ 频率范围内，k_ν 随频率的变化很小，可以近似地视为常数。当 $\Delta \nu \to 0$，$k_\nu \to k_0$。因此，在光源线宽非常窄的情况下，式(4-7) 可以改写为

$$A = 0.4343 k_0 L \tag{4-8}$$

将式(4-3) 代入式(4-8)，得到

$$A = 0.4343 \frac{2}{\Delta \nu_D} \sqrt{\frac{\ln 2}{\pi}} \frac{\pi e^2}{mc} f_{0j} N_0 L \tag{4-9}$$

在通常的火焰和石墨炉原子化器的原子化温度高约 3000K 的条件下，按照玻耳兹曼分布，处于激发态的原子数是很少的，与基态原子数 N_0 相比，可以忽略不计。除了强烈电离的碱金属和碱土金属元素之外，实际上可以将基态原子数 N_0 视为等于总原子数 N，这时关系式(4-9) 可以写为

$$A = 0.4343 \frac{2}{\Delta\nu_D} \sqrt{\frac{\ln 2}{\pi}} \frac{\pi e^2}{mc} f_{0j} NL \tag{4-10}$$

在式(4-10) 中，只涉及气相中分析原子对入射辐射的光吸收过程，而不涉及样品中有关被测元素转化为气相中自由原子的任何过程。而在实际分析工作中，要求测定的是试样中被测元素的含量 c。要实现测定，先得在原子化器中将被测元素经过多步化学反应转化为自由原子，这个转化过程是复杂的，经常受到多方面的干扰。现假定在确定的实验条件下，蒸气相中的原子数 N 与试样中被测元素的含量 c 成正比，

$$N = \beta c \tag{4-11}$$

式中，β 是试样中被测元素转化为自由原子的系数，表征被测元素的原子化效率，取决于试样和元素的性质及实验条件。将式(4-11) 代入式(4-10)，得到

$$A = 0.4343 \frac{2}{\Delta\nu_D} \sqrt{\frac{\ln 2}{\pi}} \frac{\pi e^2}{mc} f_{0j} L \beta c \tag{4-12}$$

在实验条件一定时，对于特定的元素测定，式(4-12) 右侧除了被测元素的含量 c 之外，其他各项为常数，于是得到

$$A = Kc \tag{4-13}$$

式中，K 是与实验条件有关的参数。式（4-13）表明，吸光度与试样中被测元素含量成正比。这是原子吸收光谱分析的实用关系式。因为 K 是与实验条件有关的参数，因此，必须使用校正曲线法进行原子吸收光谱定量分析。

4.4 原子吸收分光光度计

原子吸收光谱仪由光源、原子化器、分光器、检测系统等几部分组成，其基本构造如图 4-4 所示。

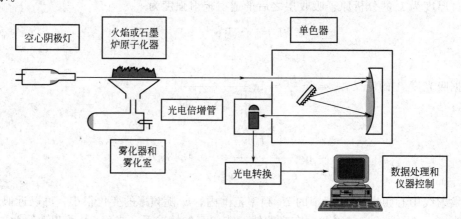

图 4-4 原子吸收基本结构示意图

4.4.1 光源

光源的功能是发射被测元素的特征共振辐射。对光源的基本要求是：
① 发射的共振辐射的半宽度要明显小于吸收线的半宽度；

② 辐射强度大、背景低，低于特征共振辐射强度的1％；

③ 稳定性好，30min之内漂移不超过1％；噪声小于0.1％；

④ 使用寿命长于5A·h。

空心阴极放电灯是能满足上述各项要求的理想的锐线光源，应用最广。

(1) 空心阴极放电灯　空心阴极放电灯的结构如图4-5所示。它是一个由被测元素

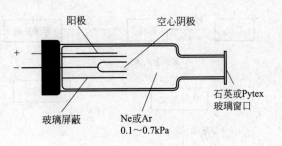

图4-5　空心阴极灯结构和外形

材料制成的空心阴极和一个由钛、锆、钽或其他材料制作的阳极。阴极和阳极封闭在带有光学窗口的硬质玻璃管内，管内充有压强为2～10mmHg的惰性气体氖或氩，其作用是产生离子撞击阴极，使阴极材料发光。

空心阴极灯放电是一种特殊形式的低压辉光放电，放电集中于阴极空腔内。当在两极之间施加几百伏电压时，便产生辉光放电。在电场作用下，电子在飞向阳极的途中，与载气原子碰撞并使之电离，放出二次电子，使电子与正离子数目增加，以维持放电。正离子从电场获得动能。如果正离子的动能足以克服金属阴极表面的晶格能，当其撞击在阴极表面时，就可以将原子从晶格中溅射出来。除溅射作用之外，阴极受热也要导致阴极表面元素的热蒸发。溅射与蒸发出来的原子进入空腔内，再与电子、原子、离子等发生第二类碰撞而受到激发，发射出相应元素的特征的共振辐射。

空心阴极灯常采用脉冲供电方式，以改善放电特性，同时便于使有用的原子吸收信号与原子化池的直流发射信号区分开，称为光源调制。在实际工作中，应选择合适的工作电流。使用灯电流过小，放电不稳定；灯电流过大，溅射作用增加，原子蒸气密度增大，谱线变宽，甚至引起自吸，导致测定灵敏度降低，灯寿命缩短。

由于原子吸收分析中每测一种元素需换一个灯，很不方便，现亦制成多元素空心阴极灯，但发射强度低于单元素灯，且如果金属组合不当，易产生光谱干扰，因此，使用尚不普遍。

(2) 无极放电灯　对于砷、锑等元素的分析，为提高灵敏度，亦常用无极放电灯做光源。无极放电灯是由一个数厘米长、直径5～12cm的石英玻璃圆管制成。管内装入数毫克待测元素或挥发性盐类，如金属、金属氯化物或碘化物等，抽成真空并充入压力为67～200Pa的惰性气体氩或氖，制成放电管，将此管装在一个高频发生器的线圈内，并装在一个绝缘的外套里，然后放在一个微波发生器的同步空腔谐振器中。这种灯的强度比空心阴极灯大几个数量级，没有自吸，谱线更纯。

(3) 连续光源　连续光源原子吸收光谱仪是原子光谱上划时代的革命性产品，2004年德国耶拿公司研制出全球第一台商品化仪器。连续光源原子吸收可以不用更换元素灯，利用一个高能量氙灯，即可测量元素周期表中67种金属元素，而且还可能测量更多的元素（如放射性元素），并为研究原子光谱的理论提供了分析仪器的保证。第一次开创性地实现了不需锐线光源的真正多元素原子吸收分析。

4.4.2　原子化技术

在原子吸收中常用的原子化技术有两种：火焰原子化和电热原子化。此外还有一些特殊的原子化技术，如氢化物发生法、冷原子蒸汽原子化等。

4.4.2.1　火焰原子化

在火焰原子化中，是通过混合助燃气（气体氧化物），将液体试样雾化并带入火焰中进

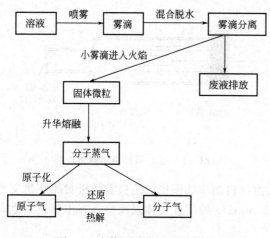

图 4-6 火焰原子化过程示意图

行原子化。将试液引入火焰并使其原子化经历了复杂的过程。这个过程包括雾粒的脱溶剂、蒸发、解离等阶段。在解离过程中,大部分分子解离为气态原子,如图 4-6 所示。在高温火焰中,也有一些原子电离。与此同时,燃气与助燃气以及试样中存在其他物质也会发生反应,产生分子和原子。被火焰中的热能激发的部分分子、原子和离子也会发射分子、原子和离子光谱。毫无疑问,复杂的原子化过程直接限制了方法的精密度,成为火焰原子光谱中十分关键的一步。为此,了解火焰的特性及影响这些特性的因素是十分重要的。

(1) 火焰的类型 表 4-2 列出了火焰原子化中某些火焰的性质。值得注意的是,当空气作为助燃气时,由不同燃气获得的温度在 1700~2400℃ 范围。在这个温度范围中,仅仅能够原子化那些可分解的试样。而对那些难熔的试样,则必须采用氧或氮氧化合物作为助燃气进行原子化。因为对一般的燃气而言,用这些助燃气可获得 2500~3100℃ 高温。

表 4-2 某些火焰的性质

燃气	助燃气	最高着火温度/K	最高燃烧速度/(cm/s)	最高燃烧温度/K	
				计算值	实验值
乙炔	空气	623	158	2523	2430
	氧气	608	1140	3341	3160
	氧化亚氮		160	3150	2990
氢气	空气	803	310	2373	2318
	氧气	723	1400	3083	2933
	氧化亚氮		390	2920	2880
煤气	空气	560	55	2113	1980
	氧气	450		3073	3013
丙烷	空气	510	82		2198
	氧气	490			2850

对于火焰原子化来说,火焰的燃烧速度是最重要的,它影响到火焰的安全和稳定的燃烧。为了得到稳定而安全的火焰,从燃烧器垂直向上喷出的气体流速应大于燃烧速度(一般为 3~4 倍),才不至于导致火焰逆燃而发生爆炸。但气体流速也不能过大,否则火焰变得不稳定,甚至熄灭。

火焰对光也有一定的吸收,不同的火焰吸收的波长范围不同,如图 4-7 所示。从图中可以看出,火焰可吸收光波区域的共振线。在选择火焰类型时,应考虑火焰本身对光的吸收。

乙炔钢瓶:乙炔在丙酮中具有高度溶解性(在 1100kPa 下的容量比为 300:1),可溶于丙酮中使用。乙炔钢瓶内充填多孔材料,以容留丙酮。使用时该钢瓶始终保持垂直位置,以尽量减少液态丙酮流入燃气通道。在钢瓶内压下降至一定程度时,进入燃气流中的丙酮就会增加而使火

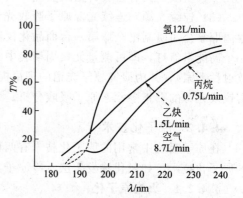

图 4-7 不同火焰的吸收

焰稳定性下降，对火焰化学计量灵敏度高的元素，如钙、锡等结果就会出现漂移。故乙炔钢瓶的压力低于500kPa时即不可再用了。

使用乙炔应注意安全，燃气钢瓶与乙炔发生器附近不可有明火。燃气管路上最好有一快速开关。目前均用流量计带针形阀作为开关，这种开关关不紧，有余气时常易逸漏造成事故。若没有快速开关，应在做完实验后将发生器内的余气烧掉。现使用的燃烧器即使由于先断助燃气等原因回火，也仅回到雾化室。应注意在操作时先开助燃气再开燃气点火的操作规程，关气时应先关燃气。

注意：乙炔管道内的压力不得高于100kPa，否则乙炔即会自发分解或爆炸，乙炔与铜可发生反应而形成易爆化合物，故不得使用铜质管道及其配件。

氧化亚氮-乙炔火焰：氧化亚氮-乙炔火焰，其热量显著高于空气-乙炔火焰（2900℃），点燃也较快。氧化亚氮-乙炔火焰燃烧剧烈，发射背景大，噪声大，必须使用专用的燃烧器，不能用空气-乙炔燃烧器代替。由于其温度高，且还原能力强，利用此焰能分析多种耐熔元素，如B、Be、Ba、Al、Si、Ti、Zr、Hf、Nb、Ta、V、Mo、W、稀土元素等

使用氧化亚氮-乙炔火焰应小心，注意防止回火，禁止直接点燃氧化亚氮-乙炔火焰。点燃时应现点燃空气-乙炔火焰并调节为还原性火焰（火焰变黄，出现黑烟），再过渡到氧化亚氮-乙炔火焰，并用保持为还原性火焰。

注意：使用此种火焰时仪器上需安装火焰护板，或戴护目镜，以降低发射的紫外线。在寒冷潮湿季节，需注意氧化亚氮流经调节器时会形成冰晶，甚至冻结，从而导致结果不准。调节器应有加温设备。

（2）火焰的构造及其温度分布　正常火焰由预热区、第一反应区、中间薄层区和第二反应区组成，界限清楚、稳定（见图4-8）。

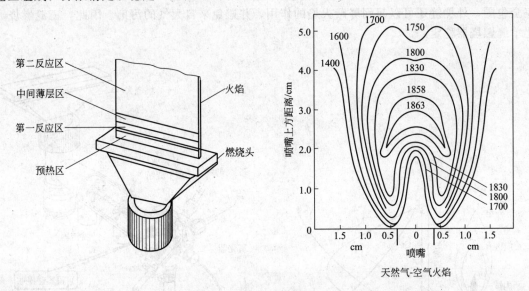

图4-8　预混合火焰结构示意图

预热区，亦称干燥区。燃烧不完全，温度不高，试液在这里被干燥，呈固态颗粒。

第一反应区，亦称蒸发区，是一条清晰的蓝色光带。燃烧不充分，半分解产物多，温度未达到最高点。干燥的试样固体微粒在这里被熔化蒸发或升华。通常较少用这一区域作为吸收区进行分析工作。但对于易原子化、干扰较小的碱金属，可在该区进行分析。

中间薄层区，亦称原子化区。燃烧完全，温度高，被蒸发的化合物在这里被原子化，是

原子吸收分析的主要应用区。

第二反应区，亦称电离区。燃气在该区反应充分，中间温度很高，部分原子被电离，往外层温度逐渐下降，被解离的基态原子又重新形成化合物，因此这一区域不能用于实际原子吸收分析工作。

(3) 自由原子在火焰中的空间分布　自由原子在火焰中的空间分布与火焰类型、燃烧状态和元素性质有关。图4-9是三种元素的吸收值沿火焰高度的分布曲线。镁最大吸收值大约在火焰的中部。开始吸收值沿火焰高度的增加而增加，这是由于长时间停留在热的火焰中，产生了大量的镁原子。然而当接近第二反应区时，镁的氧化物明显地开始形成。由于它不吸收所选用波长的辐射，以致使镁的吸收值很快下降。

与镁的情况不同，银不易氧化，它沿着火焰高度的增加，吸收值也随之增加。相反，铬因易形成非常稳定的氧化物，当开始接近燃烧器的顶端时，吸收值不断下降。显然，从一开始铬氧化物的形成就占了主导地位。综上所述，在分析不同的元素时，为了获得最大灵敏度，相对于光源发出的光束来说，必须仔细调节燃烧器的高度，直到获得最大吸收值为止。

(4) 火焰原子化器　火焰原子化器主要应用于原子吸收及原子荧光光谱。它由雾化器、雾化室和燃烧器三部分组成。常见的燃烧器有全部消耗型（紊流式）和混合型（层流式）。由于全消耗型燃烧器火焰光程短、易被堵塞及噪声大等缺点，目前很少使用。图4-10是预混合型火焰原子化装置图。当试样流过毛细管尖端时，被流过这里的助燃气气流雾化，形成的气溶胶与燃气混合并流过一系列挡板，只让最细的雾滴通过，而使大部分试样留在预混合室的底部并流入废容器内。气溶胶、助燃气和燃气在一长狭缝的燃烧器内燃烧形成一个长5cm或者10cm的火焰。单缝燃烧时容易造成部分辐射在火焰周围通过，而不被吸收的缺点，故常采用三缝燃烧器。三缝燃烧器由于缝宽较大，产生的原子蒸气能被光源发出的光束完全包围，外侧缝还可以起到屏蔽火焰的作用，并避免来自大气的污染。因此，三缝燃烧器比单缝燃烧器稳定。

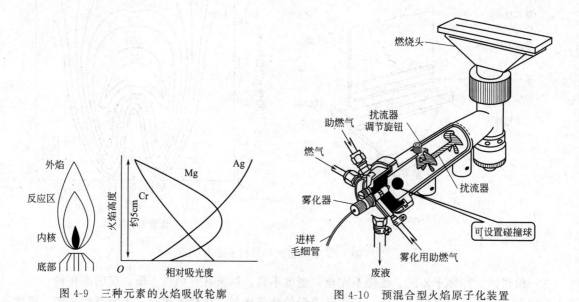

图4-9　三种元素的火焰吸收轮廓　　图4-10　预混合型火焰原子化装置

预混合燃烧器的优点是原子化程度高、火焰稳定、吸收光程长、噪声小，改善了分析的检测限，故为大部分仪器所采用。但应该指出，在使用预混合燃烧器时回火的危险总是存在，必须正确操作以保安全。

(5) 火焰的燃气和助燃气比例　在原子吸收分析中，通常采用乙炔、煤气、丙烷、氢气作为燃气，以空气、氧化亚氮、氧气作为助燃气。同一类型的火焰，燃气助燃气比例不同，火焰性质也不同。

按火焰燃气和助燃气比例的不同，可将火焰分为三类：化学计量火焰、富燃火焰和贫燃火焰。

① 化学计量火焰　是指燃气与助燃气之比与化学反应计量关系相近，又称其为中性火焰。此火焰温度高、稳定、干扰小、背景低。

② 富燃火焰　是指燃气大于化学计量的火焰，又称还原性火焰。火焰呈黄色，层次模糊，温度稍低，火焰的还原性较强，适合于易形成难离解氧化物元素的测定。

③ 贫燃火焰　又称氧化性火焰，即助燃比大于化学计量的火焰。氧化性较强，火焰呈蓝色，温度较低，适于易离解、易电离元素的原子化，如碱金属等。

选择适宜的火焰条件是一项重要的工作，可根据试样的具体情况，通过实验或查阅有关的文献确定。通常，选择火焰的温度应使待测元素恰能分解成基态自由原子为宜。若温度过高，会增加原子电离或激发，而使基态自由原子减少，导致分析灵敏度降低。

选择火焰时，还应考虑火焰本身对光的吸收。烃类火焰在短波区有较大的吸收，而氢火焰的透射性能则好得多。对于分析线位于短波区的元素的测定，在选择火焰时应考虑火焰透射性能的影响。

4.4.2.2　电热原子化

电热原子化的原子化时间短，在光路上停留的时间达 1s 或更长，因此可以提高灵敏度。电热原子化主要用于原子吸收和原子荧光光谱中，一般不直接用于产生发射光谱。然而，通过电热原子化蒸发引入试样的方法，已开始用于电感耦合等离子体发射光谱。

电热原子化法是用精密微量注射器将固定体积的（几微升）试液放入可被加热的石墨管中，首先在低温下蒸发，然后在较高的温度下灰化，紧接着将电流迅速增加至几百安培，使温度骤然上升到 2000～3000℃，此时试样在几秒内原子化。在紧靠加热导体的上方区域，测定原子化粒子的吸收。观察到的信号将在几秒内达到最大值，然后衰减到零。由此可见，电热原子化需要经过干燥、灰化、原子化、净化四个阶段才能完成一次分析。

(1) 管式石墨炉原子化器　在非火焰原子化法中，应用最广的原子化器是管式石墨炉原子化器，它包括石墨管、炉体和电源三大部分。图 4-11(a) 所示是商业上石墨炉原子化器的截面图。

在设备中，原子化发生在一个圆筒状石墨管中。石墨管长 30～50cm，内径 2.5～5mm，外径 6mm，中央开一个小孔作为液体试样的注入口和保护气的出气口［见图 4-11(b)］。

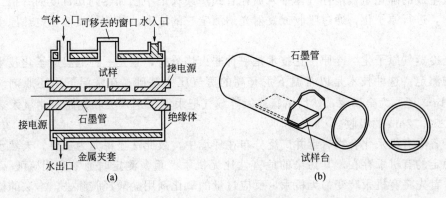

图 4-11　石墨炉的截面图

炉体对获得最佳的无火焰原子化条件起重要作用，它的结构是精心设计的。炉体结构应具有下列性能。

① 石墨管与炉体石墨管座间应十分吻合，并有一定的弹性伸缩。

② 为了防止石墨高温氧化作用，减小记忆效应，保护被热解原子不再被氧化，及时排出分析过程中的烟雾，在石墨管通电加热过程中必须有惰性气流（如 Ar、N_2）保护。

③ 由于石墨管在 2～4s 内就能使温度上升到 3000℃，但炉体表面的温度不得超过 60～80℃。因此，整个炉体必须有水冷保护装置。

石墨炉电源是一种低压大电流稳定的交流电源，它能确保在很短的时间内石墨管温度达到 3000℃以上。

(2) 电热原子化的特点　电热原子化法与火焰原子化法相比，具有如下特点。

① 试样用量少，灵敏度高。典型情况所用试样的体积为 0.5～10μL，绝对检出下限为 10^{-10}～10^{-13}g，比火焰法高 1000 倍。

② 试样可直接在原子化器中进行处理。在高温石墨炉原子化器中，可在原子化前选择蒸发除掉基体，改变基体成分，因而可减少或消除基体效应。

③ 可直接进行固体粉末分析。显然，对于火焰法来说，直接进行固体粉末分析是较难实现的。

电热法很适宜做痕量分析，但是高温石墨炉加上自动程序升温器和快速响应记录是相当昂贵的。另外，电热原子化的精密度一般在 2%～5%，而火焰法和激光原子化法可达 1%或更好。所以通常在火焰或激光原子化不能提供所需要的检测限时，才选用电热原子化法。

4.4.2.3　特殊原子化技术

这些特殊技术能大幅度提高测定灵敏度，并扩大原子吸收法的应用范围，不过它们只在某些特殊情况下才显示其价值和特点，因而在应用上有一定的局限性。

(1) 氢化物原子化法　氢化物发生法是将含砷、锑、锡、硒和铋等的试样转变成气体后进入原子化器的一种方法。它可以提高对这些元素的检测限 10～100 倍。由于这类物质毒性大，在低浓度时检测它们尤其显得重要。当然也要求操作者用于安全有效的方法清除从原子化器中出来的气体。

将待测物质转变成挥发性氢化物，目前普遍用的是硼氢化钾（钠）-酸还原体系，典型的反应如下：

$$3KBH_4 + 4Pb^{2+} + 9H_2O \longrightarrow 3H_3BO_3 + 4PbH_4\uparrow + 3K^+ + 5H^+$$

反应生成的砷化氢被惰性气体带入放在管式炉或火焰中已加热到几百度的一根二氧化硅的管子中，进行原子化，通过吸收或发射光谱测定它的浓度。其信号类似于电热原子化获得的峰。

(2) 冷蒸气原子化　冷原子化技术是一种非火焰分析，它是一种低温原子化技术，仅仅用于汞的测定。这种技术是以常温下汞有高的蒸气压为基础。在常温下用还原剂（$SnCl_2$）将无机 Hg^{2+} 还原为金属汞，然后由氩或氮等载气把汞蒸气送入吸收光路，测量汞蒸气对吸收线 Hg253.72nm 的吸收。

由于各类有机汞化合物有毒并广泛分布在环境中，故此法显得尤为重要。天然水中的汞一般以稳定的有机汞存在，其污染的危害性比无机汞严重。测定时通常采用硫酸-高锰酸盐蒸煮法，首先将有机汞转变为无机汞，反应过量的氧化剂用盐酸羟胺除去。本法的检测限可达 ng/mL 级。

4.4.3 光学系统

光学系统是原子吸收重要的组成部分之一,包括光源、外光路、单色器和光度计(见图4-12)。

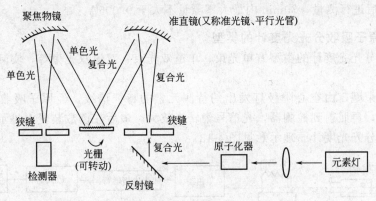

图 4-12 光学系统

光源是将空心阴极灯发出的光通过外光路会聚到原子化室。

光源发出的光通过原子化器,然后会聚,投射至单色器的入射狭缝上,单色器滤掉分析线以外的杂散光,分析线经出射狭缝投射到光度计的光电接收器上。

单色器由狭缝(入射狭缝,出射狭缝)、两个准直镜和一个光栅组成。单色器是用于从激发光源的复合光中分离出被测元素的分析线的部件。早期的单色器用棱镜分光,现代光谱仪一般都用光栅分光,它具有色散率均匀、分辨率高等特点。现公司采用的是1200条/mm光栅。

在原子吸收分光光度法中,元素灯所发射的光谱,除了含有待测原子的共振线外,还包含有待测原子的其他谱线,元素灯填充气体发射的谱线、灯内杂质气体发射的分子光谱和其他杂质谱线等。分光器的作用就是要把待测元素的共振线和其他谱线分开,以便进行测定。

分光器由入射和出射狭缝、反光镜、聚光镜和色散元件组成。色散元件主要是光栅。光栅放在原子化器之后,以阻止来自原子化器内的所有不需要的辐射进入检测器。

4.4.4 检测器

检测器是用来完成光电信号的转换,将光信号转换为电信号。原子吸收最常用的检测器是光电倍增管。光电倍增管是一种多极的真空光管,内部有电子倍增机构,内增益极高,响应速度最快的一种光电检测器。

4.4.5 数据处理系统

数据处理功能由 SPWin-AAS 等软件来完成,将电信号转化为吸光度数据,由吸光度计算出浓度。

4.4.6 仪器验收方法及指标

(1) 波长示值误差与重复性 谱线理论波长与仪器波长机构读数的差值为波长示值误差。通常我们要做波长准确度试验,即点亮 Cu 灯、Mg 灯、Ca 灯,待稳定后,在 0.2nm 带宽下,测量 Cu324.8nm、Mg285.2、Ca422.7,以给出的最大能量的波长示值,与标称值误差≤±0.2nm。

(2) 分辨率 仪器的分辨率是鉴别仪器对共振吸收线与邻近其他谱线分辨能力的一项重要指标。通常用 Mn 双线 279.5nm、279.8nm 测量,峰谷能量测量值应小于峰值的 30%。

(3) 基线稳定性　反映整机的稳定状况。基线稳定性分动态与静态两种。

静态基线稳定性：开机预热 30min，狭缝 0.2nm，点亮铜灯，灯电流＞3mA，324.7nm 波长处测量稳定性，30min 内最大零漂量不大于 0.004A。动态基线稳定性：点燃乙炔/空气火焰，20min 后进行测量，30min 内最大零漂量不大于 0.005A。

4.4.7 原子吸收分光光度计的类型

原子吸收分光光度计的类型有单光束、单道双光束、双道双光束等，实际应用的主要是前两种。

(1) 单光束型　由空心阴极灯发出的待测元素的特征谱线，经原子吸收后，进入单色器，经过分光，再照射到检测器，光信号经转换放大，最后在读数装置上显示出来。单道单光束原子吸收分光光度计原理示意见图 4-13。

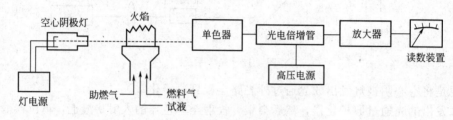

图 4-13　单道单光束原子吸收分光光度计

单道单光束原子吸收分光光度计的优点是：结构简单，灵敏度高。其缺点是：不能消除光源波动，基线漂移；使用需预热光源，测量时校正零点。

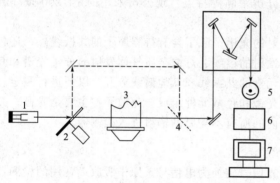

图 4-14　双光束原子吸收分光光度计基本构造示意图
1—空心阴极灯；2—切光器；3—火焰；4—半透半反射器；
5—光电倍增管；6—同步放大器；7—读数装置

(2) 双光束型　先用分束器或旋转反射镜将来自空心阴极灯的光束分为两束，其中一束为试验光束，通过原子化器，由于被基态原子吸收而减弱；另一束为参比光束，不通过原子化器，强度不变。再用半透明反射镜将两束光合成一束光，经过分光系统后进入检测器，经过电子线路处理，由两光束间的差异就可以判断样品中待测元素的含量。单道双光束原子吸收分光光度计原理示意见图 4-14。

其优点是：消除了光源波动造成的影响，空心阴极灯不需预热。缺点是：参比光束没有通过火焰，不能抵消火焰波动带来的影响。

4.5　定量分析方法

原子吸收光谱分析是一种动态分析方法，用校正曲线进行定量。常用的定量方法有标准曲线法、标准加入法及内插法。在这些方法中，标准曲线法是最基本的定量方法。

4.5.1　标准曲线法

原子吸收光谱分析是一种相对测定方法，不能由分析信号的大小直接获得被测元素的含量，需要通过一个关系式将分析信号与被测元素的含量关联起来。校正曲线就是用来将分析信号（即响应信号）转换为被测元素的含量（或浓度）的"转换器"，此转换过程称为校正。之所以要进行校正，是因为同一元素含量在不同的试验条件下所得到的分析信号强度是不同的。校正曲线的制作方法是，用标准物质配制标准系列溶液，在标准条件下，测定各标准样品的吸光度值 A_i，以吸光度 $A_i(i=1,2,3,4,5\cdots)$ 对被测元素的含量 $c_i(i=1,2,3,4,5\cdots)$ 绘制校正曲线 $A=f(c)$。在相同条件下，测定待测样品的吸光度 A_x，根据被测元素的吸光度 A_x 从校正曲线上求得其含量 c_x。

4.5.2 标准加入法

在用标准曲线法分析被测元素时，标准系列与样品基体的精确匹配是制备良好校正曲线的必要条件，分析结果的准确性直接依赖于标准样品和未知样品物理化学性质的相似性。在实际的分析过程中，样品的基体、组成和浓度千变万化，要找到完全与样品组成相匹配的标准物质是很困难的，特别是对于复杂基体样品就更困难。试样物理化学性质的变化，引起喷雾效率、气溶胶粒子分布、原子化效率、基体效应、背景和干扰情况的改变，导致测定误差的增加。标准加入法可以自动进行基体匹配，补偿样品基体的物理和化学干扰，提高测定的准确度。

标准加入法的操作如下：取若干份相同体积的试样溶液（原试样），从第二份起，分别加入不同量的标准溶液，然后稀释至相同体积，得到若干份新的被测试样（新试样）。原有的若干份标准溶液中的被测元素在新试样中的浓度分别为 c_1、c_2、c_3、c_4……（各浓度依次增大）。设原试样中被测元素在新试样中的浓度为 c_x，则新试样中被测元素的实际浓度分别为 c_x、c_x+c_1、c_x+c_2、c_x+c_3、c_x+c_4…（各浓度依次增大）。分别测定它们的吸收度 A_0、A_1、A_2、A_3、$A_4\cdots$，以吸光度对加入原试样的标准溶液在新试样中的浓度作图，得到校正曲

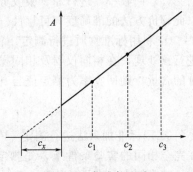

图 4-15 标准加入法

线（一条直线）。将校正曲线外推，使之与浓度轴相交，交点至原点的距离即为原试样中被测元素在新试样中的浓度 c_x。由 c_x 和被稀释的倍数即可得原试样中被测元素的浓度，见图 4-15。

标准加入法所依据的原理是吸光度的加和性。从这一原理考虑，要求：① 不能存在相对系统误差，即试样的基体效应不得随被测元素含量对干扰组分含量比值的改变而改变；② 应用标准加入法，必须彻底扣除背景和"空白"值；③ 校正曲线是线性的。

4.5.3 测定结果的评价

（1）灵敏度　灵敏度是吸光度随浓度的变化率 dA/dc，亦即校准曲线的斜率。火焰原子吸收法的灵敏度，用特征浓度（S）来表示。其定义为能产生 1% 吸收（吸光度 0.0044）时，被测元素在水溶液中的浓度 $[\mu g/(mL \cdot \%)]$，可用下式计算：

$$S = \frac{c \times 0.0044}{A}$$

式中，c 为测试溶液的浓度；A 为测试溶液的吸光度。

石墨炉的灵敏度以特征质量来表示，即能够产生 1% 吸收（或 0.0044 吸光度）时，被测溶液在水溶液中的质量（μg），称为绝对灵敏度，可用 $\mu g/\%$ 表示。测定时被测溶液的最适宜浓度应选在灵敏度 15~100 倍的范围内。同一种元素在不同的仪器上测定会得到不同的灵敏度，因而灵敏度是仪器性能优劣的重要指标。

$$S = \frac{cV \times 0.0044}{A}$$

(2) 检出限 检出限意味着仪器所能检出的最低（极限）浓度。按 IUPAC1975 年规定，元素的检出限定义为能够给出 3 倍于标准偏差的吸光度时，所对应的待测元素的浓度或质量

$$D_c = \frac{\rho \times 3\sigma}{A} \quad \text{或} \quad D_m = \frac{\rho V \times 3\sigma}{A}$$

式中，σ 为空白溶液测定的标准偏差：

$$\sigma = \sqrt{\frac{\sum (A_i - \bar{A})^2}{n-1}}$$

检出限取决于仪器稳定性，并随样品基体的类型和溶剂的种类不同而变化，信号的波动来源于光源、火焰及检测器噪声。两种不同元素可能有相同的灵敏度，但由于每种元素光源噪声、火焰噪声及检测器噪声等不同，检出限就可能不一样，因此，检出限是仪器性能的一个重要的指标。待测元素的存在量只有高出检出限，才有可能将有效信号与噪声信号分开，"未检出"就是待测元素的量低于检出限。

(3) 回收率 进行原子吸收分析实验时，通常需要测出所用方法的待测元素的回收率，以此评价方法的准确度和可靠性。回收率的测定可采用下面两种方法。

① 利用标准物质进行测定 将已知含量的待测元素的标准物质，在与试样相同条件下进行预处理，在相同仪器及相同操作条件下，以相同定量方法进行测量，求出标样中待测组分的含量，则回收率为测定值与真实值之比，即

$$\text{回收率} = \frac{\text{含量测定值}}{\text{含量真实值}}$$

② 用标准加入法进行测定 在不能获得标准物质的情况下可使用标准加入法进行测定。在完全相同的实验条件下，先测定试样中待测元素的含量；然后再向另一份相同量的试样中，准确加入一定量的待测元素纯物质后，再次测定待测元素的含量。两次测定待测元素含量之差与待测元素加入量之比即为回收率：

$$\text{回收率} = \frac{\text{加入纯物质样品测定值} - \text{样品测定值}}{\text{纯物质加入量}}$$

纯物质是指纯度在分析纯以上的化学试剂或基准试剂。

从回收率的两种测定方法可知，当回收率的测定值接近 100% 时，表明所用的测定方法准确、可靠。在实际工作中所添加的标准物质，应该和样品的含量近似，或仅高于样品含量的几倍，一般为样品含量的一半、等值或一倍。

4.6 原子吸收光谱分析应用技术

4.6.1 样品的处理

原子吸收光谱法具有灵敏、快速、选择性高、操作方便等优点，现被广泛地应用于化工、石油、医药、冶金、地质、食品、生化及环境监测等领域，能测定几乎所有的金属及某些非金属元素。虽然用石墨炉法可以采用程序升温直接分析固体样品但干扰较大，用火焰原子吸收法时，样品要被吸喷雾化后才能被分析，为了使测量的结果有代表性，必须要保证样品均匀地分布在溶液中。所以有许多样品必须要经过前处理才能拿来测定，而不同的样品有不同的前处理方法，同一样品也有多种的前处理方法，选择不同方法的依据就是方便快捷，同时又要尽量减少样品的用量，减少有效成分的流失。样品处理是原子吸收光谱法测定的关

键步骤之一，寻找简便有效的样品处理技术，一直是分析工作者研究的重要课题，下面将列举出各种方法，说明它们各自的适用范围，供借鉴参考。

(1) 灰化法 一般使用温度在450～550℃之间，用来破坏样品中的有机物成分，使之转化成无机形态。样品前处理步骤如下：称取动物鲜样12g于瓷坩埚中，小火炭化，再移入高温电炉中，500℃下灰化16h，取出、冷却，加浓硝酸-高氯酸（3∶1）几滴，小火蒸至近干，反复处理至残渣中无炭粒。以盐酸溶解残渣，移入50mL容量瓶中，加氯化镧溶液2.5mL和氯化锶溶液2.0mL（消除磷酸的干扰），加水定容至50mL。同时做试剂空白。这种方法的优点是能灰化大量样品，方法简单，无试剂污染，空白值低，但操作时间长、操作繁琐、对低沸点的元素常有损失。此法可以处理鱼类、水果、肉、蛋、奶等，若分析Hg、As、Cd、Pb、Sb、Se等不宜采用灰化法。

(2) 酸消解法 用适当的酸消解样品基体，并使被测元素形成可溶盐。植物的花叶一般用硝酸，个别的可用HNO_3-$HClO_4$，根茎则视其种类需要添加H_2SO_4或HF，矿物类和动物类大多需用混合酸。例如：用HCl-HF-$HClO_4$消解法处理铜钴矿，步骤如下：准确称取0.1～0.2g试样于150mL聚四氟乙烯烧杯中，加15mLHCl 5～10mLHF，3mL$HClO_4$，上盖表面皿，加热溶解并蒸至白烟冒尽，取下冷却后，加入2mLHCl，用少量蒸馏水吹洗杯壁和表面皿，加热溶解盐类，冷却，将试液定容在100mL容量瓶中，同时做试剂空白。此法由于对设备要求低，效果相对好，可以处理大米、中草药、矿石、茶叶、骨骼等几乎所有样品，但不适合处理包含易挥发元素的样品，对环境也有一定的污染。

(3) 非完全消化法 此法只要求消化液均匀透明，不要求消化液无色，消化液中含有可溶有机物。因此，消化温度低、用酸少、耗时短、操作简单，是一种快速的样品预处理技术。例如人发中的钙和镁的测定。样品处理方法如下：①拣去样品中杂物，用洗衣粉浸泡8h，洗净，于75～85℃烘干2h，剪碎，充分混匀。②称取经处理发样0.30g于50mL锥形瓶中，加入浓硝酸2.5mL，用玻璃棒压紧发样，置控温消煮炉上，在80～130℃消化5～6min后，边摇动烧杯边滴加过氧化氢2.0mL，消化至溶液呈透明黄棕色，取下锥形瓶，趁热加入乳化剂OP溶液2.0mL，摇匀，转入25mL带塞比色管中，以二次蒸馏水定容，得均匀透明的乳浊液，同时制备空白。并与酸消解法进行比较，发现测定结果一致。此法相对于酸消解法有一定的优势，现在用此法处理螺旋藻胶囊、肉类、人参、环境样品、土壤、烟叶、茶叶方面的文章均有报道。

(4) 悬浮液进样技术 该方法保留了固体进样；不必预分解样品，具有简单、快速、干扰少等特点，常用的悬浮剂有甘油、琼脂、黄原胶和Triton X-100等，以琼脂的悬浮性能最佳，加热溶于水后形成胶体，具有良好的动力学稳定性。刘立行、张春光用原子吸收测定人参中的金属元素时就是用这个方法来处理样品，步骤如下：将人参样品洗净，75～80℃烘干，粉碎，过200目筛。精确称量0.2g于干燥烧杯中，加琼脂溶液少量，用玻璃棒搅拌，使样品润湿并分开，再用琼脂溶液定容，振动1min，即得。此法可用于调味品、蔬菜、水果、草药、茶叶和土壤的测定。

(5) 微波消解法 该方法是最近几年发展起来的新方法，具有快捷、高效、简便、节约试剂、空白值低等优点，但是需要配置微波溶样炉。可用于测定多种样品，如烟叶、蔬菜、头发、花生、中成药、土壤、保健品的处理均可采用此法，尤其对于易挥发样元素最适合。其原理是极性分子在微波电场的作用下，以每秒24.5亿次的速率不断改变其正负方向，使分子高速的碰撞和摩擦而产生高温，同时一些无机酸类物质溶于水后，分子电离成离子，在微波的作用下，作定向移动，形成电流，离子流动过程中与周围的分子和离子发生高速摩擦和碰撞，使微波能转为热能。由于微波消解样品是在全封闭状态下进行的，避免了易挥发元素的损失，因此回收率高、准确性好，也减少了样品的沾污和环境污染。以微波溶样技术处理茶叶为例，说明该方法的使用。步骤如下：用食品粉碎机将茶叶样品磨成粉状，精确称取0.500g于聚四氟乙烯溶样杯中，加入 3mLHNO$_3$、2mLH$_2$O$_2$，待反应平稳后，盖上杯盖，放入工程塑料外套中，置于微波溶样炉内，设置压力从 1～3 挡（0.5mPa、1.0mPa、1.5mPa）定量梯度加压消解。时间 5～10min 内消化完全，取出消解罐，冷却后开盖，把聚四氟乙烯溶样杯置于 120℃加热板上赶氮氧化物至溶液约 1mL。冷却后转移至 10mL 比色管中，用少许去离子水冲洗消化杯，洗液并入比色管内，稀释至刻度，摇匀待测。

（6）酸浸提法　用酸从样品中提取金属元素也是样品处理的一种方法，该法操作简便快捷，但不适于含蜡质的样品。例如用 HNO$_3$-H$_2$O$_2$ 浸提牙膏中的铅、镉、铜、锶，再用石墨炉法测定。具体的处理步骤如下：挤出牙膏样品约 1g 于 50mL 比色管中，加入 5mL HNO$_3$、2mL H$_2$O$_2$，放置过夜，次日置于未加热的水浴锅中，先缓慢加热，以防止气泡产生而溢出，待剧烈反应停止后，在水浴中煮沸 1h，取出冷却后，定容至 25mL，混匀后，过滤，滤液用于测定。用该方法可以从食品或粪便中提取锌、锰等，还可以处理化妆品、保健品等。

（7）高压消解法　该法不常用，一般用聚四氟乙烯制成容器，具有类似微波炉的特性，置于烤箱或马弗炉加热增压消化样品，温度一般控制在 150℃以内。其优点也是可有效防止易挥发元素的损失。如用石墨炉原子吸收法测定保健品中的镉时，处理样品的步骤如下：准确称取样品 0.5000～2.0000g 于聚四氟乙烯罐内，加 2.00～4.00mLHNO$_3$，放置过夜，再加 2.00～3.00mLH$_2$O$_2$（内容物不能超过罐容积的 1/3）盖上内盖，然后旋紧不锈钢外套，在恒温箱内于 120～140℃放置 2～3h，在箱内自然冷却至室温，将消解液滤入 25mL 容量瓶中定容。同时做试剂空白。

酸消化法和微波消化法都是常用的较好方法，在测定不同的样品时应该根据样品的性质和待分析的金属元素的性质以及自己的实验条件，采用不同的分析方法。选择不同方法的依据就是方便快捷，同时又要尽量减少样品的用量，减少有效成分的流失。

4.6.2　标准样品溶液

（1）标准储备溶液　用于原子吸收的标准样品一般是用酸溶解金属或盐类作成。当长期储存后有可能产生沉淀，或由于氢氧化和碳酸化而被容器壁吸附从而改变浓度。

市场上有标准溶液销售，这些一般都是符合国家标准的金属的酸性或碱性溶液。一般这些标准溶液的保质期是 1～2 年，必须在此期间使用。

储备溶液通常是高浓度的酸性或碱性溶液，金属浓度一般为 1mg/mL。然而，即使是高浓度的储备液，也最好不要超过 1 年。储备标准溶液要避免阳光照射，也不要存储在寒冷的地方。

（2）制作校准曲线用的标准溶液　储备液经过稀释即成为制作校准曲线的标准溶液。对于火焰原子吸收，储备液一般是 1/1000 稀释。在电热（无火焰）原子吸收中，储备液要经过(1/100000～1)/(1000000)稀释。

当储备标准只用水稀释，许多元素有可能产生沉淀被吸附而降低浓度。因此，校准曲线用的标准溶液往往使用 0.1mol/L 浓度的相同酸或碱溶液稀释制备。校准用的标准溶液长期使用后浓度容易改变，因此推荐在每次测定前新鲜制备。

4.6.3　干扰及其抑制方法

虽然原子吸收分析中的干扰比较少，并且容易克服，但在许多情况下还是不容忽视的。为了得到正确的分析结果，了解干扰的来源和消除方法是非常重要的。

4.6.3.1　物理干扰

物理干扰是指试样在转移、蒸发和原子化过程中，由于试样物理性质变化而引起的原子吸收信号强度变化的效应，属非选择性干扰。

(1) 物理干扰产生的原因　在火焰原子吸收中，试样溶液的性质发生任何变化，都直接或间接影响原子化各级效率。如试样的黏度发生变化，则影响吸喷速率进而影响雾量和雾化效率。若标样的黏度比试样小，分析结果误差是负的。

当试样中存在大量基体元素时，在蒸发解离过程中不仅消耗大量热量，还可能包裹待测元素，延缓待测元素的蒸发，影响原子化效率。

(2) 消除物理干扰的方法　最常用的方法是配制与待测试液基体相一致的标准溶液；当以上方法有困难时，可采用标准加入法；当被测元素在试液中浓度较高时，可将溶液稀释；在试液中加入有机溶剂，改变试液的黏度和表面张力，提高分析灵敏度。同时，加入有机溶剂会增加火焰的还原性，从而使难挥发、难熔化合物解离为基态原子。多数情况下，使用酮类或酯类效果较好。

4.6.3.2　光谱干扰

在某些情况下，测定中使用的分析线与干扰元素的发射线不能完全分开，或分析线有时会被火焰中待测元素原子以外的其他成分所吸收。

消除的方法是减小狭缝宽度或选用其他的分析线；或使标准试样和分析试样的组成更接近以抑制干扰的发生。

4.6.3.3　电离干扰

原子发生电离，即发生电离干扰。电离使参与原子吸收的基态原子数减少，导致吸光度下降，并使工作曲线随浓度的增加向纵轴弯曲。火焰中元素的电离度与火焰温度和该元素的电离电位有密切关系，火焰温度越高，元素的电离电位越低，则电离度越大。因此，电离干扰主要发生在电离电位较低的碱金属和碱土金属。另外，电离度随金属元素总浓度的增加而减小，故工作曲线向纵轴弯曲。提高火焰中离子的浓度、降低电离度是消除电离干扰的最基本途径。

最常用的方法是加入消电离剂，常用的是碱金属元素，其电离电位一般较待测元素低；但有时加入的消电离剂的电离电位比待测元素的电离电位还高，由于加入的浓度较大，仍可抑制电离干扰。富燃火焰由于燃烧不充分的炭粒电离，增加了火焰中离子的浓度，也可抑制电离干扰。

利用温度较低的火焰降低电离度，可消除电离干扰。提高溶液的吸喷速率，因蒸发而消耗大量的热使火焰温度降低，也可降低电离干扰。此外，标准加入法也可在一定程度上消除某些电离干扰。

4.6.3.4　化学干扰

化学干扰是指试样溶液在转化为自由基态原子的过程中，待测元素和其他组分之间发生化学作用而引起的干扰效应。它主要影响待测元素化合物的熔融、蒸发和解离过程。这种效应可以是正效应，增强原子吸收信号，也可以是负效应，降低原子吸收信号。化学干扰是一种选择性干扰，它不仅取决于待测元素与共存元素的性质，还和火焰类型、火焰温度、火焰状态、观察部位等因素有关。

化学干扰是火焰原子吸收分析中干扰的主要来源，其产生的原因是多方面的，在火焰中待分析元素氧化成难熔化合物是其中一个原因。化学干扰比较复杂，需针对特定的样品和实验条件进行具体分析。消除干扰的方法主要有以下几种。

(1) 利用高温火焰　火焰温度直接影响着样品的熔融、蒸发和解离过程。许多在低温火焰中出现的干扰，在高温火焰中可以部分或完全得到消除。

(2) 利用火焰气氛　对于易形成难熔、难挥发氧化物的元素，使用还原性强的火焰有利于这些元素的原子化。显然，既提高火焰温度又利用火焰气氛，对于消除待测元素与共存元素之间因形成难熔、难挥发、难解离的化合物所产生的干扰更加有利。

(3) 加入释放剂　待测元素和干扰元素在火焰中生成稳定的化合物时，加入另一种物质使之与干扰元素生成更稳定、更难挥发的化合物，从而使待测元素从干扰元素的化合物中释放出来。加入的这种物质叫释放剂。常用的释放剂有氧化镧和氧化锶等。必须注意的是释放剂的加入量，加入一定量才能起释放作用，但有可能因加入过量而降低吸收信号。最佳加入量要通过实验来确定。

(4) 加入保护剂　加入一种试剂使待测元素不与干扰元素生成难挥发的化合物，可保护待测元素不受干扰，这种试剂叫保护剂。保护剂的作用机理有三：一是保护剂与待测元素形成稳定化合物，阻止干扰元素与待测元素形成难挥发化合物；二是保护剂与干扰元素形成稳定的化合物，避免干扰元素与待测元素形成难挥发化合物；三是保护剂与待测元素和干扰元素形成各自的稳定配合物，避免干扰元素与待测元素形成难挥发化合物。使用有机配合物（EDTA 等），因有机配合物容易解离而使待测元素更易原子化。

(5) 加入缓冲剂　向试样和标准溶液中加入过量的干扰元素，使干扰影响不再变化，进而抑制或消除干扰元素对测定结果的影响。这种干扰物质称为缓冲剂。需要指出的是，缓冲剂的加入量，必须大于吸收值不再变化的干扰元素的最低限量。应用这种方法往往明显地降低灵敏度。

(6) 采用标准加入法　首先说明的是，标准加入法只能消除"与浓度无关"的化学干扰，而不能消除"与浓度有关"的化学干扰。由于标准加入法在克服化学干扰方面的局限性。在实际工作中必须检测标准加入法测定结果的可靠性。一般是通过观察稀释前后测量的结果是否一致来断定。

4.6.3.5　背景干扰

背景干扰常常是样品池中多原子状态物质对光源辐射的吸收或产生散射引起的。石墨炉原子化法的背景吸收远远大于火焰法。校正背景干扰常用的方法是使用氘灯扣背景。

(1) 用邻近非共振线校正背景　此法是 1964 年由 W. Slavin 提出来的。用分析线测量原子吸收与背景吸收的总吸光度，因非共振线不产生原子吸收，用它来测量背景吸收的吸光度，两次测量值相减即得到校正背景之后的原子吸收的吸光度。见图 4-16 所示。

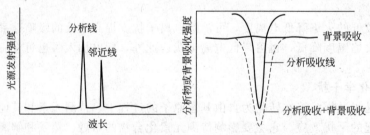

图 4-16　邻近线法校正背景原理示意图

背景吸收随波长而改变，因此，非共振线校正背景法的准确度较差。这种方法只适用于分析线附近背景分布比较均匀的场合。

(2) 连续光源校正背景　此法是 1965 年由 S. R Koirtyohann 提出来的。先用锐线光源测定分析线的原子吸收和背景吸收的总吸光度，再用氘灯（紫外区）或碘钨灯、氙灯（可见区）在同一波长测定背景吸收（这时原子吸收可以忽略不计），计算两次测定吸光度之差，即可使背景吸收得到校正。由于商品仪器多采用氘灯为连续光源扣除背景，故此法亦常称为氘灯扣除背景法。

当氘灯信号进入石墨炉原子化器后，宽带的背景吸收要比窄带的原子吸收大许多倍，原子吸收可忽略不计，所以可认为输出的只有背景吸收，最后两种输出结果差减，就得到了扣除背景吸收以后的分析结果。如图 4-17 所示。

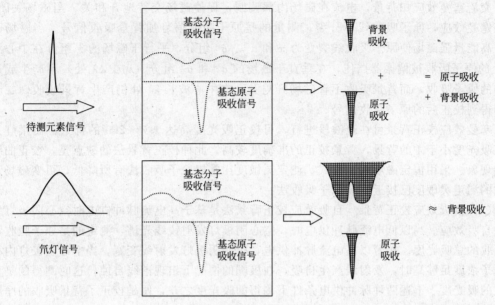

图 4-17 氘灯背景校正系统的工作原理

连续光源测定的是整个光谱通带内的平均背景,与分析线处的真实背景有差异。空心阴极灯是溅射放电灯,氘灯是气体放电灯,这两种光源放电性质不同能量分布不同,光斑大小不同,调整光路平衡比较困难,影响校正背景的能力,由于背景空间、时间分布的不均匀性,导致背景校正过度或不足。氘灯的能量较弱。使用它校正背景时,不能用很窄的光谱通带,共存元素的吸收线有可能落入通带范围内,吸收氘灯辐射而造成干扰。

(3) 塞曼效应校正背景 此法是 1969 年由 M. Prugger 和 R. Torge 提出来的。塞曼效应校正背景是基于光的偏振特性,分为两大类:光源调制法与吸收线调制法。以后者应用较广。调制吸收线的方式,有恒定磁场调制方式和可变磁场调制方式。见图 4-18 所示。

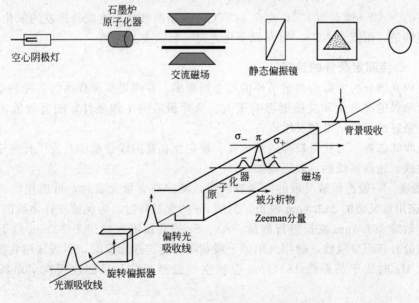

图 4-18 反向交流塞曼效应背景校正原理

交流塞曼效应扣背景，电流在磁场内部调制，促使磁场交替地开和关。当磁场关闭时，没有塞曼效应，原子吸收线不分裂，测量的是原子吸收信号加背景吸收信号。当磁场开启时，高能量强磁场使原子吸收线裂变为 π 和 σ+、σ- 组分，平行于磁场的 π 组分在中心波长 λ_0 处的原子吸收被偏振器挡住，在垂直于磁场的 σ+ 和 σ- 组分（$\lambda_0 \pm \Delta\lambda$ 处）不产生或产生微弱的原子吸收，而背景吸收不管磁场开与关，在中心波长 λ_0 处仍产生背景吸收。二者相减即得到校正后的原子吸收信号。

塞曼效应校正背景可在全波段进行，可校正吸光度高达 1.5～2.0 的背景，而氘灯只能校正吸光度小于 1 的背景，背景校正的准确度较高。此种校正背景法的缺点是，校正曲线有返转现象。采用恒定磁场调制方式，测定灵敏度比常规原子吸收法有所降低，可变磁场调制方式的测定灵敏度已接近常规原子吸收法。

(4) 自吸效应校正背景　自吸效应校正背景法是基于高电流脉冲供电时空心阴极灯发射线的自吸效应。当以低电流脉冲供电时，空心阴极灯发射锐线光谱，测定的是原子吸收和背景吸收的总吸光度。接着以高电流脉冲供电，空心阴极灯发射线变宽，当空心阴极灯内积聚的原子浓度足够高时，发射线产生自吸，在极端的情况下出现谱线自蚀，这时测得的是背景吸收的吸光度。上述两种脉冲供电条件下测得的吸光度之差，便是校正了背景吸收的净原子吸收的吸光度。

这种校正背景的方法可对分析线邻近的背景进行迅速的校正，跟得上背景的起伏变化。高电流脉冲时间非常短，只有 0.3ms，然后恢复到"空载"水平，时间为 1ms，经 40ms 直到下一个电流周期，这种电流波形的占空比相当低，所以平均电流较低，不影响灯的使用寿命。本法可用于全波段的背景校正，这种校正背景的方法适用于在高电流脉冲下共振线自吸严重的低温元素。

对于石墨炉原子化法，还可用基体改进剂法。基体改进剂法是加入一种化学试剂使待测元素变成难挥发的化合物，或者使干扰物质变成易挥发性化合物。当待测元素变成难挥发化合物时，就可选用较高的灰化温度，使干扰物质在原子化阶段前被挥发除去。使干扰物质变成易挥发性化合物的典型实例，是以硝酸铵为基体改进剂消除氯化钠的基体干扰。

$$NH_4NO_3 + NaCl \longrightarrow NH_4Cl + NaNO_3$$

难挥发的 NaCl（熔点 801℃，沸点 1431℃）与硝酸铵作用生成易挥发的氯化铵（335℃升华）和硝酸钠（熔点 307℃），可在原子化之前一起除去。

4.6.4　最佳测定条件的选择

原子吸收光谱分析中影响测量条件的可变因素多，在测量同种样品的各种测量条件不同时，对测定结果的准确度和灵敏度影响很大。选择最适的工作条件，能有效地消除干扰因素，可得到最好的测量结果和灵敏度。

(1) 吸收线选择　为获得较高的灵敏度、稳定性和宽的线性范围及无干扰测定，需选合适的吸收线。选择谱线的一般原则如下。

① 灵敏度　一般选择最灵敏的共振吸收线，测定高含量元素时，可选用次灵敏线。如测 Zn 时常选用最灵敏的 213.9nm 波长，但当 Zn 的含量高时，为保证工作曲线的线性范围，可改用次灵敏线 307.5nm 波长进行测量。As、Se 等共振吸收线位于 200nm 以下的远紫外区，火焰组分对其明显吸收，故用火焰原子吸收法测定这些元素时，不宜选用共振吸收线为分析线。测 Hg 时由于共振线 184.9nm 会被空气强烈吸收，只能改用次灵敏线 253.7nm 测定。

② 谱线干扰　当分析线附近有其他非吸收线存在时，将使灵敏度降低和工作曲线弯曲，

应当尽量避免干扰。例如，Ni230.0nm 附近有 Ni231.98nm、Ni232.14nm、Ni231.6nm 非吸收线干扰。

③ 线性范围　不同分析线有不同的线性范围，例如 Ni305.1nm 优于 Ni230.0nm。
常用共振吸收线见表 4-3

表 4-3　常用共振吸收线与光谱通带

共振线/nm	通带/nm	共振线/nm	通带/nm
Ag　328.07	0.5	Co　240.71	0.1
Al　309.27	0.2	Cr　357.87	0.1
Au　242.80	2	Cu　324.75	1
B　249.67		Fe　248.33	0.2
Ba　553.55		Hg　253.65	0.2
Be　234.86	0.2	In　303.94	1
Bi　223.06	1	K　766.49	5
Ca　422.67	3	Li　670.78	5
Cd　228.80	1	Mg　285.21	2
Mo　313.26	0.5	Si　251.67	0.2
Na　588.99	10	Sn　224.61	1
Ni　232.00		Sr　460.73	2
Pb　283.31	0.7	Ti　364.27	0.2
Pd　247.64	0.5	Tl　276.79	1
Pt　265.95	0.5	V　318.34	
Sb　217.59	0.2	W　255.14	
Se　196.03	2	Zn　213.86	5

（2）光路准直　在分析之前，必须调整空心阴极灯光的发射与检测器的接受位置为最佳状态，保证提供最大的测量能量。

（3）狭缝宽度的选择　狭缝宽度影响光谱通带宽度与检测器接收的能量。调节不同的狭缝宽度，测定吸光度随狭缝宽度而变化，当有其他谱线或非吸收光进入光谱通带时，吸光度将立即减少。不引起吸光度减少的最大狭缝宽度，即为应选取的适合狭缝宽度。对于谱线简单的元素，如碱金属、碱土金属可采用较宽的狭缝以减少灯电流和光电倍增管高压来提高信噪比，增加稳定性。对谱线复杂的元素如铁、钴、镍等，需选择较小的狭缝，防止非吸收线进入检测器，来提高灵敏度，改善标准曲线的线性关系。狭缝的宽窄直接影响测定的灵敏度与标准曲线的线性范围。由仪器分辨率和待测元素光谱性质决定。

$$光谱通带\ \Delta\lambda(nm) = 线色散率的倒数\ D(nm/mm) \times 缝宽\ S(mm)$$

光谱通带又称单色仪的光谱通带或带宽。指单色仪出射狭缝的辐射波长区间宽度。常见元素光谱通带见表 4-3。

（4）电流的选择　选择合适的空心阴极灯灯电流，可得到较高的灵敏度与稳定性。

① 预热时间　灯点燃后，由于阴极受热蒸发产生原子蒸气，其辐射的锐线光经过灯内原子蒸气再由石英窗射出。使用时为使发射的共振线稳定，必须对灯进行预热，以使灯内原子蒸气层的分布及蒸气厚度恒定，这样会使灯内原子蒸气产生的自吸收和发射的共振线的强度稳定。通常对于单光束仪器，灯预热时间应在 30min 以上，才能达到辐射的锐性光稳定

对双光束仪器，由于参比光束和测量光束的强度同时变化，其比值恒定，能使基线很快稳定。空心阴极灯使用前，若在施加 1/3 工作电流的情况下预热 0.5~1.0h，并定期活化，可增加使用寿命。

② 工作电流　元素灯本身质量好坏直接影响测量的灵敏度及标准曲线的线性。有的灯背景过大而不能正常使用。灯在使用过程中会在灯管中释放出微量氢气，而氢气发射的光是连续光谱，可称为灯的背景发射。当关闭光闸调零，然后打开光闸，改变波长，使之离开发射的波长，在没有发射线的地方，如仍有读数这就是背景连续光谱。背景读数不应大于 5%，较好的灯，此值应小于 1%。所以选择灯电流前应检查一下灯的质量。

灯工作电流的大小直接影响灯放电的稳定性和锐线光的输出强度。灯电流小，使能辐射的锐线光谱线窄，使测量灵敏度高。但灯电流太小时使透过光太弱，需提高光电倍增管灵敏度的增益，此时会增加噪声，降低信噪比；若灯电流过大，会使辐射的光谱产生热变宽和碰撞变宽，灯内自吸收增大，使辐射锐线光的强度下降，背景增大，使灵敏度下降，还会加快灯内惰性气体的消耗，缩短灯的使用寿命。空心阴极灯上都标有最大使用电流（额定电流为 5~10mA），对大多数元素，日常分析的工作电流应保持额定电流的 40%~60% 较为合适，可保证稳定、合适的锐线光强输出。通常对于高熔点的镍、钴、钛、锆等的空心阴极灯使用电流可大些，对于低熔点易溅射的铋、钾、钠、铷、锗、镓等的空心阴极灯，使用电流以小为宜。

一般而言，灵敏度和精密度两者都应兼顾，灯电流的选择可通过实验确定，其方法是：在不同的灯电流下测量一个标准溶液的吸光度，绘制灯电流和吸光度的关系曲线，通常是选用灵敏度较高、稳定性较好的灯电流。

(5) 光电倍增管工作条件的选择　日常分析中光电倍增管的工作电压一定选择在最大工作电压的 1/3~2/3 范围内。增加负高压能提高灵敏度，使噪声增大，稳定性差；降低负高压，会使灵敏度降低，提高信噪比，改善测定的稳定性，并能延长光电倍增管的使用寿命。

4.6.5　火焰原子吸收法最佳条件选择

(1) 进样量　选择可调进样量雾化器，可根据样品的黏度选择进样量，提高测量的灵敏度。进样量小，吸收信号弱，不便于测量；进样量过大，在火焰原子化法中，对火焰产生冷却效应，在石墨炉原子化法中，会增加除残的困难。在实际工作中，应测定吸光度随进样量的变化，达到最满意的吸光度的进样量，即为应选择的进样量。

(2) 火焰类型的选择原则

① 火焰种类的选择　在火焰原子化法中，火焰类型和性质是影响原子化效率的主要因素。对大多数元素，多采用空气-乙炔火焰（背景干扰低）。

对低、中温元素（易电离、易挥发），如碱金属和部分碱土金属及易于硫化合的元素（如 Cu、Ag、Pb、Cd、Zn、Sn、Se 等）可使用低温火焰，如空气-乙炔火焰。

对高温元素（难挥发和易生成氧化物的元素），如 Al、Si、V、Ti、W、B 等，使用氧化亚氮-乙炔高温火焰。

对分析线位于短波区（200nm 以下），使用空气-氢气火焰。

② 燃气-助燃气比的选择　不同的燃气-助燃气比，火焰温度和氧化还原性质也不同。根据火焰温度和气氛，可分为贫燃火焰、化学计量火焰、发亮火焰和富燃火焰四种类型。

燃助比（乙炔/空气）在 1∶6 以上，火焰处于贫燃状态，燃烧充分，温度较高，除了碱金属可以用贫燃火焰外，一些高熔点和惰性金属，如 Ag、Au、Pd、Pt、Rb 等，但燃烧不稳定，测定的重现性较差。

燃助比为 1:4 时，火焰稳定，层次清晰分明，称化学计量性火焰，适合于大多数元素的测定。对氧化物不十分稳定的元素，如 Cu、Mg、Fe、Co、Ni 等用化学计量火焰或氧化性火焰。

燃助比小于 1:4 时，火焰呈发亮状态，层次开始模糊，为发亮性火焰。此时温度较低，燃烧不充分，但具有还原性，测定 Cr 时就用此火焰。

燃助比小于 1:3 为富燃火焰，这种火焰有强还原性，即火焰中含有大量的 CH、C、CO、CN、NH 等成分，适合于 Al、Ba、Cr 等元素的测定。

铬、铁、钙等元素对燃助比反应敏感，因此在拟定分析条件时，要特别注意燃气和助燃气的流量和压力。

③ 燃烧器的高度及与光轴的角度　锐线光源的光束通过火焰的不同部位时对测定的灵敏度和稳定性有一定影响，为保证测定的灵敏度高，应使光源发出的锐线光通过火焰中基态原子密度最大的"中间薄层区"。这个区的火焰比较稳定，干扰也少，约位于燃烧器狭缝口上方 20~30mm 附近。通过实验来选择适当的燃烧器高度，方法是用一固定浓度的溶液喷雾，再缓缓上下移动燃烧器直到吸光度达最大值，此时的位置即为最佳燃烧器高度。此外燃烧器也可以转动，当其缝口与光轴一致时有最高灵敏度。当欲测试样浓度高时，可转动燃烧器至适当角度，以减少吸收的长度来降低灵敏度。

4.6.6　石墨炉分析最佳条件选择

石墨炉分析有关灯电流、光谱通带及吸收线的选择原则和方法与火焰法相同。所不同的是光路的调整要比燃烧器高度的调节难度大，石墨炉自动进样器的调整及在石墨管中的深度，对分析的灵敏度与精密度影响很大。另外选择合适的干燥、灰化、原子化温度及时间和惰性气体流量，对石墨炉分析至关重要。

(1) 干燥温度和时间选择　干燥阶段是一个低温加热的过程，其目的是蒸发样品的溶剂或含水组分。干燥温度应根据溶剂沸点和含水情况来决定，一般干燥温度稍高于溶剂的沸点，如水溶液选择在 100~125℃，干燥温度的选择要避免样液的暴沸与飞溅，干燥时间 (s) 按样品体积而定，一般是样品微升数乘 1.5~2。干燥时间与石墨炉结构有关，不能一概而论。

(2) 灰化温度与时间的选择　灰化的目的是蒸发共存有机物和低沸点无机物，来降低原子化阶段的基体及背景吸收的干扰，并保证待测元素没有损失。灰化温度与时间的选择应考虑两个方面，一方面使用足够高的灰化温度和足够长的时间，以有利于灰化完全和降低背景吸收，另一方面使用尽可能低的灰化温度和尽可能短的灰化时间，以保证待测元素不损失。在实际应用中，通过绘制吸光度 A 与灰化温度 T 的关系来确定最佳灰化温度。在低温下吸光度 A 保持不变，当吸光度 A 下降时对应的较高温度即为最佳灰化温度，灰化时间约为 30s。加入合适的基体改进剂，能更有效地克服复杂基体的背景吸收干扰。

(3) 原子化温度和时间的选择　原子化温度是由元素及其化合物的性质决定的。原子化阶段的最佳温度也可通过绘制吸光度 A 与原子化温度 T 的关系来确定，对多数元素来讲，当曲线上升至平顶形时，与最大 A 值对应的温度就是最佳原子化温度。原子化时间选择原则必须使吸收信号能在原子化阶段回到基线。

(4) 高温除残　除残的目的是为了消除残留物产生的记忆效应，除残温度应高于原子化温度，在每个样品测定结束后，可在短时间内使石墨炉的温度上升至最高，空烧一次石墨管，燃尽残留样品，以实现高温净化。

(5) 惰性气体流量的选择　原子化时常采用氩气和氮气作为保护气，氩气比氮气更好。

氩气作为载气通入石墨管中，一方面将已气化的样品带走，另一方面可保护石墨管不致因高温灼烧被氧化。通常仪器都采用石墨管内、外单独供气，管外供气连续且流量大，管内供气小并可在原子化期间中断。干燥、灰化和除残阶段通气，在原子化阶段，石墨管内停止通保护气，以延长自由原子在石墨炉中的停留时间。

4.7 原子荧光光谱法简介

物质吸收电磁辐射后受到激发，受激原子或分子以辐射去活化，再发射波长与激发辐射波长相同或不同的辐射。当激发光源停止辐照试样之后，再发射过程立即停止，这种再发射的光称为荧光；若激发光源停止辐照试样之后，再发射过程还延续一段时间，这种再发射的光称为磷光。荧光和磷光都是光致发光。

原子荧光光谱是介于原子发射光谱和原子吸收光谱之间的光谱分析技术。它的基本原理是基态原子（一般蒸气状态）吸收合适的特定频率的辐射而被激发至高能态，而后激发过程中以光辐射的形式发射出特征波长的荧光。通过测量待测元素的原子蒸气在辐射能激发下产生的荧光发射强度，来确定待测元素含量的方法。

4.7.1 基本原理

气态自由原子吸收特征波长的辐射后，原子的外层电子从基态或低能态跃迁到高能态，约经 10^{-8} s，又跃迁至基态或低能态，同时发射出与原激发波长相同或不同的辐射，设光源发出的激发光强度为 I_0，则荧光强度 I_F 与吸收光强度 I_A 成正比：

$$I_F = \phi I_A$$

根据朗伯-比耳定律，可得

$$I_F = \phi A I_0 (1 - e^{-\varepsilon L N})$$

上式展开整理得

$$I_F = \phi A I_0 \varepsilon L N$$

式中，I_F 为荧光强度；ϕ 为荧光量子效率，表示单位时间内发射荧光光子数与吸收激发光光子数的比值，一般小于 1；I_0 为激发光强度；A 为荧光照射在检测器上的有效面积；L 为吸收光程长度；ε 为峰值摩尔吸光系数；N 为单位体积内的基态原子数。定量方法一般采用工作曲线法。

可见发射的荧光强度和原子化器中单位体积中该元素基态原子数成正比。即在一定条件下，共振荧光强度与样品中某元素浓度成正比。原子荧光的波长在紫外、可见光区。

原子荧光发射中，由于部分能量转变成热能或其他形式的能量，使荧光强度减少甚至消失，该现象称为荧光猝灭。

4.7.2 原子荧光光谱的产生及类型

当自由原子吸收了特征波长的辐射之后被激发到较高能态，接着又以辐射形式去活化，就可以观察到原子荧光。原子荧光可分为三类：共振原子荧光、非共振原子荧光与敏化原子荧光。

(1) 共振原子荧光 原子吸收辐射受激后再发射相同波长的辐射，产生共振原子荧光。若原子经热激发处于亚稳态，再吸收辐射进一步激发，然后再发射相同波长的共振荧光，此种共振原子荧光称为热助共振原子荧光。如 In451.13nm 就是这类荧光的例子。只有当基态是单一态，不存在中间能级，没有其他类型的荧光同时从同一激发态产生，才能产生共振原子荧光。共振荧光强度大，分析中应用最多。

(2) 非共振原子荧光 当激发原子的辐射波长与受激原子发射的荧光波长不相同时，产生非共振原子荧光。非共振原子荧光包括直跃线荧光、阶跃线荧光与反斯托克斯荧光，直跃线荧光是激发态原子直接跃迁到高于基态的亚稳态时所发射的荧光，如 Pb405.78nm。只有基态是多重态时，才能产生直跃线荧光。阶跃线荧光是激发态原子先以非辐射形式去活化方式回到较低的激发态，再以辐射形式去活化回到基态而发射的荧光；或者是原子受辐射激发到中间能态，再经热激发到高能态，然后通过辐射方式去活化回到低能态而发射的荧光。前一种阶跃线荧光称为正常阶跃线荧光，如 Na589.6nm；后一种阶跃线荧光称为热助阶跃线荧光，如 Bi293.8nm。反斯托克斯荧光是发射的荧光波长比激发辐射的波长短，如 In410.18nm。

(3) 敏化原子荧光 激发原子通过碰撞将其激发能转移给另一个原子使其激发，后者再以辐射方式去活化而发射荧光，此种荧光称为敏化原子荧光。火焰原子化器中的原子浓度很低，主要以非辐射方式去活化，因此观察不到敏化原子荧光。

4.7.3 原子荧光光谱仪构造

原子荧光分析仪分非色散型原子荧光分析仪与色散型原子荧光分析仪。这两类仪器的结构基本相似，差别在于单色器部分。两类仪器的光路如图 4-19 所示。

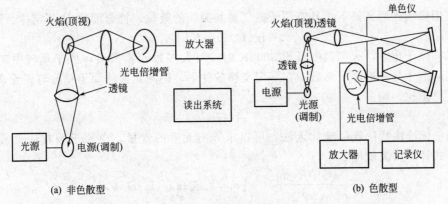

图 4-19 原子荧光光谱仪

(1) 激发光源 可用连续光源或锐线光源。常用的连续光源是氙弧灯，常用的锐线光源是高强度空心阴极灯、无极放电灯、激光等。连续光源稳定，操作简便，寿命长，能用于多元素同时分析，但检出限较差。锐线光源辐射强度高，稳定，可得到更好的检出限。

(2) 原子化器 原子荧光分析仪对原子化器的要求与原子吸收光谱仪基本相同。

(3) 光学系统 光学系统的作用是充分利用激发光源的能量和接收有用的荧光信号，减少和除去杂散光。色散系统对分辨能力要求不高，但要求有较大的集光本领，常用的色散元件是光栅。非色散型仪器的滤光器用来分离分析线和邻近谱线，降低背景。非色散型仪器的优点是照明立体角大，光谱通带宽，集光本领大，荧光信号强度大，仪器结构简单，操作方便。缺点是散射光的影响大。

(4) 检测器 常用的是光电倍增管，在多元素原子荧光分析仪中，也用光导摄像管、析像管做检测器。检测器与激发光束成直角配置，以避免激发光源对检测原子荧光信号的影响。

原子荧光光谱法有如下优点。

① 有较低的检出限，灵敏度高。特别对 Cd、Zn 等元素有相当低的检出限，Cd 可达 0.001ng/cm³、Zn 为 0.04ng/cm³。现已有 20 多种元素低于原子吸收光谱法的检出限。由于

原子荧光的辐射强度与激发光源成比例，采用新的高强度光源可进一步降低其检出限。

② 干扰较少，谱线比较简单，采用一些装置，可以制成非色散原子荧光分析仪。这种仪器结构简单，价格便宜。

③ 谱线简单，分析校准曲线线性范围宽，可达 3～5 个数量级，特别是用激光做激发光源时更佳。

④ 由于原子荧光是向空间各个方向发射的，比较容易制作多道仪器，因而能实现多元素同时测定。

这些优点使得它在冶金、地质、石油、农业、地球化学、材料科学、环境科学、高纯物质、水质监控、生物制品和医学分析等各个领域内获得了相当广泛的应用。

技能训练 4-1 火焰原子吸收光谱法灵敏度和自来水中钙、镁的测定

（一）实训目的与要求

1. 了解原子吸收分光光度计的主要结构及其使用方法。
2. 掌握测镁的条件选择。
3. 掌握标准曲线定量在原子吸收法中的应用。

（二）基本原理

在使用锐线光源条件下，基态原子蒸气对共振线的吸收，符合朗伯-比耳定律，即

$$A = \lg(I_0/I) = KLN_0$$

在试样原子化时，火焰温度低于 3000K 时，对大多数元素来讲，原子蒸气中基态原子的数目实际上十分接近原子总数。在一定实验条件下，待测元素的原子总数与该元素在试样中的浓度呈正比。则

$$A = kc$$

用 A-c 标准曲线法或标准加入法，可以求算出元素的含量。由原子吸收法灵敏度的定义，按下式计算其灵敏度 S：

$$S = \frac{c \times 0.0044}{A} \quad [\text{mg/L 或 mg/(L·1\%)}]$$

（三）仪器与试剂

1. 仪器

原子吸收分光光度计；钙、镁空心阴极灯。

2. 试剂

钙系列标准溶液：3.0mg/L，6.0mg/L，9.0mg/L，10.0mg/L。

镁系列标准溶液：0.2mg/L，0.4mg/L，0.6mg/L。

（四）操作步骤

1. 工作条件的设置

（1）吸收线波长 Ca422.7nm，Mg285.2nm；

（2）空心阴极灯电流 4mA；

（3）狭缝宽度 0.4nm；

（4）原子化器高度 6mm；

（5）空气流量 6.5L/min，乙炔气流量 1.7L/min。

2. 钙的测定

（1）用 10mL 的移液管吸取自来水样于 50mL 容量瓶中，用蒸馏水稀释至刻度，摇匀。

（2）在最佳工作条件下，以蒸馏水为空白，由稀至浓逐个测量钙系列标准溶液的吸光

度,最后测量自来水样的吸光度 A。

3. 镁的测定

(1) 用 5mL 的吸量管吸取自来水样于 50mL 容量瓶中,用蒸馏水稀释至刻度,摇匀。

(2) 在最佳工作条件下,以蒸馏水为空白,测定镁系列标准溶液和自来水样的吸光度 A。

4. 实验结束后,用蒸馏水喷洗原子化系统 2min,按关机程序关机。最后关闭乙炔钢瓶阀门,旋松乙炔稳压阀,关闭空压机和通风机电源。

5. 绘制钙、镁的 A-c 标准曲线,由未知样的吸光度 A_x 求算出自来水中钙、镁含量(mg/L)。或将数据输入微机,按一元线性回归计算程序,计算钙、镁的含量。

6. 根据测量数据,计算该仪器测定钙、镁的灵敏度 S。

(五) 注意事项

1. 乙炔为易燃易爆气体,必须严格按照操作步骤工作。在点燃乙炔火焰之前,应先开空气,后开乙炔气;结束或暂停实验时,应先关乙炔气,后关空气。乙炔钢瓶的工作压力,一定要控制在所规定的范围内,不得超压工作。必须切记,保障安全。

2. 注意保护仪器所配置的系统磁盘。仪器总电源关闭后,若需立即开机使用,应在断电后停机 5min 再开机,否则磁盘不能正常显示各种页面。

(六) 思考题

1. 为什么空气、乙炔流量会影响吸光度的大小?

2. 为什么要配制钙、镁标准溶液?所配制的钙、镁系列标准溶液可以放置到第二天使用吗?为什么?

技能训练 4-2　标准加入法测定水样中铜的含量

(一) 实训目的与要求

1. 掌握原子吸收光谱法的基本实验技术,并对同一未知样品做一组加入量不等的曲线。

2. 领会标准加入法的操作关键。

(二) 基本原理

在原子吸收中,为了减小试液与标准溶液之间的差异而引起的误差;或为了消除某些化学和电离干扰均可以采用标准加入法。例如,用原子吸收法测定镀镍溶液中微量铜时,由于溶液中盐的浓度很高,若用标准曲线法,由于试液与标液之间的差异,将使测定结果偏低,这是由于喷雾高浓盐时,雾化效率较低,因而吸收值降低。为了消除这种影响,可采用标准加入法。

分别吸取 10mL 镀液于 4 个 50mL 容量瓶中,于 0、1、2、3 号容量瓶中分别加入 $0\mu L/mL$、$1\mu L/mL$、$2\mu L/mL$、$3\mu L/mL$ 的 Cu^{2+},用蒸馏水稀释至刻度。在相同条件下测量同一元素的吸光度,绘图,由图中查得试液中铜的含量,这种方法亦称为"直接外推法"。

也可以用计算方法求得试液中待测元素的浓度。

设试样中待测元素的浓度为 c_x,测得其吸光度为 A_x,试样溶液中加入的标准溶液浓度 c_0,在此溶液中待测元素的总浓度 c_x+c_0;测得其吸光度为 A_0,根据比耳定律。

$$A_x = Kc_x$$
$$A_0 = K(c_0 + c_x)$$

将上面两式相比,得

$$c_x = \frac{A_x}{A_0 - A_x} c_0$$

标准加入法也可以用来检验分析结果的可靠性。

（三）仪器与试剂

1. 仪器

原子吸收分光光度计；50mL 容量瓶。

2. 试剂

（1）铜标准溶液（100μg/mL）：溶解 0.1000g 纯金属铜于 15mL1：1 硝酸中，转入 1000mL 容量瓶中，用去离子水稀释至刻度。

（2）铜标准溶液（10μg/mL）：由 100μg/mL 的铜标准溶液准确稀释 10 倍而成。

（四）操作步骤

1. 标准加入法测定溶液的配制

将 5 个 50mL 容量瓶（或比色管）编为一组。按 1~4 编号。0 号为样品。1~4 为样品及标准加入点。每支管中都装 5.0mL 样品（同学到指导老师处领取），除 0 号外，1~4 号管中分别按下表加入不同量的铜标准溶液。

项 目	编 号				
	0	1	2	3	4
加入 10μg/mL 铜标液的体积/mL	0	0.5	1.0	1.5	2.0
测定液中加入铜标液的浓度/(μg/mL)	0	0.1	0.2	0.3	0.4
吸光度					

最后都用蒸馏水稀释定容。用测定溶液中加入的铜标液浓度作横坐标。测得相应的吸光度（A）为纵坐标绘制工作曲线。

2. 原子吸收测定

（1）按原子吸收分光光度计的使用操作规程熟悉仪器，并按下列条件调整好仪器。

灯电流：6mA；

铜分析线：324.8nm；

燃烧器高度：2~4mm。

空气流量：自选；乙炔流量：自选；狭缝宽度：0.21nm；增益粗调：3 挡。

（2）点燃火焰后用蒸馏水做空白溶液喷雾，调节仪器零点。

（3）然后由稀到浓依次测定各点，并记录吸收值及测定条件。

（五）数据处理

将以上数据在坐标纸上分别作出浓度（μg/mL）-吸光度（A）曲线。根据外推法分别求出未知样中的铜含量。

（六）思考题

标准加入法有什么优缺点？若使标准加入法测定结果更加可靠，应注意什么问题？

技能训练 4-3 土壤中镉的测定

（一）实训目的与要求

1. 掌握原子吸收分光光度法原理及测定镉的技术。

2. 查阅固体废物监测中有关金属测定的有关文献内容。

（二）基本原理

土壤样品用 HNO_3-HF-$HClO_4$ 或 HCl-HNO_3-HF-$HClO_4$ 混酸体系消化后，将消化液直接喷入空气-乙炔火焰。在火焰中形成的 Cd 基态原子蒸气对光源发射的特征电磁辐射产生吸收。测得试液吸光度扣除全程序空白吸光度,从标准曲线查得 Cd 含量。计算土壤中 Cd 的含量。

该方法适用于高背景土壤(必要时应消除基体元素干扰)和受污染土壤中镉的测定。方法检出限范围为 0.05~2mg/kg。

(三)仪器与试剂

1. 仪器

原子吸收分光光度计,空气-乙炔火焰原子化器,镉空心阴极灯。

仪器工作条件

测定波长 228.8nm

通带宽度 1.3nm

灯电流 7.5mA

火焰类型:空气-乙炔,氧化型,蓝色火焰。

2. 试剂

(1)盐酸:特级纯。

(2)硝酸:特级纯。

(3)氢氟酸:优级纯。

(4)高氯酸:优级纯。

(5)镉标准贮备液:称取 0.5000g 金属镉粉(光谱纯),溶于 25mL (1+5) HNO_3(微热溶解)。冷却,移入 500mL 容量瓶中,用蒸馏去离子水稀释并定容。此溶液含镉为 1.0mg/mL。

(6)镉标准使用液:吸取 10.0mL 镉标准贮备液于 100mL 容量瓶中,用水稀至标线,摇匀备用。吸取 5.0mL 稀释后的标液于另一 100mL 容量瓶中,用水稀至标线即得含镉为 5μg/mL 的标准使用液。

(四)测定步骤

1. 土样试液的制备

称取 0.5~1.000g 土样于 25mL 聚四氟乙烯坩埚中,用少许水润湿,加入 10mLHCl,在电热板上加热(<450℃)消解 2h,然后加入 15mL HNO_3,继续加热至溶解物剩余约 5mL 时,再加入 5mL HF 并加热分解除去硅化合物,最后加入 5mL $HClO_4$,加热至消解物呈淡黄色时,打开盖,蒸至近干。取下冷却,加入(1+5)HNO_3 1mL,微热溶解残渣,移入 50mL 容量瓶中,定容。同时进行全程序试剂空白实验。

2. 标准曲线的绘制

吸取镉标准使用液 0mL、0.50mL、1.00mL、2.00mL、3.00mL、4.00mL 分别于 6 个 50mL 容量瓶中,用 0.2% HNO_3 溶液定容,摇匀。此标准系列分别含镉为 0μg/mL、0.05μg/mL、0.10μg/mL、0.20μg/mL、0.30μg/mL、0.40μg/mL。测其吸光度,绘制标准曲线。

3. 样品测定

(1)标准曲线法:按绘制标准曲线条件测定试样溶液的吸光度,扣除全程序空白吸光度,从标准曲线上查得镉含量。

$$Cd(mg/kg) = \frac{m}{W}$$

式中,m 为从标准曲线上查得镉含量,μg;W 为称量土样干质量,g。

(2)标准加入法:取试样溶液 5.0mL,分别于 4 个 10mL 容量瓶中,依次加入镉标准使用液（5.0μg/mL）0mL、0.50mL、1.00mL、1.50mL，用 0.2％HNO_3 溶液定容，设试样溶液镉浓度为 c_x，加标后试样浓度分别为 c_x+0、c_x+c_s、c_x+2c_s、c_x+3c_s，测得它们的吸光度分别为 A_x、A_1、A_2、A_3。绘制 A-c 图（图略）。由图知，所得曲线不通过原点，其截距所反映的吸光度正是试液中待测镉离子浓度的响应。外延曲线与横坐标相交，原点与交点的距离，即为待测镉离子的浓度。结果计算方法同上。

（五）注意事项

1. 土样消化过程中，最后除 $HClO_4$ 时必须防止将溶液蒸干涸，不慎蒸干时 Fe、Al 盐可能形成难溶的氧化物而包藏镉，使结果偏低。注意无水 $HClO_4$ 会爆炸！

2. 镉的测定波长为 228.8nm，该分析线处于紫外光区，易受光散射和分子吸收的干扰，特别是在 220.0~270.0nm 之间，NaCl 有强烈的分子吸收，覆盖了 228.8nm 线。另外，Ca、Mg 的分子吸收和光散射也十分强。这些因素皆可造成镉的表观吸光度增大。为消除基体干扰，可在测量体系中加入适量基体改进剂，如在标准系列溶液和试样中分别加入 0.5g $La(NO_3)_3 \cdot 6H_2O$。此法适用于测定土壤中含镉量较高和受镉污染土壤中的镉含量。

3. 高氯酸的纯度对空白值的影响很大，直接关系到测定结果的准确度，因此必须注意全过程空白值的扣除，并尽量减少加入量，以降低空白值。

技能训练 4-4 原子吸收法测人发中锌含量

（一）实训目的与要求

1. 熟练使用原子吸收分光光度计，掌握测定条件的调试。
2. 学习使用消化法处理有机物样品的操作方法和实验技术。

（二）基本原理

原子吸收分析通常是溶液进样，所以被测样品需要事先转化为溶液样品。发样经洗涤、干燥处理后，称一定量样品采用硝酸-高氯酸消化处理，将其微量锌以金属离子状态转入溶液中。用工作曲线法进行分析。

锌在人体中和动物体内具有重要功能，它对生长发育、创伤愈合、免疫预防有重要作用。人发中锌含量的多少，标志着人体中微量锌含量是否正常。因此，分析人发中锌具有重大意义。

（三）仪器与试剂

1. 仪器

原子吸收分光光度计；电动搅拌器；100mL 烧杯 2 只；50mL 容量瓶 6 个；10mL 移液管 2 只；电热板等。

2. 试剂

HNO_3（浓）；$HClO_4$；锌标液（10μg/mL）。

（四）操作步骤

(1) 试样采集预处理和试液制备

① 采集发样 用不锈钢剪刀从头枕部剪取发样（要贴近头皮剪取，并弃去发梢），取发量以 1g 为宜，然后剪成 1cm 左右长。

② 清洗干燥发样 将发样放在 100mL 烧杯中，用质量浓度为 1％的洗发精浸泡，置于电动搅拌器上搅拌 30min，用自来水冲洗 20 遍，再用去离子水洗涤 5 遍，于 65~70℃ 的烘箱中干燥 4h，取出后放入干燥器中保存备用。

③ 消化处理样品 称取上述处理过的发样 0.2000g 于 100mL 烧杯中，加入 5mL 浓 HNO_3，盖上表面皿，在电热板上低温加热消解，待完全溶解后，取下冷却至室温。转移至

50mL 容量瓶中，用蒸馏水稀至标线。

（2）制系列标准溶液，分别取质量浓度为 $10\mu g/mL$ 的锌标准溶液 0.00mL、2.50mL、5.00mL、7.50mL、10.00mL、12.50mL 于 50mL 容量瓶中，用水稀至刻度，摇匀。

（3）开启仪器并按下列测量条件调试至最佳工作状态

光源：锌空心阴极灯

灯电流：8mA

火焰：乙炔-空气

吸收线波长：213.9nm

（4）测定系列标准溶液和试样的吸光度　由稀至浓逐个测量系列标准溶液的吸光度，然后测量试液空白溶液的吸光度并记录之。

注意：每测完一个溶液都要用去离子水喷雾后，再测下一个溶液。

（5）结束工作

实验结束后，吸喷去离子水 3～5min 后，按操作要求关气，关电源；将各开关、旋钮置初始位置。

清理实验台面和试剂，填写仪器记录。

（五）注意事项

1. 试样的吸光度应在工作曲线中部，否则应改变系列标准溶液的浓度。
2. 经常检查管道气密性，防止气体泄漏，严格遵守有关操作规定，注意安全。

（六）数据处理

在坐标纸上绘制 Zn 的 A-c 工作曲线。用发样吸光度减去空白溶液吸光度所得值，从工作曲线中找出相应浓度，然后按发样质量算出 Zn 的含量。

头发中微量元素的含量参考值

元　素	正常范围/($\mu g/g$)	元　素	正常范围/($\mu g/g$)
钙	450～1600	铁	20～95
锌	50～360	铜	3.0～49

（七）思考题

1. 发样的处理与消解是否对分析结果影响较大？
2. 本实验在发样处理等方面应注意哪些问题？

技能训练 4-5　冷原子吸收光度法测定头发中汞的含量

（一）实验目的与要求

1. 掌握冷原子吸收光度仪测定汞的原理和操作方法。
2. 学习生物监测有关知识。

（二）基本原理

汞是常温下唯一的液态金属，且有较大的蒸气压。测汞仪是利用汞蒸气对光源发射的 253.7nm 谱线具有特征吸收来测定汞的含量的。

（三）仪器与试剂

1. 仪器

（1）测汞仪（冷原子吸收光度仪）。

（2）25mL 容量瓶。

（3）50mL 烧杯（配表面皿）和 1mL、5mL 刻度吸管。

(4) 100mL 锥形瓶。

2. 试剂

(1) 浓硫酸（分析纯）。

(2) 5%$KMnO_4$（分析纯）。

(3) 10%盐酸羟胺：称 10g 盐酸羟胺（$NH_2OH·HCl$），溶于蒸馏水中稀至 100mL，以 2.5L/min 的流量通氮气或干净空气 30min，以驱除微量汞。

(4) 10%氯化亚锡：称 10g 氯化亚锡（$SnCl_2·2H_2O$），溶于 10mL 浓硫酸中，加蒸馏水至 100mL。同上法通氮或干净空气驱除微量汞，加几粒金属锡，密塞保存。

(5) 汞标准贮备液：称取 0.1354g 氯化汞，溶于含有 0.05%重铬酸钾的（5+95）硝酸溶液中，转移到 1000mL 容量瓶中并稀释至标线，此液含汞为 100.0μg/mL。

(6) 汞标准液：临用时将贮备液用含有 0.05%重铬酸钾的（5+95）硝酸稀至含汞 0.05μg/mL 的标准液。

（四）测定步骤

1. 发样预处理：将发样用 50℃中性洗涤剂水溶液洗 15min，然后用乙醚浸洗 5min。上述过程的目的是去除油脂污染物。将洗净的发样在空气中晾干，用不锈钢剪剪成 3mm 长，保存备用。

2. 发样消化：准确称取 30~50mg 洗净的干燥发样于 50mL 烧杯中，加入 5% $KMnO_4$ 8mL，小心加浓硫酸 5mL，盖上表面皿。小心加热至发样完全消化，如消化过程中紫红色消失应立即滴加 $KMnO_4$。冷却后，滴加盐酸羟胺至紫红色刚消失，以除去过量的 $KMnO_4$，所得溶液不应有黑色残留物或发样。稍静置（去氯气），转移到 25mL 容量瓶，稀释至标线，立即测定。

3. 标准曲线绘制

(1) 在 7 个 100mL 锥形瓶中分别加入汞标准液 0mL、0.50mL、1.00mL、2.00mL、3.00mL、4.00mL 及 5.00mL（即 0μg、0.025μg、0.05μg、0.10μg、0.15μg、0.20μg 及 0.25μg 汞）。各加蒸馏水至 50mL，再加 2mLH_2SO_4 和 2mL5%$KMnO_4$ 煮沸 10min（加玻璃珠防崩沸），冷却后滴加盐酸羟胺至紫红色消失，转移到 25mL 容量瓶，稀至标线，立即测定。

(2) 按规定调好测汞仪，将标准液和样品液分别倒入 25mL 容量瓶，加 2mL10%氯化亚锡，迅速塞紧瓶塞，开动仪器，待指针达最高点，记录吸收值，其测定次序应按浓度从小到大进行。

以标准溶液系列作吸收值-微克数的标准曲线。

（五）结果计算

$$发汞含量(\mu g/g) = \frac{查标准曲线所得的质量(mg)}{发样质量(g)}$$

按统计规律求出本班级同学发汞平均含量、最高含量及最低含量。

（六）注意事项

1. 各种型号测汞仪操作方法、特点不同，使用前应详细阅读仪器说明书。

2. 由于方法灵敏度很高，因此实验室环境和试剂纯度要求很高，应予注意。

3. 消化是本实验的重要步骤，也是容易出错的步骤，必须仔细操作。

技能训练 4-6　氢化物发生原子吸收法测定食品和饮用水中的微量铅

（一）实训目的与要求

1. 掌握氢化物发生原子吸收法测定铅的原理和操作方法。

2. 学习食品检测的有关知识。

(二) 基本原理

铅是常见的有害元素，在卫生理化检验中列为必检项目。目前应用的检验方法是双硫腙比色法和火焰原子吸收法，用氢化物发生原子吸收法对食品和饮用水中微量铅进行分析，具有分析快速准确、操作简便、灵敏度高、试剂用量少等优点。方法线性范围为 $0\sim80\mu g/L$，特征浓度为 $1.5\mu g/(L\cdot 1\%)$，检出限为 $0.85\mu g/L$。

氢化物发生法是将含砷、锑、锡、硒、铅和铋等的试样转变成气体后被惰性气体带入，放在管式炉或火焰中已加热到几百度的一根二氧化硅的管子中，进行原子化，通过吸收或发射光谱测定它们的浓度。氢化物发生法可以提高这些元素的检测限 10~100 倍。由于这类物质毒性大，在低浓度时检测它们尤其显得重要。当然也要求操作者用安全有效的方法清除从原子化器中出来的气体。

(三) 仪器与试剂

1. 仪器

流动注射氢化物发生器；原子吸收分光光度计；铅空心阴极灯；多功能消解仪。

2. 试剂

(1) 铅标准溶液 ($1\mu g/mL$)；

(2) 10%铁氰化钾溶液；

(3) 2%硼氢化钾溶液：称取 2g 试剂，溶于 100mL 0.5%的 NaOH（优级纯）溶液中，分析前新配制；

(4) 盐酸、硝酸和高氯酸均为优级纯试剂，所用玻璃器皿均在稀硝酸中浸泡 24h 以上。

(四) 仪器分析条件

灯电流 3mA；波长 283.3nm；光谱通带 0.4nm；乙炔流量 1.0L/min；空气流量 7.0L/min；氢化物载气（高纯氮）流量 120mL/min。

(五) 操作步骤

1. 标准溶液的配制和样品处理

准确吸取 $1.0\mu g/mL$ 的铅标准溶液 0mL、0.10mL、0.20mL、0.30mL、0.40mL 和 0.5mL，分别置于 6 个 50mL 容量瓶中，各加入 10%的铁氰化钾溶液 2.5mL 和浓盐酸 1.2mL 后，用二次蒸馏水稀释至刻度，摇匀备用。样品处理分别为：食品处理按照 GB 5009.12—85 的有关方法，用多功能消解仪快速消解后，加入与标准溶液系列相同体积的铁氰化钾和盐酸溶液，用二次蒸馏水稀释并定容至 50mL 容量瓶的刻度，摇匀备用，饮用水取 25mL 水样加铁氰化钾和盐酸后用二次蒸馏水稀释至 50mL。

2. 测定方法

将氢化物发生器装置与原子吸收仪器连接并调至最佳状态，将电热石英管通电加热，把氢化物发生器的试液导管插入测定溶液的容量瓶中；清洗导管插入二次蒸馏水瓶里，硼氢化钾导管插入 2%的该溶液中。按下氢化物发生器的按键，数秒后仪器显示出测定溶液的吸光度。

将记录的标准溶液系列各吸光度值绘制标准曲线，样品试液及空白溶液的吸光度参照标准曲线求出样品中铅的含量。

(六) 注意事项

铅的氢化物发生反应通常采用盐酸介质，在较低的酸度下进行测定。此外，还要求反应液中存在一定量的氧化剂。1.2mL 的浓盐酸是本实验的最佳加入量；作为氧化剂的铁氰化钾溶液最佳加入量是 2.5mL，它既起到了增感效应，又掩蔽了一些金属的干扰；$5\mu g/L$ 的铜，$10\mu g/L$ 的硒、$50\mu g/L$ 的铝、砷、镍和铁 2000mg/L 的钙、镁和磷酸盐对测定无明显干扰。

氢化物发生原子吸收法的灵敏度比直接火焰原子吸收法约高出 3 个数量级。待测元素的氢化物产生过程也是一个分离过程，可以克服样品中其他组分的干扰，提高分析的准确度。不足之处是测定元素的浓度线性范围较窄，精密度不如火焰原子吸收法高。

技能训练 4-7　食品中铅、镉、铬的测定（开放性实训）

（一）实训目的与要求

1. 通过实际试样，对食品中的多种限量金属成分，采用不同的光谱分析条件进行测定，以达到综合应用原子吸收光谱法的目的。

2. 根据各元素的分析特性、试样的含量、基体组成及可能干扰选取合适的分析条件。包括了试样的制备、预处理、标准溶液的配制及校正曲线的制作、分析条件的选择、操作方法、结果计算、数据处理及误差分析等。

（二）测定原理与相关知识

食品中有害金属元素铅、镉、铬的测定，目前国际上通用的方法均以石墨炉原子化法较为准确、快速。该法检出限为 $5\mu g/kg$，基于基态自由原子对特定波长光吸收的一种测量方法，它的基本原理是使光源辐射出的待测元素的特征光谱通过样品的蒸气时，被蒸气中待测元素的基态原子所吸收，在一定范围与条件下，入射光被吸收而减弱的程度与样品中待测元素的含量成正比关系，由此可得出样品中待测元素的含量。

食品中铅、镉、铬等元素的基态原子对空心阴极灯的共辐射都有选择性吸收，但是各元素具体的分析条件不同，例如铅的测定是氧化性气氛，但铬的测定却要求还原性气氛，并且要有高性能的空心阴极灯才能获得足够的灵敏度。这些元素的灵敏度都有差别，因此配制标准序列时，浓度序列有所不同，但是它们在一定的浓度下，彼此不会干扰，因而可以把它们的标准溶液混合在一起，方便操作。

（三）仪器与试剂

1. 实验室提供的仪器与试剂

（1）石墨炉原子吸收分光光度计（具氘灯扣背景装置）及其他配件；

（2）氩气钢瓶；

（3）铅、镉、铬等元素空心阴极灯；

（4）基准试剂：铅、镉、铬标准贮备液；

（5）基体改进试剂

① 磷酸二氢铵溶液（20g/L）；

② 盐酸溶液（1mol/L）；

③ 柠檬酸钠缓冲溶液（2mol/L）；

④ 双硫腙-乙酸丁酯溶液（0.1%）；

⑤ 二乙基二硫代氨基甲酸钠溶液（1%）。

2. 由学生自配试剂

（1）铅、镉、铬系列标准使用溶液；

（2）样品消化及定容用试剂。

（四）实验方案的设计提示

1. 测定各元素离子时样品的处理方案

样品经消解（可选用干法灰化、压力消解法、常压湿法消化、微波消解法中的任何一种）后，制成供试样液，可参考表 4-4。

表 4-4 食品中铅、镉、铬测定用样品的处理

测定元素	样品处理
铅	谷物、水产品、乳及乳制品等用干法灰化后,用硝酸溶解残渣,用水定容后直接进样 油脂类用石油醚萃取后。再用 10% 硝酸提取,定容后直接进样 饮料、酒、醋等样品用 0.5% 硝酸稀释
镉	样品用硝酸-高氯酸消化,消化液转入分液漏斗后加入基体改进剂作提纯处理 ① 加 1mol/L 盐酸至 25mL ② 再加 5mL 2mol/L 柠檬酸钠缓冲液,以氨水调节 pH 至 5.0~6.4,加水至 50mL,混匀 ③ 再加 5.0mL 0.1% 双硫腙-乙酸丁酯溶液,振摇 2min,静置分层,弃去下层水相,将有机相放入具塞试管中,备作进样分析用
铬	样品用浓硫酸-过氧化氢消化,滴加高锰酸钾氧化,用氨水调节 pH 至 5 左右后,移于分液漏斗中,加入 2mL 1% 二乙基二硫代氨基甲酸钠溶液,加水至 60mL,混匀后准确加入 5mL 甲基异丁酮,剧烈振摇 2min,静置分层后,弃去下层水相,将有机相放入具塞试管中,备作进样分析用

2. 测定各元素离子的标准系列配制方案

可参考表 4-5 或参考其他资料。

表 4-5 金属离子标准溶液系列

元素名称	标准贮备液浓度/(μg/mL)	标准系列取标准贮备液用量/mL	相当于某元素含量/μg	标准系列定容体积/mL	定容用溶剂	备注
铅	10	0, 0.1, 0.2, 0.4, 0.6, 0.8	含铅 0, 0.01, 0.02, 0.04, 0.06, 0.08	100	0.5% 硝酸	同时作试剂空白
镉	10	0, 0.25, 0.50, 1.50, 2.50, 3.50, 5.0	含镉 0, 0.1, 0.5, 1.0, 2.0	25	1mol/L 盐酸	提纯处理同样品处理条件
铬	10	0.00, 0.50, 1.00, 1.50, 2.00	含铬 0, 5, 10, 15, 20	60	用适量氨水中和至 pH5	提纯处理同样品处理条件

3. 测定铅、镉、铬的条件选择

由于仪器型号规格不同,测定条件有所差别,可根据仪器说明书选择最佳条件测试,可参考表 4-6。

表 4-6 铅、镉、铬无火焰原子吸收法测定参数

元素	波长/nm	狭缝宽/nm	灯电流/mA	干燥温度/℃与时间/s	灰化温度/℃与时间/s	原子化温度/℃与时间/s
铅	283.3	0.2~1.0	5~7	120, 20	450, 15~20	1700~2300, 4~5
镉	228.8	0.5~1.0	8~10	120, 20	350, 15~20	1700~2300, 4~5
铬	357.9	0.5~1.0	8~10	110, 40	1000, 30	2800, 5

(五)测定步骤(按设计的方案进行测定)

1. 样品处理(可参照表 4-4)

2. 操作步骤

参照仪器说明书,根据各自仪器性能及设计的方案调至最佳状态,简要步骤如下:
① 安装待测元素空心阴极灯,对准位置,固定待测波长及狭缝宽度。
② 开启电流,固定灯电流。
③ 调节石墨炉位置,使处于最佳状态,安装好石墨管。
④ 开启冷却水和氮气气源,调至指定的恒流值。
⑤ 各元素测定参数的设定(可参照表 4-6)。
⑥ 测定步骤按如下顺序进行:进空白溶液;进标准溶液;进样品溶液。

(六)结果计算

1. 标准曲线的绘制

可参照表4-5配制成标准使用液,再按样品氧化、提取方法进行操作,各取$10\mu L$样,注入石墨炉,分别测定其吸光值并求得吸光值与浓度关系的一元线性回归方程(扣除空白的吸光度)。

2. 根据样品与空白的吸光度,代入标准系列的一元线性回归方程中,求得样液中某元素(铅、镉、铬)的含量(μg)。

3. 计算公式

$$X = \frac{(A_1 - A_0) \times 1000}{m \times 1000}$$

式中,X为样品中某元素(铅、镉、铬)的含量,mg/kg;A_1为测定用样液中某元素(铅、镉、铬)的含量,μg;A_0为试剂空白液中某元素(铅、镉、铬)的含量,μg;m为测定用样品试液所相当的样品质量,g。

4. 数据处理及误差分析

① 用表格法报告每一实验结果,在表中应包含计算公式中每一项的数据,若有平行测定,应设平均值与精密度项。

② 测定结果的精密度计算。

③ 讨论测定过程中出现的问题。

(七)注意事项

1. 参照仪器操作说明书。

2. 本法是测定绝对量,进样准确与否直接影响测定数据。在正式进样前,必须练习进样器的操作方法和进样技巧。

3. 最适条件的选择应参照教材内容。

4. 采用此法测得的是三价铬和六价铬的总铬含量。如要分别测定三价铬或六价铬,可采用分光光度法,参考国家环境保护局编《水和废水的分析方法(第三版)》或其他有关资料。

(八)思考题

1. 为什么可以将几种元素的标准溶液配在一起,组成混合标准溶液?这样做有什么好处?

2. 石墨炉原子吸收如何表示检出限?影响准确度和精密度有哪些因素?

3. 分析铅、镉、铬的测定条件有哪些主要的不同点?为什么铬的测定必须在还原性气氛中进行并采用高性能空心阴极灯?

4. 用原子吸收法测定重金属有什么优点?

原子吸收分光光度法考核评分参考

序号	评分点	配分	评分标准	扣分	得分
(一)	配制标准系列溶液				
1	移液管的使用	4	洗涤不符合要求,扣0.5分 没有润洗或润洗不合要求,扣1分 吸液操作不正确规范,扣1分 放液操作不正确规范,扣1分 用后处理及放置不当,扣0.5分		
2	容量瓶的使用	4	洗涤不符合要求,扣0.5分 没有试漏,扣1分 加入溶液的顺序不正确,扣0.5分 不能准确定容,扣1分 没有摇匀,扣1分		

续表

序号	评分点	配分	评分标准	扣分	得分
(二)	原子吸收分光光度计的使用				
1	测定前的准备	12	仪器未预热，扣1分 空心阴极灯安装错误，扣1分 灯电流调节不当，扣1分 狭缝选择不当，扣1分 波长选择错误，扣2分 增益调节不当，扣1分 燃烧器位置不当，扣1分 通气顺序不当，扣1分 气体流量选择不当，扣1分 未检查喷雾状况，扣1分 点火操作不当，扣1分		
2	测定操作	5	未调零，扣2分 喷雾毛细管使用不当，扣1分 测样顺序不当，扣1分 数据记录不正确，扣1分		
3	测定的结果工作	4	台面不清洁，扣0.5分 关机顺序和操作不当，扣3分 没有洗涤容量瓶，扣0.5分		
(三)	标准(工作)曲线的绘制	5	标准(工作)曲线绘制不适当，扣5分		
(四)	测定结果	6	考生平行结果大于允差小于或等于1/2倍允差，扣3分 考生平行结果大于1/2倍允差，扣6分		
		10	考生平均结果与参照值对比大于1倍小于或等于2倍允差，扣3分 考生平均结果与参照值对比大于2倍小于或等于3倍允差，扣6分 考生平均结果与参照值对比大于3倍允差，扣10分		
(五)	考核时间		考核时间为120min。超过5min扣2分，超过10min扣4分，超过15min扣8分。……以此类推，扣完本题分数为止		
	合计	50			

思 考 题

1. 原子吸收分析中会遇到哪些干扰因素？简要说明各用什么措施可抑制上述干扰？
2. 原子吸收分光光度计和紫外可见分子吸收分光光度计在仪器装置上有哪些异同点？为什么？
3. 原子荧光光度计与原子吸收光度计的主要区别是什么？
4. 为什么一般原子荧光光谱法比原子吸收光谱法对低浓度元素含量的测定更具有优越性？
5. 简述原子吸收分析中利用塞曼效应扣除背景干扰的原理。（以吸收线调制法为例）
6. 原子吸收光谱法中应选用什么光源？为什么？
7. 光学光谱以其外形可分为线光谱、带光谱和连续光谱，试问可见吸收光谱法和原子吸收光谱法各利用何种形式的光谱进行测定？

习 题

一、选择题

1. 由原子无规则的热运动所产生的谱线变宽称为：（　　）
(1) 自然变度　　　(2) 斯塔克变宽　　　(3) 洛伦兹变宽　　　(4) 多普勒变宽

2. 原子吸收光谱分析中，有时浓度范围合适，光源发射线强度也很高，测量噪声也小，但测得的校正曲线却向浓度轴弯曲，除了其他因素外，下列哪种情况最有可能是直接原因？（　　）

(1) 使用的是贫燃火焰　　　　　　　　(2) 溶液流速太大
(3) 共振线附近有非吸收线发射　　　　(4) 试样中有干扰

3. 在原子吸收分析的理论中，用峰值吸收代替积分吸收的基本条件之一是（　　）。
(1) 光源发射线的半宽度要比吸收线的半宽度小得多
(2) 光源发射线的半宽度要与吸收线的半宽度相当
(3) 吸收线的半宽度要比光源发射线的半宽度小得多
(4) 单色器能分辨出发射谱线，即单色器必须有很高的分辨率

4. 在原子吸收分析中，由于某元素含量太高，已进行了适当的稀释，但由于浓度高，测量结果仍偏离校正曲线，要改变这种情况，下列哪种方法可能是最有效的？（　　）
(1) 将分析线改用非共振线　　　　　　(2) 继续稀释到能测量为止
(3) 改变标准系列浓度　　　　　　　　(4) 缩小读数标尺

5. 在电热原子吸收分析中，多利用氘灯或塞曼效应进行背景扣除，扣除的背景主要是（　　）。
(1) 原子化器中分子对共振线的吸收　　(2) 原子化器中干扰原子对共振线的吸收
(3) 空心阴极灯发出的非吸收线的辐射　(4) 火焰发射干扰

6. 原子吸收法测定易形成难离解氧化物的元素铝时，需采用的火焰为（　　）。
(1) 乙炔-空气　　(2) 乙炔-笑气　　(3) 氧气-空气　　(4) 氧气-氩气

7. 空心阴极灯中对发射线半宽度影响最大的因素是（　　）。
(1) 阴极材料　　(2) 阳极材料　　(3) 内充气体　　(4) 灯电流

8. 可以消除原子吸收法中的物理干扰的方法是（　　）。
(1) 加入释放剂　　(2) 加入保护剂　　(3) 扣除背景　　(4) 采用标准加入法

9. 在原子吸收分析中，采用标准加入法可以消除（　　）。
(1) 基体效应的影响　　　　　　　　　(2) 光谱背景的影响
(3) 其他谱线的干扰　　　　　　　　　(4) 电离效应

10. 采用调制的空心阴极灯主要是为了（　　）。
(1) 延长灯寿命　　　　　　　　　　　(2) 克服火焰中的干扰谱线
(3) 防止光源谱线变宽　　　　　　　　(4) 扣除背景吸收

11. 与火焰原子吸收法相比，无火焰原子吸收法的重要优点为（　　）。
(1) 谱线干扰小　　(2) 试样用量少　　(3) 背景干扰小　　(4) 重现性好

12. 原子吸收分析对光源进行调制，主要是为了消除（　　）。
(1) 光源透射光的干扰　　　　　　　　(2) 原子化器火焰的干扰
(3) 背景干扰　　　　　　　　　　　　(4) 物理干扰

13. 原子吸收法测定钙时，加入 EDTA 是为了消除下述哪种物质的干扰？（　　）。
(1) 盐酸　　(2) 磷酸　　(3) 钠　　(4) 镁

14. 在原子吸收法中，原子化器的分子吸收属于（　　）。
(1) 光谱线重叠的干扰　　(2) 化学干扰　　(3) 背景干扰　　(4) 物理干扰

15. 在石墨炉原子化器中，应采用下列哪种气体作为保护气？（　　）
(1) 乙炔　　(2) 氧化亚氮　　(3) 氢　　(4) 氩

二、计算题

1. 平行称取两份 0.500g 金矿试样，经适当溶解后，向其中的一份试样加入 1mL 浓度为 5.00mg/mL 的金标准溶液，然后向每份试样都加入 5.00mL 氢溴酸溶液，并加入 5mL 甲基异丁酮，由于金与溴离子形成配合物而被萃取到有机相中。用原子吸收法分别测得吸光度为 0.37 和 0.22。求试样中金的含量（$\mu g/g$）。

2. 用原子吸收光谱法测定试液中的铅，准确移取 50mL 试液 2 份，用铅空心阴极灯在波长 283.3nm 处，测得一份试液的吸光度为 0.325，在另一份试液中加入浓度为 50.0mg/L 铅标准溶液 300mL，测得吸光度为 0.670。计算试液中铅的质量浓度（g/L）为多少？

3. 用原子吸收分光光度法测定元素 M 时，由一份未知试液得到的吸光度为 0.435，在 9.00mL 未知液

中加入 1.00mL 浓度为 100×10^{-6} g/mL 的标准溶液,测得此混合液吸光度为 0.835。试问未知试液中 M 的浓度为多少?

4. 测定血浆试样中锂的含量,取 4 份 0.500mL 血浆试样,分别加入 5.00mL 水中,然后分别加入 0.050mol/L LiCl 标准溶液 $0.0\mu L$、$10.0\mu L$、$20.0\mu L$、$30.0\mu L$,摇匀,在 670.8nm 处测得吸光度依次为 0.201、0.414、0.622、0.835。计算此血浆中锂的含量,以 $\mu g/L$ 为单位。

5. 用波长为 213.8nm,质量浓度为 $0.010\mu g/L$ 的 Zn 标准溶液和空白溶液交替连续测定 10 次,用吸光度读数如下。计算原子吸收分光光度计测定 Zn 元素的检出限。

测定序号	1	2	3	4	5	6	7	8	9	10
吸光度	0.054	0.052	0.059	0.059	0.058	0.056	0.056	0.059	0.056	0.057

6. 用标准加入法测定一无机试样溶液中镉的浓度,各试液在加入镉标准溶液($10\mu g/mL$)后,用水稀释至 50mL,测得其吸光度如下所示。求镉的浓度。

序 号	试液的体积/mL	加入标准溶液的体积/mL	吸光度	序 号	试液的体积/mL	加入标准溶液的体积/mL	吸光度
1	20	0	0.042	3	20	2	0.116
2	20	1	0.080	4	20	4	0.190

第 5 章 原子发射光谱法（AES）

【学习指南】 发射光谱分析是无机元素分析的重要手段，具有高灵敏度、高选择性、高速度和多元素同时分析的特点，在冶金、地质、机械和国民经济的其他部门都有广泛应用。要求学生通过本章的学习，达到如下要求：了解原子发射光谱分析的基本原理和光谱仪的基本结构；并能利用光谱进行定性分析、半定量分析和定量分析。

某些原子化器不仅能将试样转变成原子或简单的元素离子，而且也能将部分试样激发到较高电子能级。被激发的这些物质通过发射紫外和可见光区的谱线迅速地完成弛豫。原子发射光谱（atomic emission spectrometry，AES）则是利用这些谱线出现的波长及其强度进行元素的定性和定量分析。原子发射光谱过去一直是采用火焰、电弧和电火花使试样原子化并激发，这些方法至今在分析金属元素中仍有重要的应用。然而，随着等离子体光源的问世，其中特别是电感耦合等离子体光源，现已成为应用广泛的重要激发光源。

与电热原子化和火焰原子化吸收方法比较，等离子体、电弧、火花发射光谱具有如下优点：①当激发温度不太高时，元素间的干扰较低；②在一个激发条件下，可以同时获得多元素的发射光谱；③可以同时记录几十种元素的光谱，这对试样少而元素种类多的试样显得尤为重要。能量较高的等离子体光源还特别适于测定浓度低、难熔的元素，如硼、磷、钨、铀、锆和镍等的氧化物。此外，它还能测定非金属元素，如氯、溴、碘和硫。最后，等离子体光源还可用于测定含量高达百分之几十的元素。

用等离子体、电弧和火花光源产生的发射光谱通常是十分复杂的，它们可以由几百条甚至于上千条谱线组成。这为定性分析提供了大量的信息，然而又给定量分析增加了光谱干扰的可能性。光谱的复杂性将无疑需要价格昂贵的高分辨仪器，与火焰和电热原子吸收法相比，这可谓是发射光谱的缺陷。

尽管发射光谱有上述许多优点，但是基于高能发射的方法并不能完全代替火焰和电热原子吸收法。事实上，原子吸收和原子发射分析法是相互弥补的。这是因为原子吸收法操作简单，仪器价格相对低，实验消耗少，准确度较高，而对操作者的实验技能要求也不很高。

5.1 等离子体、电弧和火花光源

电流通过气体的现象称为气体放电。发射光谱所用激发光源，如电弧、火花和等离子体炬等属于气体的常压放电。

在通常情况下，气体分子为中性，不导电。若用外部能量将气体电离转变成有一定量的离子和电子时，气体可以导电。若用火焰、紫外线、X射线等照射气体使其电离时，在停止照射后，气体又转为绝缘体，这种放电称为被激放电。若在外电场的作用下，使气体中原有的少量离子和电子向两极作加速运动并获得能量，在趋向电极的途中因分子、原子的碰撞电离，从而使气体具有导电性。这种因碰撞电离产生的放电称为自激放电，产生自激放电的电压称为击穿电压。

在气体放电过程中，部分分子和原子因与电子或离子碰撞虽不能电离，但可以从中获得能量而激发,发射出光谱,因此气体放电可以作激发光源。

5.1.1 电感耦合等离子体光源

(1) 等离子体的一般概念　等离子体光源是20世纪60年代发展起来的一类新型发射光谱分析用光源。等离子体是指含有一定浓度阴、阳离子并能导电的气体混合物。在等离子体中,阴离子和阳离子的浓度是相等的,净电荷为零。通常用氩等离子体进行发射光谱分析,虽然也会存在少量试样产生的阳离子,但是氩离子和电子是主要导电物质。在等离子体中形成的氩离子能够从外光源吸收足够的能量,并将温度保持在支撑电导等离子体进一步离子化,一般温度可达10000K。高温等离子体主要有三种类型:①电感耦合等离子体(inductively coupled plasma,ICP);②直流等离子体(direct current plasma,DCP);③微波感生等离子体(microwave induced plasma,MIP)。其中尤以电感耦合等离子体光源应用最广,是本章将要介绍的主要内容。值得注意的是,目前已有将微波感生等离子体作为气相色谱仪的检测器。

(2) ICP焰炬的形成　形成稳定的ICP焰炬,应有三个条件:高频电磁场、工作气体及能维持气体稳定放电的石英炬管。它由三个同心石英管组成,三股氩气流分别进入炬管。最外层等离子体气流的作用是把等离子体焰炬和石英管隔开,以免烧熔石英炬管。中间管引入辅助气流的作用是保护中心管口,形成等离子炬后可以关掉。内管的载气流主要作用是在等离子体中打通一条通道,并载带试样气溶胶进入等离子体。在管子的上部环绕着一水冷感应线圈,当高频发生器供电时,线圈轴线方向上产生强烈振荡的磁场。用高频火花等方法使中间流动的工作气体电离,产生的离子和电子再与感应线圈所产生的起伏磁场作用。这一相互作用使线圈内的离子和电子沿图5-1中所示的封闭环路流动;它们对这一运动的阻力则导致欧姆加热作用。由于强大的电流产生的高温,使气体加热,从而形成火炬状的等离子体。

(3) 试样的导入　试样是通过流速为0.3~1.5L/min的氩气流带入中心石英管内。在使用ICP光源时,最大的噪声来源于试样引入这一步,它直接影响检出限和分析的精密度。

气溶胶进样系统是目前最常用的方法。它要求首先将试样转化成溶液,然后经雾化器形成气溶胶引入等离子体。最常用的雾化器有气动雾化器和超声雾化器。

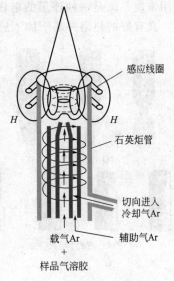

图 5-1　等离子体焰炬

对液体和固体试样引入等离子体的另一种方法是通过电热蒸发。在电炉中蒸发试样的方式类似于电热原子化,不同之处是蒸发后的试样被氩气流带入等离子体光源。应该注意的是,在等离子体光源中,使用电热不是为了原子化。电热原子化与等离子体光源的耦联,不仅保留了电热原子化试样用量少和检测限低的特点,而且保留了等离子体光源的宽线性范围、干扰少并能同时进行多元素分析的优点。

(4) 待分析物的原子化和电离　由于在感应线圈以上15~20mm的高度上,背景辐射中的氩谱线很少,故光谱观察常在这个区域上进行。当试样原子抵达观察点时,它们可能已在4000~8000K温度范围内停留了约2ms时间。这个时间和温度大约比在火焰原子化中所用的乙炔/氧化亚氮火焰大2~3倍。因此,原子化比较完全,并且减少了化学干扰的产生。另外,因为由氩电离所产生的电子浓度比由试样组分电离所产生的电子浓度大得多,离子的干扰效应很小甚至不存在。与电弧、火花相反,等离子体的温度截面相当均匀,不会产生自吸效应,故校正曲线常在几个数量级的浓度范围内呈线性响应。

5.1.2 电弧和火花光源

电弧和火花光源是首先广泛应用于分析的仪器方法。在 1920 年,这些技术开始取代经典的重量分析来分析元素。当时可以定性和定量测定不同试样中(如金属和合金、土壤、矿石、岩石)的金属元素。至今电弧和火花光源在定性和半定量分析中仍有相当大的用途。但是当需要定量数据时,很大程度上已被等离子体光源所代替。

在电弧和火花光源中,试样的激发是发生在一对电极之间的空隙中。通过电极及其间隙的电流提供使试样原子化所必需的能量,并使所产生的原子激发到较高电子状态。

(1) 试样的引入 一般来说,电弧和火花光源主要应用于固体试样的分析,而液体和气体试样采用等离子体光源则更为方便。

如果试样是金属或合金,光源的一个或两个电极可以用试样车铣、切削等方法做成。一般将电极加工成直径为 1/20~1/10cm 的圆柱形,并使一端成锥形。对于某些试样,更为方便的方法是用经抛光的金属平面作一个电极,而用石墨作另一个电极。在把试样制成电极时,必须小心防止表面污染。

对于非金属固体材料,试样需放在一个其发射光谱不会干扰分析物的电极上。对于许多应用来说,碳是一种理想的电极材料。这不仅因为容易获得碳的纯品,而且它是一种良导体,具有好的热阻并易于加工成形。电极是一极呈圆柱形,一端钻有一个凹孔。分析时,将粉碎的试样填塞在顶端的凹孔中。故称为孔形电极填塞法,它是引入试样最常用的方法。另一电极(即对电极)是稍具圆形顶端的圆锥形碳棒,这种形状可以产生最稳定的及重现性好的电弧和火花,见图 5-2。

若试样是溶液,除可将溶液转化成粉末或薄膜引入分析间隙外,也可采用电极浸泡法引入分析间隙。

(2) 低压直流电弧 低压直流电弧的电源一般为可控硅整流器,低压(220~300V)的电弧自己不能击穿起弧,需要用高频电压将电弧引燃。

电弧放电时是以气体为导体,直流电弧具有负电阻特性,即电流增大而电弧电压反而下降。显然,电压下降的特征导致电弧放电很不稳定,有必要将一个

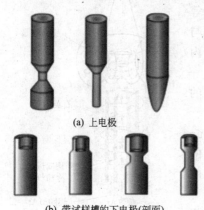

(a) 上电极

(b) 带试样槽的下电极(剖面)

图 5-2 电极对

大电阻(几十欧姆以上)串联入回路,以稳定电流,并在一个平均值附近波动。

直流电弧的温度在 4000~7000K 之间。电弧的温度主要决定于弧柱中元素的电离电位,电离电位高,弧温高;电离电位低,弧温低。当电弧中引入电离电位比电极材料的单一元素,则弧温决定于引进元素,而不决定于电极材料。因此,在光谱分析中,常常采用引入第三元素,即所谓的缓冲剂,以达到控制弧温及电极温度的目的。

电弧的电极温度比电弧温度低,一般为 3000~4000K。在直流电弧中,由于电子受到极间电场的加速不断以高速轰击阳极,使阳极白热,产生温度很高的"阳极斑",故阳极温度比阴极高。因为电极温度就是蒸发温度,电极温度高时蒸发速度快,谱线强度大。故一般将试样放在阳极,以降低检测限。

直流电弧电极头温度高、试样蒸发快、检测限低,常用来作熔点较高物质(如岩石、矿物试样)中痕量元素的定性分析和定量分析。当使用石墨电极时,除在 350nm 以上产生氰

(CN)带光谱干扰外,在发射光谱常用波段(230~350nm)内背景较小。直流电弧引燃弧点游移不定,电弧的稳定性差,分析的再现性差。在光谱分析中,须用内标法消除光源波动的影响。此外,弧温较低,激发能力弱,故不能激发电离电位高或激发电位较高元素的谱线。

(3) 低压交流电弧　低压交流电弧大部分采用220V的交流电压为电源。由于电源电压不能击穿分析间隙而自燃成弧,因此必须采用引燃装置。与直流电弧相比,由于交流电弧在每半周内有燃烧时间和熄灭时间;放电呈间歇性,故有如下特点:没有明显的负电阻特性,使其燃烧稳定了;放电的电流密度大,使其弧温较高;有低的电极头温度,使其检出限逊于直流电弧。由于交流电源的获得比直流电源方便,因而,交流电弧的应用范围比直流电弧广泛。

(4) 高压火花　电极间不连续的气体放电叫火花放电。高压火花是用高电压(8000~15000V)使电容器充电后放电释放的能量来激发试样光谱。

火花放电是一种间歇性的快速放电,放电时间短,停熄时间长。在电极隙间击穿的瞬间,形成很细的导电通道。可以达到很大的瞬时电流和电流密度,使通道具有很高的温度,因此火花的激发能力很强,可以激发一些具有高激发电位的元素和谱线。由于间歇性的快速放电,因此电极温度低,故适宜分析低熔点的轻金属及合金。每一次大电流密度放电,在电极上不同的燃烧点产生局部高温。这种随机取样和局部蒸发相结合,减小了分馏效应,提高了准确度。火花光源的主要缺点是:检出限差,不易分析微量元素;在紫外光区背景较大。综上所述,这种光源一般适合于难激发、高含量和低熔点试样的分析。

5.2　摄谱法

光谱仪的种类很多,根据记录的方式不同,可把光谱仪分为看谱仪(用人的眼睛观察可见光区光谱)、摄谱仪(用照相乳剂记录光谱)和光电光谱仪(用光电换能器观测记录光谱)。它们对应有三种不同的光谱分析技术,即看谱法、摄谱法和光电光谱法。看谱法操作简单,设备费用低,但测定精密度和准确度低,一般只能作钢中合金元素的定性、半定量测定。摄谱法操作亦较简单,设备费用也不高,其测定精密度和准确度也较高,适用性较强。光电光谱法因采用光电转换测量,免去了摄谱法的某些中间环节,加上含量计算方法的改进,所以精密度和准确度较高,操作简便快速。缺点是设备费用高,目前在推广使用上受到一定的限制。

5.2.1　摄谱仪

摄谱法是将色散后的辐射用感光板记录下来,供分析用。若按使用的色散元件可将摄谱仪分为棱镜摄谱仪、光栅摄谱仪和干涉分光摄谱仪。一般又根据倒线色散率的大小不同,将前两类摄谱仪分为大、中、小型摄谱仪,它们的倒线色散率分别为:0.1~0.8nm/mm、0.8~2nm/mm和2~10nm/mm。采用何种类型的摄谱仪需根据具体的工作对象而定。一般来说,采用中型摄谱仪就能满足大多数分析任务的要求。摄谱仪由照明系统、准光系统、色散系统和投影系统组成,见图5-3。

为了用照相法同时检测和记录被色散后的辐射强度,可在单色仪的出射狭缝处沿仪器焦面放置一块照相干板。干板上乳剂经曝光和暗室处理之后,光源的各条光谱线就以入射狭缝的一系列黑色像的形式的定性信息;用测微光度计测定谱线的黑度以提供试样的定量数据。

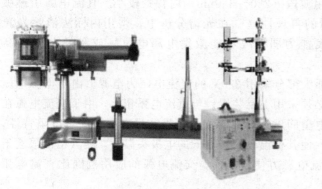 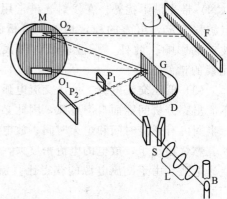

(a) 能直读光谱的摄谱仪　　　　　　　　　(b) 摄谱仪原理示意图

图 5-3　摄谱仪

B—光源；L—照明系统；S—狭缝；P—反射镜；M—凹面反射镜；
O_1—准光镜；O_2—投影物镜；G—光栅；D—光栅台；F—相板

5.2.2　光谱干板

(1) 光谱干板结构　感光板主要由感光层和片基组成。感光层又称为乳剂，由感光物质（卤化银）、明胶和增感剂组成。感光物质起着记录影像的作用。

(2) 乳剂的特性　乳剂的曝光部分经过显影，就产生黑色的影像。曝光量 H 愈大，影像就愈黑，它等于照度 E 与曝光时间的乘积（$H=Et$），也等于曝光时间与谱线强度 I 的乘积 $H=It$。

影像变黑的程度用黑度 S 来表示，它等于影像透过率 T 倒数的对数值，即：

$$S = \lg(1/T) = \lg(i_0/i) \tag{5-1}$$

式中，i_0 是经过乳剂未变黑部分透过的光强；i 是变黑部分（谱线）透过的光强。

影像的黑度 S 与使之变黑的曝光量 H 之间的关系很复杂。常以黑度 S 为纵坐标，以曝光量的对数值 $\lg H$ 为横坐标作图表示，该曲线称为乳剂特性曲线，如图 5-4 所示。

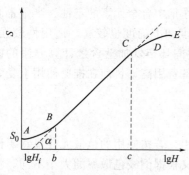

图 5-4　乳剂特性曲线

S_0—雾翳黑度；BC—正常曝光段；
bc—展度；H_i—惰延量

从乳剂特性曲线可以看出，曲线分为三个部分，AB 部分为曝光不足部分，是显影时所形成的雾翳黑度。CD 部分为曝光过度部分。这两部分黑度与曝光量的关系很复杂。曲线的中间部分 BC 为正常曝光部分，在这部分中，黑度与曝光量的对数呈直线关系，增长率（直线部分的斜率）是常数，用 γ 表示，称为乳剂的反衬度。从图 5-4 可知：

$$\gamma = \tan\alpha = S/(\lg H - \lg H_i)$$

即　　$S = \gamma(\lg H - \lg H_i) = \gamma \lg H - \gamma \lg H_i$

令　　$i = \gamma \lg H_i$

则　　$S = \gamma \lg H - i \tag{5-2}$

式中，$\lg H_i$ 为直线延长后在横坐标上的截距；γ 为图 5-4 中直线部分斜率，反衬度；H_i 称为相板的惰延量，相板的灵敏度取决于惰延量的大小，H_i 愈大，灵敏度愈低。

直线部分 BC 在横轴上的投影 bc 称为相板的展度。因为相板正常曝光区的黑度范围一般在 0.4～0.2 之间，所以反衬度愈高，展度愈小；反衬度愈低，展度愈大。

反衬度高对提高分析准确度有利；而展度宽则有利于扩大分析含量的范围。

5.2.3 定性分析

在试样的光谱中，确定有无该元素的特征谱线是光谱定性分析的关键。因此用原子发射光谱鉴定某元素是否存在，只要在试样光谱中检出了某元素的一根或几根不受干扰的灵敏线即可。相反，若试样中未检出某元素的1~2根灵敏线，则说明试样中不存在被检元素，或者该元素的含量在检测灵敏度以下。所谓灵敏线，是指一些激发电位低、跃迁概率大的谱线，一般来说灵敏线多是一些共振线。

在光谱分析中，还有一个"最后线"的概念。它是指试样中被检元素浓度逐渐减小时而最后消失的谱线。大体上来说，最后线就是最灵敏的谱线。

进行光谱定性分析的常用方法为"标准光谱图"比较法。"标准光谱图"是在一张放大20倍以后的不同波段的铁光谱图上准确标出68种元素的主要光谱线的图片。铁光谱的谱线非常丰富，且在各波段中均有容易记忆的特征光谱，故可作为一根很好的波长标尺。见图5-5所示。

图 5-5　铁元素发射光谱

在使用铁谱图进行分析时，只需将实际光谱板上的铁谱线与"标准光谱图"上的谱线对准，就可由标准光谱图上找出试样中的一些谱线是由哪些元素产生的。为了避免待测光谱与铁谱间的错位影响，摄谱时采用哈特曼（Hartman）光阑，如图5-6所示。

该光阑放在狭缝前，摄谱时移动光阑，使不同试样或同一试样不同阶段的光通过光阑不同孔径摄在感光板的不同位置上，而不用移动感光板，这样可使光谱线位置每次摄谱都不会改变。

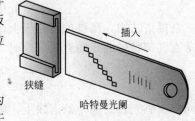

图 5-6　哈特曼光阑

摄制定性分析光谱时，应注意以下几点。

① 选用中型摄谱仪，因为中型摄谱仪的色散率较为适中，可将欲测元素一次摄谱，便于检出。对于谱线干扰严重的试样，可采用大型摄谱仪。

② 采用直流电弧，因为直流电弧的阳极斑温度高，有利于试样蒸发，得到较高的灵敏度。

③ 电流控制应先用小电流，如5~6A，使易挥发的元素先蒸发；后用大电流，如6~20A，直至试样蒸发完毕。这样保证易挥发和难挥发元素都能很好地被检出。

④ 采用较小的狭缝，5~7μm，以免谱线互相重叠。

此外，还应摄取空碳棒的光谱，以检查碳棒的纯度和加工过程的沾污情况。摄谱时应选用灵敏度高的光谱Ⅱ感光板。

光谱定性分析具有简便快速、准确、多元素同时测定、试样耗损少等优点。

5.2.4 半定量分析

有些试样，例如地质普查中数以万计的岩石试样，要求知道其中各种元素大致含量并迅速得出结果，这就要用到半定量分析法。目前，应用最多而最有效的是光谱半定量分析。

进行光谱半定量分析时，一般采用谱线强度（黑度）比较法。将被测元素配制成标准系列，将试样与标样在同一条件下摄在同一块谱板上，然后在映谱仪上对被测元素灵敏线的黑度与标准试样中该谱线的黑度进行比较，即可得出该元素在试样中的大致含量。例如，分析矿石中的铅,即找出试样中铅的灵敏线 283.3nm 线相比较,如果试样中铅线的黑度介于质量分数为 0.01%~0.001% 之间,并接近于 0.01%,则可以 0.01%~0.001% 表示其结果。

5.2.5 定量分析
5.2.5.1 定量分析的基本关系式
实验证明,在大多数情况下,谱线强度 I 为元素含量 c 的函数:

$$I = ac^b$$

式中,a、b 在一定条件下为常数。当谱线强度不大没有自吸时,$b=1$;反之,有自吸时,$b<1$,且自吸愈大,b 值愈小。这个公式有赛伯(Schiebe)和罗马金(Lomakin B A)先后提出,故称为赛伯-罗马金公式。它是光谱定量分析的数学表达式。

由于 a 值受试样组成、形态及放电条件等的影响,在实验中很难保持为常数,故通常不采用谱线的绝对强度来进行光谱定量分析,而是采用"内标法"。

5.2.5.2 内标法定量分析的基本关系式
在光谱定量分析中,采用内标法可以在很大程度上消除光源放电不稳定等因素带来的影响。

根据赛伯-罗马金公式和内标法原理,可得分析线 I_1 和内标线 I_2 的强度比,当内标元素的含量为一定值(c_2 为常数)又无自吸时($b_2=1$),分析线与内标线的强度比可用下式表示:

$$R = I_1/I_2 = ac^b \tag{5-3}$$

两边取对数可得

$$\lg R = \lg(I_1/I_2) = b\lg c + \lg a \tag{5-4}$$

在摄谱法中,测得的是相板上谱线的黑度而不是强度 I。当分析线对的谱线产生的黑度均落在乳剂特性曲线的直线部分时,对于分析线和内标线,分别得到

$$S_1 = \gamma_1 \lg H - i_1 = \gamma_1 \lg(I_1 t_1) - i_1$$
$$S_2 = \gamma_2 \lg H - i_2 = \gamma_2 \lg(I_2 t_2) - i_2$$

在同一块感光板的同一条谱线上,曝光时间相等,即

$$t_1 = t_2$$

两条谱线的波长一般要求很接近,且其黑度都落在乳剂特性曲线的直线部分,故

$$i_1 = i_2, \gamma_1 = \gamma_2$$

将 S_1 减去 S_2,得到

$$\Delta S = S_1 - S_2 = \gamma_1 \lg I_1 - \gamma_2 \lg I_2 = \gamma \lg(I_1/I_2) \tag{5-5}$$

可见分析线对的黑度差值与谱线相对强度的对数呈正比。

从内标法中已知:

$$\lg R = \lg(I_1/I_2) = b\lg c + \lg a$$

故

$$\Delta S = \gamma \lg I_1/I_2 = \gamma \lg R = \gamma b \lg c + \gamma \lg a \tag{5-6}$$

式(5-6)是基于内标法原理、以摄谱法进行光谱定量分析的基本关系式。

采用式(5-6)进行光谱定量分析时,除遵循内标法的一般原则外,应注意下列几点。

① 内标法与分析线的激发电位应尽量相近(或相等),其蒸发行为应相同,否则会由于蒸发行为的不同而引入较大的误差。

② 分析线对的黑度值必须落在乳剂特性曲线的直线部分。

③ 在分析线对的波长范围内,乳剂的反衬度 γ 值保持不变。

④ 分析线对无自吸现象,$b=1$。

5.2.5.3 定量分析方法

在实际工作中，常用三个或三个以上的已知不同含量的标样摄谱，根据所获得的分析线对的黑度差 ΔS 与该元素对应含量的对数 $\lg c$ 作出校正曲线。然后根据未知试样的 ΔS 值，在校正曲线上查出试样的含量。

当测定低浓度时，因不易找到不含被测元素的物质作为配制标样的基体，常采用标准加入法。由于浓度低，自吸系数 $b=1$，根据式(5-3)，谱线强度比 R 正比于被测元素浓度 c，则可按标准加入法中的第一种加入方式进行，绘制 R-c（或添加量）校正曲线。

5.2.5.4 光谱背景及其消除的方法

当试样被光源激发时，常常同时发出一些波长范围较宽的连续辐射，形成背景叠加在线光谱上。产生背景的原因主要有如下几种。

（1）分子的辐射 在光源中未解离的分子所发射的带光谱会造成背景。在电弧光源中，因空气中的 N_2 和碳电极挥发的 C 能生成稳定的化合物 CN 分子，它在 $350\sim 420$nm 有吸收，干扰了许多元素的灵敏线。为了避免 CN 带的影响，可不用碳电极。

（2）谱线的扩散 有些金属元素（如锌、铝、镁、锑、铋、锡、铅等）的一些谱线是很强烈的扩散线，可在其周围的一定宽度内对其他谱线形成强烈的背景。

（3）离子的复合 放电间隙中，离子和电子复合成中性原子时，也会产生连续辐射，其范围很宽，可在整个光谱区域内形成背景。火花光源因形成离子较多，由离子复合产生的背景较强，尤其在紫外光区。

从理论上讲，背景会影响分析的准确度，应予以扣除。在摄谱法中，因在扣除背景的过程中，要引入附加的误差，故一般不采用扣除背景的方法，而针对产生背景的原因，尽量减弱、抑制背景，或选用不受干扰的谱线进行测定。

5.2.5.5 光谱添加剂

为了改进光谱分析而加入标准试样和分析试样中的物质称为光谱添加剂。根据加入的目的不同，可分为缓冲剂、挥发剂、载体等。

（1）缓冲剂 试样中所有共存元素干扰效应的总和，叫做基体效应。同时加入试样和标样中，使它们有共同的基体，以减小基体效应，改进光谱分析准确度的物质称为缓冲剂。由于电极头的温度和电弧温度受试样组成的影响，当没有缓冲剂存在时，电极和电弧的温度主要由试样基体控制。相反，则由缓冲剂控制，使试样和标样能在相同的条件下蒸发。缓冲剂除了控制蒸发激发条件，消除基体效应外，还可把弧温控制在待测元素的最佳温度，使其有最大的谱线强度。

由于所用缓冲剂一般具有比基体元素低而比待测元素高的沸点，这样可使待测元素蒸发而基体不蒸发，使分馏效应更为明显，以改进待测元素的检测限。

在测定易挥发和中等挥发元素时，选用碱金属元素的盐作缓冲剂，如 NaCl、NaF、LiF 等；测定难挥发元素或易生成难挥发物的元素，宜选用兼有挥发性的缓冲剂，如卤化物等；碳粉也是缓冲剂的常见组分。

（2）挥发剂 为了提高待测元素的挥发性而加入的物质叫挥发剂。它可以抑制基体挥发，降低背景，改进检测限。典型的挥发剂是卤化物和硫化物。而碳是典型的去挥发剂。

（3）载体 载体本身是一种较易挥发的物质，可携带微量组分进入激发区，并与基体分离。此外，当大量载体元素进入弧焰后，能延长待测元素在弧焰中的停留时间，控制电弧参数，以利待测元素的测量。常用的载体有 Ga_2O_3、AgCl 和 HgO 等。

5.2.5.6 定量分析中工作条件的选择

（1）光谱仪 对于一般谱线不太复杂的试样，选用中型光谱仪即可。但对谱线复杂的元素（如稀土元素），则需用色散率大的大型光谱仪。

（2）光源　在光谱定量分析中，应特别注意光源的稳定性以及试样在光源中的燃烧过程。通常根据试样中被测元素的含量、元素的特性及要求等选择合适的光源。

（3）狭缝　在定量分析工作中，使用的狭缝宽度要比定性分析中宽，一般可达 20μm。这是由于狭缝较宽，乳剂的不均匀性所引入的误差就会减小。

（4）内标元素及内标线　金属光谱分析中的内标元素，一般采用基体元素。如在钢铁分析中，内标元素选用铁。但在矿石光谱分析中，由于组分变化很大，又因基体元素的蒸发行为与待测元素也多不相同，故一般都不用基体元素内标，而是加入定量的其他元素。

5.3　光电直读光谱法

光电光谱法是对光谱谱线强度用光电转换元件直接进行光度测量的方法。现代光电光谱仪对测量光谱的处理均采用计算机进行。计算机不但对测量信号进行处理，而且对整个分析过程进行控制。

5.3.1　光电光谱仪

光电光谱仪也称直读光谱仪或光量计。光电直读是利用光电法直接获得光谱线的强度；光电光谱仪的类型很多，按照出射狭缝的工作方式，可分为顺序扫描式和多通道式两种类型。按照工作光谱区的不同，可分为非真空型和真空型两类。

（1）多通道光电光谱仪　多通道光电光谱仪其出射狭缝是固定的。一般情况下出射通道不易变动，每一个通道都有一个接收器接收该通道对应的光谱线的辐射强度。也就是说，一个通道可以测定一条谱线，故可能分析的元素也随之而定。多通道光电光谱仪的通道数可多达 70 个，即可以同时测定 70 条谱线。多通道光电光谱仪的接收方式有两种：一种是用一系列的光电倍增管作为检测器；另一种是用二维的电荷注入器件或电荷耦合器件作为检测器。多通道光电直读等离子体发射仪如图 5-7 所示。

多道型光电直读光谱仪多采用凹面光栅和罗兰圆。Rowland（罗兰）发现在曲率半径为 R 的凹面反射光栅上存在着一个直径为 R 的圆，不同波长的光都成像在圆上，即在圆上形成一个光谱带；凹面光栅既具有色散作用也起聚焦作用（凹面反射镜将色散后的光聚焦），凹面光栅与罗兰圆如图 5-8 所示。

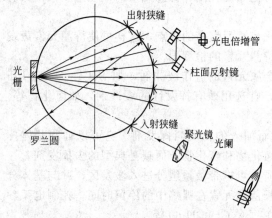

图 5-7　多通道光电直读等离子体发射光谱仪

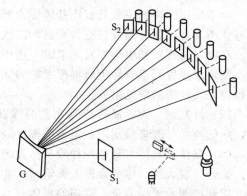

图 5-8　凹面光栅与罗兰圆

多通道光电直读等离子体发射光谱仪的优点为：①多达 70 个通道可选择设置，同时进行多元素分析,这是其他金属分析方法所不具备的;②分析速度快,准确度高;③线性范围宽,4~5个数量级,高、中、低浓度都可分析。缺点是:出射狭缝固定,各通道检测的元素谱线一定。

改进型:$n+1$型ICP光谱仪在多道仪器的基础上,设置一个扫描单色器,增加一个可变通道。

(2) 单道扫描式光电光谱仪　单道扫描式是转动光进行扫描,在不同时间检测不同谱线;顺序扫描式光电光谱仪一般是用两个接收器来接收光谱辐射,一个接收器是接收内标线的光谱辐射,另一个接收器是采用扫描方式接收分析线的光谱辐射。顺序扫描式光电光谱仪属于间歇式测量。其程序是从一个元素的谱线移到另一个元素的谱线时,中间间歇几秒,以获得每一谱线满意的信噪比。

5.3.2　全谱直读等离子体光谱仪

全谱直读等离子体光谱仪采用 CID 阵列检测器〔(charge injection detector,CID),28×28mm 半导体芯片上,26 万个感光点阵(每个相当于一个光电倍增管)〕;可同时检测 165~800nm 波长范围内出现的全部谱线;中阶梯光栅分光系统,仪器结构紧凑,体积大大缩小;兼具多道型和扫描型特点,如图 5-9 所示。

非真空型光电光谱仪是指分光计和激发光源均处在大气气氛中,其工作光谱波长范围为 200~800nm。

真空型光电光谱仪是指其激发光源和整个光路都处于氩气气氛中,工作的波长范围可扩展到 150~170nm,因此能够分析碳、磷、硫等灵敏线位于远紫外区的元素。

总体来说,顺序扫描式和多道光谱仪有两种类型,一种是用一般的光栅作为单色器,另一种是用中阶梯光栅作为单色器。

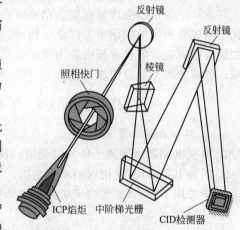

图 5-9　全谱直读等离子体光谱仪

光电光谱法主要应用于定量分析。由于现代电子技术的发展,由光-电元件转换引入的误差是非常小,对光电光谱法产生的误差则主要来源于激发光源,因此对激发光源有如下要求:

① 灵敏度高,检出限低,以能分析微量和痕量元素;
② 有良好的稳定性和再现性,以获得高的准确度;
③ 应能同时蒸发和激发多种元素,且稳定性和再现性好,以保证多通道仪器的分析效果;
④ 基体效应小;
⑤ 对试样的预燃和曝光时间短,保证快速分析;
⑥ 光源的背景小,产生的干扰少,以适应痕量元素的分析,并可利用少数几条光谱线完成多元素同时分析。

5.4　定量分析

(1) 测定的元素　一般来说,光电光谱仪可以测定所有的金属元素。真空光谱仪可以测定硼、磷、氮、硫和碳等元素。光电直读光谱仪在设计时主要检测紫外光区的辐射,由于 Li、K、Rb、Cs 等碱金属元素的重要谱线位于近红外光区,故不宜检测。光电光谱仪一般可以测定 60 种元素。

(2) 校正曲线 在进行定量分析时,光电光谱仪的校正曲线通常由电压(或电流)作为被分析元素浓度函数图组成,即 V-c 函数。当分析元素含量较大时,可用 $\lg V$-$\lg c$ 代替。由于自吸,试样浓度过大,错误的背景校正,或者检测系统的非线性响应,造成校正曲线偏离线性。自吸导致输出信号降低,使校正曲线向横坐标方向弯曲。在光电光谱法中,也常用内标法进行定量分析。

(3) 干扰 当用电感耦合等离子体光源时,化学干扰和基体效应明显地低于其他原子化器。在低浓度时,由于氩离子和电子再结合导致背景增大,需要仔细校正。因为 ICP 光源对许多元素产生的光谱线非常丰富,带来光谱线重叠的干扰。

(4) 检测限 总的来说,ICP 光源与其他原子光谱方法比较有较好的检测限,它对许多元素的检测限可达 10ng/mL 或者更小。

(5) 特点和应用 光电光谱分析操作简单,自动化程度高,分析速度快;可进行多元素快速联测;记录谱线强度量程宽;精密度高。已经广泛应用于许多部门,特别是在金属材料的化学组成分析中的应用更为广泛。然而,现阶段光电光谱仪器价格昂贵、复杂,选择谱线不如摄谱法直观,痕量分析的检出限不如摄谱法。另外,光电光谱仪一般都是固定使用一种光源,更换光源不如摄谱法方便。

技能训练 5-1 矿泉水中微量元素的测定

(一) 实训目的与要求
1. 掌握电感耦合等离子体发射光谱(ICP-AES)法的基本原理。
2. 了解 ICP-AES 光谱仪的基本结构。
3. 学习用 ICP-AES 法测定矿泉水中微量元素的方法。

(二) 基本原理

在 ICP-AES 定量分析中,谱线强度 I 与待测元素浓度 c 存在下列关系:

$$I = Kc^b$$

常数 K 与光源参数、进样系统、试样的蒸发激发过程以及试样的组成等有关。b 为自吸系数,低浓度时 $b=1$,而在高浓度时 $b<1$,曲线发生弯曲。因此在一定的浓度范围内谱线强度与待测元素浓度有很好的线性关系。

可以用校准曲线法、标准加入法以及内标法进行光谱的定量测定。

我国目前对饮用水中有害元素镉的限量标准为≤5ng/mL。

(三) 仪器与试剂

仪器:ICP-AES 光谱仪;射频发生器:最大输出功率为 2.5kW,频率为 27.12MHz;工作线圈:3 匝中空紫铜管;等离子炬管:三层同心石英管,可拆卸式,外管内径 17mm,中管外径 16mm,内管喷口直径 1.5mm;等离子气(冷却气):氩气,流速 12~14L/min;辅助气:氩气,流速 0.5~1L/min;载气(雾化气):氩气,流速约 1L/min;观测高度:工作线圈以上 10~20mm 处;雾化器:玻璃同心雾化器;雾化室:双管式可加热雾室。

试剂:空白溶液为 1% HNO_3 溶液;1~5 号标准样品:含等浓度 Ca、Si、Mg、Sr、Li、Zn,分别为 1.0μg/mL、3.0μg/mL、5.0μg/mL、7.0μg/mL、10.0μg/mL;样品溶液:市售矿泉水,加 1% HNO_3(分析纯)酸化。实验用水均为重蒸水。

（四）操作步骤

本实验选用固定通道进行 Ca、Si、Mg、Sr、Li、Zn 元素的同时测定。

1. 测试前的准备工作（必要时由教师完成）

（1）最佳操作条件：包括射频功率、观测位置、雾化气流速和等离子气流速等参数。

（2）光学系统校准：在等离子体点着的前提下，将进样管插入含 Cr、Ca、S、Na 4 种元素的多道校准溶液，进行多色仪扫描系统的校准。

2. 元素峰形扫描

将进样管插入含有所测六种元素的 10μg/mL 的混合标准溶液，在多色仪中进行元素峰形扫描并进行峰形存储。

3. 标准样品的测量

将进样管依次分别插入空白溶液及五个混合标准溶液并测量。

4. 试样分析

将进样管插入酸化的矿泉水溶液并测量。

（五）结果与讨论

1. 作出标准样品的校准曲线。
2. 分别求出矿泉水中 Ca、Si、Mg、Sr、Li、Zn 浓度（μg/mL）。
3. 什么是等离子气与雾化气？作用是什么？

（六）注意事项

1. 应按高压钢瓶安全操作规定使用高压氩气钢瓶。
2. 仪器室排风良好，等离子炬焰中产生的废气或有毒蒸气应及时排除。
3. 点燃等离子体后，应尽量少开屏蔽门，以防高频辐射伤害身体。
4. 定期清洗炬管及雾室。

（七）思考题

1. 仪器的最佳化过程有哪些重要参数？作用如何？
2. ICP-AES 法定量的依据是什么？怎样实现这一测定？

技能训练 5-2　微波等离子炬原子发射法测定水中的镁和锌

（一）实训目的与要求

1. 了解微波等离子炬原子发射法（MPT-AES）的基本原理及仪器构造。
2. 掌握测定过程中应该控制的条件及元素的测定方法。

（二）基本原理

样品溶液被引至雾化器，经雾化器雾化得到湿的样品气溶胶，再由载气携带通过加热管、冷凝管和硫酸池去溶剂后形成干的气溶胶，最后经内管进入 MPT 等离子体，并在其中完成原子化和激发等过程。根据特征波长的光的发射强度来进行定量分析。

（三）仪器与试剂

1. 仪器

MPT 光谱仪。

2. 试剂

Mg、Zn 标准溶液。

（四）操作步骤

1. 点火前准备：打开循环冷凝水装置；再打开微机电源，进入"MPT 光谱仪操作软件",打开光谱仪"电源"开关,打开氩气气路阀门,按要求调节气体压力。当光谱仪"预热"灯亮时,在"系统"菜单中选择"系统参数设定",设定载气流量为 0.8mL/min,工作气流量为 0.6mL/min。

2. 点火:按照要求的点火功率进行点火操作。

3. 系统定位 在"系统"菜单中选"系统定位",程序切换到该界面后,点击"开始"按钮。

4. 在"资源"菜单中选"分析谱线",分别输入所有要测定的元素,选择第一条分析谱线,点击"〈="按钮,完成后点击"确定"按钮。

5. 在"任务"菜单中进入"谱图分析"界面,进入"设置"对话框,点击要考察的谱线,点击"确定"按钮。将仪器的进样管放到混标溶液中,点击"开始"按钮,进行谱图分析,一般对一条谱线进行三次以上的谱图分析。对所要测定的元素则逐一进行谱图分析。完毕后,进水清洗。

6. 谱图分析完成后,在"任务"菜单中进入"扫描测量"界面,在"结果"按钮右侧的工具栏的组合框选中"考察标准",进入"设置"对话框,"工作曲线"中选"创建新曲线","测量次数"为"一般测量"(3次即可),点击欲测元素后,进入"设置浓度系列"对话框,输入所配标准溶液的浓度,输到最后一个浓度时,该浓度的下一个输入"0",即可按"确定"按钮;然后再进行其他元素的设定。

7. 点"开始"按钮,按程序进行测定,注意在每次换溶液时,进样 2min 后再按"确定"进行测定。程序提示完成后,表示建立了工作曲线。

8. 在工作栏的组合框中选择"考察样品",按"设置"按钮,输入测试报告的文件名。按"开始"按钮,进行样品测定,每次要输入样品号。测定完最后一个样品后,点击"取消",再点击"结果"按钮。注意换样品前,要用水清洗 2min 后再测定。

9. 用水清洗管路,点击"系统"菜单中的"熄灭 MPT 火炬",关闭气体管路阀门,待压力为 0 后,退出软件,关闭仪器电源、循环冷凝水装置。

(五)注意事项

1. 本仪器属于贵重仪器设备,如有问题,请老师处理。

2. 样品引入管端口不得暴露于空气中,否则会造成点火失败或等离子体燃炬熄灭。

3. 在更换溶液时,样品引入管端口应尽快转移到新样品溶液中,另外注意不要折进样管。

技能训练 5-3 原子发射光谱法——摄谱法

(一)实训目的与要求

1. 通过对不同目的、不同对象的摄谱,掌握不同摄谱方法及其原理。
2. 掌握摄谱仪的基本原理和使用方法。

(二)基本原理

物质中每种元素的原子或离子在电能(或热能)作用下能够发射出特征的光谱线,这种特征的光谱线经过摄谱仪的色散器后,得到按不同波长顺序排列的光谱,把这种光谱记录在感光板上,以便作定性和定量分析。由于各种元素及其化合物的沸点不同,其蒸发速度也各异,可利用这些特征采用不同的曝光时间,把不同元素的谱线分别摄在不同位置上。

第 5 章 原子发射光谱法（AES）

（三）仪器与试剂

1. 仪器

平面光栅摄谱仪；φ6mm 光谱纯石墨电极-锥形上电极，普通凹形下电极；铁电极；天津紫外Ⅰ型光谱感光板；秒表；带绝缘把的医用镊子。

2. 试剂

定性分析试样——粉末、金属片；半定量分析 PbO 标样（含 Pb 量分别为 3%、1%、0.3%、0.1%、0.03%）；显影液、定影液。

（四）操作步骤

1. 将分析用的标样及分析试样分别准备好，用小匙把粉末试样装入相应的电极，装样时适当地压紧，每个样压紧的程度尽可能一致。用剪刀将待分析的金属片剪下两小片折成小块状，分别放入凹形下电极内。准备好的样品按编号放在电极架上。

2. 装感光板。在暗室红外灯下（勿直照感光板）取出感光板（取感光板时勿大面积摸触感光板面，以免损坏乳胶面）。然后用手指轻轻摸感光板的边角，找出其乳胶面（粗糙面）。把乳胶面向着曝光的方向装入暗室，切勿装反。

3. 摄谱

根据不同分析对象选择摄谱条件，如光源、电极、摄谱仪的参数、选用的波长范围等。摄谱选用的波长范围是根据分析元素的光谱灵敏线选择所需的中心波长，选用的中心波长按表 5-1 中选用其对应的参数。例如需用中心波长为 300nm，则按表 5-1 调节的三个参数如下：

光栅转角（°）——10.37；

狭缝调焦（mm）——5.4；

狭缝倾角（°）——5.8。

选用中心波长为 420nm 时，自己按表 5-1 调节三个参数：

光栅转角（°）——；狭缝调焦（mm）——；狭缝倾角（°）——。

在此波长摄谱为了消除二级光谱的重叠，摄谱在第三聚光镜前应套上标有"I"记号的滤光片。

表 5-1 WPG-100 型摄谱仪选择中心波长的参数
光栅 1200 条/mm   光栅编号 1705-2

光谱级次	一级衍射光谱		
中心波长/nm	光栅转角/(°)	狭缝调焦/mm	狭缝倾角/(°)
300	10.37	5.40	5.80
320	11.07		
340	11.77		
350	12.12	5.40	5.90
380	13.13		
400	13.89	5.40	5.00
420	14.60		
440	15.31		
450	15.61	5.40	6.10

摄谱记录及计划如下。

摄谱仪：
光源：交流电弧
感光板：
显影温度：　　　　时间：
定影温度：　　　　时间：
按已列好的摄谱计划（见表5-2）进行摄谱，仪器的操作方法见摄谱仪操作规程。

表 5-2　摄谱计划

实验内容	编号	样品	条件						板移
			中心波长/nm	狭缝宽度/μm	中间光阑/mm	电流大小/A	激发时间/s	哈特曼光阑	
光谱定性分析	1	Fe	300	5	3	5	15	2、5、8	20
	2	粉末	300	5	3	5	30	1	
			300	5	3	8	30	3	
	3	粉末	300	5	3	8	60	4	
	4	金属片	300	5	3	7	60	9	
	5	Fe	420	5	3	5	15	6	
	6	金属片	420	5	3	7	60	7	
	1	标样1	300	5	5	7	40	1	30
	2	标样2						2	
	3	标样3						3	
	4	标样4						4	
	5	标样5						5	
	6	试样						6	
	7	Fe	300	5	5	5	15	7	

洗感光板（在暗室进行）。

（1）准备显影液及定影液　把预先配好的显影液及定影液分别倒入带盖搪瓷盘中，插入温度计检查其温度，若不足20℃，可用电炉或热水加热。

（2）显影及定影　在红外灯工作下打开暗盒，取出感光板，将乳胶面朝上放入显影液中，盖上盖子不断轻轻摇动。显影2min，取出感光板用清水泡洗数分钟，然后将感光板放入20℃的定影液，定影10min，取出后用自来水冲洗（小流量）感光板15min，若感光板发现有小颗粒用湿棉花轻轻擦去，再进行冲洗。将冲洗好的感光板放在感光板架上，待干后装入感光板袋，以便译谱时用。

（五）数据处理

用眼初步检查所摄谱得到的感光板的质量，并记录之。根据摄谱实践，总结如何才能摄得好的光谱谱线底板。

（六）注意事项

由于摄谱仪使用较大的电流，因此操作时应注意绝缘，以免触电的危险，注意保持透镜及狭缝的干净，切勿用手触摸。

（七）思考题

1. 发射光谱定性的依据是什么？

2. 哈特曼光阑的作用是什么？

习 题

1. 激发原子和分子中的价电子产生紫外和可见光谱需要激发能量为 1.5～8.0eV，问其相应的波长范围是多少？

2. 钠原子在火焰中被激发时，当它由 3p 激发态跃迁到基态 3s 时辐射 589.6nm 的黄光，试计算此光的激发电位。（以 eV 为单位）

3. 原子发射光谱分析所用仪器装置由哪几部分组成，其主要作用是什么？

4. 测定某钢样中的钒。选用 $\lambda_V = 292.402$ nm 为分析线，$\lambda_{Fe} = 292.660$ nm 为内标线，配制两个标准钒试样和未知钢样，在相同的条件下进行摄谱，测得数据如下。计算钢样中钒的含量。

测定物	$w_V/\%$	$S_{V,292.402nm}$	$S_{Fe,292.660nm}$
标准钒 1 号	0.10	0.286	1.642
标准钒 2 号	0.60	0.945	1.586
未知钢样	x	0.539	1.608

第6章 电化学分析法（EM）

【学习指南】 电化学分析法是仪器分析法中一种常用的成分分析方法，目前广泛用于环境监测、生化分析、临床检验、化学反应平衡理论研究和工业生产过程中的自动在线分析。本章重点介绍电位分析法，通过学习电化学及电位分析法的基础理论、知识、方法和实验技术，并进行基本操作和实验技能的训练和考核，应达到以下基本要求：

1. 掌握电化学分析法的基本术语和基本概念，了解其方法分类、特点和应用；
2. 掌握电位分析法的基本原理、方法分类及其特点和应用，掌握常用的参比电极和金属基指示电极的构造、电极电位表达式、应用方法及其使用注意事项；
3. 理解离子选择性电极的分类、基本构造、膜电位产生机理和主要的性能指标，掌握pH玻璃电极、pF电极等典型电极的响应机理、应用方法及其使用注意事项；
4. 掌握直接电位法的定量依据、离子浓度测定条件和常用的定量分析方法，掌握常用酸度计和离子计的结构原理、基本操作和维护保养方法，能测定溶液pH或其他离子的浓度，理解影响直接电位法测量准确度的因素；
5. 掌握电位滴定法的基本原理、实验装置组装及电极选择方法、滴定和终点确定的方法及应用，了解自动电位滴定法和常用自动电位滴定仪的结构原理、使用及维护保养方法；
6. 了解库仑分析法的基本原理、常用方法及其应用技术。

6.1 电化学分析法概述

电化学分析法（也称电分析化学法）是仪器分析方法的重要组成部分，它是根据溶液或其他介质中物质的电化学性质及其变化规律进行分析的一种方法，以电导、电位、电流和电量等电化学参数与待测物质的某些量之间的关系作为计量的基础，并以测定的电化学参数来分别命名各种电化学分析法。

6.1.1 基本概念和术语

6.1.1.1 电化学电池

（1）电化学电池与半反应　如图6-1和图6-2所示，将锌棒和铜棒分别插入装有$ZnSO_4$和$CuSO_4$的两个容器中，即构成了一个电化学电池，简称电池。由此可见，电池均由两支电极、容器和适当的电解质溶液组成。电池是化学能和电能进行相互转换的电化学反应器，分为原电池和电解池两类，图6-1是Cu-Zn原电池示意图，图6-2是Cu-Zn电解池示意图。各种电化学分析法都是在电化学电池上进行的，例如电位分析法是在原电池内进行的，而电解和库仑分析法、极谱分析法则是在电解池内进行的。

若用导线将锌棒和铜棒连接起来或连接至一个外加电源上，将同时发生以下过程：
① 在导线中有电子的定向移动而产生电流；
② 在溶液中有离子的定向移动，也有电流的流动；

第 6 章 电化学分析法 (EM)

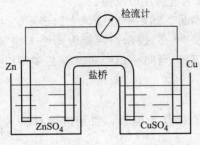

图 6-1 Cu-Zn 原电池示意图

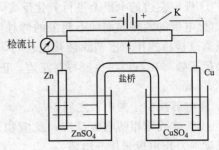

图 6-2 Cu-Zn 电解池示意图

③ 在锌棒和铜棒的表面，即电极表面将发生如下氧化还原反应：

$$Zn \rightleftharpoons Zn^{2+} + 2e \qquad Cu^{2+} + 2e \rightleftharpoons Cu$$

即在锌棒和铜棒表面分别进行了氧化还原反应，从而实现了从电子导电到离子导电的转换，上述反应称为半反应。除电导分析法以外，其他所有的电化学分析法都是研究在此界面上和界面附近发生的反应及其规律。

为简化处理，通常只考虑一个半反应，而让另一个半反应尽可能不引起干扰。因此，一般需将两个半反应分隔开，并将隔开后的半反应用盐桥连接起来以构成电流回路（称为有液体接界电池）。

(2) 双电层 当电极插入溶液中后，在电极和溶液之间存在一个界面，在此界面附近的溶液与远离界面而不受电极影响的本体溶液的性质是

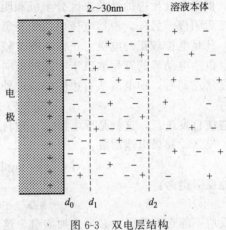

图 6-3 双电层结构

不同的，如图 6-3 所示。如果导体电极带正电荷，将对溶液中的负离子产生吸引作用，同时对正离子也有一定的排斥作用，造成在靠近电极附近呈现出如图 6-3 中的浓度分布结构，即双电层。

6.1.1.2 电化学电池图解表达式与电极电位

(1) 电位符号 IUPAC（国际纯粹与应用化学联合会）推荐电极的电位符号表示方法如下。

① 规定半反应写成还原过程，即

$$Ox + ne \rightleftharpoons Red$$

② 规定电极的电位符号相当于该电极与标准氢电极（SHE，见图 6-4）组成电池时，该电极所带的净电荷的符号。例如，Cu 与 Cu^{2+} 组成电极并和 SHE 组成电池时，金属 Cu 带正电荷，则其电极电位为正值；Zn 与 Zn^{2+} 组成电极并和 SHE 组成电池时，金属 Zn 带负电荷，则其电极电位为负值。

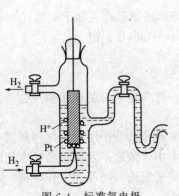

图 6-4 标准氢电极

(2) 电池的图解表达式及其规定 上述铜锌电池的图解表达式为：

$$(-)Zn \mid ZnSO_4(x\,mol/L) \parallel CuSO_4(y\,mol/L) \mid Cu(+)$$

电池图解表达式的规定如下。

① 规定左边的电极上进行氧化反应，右边的电极上进行还原反应。

② 电极的两相界面和不相混的两种溶液之间的界面，都用单竖线"｜"表示。当两种溶液通过盐桥连接，已消除液接电位时，则用双虚线"$\|$"表示，两侧为两个半电池，习惯上把正极写在右边，负极写在左边，正负号也可不写。当同一相中同时存在多种组分时，用","隔开。

③ 电解质位于两电极之间。

④ 气体或均相的电极反应，反应物质本身不能直接作为电极，要用惰性材料（如铂、金或碳等）作电极来传导电流。

⑤ 电池中的溶液应注明浓（活）度。如有气体，则应注明压力、温度。若不注明，即指25℃及100kPa（标准压力）。例如：

$$Zn \mid Zn^{2+}(1.0mol/L) \| H^+(1.0mol/L) \mid H_2(100kPa), Pt$$

根据电极反应的性质来区分阳极和阴极，凡是起氧化反应的电极为阳极，起还原反应的电极为阴极。另外，根据电极电位的正负程度来区分正极和负极，即比较两个电极的实际电位，凡是电位较正的电极为正极，电位较负的电极为负极。

电池电动势的符号取决于电流的流向。例如上述铜锌电池短路时，在电池内部的电流流向是从左到右，即电流从右边阴极通过外电路流向左边阳极，电池反应为：

$$Zn + Cu^{2+} \rightleftharpoons Zn^{2+} + Cu$$

反应能自发进行，这就是原电池（也称自发电池），电动势为正值。

反之，如果电池写成：

$$Cu \mid Cu^{2+}(1.0mol/L) \| Zn^{2+}(1.0mol/L) \mid Zn$$

电池反应则为：

$$Zn^{2+} + Cu \rightleftharpoons Zn + Cu^{2+}$$

该反应不能自发进行，必须外加能量，这就是电解池，电动势为负值。

电池电动势（E）为右边电极的电位减去左边电极的电位，即

$$E = E_{右} - E_{左} \tag{6-1}$$

（3）电极电位与标准电极电位　电池都是由至少两个电极组成的，根据其电极电位可以计算出电池的电动势。但是，目前还无法测量单个电极的绝对电位值，而只能测量整个电池的电动势。因此，统一选用标准氢电极作为标准，并人为规定它的电极电位为零，然后把它作为负极与待测电极组成电池：

$$标准氢电极 \| 待测电极$$

测得的电池电动势就规定为该电极的电极电位。目前通用的标准电极电位值都是相对标准氢电极的电位值，并非绝对值。

在常温条件下（25℃），活度（a）均为1mol/L的氧化态和还原态构成如下电池：

$$Pt \mid H_2(100kPa), H^+(a=1mol/L) \| M^{n+}(a=1mol/L) \mid M$$

该电池的电动势即为M/M^{n+}电极的标准电极电位。

6.1.1.3　电极的分类

电极可以按电极的材料、尺寸、是否修饰等进行分类，一般常用电极的作用原理分为如下几类。

（1）指示电极和工作电极　该类电极是指在电池中能反映离子或分子浓度、发生所需电化学反应或响应激励信号的电极。对于平衡体系，或在测量中本体浓度不发生可察觉变化的体系，称为指示电极；若有较大电流通过，使本体浓度发生显著变化，则称为工作电极。通常并不严格区分。

(2) 参比电极　参比电极是指在测量过程中,电位基本不发生变化的电极。因此,测得的电池电动势的变化就只是指示电极或工作电极的电极电位的变化,简化了处理。

(3) 辅助电极或对电极　该类电极提供电子传导的场所,与工作电极组成电池,形成通路,但电极上进行的电化学反应并非实验所需测试的。当通过的电流很小时,一般直接由工作电极和参比电极组成电池,即二电极系统。但是,当通过的电流较大时,参比电极将不能负荷,其电位不再稳定,此时需再采用辅助电极来构成三电极系统来测量或控制工作电极的电位。在不用参比电极的二电极系统中,与工作电极配对的电极则称为对电极。通常不严格区分。

6.1.2　电化学分析法的分类

根据所测量的电参数不同,电化学分析法主要分为电导分析法、电位分析法、伏安法和极谱分析法、电解和库仑分析法等。

6.1.2.1　电导分析法

电导分析法是根据溶液的电导性质进行分析的方法。电导分析法分为电导法和电导滴定法。

(1) 电导法　电导法是指直接根据溶液的电导(或电阻)与待测离子浓度的关系进行分析的方法。电导(G)是电阻(R)的倒数,其单位是西门子(S);电导率(κ)是电阻率(ρ)的倒数,是指两电极板为单位面积(即 $1m^2$)、距离为单位长度(即 $1m$)时溶液的电导,单位是 S/m。

电导法主要用于水质纯度的鉴定、生产中间控制和自动分析。

(2) 电导滴定法　电导滴定法是根据溶液电导的变化来确定滴定终点的一种滴定分析法。滴定时,滴定剂与溶液中待测离子生成水、沉淀或其他难离解的化合物,使溶液的电导发生变化,再利用化学计量点时出现的转折来指示滴定终点。

6.1.2.2　电位分析法

电位分析法是用一支电极电位与待测物质浓度有关的指示电极和另一支电极电位保持恒定的参比电极,与试液组成电池,然后根据电池电动势或指示电极电位的变化进行分析的方法。电位分析法分为直接电位法和电位滴定法,本章将重点介绍。

(1) 直接电位法　直接根据指示电极的电位与待测物质浓度的关系进行分析的方法称为直接电位法。

(2) 电位滴定法　电位滴定法是根据滴定过程中指示电极电位的变化来确定滴定终点的滴定分析方法。

6.1.2.3　伏安法和极谱分析法

用电极电解待测物质的溶液,根据所得到的电流-电压曲线来进行分析的方法总称为伏安法。根据所用的工作电极不同,又可以分为两类:一类是用液态电极作为工作电极,如滴汞电极,其电极表面作周期性的更新,称为极谱法;另一类是用表面积固定或固态电极作工作电极,如悬汞、石墨、铂电极等,称为伏安法。极谱法实际上是一种特殊的伏安法。

6.1.2.4　电解和库仑分析法

使用外加电源电解试液,电解完成后直接称量电解时在电极上析出的待测物质的质量来进行分析的方法称为电重量法。如果将电解的方法用于物质的分离,则称为电解分离法。如果是根据电解过程中所消耗的电量来进行分析,则称为库仑分析法。

6.1.3　电化学分析法的特点和应用

随着生产、科学技术的飞速发展,对分析方法的灵敏度、速度、选择性、自动控制等方面都提出了越来越高的要求。与其他仪器分析法一样，电化学分析法也得到了长足发展，应用日益广泛。

（1）灵敏度高　电化学分析法适用于痕量甚至超痕量组分的分析，可测定浓度低至 10^{-11} mol/L、含量为 10^{-7}% 的组分。

（2）分析速度快　电化学分析法一般都具有快速的特点，如极谱分析法有时一次可以同时测定数种元素。试样的预处理手续一般比较简单。

（3）选择性好　电化学分析法的选择性一般都比较好，如用离子选择性电极来测量含 K^+、Na^+ 溶液中的 K^+，这也有利于快速分析和自动化。

（4）易于自动控制　由于电化学分析法是根据所测量的电信号进行分析的方法，因而易于采用电子线路系统进行自控，适用于工业生产过程的监测、自动控制、环境监测等。

（5）电化学仪器装置简单、经济，易于微型化。

（6）所需试样量较少，易于微量操作。如管径小于 $1\mu m$ 的超微型电极可以直接刺入生物体内，测定细胞内原生质的组成，进行活体分析和监测。

（7）一般测量的是物质的活度而非浓度，因而广泛应用于生物、医学领域，还适用于各种化学平衡活度常数的测定，如离解常数、配合物稳定常数、溶度积常数等，并进行化学反应基础理论的研究。

6.2　电位分析法基本原理

6.2.1　电位分析法概述

电位分析法是电化学分析法的一个重要组成部分。

在电位分析法中，将指示电极和参比电极一起浸入试液中组成电池体系，如图 6-5 所示，用高输入阻抗测试仪表，如 pH/mV 计、离子计等，在通过电路中的电流接近于零的条件下测量指示电极的平衡电位，进而求得待测离子的含量。

指示电极的电极电位随待测离子活（浓）度的变化而变化，参比电极的电位不受试液组成变化的影响。理想的指示电极应能快速、稳定地响应待测离子，并有很好的重现性。指示电极一般分为两大类，一类是基于电子交换的金属基指示电极，另一类是基于离子交换的膜电极，即各种离子选择性电极（ISE）。

电位分析法分为直接电位法和电位滴定法两种。

直接电位法是根据测量到的某一指示电极的电极电位（见图 6-5），由能斯特方程式直

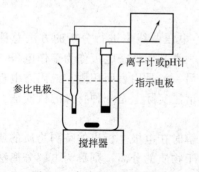

图 6-5　直接电位法示意图

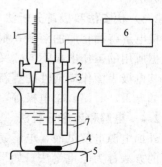

图 6-6　电位滴定法示意图
1—滴定管；2—指示电极；3—参比电极；
4—铁芯搅拌棒；5—电磁搅拌器；
6—高阻抗毫伏计；7—待测溶液

接求得待测组分的活（浓）度。由于大量使用离子选择性电极进行电位测定，因此又称为离子选择性电极法。

电位滴定法是通过测量滴定过程中电极电位的突变代替指示剂颜色的改变来确定滴定终点的滴定分析法（见图 6-6）。

6.2.2 电位分析法理论依据

6.2.2.1 能斯特方程式

能斯特（Nernst）方程式反映电极电位与反应物质活度之间的关系。

对于任一电极反应：$Ox + ne \rightleftharpoons Red$

其电极电位 φ 的能斯特方程式为：

$$\varphi = \varphi^{\ominus} + \frac{RT}{nF} \ln \frac{a_{Ox}}{a_{Red}} \tag{6-2}$$

式中，$\varphi^{\ominus}$ 为标准电极电位，V；R 为摩尔气体常数，8.3145J/(mol·K)；F 为法拉第（Faraday）常数，96486.7C/mol；T 为热力学温度，K；n 为电极反应时转移的电子数；a_{Ox} 为电极反应平衡时氧化态（Ox）的活度，mol/L；a_{Red} 为电极反应平衡时还原态（Red）的活度，mol/L。

在使用能斯特方程式时，需注意以下问题：

① 如果参与电极反应的组分或产物不溶于水，而以纯固体或纯液体的形态出现，其活度为常数，定为1。

② 如果参与电极反应的组分为气体，则表示以 1.01325×10^5 Pa 为基准的气体分压。

③ 在分析测量中经常要测量待测物的浓度 c_i，浓度与活度的关系为：

$$a_i = \gamma_i c_i \tag{6-3}$$

式中，γ_i 为 i 离子的活度系数，与离子电荷、离子半径和离子强度有关。当离子浓度很小时，活度系数接近1，可用浓度近似代替活度。

在具体应用能斯特方程式时，常以浓度代替活度，以常用对数代替自然对数，在25℃时，能斯特方程的简化式为：

$$\varphi = \varphi^{\ominus} + \frac{2.303RT}{nF} \lg \frac{[Ox]}{[Red]} = \varphi^{\ominus} + \frac{0.0592}{n} \lg \frac{[Ox]}{[Red]} \tag{6-4}$$

式中，[Ox]、[Red] 表示电极反应达到平衡时氧化态和还原态的浓度，mol/L。

④ 影响电极电位的主要因素

a. 离子浓度　参加电极反应的离子浓度是影响电极电位的主要因素。

b. 温度　能斯特方程式中，$\frac{2.303RT}{nF}$ 项称为能斯特斜率，它是温度的函数。因此，测量电极电位时，必须考虑温度的影响。

c. 转移电子数　能斯特斜率也受转移电子数 n 的影响，n 越大，斜率越小。在25℃时，若 $n=1$，斜率为0.0592V；若 $n=2$，斜率只有0.0296V，因此电位滴定法对测定 $n=1$ 电极反应的离子灵敏度较高，而对高价离子，测定灵敏度则较低。

6.2.2.2 电位分析法的测量原理

下面举例说明依据能斯特方程式进行电位分析法测量的原理。

将金属 M 插入含有一定活度（$a_{M^{n+}}$）的该金属离子 M^{n+} 的溶液中，构成一支金属电极，此时金属与溶液的接界面上将发生电子转移而形成双电层，产生该电极的电极电位 $\varphi_{M^{n+}/M}$，其电极反应为：

$$M^{n+} + ne \rightleftharpoons M$$

由于还原态为纯金属，因此在25℃时：

$$\varphi_{M^{n+}/M} = \varphi^{\ominus}_{M^{n+}/M} + \frac{0.0592}{n}\lg a_{M^{n+}} \tag{6-5}$$

式中，$\varphi^{\ominus}_{M^{n+}/M}$ 是该电极的标准电极电位，V。

可见，如果测出 $\varphi_{M^{n+}/M}$，即可确定 $a_{M^{n+}}$。但实际上单支电极的电位是无法测量的，为此，必须将金属电极与另一支参比电极一起插入待测溶液中组成如下电池（注意，一般习惯上将参比电极放在右边）：

$$M|M^{n+}(a_{M^{n+}}) \| 参比电极$$

通过测量该电池的电动势 E，即可得到 $\varphi_{M^{n+}/M}$。

$$E = \varphi_{右} - \varphi_{左} + \varphi_L = \varphi_{参比} - \varphi_{M^{n+}/M} = \varphi_{参比} - \varphi^{\ominus}_{M^{n+}/M} - \frac{0.0592}{n}\lg a_{M^{n+}} \tag{6-6}$$

式中，$\varphi_{右}$ 为右边电极（电位较高，为正极）的电极电位；$\varphi_{左}$ 为左边电极（电位较低，为负极）的电极电位；φ_L 为液接电位，其值很小，可以忽略。

由于 $\varphi_{参比}$ 在一定温度下是常数，因此，只要测出电池电动势或其变化，即可求出待测离子 M^{n+} 的活度（或浓度），这就是电位分析法的测量原理。

6.2.2.3 液接电位及其消除

如图6-7所示，当两个不同种类或不同浓度的溶液相互接触时，由于浓度梯度或离子扩散使离子在接界面上产生迁移，当溶液中正、负离子扩散通过接界面的迁移速度不同时，将形成双电层，产生稳定的界面电位，称液接电位。它可以出现在两个液体界面或相界面之间，所以通称为扩散电位。由于正、负离子均可以扩散通过接界面，因此这类扩散无选择性。

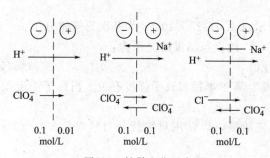

图6-7 扩散电位示意图

液接电位会影响电池电动势的测定，在实际工作中应设法减小、恒定和消除。显然，当产生液接电位之前正、负离子的迁移速度就相等时，液接电位为零。盐桥正是基于此原理而用来消除液接电位的。例如，组成为KCl的盐桥，由于 K^+ 和 Cl^- 的迁移速度相当，因而液接电位很小，通常为 $1\sim2mV$，在电动势测量中可忽略不计。

6.2.3 参比电极

参比电极是辅助电极，提供测量电池电动势和计算电极电位的基准。

参比电极的要求是：电位值与待测物质无关、已知且稳定，随温度等环境因素的影响较小；重现性好，当温度或浓度改变时，电极仍能产生能斯特响应而无滞后现象，而且用标准方法制备的电极具有非常相似的电位值；结构简单、容易制作和使用寿命长。

标准氢电极是所有电极中重现性最好的参比电极，称为参比电极的一级标准。但标准氢电极的制备和操作难度较高，铂电极中的铂黑易中毒而失活，又要使用氢气，因此，在实际工作中常用一些易于制作、使用方便、在一定条件下电极电位恒定的其他电极作为参比电极。目前，在电位分析法中最常用的参比电极是甘汞电极（$Hg-Hg_2Cl_2$）和银-氯化银（$Ag-AgCl$）电极，它们的电极电位是相对于标准氢电极而测得的，故称为二级标准。

6.2.3.1 甘汞电极

（1）甘汞电极的结构和电极电位 甘汞电极是由汞、甘汞（Hg_2Cl_2）和KCl溶液（称为内参比溶液）组成的，其结构如图6-8所示。甘汞电极有两个玻璃套管，内套管封接一根铂丝,铂丝插入纯汞中,汞下装有甘汞和汞的糊状物;外套管装入 KCl 溶液,电极下端是熔接陶瓷芯等多孔性物质。

甘汞电极的半电池为:Hg,Hg_2Cl_2 | KCl(a_{Cl^-})

电极反应为:

$$Hg_2Cl_2 + 2e \rightleftharpoons 2Hg + 2Cl^-$$

在 25℃时,电极电位表达为:

$$\varphi_{Hg_2Cl_2/Hg} = \varphi^{\ominus}_{Hg_2Cl_2/Hg} - 0.0592 \lg a_{Cl^-} \qquad (6-7)$$

可见,在一定温度下,甘汞电极的电极电位取决于 Cl^- 溶液的活度(或浓度),当 Cl^- 活度恒定时,其电位值也恒定,可用作参比电极。

(2) 饱和甘汞电极及其使用 如果甘汞电极内充有不同浓度的 KCl 溶液,其电极电位也就不同。通常使用饱和 KCl 溶液(浓度约为 4.6mol/L),称为饱和甘汞电极(SCE),25℃时其电极电位为 +0.2438V。由于 SCE 的 Cl^- 活度较易控制,所以它是最常用的参比电极。

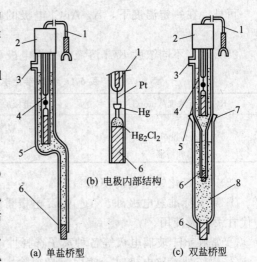

图 6-8 甘汞电极结构示意图
1—导线;2—绝缘帽;3—加液口;4—内电极;
5—饱和 KCl 溶液;6—多孔性物质;
7—可卸盐桥磨口套管;8—盐桥内充液

饱和甘汞电极的使用注意事项如下。

① 使用前应先取下电极下端口和上侧加液口的小胶帽,不用时及时戴上。

② 电极内充饱和 KCl 溶液的液位应与电极支管下端相平,以浸没内电极为度,同时要保证电极底端有少量 KCl 晶体存在,不足时应补加。

③ 使用前应检查玻璃弯管处是否有气泡,若有气泡应及时排除,否则将引起仪器读数不稳定。同时应检查电极下端陶瓷芯毛细管是否畅通,先将电极外部擦干,然后用滤纸紧贴瓷芯下端片刻,若滤纸上出现湿印,则证明毛细管未堵塞。

④ 安装电极时,电极应垂直置于溶液中,一般要求内参比溶液的液面较待测溶液的液面高,以防止待测溶液向电极内渗透,引起内参比溶液的污染或与 Hg_2Cl_2 反应。

⑤ 饱和甘汞电极的电位相当稳定,但受温度的影响较大。当温度从 20℃变至 25℃时,其电极电位将从 0.2479V 变至 0.2444V,而且出现滞后效应,即电极电位的平衡时间较长,因此不宜在温度变化太大的环境中使用。当温度较高时,甘汞将发生歧化作用,所以饱和甘汞电极的使用温度不得超过 80℃,此时应改用银-氯化银电极。

⑥ 当内参比溶液中渗入待测溶液(如含有 Ag^+、S^{2-}、Cl^- 或高氯酸等物质),对测量结果产生影响时,应加置第二盐桥,即使用双盐桥型电极 [见图 6-8(c)],如 KNO_3 盐桥。

6.2.3.2 银-氯化银电极

(1) 银-氯化银电极的结构和电极电位 将表面覆盖一层 AgCl 的细银丝(棒)浸入 KCl 溶液中,即构成银-氯化银电极,其结构如图 6-9 所示。

Ag-AgCl 电极的半电池为:Ag,AgCl | KCl(a_{Cl^-})

电极反应为: $AgCl + e \rightleftharpoons Ag + Cl^-$

在 25℃时,电极电位表达为:

$$\varphi_{AgCl/Ag} = \varphi^{\ominus}_{AgCl/Ag} - 0.0592 \lg a_{Cl^-} \qquad (6-8)$$

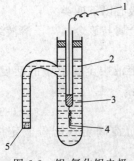

图 6-9 银-氯化银电极
1—导线;2—KCl 溶液;
3—Hg;4—镀 AgCl 的银丝;
5—多孔物质

可见，在一定温度下，Ag-AgCl电极的电极电位同样也取决于Cl⁻溶液的活度（或浓度）。

25℃时，不同浓度KCl溶液的甘汞电极和Ag-AgCl电极的电极电位见表6-1。

表6-1 常用参比电极的电极电位（25℃）

KCl溶液浓度/(mol/L)	甘汞电极的电极电位/V	Ag-AgCl电极的电极电位/V
0.1000	0.3365	0.2880
1.000	0.2828	0.2223
饱和溶液	0.2438	0.2000

(2) 银-氯化银电极的使用

① 除了标准氢电极外，Ag-AgCl电极重现性最好，温度滞后效应小，且可在80℃以上替代甘汞电极使用。

② 常在pH玻璃电极等各种离子选择性电极中用作内参比电极。

③ 用作外参比电极时，使用前必须除去电极内的气泡，内参比溶液应有足够高度，同时所用的KCl溶液必须先用AgCl饱和，否则电极上的AgCl覆盖层会被逐渐溶解。

④ Ag-AgCl电极与其他离子的反应较少，但可与蛋白质作用而导致与待测物接界面的堵塞。

⑤ Ag-AgCl电极不需自身盐桥，可作为无液接参比电极使用（试液中含有Cl⁻并经过AgCl饱和），如图6-10所示。

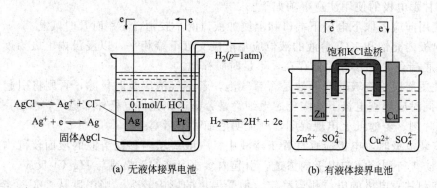

图6-10 电化学电池（1atm=101.325kPa）

6.2.4 金属基指示电极

金属基指示电极是以金属为基体的电极，其电极电位的产生机理是在电极表面发生了氧化还原反应，在电极反应中都发生电子交换。常用的金属基指示电极有以下四类。

(1) 第一类电极 第一类电极是指能发生可逆氧化还原反应的金属与该金属离子溶液组成的电极体系，也称金属-金属离子电极或活性金属电极。

第一类电极的半电池为：$M|M^{n+}(a_{M^{n+}})$，其电极电位取决于溶液中金属离子的活度，见式(6-5)。例如，Ag-Ag⁺电极（银电极）在25℃时的电极电位为：

$$\varphi_{Ag^+/Ag} = \varphi^{\ominus}_{Ag^+/Ag} + 0.0592 \lg a_{Ag^+} \tag{6-9}$$

可见，Ag-Ag⁺电极可用于测定Ag⁺的活度，也可用于测定沉淀滴定或配位滴定中Ag⁺活度的变化，从而确定滴定终点。

构成第一类电极的金属有银、铜、镉、锌、汞等。注意使用前应彻底清洗金属表面，方法是先用细砂纸打磨金属表面，然后再用蒸馏水清洗干净。

某些活泼金属（如铁、钴、镍）表面易产生氧化膜，不宜用来制备指示电极。

(2) 第二类电极 第二类电极是指金属表面涂上该金属的难溶盐或氧化物,将其浸在与该难溶盐具有相同阴离子的溶液中所组成的电极体系,也称金属-金属难溶盐电极。

第二类电极的半电池为：$M|MX(s)\|X^-(a_{X^{n-}})$。前述的 $Hg\text{-}Hg_2Cl_2$ 和 $Ag\text{-}AgCl$ 电极均属于此类指示电极,由式(6-7)和式(6-8)可知,其电极电位与溶液中 Cl^- 的活度有关,因此可用于测定金属难溶盐的阴离子。由于此类电极制作容易、电位稳定、重现性好等优点,因此主要用作参比电极。

(3) 第三类电极 第三类电极是指金属与两种具有共同阴离子或配位剂的难溶盐或难离解的配离子组成的电极体系。在配位滴定中,常用的 pM 电极是用 $Hg|Hg\text{-}EDTA$ 电极来指示滴定过程中金属离子 M^{n+} 的活度,即由汞(或汞齐丝)浸入含有少量 $Hg^{2+}\text{-}EDTA$ 配合物及待测离子 M^{n+} 的溶液中所组成的汞电极。

半电池为：$Hg|HgY^{2-}$，MY^{n-4}，M^{n+}

根据溶液中同时存在的 Hg^{2+}、M^{n+} 与 EDTA 之间的两个配位平衡过程,可导出在 25℃时汞电极的电极电位为：

$$\varphi_{Hg^{2+}/Hg} = \varphi^{\ominus}_{Hg^{2+}/Hg} + \frac{0.0592}{2}\lg a_{M^{n+}} \tag{6-10}$$

可见,汞电极的电极电位与 $a_{M^{n+}}$ 有关,因此可用作 EDTA 滴定 M^{n+} 的指示电极。

(4) 零类电极 零类电极是将惰性导电材料(如铂、金、石墨等)制成片状或棒状,浸入含有氧化还原电对(如 Fe^{3+}/Fe^{2+}、Ce^{4+}/Ce^{3+}、I_3^-/I^- 等)物质的溶液中构成的电极,也称惰性金属电极。

零类电极的半电池为：$Pt(Au)|M^{a+}$，$M^{(a-n)+}$。惰性金属本身不参与电极反应,但其晶格间的自由电子可与溶液进行交换,故可作为溶液中氧化态和还原态物质传递电子的场所,同时起传导电流的作用。

零类电极能指示同时存在于溶液中的氧化态和还原态离子活度之比,也能用于一些有气体参与的电极反应。例如,铂片插入含 Fe^{3+} 和 Fe^{2+} 的溶液中组成的电极 $Pt|Fe^{3+}$，Fe^{2+}，电极反应为：

$$Fe^{3+} + e \rightleftharpoons Fe^{2+}$$

25℃时电极电位为：

$$\varphi_{Fe^{3+}/Fe^{2+}} = \varphi^{\ominus}_{Fe^{3+}/Fe^{2+}} + 0.0592\lg\frac{a_{Fe^{3+}}}{a_{Fe^{2+}}} \tag{6-11}$$

可见,零类电极可用于测定组成电极的两种离子的活度比或其中一种离子的活度,广泛用于氧化还原滴定中。

注意,铂电极在使用前要用硝酸溶液(1+1)浸泡数分钟,再用蒸馏水清洗干净。

6.3 离子选择性电极与膜电位

离子选择性电极(ISE)是由对溶液中某个特定离子具有选择性响应的敏感膜及其他辅助部分组成的,因此又称为膜电极。其电极电位的产生机理与金属基指示电极不同,在其敏感膜上不发生电子转移,而是通过某些离子在膜内外两侧的表面发生离子的扩散、迁移和交换等作用,选择性地对某个离子产生膜电位,且膜电位与该离子活度的关系符合能斯特方程式。

6.3.1 离子选择性电极的基本构造

离子选择性电极的种类很多,其基本结构如图 6-11(a) 所示,主要由电极管、内参比电

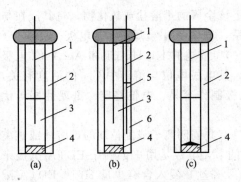

图 6-11 离子选择性电极的基本结构
1—内参比电极；2—电极管；3—内参比溶液；
4—敏感膜；5—复合电极的外参比电极；
6—复合电极的外参比溶液

极、内参比溶液和敏感膜构成。电极管一般由玻璃或高分子聚合物材料制成。内参比电极常用银-氯化银电极。内参比溶液一般由选择性响应离子的强电解质和氯化物溶液组成。敏感膜由不同性质的材料制成，是离子选择性电极的关键部件，一般要求具有微溶性、导电性和对待测离子的选择性响应。敏感膜用黏结剂或机械方法固定于电极管底部。敏感膜的电阻很高，所以电极需要良好的绝缘，以免发生旁路漏电而影响测定。同时，电极用金属隔离线与测量仪器连接，以消除周围交流电场及静电感应的影响。图（b）是复合电极，即将指示电极和外参比电极组装在一起，测量时不需另接参比电极；图（c）是目前常用的全固态电极，在电极内充入环氧树脂填充剂，以银丝直接与敏感膜相连，无内参比溶液，因此测量时电极可以倒置，而且消除了压力和温度对含有内参比溶液电极的限制，特别适宜于生产过程监测。

6.3.2 离子选择性电极的膜电位

（1）相界电位 如图 6-12 中的渗透膜，只允许 K^+ 能扩散通过（$c_2 > c_1$），而 Cl^- 不能通过，将造成两相界面的电荷分布不均匀，产生电位差，称为相界电位。显然，相界电位具有选择性。

（2）膜电位的产生机理 各种类型离子选择性电极的响应机理虽各有特点，但其电极电位的产生原因都是相似的，即关键是膜电位的产生，如图 6-13 所示。

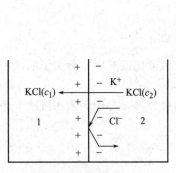

图 6-12 相界电位示意

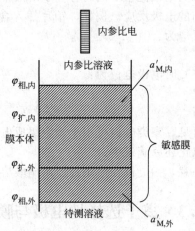

图 6-13 膜电位的产生示意图

若敏感膜只对阳离子 M^{n+} 具有选择性响应，当电极浸入含有 M^{n+} 的待测溶液时，在敏感膜与外部待测溶液的相界面上，由于待测溶液中 M^{n+} 活度（$a_{M,外}$）与膜相外表面的 M^{n+} 活度（$a'_{M,外}$）不同，两相之间产生活度差，M^{n+} 由活度大的一方向活度小的一方迁移，引起 M^{n+} 的扩散，当扩散达到平衡时，形成双电层而产生外相界电位（$\varphi_{相,外}$）。同理，在膜与内参比溶液的相界面上，由于内参比溶液中 M^{n+} 活度（$a_{M,内}$）与膜相内表面的 M^{n+} 活度（$a'_{M,内}$）不同，在膜内表面也会产生内相界电位（$\varphi_{相,内}$）。

另外,在膜相内部,膜的内外表面和膜本体的两个界面上还将产生扩散电位(事实上,膜内部的扩散电位并无明显的分界线,图中只是人为画出),即 $\varphi_{扩,内}$ 和 $\varphi_{扩,外}$,其大小应该相等。

根据热力学理论,25℃时,

$$\varphi_{相,外} = k_1 + \frac{0.0592}{n} \lg \frac{a_{M,外}}{a'_{M,外}} \tag{6-12}$$

$$\varphi_{相,内} = k_2 + \frac{0.0592}{n} \lg \frac{a_{M,内}}{a'_{M,内}} \tag{6-13}$$

式中,n 为 M^{n+} 的电荷数;k_1、k_2 分别为敏感膜外、内表面性质决定的常数。

通常,敏感膜内外表面的性质基本相同,即 $k_1 = k_2$,$a'_{M,内} = a'_{M,外}$,且 $\varphi_{扩,内} = \varphi_{扩,外}$,故膜电位可表示为:

$$\varphi_{膜} = \varphi_{相,外} + \varphi_{扩,外} - \varphi_{扩,内} - \varphi_{相,内} = \frac{0.0592}{n} \lg \frac{a_{M,外}}{a_{M,内}} \tag{6-14}$$

由于内参比溶液中 M^{n+} 活度不变,是常数,所以式(6-14)可写成:

$$\varphi_{膜} = k + \frac{0.0592}{n} \lg a_{M,外} \tag{6-15}$$

式中,k 是由电极本身性质决定的常数。可见,膜电位与待测溶液中 M^{n+} 活度之间关系符合能斯特方程式,膜电位的产生不是由于电子交换,而是由于待测离子在外部待测溶液和膜相界面之间进行迁移、扩散或交换的结果。

(3) 不对称电位　在式(6-14)中,如果待测溶液的 $a_{M,外}$ 正好等于内参比溶液的 $a_{M,内}$,$\varphi_{膜}$ 应为零,但实际上 $\varphi_{膜}$ 并不等于零,此电位差称为膜电极的不对称电位,用 $\varphi_{不对称}$ 表示。它是由于膜内外表面性质(如表面张力、机械和化学损伤等)的微小差异而产生的,因此,式(6-15)中的 k 项既包括膜相内表面的相界电位,还应包括不对称电位。

在实际应用中,应先将离子选择性电极在适当的溶液中浸泡活化,使其膜相表面稳定,不对称电位减小并恒定(为 1~30mV),从而合并于 k 项中。

(4) 离子选择性电极的电极电位　如图 6-13 所示,离子选择性电极中还有 Ag-AgCl 内参比电极,因此离子选择性电极的电极电位是内参比电极的电位与膜电位之和,即 25℃时:

$$\varphi_{ISE} = \varphi_{AgCl/Ag} + \varphi_{膜} = K + \frac{0.0592}{n} \lg a_{M,外} \tag{6-16}$$

式中,K 为常数项,包括内参比电极的电位、膜内的相界电位和不对称电位。

同理,若敏感膜只对阴离子 R^{n-} 具有选择性响应,由于双电层结构中电荷的符号与阳离子敏感膜的情况相反,因此相界电位的方向也相反,阴离子选择性电极的电极电位为:

$$\varphi_{ISE} = K - \frac{0.0592}{n} \lg a_{R,外} \tag{6-17}$$

式中,$a_{R,外}$ 为待测溶液中阴离子 R^{n-} 的活度。

可见,当温度等实验条件一定时,离子选择性电极的电极电位与溶液中待测离子活度的对数成线性关系,这就是离子选择性电极法测定离子活度(或浓度)的定量依据。

6.3.3　离子选择性电极的主要性能指标

(1) 离子选择性电极的选择性　同一个敏感膜可以对多种离子同时产生不同程度的响应,因此膜电极并没有绝对的专一性,而只有相对的选择性。离子选择性电极所测得的膜电位实际上是响应离子(待测离子)和共存离子对膜电位的共同响应值。为减小共存离子对测定的影响,共存离子所响应产生的膜电位应越小越好。

当有共存离子时，膜电位与待测离子 i（活度为 a_i，电荷为 n_i）和共存离子 j（活度为 a_j，电荷为 n_j）的关系为（25℃）：

$$\varphi_{膜} = k \pm \frac{0.0592}{n_i} \lg(a_i + K_{i,j}^{Pot} a_j^{n_i/n_j}) \tag{6-18}$$

式中，当 i 为阳离子时，式中第二项取正值；i 为阴离子时，该项取负值。

$K_{i,j}^{Pot}$ 为共存离子 j 对待测离子 i 的电位选择性系数，它表征了共存离子对待测离子的干扰程度，反映了电极对各种离子的选择性。其定义为：在相同的测定条件下，待测离子和共存离子产生相同膜电位时 a_i 与 a_j 的比值，即

$$K_{i,j}^{Pot} = \frac{a_i}{(a_j)^{n_i/n_j}} \tag{6-19}$$

可见，提供相同膜电位所需共存离子的活度越大或待测离子的活度越小，$K_{i,j}^{Pot}$ 越小，则电极对待测离子的选择性就越高。通常 $K_{i,j}^{Pot} < 1$，说明电极对 i 离子具有选择性的响应。例如一支 pH 玻璃电极的 $K_{H^+,Na^+}^{Pot} = 10^{-9}$，则表示当 Na^+ 活度是 H^+ 活度的 10^9 倍时，两者在该电极上提供相同的膜电位，也表明此电极对 H^+ 的响应比对 Na^+ 的响应灵敏 10^9 倍，此时 Na^+ 对 H^+ 的测定没有干扰。

注意，电位选择性系数是表示某种离子选择性电极对各种不同离子的响应能力，并无严格的定量关系，其值随待测离子活度、膜物质的溶解度、溶液条件的不同而有所改变，不是一个常数。因此，它只能用于估计电极对各种离子的响应情况和干扰大小，估算干扰离子对测定造成的相对误差，而不能用来校正因干扰所引起的电位偏差。

相对误差（E_r）的计算公式为：

$$E_r = K_{i,j}^{Pot} \times \frac{(a_j)^{n_i/n_j}}{a_i} \times 100\% \tag{6-20}$$

(2) 线性范围、电极斜率和检测限　以离子选择性电极和参比电极与不同活（浓）度的待测离子标准溶液组成电池，测出相应的电池电动势 E，对待测离子活度 a 的对数 $\lg a$（或负对数 pa）作图，所绘制的曲线称为校准曲线，如图 6-14 所示。在一定的工作范围内，校准曲线呈直线（AB 段），该段所对应的活（浓）度范围称为线性范围。离子选择性电极的线性范围通常为 $10^{-1} \sim 10^{-6}$ mol/L，因此，离子选择性电极一般不用于测定高浓度试液（1.0mol/L），同时高浓度溶液对敏感膜的溶解腐蚀较严重，也不易获得稳定的液接电位。

当待测离子活度较低时，曲线就逐渐弯曲，如图 6-14 中 CD 所示。直线 AB 部分的斜率为电极的响应斜率，即离子活度变化 10 倍时所引起的电位变化值。电极斜率的理论值为 $S = \frac{2.303RT}{nF}$ (V/Pa)，在一定温度下为常数。

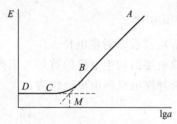

图 6-14　校准曲线与检测限

当电极斜率与理论值基本一致时，电极就具有能斯特响应，但在实际测量中往往有一定偏差，因此只有实际值达到理论值的 95% 以上的电极才能准确测定。

检测限是灵敏度的标志，在实际应用中定义为图 6-14 中直线 AB 与 CD 两延长线的交点 M 处所对应的离子活（浓）度。在检测限附近，电极电位不稳定，测量结果的准确度较差。

必须注意，电极的线性范围和检测限易受实验条件、溶液酸度、干扰离子含量、膜材料的溶解度和电极预处理情况的影响。

(3) 响应时间 膜电位的产生是由于响应离子在敏感膜表面扩散并建立双电层的结果。电极达到这一平衡的速度可用响应时间来表示,又称电位平衡时间。响应时间定义为:离子选择性电极与参比电极一起接触试液开始,直到电池电动势达到稳定值(变化在 1mV 以内)时所经过的时间。

离子选择性电极的响应时间显然愈短愈好,它取决于敏感膜的结构性质,一般晶体膜的响应时间比流动载体膜短。此外,响应时间还与响应离子的扩散速度、浓度、共存离子的种类、试液温度、测量的顺序(浓度由低到高或者相反)、溶液的搅拌速度等因素有关。扩散速度快,响应离子浓度高,试液温度高,则响应时间就短。在实际工作中,通常采用搅拌试液的方法来缩短响应时间。如果测定浓溶液后再测稀溶液,则应使用纯水清洗电极数次后再测定,以恢复电极的正常响应。

由于电极表面的沾污或性质变化、电极密封不好、内部导线接触不良等原因,使电极的响应值不稳定而出现漂移,在实际工作中应注意电极的检查、清洗和浸泡处理。

6.3.4 离子选择性电极的类型和应用

根据敏感膜的性质、材料不同,离子选择性电极有各种类型,其响应机理也各具特点。离子选择性电极一般分为基本电极(原电极)和敏化离子选择性电极(敏化电极)两大类,基本电极是指敏感膜直接与试液接触的电极,敏化离子选择性电极则是以基本电极为基础装配而成的电极。其分类如图 6-15 所示。

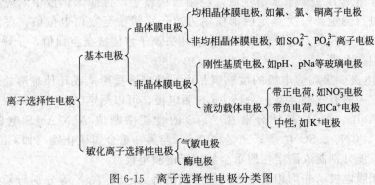

图 6-15 离子选择性电极分类图

6.3.4.1 晶体膜电极

晶体膜电极的敏感膜是由难溶的晶体制成,厚为 1~2mm。已知只有几种晶格能较低的晶体在室温下具有离子导电性,如氟化镧、硫化银、卤化银等。与半导体的空穴导电类似,它是由于晶体中的晶格缺陷而形成空穴,空穴的大小、形状和电荷分布只允许某种特定的晶格离子在其中不断移动而导电,其他离子不能进入空穴,因此敏感膜具有选择性。这类晶体中一般只有一种离子半径最小和电荷最少的晶格离子参加导电过程,如 F^-、Ag^+ 等。

晶体膜电极分为均相和非均相晶体膜电极两类。

(1) 均相晶体膜电极 均相晶体膜由一种或多种化合物的晶体均匀混合而成,它包括单晶膜和多晶膜两种。

① 单晶膜电极 若由一种晶体组成的膜电极称为单晶膜电极。典型的单晶膜电极是氟电极(pF 电极),其结构如图 6-11(a) 所示,敏感膜为 LaF_3 的单晶薄片,为了提高膜的电导率,其中还掺入了 Eu^{2+} 和 Ca^{2+},使晶格缺陷增多。单晶膜封在硬塑料管的一端,管内装有 0.1mol/L NaF 和 0.1mol/L NaCl 混合溶液作内参比溶液,以 Ag-AgCl 电极作内参比电极。

当氟电极插入含 F^- 的溶液中时,溶液中 F^- 能扩散进入膜相的晶格空隙,膜相中的 F^-

也能进入溶液相，因而在两相界面上建立双电层，产生膜电位。根据式(6-17)，25℃时，氟电极的电极电位为：

$$\varphi_{F^-} = K - 0.0592 \lg a_{F^-} = K + 0.0592 pF \tag{6-21}$$

氟电极对 F^- 的线性响应范围是 $5\times(10^{-7}\sim10^{-1})$ mol/L。氟电极的选择性很高，唯一的干扰是 OH^-，因为在电极膜表面会发生下列化学反应：

$$LaF_3(固) + 3OH^- \rightleftharpoons La(OH)_3(固) + 3F^-$$

由于 LaF_3 所释放出来的 F^- 将增高试液中 F^- 的含量，使测定结果偏高；若 pH 过低，则会生成 HF 或 HF_2^-，减小试液中 F^- 的含量，使测定结果偏低。实践证明，电极使用时最适宜的 pH 范围为 5~6。在实际工作中，通常用柠檬酸盐的缓冲溶液来控制试液的 pH，它还能掩蔽消除 Al^{3+}、Fe^{3+} 等与 F^- 发生配位反应而造成的干扰，同时控制溶液的离子强度。

氟离子选择性电极的使用注意事项如下。

a. 氟电极在使用前应在纯水中浸泡数小时或过夜，或在 10^{-3} mol/L 的 NaF 溶液中浸泡活化 1~2h，再用去离子水反复清洗，直到电池电动势空白值（也称空白电位）为 |300| mV 左右，即可正常使用。

b. 测量前，让电极晶片朝下，轻击电极杆，以排除晶片上可能附着的气泡。

c. 防止电极晶片与硬物碰擦。晶片上如有油污，可用脱脂棉依次以酒精、丙酮擦拭，再用蒸馏水洗净。保持电极引线和插头的清洁干燥。

d. 测量时，电极用去离子水清洗后，应用滤纸擦干，再插入试液中。应按溶液浓度从稀到浓的顺序进行测定。每次测定后都应用去离子水清洗至空白电位值，再测定下一个试液，以免影响测量准确度。电极使用完毕，应用去离子水清洗至空白值，干燥保存。若间歇使用可继续浸泡在水中。

② 多晶膜电极　多晶膜电极的敏感膜是由一种难溶盐粉末或几种难溶盐的混合粉末经高压压制而成，一般有三种类型：一是 Ag_2S 膜电极，可以测定 Ag^+ 或 S^{2-}；二是由卤化银 AgX（AgCl、AgBr、AgI）晶体分散在 Ag_2S 的骨架中制成 $AgX\text{-}Ag_2S$ 电极，可以测定 Cl^-、Br^-、I^-、CN^-、SCN^- 等；三是将 Ag_2S 与另一重金属硫化物（如 CuS、CdS、PbS 等）混匀压片，能分别制成测定相应重金属离子的膜电极。

(2) 非均相膜电极　非均相膜电极的敏感膜是将 Ag_2S、AgX 等分别与某些惰性高分子材料（如硅橡胶、聚氯乙烯等）混合，采用冷压、热压等方法制成，如 SO_4^{2-}、PO_4^{3-} 等阴离子电极。

非均相与均相晶体膜电极的响应机理类似，应用相同，见表 6-2。

表 6-2　晶体膜电极的品种和性能

电极	膜材料	线性范围 c/(mol/L)	适用 pH 范围	主要干扰离子	可测定离子
F^-	$LaF_3 + Eu^{2+}$	$5\times10^{-7}\sim1\times10^{-1}$	5~6.5	OH^-	F^-
Cl^-	$AgCl + Ag_2S$	$5\times10^{-5}\sim1\times10^{-1}$	2~12	$Br^-, S_2O_3^{2-}, I^-, CN^-, S^{2-}$	Ag^+, Cl^-
Br^-	$AgBr + Ag_2S$	$5\times10^{-6}\sim1\times10^{-1}$	2~12	$S_2O_3^{2-}, I^-, CN^-, S^{2-}$	Ag^+, Br^-
I^-	$AgI + Ag_2S$	$1\times10^{-7}\sim1\times10^{-1}$	2~11	S^{2-}	Ag^+, I^-, CN^-
CN^-	AgI	$1\times10^{-6}\sim1\times10^{-2}$	>10	I^-	Ag^+, I^-, CN^-
Ag^+, S^{2-}	Ag_2S	$1\times10^{-7}\sim1\times10^{-1}$	2~12	Hg^{2+}	Ag^+, S^{2-}
Cu^{2+}	$CuS + Ag_2S$	$5\times10^{-7}\sim1\times10^{-1}$	2~10	$Ag^+, Hg^{2+}, Fe^{3+}, Cl^-$	Cu^{2+}
Pb^{2+}	$PbS + Ag_2S$	$5\times10^{-7}\sim1\times10^{-1}$	3~6	$Cd^{2+}, Ag^+, Hg^{2+}, Cu^{2+}, Fe^{3+}, Cl^-$	Pb^{2+}
Cd^{2+}	$CdS + Ag_2S$	$5\times10^{-7}\sim1\times10^{-1}$	3~0	$Pb^{2+}, Ag^+, Hg^{2+}, Cu^{2+}, Fe^{3+}$	Cd^{2+}

6.3.4.2　非晶体膜电极

非晶体膜电极分为刚性基质电极和流动载体电极两大类。

(1) 刚性基质电极　刚性基质电极主要指以玻璃膜为敏感膜的玻璃电极。改变玻璃膜的组成，可制成对 H^+、K^+、Na^+、Ag^+、Li^+、Rb^+、Cs^+、NH_4^+ 等一价阳离子具有选择性响应的各种玻璃电极。其中，pH 玻璃电极可用于测定溶液 pH，应用很广。

① pH 玻璃电极的构造　普通的 pH 玻璃电极和一种新型的复合式 pH 玻璃电极（又称 pH 复合电极）的结构如图 6-16 和图 6-17 所示。

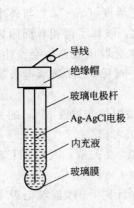

图 6-16　pH 玻璃电极结构

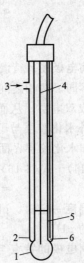

图 6-17　复合式 pH 玻璃电极
1—玻璃敏感膜；2—陶瓷塞；3—充填侧口；
4—内参比电极；5—内参比溶液；
6—外参比电极体系

pH 玻璃电极的关键部分是下端由特殊成分的玻璃，即 Corning 015 玻璃制成的球形玻璃薄膜，其组成是：SiO_2 72.2%，Na_2O 21.4%，CaO 6.4%（摩尔分数），膜厚为 80～100μm。球内密封有 0.1mol/L HCl 作为内参比溶液，其中插入一支 Ag-AgCl 电极作为内参比电极。由于玻璃膜的电阻很高，因此电极导线要高度绝缘，并采用金属屏蔽线，以防漏电。

② pH 玻璃电极膜电位的响应机理　pH 玻璃电极的玻璃结构是由固定的带负电荷的硅与氧组成骨架（载体），在骨架网络中存在体积较小但活动能力较强的 Na^+，并起导电作用。溶液中的 H^+ 能进入网络并取代 Na^+ 的点位，但阴离子却被带负电荷的硅氧载体所排斥，高价阳离子也不能进出网络。因此，此种玻璃膜对 H^+ 具有选择性的响应。

pH 玻璃电极在使用前，必须在水溶液中浸泡活化 24h 以上，使玻璃膜表面生成水合硅胶层（简称水化胶层），以利于离子的稳定扩散。当玻璃膜浸泡在水中时，因为硅氧结构（Gl^-）与 H^+ 的键合强度远大于其与 Na^+ 的键合强度（约为 10^{14} 倍），所以发生如下的离子交换反应：

$$H^+ + Na^+Gl^- \rightleftharpoons Na^+ + H^+Gl^-$$
水溶液　膜表面　　水溶液　膜表面

当交换达到平衡时，玻璃膜表面的点位在酸性或中性溶液中几乎全部被 H^+ 所占据，形成一个类似硅酸（H^+Gl^-）的水化胶层，如图 6-18 所示。而在水化胶层的内部，H^+ 数目逐渐减少，Na^+ 数目则相应增加。在玻璃膜的中部，即干玻璃层，其点位全部由 Na^+ 占有。同理，在玻璃膜的内表面上也形成类似的水化胶层。

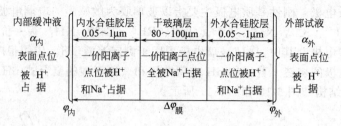

图 6-18 浸泡活化后的玻璃膜示意

当 pH 玻璃电极浸入待测溶液后，由于待测溶液中 H$^+$ 活度（$a_{H^+,外}$）与外水化胶层表面的 H$^+$ 活度不同，两相之间产生活度差，产生 H$^+$ 的扩散，破坏了两相界面附近电荷分布的均匀性，形成双电层，从而产生相界电位。同理，在内水化胶层表面也会产生相界电位。另外，在内、外水化胶层与干玻璃层之间还存在扩散电位。可见，pH 玻璃电极膜电位是由于 H$^+$ 在溶液和水化胶层界面间进行迁移而产生的。

根据式(6-14)～式(6-16)，25℃时，pH 玻璃电极的电极电位与试液 pH$_{试}$ 的关系为：

$$\varphi_{玻} = K + 0.0592 \lg a_{H^+,外} = K - 0.0592 pH_{试} \tag{6-22}$$

可见，在温度一定时，pH 玻璃电极电位与试液 pH 成线性关系，因而 pH 玻璃电极可用于测定溶液的 pH。

③ pH 玻璃电极的特点与 pH 测定误差　在测定溶液 pH 时，pH 玻璃电极不受溶液中氧化剂或还原剂的影响，能用于胶体溶液和有色溶液，玻璃膜不易中毒。但其电阻很高，必须进行电子放大测定，同时其电阻随温度而变化，一般只能在 5～60℃使用。

一般的 pH 玻璃电极（如 221 型）只能适用于 pH 为 1～10 溶液的测量。当试液的 pH<1 时，电位值偏离线性关系，测得的 pH 比实际值偏高，出现 pH 测定误差，称为"酸差"。当试液的 pH>10 时，测得的 pH 比实际值偏低，则称为"碱差"。碱差来源于 Na$^+$ 重新扩散进入玻璃膜的硅氧网络，并与 H$^+$ 交换而占有少数点位，故又称为"钠差"。用 Li$_2$O 代替 Na$_2$O 制作玻璃膜的 pH 玻璃电极（如 231 型）可用于测量 pH 为 1～13.5 的溶液，因此应注意选择合适型号的 pH 玻璃电极。

④ pH 玻璃电极的使用注意事项

a. 使用前应检查电极的球泡是否有裂纹，内参比电极是否浸入内参比溶液中，否则不能使用。若内参比溶液中有气泡，应稍晃动除去。

b. pH 玻璃电极在初次使用或久置重新使用时，应将电极玻璃球泡浸泡在蒸馏水或 0.1mol/L HCl 溶液中活化 24h。pH 玻璃电极的使用期一般为一年，在长期使用或贮存中会"老化"，老化的电极不能再用。

c. 电极的玻璃膜很薄，使用时必须特别小心，注意避免与硬物接触或碰撞，任何破损和擦毛都会使电极失效。

d. 玻璃球泡的污染或液接界处的堵塞会使电极钝化，响应变慢，灵敏度降低，应根据污染物质的性质采用适当溶液进行清洗。玻璃球泡不能用浓 H$_2$SO$_4$、浓乙醇溶液或洗液洗涤，也不能用于氟化物溶液中，否则电极将失去功能。玻璃球泡沾湿时可用滤纸吸去水分，但不能擦拭。

e. 电极引线及电极插座应保持清洁和干燥。

f. E-209-C9 型的塑料壳可充式 pH 复合电极是 pH 玻璃电极和银-氯化银电极组合在一起的，使用更方便。测量时拔去下端保护帽，去掉上端橡皮套，将电极的球泡及砂芯微孔同时浸在待测溶液中。测量另一溶液时，应先用蒸馏水洗净，以保证测量精度。其外参比溶液

（补充液）为 3mol/L KCl 溶液，可从电极的上端小孔及时补充加入，以保持其内容量的一半以上。第一次使用或长期停用的 pH 复合电极，使用前必须在 3mol/L KCl 溶液中浸泡 24h。测量完毕时，及时将电极保护帽和橡皮套套上，保护帽内放入少量补充液，以保持电极球泡的润湿，切忌浸泡在蒸馏水中。

（2）流动载体电极　流动载体电极又称为液膜电极。与玻璃电极不同，这类电极用浸有载体的惰性微孔支持体作为敏感膜，其中载体是能与待测离子发生选择性离子交换作用的电活性物质，溶于有机溶剂中，可在膜相中流动。膜常用高分子材料，一般要经过疏水处理。

若载体带有电荷，称为带电荷的流动载体电极；若载体不带电荷，则称为中性载体电极。

带负电荷流动载体电极用于测定阳离子，如常用的钙离子电极，其结构如图 6-19(a) 所示。它的内参比电极为 Ag-AgCl 电极，内参比溶液为 $0.1mol/L\ CaCl_2$ 溶液，以二癸基磷酸根作为载体，它与 Ca^{2+} 作用生成二癸基磷酸钙，当其溶于苯基磷酸二辛酯中即为离子缔合型的液体离子交换剂。底部为疏水性的多孔纤维素渗析膜。二癸基磷酸钙极易扩散进入多孔膜，但不溶于水，故不能进入试液。二癸基磷酸根可以在液膜与试液的两相界面之间传递钙离子，直至平衡。由于 Ca^{2+} 在水相（试液和内参比溶液）中的活度与有机相中的活度差异，从而产生相界电位。钙电极适宜的 pH 范围是 5~11，线性范围为 $10^{-1} \sim 10^{-5} mol/L$，主要的干扰离子是 Zn^{2+}，可以加入适量的乙酰丙酮等来掩蔽。

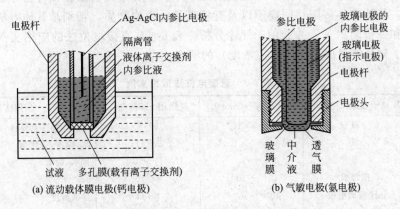

图 6-19　流动载体膜电极（钙电极）和气敏电极

带正电荷流动载体电极用于测定阴离子，如 NO_3^-、ClO_4^-、BF_4^- 电极等。

中性载体电极用于测定碱金属和碱土金属离子，如钾离子电极，其载体是中性的缬氨霉素，将其溶于二苯醚并渗入多孔膜中，形成对 K^+ 具有选择性响应的敏感膜，它可在一万倍 Na^+ 存在下测定 K^+。

6.3.4.3　敏化离子选择性电极

敏化离子选择性电极是在基本电极上覆盖一层膜或其他活性物质，通过电极界面的某种敏化反应，如气敏反应或酶敏反应，将试液中的待测物质转变成能被基本电极响应的离子，提高了电极的选择性。这类电极包括气敏电极、酶电极、细菌电极及生物电极等。

（1）气敏电极　气敏电极是一种气体传感器，能用于测定溶液或其他介质中某种气体的含量。气敏电极检测的物质是气态分子，因而也被称为气敏探针。

气敏氨电极如图 6-19(b) 所示，其结构是一个化学电池，它以 pH 玻璃电极与 Ag-AgCl 电极组成复合电极，再置于电极管内，在管内注入电解质中介溶液 $0.1mol/L\ NH_4Cl$，并在管的底部紧贴离子选择性电极敏感膜处安装微孔性透气膜，使中介液与外部试液隔开。当测定试样中的氨时,氨通过透气膜进入 NH_4Cl 溶液中,影响 NH_4Cl 的电离平衡,从而改变中介液的 pH。用 pH 复合电极测出 pH 的改变值,即可间接测得氨的含量。

常用的气敏电极还能测定 CO_2、NO_2、SO_2、H_2S、HCN 等以及试液中的 NH_4^+、CO_3^{2-} 等。

(2) 酶电极　酶电极是将生物酶涂布在离子选择性电极的敏感膜上,通过酶的催化作用,使待测物质转变成能在该电极上响应的离子或其他物质,从而间接测定该物质。由于酶的催化作用具有选择性强、催化效率高、绝大多数催化反应能在常温下进行等优点,其催化反应的产物如 CO_2、NH_3 等,大多能被现有的离子选择性电极所响应。特别是它能用于测定生物体液中的组分,如葡萄糖、脲、胆固醇等,所以常用于生物、医学领域。酶电极属于生物催化膜电极之一,此外还有组织电极、细菌电极、免疫电极、离子敏感场效应晶体管(ISFET)等。

由于酶的活性,酶电极不易保存,使用寿命短,不容易制备。

6.4　直接电位法

直接电位法具有简便、快速、灵敏、应用广泛的特点,其测量装置如图 6-5 所示,广泛用于环境监测、生化分析、医学临床检验及工业生产流程中的自动在线分析等领域,适用的浓度范围宽,能测定许多阳、阴离子以及有机离子、生物物质,特别是其他方法难以测定的碱金属离子和一价阴离子,并能用于气体分析。表 6-3 是直接电位法的应用实例,其中应用最多的是 pH 和溶液中离子活度(或浓度)的测定。

表 6-3　直接电位法应用实例

待测物质	离子选择性电极	线性范围 $c/(mol/L)$	适用 pH 范围	应用实例
F^-	氟	$10^0 \sim 5 \times 10^{-7}$	5~8	水,牙膏,生物体液,矿物
Cl^-	氯	$10^{-2} \sim 5 \times 10^{-8}$	2~11	水,碱液,催化剂
CN^-	氰	$10^{-2} \sim 10^{-6}$	11~13	废水,废渣
NO_3^-	硝酸根	$10^{-1} \sim 10^{-5}$	3~10	天然水
H^+	pH 玻璃电极	$10^{-1} \sim 10^{-14}$	1~14	溶液酸度
Na^+	pNa 玻璃电极	$10^{-1} \sim 10^{-7}$	9~10	锅炉水,天然水,玻璃
NH_3	气敏电极	$10^0 \sim 10^{-6}$	11~13	土壤,废水,废气
氨基酸	气敏电极			生物化学
K^+	钾微电极	$10^{-1} \sim 10^{-4}$	3~10	血清
Na^+	钠微电极	$10^{-1} \sim 10^{-3}$	4~9	血清
Ca^{2+}	钙微电极	$10^{-1} \sim 10^{-7}$	4~10	血清

6.4.1　pA(pH)值的实用定义

根据式(6-16)和式(6-17),25℃时,离子选择性电极的定量依据是:

$$\varphi_{ISE} = K \pm \frac{0.0592}{n} \lg a_i = K \mp \frac{0.0592}{n} pA \tag{6-23}$$

式中,pA 表示待测离子活度的负对数。由于常数项 K 包括内参比电极电位、膜内相界电位和不对称电位,在测量电池电动势时还将包括外参比电极电位与液接电位,有些量无法准确测定,并经常变化。另外,溶液中存在的所有电解质都会影响待测离子的活度。因此,通常不能由测量到的电动势根据上式直接计算试样中待测离子的活度,而必须采用标准溶液进行比较而得到结果。

将一支对阳离子 A^{n+} 响应的离子选择性电极与饱和甘汞电极分别插入含 A^{n+} 的标准溶液（活度为 a_s）或待测溶液（活度为 a_x）中组成电池：

$$A\text{ 电极}|\text{含 }A^{n+}\text{标准溶液}(a_s)\text{或待测溶液}(a_x)\parallel SCE$$

注意，在实际测定时，除 pH 玻璃电极以外，其他离子选择性电极是作正极。

分别测定标准溶液（pA_s）和待测溶液（pA_x）的电动势 E_s、E_x：

$$E_s = \varphi_{SCE} - K_s - \frac{0.0592}{n}\lg a_s \tag{6-24}$$

$$E_x = \varphi_{SCE} - K_x - \frac{0.0592}{n}\lg a_x \tag{6-25}$$

在同一测量条件下，$K_s = K_x$，将两式相减后得到：

$$pA_x = pA_s + \frac{n(E_x - E_s)}{0.0592} \tag{6-26}$$

同理，对阴离子 A^{n-} 响应的离子选择性电极，可得：

$$pA_x = pA_s - \frac{n(E_x - E_s)}{0.0592} \tag{6-27}$$

以上两式就称为 pA（pH）值的实用定义。据此可以进行溶液中待测离子活度或浓度的直接比较法测定和仪器直读，酸度计或离子计的 pH（pA）值直读就是按此原理设计的。

6.4.2 离子浓度的测定条件

电位分析时，能斯特方程式是表示电极电位与离子活度的关系，因此测量得到的是离子的活度，而不是浓度。当待测离子的浓度稍高时，校准曲线将偏离线性，而且浓度越高，误差也越大。同时，由于目前只能提供 Cl^-、Na^+、Ca^{2+}、F^- 等几种标准活度溶液，因此，在实际测定中，如果要求不高并保证离子活度系数不变，则可采用浓度来代替活度进行测量。

根据式(6-4)和式(6-23)可得，25℃时：

$$\varphi_{ISE} = K \pm \frac{0.0592}{n}\lg a_i = K \pm \frac{0.0592}{n}\lg(\gamma_i c_i) \tag{6-28}$$

由于活度系数 γ_i 由离子强度决定，如果分析测定时能控制试液与标准溶液的总离子强度一致，则 γ_i 不变，可并入常数项，则：

$$\varphi_{ISE} = K \pm \frac{0.0592}{n}\lg\gamma_i \pm \frac{0.0592}{n}\lg c_i = K' \pm \frac{0.0592}{n}\lg c_i \tag{6-29}$$

因此，用离子选择性电极测定溶液中待测离子浓度 c_i 的条件是：必须保持试液和标准溶液的总离子强度相一致。在实际工作中，控制溶液总离子强度的常用方法是在标准溶液和试液中均加入相同量的离子强度调节液（简称 ISA，常用惰性电解质）或总离子强度调节缓冲液（简称 TISAB）。

TISAB 是离子强度调节、pH 缓冲溶液和消除干扰的掩蔽剂等的混合溶液，使用更广泛。其作用如下：

① 保持试液与标准溶液有较大、稳定和相同的总离子强度，使其 γ_i 恒定；
② 维持试液和标准溶液在适宜的 pH 范围内，满足离子选择性电极的要求；
③ 掩蔽干扰离子。

例如，在用氟电极测定水样中的 F^- 时，所使用的 TISAB 的组成及其作用是：1mol/L NaCl 使溶液保持较大稳定的离子强度；0.25mol/L HAc 和 0.75mol/L NaAc 组成缓冲体系，使溶液 pH 保持在氟电极适合的 pH5～6 范围内；0.001mol/L 柠檬酸钠作为掩蔽剂来消除 Fe^{3+}、Al^{3+} 等的干扰。

6.4.3 定量分析方法

6.4.3.1 直接比较法及溶液 pH 的测定

直接比较法主要用于溶液 pH 的测定,也可用于试样组分较稳定的试液 pA 的测定,如电厂水汽中钠离子浓度的监测。此法的测量仪器是酸度计或离子计,以 pH 或 pA 作为标度,在测量时先用一个或两个标准溶液校正仪器,然后测量试液,即可直接读取试液的 pH 或 pA,故此法也称为浓度直读法,操作方法简便快速。下面重点介绍溶液 pH 的测定原理和方法。

(1) 溶液 pH 的测定原理 电位法测定溶液的 pH 时,以 pH 玻璃电极作为指示电极,饱和甘汞电极作为参比电极,与标准缓冲溶液或试液分别组成工作电池,用精密毫伏计分别测量其电池的电动势,如图 6-5 所示,工作电池可表示为:

$$\text{pH 玻璃电极} | \text{标准缓冲溶液}(\text{pH}_s)\text{或试液}(\text{pH}_x) \| \text{SCE}$$

根据式(6-22)和式(6-26),在 25℃时,可以得到 pH 的实用定义为:

$$\text{pH}_x = \text{pH}_s + \frac{E_x - E_s}{0.0592} \tag{6-30}$$

可见,只要测出工作电池的电动势,即可测定溶液的 pH。

(2) 溶液 pH 的测定方法 根据 pH 的实用定义,在实际应用中采用直接比较法来测定溶液 pH,即先将 pH 玻璃电极和 SCE 插入已知 pH_s 的标准缓冲溶液中,通过调节酸度计上的"定位"旋钮使仪器显示出该标准缓冲溶液在测量温度下的 pH_s 值而消除 K 值,即进行酸度计的校正(具体校正方法见 6.4.4 节)。然后再将电极对浸入试液中,仪器将直接显示试液的 pH。

由式(6-30)可知,在 25℃时 pH 玻璃电极的响应斜率为 0.0592,当 pH_x 与 pH_s 相差 1 个 pH 单位时,E_x 与 E_s 相差 0.0592V,它是温度的函数。酸度计就按此间隔进行分度,同时为保证在不同温度下的测量精度,必须进行温度和斜率补偿。

由于式(6-30)是在假定 $K_s = K_x$ 的同一测量条件下得出的,而在实际测量过程中试液与标准缓冲溶液的 pH、成分或温度等条件容易发生变化,从而产生测量误差。为此,在测量过程中应尽可能保持溶液温度的恒定,并且选用 pH 与待测溶液相近的标准缓冲溶液。按 GB 9724—88 规定,pH_s 和 pH_x 之差应在 3 个 pH 单位以内。

(3) pH 标准缓冲溶液 pH 标准缓冲溶液是具有准确 pH 的缓冲溶液,是测定溶液 pH 的基准。美国国家标准局(NBS)制订的一套标准缓冲溶液(pH 为 1.7~12.5)被推荐使用。目前我国则采用 pH 工作基准,由七种六类标准缓冲物质组成,即四草酸钾、酒石酸氢钾、邻苯二甲酸氢钾、磷酸氢二钠、磷酸二氢钾、四硼酸钠和氢氧化钙,它们按 GB 11076—89《pH 测量用缓冲溶液制备方法》配制出的标准缓冲溶液均匀地分布在 pH 为 1.6~13.5 范围内。特别注意标准缓冲溶液的 pH 随温度而变化。表 6-4 列出了常见标准缓冲溶液 0~40℃时对应的 pH,供使用时查阅。

表 6-4 pH 标准缓冲溶液在 0~40℃ 的 pH

试 剂	浓度 $c/(\text{mol/L})$	pH								
		0℃	5℃	10℃	15℃	20℃	25℃	30℃	35℃	40℃
四草酸钾	0.05	1.67	1.67	1.67	1.67	1.68	1.68	1.68	1.69	1.69
酒石酸氢钾	饱和						3.56	3.55	3.55	3.55
邻苯二甲酸氢钾	0.05	4.00	4.00	4.00	4.00	4.00	4.00	4.01	4.02	4.04
磷酸氢二钠	0.025	6.98	6.95	6.92	6.90	6.88	6.86	6.85	6.84	6.84
磷酸二氢钾	0.025									
四硼酸钠	0.01	9.46	9.40	9.33	9.28	9.22	9.18	9.14	9.10	9.07
氢氧化钙	饱和	13.42	13.21	13.00	12.81	12.63	12.45	12.29	12.13	11.98

一般实验室常用的pH标准缓冲物质是邻苯二甲酸氢钾、混合磷酸盐（Na_2HPO_4-KH_2PO_4）和四硼酸钠，在25℃时，其pH分别为4.00、6.86和9.18，目前已有它们的"成套pH缓冲剂"袋装产品，使用方便。配制时不需要干燥和称量，直接将袋内试剂全部溶解，再稀释至一定体积（一般为250mL）即可使用。配制时的实验用水应符合GB668—92中三级水的规格。配好的pH标准缓冲溶液应贮存于玻璃或聚乙烯试剂瓶中，存放四硼酸钠和氢氧化钙标准缓冲溶液时应防止空气中CO_2的进入。pH标准缓冲溶液一般可保存2～3个月，若发现溶液出现浑浊等现象，则不能再用，应重新配制。

6.4.3.2 标准曲线法及溶液中F^-浓度的测定

标准曲线法广泛用于试样中待测离子浓度的测定。例如，测定溶液中F^-浓度（c_{F^-}）时，以pF电极作为指示电极，饱和甘汞电极作为参比电极，与标准系列溶液或试液分别组成工作电池，在同一实验条件下，用精密毫伏计分别测量各电池的电动势，如图6-5所示，工作电池可表示为：

$$SCE \parallel 标准系列溶液(c_s)或试液(c_x) | F^- 电极$$

根据式(6-29)，在25℃时，E与c_{F^-}的关系符合能斯特方程式：

$$E = \varphi_{F^-} - \varphi_{SCE} = K' - 0.0592 \lg c_{F^-} - \varphi_{SCE} = k' - 0.0592 \lg c_{F^-} \tag{6-31}$$

式中，k'为一定实验条件下的常数。

测出各溶液的电动势后，绘制E-$\lg c_s$（或$-\lg c_s$）标准曲线，如图6-20所示。随后，从标准曲线上查出E_x所对应的$-\lg c_x$，可算出c_x。

在使用标准曲线法进行电位分析时需注意以下几点：

① 测定时，在标准系列溶液和试液中均需加入相同量的TISAB，同时保持实验条件的恒定，以保证E与$\lg c$的线性关系。

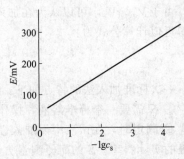

图6-20 测定F^-浓度的标准曲线

② 绘制标准曲线时，横坐标$\lg c$的正负值一般对应选择为阳、阴离子。同时，浓度单位若采用mol/L，其数值较小，宜用$-\lg c$作横坐标；若采用μg/L，则数值较大，宜用$\lg c$作横坐标。所绘制的标准曲线不一定通过零点，电位值也不一定是正值。

③ 由于k'值容易受温度、搅拌速度及液接电位等的影响，标准曲线往往不稳定而发生平移。因此，在每次使用标准曲线时都必须先测1～2个标准溶液的E，以校正曲线平移的位置，才能测定试液。若更换试剂或实验条件不稳定时，应重做标准曲线。

④ 标准曲线法主要适用于大批同种试样中待测离子浓度的测定。对于要求不高的少数试样，也可用一个浓度与试液相近的标准溶液，在相同条件下，分别测出电动势E_x与E_s，然后用直接比较法来测定。例如测定F^-时，可得：

$$-\lg c_x = -\lg c_s + \frac{E_x - E_s}{S} \tag{6-32}$$

式中，S为氟电极的实际斜率，可通过F^-的标准曲线求得。

6.4.3.3 标准加入法

标准加入法又称为添加法或增量法，是将标准溶液加入试液中进行测定的。由于加入前后试液的性质（如组成、γ_i、pH、温度等）基本不变，所以该法适用于组成较复杂和少数试样中待测离子浓度的测定，准确度较高。由于电位分析法中电位与待测离子活度（或浓度）之间是半对数关系而非线性关系，所以其标准加入法的计算公式与其他方法不同。在具体应用时，标准加入法又分为一次标准加入法和连续标准加入法两种。

(1) 一次标准加入法　设某一试液的体积为 V_x，其待测离子的浓度为 c_x，在一定的实验条件下，测得其电池电动势为 E_x，根据式(6-29) 和式(6-31)可得，25℃时：

$$E_x = k' \pm \frac{0.0592}{n}\lg c_x = k' \pm S\lg c_x \tag{6-33}$$

式中，$S = \dfrac{0.0592}{n}$，为离子电极的实际斜率。

于该试液中准确加入一小体积 V_s（大约为 V_x 的 $\dfrac{1}{100}$），浓度为 c_s（约为 c_x 的 100 倍）的待测离子标准溶液，在相同的实验条件下，忽略 γ_i 的变化，测得电池电动势 E_{x+s} 为：

$$E_{x+s} = k' \pm S\lg\frac{c_x V_x + c_s V_s}{V_x + V_s} \tag{6-34}$$

$$\Delta E = |E_{x+s} - E_x| = S\lg\frac{c_x V_x + c_s V_s}{c_x(V_x + V_s)} \tag{6-35}$$

经整理得：

$$c_x = \frac{c_s V_s}{V_x + V_s}\left(10^{\Delta E/S} - \frac{V_x}{V_x + V_s}\right)^{-1} \tag{6-36}$$

式(6-36) 就是一次标准加入法的计算公式。

由于 $V_x \gg V_s$，可以认为在加入前后溶液的体积基本不变，则 $V_x + V_s \approx V_x$，由式(6-36) 可得近似计算公式为：

$$c_x = \frac{c_s V_s}{V_x}(10^{\Delta E/S} - 1)^{-1} \tag{6-37}$$

一次标准加入法的特点如下：

① 只需要一个标准溶液，操作简便，准确度高。

② 测定时，在试液中需加入 TISAB，同时保持相同的实验条件，并在相同条件下测量电极的实际斜率。S 的简便测量方法是：在测量试液的 E_x 后，用空白溶液稀释一倍，再测定 E_x'，则 $S = \dfrac{|E_x' - E_x|}{\lg 2}$。

③ 在测定过程中，ΔE 的数值应稍大，一般以 30~40mV 为宜，即在 100mL 试液中加入标准溶液 2~5mL，以减小测量与计算中的误差。

【例 6-1】 将钙离子选择性电极和饱和甘汞电极插入 100.00mL 水样中，用直接电位法测定水样中的 Ca^{2+}。25℃时，测得钙离子电极电位为 $-0.0619V$，加入 0.0731mol/L 的 $Ca(NO_3)_2$ 标准溶液 1.00mL，搅拌平衡后，测得钙离子电极电位为 $-0.0483V$。试计算原水样中 Ca^{2+} 的浓度？

解 已知 $c_s = 0.0731$mol/L，$V_s = 1.00$mL，$V_x = 100.00$mL，

25℃时，$S = \dfrac{0.0592}{n} = \dfrac{0.0592}{2} = 0.0296$

$$\Delta E = |E_{x+s} - E_x| = |-0.0483 - (-0.0619)| = 0.0136(V)$$

由一次标准加入法近似计算公式，得

$$c_x = \frac{c_s V_s}{V_x}(10^{\Delta E/S} - 1)^{-1} = \frac{0.0731 \times 1.00}{100.00}(10^{0.0131/0.0296} - 1)^{-1} = 3.87 \times 10^{-4}(\text{mol/L})$$

故原水样中 Ca^{2+} 的浓度为 3.87×10^{-4}mol/L。

(2) 连续标准加入法　连续标准加入法也称为格氏（Gran）作图法，在体积为 V_x 的试液中连续多次加入浓度为 c_s 的待测离子标准溶液，每加一次标准溶液 V_s mL，就测量一次电

池电动势 E，再根据一系列的 E 值对相应的 V_s 值作图来求得待测离子的浓度。此法的准确度比一次标准加入法高。其测定原理如下：

将式(6-34)重排，得

$$(V_x+V_s)10^{\Delta E/S}=(c_xV_x+c_sV_s)10^{\pm k'/S} \quad (6-38)$$

通常是连续向试液中加入 3～5 次标准溶液，根据式(6-38)，计算出相应的 $(V_x+V_s)10^{\Delta E/S}$，再在一般坐标纸上对 V_s 作图，可得到一直线，如图 6-21 所示。将直线外推与横轴相交于 V_e （为负值），此时 $(V_x+V_s)10^{\Delta E/S}=0$，因 k' 和 S 在一定条件下均是常数，可得

$$c_xV_x+c_sV_e=0 \quad (6-39)$$

则

$$c_x=-\frac{c_sV_e}{V_x} \quad (6-40)$$

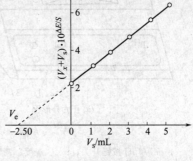

图 6-21 Gran 作图法

连续标准加入法具有简便、准确及灵敏度高的特点，尤其适用于低含量物质的测定。如果利用格氏坐标纸作图，还可以避免 $10^{\Delta E/S}$ 的复杂运算，加快分析速度。

6.4.4 常用酸度计和离子计的使用

酸度计（又称 pH 计）是电位法测定溶液 pH 的仪器，离子计（又称 pX 计）是电位法测定溶液中待测离子活（浓）度的仪器。由于酸度计和离子计都是测量具有高内阻化学电池电动势的直流毫伏计，因此其结构原理基本相同，一台仪器也具有测量 pH、pX 和 mV 值等多种功能，结构简单，体积小，可以进行野外监测。

酸度计和离子计一般分为普通型、精密型和工业型，读数精度为 0.1～0.001pH（pX）、1～0.1mV，可满足不同的测量要求。仪器型号很多，如 pHS 系列精密酸度计、PXD 系列数字离子计等（见图 6-22），其基本结构一般均由电极系统和高阻抗毫伏计两部分组成。电极与待测溶液组成工作电池，以毫伏计测量电极间电位差，电位差经放大电路放大后，由电流表或数码管显示。根据 pH 玻璃电极和各种离子选择性电极的特性，要求仪器应具有较高的输入阻抗（≥$10^{12}\Omega$），并具有正、负极性，能测量溶液中的正、负离子。离子计的电位测量精度高于一般的酸度计，稳定性更好。

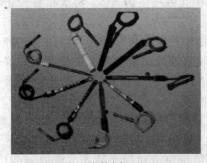  

(a) 各种电极　　　　(b) 精密酸度计　　　　(c) 数字离子计

图 6-22 电位分析法

各种型号的酸度计与离子计的外观、旋钮等有所不同，但仪器调节钮功能和仪器使用、维护方法基本相同，在实际使用时务必阅读仪器的使用说明书。下面重点介绍目前应用较广的数显式 pHS-3F 型酸度计，其外形如图 6-23 所示。

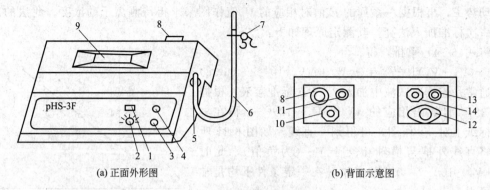

图 6-23 pHS-3F 型酸度计的外形

1—mV/pH 按键开关；2—"温度"调节器；3—"斜率"调节器；4—"定位"调节器；5—电极架座；
6—U 型电极架立杆；7—电极夹；8—指示电极输入座；9—数字显示屏；10—调零电位器；
11—甘汞电极接线柱；12—仪器电源插座；13—电源开关；14—保险丝座

6.4.4.1 酸度计主要调节器和开关的作用

mV/pH 按键开关：即 pH 或 mV 测量功能选择按钮，使仪器用于 pH 或电池电动势的测定。在 mV 档时，"温度"、"定位"和"斜率"调节器均无作用。

"温度"调节器：用于补偿溶液温度对电极斜率所引起的偏差，使用时调至所测溶液的温度数值（或先用温度计测定）即可。

"斜率"调节器：调节电极转换系数，使仪器能更准确地测量溶液 pH。

"定位"调节器：抵消 K 值，即 E-pH 曲线上的纵坐标截距。

调零电位器：电极暂不插入输入座，仪器通电，若仪器显示不为"000"，则可调此电位器使仪器显示为正或负的"000"，然后再锁紧电位器。

6.4.4.2 酸度计的校正方法

根据 GB 9724—88 规定，校正酸度计的方法有"一点校正法"和"二点校正法"。一点校正法是制备两种标准缓冲溶液，使其中一种的 pH 大于并接近试液的 pH，另一种小于并接近试液的 pH。先用其中一种标准缓冲溶液与电极对组成工作电池，调节"温度"调节器至测量温度，调节"定位"调节器，使仪器显示出标准缓冲溶液在该温度下的 pH。然后，保持"定位"调节器不动，再用另一标准缓冲溶液与电极对组成工作电池，调节"温度"调节器至溶液的温度，此时仪器显示的 pH 应是该缓冲溶液在此温度下的 pH。两次相对校正的误差不大于 0.1pH 单位时，才能进行试液 pH 的测量。

二点校正法则是先用一种 pH 接近于 7 的标准缓冲溶液进行"定位"操作，再用另一种接近待测溶液 pH 的标准缓冲溶液调节"斜率"调节器，使仪器显示值与第二种标准缓冲溶液的 pH 相同（此时应保持"定位"调节器不动）。经过校正后的仪器即可直接测量试液的 pH。

6.4.4.3 酸度计的使用方法

(1) 准备工作 打开仪器电源开关预热 20min。检查、处理 pH 玻璃电极和饱和甘汞电极后，将电极对装在电极夹上，接上电极导线。用蒸馏水清洗电极对需要插入溶液的端部，并用滤纸吸干电极对外壁的水。用 pH 试纸测出待测溶液的 pH 近似值，用精密温度计测定标准缓冲溶液的温度。

(2) 溶液 pH 的测量

① 校正酸度计（以二点校正法为例） 将电极对插入一个 pH 已知且接近 7 的标准缓冲溶液（25℃时，pH=6.86）中。将功能选择按键置"pH"位置，调节"温度"调节器使仪

器显示为该标准缓冲溶液的温度值。将"斜率"调节器顺时针转到底（最大），轻摇试杯，待电极达到平衡后，调节"定位"调节器，使仪器读数为该标准缓冲溶液在测量温度下的pH。

取出电极对，用蒸馏水清洗电极，并用滤纸吸干后，再插入另一接近待测溶液pH的标准缓冲溶液（25℃时，pH为4.00或9.18）中。旋动"斜率"调节器，使仪器显示为该标准缓冲溶液在测量温度下的pH（此时，注意保持"定位"调节器不能动）。重复进行上述"定位"和"斜率"调节操作，直至不再调节"定位"或"斜率"调节器为止。校正结束后，"定位"和"斜率"调节器均不能再动。一般一天进行一次pH校正已符合精度要求。

② 测量试液的pH 测出待测试液的温度，调节"温度"调节器，使仪器显示为该待测试液的温度值。移去标准缓冲溶液，清洗电极对，并用滤纸吸干后，将其插入待测试液中，轻摇试杯，待电极平衡后，即可读取试液的pH。

(3) 溶液电极电位（mV）的测量 酸度计接上各种适当的指示电极和参比电极，用蒸馏水清洗电极对，然后把电极对插入待测溶液中。将功能选择按键置"mV"位置上，开动电磁搅拌器，搅拌均匀后，停止搅拌，静置至读数稳定，即可读出该溶液的电位值（mV），并自动显示极性。

6.4.4.4 酸度计的维护和日常保养

① 酸度计应安放在干燥、无振动、无酸碱腐蚀性气体、环境温度稳定（一般在5～45℃之间）的地方。

② 酸度计所使用的电源应有良好的接地，否则会造成读数不稳定。若使用场所没有接地线，或接地不良，需另外补接地线。简易方法是用一根导线将其一端与仪器面板上"+"极接线柱（即甘汞电极接线柱）或仪器外壳相连，另一端与自来水管连接。

③ 仪器的输入端（指示电极插座）必须保持干燥清洁。仪器不用时，将Q9短路插头插入插座，防止灰尘及水汽浸入。

④ 仪器应在通电预热后进行测量。长时间不用的仪器预热时间要长些。平时不用时，最好每隔1～2周通电一次，以防潮湿而影响仪器的性能。

⑤ 仪器使用时，各调节器的旋动不可用力过猛，按键开关不要频繁按动，以免发生机械故障或破损。调节器不可旋过位，以免损坏电位器。

⑥ 测量时，电极的引入导线应保持静止，否则会引起测量不稳定。

⑦ 仪器不能随便拆卸。每隔一年应由计量部门或有资格的单位进行检定，检定合格后方可使用。

6.4.4.5 pHS-3F型酸度计的一般故障分析和排除方法（见表6-5）

表6-5 pHS-3F型酸度计的一般故障分析和排除方法

故障现象	故障原因	排除方法
电源接通，数字乱跳	仪器输入端开路	插上短路插头或电极插头
定位器能调6.86pH，但不能调4.00pH	电极失效	更换电极
斜率调节器不起作用	斜率电位器坏	更换斜率电位器

6.4.5 影响直接电位法准确度的因素

(1) 测量温度 根据式（6-23），测量温度主要表现在对电极的标准电极电位、直线的斜率和离子活度的影响上，有的仪器可同时对前两项进行校正，但多数仅对斜率进行校正。因此，在测量过程中应尽量保持温度的恒定，以提高测量的准确度。同时，温度的变化还会影响电极的正常响应性能，各类电极都有一定的温度使用范围，一般使用温度下限为-5℃，上限为 80~100℃，有些液膜电极只能用到 50℃左右。

（2）直接电位法的方法误差　直接电位法的方法误差是由电池电动势的测量值反映的，电动势对测量准确度的影响可根据式(6-29)微分计算后，得到浓度测定的相对误差 E_r 为：

$$E_r = \frac{\Delta c}{c} \times 100\% = (3.9n\Delta E)\% \tag{6-41}$$

式中，n 为待测离子的电荷数；ΔE 为电动势测量的绝对误差，mV。

由式(6-41)可知，当 $\Delta E = 1\text{mV}$ 时，对一价离子，测定的相对误差为 3.9%，对二价离子为 7.8%。因此，电位法多用于测定低价离子。测量仪器必须具有较高的精度，通常要求电动势测量误差小于 0.1~0.01mV。

（3）溶液特性　溶液特性主要指溶液的离子强度、pH 及共存干扰组分等。

① 在测定过程中应保持溶液总离子强度的恒定，以保证电位法测定浓度的线性关系。

② 在测定过程中必须保持恒定的 pH 范围。离子选择性电极允许的 pH 范围与电极的类型和所测溶液的浓度有关，注意避免对电极敏感膜造成腐蚀。大多数电极在近中性的介质中测量，而且有较宽的 pH 适用范围，如氯电极适于 pH2~11。

③ 共存干扰离子的影响表现在两方面：一是能使电极产生一定响应，其干扰效应为正误差；二是干扰离子与待测离子发生配位或沉淀反应，生成一种在电极上不响应的物质，则其干扰效应为负误差，例如 Al^{3+} 对氟电极无直接影响，但它能与 F^- 生成不被电极所响应的稳定的 $[AlF_6]^{3-}$，因而造成负误差。为此，必须采用加入掩蔽剂或预分离的方法来消除共存离子的干扰。

（4）迟滞效应　迟滞效应是指对同一活度的离子试液测出的电位值与电极在测定前接触的试液成分有关的现象，也称为电极存储效应，它是直接电位法的主要误差来源。如果每次测量前都用去离子水将电极电位清洗至一定的空白值，则可有效减免此误差。

6.5　电位滴定法

6.5.1　电位滴定法的基本原理、特点和应用

电位滴定法是根据滴定过程中指示电极电位的突跃来确定滴定终点的滴定分析法。

电位滴定法与直接电位法相同的是以指示电极、参比电极与试液组成电池，测量电动势。所不同的是加入滴定剂进行滴定，并记录滴定过程中指示电极电位的变化。在化学计量点附近，由于被滴定物质的浓度发生突变，使指示电极的电位产生突跃，由此即可确定滴定终点而计算试液中待测组分的含量。因此，电位滴定法是根据电极电位（或电动势）的变化情况代替指示剂的颜色变化来确定滴定终点，以滴定剂的体积作为定量参数，在直接电位法中影响测定的各种因素，如不对称电位、液接电位、电动势测量误差等，均可抵消。所以，电位滴定法的准确度很高，测定的相对误差可低至 0.2%，广泛用于各类滴定分析中。

电位滴定法的基本原理与普通滴定分析相同，其区别是确定终点的方法不同。电位滴定法虽然没有普通滴定分析方便，但拓宽了普通滴定分析的应用范围，特别适用于滴定突跃很小、无适当指示剂、浓度很低、有色或浑浊溶液、非水溶液的滴定和连续滴定。如果采用自动电位滴定仪，还可提高测定精度和分析速度，实现自动化操作。

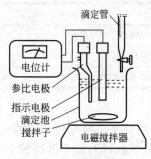

图 6-24　电位滴定实验装置示意图

6.5.2 电位滴定法实验装置及电极的选择

电位滴定法的实验装置主要由滴定管、指示电极与参比电极、高阻抗毫伏计（酸度计或离子计）、电磁搅拌器等组成，如图 6-24 所示。

电位滴定法的反应类型与普通滴定分析完全相同。滴定时，应根据不同的反应类型选择合适的指示电极和参比电极，表 6-6 列出了四大滴定类型常用的电极和电极预处理方法。注意在实际工作中应使用产品标准所规定的电极。

表 6-6 四大滴定类型常用的电极和电极预处理方法

滴定类型	电极系统		预处理
	指示电极	参比电极	
酸碱滴定(水溶液中)	玻璃电极 锑电极	饱和甘汞电极 饱和甘汞电极	玻璃电极：使用前须在水中浸泡24h以上，使用后立即清洗并浸于水中保存 锑电极：使用前用砂纸将表面擦亮，使用后应冲洗、擦干
氧化还原滴定	铂电极	饱和甘汞电极	铂电极：使用前应检查电极表面不能有油污，必要时可在丙酮或硝酸溶液中浸洗，再用水洗干净
银量法	银电极 卤素离子选择性电极	饱和甘汞电极(双盐桥型)	银电极：使用前应用细砂纸将表面擦亮，然后浸入含有少量硝酸钠的稀硝酸(1+1)溶液中，直到有气体放出为止，取出用水洗干净 双盐桥型饱和甘汞电极：盐桥套管内装饱和硝酸钠或硝酸钾溶液。注意事项与饱和甘汞电极相同
EDTA 配位滴定	金属基指示电极 离子选择性电极 Hg｜Hg-EDTA	饱和甘汞电极 饱和甘汞电极 饱和甘汞电极	

6.5.3 电位滴定实验方法及滴定终点的确定

6.5.3.1 电位滴定实验方法

（1）准备 首先制备待测试液。然后选择合适的电极对，经预处理后，浸入试液中，并按图 6-24 组装电位滴定实验装置。开动电磁搅拌器和毫伏计，读取滴定前试液的电位值（读数前应关闭搅拌器）。

（2）滴定 滴定过程的关键是确定滴定反应达到化学计量点时所消耗的滴定剂体积。首先应进行快速滴定以寻找化学计量点所在的大致范围。然后才进行精确滴定，在滴定突跃范围前后每次加入的滴定剂体积可以较大（如 5mL），在突跃范围内则每次滴加体积控制在 0.1mL。滴定过程中，每加一定量的滴定剂就应测量一次电位值（或 pH），直至电位值（或 pH）变化不大为止。

（3）记录与数据处理 记录每次滴加标准滴定溶液后滴定剂用量 V 和测得的电位值 E（或 pH），作图得到 E-V 滴定曲线，进而确定滴定终点。表 6-7 列出了以银电极为指示电极，饱和甘汞电极为参比电极，用 0.1000mol/L $AgNO_3$ 标准滴定溶液电位滴定 2.433mmol/L Cl^- 试液的实验数据。

6.5.3.2 电位滴定终点的确定方法

电位滴定终点的确定方法通常有 E-V 曲线法、$\Delta E/\Delta V$-$\bar{V}$ 曲线法和二阶微商法，下面以表 6-7 为例，讨论如下。

（1）E-V 曲线法 以电动势 E（V）对滴入滴定剂体积 V（mL）作图，可得 E-V 曲线。对反应物系数相等的反应，曲线突跃的中点（也称转折点或拐点）即为化学计量点；对反应物系数不相等的反应，曲线突跃的中点与化学计量点稍有偏离，但偏差很小，可以忽略。因此，可利用突跃中点作为滴定终点。拐点可通过作图法求得：做两条与横坐标成 45°的 E-V

表 6-7 用 0.1000mol/L AgNO₃ 标准滴定溶液电位滴定 2.433mmol/L Cl⁻ 试液的实验数据

滴入 AgNO₃ 体积 V/mL	电动势 E/V	$\Delta E/\Delta V$/(V/mL)	$\Delta^2 E/\Delta V^2$
5.00	0.062	0.002	
15.00	0.085	0.004	
20.00	0.107	0.008	
22.00	0.123	0.015	
23.00	0.138	0.016	
23.50	0.146	0.050	
23.80	0.161	0.065	
24.00	0.174	0.090	
24.10	0.183	0.110	
24.20	0.194	0.390	2.8
24.30	0.233	0.830	4.4
24.40	0.316	0.240	−5.9
24.50	0.340	0.110	−1.3
24.60	0.351	0.070	−0.4
24.70	0.358	0.050	
25.00	0.373	0.240	
25.50	0.385	0.022	
26.00	0.400		

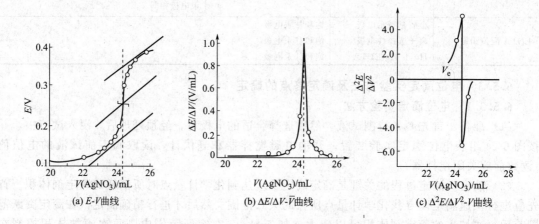

(a) E-V 曲线 (b) $\Delta E/\Delta V$-$\overline{V}$ 曲线 (c) $\Delta^2 E/\Delta V^2$-V 曲线

图 6-25 用 0.1000mol/L AgNO₃ 标准滴定溶液滴定 2.433mmol/L Cl⁻ 试液的电位滴定曲线

曲线的平行切线，两条平行切线的等分线与曲线的交点就是拐点，如图 6-25(a) 所示。E-V 曲线法适用于滴定曲线对称的滴定体系，若滴定突跃不明显，则准确性稍差，可采用一阶微商法或二阶微商法。

(2) $\Delta E/\Delta V$-$\overline{V}$ 曲线法（一阶微商法） 一阶微商 $\Delta E/\Delta V$ 近似等于 E 的变化值 ΔE 与相对应的加入滴定剂体积的增量 ΔV 之比。如表 6-7 中，滴入 AgNO₃ 体积为 24.30mL 和 24.40mL 之间的 $\Delta E/\Delta V$=0.83，$\overline{V}$=24.35。将一系列 $\Delta E/\Delta V$ 对 $\overline{V}$ 作图，可得到一阶微商滴定曲线，如图 6-25(b) 所示。由于 E-V 曲线的拐点就是一阶微商曲线的极大值，因此，将曲线外推所得到的最高点对应的体积就是滴定终点。可见，此法比较准确，但需进一步处理数据。

(3) $\Delta^2 E/\Delta V^2$-V 曲线法（二阶微商法） 由于一阶微商的极大值对应于二阶微商等于零，因此，以一系列 $\Delta^2 E/\Delta V^2$ 对 V 作图，可得到二阶微商滴定曲线，如图 6-25(c) 所示。图中曲线最高点与最低点连线与横坐标的交点，即 $\Delta^2 E/\Delta V^2$=0 所对应的体积即滴定终点。GB 9725—88 规定可以采用二阶微商作图法和计算法确定电位滴定终点，但为了克服绘图误差,在实际工作中多采用简便、准确的二阶微商计算法。

例如,表 6-7 中,当滴入 $AgNO_3$ 体积为 24.30mL 时,二阶微商可计算为:

$$\Delta^2 E/\Delta V^2 = \frac{(\Delta E/\Delta V)_{24.35} - (\Delta E/\Delta V)_{24.25}}{\overline{V}_{24.35} - \overline{V}_{24.25}} = \frac{0.83 - 0.39}{24.35 - 24.25} = +4.4$$

同理,当滴入 $AgNO_3$ 体积为 24.40mL 时,

$$\Delta^2 E/\Delta V^2 = \frac{0.24 - 0.83}{24.45 - 24.35} = -5.9$$

则二阶微商为零时所对应的滴定终点体积(V_{ep})一定在 24.30~24.40mL 之间,可用内插法计算如下:

$$\frac{24.40 - 24.30}{-5.9 - 4.4} = \frac{V_{ep} - 24.30}{0 - 4.4}$$

$$V_{ep} = 24.30 + (24.40 - 24.30) \times \frac{4.4}{5.9 + 4.4} = 24.34 (mL)$$

6.5.4 自动电位滴定法

普通的电位滴定法是进行手工滴定操作,再按上述作图法或计算法来确定滴定终点,手续繁琐。此外,滴定终点还可以根据滴定至终点的电动势来确定,即以预先滴定标准样品获得的经验化学计量点处的电动势来作为终点电动势,这就是自动电位滴定法的理论依据。随着电子和自动化技术的发展,已出现了各种类型的自动电位滴定仪。

6.5.4.1 自动电位滴定的终点确定方式

自动电位滴定仪通常有以下三种确定终点的方式。

① 保持滴定速度恒定,自动记录 E-V 滴定曲线,然后根据上述方法确定滴定终点。

② 将滴定电池的电动势与预设终点电位(经过手动预滴定而确定)相比较,以两信号的差值控制滴定速度。近终点时滴定速度变慢,到终点时自动关闭滴定装置,读取滴定剂用量。

③ 能记录滴定过程中的二阶微商值,当此值为零时达到滴定终点,通过电磁阀将滴定管关闭,读取滴定剂用量。此仪器不需要预先设定终点电位,自动化程度最高。

6.5.4.2 常用自动电位滴定仪的使用

根据自动电位滴定终点确定方式的不同,自动电位滴定仪有多种型号,如 ZD 系列、MIA 系列等。下面重点介绍目前应用较广的 ZD-2 型自动电位滴定仪。

(1) ZD-2 型自动电位滴定仪的结构原理　ZD-2 型自动电位滴定仪是由 ZD-2 型自动电位滴定仪(主机)和配套的 DZ-1 型滴定装置通过双头连接插塞线组成的。两者单独使用时,主机可作 pH 计或毫伏计,DZ-1 型滴定装置可作电磁搅拌器。它是根据"终点电位补偿"原理而设计的,即上述第二种终点确定方式,其结构原理如图 6-26 所示。

插在滴定液中的电极对与控制器相连,控制器与滴定管的电磁阀相连。自动电位滴定前,先将仪器的比较电位值调为预先用手动方法测出待测试液的终点电位值。滴定开始后,仪器将自动比较设定的终点电位值与

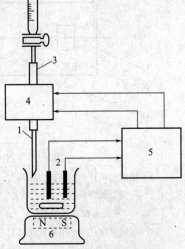

图 6-26　自动电位滴定仪结构
原理示意图
1—毛细管;2—电极对;3—乳胶管;
4—电磁阀;5—自动电位滴定控制器;
6—电磁搅拌器

滴定池中电极对的电位差,在终点前,两者不相等,控制器向电磁阀发出吸通信号,使连接滴定管和毛细管的乳胶管也放开,滴定剂不断滴入待测溶液中。当接近终点时,两者的差值逐渐减小,电磁阀吸通时间逐渐缩短,滴定剂流速也逐渐变慢。到达滴定终点时,两者相等,控制器无信号输出,电磁阀关闭,使乳胶管压紧,滴定剂不能通过,从而自动停止滴定,即可读出滴定剂的消耗体积,求出待测组分的含量。

(2) 仪器主要调节钮和开关的作用　ZD-2 型自动电位滴定仪的前后面板如图 6-27 所示,其主要调节钮和开关的作用如下。

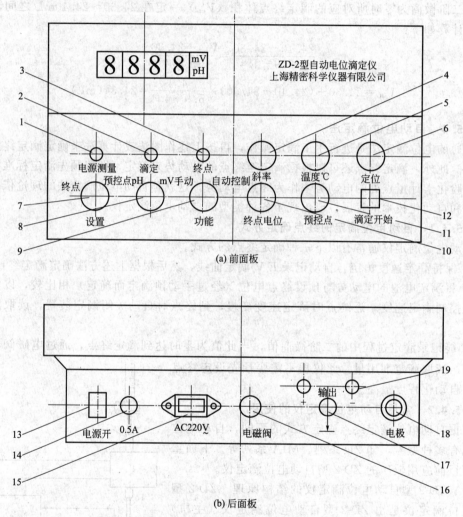

图 6-27　ZD-2 型自动电位滴定仪的前后面板示意图

1—电源指示灯；2—滴定指示灯；3—终点指示灯；4—斜率补偿调节旋钮；5—温度补偿调节旋钮；6—定位调节旋钮；7—"设置"选择开关；8—"pH/mV"选择开关；9—"功能"选择开关；10—"终点电位"调节旋钮；11—"预控点"调节旋钮；12—"滴定开始"按钮；13—电源开关；14—保险丝座；15—电源插座；16—电磁阀接口；17—接地接线柱；18—电极插口；19—记录仪输出

斜率补偿调节旋钮、定位调节旋钮和温度补偿调节旋钮：仅供 pH 标定及其测量时使用。

"设置"选择开关：此开关置"终点"时,可配合"pH/mV"选择开关进行终点 mV 或 pH 设定。同理,置"测量"时,可进行 mV 或 pH 测量。置"预控点"时,可进行 pH 或

mV 的预控点设置。

"功能"选择开关：此开关置"手动"时，可进行手动滴定；置"自动"时，进行预设终点滴定，到终点后，滴定终止，滴定灯亮；置"控制"时，进行由 pH 或 mV 控制滴定，到达终点 pH 或 mV 值后，仪器仍处于准备滴定状态，滴定灯始终不亮。

"终点电位"调节旋钮：用于设置终点电位或终点 pH。

"预控点"调节旋钮：用于设置预控点 mV 和 pH，即预控点到终点的距离。当预控点离终点较远时，滴定速度很快；当到达预控点后，滴定速度很慢。预控点的大小取决于化学反应的性质，即滴定突跃的大小。一般氧化还原滴定、强酸强碱中和滴定和沉淀滴定可选择预控点值小一些，弱酸强碱、强酸弱碱中和滴定可选择中间预控点值，而弱酸弱碱滴定需选择较大预控点值。

"滴定开始"按钮："功能"开关置于"自动"或"控制"时，揿一下此按钮，滴定开始。"功能"开关置于"手动"时，按下此按钮，滴定进行，放开此按钮，滴定停止。

(3) 仪器的安装　按仪器说明书要求安装和连接 ZD-2 型自动电位滴定仪的滴定装置（见图 6-28）、硅橡胶管、电磁阀和电极等。

(4) 仪器的使用方法　整套仪器安装连接好以后，通电预热 15min。若进行电位或 pH 测量，其使用方法与一般酸度计相同。下面重点介绍自动电位滴定操作方法。

① 准备工作

a. 在滴定管内装入标准滴定溶液，用滴定管内的标准滴定溶液将电磁阀乳胶管冲洗 3～4 次，再将滴定管液面调至 0.00 刻度（注意：电磁阀乳胶管内不能有气泡）。

b. 取一定量的试液于试杯中，在试杯中放入清洗过的搅拌子，再将试杯放在搅拌器上。

c. 选择、处理和清洗电极对，再将电极对夹在电极夹上，并将电极对浸入试液中。

② 终点设定　将"设置"开关置"终点"，"pH/mV"开关置"mV"，"功能"开关置"自动"，调节"终点电位"旋钮，使显示屏显示所要设定的终点电位值（经预滴定得到）。终点电位选定后，"终点电位"旋钮不能再动。

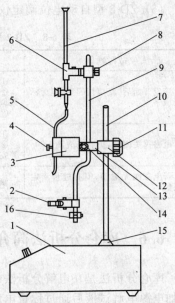

图 6-28　ZD-2 型自动电位
滴定仪的滴定装置

1—电磁搅拌器；2—电极夹；3—电磁阀；
4—电磁阀螺丝；5—乳胶管；6—滴定管夹；
7—滴定管；8—滴定夹固定螺丝；9—弯式滴管架；10—管状滴管架；11—螺帽；
12—夹套；13—夹芯；14—支头螺钉；
15—安装螺帽；16—紧圈

③ 预控点设定　将"设置"开关置"预控点"，调节"预控点"旋钮，使显示屏显示所要设定的预控点数值。例如，设置预控点为 100mV 时，仪器将在离终点 100mV 时自动从快滴转为慢滴。注意，预控点选定后，"预控点"调节旋钮不可再动。

④ 将"设置"开关置"测量"，打开搅拌器电源，调节转速从慢逐渐加快直至适当转速。

⑤ 揿下"滴定开始"按钮，仪器开始滴定，滴定指示灯闪亮，滴定管中的标液快速滴下，在接近终点时，滴定速度自动减慢。到达终点后，滴定指示灯不再闪亮，过 10s 左右，终点指示灯亮，滴定自动结束。

注意：到达终点后，不可再揿"滴定开始"按钮，否则仪器将认为另一极性相反的滴定开始，而继续进行滴定。

⑥ 记录滴定管内标液的消耗体积　手动滴定的操作为：将"功能"开关置"手动"，"设置"开关置"测量"。揿下"滴定开始"按钮，滴定灯亮，标液滴下，控制揿下此按钮的时间可控制标液滴下的数量，放开此按钮，则停止滴定。

(5) ZD-2 型自动电位滴定仪的维护和日常保养　ZD-2 型自动电位滴定仪的维护和日常保养方法与酸度计类似，另外还需注意以下两点。

① 滴定时不能使用与乳胶管起作用的高锰酸钾等溶液，以免损坏。

② 与电磁阀弹簧片接触的乳胶管久用易变形，导致弹性变差，此时可放开电磁阀上的压紧螺钉，变动乳胶管的上下位置，或者更换新管。乳胶管在更换前最好在弱碱性溶液中蒸煮数小时。

(6) ZD-2 型自动电位滴定仪的一般故障分析和排除方法　见表 6-8。

表 6-8　ZD-2 型自动电位滴定仪的一般故障分析和排除方法

故障现象	故障原因	排除方法
滴定开始后，滴定灯闪亮，但无标液滴下	①电磁阀插头连接错误 ②电磁阀插头连接无误，但压紧螺丝未调好 ③电磁阀乳胶管老化，无弹性	①重新连接 ②调节电磁阀支头螺钉，直至电磁阀关闭时无漏液，而打开时，滴液可滴下 ③更换新乳胶管
电磁阀关闭时，仍有滴液滴下	①电磁阀压紧螺丝未调好 ②电磁阀乳胶管老化，无弹性，或乳胶管安装位置不合适	①重新调节支头螺钉 ②变动乳胶管上下位置或取下乳胶管，更换新乳胶管
若电磁阀无漏滴，但有过量滴定现象	滴定控制器存在故障	送生产厂家维修

6.6　库仑分析法简介

库仑分析法是在电解分析法的基础上发展起来的一种电化学分析法。电解分析法是使用外加电源电解试液后通过称量电解时在电极上析出的待测物质的质量或分离待测物质。而库仑分析法是通过电解过程中所消耗的电量来测定待测物质的含量，而且待测物质不一定需要在电极表面沉积。库仑分析法可用于痕量物质的测定，准确度很高。与其他仪器分析法不同，库仑分析法在定量分析时不需要基准物质和标准溶液。

库仑分析法的理论基础是法拉第电解定律，要求以 100% 的电流效率电解试液，产生某一试剂与待测物质进行定量的化学反应，或直接电解待测物质，同时准确测定通过电解池的电量和准确指示电解的终点。因此，库仑分析法根据电解方式和电量测量方式不同可分为控制电流库仑分析法、控制电位库仑分析法及微库仑分析法。

6.6.1　法拉第电解定律

法拉第电解定律是指电解过程中，在电极上所析出的物质的量与通过电解池的电量成正比，其数学表达式为：

$$m=\frac{M}{nF}Q=\frac{M}{nF}it \tag{6-42}$$

式中，m 为电极上析出物质的质量，g；M 为电极上析出物质的摩尔质量，g/mol；n 为电极反应中的电子转移数；F 为法拉第常数，即 96487 C/mol；Q 为电量，C；i 为通过溶液的电解电流，A；t 为电解的时间，s。

法拉第电解定律是自然科学中最严格的定律之一，它不受温度、压力、电解质浓度、电极材料和形状、溶剂性质等因素的影响。

6.6.2 电解时的副反应及其消除方法

在应用法拉第电解定律时，必须保证电解时电流效率为100%，使电解时所消耗的电量全部用于待测物质的电极反应，因此必须避免在工作电极上有副反应发生，这是库仑分析法的先决条件。在实际应用中，电极上可能发生以下副反应。

(1) 溶剂的电解 由于电解一般都是在水溶液中进行的，所以应控制适当的电极电位和溶液的pH范围，以防止水的电解。当工作电极为阴极时，应避免有氢气析出；为阳极时，则应防止有氧气产生。汞阴极的使用范围比铂电极广。

(2) 电极本身参与反应 由于铂电极的$\varphi^{\ominus}_{Pt^{2+}/Pt} = +1.2V$，不易被氧化，所以常用作工作阳极。但当溶液中有能与铂配位的Cl^-等试剂存在时，则会降低其电极电位，有可能被氧化。汞电极在较正的电位时也会被氧化。

(3) 溶解氧的还原 溶液中溶解有氧气，会在阴极上还原为H_2O_2或H_2O，电解前必须除去。如在电解前通入惰性气体（如氮气）数分钟。

(4) 电解产物的副反应 电解时，两电极上的电解产物有时会相互反应。防止办法是选择合适的电解液和电极，或采用隔膜套管将阳极和阴极隔开，或将两电极分别置于两个容器中以盐桥相连。

(5) 共存杂质的电解 试液中含有易氧化或易还原的杂质，可能发生电极反应。共存杂质的干扰可用掩蔽、分离等方法除去。

6.6.3 控制电流库仑分析法

(1) 方法原理 控制电流库仑分析法是以恒定的电流进行电解，在电解池中产生的一种滴定剂（称为电生滴定剂），它能够与溶液中待测组分进行定量的化学反应，反应的化学计量点可以用指示剂或电化学方法来指示。此法的反应原理与普通滴定分析相同，所不同的是滴定剂不是由滴定管加入的，而是电解产生的，产生滴定剂的量可以所消耗的电量求得，所以又称为库仑滴定法。在库仑滴定法中，只要准确测出恒定的电解电流和从电解开始到电生滴定剂与待测组分完全反应（即反应终点）的时间，即可利用法拉第电解定律求出待测组分的含量。

(2) 库仑滴定基本装置 库仑滴定的基本装置如图6-29所示，由电解系统和指示系统两部分组成。

电解系统主要包括恒流电源、电解池、计时器等部件。恒流电源能提

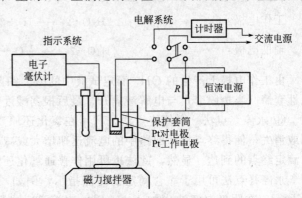

图6-29 库仑滴定的基本装置

供直流电并保证电流恒定，可以使用直流稳压器或用几个串联的45V电池（库仑滴定的电流常在1~20mA，一般不超过100mA）。电解池（又称库仑池）中使用多孔性套筒将阳极与阴极分开，对电极置于多孔性套筒中，以防止可能发生的干扰反应。电解池还要设置通N_2除O_2的通气口。精密电子计时器可以同时控制电解和计时。

指示系统用于发出"信号"，指示滴定终点，用人工或自动装置切断电解电源。

(3) 电生滴定剂的产生方式

① 内部电生滴定剂法 此法是指电生滴定剂的反应和滴定反应在同一电解池内进行，

其电解池内除了含有待测组分外，还应含有大量满足库仑滴定要求的辅助电解质。辅助电解质能电生出滴定剂，起电位缓冲剂作用，可以允许在较高电流密度下进行电解而缩短分析时间。目前，多数库仑滴定采用内部电生滴定剂法。

② 外部电生滴定剂法　此法是指电生滴定剂的电解反应与滴定反应不在同一溶液体系中进行，而是由外部溶液电生出滴定剂，然后再加到试液中进行滴定。当电生滴定剂和滴定反应不能在相同介质中进行或试液中的某些组分可能和辅助电解质同时在工作电极上发生反应时，必须使用外部电生滴定剂法。

③ 双向中间体库仑滴定法　此法是对于一些反应速率较慢的反应，以返滴定方式进行测定，即先在第一种条件下产生过量的第一种滴定剂，待与待测物完全反应后，改变条件，再产生第二种滴定剂返滴过量的第一种滴定剂。两次电解所消耗电量之差就是滴定待测物质所需的电量。例如以 Br_2/Br^- 和 Cu^{2+}/Cu^+ 两电对测定有机化合物的溴值时，先由 $CuBr_2$ 溶液在阳极电解产生过量的 Br_2，待 Br_2 与有机化合物反应完全后，倒换工作电极极性，再于阴极电解产生 Cu^+ 滴定过量的 Br_2。因此，此法是在同一种溶液中电解产生两种电生滴定剂。

（4）终点指示方法

① 指示剂法　与普通滴定分析一样，库仑滴定也可以用指示剂来确定滴定终点。例如，电解辅助电解质 KBr 产生的 Br_2 滴定 S^{2-} 时，可用甲基橙为指示剂，在化学计量点后，过量的 Br_2 使甲基橙退色，指示滴定终点的到达。指示剂法简便，但有的指示剂变色不敏锐，指示剂的变色范围与化学计量点相偏离，只能指示滴定的终点而不能指示滴定的全过程等。而且，若在有机溶液中进行滴定，指示剂的选择范围十分有限。因此，利用下面的电分析方法来指示滴定终点即可克服指示剂法的上述缺点，而且适用于所有的滴定分析法。此时，在电解池中必须另外配置如图 6-29 所示的指示电极系统。

② 电位法　电位法指示滴定终点的原理就是电位滴定法。例如，库仑滴定法测定试液中酸的浓度时，用 pH 玻璃电极及饱和甘汞电极组成指示电极系统。以 Na_2SO_4 为电解质，铂阴极为工作电极，铂阳极为辅助电极，其电极反应为

工作电极：　　　　　　　$2H_2O + 2e \longrightarrow H_2 + 2OH^-$

辅助电极：　　　　　　　$H_2O - 2e \longrightarrow \frac{1}{2}O_2 + 2H^+$

由工作电极上产生的 OH^- 滴定试液中的酸。铂阳极上产生的 H^+ 干扰测定，应采用多孔性套筒（半透膜套）与电解液隔开。最后根据酸度计上 pH 的突跃来指示滴定终点。

③ 永停终点法　永停终点法是利用在氧化还原滴定过程中，由于溶液中可逆电对的生成或消失，使得终点指示回路中的电流迅速增大或减小，引起检流计指针突然偏转，从而指示滴定终点的到达。显然，此法也可用作普通氧化还原滴定法的终点指示，即永停滴定法。

永停终点法可用于库仑滴定的终点指示，例如，库仑滴定法测定砷的实验装置如图 6-30 所示。在阴极电解池中加入 Na_2SO_4 水溶液。在阳极电解池中加入 0.2mol/L KI-NaHCO$_3$ 混合液及一定量含 As（Ⅲ）的试液，并在其中插入两支相同的 Pt 电极，在两支相同 Pt 电极之间施加 100~200mV 的小电压，打开搅拌器，按下双掷开关，电解反应和滴定反应同时进行。

工作电极（铂阳电极）的电极反应为：

$$2I^- \rightleftharpoons I_2 + 2e$$

生成的 I_2 立即与 As(Ⅲ) 反应：

$$I_2 + AsO_3^{3-} + OH^- \rightleftharpoons 2I^- + AsO_4^{3-} + H^+$$

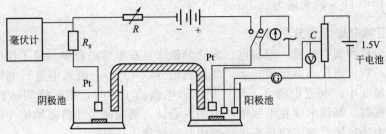

图 6-30　永停终点法库仑滴定实验装置

化学计量点前，阳极电解池中存在不可逆电对 AsO_4^{3-}/AsO_3^{3-}，由于两支相同 Pt 电极之间的电压很小，不会引起 As(Ⅲ) 和 As(Ⅴ) 的电极反应，因而在终点指示回路中无电流通过，检流计不动。当滴定至化学计量点时，试液中 As(Ⅲ) 被反应完全，不可逆电对 AsO_4^{3-}/AsO_3^{3-} 消失，此时稍过量的 I_2 与溶液中 I^- 形成可逆电对 I_2/I^-，两支 Pt 电极上将有电极反应发生，终点指示回路中有电流通过，检流计迅速偏转，指示终点到达。此时立即停止电解，记下电解时间和电流强度，即可计算电量和试液中砷的含量。

同理，如果某一滴定在化学计量点前，溶液中存在可逆电对，而到化学计量点时，稍过量的滴定剂又产生了不可逆电对，则终点指示回路中的电流将迅速减小至零，使检流计指针迅速回至零点，且在终点之后，电流仍然为零，进而指示终点到达。所以，永停终点法也称为死停终点法。

(5) 库仑滴定法的特点和应用

① 库仑滴定法所用的滴定剂是由电解产生的，边产生边滴定，所以可以使用不稳定的滴定剂，如 Cl_2、Br_2、Cu^+ 等，扩大了滴定分析的应用范围，并克服了普通滴定分析中标准滴定溶液的制备、贮存等引起的误差。

② 不需要基准物质。库仑滴定的原始依据是电流源和计时器，所以库仑滴定法的准确度很高，方法的相对误差约为 0.5%。如采用精密库仑滴定法和计算机程序确定滴定终点，准确度可达 0.01% 以下。因此，它能用作标准方法。

③ 灵敏度高，取样量少。检出限可达 10^{-7} mol/L，能测定常量组分和痕量组分。

④ 操作简便，易于实现自动化。

⑤ 选择性不好，不适于复杂组分的分析。若采用控制电位的库仑滴定，可以提高选择性，扩大应用范围。

⑥ 用途广泛，能用于酸碱滴定、氧化还原滴定、沉淀滴定和配位滴定等各类滴定分析。

【例 6-2】　测定某水样中 H_2S 的含量。取 50mL 水样，加入 KI 2g，加少量淀粉溶液作指示剂，将二支铂电极插入溶液中，以 20mA 恒电流进行滴定，130s 之后溶液出现蓝色，求水样中 H_2S 的含量（以 mg/L 表示）。

解　电解时，在阳极和阴极上分别发生下列反应

阳极：$\qquad\qquad\qquad 2I^- \rightleftharpoons I_2 + 2e$

阴极：$\qquad\qquad\qquad 2H^+ + 2e \rightleftharpoons H_2$

阳极生成的 I_2 与试液中的 H_2S 发生如下滴定反应：

$$H_2S + I_2 \rightleftharpoons S + 2H^+ + 2I^-$$

根据式(6-42)，可得

$$\rho(H_2S) = \frac{M(H_2S)}{nF} it \times \frac{1}{V_{样}} = \frac{34.07}{2 \times 96487} \times 20 \times 130 \times \frac{1000}{50}$$

$$\rho(H_2S) = 9.18(mg/L)$$

所以，水样中 H_2S 的含量为 9.18mg/L。

6.6.4 控制电位库仑分析法

（1）方法原理和基本装置　控制电位库仑分析法是在电解过程中，将工作电极的电位控制在待测组分的析出电位（恒定值）上，使待测组分以100%电流效率进行电解，由于待测组分的浓度不断变小，电流也随之下降，当电解电流趋于零时，指示待测物质已被电解完全，随即停止电解。利用串联在电解电路中的库仑计，精确测量使待测物质全部电解所消耗的电量，即可由法拉第电解定律计算出待测组分的含量。

控制电位库仑分析法的基本装置如图 6-31 所示，包括电解池、库仑计和控制电位仪。电解池中除工作电极和对电极外，还有参比电极，并共同组成电位测量与控制系统。常用的工作电极有铂、银、汞、碳电极等。

（2）电量的测量　控制电位库仑分析法通常是采用库仑计进行电量的测量，其他还有电子积分电路或自动化程度很高的电子库仑仪。库仑计的种类有银库仑计（又称重量库仑计）、氢-氧库仑计（又称气体库仑计）等，其中氢-氧库仑计结构简单、使用方便，目前被广泛采用。

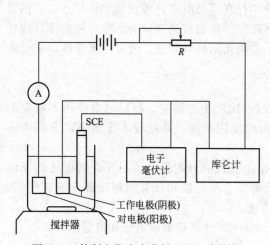

图 6-31　控制电位库仑分析法的基本装置

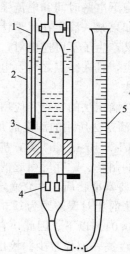

图 6-32　氢-氧库仑计
1—温度计；2—水夹套；3—电解液；
4—铂电极；5—量气管

氢-氧库仑计是依据电解过程所产生的气体体积来测定电量的，在测量 10C 以上电量时，误差为±0.1%。其结构如图 6-32 所示，它由一支带有活塞和两支铂电极的玻璃管（电解管）与一支带刻度的量气管以橡皮管连接而成。电解管内充以 0.5mol/L K_2SO_4 和 Na_2SO_4 溶液，管外装有恒温水套。当有电流通过时，阳极上析出氧气，阴极上析出氢气。电解前后，量气管中的液面之差就是氢、氧气体的总体积。在标准状态下，每库仑电量析出 0.1739mL 氢、氧混合气体。设析出混合气体的体积为 V mL（已校正至标准状态下），根据式(6-42)可得待测物 B 的质量 m_B 为：

$$m_B = \frac{VM_B}{0.1739 \times 96487n} = \frac{VM_B}{16779n} \text{ (g)} \tag{6-43}$$

式中，M_B 为待测物 B 的摩尔质量，g/mol。

（3）操作注意事项

① 为保证电解时有100%的电流效率，在进行控制电位库仑分析前，一般先向试液中通

入几分钟氮气,以驱除试液中的溶解氧。

② 在加入试样前,先在比测定时-0.4～0.3V 的阴极电位下,对电解液进行预电解,直至电流降至本底值(即残余电流值,一般为 1mA)为止,以除去电解液中可能存在的杂质。

③ 在电解时,将阴极电位调到待测物质的析出电位值,在不切断电流的情况下,加入一定体积的试液,然后在控制阴极电位下电解至本底电流值,以免副反应发生。

(4) 控制电位库仑分析法的特点和应用

① 不需要基准物质,灵敏度和准确度均较高,最低能测定至 0.01μg 级的物质,相对误差为 0.1%～0.5%。

② 控制电位库仑分析法不要求待测物质在电极上沉积为金属或难溶物,因此可用于测定进行均相电极反应的物质,特别适用于有机及生化分析,如三氯乙酸、血清中尿酸等的测定。

③ 应用广泛。已应用于 50 多种无机元素的测定,如氢、氧、卤素等非金属,锂、钠、铜、银、金、铂族元素等金属,镅、锕和稀土元素,以及放射性元素铀和钚等。此外,它还可用于测定一些阴离子,如 AsO_3^{3-} 等,研究电极反应的机理及测定电极反应中的电子转移数等。

④ 控制电位库仑分析法的缺点有仪器装置较复杂,杂质的影响不容易消除,电解所需时间较长(一般要 40～60min)。

6.6.5 微库仑分析法

(1) 方法原理 微库仑分析法又称为动态库仑分析,它既不是控制电位的方法,也不是控制电流的方法。但是微库仑分析法与库仑滴定法相似,也是由电生滴定剂来滴定待测物质,但在滴定的过程中,电流的大小是随滴定的程度而变化的,所以又称为动态库仑滴定。它是在预先含有滴定剂的滴定池中加入一定量的被滴定物质后,由仪器本身完成从开始滴定到滴定完成的整个过程。随着库仑滴定技术的发展,微库仑分析法已成为一种微量和超微量分析的库仑分析新技术。

其工作原理如图 6-33 所示。在滴定池(电解池)内放入电解质溶液和两对电极,一对为指示电极和参比电极,另一对为工作电极和辅助电极(或称电解

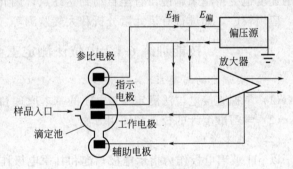

图 6-33 微库仑分析原理示意图

电极)。在待测物进入滴定池前,滴定池内电解质溶液已电解产生了一定浓度的微量滴定剂,指示电极对滴定剂有响应,建立了一定的电极电位 $E_{指}$,$E_{指}$ 为定值。偏压源提供的偏压 $E_{偏}$ 与 $E_{指}$ 大小相同,方向相反,两者之差 $\Delta E=0$,此时电路上的放大器输入为零,因而放大器输出也为零,处于平衡状态。当试液进入电解池,由于试液中待测组分与电生滴定剂发生反应,使滴定剂浓度降低,$\Delta E \neq 0$,放大器中就有电流输出,此时工作电极开始电解,生成滴定剂。随着电解的进行,滴定渐趋完成,直至滴定剂的浓度又逐渐恢复到开始滴定前的浓度,ΔE 也随之恢复为零,电解自动停止,则不再有滴定剂产生,指示终点到达。在滴定过程中,利用电子积分记录仪直接记录滴定所耗电量,根据法拉第电解定律即可求出进入滴定池中待测组分的含量。

(2) 微库仑仪的基本组成 微库仑仪是由微库仑放大器、滴定池和电解系统组成的"零

平衡"式闭环负反馈系统,一般配有以下主要部件。

① 裂解管和裂解炉　测定前,样品中的待测组分(如 C、S、N、P、Cl 等)必须先通过裂解反应转化为能与电生滴定剂起反应的物质。裂解反应一般分为氧化法和还原法,在石英裂解管中进行。氧化法是样品与 O_2 混合燃烧后生成氧化物(如 CO_2、H_2O、SO_2、SO_3、NO、NO_2、P_2O_5 等)后再进入滴定池。还原法是样品在 H_2 存在下,通过裂解管中镍或钯催化剂而被还原(如还原为 CH_4、H_2O、H_2S、NH_3、HCN、PH_3 等),然后再进入滴定池。

裂解炉是专供加热裂解管的高温管式炉。

② 滴定池　滴定池是仪器的心脏。池内放有一对电解电极和一对指示电极,池内待测组分与电生滴定剂反应,同时由库仑放大器输出的电压加到电解电极对上,使电解电极产生相应的电流,从而又产生出一定量的电生滴定剂。

③ 微库仑放大器　微库仑放大器是一个电压放大器,其放大倍数在数十至数千倍之间可调。由指示电极对产生的信号与外加偏压源反向串联后加到微库仑放大器的输入端,放大器输出端加到滴定池的电解电极对上,使之产生对应的电流流过滴定池,电解产生出滴定剂。微库仑放大器的输出同时输入到记录仪和积分仪。

④ 进样器　液体样品多采用微量注射器进样,裂解管入口处有供进样用的耐热硅橡胶密封垫。气体样品可用压力注射器。固体或黏稠液体样品可用样品舟进样。

⑤ 记录仪和积分仪　微库仑放大器的输出信号可用记录仪记录电流-时间曲线,此曲线所包围的面积即为消耗的电量,可用电子积分仪显示积分结果。

(3) 微库仑分析法的应用　微库仑分析法除了具有控制电位库仑分析和控制电流库仑分析的优点外,由于在微库仑滴定中,靠近滴定终点时,ΔE 变得越来越小,则电解产生滴定剂的速度也变得越来越慢,直至自动到达终点,因此,该法更容易确定滴定终点,准确度较高,应用较广,如进行有机元素分析和大气监测等。

技能训练 6-1　电位法测定工业循环冷却水的 pH

(一) 实训目的与要求

(1) 掌握直接电位法测定溶液 pH 的基本原理和方法。

(2) 学习酸度计的校正和使用方法。

(二) 基本原理

以 pH 玻璃电极作为指示电极,饱和甘汞电极作为参比电极,与标准缓冲溶液或试液分别组成如下工作电池:

$$\text{pH 玻璃电极}|\text{标准缓冲溶液}(\text{pH}_s)\text{或试液}(\text{pH}_x)\|\text{SCE}$$

则 25℃时,

$$E = \varphi_{SCE} - \varphi_{玻} = \varphi_{SCE} - K + 0.0592\text{pH} = k' + 0.0592\text{pH}$$

式中,k' 在一定实验条件下是常数,但不能准确测定或计算得到。在实际测量中应根据 pH 的实用定义 [见式(6-30)],采用直接比较法来测定溶液的 pH,即先将电极对插入已知 pH_s 的标准缓冲溶液中,通过调节酸度计上的"定位"旋钮使仪器显示出该标准缓冲溶液在测量温度下的 pH_s 值而消除 k' 值,即进行酸度计的校正。然后再将电极对浸入试液中,仪器将直接显示试液的 pH。

在 25℃时,pH 玻璃电极的响应斜率为 0.0592(V/pH),酸度计就按此间隔进行分度,因此为保证在不同温度下的测量精度,必须进行温度和斜率补偿。

电位法测定溶液的 pH 比用 pH 试纸更加精确,其测量准确度取决于标准缓冲溶液 pH_s

的准确度、两电极及酸度计的性能。

（三）仪器与试剂

1. 仪器

pHS-3F 型酸度计（或其他类型精密酸度计）；pH 复合电极（或 231 型 pH 玻璃电极和 232 型饱和甘汞电极）；温度计。

2. 试剂

（1）pH＝4.00 标准缓冲溶液：称取在 110℃下干燥过 1h 的邻苯二甲酸氢钾 2.56g，用无 CO_2 的水溶解并稀释至 250mL。贮于用所配溶液荡洗过的聚乙烯试剂瓶中，贴上标签。

（2）pH＝6.86 标准缓冲溶液：称取已于（120±10）℃下干燥过 2h 的磷酸二氢钾 0.850g 和磷酸氢二钠 0.890g，用无 CO_2 水溶解并稀释至 250mL。贮于用所配溶液荡洗过的聚乙烯试剂瓶中，贴上标签。

（3）pH＝9.18 标准缓冲溶液：称取 0.96g 四硼酸钠，用无 CO_2 水溶解并稀释至 250mL。贮于用所配溶液荡洗过的聚乙烯试剂瓶中，贴上标签。

注：亦可使用"成套 pH 缓冲剂"袋装产品来配制标准缓冲溶液。

（4）广泛 pH 试纸。

3. 试液　酸性、碱性试液各一份。

（四）实训步骤

1. 酸度计的准备

通电预热 20min，检查酸度计的零点。置选择按键于"mV"位置，电极暂不插入输入座，若仪器显示不为"000"，则可调节调零电位器使仪器显示为正或负的"000"，然后再锁紧电位器。

2. 电极的处理和安装

将在 3mol/L KCl 溶液中浸泡活化 24h 的 pH 复合电极安装在酸度计的电极架上，电极引线柱插入仪器输入座。用蒸馏水清洗电极外部，并用滤纸吸干外壁水分。

3. 校正酸度计（二点校正法）

① 将选择按键置"pH"位置。取一洁净塑料试杯（或 100mL 烧杯）用 pH＝6.86（25℃时）的标准缓冲溶液荡洗三次，倒入 50mL 左右该标准缓冲溶液。用温度计测量标准缓冲溶液的温度，调节"温度"调节器，使仪器显示为测得的温度值。

② 将电极插入该标准缓冲溶液中，轻摇试杯，促使电极平衡。

注意！电极不要触及杯底，插入深度以溶液浸没玻璃球泡为限。

③ 将"斜率"调节器顺时针旋足，调节"定位"调节器，使仪器显示为此温度下该标准缓冲溶液的 pH。然后将电极取出，移去试杯，用蒸馏水清洗电极，并用滤纸吸干。

④ 另取一洁净试杯，用另一种与待测试液 pH 相接近的标准缓冲溶液荡洗三次后，倒入 50mL 左右该标准缓冲溶液。将电极插入该标准缓冲溶液中，轻摇试杯，使电极平衡。调节"斜率"调节器，使仪器显示为此温度下该标准缓冲溶液的 pH。

重复进行"定位"和"斜率"校正，直至仪器读数与标准缓冲溶液的 pH 相差不超过 0.02pH。

注意！校正后的仪器即可用于测量待测溶液的 pH，但测量过程中不应再动"定位"和"斜率"调节器，若不小心碰动了"定位"或"斜率"调节器，应按①～④步骤重新校正。

4. 测量待测试液的 pH

① 移去标准缓冲溶液，清洗电极，并用滤纸吸干。取一洁净试杯，用待测试液荡洗三次后，倒入 50mL 左右试液。用温度计测量试液的温度，并将仪器调节至此温度值。

注意！待测试液的温度应与标准缓冲溶液温度相同或接近。若温度差别较大，则应等待温度相近时再测量。

② 将电极插入待测试液中，轻摇试杯，促使电极平衡。待仪器读数稳定后，记录待测试液的 pH。平行测定两次。

③ 按步骤（3）、（4）测量另一待测试液的 pH。

注意！若两份待测试液的 pH 相差大于 3，则必须重新再用另一个与待测试液 pH 相近的标准缓冲溶液进行校正，若相差小于 3，一般不需重新校正。

5. 实训结束工作

关闭酸度计电源，拔出电源插头。取出 pH 复合电极，用蒸馏水洗净后，将电极保护帽和橡皮套套上。清洗试杯，晾干后妥善保存。整理工作台，罩上仪器防尘罩，填写仪器使用记录。

（五）注意事项

（1）酸度计的输入端（即指示电极插座）必须保持干燥清洁。仪器不用时，将 Q9 短路插头插入插座，防止灰尘及水汽浸入。读数时电极引入导线和溶液应保持静止，否则会引起仪器读数不稳定。

（2）由于待测试样的 pH 受空气中 CO_2 等因素的影响，因此在采集试样后应立即测定，不宜久存。

（3）保证用电安全，合理处理实验废液、废渣。

（六）数据记录、处理与结论

（1）列表记录仪器校正、测量条件和测量的实验数据。

（2）分别计算各试液 pH 的平均值和平行测定偏差。

（3）得出结论，并分析测定误差的来源和减免方法。

（七）思考题

（1）酸度计测 pH 时，为什么要用标准缓冲溶液校正仪器？为什么要进行温度补偿？

（2）测量过程中，读数前轻摇试杯起什么作用？读数时是否还要继续摇晃溶液？为什么？

技能训练 6-2　氟离子选择性电极法测定生活饮用水中氟的含量

（一）实训目的与要求

（1）掌握离子选择性电极法测定氟离子含量的基本原理和常用定量方法；

（2）学习酸度计或离子计的使用方法。

（二）基本原理

离子选择性电极法测定溶液中待测离子浓度时，必须保持试液和标准溶液的总离子强度相一致，使溶液中待测离子的活度系数恒定。因此，在实际测量中，需向标准溶液和待测试液中加入相同量的 TISAB。同时，也维持试液和标准溶液在适宜的 pH 范围内，掩蔽干扰离子，以保证测量的准确度。

在测定溶液中 F^- 浓度时，以氟电极作为指示电极，饱和甘汞电极作为参比电极，与标准溶液或试液分别组成如下工作电池：

$$SCE \parallel 标准溶液(c_s)或试液(c_x) | pF 电极$$

在同一实验条件下，用精密毫伏计分别测量各电池的电动势，25℃时：

$$E = \varphi_{F^-} - \varphi_{SCE} = K' - 0.0592 \lg c_{F^-} - \varphi_{SCE} = k' - 0.0592 \lg c_{F^-}$$

式中，k' 在一定实验条件下是常数。可见，E 与 c_{F^-} 的关系符合能斯特方程式，常用标准曲线法或标准加入法进行定量测定。氟电极对 F^- 的线性响应范围是 $5\times(10^{-7}\sim10^{-1})$ mol/L。

（三）仪器与试剂

1. 仪器

PXD-12 型数字式离子计（或其他型号离子计、精密酸度计）；氟电极；饱和甘汞电极；电磁搅拌器。

2. 试剂

（1）1.000×10^{-1} mol/L F^- 标准贮备液：准确称取基准 NaF(120℃烘 1h) 4.199g，溶于 1000mL 容量瓶中，用蒸馏水稀释至刻度，摇匀。贮于聚乙烯瓶中待用。

（2）总离子强度调节缓冲液（TISAB）：称取氯化钠 58g，柠檬酸钠 10g 溶于 800mL 蒸馏水中，再加冰乙酸 57mL，用 6mol/L NaOH 溶液调至 pH 为 5.0～5.5，然后稀释至 1000mL。

（3）试液：含 F^- 自来水样。

（四）实训步骤

（1）电极的准备

① 氟电极的准备（参照 6.3.4 节）：氟电极在使用前，宜在 10^{-3} mol/L 的 NaF 溶液中浸泡活化 1～2h，再用蒸馏水反复清洗，直到空白电位值为 |300|mV 左右（此值各支电极不同），即可正常使用。注意防止电极晶片与硬物碰擦。测量前，让电极晶片朝下，轻击电极杆，以排除晶片上可能附着的气泡。

② 饱和甘汞电极的准备（参照 6.2.3 节）：取下电极下端口和上侧加液口的小胶帽，检查电极内充饱和 KCl 溶液的液位、底端的 KCl 晶体、玻璃弯管处的气泡、电极下端陶瓷芯毛细管的畅通等情况，进行适当处理。

（2）仪器的准备和电极的安装 按仪器说明书，通电，预热 20min。用蒸馏水清洗氟电极和饱和甘汞电极外部，并用滤纸吸干外壁水分后，安装在电极架上，电极引线接入仪器对应插座。注意两支电极不要彼此接触，也不要碰到杯底或杯壁。

（3）标准曲线法测定水样中氟的含量

① 标准系列溶液的配制 准确移取 1.000×10^{-1} mol/L 的 F^- 标准贮备液 10.00mL，置于 100mL 容量瓶中，加入 TISAB 10mL，用蒸馏水稀释至刻度，摇匀，制得 1.000×10^{-2} mol/L 的 F^- 标准溶液。

再准确移取 1.000×10^{-2} mol/L 的 F^- 标准溶液 10.00mL 置于另一 100mL 容量瓶中，加入 TISAB 9mL，用蒸馏水稀释至刻度，摇匀，制得 1.000×10^{-3} mol/L 的 F^- 标准溶液。

以此类推，以逐级稀释法再依次配制 1.000×10^{-4} mol/L、1.000×10^{-5} mol/L、1.000×10^{-6} mol/L 的 F^- 标准溶液。

② 标准系列溶液电动势的测定 将适量标准系列溶液（浸没电极的晶片即可）由低浓度到高浓度依次转入 5 只洁净的塑料烧杯中，插入氟电极和饱和甘汞电极，放入搅拌子。启动搅拌器，搅拌 2min，静置 1min，待电位稳定后，分别读取标准系列溶液的电位值 E（mV），并记录。

测完一系列标准溶液后，将电极清洗至原空白电位值，准备测定待测试液的电位值。

注意！读数时应停止搅拌；重复测定 2 次，并取读数的平均值作为最终测定值。

③ 水样的配制及其电动势的测定 准确移取自来水水样 20.00mL 于 100mL 容量瓶中，加入 10mLTISAB，用蒸馏水稀释至刻度，摇匀，然后转入一干燥的塑料烧杯中，插入电极。搅拌后，在相同的条件下读取电位值 E_x（此溶液别倒掉，留作下步实验用），并记录。

平行测定两次。

（4）标准加入法测定水样中氟的含量　在上述实验步骤③测得水样电位值 E_x 后的溶液中，准确加入 1.00mL 浓度为 $1.000×10^{-4}$ mol/L 的 F^- 标准溶液。搅拌后，在相同条件下测定电位值 E_1（若读得电位值变化 ΔE 小于 20mV，则应使用 $1.000×10^{-3}$ mol/L 的 F^- 标准溶液，此时实验应重新开始），并记录。平行测定两次。

（5）实训结束工作　用蒸馏水清洗电极数次，直至接近空白电位值，晾干后保存于电极盒中，若间歇使用可继续浸泡在水中。关闭仪器电源，清洗试杯，晾干后妥善保存。整理工作台，罩上仪器防尘罩，填写仪器使用记录。

（五）注意事项

（1）测量时，应按溶液浓度从稀到浓的顺序进行。每次测定前要用待测试液清洗电极和搅拌子，或将电极和搅拌子用蒸馏水清洗后，用滤纸擦干，再放入试液中。

（2）每测完一份试液后，都应用蒸馏水清洗至空白电位值，再测定下一份试液，以免影响测量的准确度。

（3）由于电极电位在搅拌和静止时的读数不同，测定过程中应保持读数状态一致。

（4）测定过程中，搅拌溶液的速度应保持恒定。

（5）保证用电安全，合理处理实验废液、废渣。

（六）数据记录、处理与结论

（1）列表记录仪器测量条件和测量的实验数据。

（2）以测得的 F^- 标准系列溶液的电位值 E(mV) 为纵坐标，以 $-\lg c_{F^-}$（pF）为横坐标，绘制标准曲线。在标准曲线上，由 E_x 值查出水样中 F^- 的浓度，并换算为原水样中 F^- 的含量（以 mg/L 表示），求出两次平行测定结果的平均值和相对平均偏差。同时，从标准曲线的线性部分求出该氟电极的实际响应斜率，计算回归方程和相关系数 γ，以检验工作曲线的线性，一般要求 $\gamma>0.995$。

（3）根据标准加入法近似计算公式(6-37)，计算水样中 F^- 的浓度，并换算为原水样中 F^- 的含量（以 mg/L 表示），求出两次平行测定结果的平均值和相对平均偏差。

（4）比较和评价标准曲线法和标准加入法的测定结果。

（5）得出结论，并分析测定误差的来源和减免方法。

（七）思考题

（1）为什么要加入总离子强度调节缓冲液？

（2）在测量前，氟电极和饱和甘汞电极应如何处理才能达到要求？

（3）测量 F^- 标准系列溶液的电位值时，为什么要按由稀到浓的测定顺序？

技能训练 6-3　重铬酸钾电位滴定法测定水溶液中亚铁离子的含量

（一）实训目的与要求

（1）掌握电位滴定法用于氧化还原滴定分析的基本原理与实验方法。

（2）学会组装电位滴定装置。

（二）基本原理

电位滴定法是用于氧化还原滴定分析最理想的方法。以 $K_2Cr_2O_7$ 法测定水溶液中 Fe^{2+} 含量的反应为：

$$Cr_2O_7^{2-} + 6Fe^{2+} + 14H^+ \longrightarrow 2Cr^{3+} + 6Fe^{3+} + 7H_2O$$

因此，可利用铂电极作为指示电极，饱和甘汞电极作为参比电极，与待测溶液组成工作电池。在滴定过程中，由于滴定剂（$Cr_2O_7^{2-}$）的加入，待测离子氧化态（Fe^{3+}）与还原态

（Fe^{2+}）的活度之比发生变化，从而引起铂电极的电位也发生变化，在化学计量点附近产生电位突跃，即可利用作图法或二阶微商计算法确定滴定终点。

（三）仪器与试剂

1. 仪器

PXD-12型数字式离子计（或其他型号离子计、精密酸度计）；铂电极；饱和甘汞电极；电磁搅拌器；滴定管；移液管。

2. 试剂

(1) $c\left(\frac{1}{6}K_2Cr_2O_7\right)=0.1000mol/L$ 重铬酸钾标准滴定溶液：准确称取在120℃烘干的 $K_2Cr_2O_7$ 基准试剂4.9033g，用蒸馏水溶解，移入1000mL容量瓶中，稀释至刻度，摇匀。

(2) H_2SO_4-H_3PO_4 混合酸（1+1）。

(3) 邻苯氨基苯甲酸指示液 2g/L。

(4) $w(HNO_3)=10\%$ 硝酸溶液。

3. Fe^{2+} 试液

称取 27.8g$(NH_4)_2Fe(SO_4)_2$ 溶于水中，加入硫磷混酸 5mL，转移至 1000mL 容量瓶中，稀释至刻度。

（四）实训步骤

(1) 电极与仪器的准备

① 铂电极的预处理　将铂电极浸入热的 $w(HNO_3)=10\%$ 硝酸溶液中数分钟，取出用水洗净，再用蒸馏水冲洗后，置仪器电极夹上。

② 饱和甘汞电极的准备　按实验 6.7.2 中的相同方法准备，置仪器电极夹上。将电极对正确连接于毫伏计上。

③ 在滴定管中加入重铬酸钾标准滴定溶液，将液面调至 0.00 刻线，置仪器滴定管夹上。

④ 开启仪器电源，预热 20min，并将仪器调至工作状态。

(2) 试液中 Fe^{2+} 含量的测定　移取 25.00mL 试液于 250mL 的高型烧杯中，加入硫磷混酸 10mL，稀释至约 50mL。加入 1 滴邻苯氨基苯甲酸指示液，放入洗净的搅拌子，将烧杯放在搅拌器上，插入电极对。首先进行一次预滴定，了解滴定终点的大致范围，观察终点颜色变化和对应的电位值。

另取一份试液进行正式滴定。开启搅拌器，将选择开关置"mV"位置，记录溶液的初始电位值，然后滴加 $K_2Cr_2O_7$ 标准滴定溶液，待电位稳定后读取电位值 $E(mV)$ 和滴定剂加入体积 $V(mL)$。在滴定开始时，每加 5mL 标准滴定溶液记录一次，然后依次减少到加入 1.0mL、0.5mL 后记录。在化学计量点附近（电位突跃前后 1mL 左右）每加 0.1mL 记录一次，过化学计量点后再每加 0.5mL、1mL 记录一次，直至电位变化不大为止。观察、记录溶液颜色变化和对应的电位值及滴定体积。平行测定三次。

(3) 实训结束工作　关闭仪器和搅拌电源，清洗滴定管、电极、烧杯并妥善保存。整理工作台，罩上仪器防尘罩，填写仪器使用记录。

（五）注意事项

(1) 滴入滴定剂后，应继续搅拌至仪器显示的电位值基本稳定，然后停止搅拌，放置至电位值稳定后，再读数。

(2) 滴定速度不宜过快。

(3) 保证用电安全，合理处理实验废液、废渣。

(六) 数据记录、处理与结论

(1) 列表记录仪器测量条件和测量的实验数据。

(2) 计算 $\Delta E/\Delta V$、$\Delta^2 E/\Delta V^2$，分别用 E-V 曲线法、$\Delta E/\Delta V$-$\overline{V}$ 曲线法和二阶微商计算法确定滴定终点。以二阶微商计算法确定的滴定终点体积（V_{ep}）计算试液中 Fe^{2+} 的质量浓度（以 g/L 表示），并求出三次平行测定结果的平均值和相对平均偏差。

(3) 比较 E-V 曲线法、$\Delta E/\Delta V$-$\overline{V}$ 曲线法和二阶微商计算法确定滴定终点的优缺点。

(4) 得出结论，并分析测定误差的来源和减免方法。

(七) 思考题

(1) 比较本实验采用的指示剂法和电位滴定法指示滴定终点的优缺点。

(2) 试比较直接电位法和电位滴定法的特点。为什么电位滴定法更准确？

(3) 氧化还原电位滴定为什么可以用铂电极作为指示电极？在滴定前为什么也能测得一定的电位？

技能训练 6-4　乙酸电离常数的测定

(一) 实训目的与要求

1. 掌握电位分析法测定一元弱酸离解常数的方法。
2. 掌握确定电位滴定终点的方法。
3. 学会使用 ZD-2 型自动电位滴定计。

(二) 基本原理

用电位分析法测定弱酸离解常数 K_a，用玻璃电极、饱和甘汞电极和待测试液组成下列原电池：

$$Ag | AgCl, 0.1 mol/L | 玻璃膜 | 试液 \| KCl(饱和), Hg_2Cl_2 | Hg$$

试液的 pH 由下式表示：

$$pH = pH_s + \frac{E - E_s}{0.059}$$

式中，pH_s 为标准缓冲溶液的 pH；E、E_s 分别为以待测试液和标准缓冲溶液组成原电池的电动势。

因此测定时，先用标准缓冲溶液定位，然后用 NaOH 标准溶液滴定弱酸溶液，滴定过程中溶液的 pH 直接在 pH 计上读出。

若以 pH 对滴定体积 V、$\frac{\Delta H}{\Delta V}$ 对 V 以及 $\frac{\Delta^2 pH}{\Delta V^2}$ 对 V 作图，可以求出滴定终点，或用二级微商法算出终点体积。

根据终点体积可计算弱酸的原始浓度，进而计算终点时弱酸盐的浓度 $c_{盐}$。

弱酸的 K_a 由下式计算：

$$[OH^-] = \sqrt{K_b c_{盐}} = \sqrt{\frac{K_w}{K_a} c_{盐}}$$

则

$$K_a = \frac{K_w c_{盐}}{[OH^-]^2}$$

(三) 仪器与试剂

1. 仪器

ZD-2 型自动电位滴定计一套；pH 玻璃电极及饱和甘汞电极各一支。

2. 试剂

(1) 0.1000mol/L NaOH 标准溶液；

(2) 0.1000mol/L 一元弱酸，如乙酸等；

(3) 0.05mol/L 混合磷酸盐标准缓冲溶液（pH＝6.88，20℃）；

(4) 0.05mol/L 邻苯二甲酸氢钾溶液（pH＝4.00，20℃）。

（四）操作步骤

(1) 仪器的选择开关处于 pH 挡，将 pH＝4.00（20℃）的标准缓冲溶液置于 100mL 烧杯中，放入搅拌子，并使两支电极浸入标准缓冲溶液中，开动搅拌器，进行定位。再以 pH＝6.88（20℃）的标准缓冲溶液校核，所得读数与测量温度下该缓冲溶液的标准值 pH 之差应在 ±0.05 单位之内。

(2) 准确移取 25.00mL 0.1000mol/L 一元弱酸溶液至一干净的 50mL 烧杯中。摘去饱和甘汞电极的橡皮帽，并检查内电极是否浸入饱和 KCl 溶液中，如未浸入，应补充饱和 KCl 溶液。在电极架上安装好玻璃电极及饱和甘汞电极，并使饱和甘汞电极稍低于玻璃电极，以防止烧杯底碰坏玻璃电极薄膜。烧杯置于滴定装置的搅拌器上，将电极架下移，使 pH 玻璃电极和饱和甘汞电极插入试液。由碱式滴定管逐渐滴加 0.1000mol/L NaOH 标准溶液，并在搅拌的条件下读取 pH。刚开始滴定时 NaOH 溶液可多加一些，然后逐渐减少，接近终点时每次加 0.1mL。

(3) 用二级微商法算出终点 pH 后，可用 ZD-2 型自动电位滴定计进行自动滴定。

（五）结果与讨论

1. 在坐标纸上绘制 pH-V、$\frac{\Delta H}{\Delta V}$-$V$、$\frac{\Delta^2 pH}{\Delta V^2}$-$V$ 的曲线，并从图上找出终点体积。

2. 根据有关公式计算出终点体积 $V_终$ 和终点 pH，并把它换算为 [OH^-]。

3. 由终点体积计算一元弱酸的原始浓度及弱酸盐的浓度 $c_盐$。

4. 计算弱酸的离解常数 K_a。

5. 用测得的 K_a 与文献值比较，如有差异，说明原因。

（六）注意事项

1. 玻璃电极使用时必须小心，以防损坏。

2. 新的或长期未用的玻璃电极使用前应在蒸馏水或稀 HCl 中浸泡 24h。

（七）思考题

1. 测定未知溶液的 pH 时，为什么要用 pH 标准缓冲溶液进行校准？

2. 用 NaOH 溶液滴定 H_3PO_4 溶液，滴定曲线形状如何？怎样计算 K_{a_1}、K_{a_2}、K_{a_3}？

技能训练 6-5　库仑滴定法测定硫代硫酸钠的浓度

（一）实训目的与要求

1. 了解库仑滴定法测定 $Na_2S_2O_3$ 浓度的基本原理和永停终点法的实验方法。

2. 学会库仑滴定法的结果计算方法。

（二）基本原理

在酸性介质中，以 0.1mol/L KI 在 Pt 阳极上电解产生电生滴定剂 I_2 来滴定 $S_2O_3^{2-}$，其滴定反应为：

$$I_2 + 2S_2O_3^{2-} = 2I^- + S_4O_6^{2-}$$

可用永停法指示终点，测量电解时间和通入的电流强度，根据法拉第电解定律即可计算 $Na_2S_2O_3$ 的浓度。

（三）仪器与试剂

1. 仪器

库仑滴定仪或自制控制电流库仑滴定装置一套；4支铂片电极；秒表。

2. 试剂

0.1mol/L KI 溶液（称取 1.7gKI 溶于 100mL 蒸馏水中）；$w(HNO_3)=10\%$ 硝酸溶液。

3. $Na_2S_2O_3$ 试液。

（四）实训步骤

（1）铂电极的预处理　用热的 $w(HNO_3)=10\%$ 硝酸溶液浸泡铂电极几分钟，取出用水洗净，再用蒸馏水冲洗后，待用。

（2）连接仪器装置　参照图 6-29 或仪器说明书连接仪器线路。Pt 工作电极接恒流电源的正端；Pt 辅助电极接负端，并将它安装在玻璃保护套筒中。

注意！电极的极性切勿接错，若接错必须仔细清洗电极。

（3）调节仪器进行"预滴定"。

① 在电解池中加入 5mL 0.1mol/L KI 溶液，放入搅拌子，插入 4 支 Pt 电极，并加入适量蒸馏水恰好浸没电极，玻璃保护套筒中也加入适量 KI 溶液。

② 以永停终点法指示终点，并调节加在 Pt 指示电极上的直流电压为 50~100mV。

③ 开启库仑滴定仪恒流电源开关，调节电解电流为 1.00mA，此时 Pt 工作电极上有 I_2 产生，回路中有电流显示（若使用检流计，则其光点开始偏转），此时立即用滴管滴加几滴稀 $Na_2S_2O_3$ 溶液，使电流回至原值（或检流计光点回至原点），并迅速关闭恒流电源开关（此步骤能将 KI 溶液中的还原性杂质除去，称为"预滴定"）。仪器调节完毕即可进行库仑滴定法的测定。

（4）$Na_2S_2O_3$ 试液的测定　准确移取 $Na_2S_2O_3$ 试液 1.00mL 于上述电解池中，开启恒流电源开关，库仑滴定开始，同时用秒表记录时间，直至电流显示器上有微小电流变化（或检流计光点慢慢发生偏转），立即关闭恒流电源开关，同时记录电解时间，完成一次测定。接着可进行第二次测定。平行测定三次。

（5）实训结束工作　关闭仪器和搅拌电源，清洗滴定管、电极、烧杯并妥善保存。整理工作台，罩上仪器防尘罩，填写仪器使用记录。

（五）注意事项

1. 玻璃保护套筒内应加入 KI 溶液，使 Pt 电极浸没。
2. 保证用电安全，合理处理实验废液、废渣。

（六）数据记录、处理与结论

1. 列表记录仪器测量条件和测量的实验数据。

2. 按下式计算 $Na_2S_2O_3$ 试液的浓度：

$$c(Na_2S_2O_3)=\frac{it}{96487V_{试}} \quad (mol/L)$$

式中，$V_{试}$ 为 $Na_2S_2O_3$ 试液的体积。同时求出三次平行测定结果的平均值和相对平均偏差。

3. 得出结论，并分析测定误差的来源和减免方法。

（七）思考题

1. 比较普通滴定分析法和库仑滴定法的优缺点，简述永停终点法指示滴定终点的原理。
2. 写出 Pt 工作电极和 Pt 辅助电极上的反应式。
3. 本实验中，玻璃保护套筒是将 Pt 阳极还是 Pt 阴极隔开？为什么？

技能训练 6-6 自动电位滴定法测定碘离子和氯离子含量及溶度积（开放性实训）

（一）实训目的与要求

1. 学习用自动电位滴定法测定 I^- 和 Cl^- 含量的基本原理和实验方法。
2. 学会安装和使用 ZD-2 型自动电位滴定仪，掌握自动电位滴定终点的确定方法。
3. 了解电位滴定法测定难溶盐溶度积常数的方法。
4. 提高综合素质，培养较强的学习能力，能灵活应用所学知识与技能解决实际问题，学会撰写专业小论文。

（二）基本原理

用 $AgNO_3$ 溶液可以一次取样连续滴定 Cl^-、Br^- 和 I^- 的含量。滴定时，由于 AgI 的溶度积（$K_{sp,AgI}=1.5\times10^{-16}$）小于 AgBr 的溶度积（$K_{sp,AgBr}=7.7\times10^{-13}$），所以 AgI 首先沉淀。随着 $AgNO_3$ 溶液的滴入，溶液中 $[I^-]$ 不断降低，而 $[Ag^+]$ 逐渐增大，当溶液中 $[Ag^+]$ 达到使 $[Ag^+][Br^-]\geqslant K_{sp,AgBr}$ 时，AgBr 开始沉淀。如果溶液中 $[Br^-]$ 不是很大，则 AgI 几乎沉淀完全时，AgBr 才会开始沉淀。同理，AgCl 的溶度积 $K_{sp,AgCl}=1.56\times10^{-10}$，当溶液中 $[Cl^-]$ 不是很大时，AgBr 几乎沉淀完全后 AgCl 才开始沉淀。这样就可以在一次取样中连续分别测定 I^-、Br^- 和 Cl^- 的含量。若 I^-、Br^- 和 Cl^- 的浓度均为 1mol/L，理论上各离子的测定误差小于 0.5%。滴定曲线如图 6-34 所示。然而在实际滴定中，当进行 Br^- 与 Cl^- 的混合物滴定时，AgBr 沉淀往往引起 AgCl 共沉淀，所以 Br^- 的测定值偏高，而 Cl^- 的测定值偏低，准确度差，相对误差只能达到 1%～2%。不过 Cl^- 与 I^- 或 I^- 与 Br^- 的混合物滴定却可以获得较准确的结果。

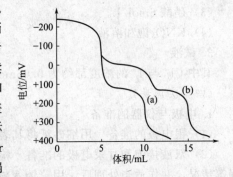

图 6-34 Ag^+ 滴定卤素混合离子的滴定曲线
(a) Ag^+ 滴定 Cl^-、I^-；
(b) Ag^+ 滴定 Cl^-、Br^-、I^-

本实验以 $AgNO_3$ 标准滴定溶液滴定 Cl^- 与 I^-（以 X^- 表示）的混合液，指示电极采用银电极（也可用 Ag^+ 或 X^- 离子选择性电极），参比电极采用 217 型双液接饱和甘汞电极（外盐桥管内充入饱和 KNO_3 溶液），与待测试液组成如下工作电池：

$$SCE \parallel 试液(c_x) | Ag 电极$$

在同一实验条件下，25℃时，其电池电动势为：

$$E=\varphi_{Ag^+}-\varphi_{SCE}=K'+0.0592\lg[Ag^+]-\varphi_{SCE}=k'+0.0592\lg[Ag^+]$$

$$K_{sp,AgI}=[Ag^+][I^-]$$

$$E=k'+0.0592\lg\frac{K_{sp,AgI}}{[I^-]}=k''-0.0592\lg[I^-]$$

式中，k'、k'' 在一定实验条件下是常数。可见，E 与 $[Ag^+]$ 或 $[I^-]$ 的关系符合能斯特方程式。

同理，当达到滴定终点时：$[Ag^+]=[X^-]=\sqrt{K_{sp}}$

代入滴定终点时的电池电动势 E_{ep} 为：$E_{ep}=k'+S\lg\sqrt{K_{sp}}$

式中，E_{ep} 可在滴定至终点时测得；k' 和 S 值可利用第二终点之后过量的 $[Ag^+]$ 与 E

的能斯特关系，通过绘制标准曲线而求得，直线的截距为 k'，斜率为 S。由此即可计算出被滴定物质难溶盐的 K_{sp}。

（三）仪器与试剂

1. 仪器

ZD-2 型自动电位滴定仪（或其他型号）；银电极；217 型双液接饱和甘汞电极；滴定管；移液管。

2. 试剂

（1）0.100mol/L $AgNO_3$ 标准滴定溶液：溶解 8.5g $AgNO_3$ 于 500mL 去离子水中，转入棕色试剂瓶，置暗处保存。准确称取 1.461g 基准 NaCl，置于小烧杯中，用去离子水溶解后转入 250mL 容量瓶中，加水稀释至刻度，摇匀。准确移取 25.00mL NaCl 标准溶液于锥形瓶中，加入 25mL 水，再加 1mL15% K_2CrO_4，在不断摇动下，用所配制的 $AgNO_3$ 溶液滴定至呈现砖红色即为终点。根据 NaCl 标准溶液的浓度和滴定至终点时所消耗 $AgNO_3$ 溶液的体积，计算出 $AgNO_3$ 溶液的准确浓度。

（2）$Ba(NO_3)_2$ 固体（或 KNO_3）。

（3）硝酸 6mol/L。

（4）KNO_3 饱和溶液。

3. 试液

其中 Cl^- 与 I^- 的浓度都约为 0.05mol/L。

（四）实训步骤

1. 电极与仪器的准备

（1）银电极的准备　用细砂纸将其表面擦亮后，用蒸馏水冲洗干净，置仪器电极夹上。

（2）双液接饱和甘汞电极的准备　检查饱和甘汞电极内液位、晶体、气泡及微孔砂芯渗漏等情况，并作适当处理后，用蒸馏水洗净，吸干外壁水分，套上装满饱和 KNO_3 溶液的外盐桥套管，并用橡皮圈扣紧，置仪器电极夹上。

（3）在滴定管内装入 0.100mol/L $AgNO_3$ 标准滴定溶液，将液面调至 0.00 刻线，置仪器滴定管夹上。

（4）参照 6.5.4 节或仪器说明书安装好仪器及电极，开启仪器电源，预热 20min，并将仪器调至工作状态。

2. 手动滴定求滴定终点电位 E_{ep1} 和 E_{ep2}

（1）移取 25.00mL 含 Cl^- 与 I^- 的试液于 100mL 烧杯中，加入 10mL 蒸馏水，加几滴 6mol/L 硝酸和约 0.5g $Ba(NO_3)_2$ 固体（或 $2gKNO_3$）。插入电极对，放入洗净的搅拌子。

（2）仪器"pH/mV"开关置于"mV"，"功能"开关置"手动"，"设置"开关置"测量"。打开搅拌器开关，调节适当转速，待电位稳定后读取初始电位值。揿下"滴定开始"按钮，滴定灯亮，以 $AgNO_3$ 标准滴定溶液进行手动滴定操作。首先进行一次预滴定，以了解滴定终点的大致范围，观察终点电位值。

注意！每次滴定后，应将电极、烧杯及搅拌子清洗干净。

（3）另取一份试液进行正式滴定。每加 2.00mL $AgNO_3$ 标准滴定溶液，待电位稳定后读取电位值 $E(mV)$ 和 $AgNO_3$ 标准滴定溶液的加入体积 $V(mL)$。以后逐渐减少滴加体积，在两个化学计量点附近（电位突跃前后 1mL 左右）每加 0.05mL 记录一次。过化学计量点后再逐渐增大滴加体积，直至电位变化不大为止。绘制 $E-V$ 滴定曲线，并求出两个终点电位 E_{ep1} 和 E_{ep2}。平行测定两次，得到两个终点电位的平均值。

3. 自动滴定求 Cl^- 与 I^- 的含量

（1）另取一份试液进行自动滴定。置仪器"pH/mV"开关于"mV"，"功能"开关置"自动"，"设置"开关置"终点"，调节"终点电位"旋钮使预定终点设定至第一终点 E_{ep1} 处。调节适当的预控点数值，再置"设置"开关于"测量"，打开搅拌器开关，调节适当转速。撤下"滴定开始"按钮，滴定灯亮，自动滴定开始。待滴定自动结束，读取 $AgNO_3$ 标准滴定溶液的消耗体积 V_{ep1}（mL）。

（2）将预定终点设定调节至第二个终点电位 E_{ep2} 处，继续自动滴定至第二个终点，读取 $AgNO_3$ 标准滴定溶液的消耗体积 V_{ep2}（mL）。

（3）平行测定三次。

4. 自行设计求 $K_{sp,AgI}$ 和 $K_{sp,AgCl}$ 的电位滴定实验方法，并进行实际测定。

5. 实训结束工作

关闭仪器和搅拌电源，清洗滴定管、电极、烧杯等器件，并妥善保存。整理工作台，罩上仪器防尘罩，填写仪器使用记录。

（五）注意事项

1. 卤化银沉淀易吸附溶液中的 Ag^+、X^- 等而带来误差，因此一般在试液中加入 KNO_3 或 $Ba(NO_3)_2$，由于卤化银沉淀可能吸附浓度较大的 K^+、Ba^{2+} 或 NO_3^- 而减小对 Ag^+、X^- 的吸附作用，进而减小测定误差。

2. 使用双液接饱和甘汞电极时，由于 Cl^- 不断渗入外盐桥，所以外盐桥内的 KNO_3 溶液不能长期使用，应在每次实验后将其倒掉、洗净、放干，在下次使用时再重新加入 KNO_3 溶液。

3. 银电极上黏附的沉淀物应用擦镜纸擦掉后再清洗干净。

4. 保证用电安全，合理处理实验废液、废渣。

（六）数据记录、处理与结论

1. 列表记录仪器测量条件和测量的实验数据。

2. 用手动滴定时 E-V 曲线法确定两个终点电位 E_{ep1} 和 E_{ep2}，并求出两次平行测定结果的平均值。

3. 用自动滴定时 $AgNO_3$ 标准滴定溶液的消耗体积 V_{ep1}、V_{ep2} 分别计算试液中 I^-、Cl^- 的含量（以 mg/L 表示），并求出三次平行测定结果的平均值和相对平均偏差。

4. 用设计实验数据求出 $K_{sp,AgI}$ 和 $K_{sp,AgCl}$。

5. 比较自动电位滴定法和普通电位滴定法的优缺点。

6. 得出结论，并分析测定误差的来源和减免方法，最后进行分析工作质量的自我评价，撰写专业小论文。

（七）思考题

1. 本实验中为什么要用双液接饱和甘汞电极而不用一般的饱和甘汞电极？使用双液接饱和甘汞电极时应注意什么？

2. 在滴定试液中加入 $Ba(NO_3)_2$ 的目的是什么？

3. 如果试液中 I^- 和 Cl^- 的浓度相同，当 $AgCl$ 开始沉淀时，AgI 还有百分之几没有沉淀？

4. 如果有 1.0mol/L 氨与 I^-、Cl^- 共存在滴定试液中，将会对上述滴定产生怎样的影响？

电化学分析法技能考核标准示例

电位法测定水样 pH 的考核标准及评分表

操作人：_____ 班级：_____ 学号：_____

考核项目	考核标准	记录	分值	扣分	备注
试杯的洗涤(5分)	规范		5		
电极预处理和安装(5分)	正确		5		
仪器预热(5分)	已预热		5		
试液pH的初测(5分)	正确、规范		5		不规范扣2分，未测扣5分
标准缓冲溶液的选择(6分)	正确		10		一次选择错误扣2分
温度调节与pH的调整(5分)	正确、规范		5		
更换试液时试杯的处理(5分)	正确		5		
文明操作(4分)	实验台面整洁有序，废液、纸屑等按规定处理		4		
原始记录(10分)	完整、及时、清晰、规范		5		
	真实、无涂改		5		
数据处理(8分)	计算正确		3		
	有效数字正确		5		
平行测定偏差(15分)	<1%		15		
	1%～2%		12		
	2%～3%		9		
	3%～5%		5		
	≥5%		0		
结果准确度(15分)	pH±0.01		15		
	pH±0.02		8		
	pH±0.03		0		
报告与结论(4分)	合理、完整、明确、规范		4		无结论扣10分
实验态度(4分)	认真、严谨		4		
完成时间(4分)	开始时间		4		每超5min扣1分，超20min此项以0分计
	结束时间				
	实用时间				
总分					

考评员：_____ 日期：_____

电位滴定法考核标准及评分表

操作人：_____ 班级：_____ 学号：_____

考核项目	考核标准	记录	分值	扣分	备注
容量瓶的使用(8分)	容量瓶使用前试漏	已试	1		
	容量瓶洗涤	合格	1		
	转移溶液操作	规范	1		
	稀释至总体积1/3～2/3时初步混匀	已摇匀	1		

第6章 电化学分析法（EM）

续表

考核项目	考核标准		记录	分值	扣分	备注
容量瓶的使用（8分）	稀释过程瓶塞	未盖		1		
	稀释至离刻度线0.5cm放置	已放置1~2min		1		
	稀释是否超过刻度线	正确		1		
	摇匀操作	规范		1		
移液管使用（10分）	移液管使用前洗涤	合格		1		
	移液前用所移溶液荡洗三次	已洗		1		
	吸液操作	熟练		1		
	调节液面前，液体高度距刻度线0.5cm	正确		1		
	调节液面前外壁擦干	已擦		1		
	调节液面前停留	已停		1		
	调节液面操作	熟练、规范		1		
	管尖是否有气泡	无		1		
	放液时管尖与容器位置为碰壁，并呈30°	正确		1		
	流尽后,停留15s后再取出	已停		1		
滴定前准备（14分）	仪器预热	已预热		2		
	仪器零点校正	已进行		1		
	滴定管清洗、润洗	正确		1		
	滴定管零刻度调节(静置、调零、残液处理)	正确		2		
	指示电极检查及预处理	正确		2		
	甘汞电极检查(液位、晶体、气泡、胶帽、瓷芯)	已检查		2		
	搅拌子放入方法	正确		1		
	滴定装置安装	正确		2		
	电极安装(浸入溶液高度,极性选择)	正确		1		
滴定测量（12分）	滴定操作(姿势,速度)	正确		2		
	搅拌速度	正确		2		
	终点附近滴定剂加入体积	正确		2		
	是否在停止搅拌、仪器数字显示稳定后读数	是		2		
	滴定管尖半滴溶液的处理	正确		2		
	是否有失败的滴定	无		2		
文明操作（4分）	实验过程台面	整洁有序		1		
	废液、纸屑等	按规定处理		1		
	实验后台面及试剂架	清理		1		
	实验后试剂、仪器放回原处	已放		1		

续表

考核项目	考核标准		记录	分值	扣分	备注
原始记录、数据处理及报告结果(12分)	原始记录	完整、规范		3		
	使用法定计量单位和有效数字	正确		3		
	计算方法和计算结果	正确		3		
	报告(完整、明确、清晰)	规范		3		无结论扣10分
结果评价(35分)	结果精密度(相对平均偏差)	<0.2%		15		
		0.2%~0.5%		12		
		0.5%~1%		8		
		1%~2%		4		
		≥2%		0		
	结果准确度	<0.5%		15		
		0.5%~1%		12		
		1%~2%		8		
		≥2%		4		
	完成时间(从称样到报出结果)	开始时间				每超5min扣1分,超20min此项以0分计
		结束时间		5		
		实用时间				
实验态度(5分)		认真、严谨		5		
总分						

考评员：_____ 日期：_____

思考题及习题

1. 名词解释题

电化学分析法，电位分析法，直接电位法，电位滴定法，参比电极，指示电极，辅助电极，不对称电位，液接电位，金属基电极，离子选择性电极，膜电位，TISAB，电位选择性系数，电极的响应时间，线性范围，检测限和斜率，迟滞效应，库仑分析法，法拉第电解定律，电生滴定剂，永停终点法。

2. 选择题

(1) 电位分析法中，指示电极的电位与待测离子的活（浓）度的关系是（　　）。
A. 无关　　　　　　　　　　　　B. 成正比
C. 与待测离子活（浓）度的对数成正比　　D. 符合能斯特方程

(2) 关于pH玻璃电极膜电位的产生原因，下列说法正确的是（　　）。
A. 氢离子在玻璃表面还原而传递电子
B. 钠离子在玻璃膜中移动
C. 氢离子穿透玻璃膜而使膜内外氢离子产生浓度差
D. 氢离子在玻璃膜表面进行离子交换和扩散的结果

(3) 离子选择性电极的电位选择系数可用于（　　）。
A. 估计电极的检测限　　　　　　B. 估计共存离子的干扰程度
C. 校正方法误差　　　　　　　　D. 估计电极的线性范围

(4) 在离子选择性电极法的测量中，需用电磁搅拌器搅拌溶液，其目的是（　　）。
A. 减小浓差极化　　　　　　　　B. 加快响应速度

C. 使电极表面保持干净　　　　　　D. 降低电极电阻

(5) 用 pH 玻璃电极测量溶液的 pH 时，采用的定量分析方法是（　　）。
A. 标准曲线法　　B. 直接比较法　　C. 一次标准加入法　　D. 增量法

(6) 用离子选择性电极以标准曲线法进行定量分析时，应要求（　　）。
A. 试液与标准系列溶液的离子强度相一致
B. 试液与标准系列溶液的离子强度大于 1
C. 试液与标准系列溶液中待测离子的活度相一致
D. 试液与标准系列溶液中待测离子强度相一致

(7) 在电位滴定中，绘制 E-V 曲线，其滴定终点为（　　）。
A. 曲线的最大斜率点　　　　　　B. 曲线的最小斜率点
C. E 为最正值的点　　　　　　　D. E 为最负值的点

(8) 在电位滴定中，绘制 $\Delta E/\Delta V$-$\bar{V}$ 曲线，其滴定终点为（　　）。
A. 曲线突跃的转折点　　　　　　B. 曲线的最大斜率点
C. 曲线的最小斜率点　　　　　　D. 曲线的斜率为零时的点

(9) 在电位滴定中，绘制 $\Delta^2 E/\Delta V^2$-V 曲线，其滴定终点为（　　）。
A. $\Delta^2 E/\Delta V^2$ 为最正值的点　　　　B. $\Delta^2 E/\Delta V^2$ 为最负值的点
C. $\Delta^2 E/\Delta V^2$ 为零时的点　　　　　D. 曲线的斜率为零时的点

3. 填空题

(1) pH 玻璃电极在使用前，需在蒸馏水中浸泡 24h 以上，目的是_____；饱和甘汞电极的使用温度不能超过_____℃，因为温度较高时_____。

(2) 氟电极在使用前应在_____中浸泡数小时或过夜，或在_____中浸泡活化 1～2h，再用去离子水反复清洗，直至达到空白电位值，才能正常使用。

(3) 离子选择性电极的电极斜率的理论值为_____。25℃时，一价正离子的电极斜率是_____；二价正离子是_____。

(4) 已知 $n_i = n_j$，$K^{Pot}_{i,j} = 0.001$，这说明 j 离子活度为 i 离子活度的____倍时，j 离子所提供的电位才等于 i 离子所提供的电位。

(5) 一支钠离子选择性电极的 $K^{Pot}_{Na^+,K^+} = 10^{-3}$，这说明电极对 Na^+ 的响应比对 K^+ 的响应灵敏____倍。

4. 简答题

(1) 简述 pH 玻璃电极膜电位的产生机理。

(2) 金属基指示电极与离子选择性电极的电极电位产生机理有何不同？

(3) 直接电位法的定量依据是什么？为什么用直接电位法测定溶液 pH 时，必须使用标准缓冲溶液？

(4) 离子选择性电极法测量离子浓度时，加入总离子强度调节缓冲液的作用是什么？请举例说明。

(5) 用离子选择性电极以标准加入法进行定量分析时，对加入标准溶液的体积和浓度有何要求？为什么？

(6) 在使用标准加入法测定离子浓度时，如何测量电极的实际斜率？

(7) 影响直接电位法测定准确度的因素有哪些？在实际测量中应怎样克服？

(8) 电位滴定法与直接电位法及普通的滴定分析法有什么区别？

(9) 电位滴定法的终点确定方法有哪些？各方法如何确定滴定终点？

(10) 采用下列反应进行电位滴定时，应选用什么指示电极和参比电极？并写出滴定反应式。
① $Ag^+ + S^{2-} =\!=\!=$
② $NaOH + H_2C_2O_4 =\!=\!=$
③ $Al^{3+} + F^- =\!=\!=$
④ $H_2Y^{2-} + Co^{2+} =\!=\!=$
⑤ $[Fe(CN)_6]^{3-} + [Co(NH_3)_6]^{2+} =\!=\!=$

(11) 库仑分析法获得准确分析结果的必备条件有哪些？

(12) 简述库仑滴定法的基本原理及库仑滴定装置的基本组成？
(13) 库仑滴定法中电生滴定剂的产生方式有哪几种？最常用的是哪种方法？

5. 计算题

(1) 写出以下电池的半电池反应及电池反应，计算其电动势，并标明电极的正负极：

Zn｜ZnSO$_4$（0.100mol/L）‖AgNO$_3$（0.010mol/L）｜Ag

已知 $\varphi^{\ominus}_{Zn^{2+}/Zn}=-0.763V$，$\varphi^{\ominus}_{Ag^+/Ag}=+0.800V$。

(2) 以下电池是自发电池，在25℃时其电动势为0.100V。当 M^{n+} 的浓度稀释至原来的1/50时，电池电动势为0.500V。求右边半电池反应的 n 值。

Hg, Hg$_2$Cl$_2$｜KCl（饱和）‖M^{n+}（$c_{M^{n+}}$）｜M

(3) 已知下列半反应及其标准电极电位，求CuI的溶度积常数。

$Cu^{2+}+I^-+e \rightleftharpoons CuI$ $\varphi^{\ominus}=+0.860V$

$Cu^{2+}+e \rightleftharpoons Cu^+$ $\varphi^{\ominus}=+0.159V$

(4) 在0.1000mol/L Fe^{2+} 溶液中，插入Pt电极（正极）和SCE（负极），在25℃时测得电池电动势为0.395V，问有多少 Fe^{2+} 被氧化成 Fe^{3+}？已知25℃时，$\varphi^{\ominus}_{Fe^{3+}/Fe^{2+}}=0.771V$，$\varphi^{\ominus}_{Hg_2Cl_2/Hg}=0.2438V$。

(5) 以内充1.0mol/L KCl溶液的甘汞电极作正极，氢电极作负极，与试液组成工作电池。在25℃时，$p_{H_2}=101.325kPa$ 时测得HCl试液的电动势为0.342V。在相同条件下，当试液改为NaOH溶液时，测得电动势为1.050V。用此NaOH溶液中和20.00mL上述HCl溶液，需要多少毫升？

(6) 在25℃时，将Ag电极浸入浓度为 1.00×10^{-3}mol/L AgNO$_3$ 溶液中，计算该银电极的电极电位。若银电极的电极电位为0.500V，则AgNO$_3$ 溶液的浓度是多少？

(7) 测定 3.30×10^{-4}mol/L CaCl$_2$ 溶液的活度，若溶液中存在0.200mol/L的NaCl，试计算：

① 由于NaCl的存在而产生的测量相对误差是多少？（已知 $K^{Pot}_{Ca^{2+},Na^+}=0.00167$）

② 若要使测量误差减少至2％，该溶液中允许NaCl存在的最高浓度是多少？

(8) 已知氯离子电极的 $K^{Pot}_{Cl^-,CrO_4^{2-}}=2\times10^{-3}$。当氯离子电极用于测定pH为6的0.01mol/L铬酸钾溶液中的 5×10^{-4}mol/L氯离子时，估计将产生多大的相对误差？

(9) 当以0.05mol/L KHP标准缓冲溶液（pH=4.004）作为下述电池的电解质溶液，在25℃时测得其电池电动势为0.209V。

pH玻璃电极｜KHP（0.05mol/L）‖SCE

当分别以三种待测溶液代替KHP溶液后，测得其电池电动势分别为：① 0.312V；② 0.088V；③ -0.017V，求每种待测溶液的pH。

(10) 用pH玻璃电极与SCE测定pH=5.00的溶液，测得其电动势为+0.0435V；测定另一未知试液时，电动势为+0.0145V。pH玻璃电极的实际响应斜率为58.0mV/pH，求未知试液的pH。

(11) 将氯离子选择性电极与饱和甘汞电极插入 $c(Cl^-)=10^{-4}$mol/L的溶液中，25℃时测得电池电动势为130mV。用同一对电极在相同温度下测定某含氯离子试液，测得电动势为238mV，求该试液中氯离子的浓度。

(12) 下列电池的电动势为0.2714V：

SCE‖Mg^{2+}（3.32×10^{-3}mol/L）｜Mg—ISE

当用某 Mg^{2+} 待测试液替代时，测得电池电动势为0.1901V，求此试液中的pMg。

(13) 以 Pb^{2+} 选择性电极测定一系列 Pb^{2+} 标准溶液的电池电动势，其测量数据见下表：

$c(Pb^{2+})$/(mol/L)	1.00×10^{-5}	1.00×10^{-4}	1.00×10^{-3}	1.00×10^{-2}
E/mV	-208.0	-181.6	-158.0	-132.2

① 绘制标准曲线；② 若测得某试液的 $E=-154.0$mV，求该试液中 Pb^{2+} 的浓度。

(14) 用氟离子选择性电极测定水样中的氟。取水样25.00mL，加离子强度调节缓冲液25mL，测得水样的电动势为0.1372V（对SCE），再加入 1.00×10^{-3}mol/L 氟标准溶液1.00mL，测得电动势为0.1170V（对SCE）。氟电极的响应斜率为0.0580V/pF，不考虑稀释效应的影响，求水样中氟的浓度。

(15) 在25℃时，测定水样中 Cu^{2+} 的浓度。取水样50.00mL，加入0.50mL 100μg/L 的 Cu^{2+} 标准溶

液，测得电动势增加了 30.05mV，求水样中 Cu^{2+} 的浓度（以 $\mu g/L$ 表示）。

(16) 下表是用 0.1000mol/L NaOH 标准滴定溶液电位滴定 50.00mL 某一元弱酸的数据：

V/mL	0.00	1.00	2.00	4.00	7.00	10.00	12.00	14.00	15.00	15.50
pH	2.90	4.00	4.50	5.05	5.47	5.85	6.11	6.60	7.04	7.70
V/mL	15.60	15.70	15.80	16.00	17.00	18.00	20.00	24.00	28.00	
pH	8.24	9.43	10.03	10.61	11.30	11.60	11.96	12.39	12.57	

① 绘制 pH-V 曲线与一阶微商曲线；②用二阶微商法计算法确定滴定终点 V_{ep}；③计算该一元弱酸的浓度。

(17) 将 20.00mL 某一元弱酸试液稀释至 100mL，以 0.1000mol/L NaOH 标准滴定溶液进行电位滴定。所用指示电极为氢电极，参比电极为饱和甘汞电极。当中和一元弱酸一半时，电池电动势为 0.524V。滴定至终点时电动势为 0.749V。求：①该一元弱酸的离解常数；②滴定终点时试液的 pH 和消耗 NaOH 溶液的体积；③一元弱酸试液的浓度。

(18) 用银电极作为指示电极，双盐桥饱和甘汞电极作为参比电极，以 0.1000mol/L $AgNO_3$ 标准滴定溶液电位滴定 10.00mL Cl^- 和 I^- 的混合液，测得以下数据：

$V(AgNO_3)$/mL	0.00	0.50	1.50	2.00	2.10	2.20	2.30	2.40	2.50	2.60	3.00	3.50
E/mV	−218	−214	−194	−173	−163	−148	−108	83	108	116	125	133
$V(AgNO_3)$/mL	4.50	5.00	5.50	5.60	5.70	5.80	5.90	6.00	6.10	6.20	7.00	7.50
E/mV	148	158	177	183	190	201	219	285	315	328	365	377

① 绘制 E-V 曲线，确定滴定终点；②绘制 $\Delta E/\Delta V$-$\overline{V}$ 曲线，确定滴定终点；③用二阶微商计算法确定滴定终点；④根据③的值，计算 Cl^- 和 I^- 的含量（以 mg/L 表示）。

(19) 在 $CuSO_4$ 溶液中，用铂电极以 0.1000A 的电流通过 10min，在阴极上沉积铜的质量是多少？假设电流效率为 100%。

(20) 用库仑滴定法测定水中酚。取 100mL 水样，酸化后加入 KBr，电解产生的溴与酚发生如下反应：
$$C_6H_5OH + 3Br_2 \rightleftharpoons Br_3C_6H_2OH \downarrow + 3HBr$$
通过的恒定电流为 15.0mA，经 8min 20s 到达滴定终点。求水中酚的含量（以 mg/L 表示）。已知 $M(C_6H_5OH) = 94.11g/mol$。

(21) 称取 0.1055g 燃料试样，经热裂解，燃烧产物 SO_2 吸收在含碘-碘化物溶液中，用库仑滴定法滴定，反应为：
$$SO_2 + I_2 + 2H_2O \rightleftharpoons SO_4^{2-} + 4H^+ + 2I^-$$
在 5.00mA 恒定电流下，需要 124.3s，才能使电位计读数回到原始值。求燃料中硫的含量。

第 7 章 气相色谱法（GC）

【学习指南】 色谱法是仪器分析法中一种常用的分离分析方法。其中，气相色谱法发展迅速，目前已成为石油化工、有机合成、医药工业、生化分析、环境监测等领域中基本的分析技术。本章重点介绍气相色谱法，通过学习色谱法及气相色谱法的基础理论、知识、方法、仪器和实验技术，并进行基本操作和实验技能的训练和考核，应达到以下基本要求：

1. 掌握色谱法的基本概念，理解色谱流出曲线和常用术语的内涵及其反映的分析信息，了解色谱法的各种分类方法及发展历程；

2. 掌握气相色谱法的分离分析原理、方法特点和应用范围；

3. 掌握气相色谱仪的工作流程和各系统的组成、作用、使用方法及注意事项等通用实验技术，并熟悉常用气相色谱仪及其辅助设备的结构原理、基本操作技术和维护保养方法；

4. 理解气相色谱基本理论和对提高柱效能和分离度的实际指导意义；

5. 掌握气相色谱固定相的分类、特点、应用和选择方法以及气相色谱分离操作条件的影响、选择方法和实用技术，了解填充柱和毛细管柱的制备方法及实用技术；

6. 掌握气相色谱定性分析和定量分析的理论依据、常用方法及其应用，能使用气相色谱仪常用检测器对待测物质进行定性和定量分析，了解常用色谱工作站的一般使用方法；

7. 了解毛细管柱气相色谱法的基本理论、仪器装置和实用技术。

7.1 色谱法概述

7.1.1 色谱法的由来

色谱法（Chromatography）与蒸馏、重结晶、溶剂萃取、化学沉淀等方法一样，也是一种分离技术，而且分离效率最高，应用最广，特别适于分离多组分的试样。最早创立色谱法的是俄国植物学家茨维特（Tswett）。1906 年，他在研究植物叶子的色素成分时，将植物叶子的石油醚萃取物倒入填有碳酸钙的直立玻璃柱内，然后加入石油醚使其自由流下，结果色素中的各组分（如叶绿素、叶黄素、胡萝卜素等）互相分离而形成了各种不同颜色的谱带，如图 7-1 所示。因此，茨维特在论文中首次提出了色谱法的概念，使人们认识到色谱技术对物质分离和定性的潜力。从此以后色谱法逐渐应用于无色物质的分离，"色谱"二字已失去原来的含义，但仍被沿用至今。

在色谱法中，将填入玻璃柱内静止不动的一相（固体或液体）称为固定相，自上而下运动的一相（气体、液体或超临界流体）称为流动相，装有固定相的柱子（玻璃或不锈钢）称为色谱柱。

第 7 章 气相色谱法 (GC)

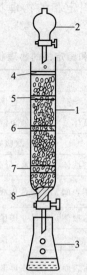

图 7-1 茨维持的色素分离实验示意图
1—内装 $CaCO_3$ 的玻璃柱;2—分液漏斗;3—锥形瓶;4—石油醚层;
5—叶绿素;6—叶黄素;7—胡萝卜素;8—棉花塞

色谱法的实质是试样混合物的物理化学分离过程,也就是试样中各组分在色谱柱中两相之间不断进行的分配过程和分配平衡。色谱分离的基本原理是:当流动相携带混合物流经固定相时,其与固定相发生相互作用。由于混合物中各组分在性质和结构上的差异,与固定相之间产生作用力的大小、强弱不同,随着流动相的移动,混合物在两相之间经过反复多次的分配平衡,使得各组分被固定相保留的时间不同,从而按一定次序从固定相中流出。如果结合适当的柱后检测方法,即可实现混合物中各组分的分离与检测。因此,两相及两相的相对运动构成了色谱法的基础。

将色谱法用于分析,则称为色谱分析法。色谱分析法是基于色谱柱能分离样品中各组分和检测器能连续响应,进而同时对各组分进行定性定量的一种分离分析方法。

7.1.2 色谱法的分类

色谱法的种类很多,分类较复杂。通常有下列三种分类方法。

① 按照色谱分离过程中,相系统的形式、性质和操作方式分类,见表 7-1。

表 7-1 按照相系统的形式、性质和操作方式分类的色谱法

固定相形式	柱		纸	薄层板
	填充柱	毛细管柱		
固定相性质	在玻璃或不锈钢柱管内填充固体吸附剂或涂渍在惰性载体上的固定液	在弹性石英玻璃或玻璃毛细管内壁附有吸附剂薄层或涂渍固定液等	具有多孔和强渗透能力的滤纸或纤维素薄膜	在玻璃或塑料板上涂有硅胶 G、氧化铝等吸附剂的薄层
操作方式	流动相依靠自身的重力或外加压力通过固定相,从柱头向柱尾连续不断地冲洗		液体流动相依靠毛细现象或重力作用通过固定相,从滤纸一端向另一端扩散	液体流动相依靠毛细现象或重力作用通过固定相,从薄层板一端向另一端扩散
名称	填充柱色谱法	毛细管柱色谱法	纸色谱法	薄层色谱法
	柱色谱法		平板色谱法	
优点	柱效能高,分析速度快,定量较可靠		设备和操作简单,易于普及	

② 按照色谱分离过程中流动相和固定相的物理状态分类是色谱法最基本的分类方法。柱色谱法的基本分类见表 7-2。

表 7-2 按照流动相和固定相的物理状态分类的柱色谱法

基本分类	流动相	固定相	色谱方法	平衡类型
气相色谱	气体	固体吸附剂	气固色谱法	吸附
		吸附在固体上的液体	气液色谱法	在气相和液体之间的分配
液相色谱	液体	固体	液固(吸附)色谱法	吸附
		吸附在固定相上的液体	液液(分配)色谱法	在不混溶的液体之间的分配
		有机物键合到固体表面	键合相液相色谱法	在液体和键合相表面之间的分配
		聚合物空隙之间的液体	尺寸排斥(凝胶)色谱法	渗透/过滤
		离子交换树脂	离子交换色谱法	离子交换
超临界流体色谱	超临界流体	有机物键合到固体表面	超临界流体色谱法	在超临界流体和键合相表面之间的分配

③ 按照色谱分离过程中所利用的物理化学原理，将色谱法分为吸附色谱、分配色谱、离子交换色谱、凝胶色谱等，见表 7-2。

目前，应用最广泛的是气相色谱法（GC）和高效液相色谱法（HPLC）。

7.1.3 色谱法的发展历程（见表 7-3）

表 7-3 色谱法的发展历程

年代	发明者	发明的色谱方法或重要应用
1906	Tswett	用碳酸钙作吸附剂分离植物色素,最先提出色谱概念
1931	Kuhn,Lederer	用氧化铝和碳酸钙分离 α-、β- 和 γ-胡萝卜素,使色谱法开始为人们所重视
1938	Izmailov,Shraiber	最先使用薄层色谱法
1938	Taylor,Uray	用离子交换色谱法分离了锂和钾的同位素
1941	Martin,Synge	首先提出了色谱塔板理论,以理论塔板数来表示分离效率,定量地描述和评价色谱分离过程,这是色谱发展过程中最重要的贡献;发明液液分配色谱;预言了气体可作为流动相(即气相色谱)
1944	Consden 等	发明了纸色谱
1949	Macllean	在氧化铝中加入淀粉黏合剂制作薄层板,使薄层色谱进入实用阶段
1952	Martin,James	从理论和实践方面完善了气液分配色谱法
1956	Van Deemter 等	提出色谱速率理论,并应用于气相色谱
1957		基于离子交换色谱的氨基酸分析专用仪器问世
1958	Golay	发明毛细管柱气相色谱,但由于制柱技术困难,发展速度比较缓慢。直到 20 世纪 80 年代,毛细管色谱柱技术有了突破(即石英柱技术),气相色谱仪再次得到飞速发展,使传统填充柱的分离效率和分析速度都提高到新的水平
1959	Porath,Flodin	发表凝胶过滤色谱的报告
1964	Moore	发明凝胶渗透色谱
1965	Giddings	发展了色谱理论,为色谱学的发展奠定了理论基础
1975	Small	发明了以离子交换剂为固定相,强电解质为流动相,采用抑制型电导检测的新型离子色谱法
1981	Jorgenson 等	创立了毛细管电泳法

7.2 气相色谱法分析过程与分离原理

气相色谱法是以气体作为流动相的色谱法。其流动相通常称为载气，它是不与待测试样发生相互作用的惰性气体（如氢、氮、氦等），仅用于载送试样。载气带着汽化后的待测试样进入加热的色谱柱，并携带试样分子渗透通过固定相，使试样中各组分达到分离，然后依次被检测。根据所用固定相的状态不同，气相色谱法分为气固色谱法和气液色谱法。

7.2.1 气相色谱法的分析过程

气相色谱法用于分离分析试样的基本过程，如图 7-2 所示。由高压载气钢瓶供给的载气，经减压阀减压后进入净化管，除去载气中的杂质和水分。再通过气流调节阀（如稳压阀、针形阀和稳流阀）控制载气压力（由压力表指示）和流量（由转子流量计指示），以稳定的压力和恒定的流速连续经过进样器（包括汽化室）、色谱柱、检测器，最后通过皂膜流量计放空。汽化室与进样口相接，可将从进样口注入的液体试样瞬间汽化为蒸气。待汽化室、色谱柱和检测器的温度以及记录仪的基线稳定以后，由进样器注入的试样蒸气同时被载气带入色谱柱中进行分离，分离后的试样组分随载气依次进入检测器。检测器将各组分的浓度（或质量）变化转变为电信号，经放大器放大后，由记录仪记录色谱流出曲线，得到色谱图，如图 7-4 所示。根据色谱图中各组分的色谱峰即可进行定性和定量分析。

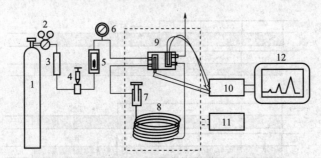

图 7-2 单柱单气路气相色谱仪工作过程示意图
1—载气钢瓶；2—减压阀；3—净化管；4—气流调节阀；5—转子流量计；
6—压力表；7—进样器；8—色谱柱；9—检测器；10—放大器；
11—温度控制器；12—记录仪

7.2.2 气相色谱法的特点和应用范围

由于载气的黏度小，扩散系数大，因此在色谱柱内流动的阻力小，传质速度快，使气相色谱法十分有利于高效、快速地分离低分子化合物。气相色谱法的特点和应用范围如下。

(1) 分离效率高 对性质极为相似的烃类异构体、同位素等有很强的分离能力，能分析沸点十分接近的复杂混合物。例如用毛细管柱可分析汽油中 50~100 多个组分。

(2) 灵敏度高 使用高灵敏度检测器可检测出 $10^{-11} \sim 10^{-13}$ g 的痕量物质。

(3) 分析速度快 完成一般样品的分析仅需几分钟。目前气相色谱仪已普遍配有色谱数据处理机或色谱工作站，能自动记录、处理和打印色谱图及分析结果，操作便捷。

(4) 试样用量很少 通常气体样品仅需要 1mL，液体样品仅需要 1μL。

(5) 应用范围广 气相色谱法一般适用于在 450℃ 以下有 1.5~10kPa 的蒸气压且热稳定性能好的有机及无机化合物的分离分析。其中，气固色谱法适用于一些在常温常压下为气体和低沸点的化合物，由于其可供选择的固定相种类很少，分离的物质不多，且色谱峰容易产生拖尾，实际应用并不广泛。而气液色谱法中可供选择的固定相种类很多，选择性好，极具实用价值。

气相色谱法的不足是：由于色谱图不能直接给出定性结果，因此不能用来直接分析未知物，必须用已知纯物质的色谱图和它对照定性后再进行定量测定；其次，对无机物和高沸点有机物的分析比较困难，需要采用其他色谱分析法来完成，如离子色谱法、HPLC 等。

7.2.3 气相色谱法的分离原理

气相色谱法是利用不同物质在两相中具有不同的分配系数（或吸附系数），当两相做相对运动时，这些物质在两相中经过反复多次的分配（即组分在两相之间进行反复多次的吸附、脱附或溶解、挥发过程），实现差速迁移，从而使各物质达到完全分离。如图 7-3 所示。

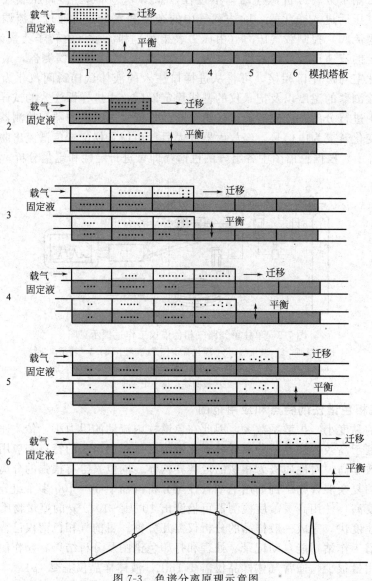

图 7-3　色谱分离原理示意图

气液色谱法的固定相是涂渍在载体表面的高沸点有机物（称为固定液），利用分子在两相中的分配系数不同分离试样。当试样气体由载气携带进入色谱柱时，气相中各组分就溶解到固定液中。随着载气的不断通入，被溶解的组分又从固定液中挥发出来，挥发出来的组分随着载气向前移动时又再次被固定液溶解。随着载气的流动,组分的溶解-挥发过程将反复进行。由于组分的性质差异,固定液对它们的溶解能力也有差异,易被溶解的组分,挥发较难,在柱内移动的速度慢,停留时间长;反之,不易被溶解的组分,挥发快,随载气移动的速度快,因而在柱内的停留时间短。经过一定的时间间隔(一定柱长)后,性质不同的组分便彼此分离,先出峰的是溶解度小而挥发性强的物质。

同理,气固色谱法的固定相是多孔性的固体吸附剂,通过物理吸附保留试样分子,随着载气的流动,组分在固定相上的吸附-脱附过程反复进行,由于固定相对组分吸附能力的差异而使性质不同的组分得以彼此分离,先出峰的是吸附能力小而脱附能力大的物质。

总之,各组分分配系数或分配比的差别越大,则其色谱峰的距离就越远,分离就越好,分配系数小的物质先出峰。

7.3 色谱流出曲线及常用术语

色谱流出曲线也称色谱图,是指由色谱仪记录的色谱柱流出各组分通过检测器时所产生的响应信号(mV)对流出时间(t)或流动相流出体积(V)的曲线图,如图7-4所示。

色谱图能反映色谱峰、保留值和分配平衡等的主要分析信息,现以某一个组分的色谱图来说明有关的名词术语及其重要意义。

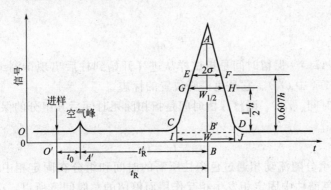

图 7-4 色谱流出曲线及色谱峰示意图

7.3.1 关于色谱峰的常用术语

(1) 基线 基线是指当色谱柱中仅有流动相通过,没有组分进入检测器时,色谱仪记录的检测器响应信号曲线,如图7-4中的 OD。

稳定的基线应该是一条水平直线,它反映了仪器的噪声情况(如基线噪声、基线漂移)和稳定性。

(2) 色谱峰 色谱峰是指当色谱柱流出组分进入检测器时,检测器响应信号随检测器中的组分浓度而改变的微分曲线,如图7-4所示 CAD。理论上色谱峰是对称的,呈高斯正态分布,但实际上往往都是非对称的,如前伸峰、拖尾峰、分叉峰、馒头峰、鬼峰、畸峰等。

(3) 峰高(h)和峰面积(A) 峰高是指色谱峰顶点与基线之间的垂直距离,如图7-4中 AB'。峰面积是指每个组分的色谱峰与基线之间所包围的面积。峰高或峰面积的大小与每个组分在样品中的含量有关,因此色谱峰的峰高或峰面积是色谱定量分析的依据。

(4) 区域宽度 在色谱分离过程中,由于色谱柱内很难真正达到分配平衡,随着组分在柱内的迁移,组分的谱带宽度会逐渐增加,这称为谱带扩张。色谱峰的区域宽度是组分在色谱柱中谱带扩张的函数,反映了色谱柱效率的高低和色谱操作条件的动力学因素。通常用以下三种参数来度量色谱峰的区域宽度。

① 标准偏差（σ） 即 0.607 倍峰高处色谱峰宽度的一半，如图 7-4 中 EF 距离的一半。

② 半峰宽（$W_{1/2}$） 即峰高一半处对应的峰宽，如图 7-4 中 GH 之间的距离。它与标准偏差 σ 的关系为：

$$W_{1/2} = 2\sigma\sqrt{2\ln 2} = 2.345\sigma \tag{7-1}$$

③ 峰底宽（W_b 或 W） 即色谱峰两侧拐点（如图 7-4 中的 I 点与 J 点）上的切线在基线上的截距，也称为基线宽度或峰宽，如图 7-4 中 IJ。它与标准偏差 σ 的关系为：

$$W_b = 4\sigma \tag{7-2}$$

7.3.2 关于保留值的常用术语

保留值用于描述各组分色谱峰在色谱图中的位置或距离。在一定实验条件下，组分的保留值具有特征性，是色谱定性分析的依据。通常用时间（常用时间或距离单位表示，如 s 或 cm）或将组分带出色谱柱所需载气的体积（mL）来表示。

(1) 死时间（t_M 或 t_0） 死时间是指不被固定相吸附或溶解的物质（如空气或甲烷）从进样开始到色谱图上出现峰极大值时所需要的时间，如图 7-4 中 $O'A'$。它反映了色谱柱中未被固定相填充的柱内死体积和检测器死体积的大小，与待测组分的性质无关。由于该物质的流速与流动相的流速相近，可用柱长 L 与 t_M 的比值来计算流动相的平均线速度 $\bar{u}$（常用单位为 cm/s）：

$$\bar{u} = \frac{L}{t_M} \tag{7-3}$$

(2) 保留时间（t_R） 保留时间是指试样从进样开始到柱后出现待测组分峰极大值时所需要的时间，如图 7-4 中 $O'B$。它是色谱峰位置的标志。

(3) 调整保留时间（t'_R） 调整保留时间是指扣除死时间后某组分的保留时间，如图 7-4 中 $A'B$，即：

$$t'_R = t_R - t_M \tag{7-4}$$

由于 t'_R 包含了组分随流动相通过色谱柱所需的时间和组分在固定相中滞留所需的时间，t'_R 实际上是组分与色谱柱中固定相发生相互作用而停留的总时间，所以，t'_R 更真实地反映了待测组分的保留特性，是色谱定性分析的基本参数。

(4) 死体积（V_M）、保留体积（V_R）和调整保留体积（V'_R） 由于保留时间受流动相流速的影响，因此在气相色谱法中也常用从进样开始到出现峰（空气或甲烷峰，组分峰）极大值所流过的载气体积来表示保留值，即保留时间乘以载气平均流速。

$$V_M = t_M F_c \tag{7-5}$$

$$V_R = t_R F_c \tag{7-6}$$

$$V'_R = V_R - V_M = t'_R F_c \tag{7-7}$$

式中，F_c 是在实验操作条件下柱内载气的平均体积流速，mL/min，可用下式计算：

$$F_c = F_\text{皂} \times \frac{p_0 - p_w}{p_0} \times \frac{T_\text{柱}}{T_\text{室}} \times \frac{3}{2}\left[\frac{(p_i/p_0)^2 - 1}{(p_i/p_0)^3 - 1}\right] \tag{7-8}$$

式中，$F_\text{皂}$ 是用皂膜流量计测得柱后的载气体积流速，mL/min；p_0 是柱后压力，即大气压；p_w 是室温下的饱和水蒸气压；p_i 是柱的进口压力，Pa；$T_\text{柱}$、$T_\text{室}$ 分别是柱温和室温，K。

(5) 相对保留值（r_{is}） 相对保留值是在一定的实验条件下，组分 i 与另一标准组分 s 的调整保留值之比：

$$r_{is} = \frac{t'_{R_i}}{t'_{R_s}} = \frac{V'_{R_i}}{V'_{R_s}} \tag{7-9}$$

r_{is}表示了固定相对这两种组分的选择性,它仅与柱温及固定相的性质有关,而与柱径、柱长、填充情况及流动相流速等无关,因此它是色谱法中广泛使用的定性参数。

(6) 选择性因子（α） 选择性因子也称分离因子,是指在一定条件下,在多元混合物中最难分离的物质对的调整保留值之比:

$$\alpha = \frac{t'_{R_2}}{t'_{R_1}} = \frac{V'_{R_2}}{V'_{R_1}} \tag{7-10}$$

式中,t'_{R_2}为后出峰组分的调整保留时间,所以α总是大于1。α值的大小反映了色谱柱对难分离物质对的分离选择性,α值越大,相邻两组分的色谱峰相距越远,色谱柱的分离选择性就越高。当α接近于1或等于1时,说明相邻两组分的色谱峰重叠而未能分开。

7.3.3 关于分配平衡的常用术语

(1) 分配系数（K） 分配系数是指在一定柱温下,组分在固定相与流动相之间的分配达到平衡时,组分在固定相与流动相中的浓度之比:

$$K = \frac{c_s}{c_m} \tag{7-11}$$

式中,c_s和c_m分别是组分在固定相和流动相中的浓度。K反映了组分与两相之间相互作用力的大小和色谱操作的热力学因素,K越大则保留时间越长。在一般情况下,由于色谱柱中溶质的浓度较低,因此可以认为K是常数,此时进行的色谱过程称为线性色谱。

(2) 分配比（k） 分配比也称容量因子、容量比,是指组分在固定相和流动相中的分配量之比:

$$k = \frac{\text{组分在固定相中物质的量}}{\text{组分在流动相中物质的量}} = \frac{n_s}{n_m} \tag{7-12}$$

k与其他色谱参数有以下关系:

$$k = \frac{t'_R}{t_M} = K\frac{V_S}{V_M} = \frac{K}{\beta} \tag{7-13}$$

式中,V_S（对分配色谱而言）和V_M分别表示柱中固定相和流动相的总体积,mL；$\beta = \frac{V_M}{V_S}$,称为相比,反映了各种类型色谱柱的不同特点。因此,k可从色谱图上直接计算。

将式(7-13)代入式(7-9)中,可得:

$$r_{is} = \frac{k_i}{k_s} = \frac{K_i}{K_s} \tag{7-14}$$

可见,k不仅与物质的热力学性质有关,k越大,保留时间越长；同时也与色谱柱的柱型及其结构有关,它是色谱理论中衡量色谱柱对被分离组分保留能力的重要参数。

7.3.4 色谱流出曲线的意义

从色谱流出曲线上,可以得到许多重要的分析信息。
① 根据色谱峰的个数,可以判断试样中所含组分的最少个数。
② 根据色谱峰的保留值（或位置）,可以进行定性分析。
③ 根据色谱峰的峰面积或峰高,可以进行定量分析。
④ 根据色谱峰的保留值及其区域宽度,可以评价色谱柱的分离效能。
⑤ 根据色谱峰两峰间的距离,可以评价固定相和流动相的选择是否合适。

7.4 气相色谱仪及其使用

目前,国内外气相色谱仪的型号和种类很多,但它们都由六大系统组成,即气路系统、进样系统、分离系统、检测系统、温控系统和记录系统,其系统流程如图 7-5 所示。气相色谱仪使用填充柱或毛细管柱时,其组成系统基本相同。但由于毛细管柱的内径很细,柱容量很小,色谱峰流出很快,峰形很窄,因此毛细管柱气相色谱仪的进样、检测和记录系统有一些特殊要求。

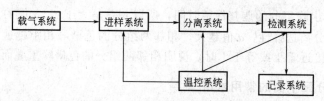

图 7-5 气相色谱仪系统流程图

7.4.1 气路系统

气相色谱仪的气路系统实现载气管路的连续、密闭运行,在使用时必须控制载气的纯净、密闭、流速稳定及准确测量。

7.4.1.1 载气

常用的载气有氮气、氢气(在使用氢火焰离子化检测器 FID 时作燃气,在使用热导池检测器 TCD 时常作为载气)、氦气和氩气。载气及其纯度的选择取决于选用的色谱柱、检测器和分析的具体要求。

7.4.1.2 气路结构

气相色谱仪主要有单柱单气路和双柱双气路两种气路形式,其结构与工作过程如图 7-2 和图 7-6 所示。前者适用于恒温分析,结构简单,操作方便。后者是将经过稳压阀后的载气分成两路进入各自的色谱柱和检测器,一路进行分析,另一路进行补偿,因此特别适用于程序升温分析,并能补偿固定液流失或气流变化而使基线保持稳定。

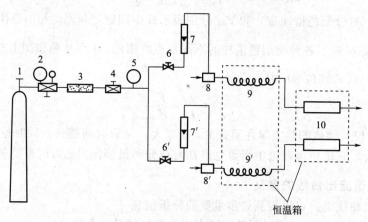

图 7-6 双柱双气路结构示意图

1—载气钢瓶;2—减压阀;3—净化管;4—稳压阀;5—压力表;6,6′—针形阀;
7,7′—转子流量计;8,8′—进样器(汽化室);9,9′—色谱柱;10—检测器

双柱双气路型仪器安装了两根色谱柱,故具有两台气相色谱仪的功能,如浙江 FL、北京 SP、安捷伦 AgilentHP 系列的气相色谱仪等。

7.4.1.3 气路系统的主要组成部件及其使用

(1) 气体钢瓶和减压阀 在气相色谱分析中,载气一般由高压气体钢瓶来提供(有时也用气体发生器、空气压缩机),供气压力通常为 10~15MPa,再通过减压阀减压至 0.2~0.4MPa 后使用。

气体钢瓶是呈圆柱形的高压容器,底部装有平底钢座,可以竖放。钢瓶体上套有两个橡皮腰圈,以防撞击。气瓶顶部装有开关阀(又称总阀),配置钢瓶防护帽。减压阀俗称氧气表,装在高压气瓶的出口。高压气瓶阀和减压阀的结构如图 7-7 所示。

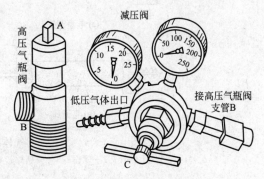

图 7-7 高压气瓶阀和减压阀

① 减压阀的选择、安装和使用 实验室常用氢、氧和乙炔气等三种减压阀。减压阀与钢瓶必须配套使用,如氢气钢瓶选氢气减压阀;氮气、空气钢瓶选氧气减压阀;乙炔钢瓶选乙炔减压阀,绝不能混用。气体导管和压力计也必须专用。

安装减压阀时,应先检查其螺纹是否与气瓶相符。氢气减压阀与钢瓶连接的螺帽为左旋螺纹,并在接口处加上所附的 O 形塑料垫圈,以便密封。而氧气减压阀为右旋螺纹。将选好的减压阀用螺帽拧紧在气瓶阀的支管 B 上,进行高压气体的减压和稳压。

在打开钢瓶总阀之前应先检查减压阀是否已经关好(T 形阀杆 C 逆时针方向转动旋松即关闭),否则容易损坏减压阀。用活络扳手打开钢瓶阀 A(逆时针方向转动),此时高压气体进入减压阀的高压室,其压力表(0~25MPa)指示钢瓶内的气体压力。沿顺时针方向缓慢转动减压阀的 T 形阀杆,使气体进入减压阀低压室,其压力表(0~2.5MPa)指示输出气体的工作压力。当低压室的压力大于最大工作压力(2.5MPa)的 1.1~1.5 倍时,减压阀安全装置会全部打开放气,以确保安全。不用气时,应先关闭气瓶总阀,待减压阀中的余气排掉使压力表指针回零后,再将减压阀 T 形阀杆关闭,以避免减压阀中的弹簧因长时间受压而失灵。

② 气体钢瓶和减压阀的使用注意事项

a. 为了保证使用安全,各类气体钢瓶都必须专用、定期进行抗压试验和详细记录存档,严格遵守气瓶的运输、储存、管理和安全使用规则。所有气瓶应有清楚的标记。

b. 钢瓶运输时要取下减压阀并装好防护帽,以保护气瓶阀不受碰撞或冲击。钢瓶必须分类保管,远离火种和热源,通风良好,避免雨淋、暴晒及强烈振动。钢瓶应直立,用钢瓶架固定,处于工作状态时不要移动。氢气的室内存放量不得超过两瓶。

c. 氧气瓶及其专用工具严禁与油类接触。

d. 钢瓶装上减压阀后,必须严格进行检漏测试。操作气瓶时严禁敲打,发现漏气必须立即修好。

e. 凡钢瓶气压下降到 1~2MPa 时,应更换气瓶。

③ 空气压缩机 空气是使用氢火焰离子化检测器(FID)时的助燃气,可由空气钢瓶或空气压缩机来提供。空气压缩机的种类很多,目前仪器分析实验室大多采用无油空气压缩机,因其工作噪声小,排出的气体无油。

(2) 净化管 为了保证气相色谱仪正常工作,一般使用的载气纯度 99.99%(电子捕获检测器必须使用高纯气源,即 99.999% 以上)。同时,所有气体还必须经过净化管进行净化处理,以除去水分和杂质。净化管通常为内径 50mm,长 200~250mm 的金属或 PVC 管,如图 7-8 所示。

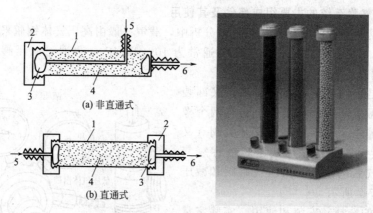

图 7-8 气体净化管及其结构
1—干燥管；2—螺帽；3—玻璃棉；4—干燥剂；5—载气入口；6—载气出口

净化管在使用前应用热的 100g/L NaOH 溶液浸泡 30min 后再洗净烘干。管内装填的净化剂主要是 5A 分子筛（吸附气源中的水分和低摩尔质量的有机杂质），在 5A 分子筛之后可装入少量变色硅胶（当分子筛失效时，水开始被变色硅胶吸附），硅胶变红说明分子筛需要重新活化。有时还可装入一些活性炭（吸附烃类杂质）。若要去除载气中的微量氧气，则可装填 105 催化剂。应定期进行各种净化剂的更换或烘干，以保证气体纯度。

注意：净化管的出口和入口处应加标志；出口处应当用少量纱布或脱脂棉塞上，防止净化剂粉尘流入色谱仪。

(3) 气流调节阀

① 稳压阀 由于载气流速是影响色谱分离和定性分析的重要操作条件之一，因此要求载气的流速稳定。在恒温色谱中，操作条件一定时，整个系统的阻力不变，因此用一个稳压阀就可使柱子的进口压力稳定，从而保持流速稳定。通常是在减压阀输出管线中串联稳压阀。

目前常用波纹管双腔式稳压阀。使用时，气源压力应高于输出压力 0.05MPa，进气口压力不得超过 0.6MPa，否则要损坏稳压阀。出气口压力一般在 0.1～0.3MPa 时稳压效果最好。稳压阀不工作时，应顺时针转动放松调节手柄，使阀关闭，以防止波纹管、压簧长期受力而失效。

② 针形阀 针形阀用于调节载气、燃气和空气的流量。由于其结构简单，当进口压力发生变化时，处于同一位置的阀针，其出口的流量也发生变化，所以它不能精确地调节流量。针形阀常安装在空气气路中，以调节空气的流量。

当针形阀不工作时，应逆时针转动全开针形阀（注意！与稳压阀相反），以防止阀针密封圈粘在阀门入口处和压簧长期受压而失效。

③ 稳流阀 在程序升温色谱中，由于柱温不断升高引起柱内阻力不断增加，使载气的流速逐渐变小，因此必须在稳压阀后串接一个稳流阀，以自动控制稳定的载气流速。

稳流阀的输入压力为 0.03～0.3MPa，输出压力为 0.01～0.25MPa，输出流量为 5～400mL/min。当柱温从 50℃升至 300℃时，若流量为 40mL/min，流量变化可小于±1%。使用稳流阀时，应使其针形阀处于"开"的状态，从大流量调至小流量。

注意：稳压阀、针形阀及稳流阀的调节必须缓慢进行；稳压阀、针形阀及稳流阀均不可作为开关阀使用；各种阀的进、出气口不能接反。

(4) 载气流量的测定 由于气相色谱中所用气体的流速较小（一般低于 100mL/min），

一般采用转子流量计和皂膜流量计进行测量。目前更常用刻度阀、压力表或电子气体流量计，如图7-9所示。

① 转子流量计　它由一根玻璃管和一个转子组成。当气体自下而上流出时，转子随气流上浮的高度与气体流量有关，但不呈直线关系，转子流量计的刻度只是标记。因此在实际使用时必须在使用压力下用皂膜流量计来准确标定，即绘制不同气体的体积流速与转子高度的校正曲线图。

② 皂膜流量计　它由一根带有气体入口的量气管和橡皮滴头组成。使用时在橡皮滴头内注入澄清的肥皂水（或起泡剂，如烷基苯磺酸钠等），挤压橡皮滴头就有皂膜进入量气管。当气流进入时，将推动皂膜向上移动。只要用秒表测定皂膜流动一定体积时所需的时间即可算出气体的体积流速，测量精度为1%，是目前测量气体流速的标准方法。

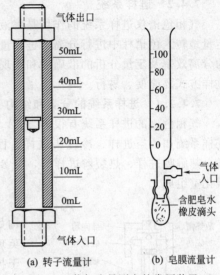

图7-9　载气流量测定的常用装置

使用时注意保持皂膜流量计的清洁、湿润，使用完毕后应及时洗净，晾干放置。

③ 刻度阀　利用稳流阀、针形阀旋转的圈数与气体流量近似成正比的原理，通过绘制不同气体的压力流量校正曲线来计量气体流量数值。

④ 压力表　在稳压阀后加一个固定气阻，在稳压阀与气阻间加入压力表，此时稳压阀输出气体的流量越大，只要气阻不变，则压力表显示值也越大。

⑤ 电子气体流量计　在气体流路中接入一个流量传感器，流量传感器将气体流量转化成与之成正比的模拟量（电压或电流），再量化为数字流量，即可在色谱仪屏幕上显示出来。

(5) 气路连接与气路检漏　气相色谱仪的气路系统必须保证气密性好，否则将导致仪器工作不稳定或灵敏度下降。用氢气作载气时，若氢气从柱接口漏进恒温箱，可能发生爆炸事故。因此气路的连接和检漏（也称气密性检查）是非常重要的操作技术。

① 气路连接　大多采用内径3mm的不锈钢管，用螺母、压环和"O"形密封圈进行气路连接。有的也采用容易操作的耐压塑料管，此时在接头处就要用不锈钢衬管和一些密封材料。在使用电子捕获检测器时，为了防止氧气通过管壁渗透到仪器系统而造成事故，应采用不锈钢管或紫铜管。连接时注意保证气密性，又不能损坏接头。气路系统的布置要合理，气瓶室不要与仪器相隔太远，因气路太长或弯曲会增加气体的阻力，容易发生泄漏现象。

② 气路检漏　应定期进行气路系统的气密性检查。气路检漏最常用的方法是皂膜检漏法，即用毛笔蘸上肥皂水涂在各接头上检漏和处理，检漏完毕应注意将皂液擦净。另一种检漏方法是堵气观察法，即堵住仪器外气路某段或汽化室与检测器之间的出口处，同时关闭气源或稳压阀，压力表上的压力不下降，则表明不漏气；若压力缓慢下降（在30min内，压力下降大于0.005MPa），则表明此段漏气，应重新检查处理，直至不漏气为止。

注意：无论是在实验前，还是在实验中，一旦发生漏气，应立即关机，直至检修（如更换密封圈、螺母或管道等）后不再漏气，方可开机。漏气一般常发生在色谱柱的接口或进样隔垫处。

未经清洗的管路将直接污染仪器气路和检测系统，导致仪器不能正常工作。气源至气相色谱仪的连接管线应定期用无水乙醇清洗，并用干燥N_2气吹扫干净。如果管路用无水乙醇清洗后仍不通，可用洗耳球加压吹洗。若仍无效，可用细钢丝捅针来疏通管路。

7.4.2 进样系统

气相色谱仪进样系统的作用是将液体或固体样品在进入色谱柱之前瞬间汽化,再快速而定量地转入色谱柱中进行分离。进样量的大小、进样速度、样品汽化速度等都会影响色谱柱的分离效率及定量分析的准确度和重现性。因此,通常要求进样量要适宜,进样速度要快,进样方式要简便、易行。

7.4.2.1 进样系统的分类和结构

气相色谱的进样系统有很多方式,一般分为填充柱进样系统和毛细管柱进样系统。其他进样系统如顶空进样、冷柱头进样、程序升温进样、大体积进样、自动进样、吹扫捕集进样、热解吸进样、热裂解进样等,可参阅有关专著。进样系统主要由进样器(进样装置)和汽化室组成。

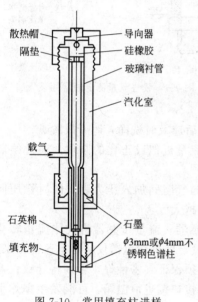

图 7-10 常用填充柱进样系统的结构示意图

(1) 填充柱进样系统 常用填充柱进样系统的结构如图 7-10 所示。汽化室内的不锈钢套管中插入石英玻璃衬管,能防止汽化室局部过热和样品分解,易于拆换、清洗,在实际工作中应保持衬管清洁,及时清洗。

进样口的隔垫一般是硅橡胶垫,以防止漏气。硅橡胶垫在使用前应检查是否有裂纹、碎片或其他损坏,并进行烘焙处理以去除指纹、油脂等污染。使用时不能装得过紧,使用多次后应及时更换,连续使用时间不能超过一周。

(2) 毛细管柱进样系统 毛细管柱的内径很细,固定液的液膜厚度很小,对样品的容量比填充柱低,进样量必须极小,液体试样只需 $10^{-2} \sim 10^{-3} \mu L$,气体试样只需 $10^{-7} mL$。一般只能采用分流法进样,才能在瞬间将极微量的试样引入色谱柱。分流法进样是在汽化室出口分两路,只有极小部分样品进入毛细管柱,绝大部分样品随载气从分流气体出口放空,这两部分的载气流量之比称为分流比。显然,当柱温、分流比和流速等改变时,分流进样器不会改变分流前后试样中各组分的相对含量。分流比及分流大小可通过分流阀进行调节。常规毛细管柱的分流比为 (1:50)~(1:200)。

常用毛细管柱分流进样系统的结构如图 7-11 所示。由于硅橡胶垫表面的残留溶剂和热解产物可能影响色谱分析,一般采用此图中的隔垫吹扫装置予以消除。

使用毛细管柱分流进样时,由于柱内的载气流量较小,因此需要加载尾吹气,即从柱出口处直接进入检测器的一路气体,也称补充气或辅助气。尾吹气的种类与载气相同,其作用是保证检测器(常用 FID)在最佳载气流量的条件下工作,提高检测灵敏度,并消除检测器死体积的柱外效应。尾吹气流量一般为 20~30mL/min。

7.4.2.2 进样器

(1) 液体样品进样器 液体样品进样器是使用微量注射器抽取一定量的液体样品注入汽化室,载气携带汽化后的样品进入色谱柱。此法适于沸点低于 500℃ 液体样品的常规进样分析。目前常用柱头进样系统,即把色谱柱的一端直接插进汽化室中,用微量注射器将试液注射到柱的顶部。常用的微量注射器有 $1 \mu L$、$10 \mu L$、$50 \mu L$、$100 \mu L$ 等规格,可根据实际需要选用,如图 7-12 所示。

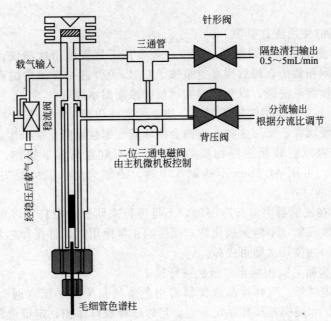

图 7-11 常用毛细管柱分流进样系统的结构示意图

图 7-12 微量进样器

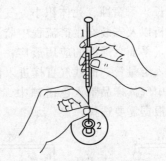

图 7-13 微量进样器进样姿势
1—微量注射器；2—进样口

气相色谱的进样速度必须很快，一般要求进样时间在 1s 以内。因为当进样缓慢时，试样汽化后被载气稀释，使原始峰宽变大，半峰宽也随之变宽，有时甚至使峰变形，不利于色谱分离与定量分析。因此，气相色谱进样技术极其重要，必须反复训练，积累经验，直至熟练和准确。一般情况下，要保证毛细管柱的进样重现性比填充柱难得多。

① 微量注射器的进样操作要点

a. 取样时，应先用丙酮（或乙醇等）抽洗 10 次左右后，再用待测试液抽洗 10 次左右，然后缓慢抽取稍多于需要量的试液，此时若有空气带入注射器内，应先排除气泡（针尖朝上，气泡上走到顶部，再推动针杆排除气泡）后，再排出过量的试液，并用滤纸或擦镜纸吸去针杆外壁所黏附的试液，注意不能吸去针尖内的试液。

b. 取样后应立即进样。进样时，注射器应与进样口垂直，左手扶着针头以防弯曲，右手拿注射器，如图 7-13 所示。迅速刺穿硅橡胶垫，平稳地推进针筒（注意针尖尽可能刺深一些，且深度固定，针头不能碰着汽化室内壁），用右手食指平稳、迅速地将样品注入，完成后立即拔出。

c. 进样操作必须稳当、连贯和迅速。进针位置和速度、针尖停留和拔出速度等都会影响进样的重现性，因此每次进样应以相同速度完成进样过程。一般要求进样的相对误差为

2%~5%。

② 微量注射器的使用注意事项

a. 微量注射器使用后应立即清洗处理（一般常用下述溶液依次清洗：50g/L NaOH 水溶液、蒸馏水、丙酮和氯仿，最后用真空泵抽干），以免针芯被样品中的高沸点物质沾污而阻塞。切忌用强碱性溶液洗涤，以免玻璃和针筒腐蚀而漏水漏气。

b. 必须规范、小心地使用微量注射器，防止弄弯注射器的针头和针杆。不用时要洗净入盒保存，不得随便玩弄，来回空抽，否则会损坏其气密性而降低准确度。

c. 注射器不宜吸取有较粗悬浮物质的溶液，也不宜在高温下操作。$10\sim100\mu L$ 的注射器一旦针尖堵塞，可用 $\phi 0.1mm$ 不锈钢丝串通，不能火烧，以免针尖退火后失去穿戳能力。

d. 高沸点样品在注射器内部分冷凝时，不得强行来回抽动拉杆，以免卡住或磨损。如发现注射器内有发黑现象（不锈钢氧化物）而影响正常使用时，可在针芯上蘸取少量肥皂水塞入注射器内，来回抽拉几次即可去掉。

e. 进行精确分析时，需用纯水称量法进行校正。

(2) 气体样品进样器　气体样品进样器常用色谱仪自配的平面六通阀（又称旋转六通阀）或拉杆六通阀。六通阀连接样品定量管，可以选择取样体积，定量重复性好，而且与环境空气隔离，避免了空气对样品的污染。六通阀是目前比较理想的气体定量阀，使用温度较高、寿命长、耐腐蚀、死体积小、气密性好，一般用于常压气体进样，还可以进行多柱多阀的组合分析以及安装在生产流程中监测生产中间产物。

目前，平面六通阀的应用最广，其结构、连接和进样原理如图 7-14 所示。取样时，样品气体进入定量管，而载气直接进入色谱柱。进样时，将阀杆旋转 60°，此时载气通过定量管，将管中气体样品带入色谱柱中。定量管有 0.5mL、1mL、3mL、5mL 等规格，实际工作时可以根据需要选择。

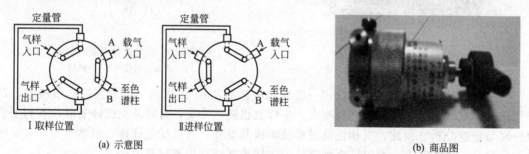

图 7-14　平面六通阀结构原理及其商品图

使用六通阀时，必须防止含有小颗粒固体杂质的气体进入六通阀，否则在转动阀杆时，固体颗粒将擦伤阀体而造成漏气。六通阀取样时，气体的流量和压力要保持重复一致，才能保证分析的重复性。平面六通阀旋转时只能放置于两端位置，不能放在中间，中间位置将导致载气被切断不通，从而造成热导池的损坏。长时间使用六通阀后，应按照说明书要求进行拆卸清洗。

常压气体样品也可以用 0.25~5mL 注射器直接量取进样，操作简单、灵活，但误差较大。

(3) 固体样品进样器　固体样品通常采用适当溶剂溶解后，与液体试样一样用微量注射器进样。对高分子聚合物可采用裂解色谱法分析，即使用热裂解器进样系统，将少量高聚物放入专用裂解炉中，经过电加热后，使高聚物分解和汽化，然后由载气将分解产物带入色谱仪。目前，裂解色谱法已用于指纹鉴定、共聚物或共混物组成的定量分析和结构测定等领域。

7.4.2.3 气化室

汽化室的作用是让液体样品在汽化室中瞬间汽化而不分解，因此要求汽化室的温度高，热容量大，无催化效应，而且为了尽量减少样品扩散使柱前色谱峰变宽，汽化室的死体积应尽可能小。汽化室就是一个金属加热器，当样品被注入热区时，样品瞬间汽化，然后由预热过的载气将样品气体迅速带入色谱柱。

注意正确选择和控制液体样品的汽化温度。气相色谱仪的最高汽化温度一般为350～450℃，高档仪器的汽化室还有程序升温的功能。由于仪器的长期使用、硅橡胶垫微粒积聚等原因，易造成汽化室进样口的管道阻塞或沾污，应按仪器说明书要求及时清洗进样口。

7.4.3 分离系统

气相色谱仪的分离系统包括柱箱和色谱柱，核心是色谱柱。色谱柱由柱管及其装填的固定相等所组成，完成混合物各组分的分离，因此它是色谱仪中最重要的部件之一。色谱柱的分离效果与所选用的固定相、柱填料的制备技术、柱长、柱内径、柱形以及仪器操作条件等许多因素有关。

(1) 柱箱　柱箱是一个精密恒温箱，其性能指标是柱箱尺寸和控温参数。柱箱的尺寸大小涉及色谱柱的安装和可操作性。目前，气相色谱仪的柱箱体积一般不超过15L。柱箱的控温范围一般为室温～450℃，均带有多阶程序升温设计，能优化色谱分离效果。有的气相色谱仪还带有低温功能（一般用液氮或液态CO_2来实现），能用于冷柱头进样。

(2) 色谱柱的分类和特点　色谱柱一般可分为填充柱和毛细管柱，目前填充柱的应用较普遍。

① 填充柱　填充柱是在柱内均匀、紧密地填充固体吸附剂或涂有固定液的载体颗粒。柱材料由不锈钢或玻璃管制成，内径一般为2～4mm，柱长1～5m。柱形多为螺旋形和U形。

② 毛细管柱　毛细管柱的出现是气相色谱发展中一个重要的里程碑，其分离效率和分析速度远高于填充柱，能完成填充柱难于实现的复杂样品的分离与分析。毛细管柱细而长，通过直接涂渍或化学键合在其内壁的固定液膜进行色谱分离，柱中间对载气是畅通的，所以又称为空心柱或开口管柱。毛细管柱材料由均匀的玻璃或石英管制成，柱内径一般为0.1～0.5mm，柱长15～100m，呈螺旋形，如图7-15所示。

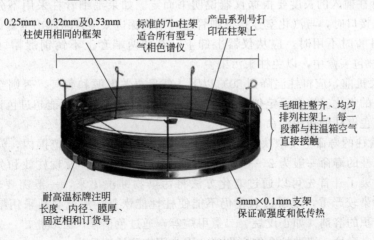

图7-15　毛细管柱的结构示意图

根据制备方法不同，毛细管柱一般可分为涂壁层毛细管柱（WCOT，内壁直接涂渍固定液）、多孔层毛细管柱（PLOT，内壁均匀涂敷氧化铝、硅胶等吸附剂）和载体涂层毛细管柱（SCOT，内壁均匀涂敷载体后，再往载体上涂渍固定液）等。最常用的是涂壁层毛细管柱，但其固定液的涂渍量较小，容易流失。为此，使用 SCOT 可提高柱容量，使用 PLOT 可分离复杂的气体混合物。表 7-4 列出了常用色谱柱的特点和用途。

表 7-4 常用色谱柱的特点和用途

参 数		柱长/m	内径/mm	柱效 n/m^{-1}	液体进样量 /μL	液膜厚度 /μm	载气流量 /(mL/min)	用 途
填充柱	经典	1～5	2～4	500～1000	0.5～2	10	20～30	常规分析
	微型		≤1					常规分析
	制备		>4					制备纯物质
WCOT	微径柱	1～10	≤0.1	4000～8000	0.01～0.1	0.1～1	0.5～2	快速分析
	常规柱	10～60	0.2～0.32	3000～5000				常规分析
	大口径柱	10～50	0.53～0.75	1000～2000				定量分析

毛细管柱与填充柱相比，其显著特点是柱容量小，柱效能高，柱渗透率大，应用范围更广，寿命长，柱流失小，结果重现性好，但对仪器系统的要求更高，操作复杂，价格高。

（3）色谱柱的安装和使用注意事项

① 新制备或新安装的色谱柱在使用前必须进行老化处理（具体方法见 7.6 节）。色谱柱在使用一段时间后，柱内会积留一些水分或其他物质，影响柱效和基线稳定性，也应进行老化处理。

② 新购买的色谱柱在分析样品前必须进行柱性能测试。使用一段时间后，应用标样测试柱性能的变化。每次测试结果都应记录存档。

③ 安装、拆卸色谱柱是非常重要的专门技术，必须根据仪器说明书要求，在断电、常温下进行，并注意清洁。

a. 色谱柱应正确安装到进样口和检测器上，并保证所有的柱接头及其他接口不漏气。

b. 填充柱在安装前，应检查色谱柱两头是否用玻璃棉塞好，以防止玻璃棉和填料被载气吹到检测器中。填充柱的安装方式有卡套密封和垫片密封，卡套分金属卡套、塑料卡套和石墨卡套，安装时不宜拧得太紧。垫片式密封在每次安装色谱柱时都要换新的垫片。其安装深度一般控制在进样针头与柱之间保留 1～2cm 的间隙。

c. 毛细管柱插入的长度要根据仪器说明书而定。如果毛细管柱采用不分流进样，汽化室采用填充柱接口时，与汽化室连接毛细管柱时不能探进太多，略超出卡套即可。

④ 色谱柱暂时不用时，应从仪器上卸下，在柱两端套上不锈钢螺帽（或用硅橡胶堵上），再放入柱包装盒中，以免柱头污染。

⑤ 每次关机前，应将柱温降到 50℃ 以下，然后再关电源和载气，否则空气易进入柱管而造成固定液的氧化。注意设定仪器的过温保护温度，确保柱温不能超过色谱柱的最高使用温度，以延长色谱柱的使用寿命。

⑥ 毛细管柱的寿命主要取决于使用情况。如果在其使用温度范围内，样品干净，色谱柱不被污染，柱的寿命一般为 2～3 年。如果使用一段时间后，发现柱效和分辨率降低，则往往是柱被污染了。首先可以通过老化方法将污染物冲洗出来，一般需要较长时间（8～30h）。如果污染较严重，或通过老化仍不能使柱性能恢复，那就必须采用溶剂清洗，通常是用 5 倍柱容积的溶剂（如正戊烷、二氯甲烷等）通过色谱柱。必须指出：只有交联柱才能清洗，对于非交联柱，清洗柱会彻底失效，因为固定液被洗掉了。

7.4.4 检测系统

气相色谱仪的检测系统包括检测器和检测室,核心是检测器。检测器的作用是将载气中被色谱柱分离的组分及其含量转变为易于测量的电信号(也称检测器的响应值或应答值),再经放大后输入记录系统。检测室提供检测器的工作温度。

7.4.4.1 检测器的分类

检测器的分类方法很多,如按对样品破坏与否分为破坏型和非破坏型,按响应值与时间的关系分为积分型和微分型,按响应值与浓度或质量相关分为浓度型和质量型,按对不同类型化合物的响应值大小分为通用型和选择型,按工作原理不同分为热导检测器、火焰电离检测器等。

由于微分型检测器给出的响应信号是峰形色谱图,反映了流过检测器的载气中所含试样量随时间变化的情况,并且峰的面积或峰高与组分的浓度或质量流速成正比。因此,气相色谱仪常使用微分型检测器。微分型检测器又分为浓度型和质量型。浓度型检测器是测量载气中组分浓度的瞬间变化,其响应值正比于载气中组分的浓度,峰面积随载气流速的增加而减小,峰高不变,如热导池检测器(TCD)、电子捕获检测器(ECD)等。而质量型检测器是测量载气中样品进入检测器的速度变化,其响应值正比于单位时间内组分进入检测器的质量,峰高随流速的增加而增加,峰面积不变,如氢火焰离子化检测器(FID)和火焰光度检测器(FPD)等。

7.4.4.2 检测器的主要性能指标

一个理想的检测器应达到以下性能指标:基线稳定,即噪声和漂移小;痕量的组分进入检测器时就有响应,即灵敏度高,检测限低;保持毛细管柱的高分离效能,即死体积小;快速分析时,很窄的谱带快速通过检测器时,峰形不失真,即响应时间快;定量分析准确可靠,即线性范围宽;通用型检测器的适用范围广,选择型检测器的选择性好。

(1) 噪声和漂移

① 噪声(N) 噪声是指由于各种原因所引起的基线波动,为$\pm(0.01\sim0.05)$mV。它是检测器的背景信号,在有或无组分流入检测器时都存在。噪声分短期噪声和长期噪声两类。短期噪声的频率明显比色谱峰快,能用噪声滤波器除去,对分析工作影响不大。而长期噪声的出现频率与色谱峰相当,不能用滤波器除去,也无法与同样大响应值的色谱峰区别开,因此对接近检测限的组分测定具有较大影响。

噪声的测量通常是取 $10\sim15$min 的噪声带来计算,噪声带用峰对峰的两条平行线来确定,如图 7-16 所示。

② 漂移(M) 漂移是指基线随时间单方向的缓慢变化,一般小于 0.05mV/h。漂移的测量通常是取 $0.5\sim1$h 内的基线变动来计算。

噪声和漂移除与检测器本身的性能有关外,噪声还来自于检测器和记录系统的机械或电噪声,检测器加热、通气、火焰点燃、加电流等操作噪声,以及载气不纯或漏气、柱流失等。而漂移大多与仪器中某些单元尚未进入稳定状态有关,如载气流量,汽化室、柱和检测器的温度,柱和隔垫的流失等。多数情况下漂移是可以控制的。

(2) 灵敏度(S) 色谱检测器灵敏度的物理意义与测量仪器是相同的,指通过检测器的物质量变化为 Q 时,产生响应值 R 的变化率,即 R 对 Q 作图的线性部分的斜率为:

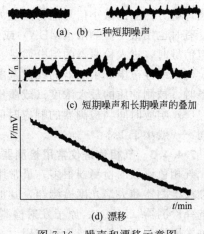

图 7-16 噪声和漂移示意图

$$S = \frac{\Delta R}{\Delta Q} \tag{7-15}$$

式中，R 的单位为 mV（或 A）；Q 的单位则因检测器的响应特征类型而不同，浓度型的单位为 mg/mL，质量型的单位为 g/s，因此，两者的灵敏度计算式也不同。在一定的实验条件下，一般采用一定量的纯苯来测定气相色谱仪的实际灵敏度。

① 浓度型检测器的仪器灵敏度可用下式计算：

$$S_g = \frac{Ac_1 F_0}{c_2 m} \tag{7-16}$$

$$F_0 = F_{皂} \times \frac{p_0 - p_w}{p_0} \times \frac{T_{检}}{T_{室}} \tag{7-17}$$

式中，A 为峰面积，mm^2，$A = 1.065 h W_{1/2}$；c_1 为记录系统的灵敏度，mV/mm；c_2 为记录系统的走纸速度，mm/min；F_0 为扣除水蒸气影响后检测器入口处的载气流速，mL/min；m 为进入检测器的样品质量，mg；$T_{检}$ 为检测器的温度，℃；$T_{室}$ 为室温。

对于液体样品，灵敏度 S_g 的单位是 (mV·mL)/mg；对于气体样品，以体积 V(mL) 代替式(7-16)中的 m，则其灵敏度 S_v 的单位为 (mV·mL)/mL。

② 质量型检测器的仪器灵敏度计算式为：

$$S_t = \frac{60 A c_1}{c_2 m} \tag{7-18}$$

式中各符号的意义同前，S_t 的单位是 (mV·s)/g。

(3) 检测限（D） 检测器在检测组分信号时必须考虑噪声，即把组分信号从背景噪声中识别出来，组分的响应值就一定要高于噪声。很多高灵敏度的检测器（如 FID、ECD 等）常用检测限来表示检测器的性能。检测限定义为：恰能产生相当于两倍噪声（$2N$）的信号时，单位体积的载气或单位时间内进入检测器的组分量，即：

$$D = \frac{2N}{S} \tag{7-19}$$

由于灵敏度 S 的表达式和单位不同，所以检测限也不同，如浓度型检测器的检测限为 $D_g = \frac{2N}{S_g}$，单位为 mg/mL；$D_v = \frac{2N}{S_v}$，单位为 mL/mL。质量型检测器的检测限为 $D_t = \frac{2N}{S_t}$，单位为 g/s。

灵敏度和检测限是从两个不同角度衡量检测器敏感程度的指标。检测限不仅决定于灵敏度，而且受限于噪声，所以它是一个更重要的衡量检测器性能的综合指标，能反映检测器对由痕量组分产生的微小信号的检测能力。

有时也用最小检测限（MDA）或最小检测浓度（MDC）作为检测限，分别是产生两倍噪声信号时，进入检测器的组分质量（g）或浓度（mg/mL）。

(4) 线性范围 检测器的线性范围是指检测器的检测信号与被检测物质的量呈线性响应关系时，被测物质的最大浓度（或质量）与最低浓度（或质量）之比。

(5) 响应时间 检测器的响应时间是指进入检测器的组分信号输出达到 63% 时所需的时间，一般小于 1s。

7.4.4.3 气相色谱仪常用检测器

气相色谱仪的检测器很多，最常用的是热导池检测器和氢火焰离子化检测器，其次是电子捕获检测器和火焰光度检测器，其他还有氮磷检测器（NPD）、光电离检测器（PID）、质量选择检测器（MSD）、原子发射检测器（AED）、电导检测器（ELCD）等。表 7-5 列出了四种常用检测器的性能特点和应用。

表 7-5　常用检测器的性能特点和应用

检测器	热导池检测器（TCD）	氢火焰离子化检测器（FID）	电子捕获检测器（ECD）	火焰光度检测器（FPD）
类型	浓度型,通用型	质量型,选择性	浓度型,选择性	质量型,选择性
灵敏度	10^4 mV·mL/mg	100C/g	800A·mL/g	400C/g
检测限	2×10^{-6} mg/mL	10^{-13} g/s	10^{-11} mg/mL	10^{-11} g/s(S) 10^{-12} g/s(P)
最小检测浓度/(ng/mL)	100	1	0.1	10
线性范围	10^4	10^7	$10^2\sim10^4$	10^3
最高温度/℃	500	~1000	350(^{63}Ni)	270
进样量	$1\sim40\mu L$	$0.05\sim0.5\mu L$	$0.1\sim10$ ng	$1\sim400$ ng
载气流量/(mL/min)	$1\sim1000$	$1\sim200$	$10\sim200$	$10\sim100$
试样性质	所有物质	含碳有机物	多卤、亲电子物	硫、磷化合物
应用范围	无机气体、有机物	有机物及痕量分析	农药、污染物	农药残留物及大气污染

(1) 热导池检测器（TCD）　热导池检测器是一种结构简单、性能稳定、线性范围宽、对无机物和有机物都有响应、灵敏度适宜的通用型、非破坏型和浓度型检测器，因此在气相色谱中应用最广。TCD 特别适用于其他检测器不能直接检测的无机气体混合物的工厂控制分析（典型的石油裂解气分析如图 7-17 所示），以及收集样品或与其他仪器联用。

① TCD 的结构和测量电桥　热导池由池体和热敏元件构成，分为双臂和四臂热导池两种，如图 7-18 所示。

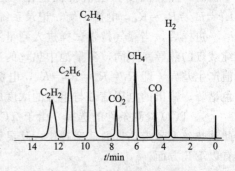

图 7-17　石油裂解气分析色谱图

双臂热导池的池体用不锈钢或铜制成，具有两个完全对称的孔道，一个孔道通常连接在进样装置之前，仅允许纯载气通过，称为参比（参考）池；另一个孔道则连接在色谱柱出口处，让载气和色谱柱分离后的组分流过，称为测量池。两池内都安装一根热丝作为热敏元件，常用的热丝是铼钨丝。

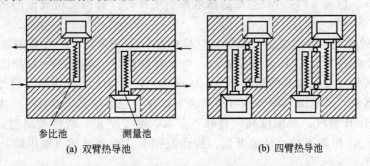

图 7-18　热导池检测器的结构图

目前仪器中都采用半扩散式四臂热导池，如图 7-19 所示，响应较快，由于采用四根相同的铼钨丝，其热丝阻值比双臂热导池增加一倍，灵敏度也提高一倍。四臂热导池中，两臂为参比池，另两臂为测量池。将参比臂和测量臂接入惠斯通电桥，由恒定的电流加热而组成热导池测量线路，如图 7-20 所示。四根热丝的电阻分别为 R_1、R_2、R_3、R_4，在相同的温度下，四根热丝的阻值相等。W_1、W_2、W_3 是三个电位器，用于调节电桥平衡和电桥工作电流。

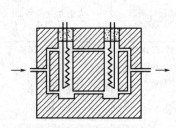
图 7-19 半扩散式热导池气路形式

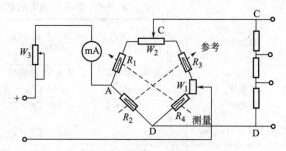
图 7-20 四臂热导池测量电桥图

② TCD 的检测原理 热导池检测器是根据各种物质和载气的热导率不同,利用惠斯通电桥来测量热丝阻值随温度的变化。

进样前,当恒定电流通过热丝时,热丝被加热,此时参比池和测量池都通入纯载气,由于载气的热传导作用使热丝的一部分热量被载气带走,另一部分传给池体。当热导池达到热平衡时,热丝温度和阻值就稳定在一定的数值。由于同种载气具有相同的热导率,因此 $R_1=R_2=R_3=R_4$,电桥平衡,记录系统记录的是一条直线——基线。

进样后,当载气携带试样进入测量池时,由于载气和待测组分二元混合气体的热导率和纯载气的热导率不同,测量池中热丝的温度和阻值发生变化,使测量池和参比池中热丝的阻值产生差异,即 $R_1=R_4\neq R_2=R_3$,电桥失去平衡,有电压信号输出,记录系统出现组分的色谱峰。输出的电压信号与组分的浓度成正比,这就是 TCD 的定量依据。

③ TCD 检测条件的选择 由于 TCD 是检测柱流出物把热量从热丝上传走的速率,因此从热丝上带走热量的速率越快,其灵敏度就越高。由此可知影响 TCD 灵敏度的检测条件有以下几方面。

a. 桥电流 增大桥电流可使热丝的温度提高,热丝与池体的温差增大,有利于热传导,TCD 的灵敏度将提高。TCD 灵敏度和桥电流的三次方成正比。所以,提高桥电流可迅速地提高灵敏度。但电流不可太大,否则会造成噪声加大,基线不稳,数据精度降低,甚至使热丝氧化烧坏。所以,在灵敏度满足分析要求的情况下,应尽量选用较低的桥电流。这时噪声小,热丝寿命长。但是 TCD 若长期在低桥电流下工作时,有可能造成池的污染,必须清洗热导池。

b. 载气的种类、纯度和流量 载气与试样的热导率相差越大,在检测器两池中产生的温差和电阻差也就越大,TCD 灵敏度越高。由于待测组分的热导率一般都比较小,故应选用热导率大的载气。常用载气的热导率大小顺序为:$H_2 > He > N_2 > Ar$。另外,载气的热导率大,热丝温度低,通过的桥电流也可适当加大,使检测器的灵敏度进一步提高。所以,一般选择 H_2 或 He 作载气,灵敏度高,且峰形正常,易于定量,线性范围宽。但 He 价格较高。若用 N_2 或 Ar 作载气时,灵敏度低,线性范围窄,有些试样(如甲烷)的热导率比它大就会出现倒峰。

载气的纯度影响 TCD 灵敏度。实验证明,在桥电流 120~200mA 范围内,用 99.999% 的超纯 H_2 比用 99% 的普通 H_2 灵敏度高 6%~13%。载气纯度对峰形也有影响,用 TCD 作高纯气杂质检测时,载气纯度应比待测气体高 10 倍以上,否则将出倒峰。

TCD 是浓度型检测器,对载气流速的波动很敏感,其峰面积响应值反比于载气流速。因此,在检测过程中,载气流速必须保持恒定。在柱分离许可的情况下,应尽量选用低流速。流速波动可能导致基线噪声和漂移增大。通常参比池的气体流速与测量池相等,但在程序升温时,可调整参比池的流速至基线噪声和漂移最小。

c. 池体温度　当桥电流和热丝温度一定时,如果降低池体温度,将使池体与热丝的温度差变大,有利于热传导,从而可以提高 TCD 的灵敏度。但是,TCD 的温度应略高于柱温,以防止试样组分在检测器内冷凝而造成污染,影响检测。同时,应保证 TCD 和柱箱的温度控制精度,因为 TCD 的工作原理是依据温度的变化,所以温度变化对 TCD 的影响最大,除了要求桥电流稳定外,TCD 的灵敏度越高,对温度控制精度的要求也越高。

d. 热敏元件的阻值和电阻温度系数　TCD 灵敏度正比于热敏元件的电阻值及其电阻温度系数。因此,应选择阻值高、电阻温度系数较大的热敏元件,如钨丝、铼钨丝等。

④ TCD 的使用注意事项

a. 检测器未通气时绝对不能加桥电流,否则检测器的核心部件铼钨丝会在短时间内烧毁。桥电流要在 TCD 温度稳定后再打开。

b. 开机时,应先通载气 15min 以上,保证将气路中的空气赶后,再通电,以防热丝被氧化;关机时,先断桥电流,让载气流通一段时间(约 30min),待 TCD 温度低于 100℃时,再关闭气源,以延长热丝的使用寿命。

c. 根据载气的性质,桥电流不得超过允许值。在实际工作中,使用 H_2 作载气时,桥电流可控制在 150~200mA;使用热导率小的 N_2 作载气时,桥电流比用 H_2 时要小很多,应控制在 100~150mA。

d. 操作中需要更换汽化室的硅橡胶垫时,务必先把热导池电源关闭,换好硅橡胶垫后,通几分钟载气,再接通桥电流。应经常检查整个气路的气密性,若发现仪器气路系统突然漏气,也应首先关闭热导池电源。

e. 氢气作载气时,尾气一定要排到室外。

f. 在不使用 TCD 时,应注意将 TCD 控制器上的电源开关置于"关"的位置。TCD 长期不使用时,需将其进气口和出气口堵塞,以防铼钨丝被氧化。

g. 确保载气的净化。若载气中含氧,热丝易氧化,有损其寿命,故载气应除氧。

h. 样品应保持纯净,并避免样品或固定液流失损坏热丝,如酸类、卤代物、氧化性和还原性物质等能使测量池热丝的阻值改变,特别是在进样量很大时,尤为严重。高沸点样品或固定液在检测器中冷凝,将使噪声和漂移变大,以致无法正常工作。

i. 如果使用大口径毛细管柱,应确保毛细管柱插入热导池的深度合适,即毛细管柱端必须在样品池的入口处。若插入池内,则灵敏度下降,峰形变差;若离池入口处太远,峰将变宽和拖尾,灵敏度也降低。

⑤ TCD 的清洗　当热导池使用时间长而被沾污后,若沾污的物质仅限于高沸点成分,通常可将检测器加热至最高使用温度后,再通入载气即可清除。注意加热的温度不能损坏检测器的绝缘材料。

当用加热法不适宜时,TCD 必须按照仪器说明书要求,由专业人员定期进行清洗。在沾污程度较轻时,可以用纯的丙酮、乙醚、十氢化萘等溶剂从进样口注入,装满检测器的测量池,浸泡一段时间(20min 左右)后倾出,如此反复进行多次,直至所倾出的溶液比较干净为止。假若还不能解决沾污问题,则应将检测器卸下,非常小心地拆去外壳加热块,然后将铼钨丝从池体中取出,进行较彻底的清洗。即根据沾污物的性质先选用高沸点溶剂进行浸泡清洗,然后再用低沸点溶剂反复清洗,洗净后加热赶去溶剂,再装上仪器,加热检测器,通载气冲洗数小时后即可使用。用超声波清洗器更理想。注意清洗过的部分不能用手摸,所有操作都要小心,当心铼钨丝扭断。

(2) 氢火焰离子化检测器(FID)　氢火焰离子化检测器简称氢焰检测器,是一种结构简单、灵敏度高、死体积小($<1\mu L$)、响应快(1ms)、线性范围宽、稳定性好的选择型、

破坏型和质量型检测器，使用非常广泛。FID 的灵敏度比 TCD 高出近 3 个数量级，且不受柱温的影响，因此特别适用于程序升温色谱和毛细管柱气相色谱分析。但是它仅对含碳有机物有响应，对永久性气体、水、CO、CO_2、氮的氧化物、硫化物等含氢少或不含氢的物质不响应或灵敏度低。所以，FID 主要用于有机物分析和检测空气污染以及饮水、饮料中的微量有机物及微生物。

① FID 的结构和检测原理　FID 的结构如图 7-21 所示，其主要部件是离子室。离子室一般用不锈钢制成，包括气体入口、火焰喷嘴、一对电极（极化极和收集极）和点火线圈等。极化极（阴极）制成铂丝圆环，收集极（阳极）制成金属圆筒，两极间距可以调节，并施加一定的直流电压，形成电场。FID 工作时，载气一般用氮气，燃气用氢气，助燃气用空气，通过调节其流量配比，分别由气体入口处通入离子室，用点火线圈点火，在喷嘴上方形成氢火焰（约 2100℃）。

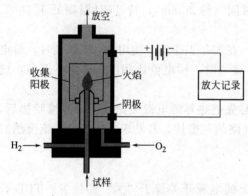

图 7-21　氢火焰离子化检测器结构图

进样前，仅有载气从柱后流入检测器，载气中的有机杂质和流失的固定液在氢火焰中发生化学电离（载气本身不会电离），产生正、负离子和电子。在电场作用下，它们分别向两极定向移动，形成离子流，称为基流。由于氢火焰中物质的电离效率很低，大约只有 50 万分之一的碳原子被电离，所以基流很微弱，也称微电流，需经放大器放大后，才能记录其信号。只要载气流速、柱温等条件不变，该基流也不变。一般在进样前要调节"基流补偿"，使基流降至零。

进样后，载气和分离的待测组分一起从柱后流出，再与氢气混合后喷入离子室，因此氢火焰中增加了组分被化学电离后产生的正、负离子和电子，从而使微电流显著增大（$10^{-6}\sim10^{-14}$A），经微电流放大器放大后，记录其色谱图。此电流的大小与进入离子室的待测组分的质量成正比，这就是 FID 的定量依据。

普遍认为氢火焰中物质的电离机理是一个化学电离过程，即发生了离子化反应。有机物在火焰中先形成自由基，然后与氧产生正离子，再与水反应生成 H_3O^+ 等。

② FID 检测条件的选择
　　a. 气体种类、流速和纯度
（a）载气及载气流速　实验证明，FID 用 N_2 作载气比用其他气体（如 H_2、He、Ar）的灵敏度高，所以通常用 N_2 作载气。载气流速的选择主要考虑柱的分离效能，对一给定的色谱柱和试样，需经实验来选定最佳的载气流速，使色谱柱的分离效果最好。
（b）氮氢比　氢气作为 FID 的燃气，其流速的大小影响检测器的灵敏度和稳定性。若氢气流速过低，不仅火焰温度低，组分分子的离子化数目少，检测器灵敏度低，而且还容易熄火；若氢气流速太高，火焰不稳定，基线不稳。因此，当用 N_2 作载气时，N_2、H_2 流速的比值有一个最佳值，此时检测器灵敏度高、稳定性好。最佳氮氢比只能由实验确定，一般为（1∶1）～（1∶1.5）。
（c）空气流速　空气是 FID 的助燃气，并为离子化过程提供氧，同时也起着吹扫 CO_2、H_2O 等燃烧产物的作用。空气流速较低时，离子化信号随空气流速的增加而增大，但达到一定值后，空气流速对离子化信号几乎没有影响。一般氢气与空气的流量比为 1∶10，空气流速控制在 300～500mL/min。
（d）气体纯度　常量分析时，三种气体的纯度在 99.9% 以上即可。但在痕量分析时，则要求三种气体的纯度在 99.999% 以上，空气中总烃含量应小于 $0.1\mu L/L$。

b. 温度　FID 对温度变化不敏感，其使用温度应控制在 80～200℃，在此温度范围内，FID 的灵敏度几乎相同。但在 80℃ 以下时，氢气燃烧产生的大量水蒸气不能排出，灵敏度显著下降，所以，为避免水蒸气和样品在检测器内冷凝，FID 的温度必须保持在 120℃ 以上（常用 150℃）。注意在程序升温时要补偿基线漂移。

c. 极化电压　极化电压的大小会直接影响检测器的灵敏度。当极化电压较低时，离子化信号随极化电压的增加而迅速增大，当电压超过一定值时，再增加电压对离子化电流的增大没有明显的影响。一般操作所用的极化电压为 150～300V。

d. 电极形状和距离　收集极应有较大的表面积，才能提高收集效率。圆筒状收集极的收集效率最高，目前已被广泛使用。一般控制两极之间距离为 5～7mm，可以获得较高的灵敏度。另外，喷嘴的内径小，气体流速大有利于组分的电离，使检测器的灵敏度提高，一般使用的内径为 0.2～0.6mm。

③ FID 的使用注意事项

a. 尽量使用高纯气源，并确保三种气体的充分净化。同时，必须保证气路管道的清洁，因为气体中的微量有机杂质将严重影响基线的稳定性。

b. 色谱柱必须经过严格的老化处理，防止固定液流失而引起噪声。

c. 开机使用 FID 时，必须先通载气，再升温。待检测器温度超过 120℃ 以上时，才能通氢气点火。只有点火前才能打开氢气源，以免气体存积产生危险和事故。FID 系统关机时，必须先关氢气熄火，然后再关闭温度控制。当柱温降至室温时，再关载气和空气。否则，离子室容易积水而影响电极的绝缘，使基线不稳。

d. 通氢气使管道中的残余气体排出后，应及时点火，并保证氢火焰是点燃的。FID 点火时，可将氢气开大些，点火后再慢慢将氢气流量调小（如调到 20～30mL/min）即可。点火时宜将放大器的灵敏度调低一些，不要向检测器筒体内观看。

e. FID 应在最佳氮氢比和最佳空气流速的条件下使用。当 H_2 比例过大时，FID 的灵敏度会急剧下降，若使用中的其他条件不变，则要检查氢气和空气流速。另外，在氢气或空气不足时，点火会发出爆音，随后就灭火。一般在点火时，点燃就灭，再点燃随后又灭，即是氢气量不足。

f. 使用时，离子室外罩必须罩住，以保证良好的屏蔽和防止空气侵入。

g. 如果离子室积水，可将外罩取下，待离子室温度较高时再盖上。在工作状态下取下检测器外罩时，注意不能触及极化极，以防触电。

h. FID 长期使用时，喷嘴易被堵塞，收集极易被污染，从而造成火焰不稳、基线不准等故障，在实际工作中必须按照仪器说明书要求，由专业人员定期进行清洗。

④ FID 的清洗　当 FID 的沾污不严重时，可不必卸下清洗，只需将色谱柱取下，用一根管子将进样口与检测器连接起来，然后通入载气，并将检测室升温至 120℃ 以上，从进样口先注入 20μL 左右的蒸馏水，再用几十微升丙酮或氟里昂（F113 等）溶剂进行清洗。在此温度下保持 1～2h，检查基线是否平稳，若仍不满意可重复上述操作或卸下清洗。

当沾污比较严重时，必须卸下清洗。先卸下收集极、极化极、喷嘴等，若喷嘴是石英材料制成的，先将其放在水中浸泡过夜。若喷嘴是不锈钢等材料制成的，则可与电极等一起，先小心地用细砂纸（300～400 号）打磨，再用适当溶剂（如 1∶1 甲醇-苯）浸泡，也可以用超声波清洗，最后用甲醇洗净，放置于烘箱中烘干。注意勿用含卤素的溶剂（如氯仿、二氯甲烷等），以免与零件中的聚四氟乙烯材料作用，导致噪声增加。洗净后的各个部件，要用镊子取出，勿用手摸。烘干后装配时也要小心，否则会再次沾污。各零件装入仪器后，先通载气 30min，再点火升高检测室温度，最好先在 120℃保持数小时之后，再升至工作温度。

(3) 其他检测器简介

① 电子捕获检测器（ECD） 电子捕获检测器也是一种离子化检测器，可以与 FID 共用一个放大器。它是一种高灵敏度、高选择性的浓度型检测器，其应用仅次于 TCD 和 FID。它只对具有亲电基团的样品分子，即含有卤素、硫、磷、氧、氮等电负性元素的化合物有很高的灵敏度，且电负性越强，检测灵敏度越高。目前，ECD 常用于分析痕量的电负性有机物，如农副产品、食品中的农药残留量，大气、水中的痕量污染物等。但是，ECD 对无电负性的烃类没有响应；线性范围较窄；响应易受操作条件的影响，重现性较差；对水敏感，载气必须充分干燥和脱氧；ECD 中有放射源，通常为 ^{63}Ni，使用时必须严格执行放射源的安全使用和管理条例，ECD 的拆卸、清洗应由专业人员进行，尾气必须排放到室外，严禁检测器超温等。

同轴型 ECD 的结构如图 7-22 所示。在检测器离子室内，装有一圆筒状 β 射线放射源 ^{63}Ni 为阴极，不锈钢管为阳极。在两极间施加直流或脉冲电压。当由柱流出的载气及检测器的清扫气进入离子室后，在放射源的 β 射线轰击下被电离为自由基和低能电子，这些电子在电场作用下向阳极运动，形成恒定的基流（约 $10^{-8} \sim 10^{-9}$A）。当电负性物质进入离子室后，就能捕获这些低能电子，使基流下降，产生负信号——倒峰。显然，待测组分的浓度越大，倒峰越大；组分中电负性元素的电负性越强，捕获电子的能力越大，倒峰也越大，这就是 ECD 的定量依据。

② 火焰光度检测器（FPD） 火焰光度检测器又称硫磷检测器，是一种高灵敏度、高选择性的质量型检测器。它是应用火焰光度法的原理来检测含硫、磷的有机化合物。FPD 对有机硫、磷的检测限比碳氢化合物低一万倍，因此可以排除大量的溶剂峰和碳氢化合物的干扰，非常有利于痕量硫、磷化合物的分析，现已广泛用于空气和水污染物、农药及煤的氢化产品等的分析。

FPD 的结构如图 7-23 所示，由氢焰和光度两部分构成。含硫或磷的化合物由载气携带，先与空气（或纯氧）混合后由检测器下部进入喷嘴，在过量的氢气中点燃，形成富氢火焰。此时，含硫或磷的有机化合物在富氢火焰中燃烧和反应，形成具有化学发光性质的 S_2^* 或 HPO* 碎片，分别发射出波长为 394nm、526nm 的特征光。各特征光的强度与待测组分中硫或磷的含量成正比，这就是 FPD 的定量依据。特征光经滤光片滤光后，再由光电倍增管产生相应的光电流，由放大器放大后输入记录系统，从而获得色谱图。

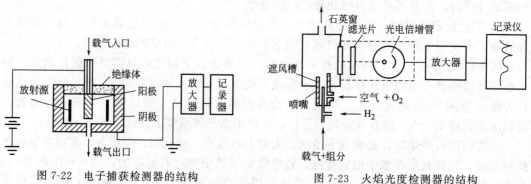

图 7-22　电子捕获检测器的结构　　　图 7-23　火焰光度检测器的结构

7.4.5　温控系统

温控系统是用于设定、控制和测量色谱柱箱、检测室和汽化室三处的温度。气相色谱的流动相是气体，试样仅在气态时才能被载气携带通过色谱柱。因此，从进样到检测完毕都必须控温。同时，温度也是气相色谱分析的重要操作参数之一，它直接影响色谱柱的选择性、分离效率和检测器的灵敏度及稳定性。

在现代气相色谱仪中，色谱柱箱、检测室和汽化室都有独立的恒温控制装置，各加热区之间都用隔热材料相对隔开，使各加热区之间的热传递减至最小。通常采用可控制硅温度控制器，其性能可靠，控温连续，精度高，数字显示，操作简便。

柱箱的使用温度一般为室温～400℃，箱内上下温差低于3℃，控温精度低于±0.1℃，配有后开门自动降温系统。色谱柱的温度控制方式分为恒温和程序升温两种。

除氢火焰离子化检测器外，所有检测器对温度的变化都很敏感，尤其是热导池检测器，温度的微小变化将影响检测器的灵敏度和稳定性，所以检测室的控温精度应低于±0.1℃。

在实际使用中，应按照仪器说明书进行温控系统的操作和定期检验。

7.4.6 记录系统

记录系统的基本功能是将检测器输出信号随时间的变化曲线（即色谱图）绘制出来，例如早期的记录仪（电子电位差计），其记录的色谱图需要手工测量和数据处理，误差较大，目前已趋淘汰。随着电子和计算机技术的发展，现代的气相色谱仪已广泛使用色谱数据处理机和色谱工作站，尤其是色谱工作站，不仅能实时记录色谱图，还能利用色谱专用软件进行人机对话和智能处理分析结果，使色谱分析更加方便、准确和可靠。

(1) 色谱数据处理机　色谱数据处理机是一种微处理机，可进行色谱数据的存储、变换和定量分析，并将分析结果（包括色谱图、保留时间、峰面积、峰高、组分含量等）同时打印在记录纸上。此外，色谱数据处理机还能以文件号的方式存储不同分析方法的操作参数，在使用某个分析方法时只需调出文件号即可进行分析操作，而不必每次分析都进行参数设定。使用方法可参阅有关说明书。

(2) 色谱工作站　色谱工作站是由计算机和色谱专用软件来实时控制色谱仪器，并能自动采集、存储、处理和打印色谱数据和分析报告。色谱工作站的实时控制功能包括色谱仪器的一般操作条件控制、程序控制（如气相色谱程序升温、高效液相色谱的梯度洗脱等）、自动进样控制等，目前应用较少。应用普遍是色谱工作站强大、准确的自动处理功能，如色谱数据采集和再处理，色谱峰智能识别，基线校正，峰的解析，峰参数、色谱分离参数及组分含量的计算，结果汇总等。后续处理工作一般可使用 Office 软件，易学易用。

目前，不同厂家的气相色谱仪一般配有不同版本的色谱工作站，如 N3000、ZB-2020等。但是其基本功能、配置和使用方法类似，通常可按仪器说明书将工作站数据采集器、通讯线（连接串行口与采集器间）、信号线（含启动采集开关，连接采集器与色谱仪信号输出端）、转接头等连接和软件安装后，即可使用。使用前务必详细阅读色谱工作站说明书。色谱工作站的典型窗口如图7-24所示。

7.4.7 常用气相色谱仪的使用

气相色谱仪是一种结构复杂的大型精密仪器，型号很多，其外形、部件、旋钮等有所不同，但仪器的使用、维护方法基本相同。在实际使用时务必详细阅读仪器的使用说明书，严格按照说明书要求进行仪器安装和规范地使用、维护和日常保养。下面重点介绍目前应用较广的浙江福立分析仪器公司生产的 GC9790Ⅱ型气相色谱仪，该仪器采用微机控制，键盘式操作，液晶屏幕显示，电子线路集成度高，性能可靠，适应长时间运行，操作简便。该仪器的外形和基本结构、FID 和 TCD 电路控制面板以及气路控制面板如图7-25所示。

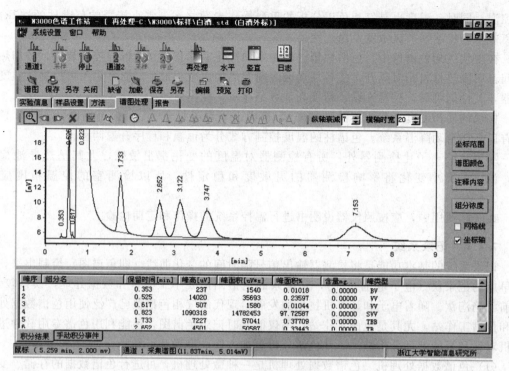

图 7-24　N3000 色谱工作站窗口

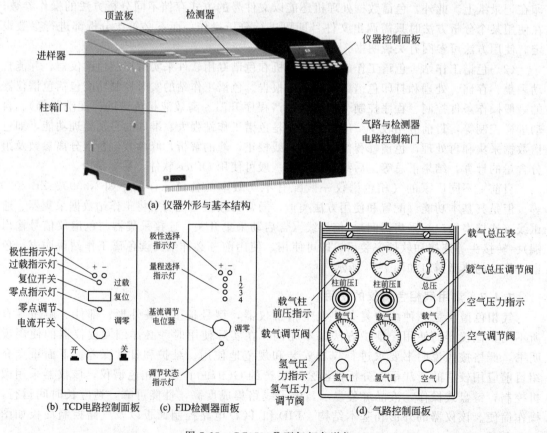

(a) 仪器外形与基本结构

(b) TCD电路控制面板　(c) FID检测器面板　(d) 气路控制面板

图 7-25　GC9790Ⅱ型气相色谱仪

7.4.7.1 GC9790Ⅱ型气相色谱仪的使用规程

① 仪器室通风，检查气源、气路和电路等部件安装连接正常后，进行气路系统的气密性检查，确保不漏气，作好开机前准备。

② 打开载气（TCD 用 H_2，FID 用 N_2）钢瓶总阀，调节减压阀输出压力为 0.4MPa。

③ 打开载气净化气开关，调节载气总压为 0.3MPa。对照仪器给定的气体流量曲线，调节载气稳流阀至合适的载气柱前压和流量，如 0.1MPa 左右，30～40mL/min。

④ 启动仪器主机总电源开关，通过仪器自检后，分别设定合适的柱箱温度、进样器（即汽化室）温度和检测器温度，仪器开始升温。

⑤ 启动色谱工作站，输入有关参数。

⑥ 若使用热导池检测器，按下列步骤进行调试操作：

a. 待各路温度达到设定值并稳定后，在确保载气通入 TCD 的前提下，打开 TCD 电流开关，设置合适的桥电流，如 120mA。同时，选择极性和衰减倍数。

b. 调节 TCD 控制面板上的调零旋钮，使输出电平接近零点。

c. 观察基线的稳定性，待基线稳定后即可进样分析。

⑦ 若使用氢火焰离子化检测器，按下列步骤进行调试操作：

a. 待各路温度达到设定值并稳定后，打开空气钢瓶，调节减压阀输出压力为 0.4MPa；打开空气净化气开关，对照仪器给定的气体压力流量曲线，调节空气针形阀至合适的空气柱前压和流量，如 0.03MPa 左右，300～400mL/min。

b. 打开氢气钢瓶，调节减压阀输出压力为 0.3MPa。打开氢气净化气开关，对照仪器给定的气体压力流量曲线，调节氢气稳压阀至合适的氢气柱前压和流量，如 0.1MPa，30mL/min。

c. 选择合适的 FID 量程（即灵敏度，由大到小的顺序为 1/2/3/4）和极性。

d. 调节氢气柱前压为 0.2MPa 左右，取下防风帽，用电子点火枪的枪口对准 FID 气体放空口（相互距离 3mm，不要接触），轻轻按下开关 5s 即可点燃氢火焰。此时观察基线应有急剧变化（或用带抛光面的扳手凑近检测器气体放空口，观察扳手表面有无水汽凝结）。否则氢火焰未点燃，应重新点火。氢火焰点燃以后，再将氢气柱前压降至 0.1MPa，控制其流量为 30mL/min。

e. 观察基线的稳定性，待基线稳定后即可进样分析。

⑧ 进样时，同时点击色谱工作站界面上的"开始（采样）"按钮或按下启动采集开关，开始记录色谱图。待色谱图采集完成后，点击色谱工作站界面上的"停止"按钮，色谱图自动保存和处理结果，结束色谱分析。若需重复测定，只需重复以上进样和色谱图采集操作即可。

⑨ 若使用热导池检测器，按下列步骤关机：

a. 设置桥电流为 0，关闭 TCD 电流开关和色谱工作站。

b. 设置汽化室温度、柱温、检测室温度为室温以上约 20℃，仪器开始降温。

c. 待各路温度降至设定值后，关闭仪器主机总电源开关。

d. 关闭载气钢瓶总阀，待压力表指针回零后，再关闭减压阀和载气净化器开关，最后关闭载气稳流阀。

⑩ 若使用氢火焰离子化检测器，按下列步骤关机：

a. 关闭氢气钢瓶总阀，待压力表回零后，关闭减压阀和氢气净化器开关，再关闭氢气稳压阀。

b. 关闭空气钢瓶总阀，待压力表回零后，关闭减压阀和空气净化器开关，再关闭空气针形阀。

　　c. 设置汽化室温度和柱温为室温以上约20℃，检测室温度为120℃（持续30min后再设置为室温以上约20℃）。同时关闭色谱工作站。

　　d. 待各路温度降至设定值后，关闭仪器主机总电源开关。

　　e. 关闭载气钢瓶总阀，待压力表指针回零后，再关闭减压阀和载气净化器开关，最后关闭载气稳流阀。

　　⑪ 清洗进样器，整理工作台，罩上仪器防尘罩，填写仪器使用记录。

7.4.7.2　气相色谱仪的维护和日常保养

　　① 气相色谱室应保持通风良好，室内环境温度应在5~35℃范围内，相对湿度≤85%，最好安装空调。色谱室严禁烟火，周围不得有强磁场、易燃及腐蚀性气体。气瓶必须与实验室隔离。

　　② 供仪器使用的动力线路容量应在10kV·A左右，而且仪器使用电源应尽可能不与大功率耗电量设备共用一条线。电源必须接地良好，最好电源和仪器外壳都接地，效果更好。

　　③ 仪器安放的工作台应宽高适中、便于操作和稳固，防止振动。一般以水泥平台较好（高0.6~0.8m），平台应离墙0.5~1.0m，便于接线及检修。

　　④ 如果使用TCD、ECD等浓度型检测器时，应注意废气的排放，可使用管路将仪器尾气从仪器的放空口排至室外。

　　⑤ 任何时候打开仪器有电源标志的盖板、侧板时，注意箱体内部有强电。在维护保养仪器需要打开时，必须预先拔掉电源插头，以保证人身安全。

　　⑥ 仪器加热使用后，即使柱箱和色谱柱冷却了，进样器和检测器的接头仍有一定的温度，操作时应戴隔热手套或采取一定的保护措施，以免烫伤。

　　⑦ 仪器工作时应将检测器机箱盖板盖好，以防止温度波动而降低仪器的稳定性。切忌在仪器工作时打开柱恒温箱门。

　　⑧ 仪器长期放置不用时，要定期对仪器通电和性能检查，保证仪器运行正常可靠!

7.4.7.3　气相色谱仪的一般故障分析和排除方法

　　气相色谱仪的故障原因及其排除方法比较复杂，操作者的经验积累非常重要，可参考有关专著和仪器说明书。表7-6列出了GC9790Ⅱ型气相色谱仪（FID）的一般故障分析和排除方法。

表7-6　GC9790Ⅱ型气相色谱仪（FID）的一般故障分析和排除方法

故障现象	故障原因	排除方法
仪器不能启动	(1) 供电电源不通 (2) 仪器保险丝烧断	(1) 检查电源故障原因 (2) 更换新的保险丝
仪器不能升温且报警	(1) "加热"开关未打开 (2) 加热保险丝烧断	(1) 打开"加热"开关 (2) 更换新的保险丝
仪器个别加热区不能升温且报警	(1) 加热丝(棒)断路 (2) 测温铂电阻断路 (3) 温控电路故障	(1) 检查、更换 (2) 检查、更换 (3) 检修或更换温控线路板
检测器高温灵敏操作噪声大	(1) 使用的气体纯度低 (2) 检测器零件被污染	(1) 更换纯度高的气体 (2) 清洗检测器
检测器基线不稳定	(1) 柱流失 (2) 柱连接漏气 (3) 检测系统有冷凝物污染	(1) 重新老化或更换色谱柱 (2) 重新捡漏 (3) 适当提高检测器、进样器温度，提高载气流量吹洗仪器2h

续表

故障现象	故障原因	排除方法
检测器响应小或没有响应	(1) 检测器已熄火 (2) 气体配比不当 (3) 色谱柱阻力太大，载气不通 (4) 火焰喷嘴有异物堵住	(1) 重新点火 (2) 重新调整气体比例 (3) 更换色谱柱 (4) 疏通或更换喷嘴
检测器不能点火	(1) 空气流量太大 (2) 氢气流量太小 (3) 点火枪电源不足，无放电现象 (4) 气路不通	(1) 适当降低空气流量 (2) 适当加大氢气流量 (3) 更换点火枪电池 (4) 疏通气路
峰形变宽	(1) 载气流量小 (2) 柱温低 (3) 进样器、检测器温度低 (4) 系统死体积大	(1) 适当增加载气流量 (2) 适当提高柱温 (3) 适当提高进样器、检测器温度 (4) 检查色谱柱的安装
出现反常峰形	(1) 硅橡胶隔垫污染或漏气 (2) 样品分解 (3) 检测器有污染物 (4) 柱污染	(1) 更换或活化硅橡胶隔垫 (2) 适当改变分析条件 (3) 清洗检测器 (4) 更换或活化色谱柱

7.5 气相色谱理论基础

研究色谱理论的主要目的是解决色谱峰的分离问题。若要使混合物中的两组分完全分离，必须满足以下条件。

① 两组分的分配系数必须有差异，从而产生组分移动速率的差异，使峰间距离增大，由色谱过程中的热力学性质决定。

② 各组分谱带扩张的速率小于谱带分离的速率，使其色谱峰的区域宽度较小，由组分在色谱柱中的扩散、传质等色谱过程的动力学性质决定。

因此，应从色谱过程中的热力学因素和动力学因素两方面来研究色谱分离问题。塔板理论和速率理论是色谱基本理论，均以色谱过程中的分配系数恒定为前提，研究色谱流出曲线展宽的本质及曲线形状变化的影响因素，不仅有利于发展高选择性、高分离效能的色谱柱，而且对色谱分离条件的最优化选择具有实际指导意义。

7.5.1 塔板理论

(1) 塔板理论的基本假设 1941年，马丁（Martin）和詹姆斯（James）提出了色谱塔板理论，他们将一根色谱柱比作一个精馏塔，即色谱柱是由一系列连续的、相等的水平塔板组成，每个塔板内的一部分空间被涂在载体上的液相占据，另一部分空间是充满载气的气相，如图7-26所示。每一块塔板的高度用H表示，称为理论塔板高度，简称板高。

塔板理论假设：在每一块塔板上，组分在两相间很快达到分配平衡，然后随着流动相逐个塔板地向前转移。对于一根长为L的色谱柱，组分平衡的次数应为：

$$n = \frac{L}{H} \tag{7-20}$$

式中，n称为理论塔板数。与精馏塔一样，色谱柱的柱效能（柱效）随理论塔板数n的增加而增加，随板高H的增大而减小。

图7-26 精馏塔模型

(2) 塔板理论的基本结论

① 当组分在柱中的平衡次数，即理论塔板数 n 大于 50 时，可得到基本对称的峰形曲线。在一般的气相色谱柱中，n 值很大，约为 $10^3 \sim 10^6$，因此其色谱流出曲线可趋于正态分布曲线。

② 当试样进入色谱柱后，只要各组分在两相间的分配系数有微小差异，经过反复多次的分配平衡后，仍可得到良好的分离效果。

③ n 与半峰宽及峰底宽的关系为：

$$n = 5.54 \left(\frac{t_R}{W_{1/2}}\right)^2 = 16 \left(\frac{t_R}{W_b}\right)^2 \tag{7-21}$$

式中，t_R 与 $W_{1/2}$（或 W_b）应采用同一单位（时间或距离）进行计算。

由式(7-20) 和式(7-21) 可知，在 t_R 一定时，如果色谱峰越窄，则说明 n 越大，H 越小，柱效能越高。

④ 在实际工作中，按式(7-20) 和式(7-21) 计算出来的 n 和 H 值有时并不能充分地反映色谱柱的分离效能，因为采用 t_R 计算时，没有扣除组分不参与柱内分配的死时间 t_M，所以常用有效理论塔板数 n_{eff} 表示柱效能：

$$n_{eff} = 5.54 \left(\frac{t'_R}{W_{1/2}}\right)^2 = 16 \left(\frac{t'_R}{W_b}\right)^2 \tag{7-22}$$

有效板高 H_{eff} 为：

$$H_{eff} = \frac{L}{n_{eff}} \tag{7-23}$$

由于在相同的色谱条件下，不同物质在同一色谱柱上的分配系数不同，用不同物质计算所得到的塔板数（或板高）也不同，因此在说明柱效能时，除色谱条件外，还应指出是用什么物质来测量的。

(3) 塔板理论的贡献和局限　塔板理论是一种形象的半经验性理论。它用热力学的观点定量地说明了组分在色谱柱中移动的速率，解释了色谱流出曲线的形状，并提出了计算和评价柱效高低的参数。

但是，色谱过程不仅受热力学因素的影响，还与分子的扩散、传质等动力学因素有关，因此塔板理论只能定性地给出板高的概念，却不能解释板高受哪些因素的影响，也不能说明为什么在不同的载气流速下，可以测得不同的理论塔板数，从而限制了它的应用。

7.5.2　速率理论

在早期色谱工作者的大量研究中，找到了一些影响各种柱型板高的因素，如流动相的流速、组分在两相中的扩散系数、容量因子等，但是仍没有找到能完全说明复杂的色谱物理过程的方程式。1956 年，荷兰学者范第姆特（Van Deemter）等人在研究气液色谱时，提出了色谱过程的动力学理论——速率理论。它吸收了塔板理论中板高的概念，并同时考虑影响板高的动力学因素，指出填充柱的柱效受涡流扩散、分子扩散、传质阻力、流动相的流速等因素的控制，从而较好地解释了影响板高的各种因素，为柱效的提高和色谱分离条件的选择提供了实用的理论指导，并进一步指导了毛细管柱色谱和高效液相色谱的发展。速率理论稍作修改，也适用于其他色谱方法。

7.5.2.1　速率理论方程式

在塔板理论基础上，速率理论用随机行走模型解释了色谱流出曲线的形状是高斯曲线，提出板高 H 就是单位柱长的色谱峰展宽的程度，并将造成谱带扩张的动力学因素联系起来建立了偏微分方程，得到速率理论（范第姆特）方程式：

$$H=2\lambda d_p+\frac{2\gamma D_g}{\bar{u}}+\left[\frac{0.01k^2}{(1+k)^2}\times\frac{d_p^2}{D_g}+\frac{2}{3}\times\frac{k}{(1+k)^2}\times\frac{d_f^2}{D_l}\right]\bar{u} \qquad (7\text{-}24)$$

上式可简写为：

$$H=A+\frac{B}{\bar{u}}+C\bar{u} \qquad (7\text{-}25)$$

式中，$\bar{u}$ 为载气的平均线速度，cm/s；A 为涡流扩散项；$\frac{B}{\bar{u}}$ 为分子扩散项；$C\bar{u}$ 为传质阻力项。可见，为提高柱效，必须设法减小 A、B、C 三项和选择最佳的载气流速。

7.5.2.2 影响柱效的因素

（1）涡流扩散项（A 项） 涡流扩散项又称多路效应项。在填充柱中，流动相通过填充物（固定相）的不规则空隙时，其流动方向不断地改变，因而形成紊乱的类似"涡流"的流动，如图 7-27(a) 所示。

由于填充物颗粒的大小、形状不同以及填充的不均匀性，使组分各分子在色谱柱中经过的通道直径和长度不等，从而造成它们在柱中的停留时间不同，引起色谱峰变宽。色谱峰变宽的程度由下式决定：

$$A=2\lambda d_p \qquad (7\text{-}26)$$

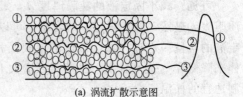

(a) 涡流扩散示意图

可见，涡流扩散项与固定相颗粒的平均直径 d_p 和固定相的填充不均匀因子 λ 有关，与流动相的性质、线速度和组分性质无关。因此，使用粒度细和颗粒均匀的填料，并均匀填充，是减小涡流扩散和提高柱效的有效途径。

（2）分子扩散项（$\frac{B}{\bar{u}}$ 项） 分子扩散项又称纵向扩散项。当试样以"塞子"形式进入色谱柱后，在色谱柱的轴向上造成浓度梯度，使组分分子产生浓差扩散，其方向是沿柱纵向扩散，从而使色谱峰展宽，如图 7-27(b) 所示。

气体分子扩散项为：

$$\frac{B}{\bar{u}}=\frac{2\gamma D_g}{\bar{u}} \qquad (7\text{-}27)$$

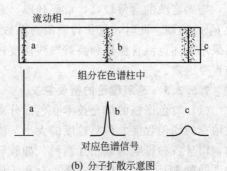

(b) 分子扩散示意图

式中，γ 是填充柱内气体扩散路径弯曲的因素，也称弯曲因子，一般等于 0.6；D_g 为组分在气相中的扩散系数，cm^2/s^{-1}，除与组分性质有关

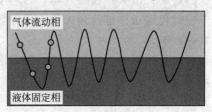

(c) 传质阻力示意图

图 7-27　色谱柱中的谱带扩张因素

外，还与组分在气相中的停留时间、载气的性质、柱温等有关。因此，为了减小分子扩散项，可采用较高的载气流速，使用相对分子质量较大的载气（如 N_2，因 D_g 与载气摩尔质量的平方根成反比），控制较低的柱温。

（3）传质阻力项（$C\bar{u}$ 项） 传质阻力项包括流动相传质阻力项和固定相传质阻力项两项，在气液色谱中常称为气相传质阻力项 $C_g\bar{u}$ 和液相传质阻力项 $C_l\bar{u}$，即：

$$C\bar{u}=C_g\bar{u}+C_l\bar{u} \qquad (7\text{-}28)$$

传质是指在物质系统中由于浓度不均匀而发生的物质迁移过程，影响这个过程进行速度的阻力，称为传质阻力。气相传质过程是指试样在气相和气液界面上的传质，由于传质阻力的存在，使得试样在两相界面上不能瞬间达到分配平衡。所以，有的分子还来不及进入两相界面，就被气相带走，出现超前现象。当然，有的分子在进入两相界面后还来不及返回到气相，这就引起滞后现象。以上现象均将造成色谱峰的展宽，如图 7-27(c) 所示。对于填充柱，气相传质阻力项为：

$$C_g \bar{u} = \frac{0.01 k^2}{(1+k)^2} \times \frac{d_p^2}{D_g} \bar{u} \tag{7-29}$$

式中，k 为容量因子。可见，采用粒度小的填充物和相对分子质量小的载气（如 H_2 或 He），可减少气相传质阻力，提高柱效。

与气相传质阻力一样，在气液色谱中，液相传质阻力也会引起色谱峰的扩张，只不过它是发生在气液界面和固定相之间。液相传质阻力项为：

$$C_l \bar{u} = \frac{2}{3} \times \frac{k}{(1+k)^2} \times \frac{d_f^2}{D_l} \bar{u} \tag{7-30}$$

可见，减小固定液的液膜厚度 d_f，增大组分在液相中的扩散系数 D_l，可以减小液相传质阻力。显然，降低固定液的含量，可以降低 d_f，但 k 值随之变小，又会使 C_l 增大。当固定液的含量一定时，d_f 随载体的比表面积增加而降低，因此，一般采用比表面积较大的载体来降低 d_f。提高柱温，虽然可以增大 D_l，但会使 k 值减小，为了保持适当的 C_l，应该控制适宜的柱温。

当固定液的含量较高，液膜较厚，载气又是中等线速度时，板高主要受液相传质阻力系数 C_l 的控制。此时，气相传质阻力系数 C_g 很小，可以忽略。然而，随着快速色谱的发展，当采用低固定液含量柱和高载气线速度进行分析时，气相传质阻力项就会成为影响塔板高度的重要因素。

7.5.2.3 速率理论的重要意义

（1）对色谱柱的填充技术和色谱分离操作条件的选择具有实际指导意义 它指出了色谱柱填充的均匀程度、填料粒度的大小、流动相种类及流速、固定相的液膜厚度等对柱效的影响，而且各种影响因素相互制约，如载气流速增大，分子扩散项的影响减小，但同时传质阻力项的影响又增大；柱温升高，有利于传质，但又加剧了分子扩散的影响。因此，在实际工作中应对色谱条件进行最优化选择。除此以外，还需注意柱径、柱长和柱外的因素对色谱峰展宽的影响。

（2）为柱型的研究和发展提供理论指导 1958 年，Golay 提出了类似于填充柱的毛细管柱速率方程式：

$$H = \frac{2D_g}{\bar{u}} + \left[\frac{(1+6k+11k^2)}{24(1+k)^2} \times \frac{r^2}{D_g} + \frac{2}{3} \times \frac{k}{(1+k)^2} \times \frac{d_f^2}{D_l} \right] \bar{u} \tag{7-31}$$

上式可简写为：

$$H = \frac{B}{\bar{u}} + (C_g + C_l) \bar{u} \tag{7-32}$$

式中，r 为柱内半径，cm，其他符号的含义同式(7-24)、式(7-25)。将式(7-31)与式(7-24)比较可知：

① 在毛细管柱中，只有一个气体路径，故无涡流扩散项，即 $A=0$，使 H 降低，柱分离效能大大提高。

② 在毛细管柱中，无填料，组分的扩散没有障碍，故 B 项中的弯曲因子 $\gamma=1$，而在填充柱中 $\gamma<1$。

③ 在毛细管柱中，用 r 代替了气相传质阻力项中填料的粒径 d_p。

（3）为液相色谱的应用和发展提供理论指导 气液色谱的速率理论作适当修改，也适用于液相色谱。由于组分在液体中的扩散系数远远小于在气体中的扩散系数（$D_l \approx 10^{-5} \text{cm}^2/\text{s}$，$D_g \approx 10^{-1} \text{cm}^2/\text{s}$），因此在液相色谱中，传质阻力是影响 H 增大的主要因素。为此，可降低流动相的黏度来提高柱效。当采用液体作流动相时，分子扩散项通常可忽略不计，并可用更细的固定相，使涡流扩散项降低。所以，高效液相色谱的柱效比气相色谱要高 2～3 个数量级。

7.5.3 分离度

（1）柱效和柱选择性　柱效是色谱柱在色谱分离过程中只由动力学因素所决定的分离效能，以理论塔板数 n（或 n_{eff}）来衡量。柱效不能表示组分间的实际分离效果，当两组分的分配系数 K 相同时，无论该色谱柱的塔板数多大，都无法分离。

在色谱法中，常用选择性因子 α 来衡量两组分在给定色谱柱上的选择性，即色谱图上两峰间的距离。柱选择性主要取决于组分在固定相上的热力学性质。

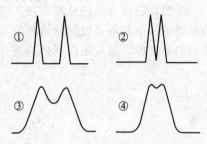

图 7-28　色谱峰分离的四种情况

（2）分离度的定义和评价　塔板理论和速率理论都难以描述组分间的实际分离程度。两相邻组分在不同色谱条件下的分离情况如图 7-28 所示。图①的柱效较高，柱选择性好，峰完全分离；图②的柱选择性不是很好，柱效较高，基本上完全分离；图③的柱效较低，柱选择性较好，分离不好；图④的柱选择性不是很好，柱效低，分离效果更差。由此可见，组分间分离程度的大小受色谱过程中热力学因素和动力学因素的综合影响，单独用柱效或柱选择性并不能真实地反映组分在色谱柱中的分离情况。所以，在色谱分析中必须引入一个能综合反映柱效和柱选择性的分离度（R_s）指标。

分离度又称分辨率，它是指相邻两色谱峰的保留时间之差与两峰底宽平均值之比，即：

$$R_s = \frac{t_{R_2} - t_{R_1}}{\frac{1}{2}(W_{b_1} + W_{b_2})} \tag{7-33}$$

或

$$R_s = \frac{2(t_{R_2} - t_{R_1})}{1.699[W_{1/2(1)} + W_{1/2(2)}]} \tag{7-34}$$

一般而言，当 $R_s < 1$ 时，两峰总有部分重叠；$R_s = 1$ 时，两峰能明显分离；$R_s = 1.5$ 时，两峰已完全分离，可作为相邻两峰完全分离的标准。当然，更大的 R_s 值，分离效果将更好，但会延长分析时间。

（3）分离度的影响因素及调节　利用式(7-33)或式(7-34)可以直接从色谱图上计算分离度，但该式没有体现影响分离度的各种因素。而下式则清楚地表达了分离度受柱效（n）、选择性因子（α）和容量因子（k）三个参数的控制：

$$R_s = \frac{1}{4} \times \frac{\alpha - 1}{\alpha} \sqrt{n} \times \frac{k_2}{1 + k_2} \tag{7-35}$$

式中，k_2 为相邻两色谱峰中第二个峰的容量因子；$\frac{\alpha-1}{\alpha}$ 项称为热力学因素；$\sqrt{n}$ 项称为动力学因素；$\frac{k_2}{1+k_2}$ 项称为容量因素。所以，分离度综合了实现色谱分离的热力学、动力学等因素的影响，可作为色谱柱的总分离效能指标。

为了达到所需的分离度，应通过调节 α、n（或 H）和 k 来获得最佳分离条件。

① α 的大小与两组分的性质有关　α 大于 2 时，即使在很短的时间内，组分也会完全分离。当 α 接近于 1 时，要完成分离，必须增加柱长，延长分析时间。显然，当 $\alpha = 1$ 时，无

论怎样提高柱效，加大容量因子，R_s 均为 0，使两组分分离是不可能的。一般可采用改变流动相的组成、柱温或固定相的组成等方法来改变 α。

② $R_s \propto \sqrt{n}$　增加塔板数，可以提高分离度。若通过增加柱长来增加塔板数，就会延长分析时间。因此，应以速率方程为指导，制备一根性能优良的色谱柱，并通过改变流动相的流速及黏度、吸附在载体上的液膜厚度等来减小板高，才是增大分离度的最好方法。

③ k 取决于组分和色谱柱的性质　加大 k 可以增加 R_s，但是会延长分析时间，甚至造成色谱峰检测的困难。因此，在色谱分离中，常常通过改变柱温或流动相的组成来控制 k 在 1~5 之间。

显然，色谱分离的总原则是在尽可能短的时间内获得尽可能高的分离度。然而，在相同的色谱条件下是不可能同时达到的。因此，一般在选择色谱分离操作条件时，首先应确定要达到的分离度，然后用以下公式进行相关计算，求得所需的塔板数和分析时间。

$$n_{需要} = 16R_s^2 \left(\frac{\alpha}{\alpha-1}\right)^2 \left(\frac{1+k_2}{k_2}\right)^2 \tag{7-36}$$

$$t_R = \frac{16R_s^2 H}{\bar{u}} \times \left(\frac{\alpha}{\alpha-1}\right)^2 \times \frac{(1+k_2)^3}{k_2^2} \tag{7-37}$$

7.6　气相色谱固定相及其选择

气相色谱法能否将待测试样完全分离，主要取决于色谱柱的选择性和柱效能。由于组分分子与载气间无相互作用，实现分离的核心是固定相。因此，气相色谱固定相的选择和色谱柱的制备就是色谱分析的关键。气相色谱固定相通常可分为液体固定相、固体吸附剂和合成固定相三类。

7.6.1　液体固定相

气液色谱填充柱中的液体固定相是由固定液和载体构成的，即将固定液均匀地涂渍在载体上。

7.6.1.1　固定液

(1) 对固定液的要求　气相色谱固定液主要是一些高沸点的有机物。作为固定液用的有机物应具有以下条件。

① 热稳定性好，在操作温度下，不发生聚合、分解或交联等现象，且有较低的蒸气压，以免固定液流失而影响柱寿命。通常，固定液有一个"最高使用温度"（可根据固定液的沸点确定）。

② 化学稳定性好，固定液与试样或载气不能发生不可逆的化学反应。

③ 固定液的黏度和凝固点低，以保证固定液能均匀地分布在载体上，并减小液相传质阻力。

④ 各组分必须在固定液中有一定的溶解度，并且具有良好的选择性，这样才能根据各组分溶解度的差异，达到相互分离，否则试样会迅速通过柱子，难以使组分分离。

(2) 固定液和组分分子间的作用力　由理论推导可知，在气液色谱中，混合物的分离取决于组分在气相中的分压和活度系数。前者与组分的沸点有关，后者与组分和固定液之间的作用力有关，而后者是气相色谱与蒸馏分离的本质区别，也是气相色谱法分离效率远大于蒸馏法的原因。

组分与固定液分子间的相互作用直接影响色谱柱的分离情况。显然，与固定液作用力大的组分将后流出；相反，作用力小的组分则先流出。因此，在色谱分析前，必须充分了解试样中各组分的性质和各类固定液的性能，以选用最合适的固定液。

分子间的作用力是一种极弱的吸引力，主要包括静电力、诱导力、色散力和氢键力等。如在极性固定液柱上分离极性样品时，分子间的作用力主要是静电力，被分离组分的极性越大，与固定液间的相互作用力就越强，因而该组分在柱内的滞留时间就越长。

(3) 固定液的分类　气液色谱用的固定液已有数百种，它们具有不同的组成、性质和用途。在实际工作中，一般按固定液的极性和化学结构类型来分类，以便总结规律，供选用固定液时参考。

① 按固定液的相对极性分类　极性是固定液重要的分离特性，是固定液与组分分子之间相互作用程度的总的指标，通常用相对极性（P）的大小来表示。此法规定强极性的固定液 β, β'-氧二丙腈的极性为100，非极性的固定液角鲨烷的极性为0。然后选择一对物质如正丁烷-丁二烯来进行试验，分别测定它们在氧二丙腈、角鲨烷和待测极性固定液的色谱柱上的相对保留值，再按一定公式计算出待测固定液的相对极性。这样测得的各种固定液的相对极性值均在0～100之间。一般将其分为五级，每20单位一级。相对级性在0～+1间的为非极性固定液（亦可用"-1"表示非极性），+1～+2为弱极性固定液，+3为中等极性固定液，+4～+5为强极性固定液。表7-7列出了一些常用固定液的相对极性、最高使用温度和主要分析对象。

表7-7　常用固定液

	固定液	最高使用温度/℃	常用溶剂	相对极性	分析对象
非极性	十八烷	室温	乙醚	0	低沸点碳氢化合物
	角鲨烷	140	乙醚	0	C_8以前碳氢化合物
	阿匹松(L,M,N)	300	苯、氯仿	+1	各类高沸点有机化合物
	硅橡胶(SE-30,E-301)	300	丁醇+氯仿(1+1)	+1	各类高沸点有机化合物
中等极性	癸二酸二辛酯	120	甲醇、乙醚	+2	烃、醇、醛酮、酸酯各类有机物
	邻苯二甲酸二壬酯(DNP)	130	甲醇、乙醚	+2	烃、醇、醛酮、酸酯各类有机物
	磷酸三苯酯	130	苯、氯仿、乙醚	+3	芳烃、酚类异构物、卤化物
	丁二酸二乙二醇酯	200	丙酮、氯仿	+4	
极性	苯乙腈	常温	甲醇	+4	卤代烃、芳烃和$AgNO_3^-$起分离烷烯烃
	二甲基甲酰胺	20	氯仿	+4	低沸点碳氢化合物
	有机皂土-34	200	甲苯	+4	芳烃，特别对二甲苯异构体有高选择性
	β,β'-氧二丙腈	<100	甲醇、丙酮	+5	分离低级烃、芳烃、含氧有机物
氢键型	甘油	70	甲醇、乙醇	+4	醇和芳烃，对水有强滞留作用
	季戊四醇	150	氯仿+丁醇(1+1)	+4	醇、酯、芳烃
	聚乙二醇400	100	乙醇、氯仿	+4	极性化合物：醇、酯、醛、腈、芳烃
	聚乙二醇20M	250	乙醇、氯仿	+4	极性化合物：醇、酯、醛、腈、芳烃

② 按固定液的化学结构分类　此法是将具有相同官能团的固定液排列在一起，然后按官能团的类型不同分类，这样就便于按组分与固定液"结构相似"原则选择固定液。表7-8列出了按化学结构分类的各种固定液。

表7-8　按化学结构分类的固定液

固定液的结构类型	极性	固定液举例	分离对象
烃类	最弱极性	角鲨烷、石蜡油	分离非极性化合物
聚硅氧烷类	极性范围广，从弱极性到强极性	甲基聚硅氧烷、苯基聚硅氧烷、氟基聚硅氧烷、氰基聚硅氧烷	不同极性化合物
醇类和醚类	强极性	聚乙二醇	强极性化合物
酯类和聚酯	中强极性	邻苯二甲酸二壬酯	应用较广

色谱工作者还按某些特征常数对固定液进行分类,其中最具价值的是麦氏常数。在总结了大量固定液的麦氏常数后,发现许多固定液是相似的。在实际工作中,通常选出 12 种最常用的固定液,如表 7-9 所示。麦氏常数和越大的固定液,其极性越强。

表 7-9 12 种常用固定液

固定液名称	型号	麦氏常数和	最高使用温度/℃	溶剂	分析对象
角鲨烷	SQ	0	150	乙醚、甲苯	气态烃、轻馏分液态烃
甲基硅油或甲基硅橡胶	*SE-30,OV-101 SP-2100,SF-96	205~209	350	氯仿、甲苯	各种高沸点化合物
苯基(10%)甲基聚硅氧烷	OV-3	423	350	丙酮、苯	各种高沸点化合物、对芳香族和极性化合物保留值增大 OV-17+QF-1 可分析含氯农药
苯基(20%)甲基聚硅氧烷	OV-7	592	350	丙酮、苯	
苯基(50%)甲基聚硅氧烷	*OV-17,SP-2250 DC-710	827~884	375	丙酮、苯	
苯基(60%)甲基聚硅氧烷	OV-22	1075	350	丙酮、苯	
三氟丙基(50%)甲基聚硅氧烷	OV-210,*QF-1 SP-2401	1500~1520	275	氯仿、二氯甲烷	含卤化合物、金属螯合物、甾类
β-氰乙基(25%)甲基聚硅氧烷	XE-60	1785	250	氯仿、二氯甲烷	苯酚、酚醚、芳胺、生物碱、甾类
聚乙二醇 20M	*PEG-20M (Carbowax-20M)	2308	225	丙酮、氯仿	选择性保留分离含 O、N 官能团及 O、N 杂环化合物
聚己二酸二乙二醇酯	DEGA	2764	200	丙酮、氯仿	分离 C_1~C_{24} 脂肪酸甲酯、甲酚异构体
聚丁二酸二乙二醇酯	*DEGS	3504	200	丙酮、氯仿	分离饱和及不饱和脂肪酸酯、邻苯二甲酸酯异构体
1,2,3-三(2-氰乙氧基)丙烷	TCEP	4145	175	氯仿、甲醇	选择性保留低级含 O 化合物,伯、仲胺、不饱和烃、环烷烃等

注:带 * 的固定液型号使用较广。

(4) 固定液种类的选择 在选择固定液时,一般可按照"相似相溶"的规律来选择,即选择与待分离组分的极性或化学结构相似的固定液。因为此时分子间的作用力强,选择性高,分离效果好。在实际应用中,应根据不同的分析对象和分析要求进行考虑。

① 非极性试样一般选用非极性的固定液。非极性固定液对试样的保留作用主要靠色散力,分离时,试样中各组分基本上按沸点从低到高的顺序流出色谱柱,若试样中含有同沸点的烃类和非烃类化合物,则极性化合物先流出。

② 中等极性的试样应首先选用中等极性固定液。此时,组分与固定液分子之间的作用力主要为诱导力和色散力。分离时,组分基本上按沸点从低到高的顺序流出色谱柱,但对于同沸点的极性和非极性化合物,由于此时诱导力起主要作用,使极性化合物与固定液的作用力加强,所以非极性组分先流出。

③ 强极性的试样应选用强极性固定液。此时,组分与固定液分子间的作用主要靠静电力,组分一般按极性从小到大的顺序流出,对含有极性和非极性组分的试样,非极性组分先流出。

④ 具有酸性或碱性的极性试样,可选用带有酸性或碱性基团的高分子多孔微球,组分一般按相对分子质量大小的顺序分离。此外,还可选用强极性固定液,并加入少量的酸性或碱性添加剂,以减小色谱峰的拖尾。

⑤ 能形成氢键的试样,如醇、酚、胺和水的分离,应选用氢键型固定液,如腈醚和多元醇固定液等。此时各组分将按形成氢键能力的大小顺序分离。

⑥ 对于复杂的未知试样，一般首先在最常用的五种固定液上进行实验，观察未知物色谱图的分离情况，然后在12种常用固定液中选择合适极性的固定液。

以上几点是选择固定液的大致原则。由于色谱柱中的作用比较复杂，因此合适的固定液还必须通过实验来选择。

(5) 固定液用量的选择　固定液在载体上的涂渍量称为固定液用量（又称液相载荷量），一般指的是固定液与固定相的质量分数。有时也用液载比表示，即固定液与载体的质量比。固定液用量应根据载体和样品的性质而定。固定液用量低，在载体上形成的液膜薄，传质阻力小，柱效高，分析速度也快。但固定液用量过低时，柱容量低，允许的进样量较小，载体表面的活性点可能暴露而造成色谱峰拖尾。因此，在分析工作中通常使用较低的固定液用量，一般控制在5%～10%。

7.6.1.2　载体

载体又称担体，是固定液的支持骨架，使固定液在其表面上形成一层薄而匀的液膜，以加大与流动相接触的表面积。由于载体的结构和表面性质会直接影响柱的分离效果，因此在气液色谱中，对载体的要求是：具有多孔性，即比表面积大；化学惰性，即不与试样组分发生化学反应，且表面没有活性，但具有较好的浸润性；热稳定性好；有一定的机械强度，使固定相在制备和填充过程中不易粉碎。

(1) 载体的种类及性能　载体大致可分为硅藻土型和非硅藻土型两大类。

① 硅藻土型载体　它是天然硅藻土经煅烧等处理后而获得的具有一定粒度的多孔型颗粒，是目前气相色谱中广泛使用的一种载体。按其制造方法的不同，可分为红色载体和白色载体两种。

a. 红色载体　红色载体因含少量氧化铁颗粒呈红色而得名，如6201、C-22火砖和Chromosorb P型载体等。其机械强度大，孔径小（约$2\mu m$），比表面积大（约$4m^2/g$），表面吸附性较强，有一定的催化活性，适用于涂渍高含量固定液，分离非极性混合物。

b. 白色载体　白色载体是天然硅藻土在煅烧时加入少量碳酸钠之类的助熔剂，使氧化铁转变为白色的铁硅酸钠而得名，如101、Chromosorb W等型号的载体。其比表面积小（$1m^2/g$），孔径较大（$8\sim 9\mu m$），催化活性小，所以适于涂渍低含量固定液，分离极性化合物。

② 非硅藻土型载体　此类载体品种很多，性质也各异，常在特殊情况下使用，主要有氟载体和玻璃微球（玻璃珠）。

a. 氟载体　它是由聚四氟乙烯制成的小球，如Teflon、ChromosorbT等，通常可以在200℃柱温以下使用。其表面惰性，耐腐蚀性强，适于分析强极性样品（如水、酸、腈类物质）和强腐蚀性气体（如HF、Cl_2等）。缺点是表面积较小，机械强度低，对极性固定液的浸润性差，涂渍固定液的量一般不超过5%。

b. 玻璃微球　它是由硬质玻璃烧制成的均匀小球，其表面吸附性和催化活性小，能在较低柱温下分析高沸点样品，且分析速度快，但表面积较小，只能用于涂渍低配比固定液，柱效不高。

(2) 硅藻土型载体的预处理　普通硅藻土型载体的表面并非惰性，而是具有硅醇基（Si—OH）和少量金属氧化物。因此，在它的表面上既有吸附活性，又有催化活性。如果涂渍的固定液量较低，则不能将其吸附中心和催化中心完全遮盖，在分析试样时，将会造成色谱峰的拖尾。若用于分析萜烯和含氮杂环化合物等化学性质活泼的试样时，有可能发生化学反应和不可逆吸附。为此，在涂渍固定液前，应对载体进行预处理，使其表面钝化。常用的预处理方法如下。

① 酸洗法　除去碱性作用基团，酸洗后的载体可用于分析酸性物质和酯类样品。
② 碱洗法　除去酸性作用基团，碱洗后的载体可用于分析胺类碱性物质。
③ 硅烷化　消除氢键结合力，硅烷化后的载体只适于涂渍非极性及弱极性固定液，而且只能在低于270℃柱温下使用。
④ 釉化　表面玻璃化，堵住微孔。釉化后的载体可用于分析强极性物质。

另外，还有物理钝化、涂减尾剂等方法。载体预处理的具体操作方法和应用可查阅有关专著。

(3) 载体的选择　选择适当的载体及其粒度，有利于柱效的提高和混合物的分离。其选择原则如下：

① 当固定液用量大于5%时，应选用硅藻土型的白色或红色载体；固定液用量小于5%时，应选用预处理过的载体。

② 强腐蚀性样品应选用氟载体，而高沸点的样品应选用玻璃微球载体。

③ 由速率方程可知，载体的粒度直接影响涡流扩散和气相传质阻力，间接影响液相传质阻力。随着载体粒度的减小，柱效将明显提高。但是粒度过细时，阻力将明显增加，使柱压降增大，对操作带来不便。因此，一般根据柱径来选择载体的粒度，保持载体的直径为柱内径的1/25～1/20为宜。对于应用广泛的4mm内径柱，选用60～80目为好，高效柱可用100～120目。同时，载体的粒度应均匀，形状规则，有利于提高柱效。

7.6.2 固体吸附剂

气相色谱法是进行气体分析的有力手段。所谓气体是指在室温下呈气态的物质，例如永久性气体（H_2、O_2、N_2、CO、CO_2 及水蒸气等），烃类气体，低沸点碳氧化合物，含氮气体，含氯气体，惰性气体等。对这些气体样品的分析通常采用气固色谱法，常用固体吸附剂作为固定相，因为气体在固体吸附剂上的吸附热差别较大，能得到满意的分离，而气体在一般固定液中的溶解度却非常小，目前还没有一种满意的固定液能用于它们的分离。

气固色谱中的固体吸附剂有非极性的活性炭、弱极性的氧化铝、强极性的硅胶和具有特殊吸附作用的分子筛等，主要用于气体及低沸点有机物的分析。使用时，可根据它们对各种气体吸附能力的差别，选择最合适的吸附剂。表7-10列出了常见吸附剂的性能、用途和活化方法。

表 7-10　气固色谱常用吸附剂的性能、用途和活化方法

吸附剂	主要化学成分	最高使用温度/℃	极性	分析对象	活　化　方　法
活性炭	C	<300	非极性	永久性气体、低沸点烃类	用苯浸泡，在350℃用水蒸气洗至无浑浊，在180℃下烘干备用
石墨化炭黑	C	>500	非极性	主要分离气体及烃类	
硅胶	$SiO_2 \cdot xH_2O$	<400	氢键型	永久性气体及低级烃	用(1+1)HCl浸泡2h，水洗至无Cl^-，180℃烘干备用，或在装柱后200℃载气活化2h
氧化铝	Al_2O_3	<400	弱极性	烃类及有机异构物	200～1000℃烘烤活化，冷至室温备用
分子筛	$x(MO) \cdot y(Al_2O_3) \cdot z(SiO_2) \cdot nH_2O$	<400	极性	特别适宜分离永久性气体	在350～550℃烘烤活化3～4h，超过600℃会破坏分子筛结构

固体吸附剂的优点是吸附容量大，热稳定性好，无流失现象，且价格便宜。固体吸附剂的缺点是：种类较少，且不同批号吸附剂的性能常有差别，故分析数据不易重复；吸附等温线不成线性，进样量稍大易得不对称峰；柱效较低，活性中心易中毒，从而使保留值改变，柱寿命缩短。为此，近年来提出了对固体吸附剂的表面极性物理化学改性的方法，并研制出

一些结构均匀的新型吸附剂，不但能使极性化合物的色谱峰不拖尾，而且还可以成功地分离一些顺式、反式空间异构体。

7.6.3 合成固定相

(1) 高分子多孔小球　高分子多孔小球（GDX）是一类合成有机固定相。它既是载体又起固体吸附剂的作用，可以在活化后直接用于分离，也可以作为载体在其表面上涂渍固定液后再用于分离。高分子多孔小球分为极性和非极性两种。非极性的是由苯乙烯、二乙烯苯共聚而成，如国内的 GDX1、GDX2 系列，国外的 Chromosorb 系列等。极性的是在苯乙烯、二乙烯苯共聚物中引入了极性官能团，如国内的 GDX3、GDX4 系列，国外的 PorapakN 等。

由于高分子多孔小球是人工合成的，能控制其孔径大小及表面性质。所以，这类固定相的颗粒一般是均匀的圆球，色谱柱容易填充均匀，数据的重现性好。又由于无液膜存在，也就无"流失"问题，有利于大幅度程序升温，用于沸点范围宽的试样的分离。实验证明，高分子多孔小球特别适于有机物中痕量水的分析，也可用于多元醇、脂肪酸、胺类、腈类的分析。

(2) 化学键合固定相　化学键合固定相是一种以表面孔径度可人为控制的球形多孔硅胶为基体，利用硅胶表面的硅醇基与固定液分子成键，从而制成的性能多样的固定相。

键合固定相根据制备途径不同，可以分为硅氧烷型、硅脂型和硅碳型，其中应用最广泛的是用有机氯硅烷与硅胶表面反应而形成的硅氧烷型键合固定相。该键合固定相与载体涂渍固定液制成的固定相相比，主要有以下优点：制备简便，热稳定性好，不易吸水，耐有机溶剂，对极性和非极性组分都能获得对称峰。因此，化学键合固定相在色谱分析中的应用特别广泛，在气相色谱中常用于分析 $C_1 \sim C_3$ 烷烃、烯烃、炔烃、CO_2、卤代烃及有机含氧化合物等。如国内的 500 硅胶系列、HDG 系列等，国外的 Durapak 系列等。

7.6.4 色谱柱的制备

色谱柱分离效能的高低不仅与固定液和载体的选择有关，而且与固定液的涂渍和色谱柱的填充情况有密切关系。因此，色谱柱的制备是气相色谱法的重要操作技术之一。

7.6.4.1 气液色谱填充柱的制备

为了制备性能良好的填充柱，在操作过程中应遵循以下原则：尽可能筛选粒度分布均匀的载体和固定相；保证固定液在载体表面涂渍均匀；保证固定相在色谱柱内填充均匀；避免载体颗粒破碎和固定液的氧化作用等。气液色谱填充柱制备的基本步骤如下。

(1) 色谱柱柱管的选择与清洗　色谱柱的柱材料、柱形、柱径和柱长都会影响柱的使用和分离效果。填充柱管大多使用不锈钢管材料。对于有反应性、腐蚀性或易分解的样品，可使用玻璃或聚四氟乙烯管材料。一般直形管优于 U 形和螺旋形管，但后者体积小，为一般仪器常用。柱的内径大小要合适。增加柱径，可以增加分离的试样量，但由于纵向扩散路径的增加，会使柱效降低；若柱径太小，容易造成柱填充困难和柱压降增大，操作困难。所以一般选用 2~4mm 内径。由于分离度正比于柱长的平方根，所以增加柱长对分离是有利的。但增加柱长会使柱子的压降增大，各组分的保留时间增加，延长分析时间，甚至会出现扁平峰。因此，在满足一定分离度的条件下，应尽可能使用较短的柱子。一般填充柱的柱长以 1~2m 为宜。目前，内径 2mm、长度 2m 是最常用的尺寸，一般可用于分离 10 个组分以下的样品。1m 长度的可用于分离 4 个组分的样品。在特殊用途上可采用 3m 或 4m 长的，但超过 4m 的已很少使用。

选定色谱柱后，需要对柱子进行试漏和清洗。柱子的清洗方法应根据柱材料而定。例如，不锈钢柱可以用 50~100g/L 的热 NaOH 水溶液抽洗数次，除去管内壁的油渍和污物，然后用自来水冲洗至中性，烘干后备用。玻璃柱可注入洗涤剂浸泡洗涤。

(2) 固定液的涂渍 一般采用静态法涂渍固定液。在确定液载比后，先根据柱长和柱内径计算出柱容积，称取一定量的固定液和载体分置于两个干燥烧杯中，然后在固定液中加入适当的低沸点有机溶剂（如乙醚、甲醇、丙酮、苯、氯仿等），溶剂用量应刚好能浸没载体。待固定液完全溶解后，倒入一定量筛分过的载体，在通风橱中轻轻晃动烧杯，让溶剂挥发。然后在通风橱中或红外灯下除去残余溶剂，待溶剂完全挥发后，过筛，除去细粉，准备装柱。

对于一些溶解性差的固定液，如硬脂酸盐类、氟橡胶、山梨醇等，则需要采用回流法涂渍。

(3) 色谱柱的装填 将已洗净烘干的柱管一端塞上玻璃棉，包以纱布，接入真空泵。在柱的另一端放置一个专用小漏斗，在不断抽气下，通过小漏斗加入涂渍好的固定相。在装填时，应不断轻敲柱管，使固定相填得均匀紧密，直至填满，如图 7-29 所示。最后取下柱管，将柱入口端塞上玻璃棉，并作标记。

(4) 色谱柱的老化 新填充的色谱柱不能马上使用，还需要进行老化处理，其目的是彻底除去固定相中的残存溶剂和某些易挥发性杂质，并促使固定液更加均匀、牢固地涂布在载体表面。

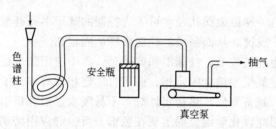

图 7-29 泵抽装柱法示意图

老化方法为：将色谱柱接入色谱仪气路中，柱的出气口（接真空泵的一端）直接通大气，不要接检测器，以免柱中逸出的挥发物污染检测器。开启载气（一般用 N_2），在稍高于操作柱温下（老化温度一般为实际操作温度以上 30℃，注意不要超过固定液的最高使用温度），以较低流速（通常为正常流速的一半）连续通入载气一段时间（老化时间取决于载体和固定液的种类及质量，一般为 8~20h）。老化完成后，将仪器温度降至近室温，关闭色谱仪，待仪器温度恢复至室温后，再将色谱柱出口端接至检测器上，开机，在使用温度下观察基线是否平稳，如果基线平稳，说明柱的老化已完成，可以进样分析，否则要继续老化。

7.6.4.2 气液色谱毛细管柱的制备

在毛细管色谱中最常用的是涂壁层毛细管柱（WCOT）。目前，一根内径为 0.25mm，长度为 20m 的 WCOT 约有 10^5 理论塔板数，比一般的长为 1~2m 填充柱的柱效要高得多。下面简要介绍 WCOT 的一般制备技术。

(1) 毛细管色谱柱柱管的选择 一根优良的毛细管色谱柱，其柱材料应具有惰性、热稳定性、内表面光滑容易润湿及操作方便等特点。随着玻璃毛细管柱改性方法的不断发展及石英毛细管柱的出现，毛细管柱材料几乎都采用玻璃管和石英管。其中，石英管具有纯度高、惰性好、柔性好、操作时不易断裂等优点而被广泛使用。毛细管柱的柱长不是重要的柱性能参数，一般情况下，15m 柱用于快速分析简单混合物或分子量极高的化合物，30m 柱是最普遍的柱长，超长柱（50m、60m 或 100m）用于非常复杂的样品。毛细管柱的柱效与柱半径的平方成反比，半径越小柱效越高，因此小口径柱可用于复杂样品的分离，但操作难度增大，如要求仪器的灵敏度高、死体积小以及柱前压大，柱容量低而需要分流进样等。为此，若能保证所需的分离度，也可用大口径柱。

(2) 固定液及其液膜厚度的选择 在毛细管色谱中，固定液分为聚硅氧烷和非聚硅氧烷两大类，前者如甲基聚硅氧烷和二甲基聚硅氧烷、苯基（或二苯基、氯苯基）甲基聚硅氧烷等,后者有脂肪烃类、聚二醇类、氰类等。由于聚硅氧烷类固定液含有键能大的 Si—O 和 Si—C 键,热稳定性和化学稳定性好,使用温度范围宽;当取代不同数目的有机侧基时,又可以设计出许多性能不同的聚硅氧烷;黏度系数小,易制备出性能稳定的高效柱,所以应用最广,常用的是非极性的 SE-54、SE-30、OV-101 等。

厚固定液液膜柱适用于挥发性大的轻组分,使组分在柱内的滞留时间长而较好分离,同时具有较高的负荷量。挥发性低的重组分样品应选用薄液膜柱,可在较低柱温下使组分从柱中流出,减少柱流失,延长柱寿命。毛细管柱的常用柱径和标准液膜厚度如表 7-11 所示。

表 7-11　毛细管色谱柱的常用柱径和标准液膜厚度

柱径/mm	0.25	0.32	0.53
标准液膜厚度/μm	0.33	0.5	1

(3) WCOT 的内壁改性　为了在毛细管柱内壁获得好的涂层,必须改善固定液对原料管内表面的润湿性,因此应对毛细管内壁进行改性。毛细管内壁改性的方法主要有化学改性和物理改性两种。化学改性主要包括沥滤、淋洗、脱水及改性去活等过程。沥滤的目的是除去玻璃柱内表面的金属离子,以消除由这些离子引起的吸附性和催化作用。沥滤后,立刻进行淋洗,以洗去沥滤出来的金属离子。淋洗后的柱子通入干燥的氮气,使柱内水汽和酸气彻底脱除。脱水后再进一步进行改性去活处理。

物理改性的目的是将柱内壁表面粗糙化,以增大其表面积,使固定液能较均匀地在内壁上形成液膜。表面粗糙化的方法很多,如表面刻蚀、碳沉积及二氧化硅沉积等。但常常又会使表面的活性增加,因此一般都需在柱内壁表面粗糙化后再用化学改性的方法进行去活处理。

(4) WCOT 固定液的涂渍　改性后的柱子即可进行固定液的涂渍。涂渍方法分为静态涂渍和动态涂渍,目前使用更多的是静态涂渍。静态涂渍是先用涂渍液充满整个柱子,然后将柱子一端封死,另一端在外力作用下使溶剂挥发,这样在毛细管内壁就留下一层均匀的液膜。此法的涂渍效率较高,但缺点是真空挥发时所需时间太长。

动态涂渍是将一定浓度的固定液溶液,在气流的推动下,以一定的线速度流经毛细管柱。待溶液流出毛细管柱后,再以小流量气流使溶剂挥发掉,则柱内留下一层很薄的液膜。

(5) 固定液的固载化　固载化后的毛细管柱具有液膜稳定,不易被冲洗脱落,使用寿命长,可以扩大固定液的使用温度等优点。固载化的方法有键合、交联和键合交联三种,后两种用得最多。

固定液的交联是使固定液分子之间化学结合,交联形成一个网状的大分子覆盖在毛细管内表面,成为不可抽提的液膜。交联法主要用于制备非极性、极性及手性的毛细管柱。在交联反应中常用的引发剂有自由基引发、臭氧引发、热引发等,其中用得较多的是自由基引发。

键合交联是使固定液分子既与毛细管内表面形成化学结合,其自身又交联成网状大分子。通常是用端羟基聚硅氧烷和毛细管柱内表面的硅羟基直接键合、交联,既达到去活的目的又可制备交联的固定相。事实上,这是柱制备方法的又一改进。其制备方法是将柱内表面经沥滤、淋洗、真空脱水、硅烷化处理后,静态涂渍固定液,在载气流下程序升温至 300℃,恒温过夜,使固定液和柱表面硅羟基缩合,再用氮气流将引发剂蒸气带入柱内,在一定温度下完成交联反应。

7.7 气相色谱分离操作条件的选择

在气相色谱分析中,除了选好合适的固定相和制备一根优良的色谱柱之外,还要选择分离的最佳操作条件,以提高柱效能,增大分离度,缩短分析时间。

7.7.1 载气流速及其种类的选择

7.7.1.1 载气流速的选择

根据速率理论方程式 $H=A+\dfrac{B}{\bar{u}}+C\bar{u}$ 可知,载气流速与 A 项无关,但对 $\dfrac{B}{\bar{u}}$ 项和 $C\bar{u}$ 项起着完全相反的作用,因此流速对柱效的总影响将存在一个最佳流速值,即速率方程式中塔板高度 H 对流速 $\bar{u}$ 的一阶导数有一极小值。以 H 对 $\bar{u}$ 作图可得如图 7-30 所示的 H-$\bar{u}$ 关系曲线,图中曲线的最低点,塔板高度最小 (H_{min}),柱效最高,所以该点对应的流速即为最佳流速 $\bar{u}_{opt}$。$\bar{u}_{opt}$ 和 H_{min} 也可通过对速率方程式进行微分后求得:

$$\bar{u}_{opt}=\sqrt{\dfrac{B}{C}},\quad H_{min}=A+2\sqrt{BC}$$

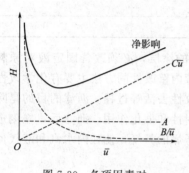

图 7-30 各项因素对板高 H 的影响

最佳流速一般应通过实验测绘 H-$\bar{u}$ 曲线来选择。使用最佳流速时,柱效高,但分析速度较慢,因此在实际工作中,为了缩短分析时间,一般采用比 $\bar{u}_{opt}$ 稍大的实用流速。对一般填充柱(内径 2~4mm),N_2 的实用线速度为 10~12cm/s(40~60mL/min),H_2 为 15~20cm/s(60~90mL/min),He 介于两者之间。

7.7.1.2 载气种类的选择

在选择载气种类时,应综合考虑载气对所用检测器的适应性、载气对柱效的影响以及载气的安全性、经济性等因素。

首先应考虑所用检测器的种类。例如,TCD 应选用 H_2 或 He 作载气,FID 应选用 N_2 作载气,ECD 应选用高纯度的 N_2 作载气。

其次再考虑所选载气应有利于提高柱效能和分析速度。图 7-30 中的虚线是速率理论中各项因素对板高的影响,比较各条虚线可知,当 $\bar{u}$ 值较小时,分子扩散项 $\dfrac{B}{\bar{u}}$ 将成为影响色谱峰展宽的主要因素,此时,宜采用相对分子质量较大的载气(N_2、Ar),使组分在载气中有较小的扩散系数,以减小分子扩散项的影响。当 $\bar{u}$ 较大时,传质阻力项 $C\bar{u}$ 将是主要控制因素。此时宜采用相对分子质量较小、具有较大扩散系数的载气(H_2、He),以改善气相传质。H_2 和 He 还适合于快速分析。

7.7.1.3 毛细管柱载气流量和分流比的选择

在毛细管柱色谱分析中应根据具体的分析结果来调整载气流量,一般使用 H_2 时,标准线速度为 40cm/s;使用 N_2 时,标准线速度为 20cm/s。

毛细管柱色谱应进行分流法进样,尤其是 0.32mm 以下口径的毛细管柱必须分流。分流比一般根据试样的浓度进行选择,浓度较低的试样选用较小的分流比,浓度较高的试样选用较大的分流比。如果分流比很小,试样大多数进入柱子,容易使峰变宽,形成前伸峰。常用(1∶50)~(1∶200)的分流比,这时试样起始组分的谱带扩张很小,出峰尖锐。对一根 0.25mm 内径的毛细管柱,用 N_2 作载气,最佳流速为 0.3~0.4mL/min,则分流流量调到

50mL/min 左右即可。在毛细管分流进样系统中一般以柱前压力来衡量柱流量的大小，表 7-12 列出了一些常用的毛细管柱在标准线速度下的柱前压力（载气为 H_2 或 N_2）。

表 7-12　常用毛细管柱在标准线速度下的柱前压力（载气为 H_2 或 N_2）/MPa

柱长度 \ 柱内径	0.2mm	0.25mm	0.32mm	0.53mm
15m	0.06	0.039	0.024	0.009
25m	0.10	0.065	0.040	0.016
30m	0.13	0.080	0.048	0.019
50m	0.22	0.140	0.080	0.032

另外，毛细管柱流量的精确设定可采用进样结合计算的方法进行。柱流量 F_c 的计算公式为：

$$F_c = 60\bar{u}\pi r^2 \tag{7-38}$$

则分流比和分流流量 $F_{分流}$（mL/min）可按以下计算公式确定：

$$分流比 = \frac{F_c}{F_c + F_{分流}} \tag{7-39}$$

7.7.2　柱温的选择

7.7.2.1　柱温的一般选择方法

柱温是气相色谱的重要操作条件，直接影响分离效能、分析速度和色谱柱的寿命。显然，柱温不能高于固定液的最高使用温度，否则会造成柱中固定液的大量挥发流失。某些固定液有最低操作温度，如 Carbowax 20M 等。一般情况下，操作温度至少必须高于固定液的熔点，以使其有效地发挥作用。

降低柱温可使色谱柱的选择性增大。但升高柱温可以缩短分析时间，并且可以改善气相和液相的传质速率，有利于提高柱效能。所以这两方面的因素均需考虑，一般在保证良好分离的前提下，尽可能采取较高柱温，以缩短分析时间，保证峰形对称。最佳柱温应根据实验结果来确定，一般可选择在接近或略低于组分平均沸点时的温度。在实际工作中，通常根据试样的沸点来选择柱温、固定液用量及载体的种类，其相互配合的选择方法如表 7-13 所示。

表 7-13　根据试样沸点选择柱温、固定液用量及载体的种类

试样沸点范围/℃	柱温/℃	液载比/%	载体种类
气体、气态烃、低沸点化合物	室温～100	20～30	红色
100～200	150	10～20	红色
200～300	150～180	5～10	白色
300～450	200～250	1～5	白色、玻璃微球

7.7.2.2　程序升温气相色谱法

柱温固定的气相色谱分析过程，称为恒温色谱（IGC）或定温色谱，适用于沸点差别不大的样品。而对于宽沸程样品，柱温选择在平均沸点左右的办法将对大部分组分不合适。此时，低沸点组分因柱温太高很快流出，色谱峰尖而重叠，定量误差很大；高沸点组分则因柱温太低，流出时间长，且色谱峰宽而矮，有的不能在一次分析中流出，而在随后的分析中作为基线噪声出现，或作为无法说明的"鬼峰"出现，增加了鉴定和测量的困难。因此，对于宽沸程混合物，一般采用程序升温气相色谱法（PTGC），即在色谱仪进样后，柱温按预定

的加热程序连续地随时间由低温向高温线性或非线性地改变的色谱分析方法。程序升温法使混合物中沸点不同的所有组分都能在其最佳柱温下流出色谱柱。只要初始温度足够低,低沸点组分最早流出,色谱峰能得到良好分离,随着柱温增加,每一个较高沸点的组分被升高的柱温"推出"色谱柱,使高沸点组分也能较快流出,并和低沸点组分一样也能得到良好的尖峰。这样,不仅改善了分离效果,得到理想的峰形,还缩短了分析时间。宽沸程试样在恒温和程序升温时分离结果的比较如图 7-31 所示。

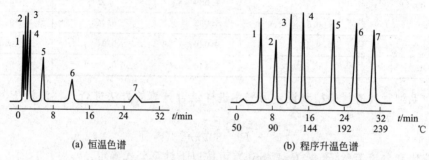

图 7-31　恒温色谱和程序升温色谱的比较

（1）程序升温法对气相色谱仪的特殊要求

① 柱系统　填充柱色谱基本上采用双柱双气路双检测器系统。双柱最好是相同的固定相,若是不同的固定相,则要求其热稳定性相同或接近,以补偿基线漂移。

② 柱箱　与恒温色谱相反,程序升温的柱箱要求热容量低,绝热性好,使升温、降温的速度快,且保温性较好,热惯性小。其构成材料为高强度的耐火材料或有空气夹层的金属材料。柱箱门要便于手动或自动地打开或关合,便于降温。

③ 载气气路　必须用稳流阀严格控制载气流速,并使用高纯度载气,以保证柱效能。

④ 进样要求　为避免不必要的副作用,最好采用柱头进样技术。

（2）程序升温设置温度梯度的方法

① 起始温度　一般控制在样品中最低沸点组分的沸点附近,过高会造成低沸点组分分离不佳,而过低则会使分析时间过长。

② 终止温度　取决于样品中高沸点组分的沸点与固定液的最高使用温度。

③ 升温速率　要兼顾分离度与分析时间的要求。填充柱通常为 3～8℃/min,而毛细管柱为 0.5～2℃/min。对难分离的物质,升温速率应较小。

7.7.3　汽化室温度的选择

汽化室的温度应使试样瞬时汽化而又不分解。使用一般进样方法时,汽化室温度通常选择为比柱温高 30～70℃ 或比样品组分中最高沸点高 30～50℃。可通过实验的方法检查汽化室温度是否合适:重复进样时,若出峰数目变化,重现性差,则说明汽化室温度过高;若峰形不规则,出现平头峰或宽峰,则说明汽化室温度太低;若峰形正常,峰数不变,峰形重现性好,则说明汽化室温度合适。

7.7.4　进样量的选择

色谱柱的有效分离试样量,随柱内径、柱长及固定液用量的不同而异。柱内径大,固定液用量高,可适当增加试样量。但进样量过大,会造成色谱柱超负荷,柱效急剧下降,峰形变宽,保留时间改变。因此,理论上允许的最大进样量是使塔板数下降不超过 10%。总之,最大允许的进样量,应控制在柱容量允许范围和检测器的线性范围之内。进样量也不能太小,必须符合检测器灵敏度的要求。对于内径 2～4mm,柱长 2m,固定液用量为 15%～

20%的填充柱，液体进样量为 0.1~10μL，用 FID 时的进样量比 TCD 小，进样量应小于 1μL；气体进样量为 0.1~10mL。

7.8 气相色谱分析方法及应用

7.8.1 定性分析

色谱定性分析的任务是确定色谱图上每一个色谱峰所代表的物质。其理论依据是：在色谱条件一定时，任何一种物质都有确定的保留值或色谱数据，并且不受其他组分的影响。因此，在相同的色谱条件下，通过比较已知物和未知物的保留值或在色谱图上的位置，即可确定未知物是何种物质。但是，保留值的特征性是有限的，在同一色谱条件下，不同的物质也可能具有相似或相同的保留值。因此，色谱法的优点是能有效地分离复杂的混合物，而对于复杂混合物中未知物的定性分析则比较困难，往往需要结合已知纯物质、有关的色谱数据以及将色谱与质谱或其他光谱法联用，才能准确地判断试样中某种组分的存在。在实际工作中，可以先根据样品的来源、生产工艺、用途等信息来推测样品的近似组成，然后再利用以下常用的色谱定性方法进行定性鉴定。

7.8.1.1 利用已知物的对照定性法

当有待测组分的纯物质（作为标准对照品）时，利用已知物的对照定性法非常简便，是最常用的色谱定性方法。在具体应用时，此法可分为单柱比较法和双柱比较法。

(1) 单柱比较法　单柱比较法是在相同的色谱条件下，分别对已知的纯物质和未知试样进行色谱分析，得到两张色谱图，然后比较其保留时间 t_R 或保留体积 V_R，或比较换算为以某一物质为标准的相对保留值 r_{is}。当未知试样的某一色谱峰与已知纯物质色谱峰的保留值相同时，则可认为此峰与该纯物质是同一种物质，并确定试样中含有该纯物质及其在色谱图中的位置。

在实际定性时，往往是利用保留时间来直接比较定性，如图 7-32 中，比较相同色谱条件下未知试样 (a) 与已知标准物 (b) 的 t_R，即可判断未知物中峰 2 是甲醇，峰 3 是乙醇，峰 4 是正丙醇，峰 7 是正丁醇，峰 9 是正戊醇。但此时要求载气流速和柱温必须恒定，否则定性结果不可靠。为此，有时利用保留体积来定性，但 V_R 的直接测量很困难，一般都是利用载气流速和保留时间来计算求得。因此，对于比较复杂的未知试样，流出色谱峰之间相距太近，或色谱条件难以保持稳定不变，特别是载气流速和柱温在测定过程中有变化时，常采用相对保留值和峰高增加法来提高定性分析结果的可靠性。

① 利用相对保留值定性　此法适合于已知组成范围的混合物或没有待测组分的纯物质时的定性分析。由于相对保留值是待测组分与加入的标准组分的调整保留值之比，因此当载气流速和柱温发生微小变化时，两者的保留值同时变化，而比值不变。因此，r_{is} 仅与柱温和固定相的性质有关，与柱长、固定相填

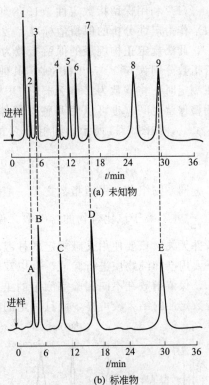

图 7-32　利用标准物鉴定未知物示例
标准物：A—甲醇；B—乙醇；C—正丙醇；
D—正丁醇；E—正戊醇

充情况、载气流速等其他操作条件无关。只要保持柱温和固定相一定，r_{is} 就是一定值。在色谱文献中列有各种物质在不同固定液上的 r_{is}，可用于对照定性，结果可靠，并可用于不同色谱仪上测得 r_{is} 的互相比较。在测定 r_{is} 时，应注意必须在文献规定的固定液种类及用量、标准组分和柱温条件下进行。同时，加入的标准组分应是易得的纯物质，其保留值应与待测组分相近。

② 峰高增加法定性　此法是将已知的纯物质加入未知试样中，在相同色谱条件下再进行一次色谱分析，然后与原来的未知试样色谱图进行对比，若前者的色谱峰增高了，则可认为加入的已知纯物质与未知试样中的某一组分是同一物质。当进样量很低时，若发现峰不重合，峰中出现转折，或者半峰宽变宽，则一般可以肯定试样中不含有与所加已知纯物质相同的物质。显然，峰高增加法定性可避免载气流速和柱温的微小变化而引起保留时间的变化，还能克服在色谱图图形复杂时准确测定保留时间的困难，而且是确认复杂样品中是否含有某一组分的最好方法。

(2) 双柱比较法　双柱比较法是在两根极性相差较大的色谱柱上，各自固定操作条件，按照单柱比较法的操作，测定已知纯物质和未知试样在每一根柱上的保留值。如果在两根柱上未知试样的某一色谱峰与已知纯物质色谱峰的保留值都相同时，则可较准确地判断未知试样中含有与已知纯物质相同的物质。双柱比较法比单柱比较法更加准确可靠，因为有些不同的组分会在某种固定液上表现出相同的色谱性质。

7.8.1.2　利用文献值和经验规律定性法

当没有待测组分的纯物质时，一般可采用文献值（主要是相对保留值和保留指数）和气相色谱中的经验规律（主要是碳数规律和沸点规律）来定性。

(1) 利用保留指数定性　1958年，匈牙利色谱学家科瓦茨 (Kovats) 提出以保留指数 (I) 作为定性分析的保留值标准，故也称科瓦茨指数。它是目前国际上最通用的定性参数。

此法规定正构烷烃的保留指数为其碳原子数乘以100，如正己烷、正庚烷和正辛烷的保留指数分别为600、700和800。其他物质的保留指数则可采用正构烷烃为标准物进行测定。在测定时，将碳数为 Z 和 $Z+1$ 的正构烷烃加到待测物质 X 中进行色谱分析。若测得它们的调整保留时间（也可以用调整保留体积）分别为 $t'_{R(Z)}$、$t'_{R(Z+1)}$ 和 $t'_{R(X)}$，且 $t'_{R(Z)} < t'_{R(X)} < t'_{R(Z+1)}$，如图7-33所示，则组分 X 的保留指数 I_X 按下式计算：

$$I_X = 100 \times \left[Z + \frac{\lg t'_{R(X)} - \lg t'_{R(Z)}}{t'_{R(Z+1)} - t'_{R(Z)}} \right] \tag{7-40}$$

同系物组分的保留指数之差一般应为100的整数倍。除正构烷烃外，其他物质保留指数的 $\frac{1}{100}$ 并不等于该化合物的含碳数。保留指数仅与柱温和固定相性质有关，与其他色谱操作条件无关，只要使用文献规定的柱温和固定相，即可将测得的 I_X 与文献值对照定性。但最好要用已知纯物质进行验证，并以双柱比较法确认。

保留指数在不同实验室测定的重现性较好，精度可达±0.03指数单位。因此利用保留指数定性的结果较可靠，而且测定的标准物统一，使用文献方便。但一些结构复杂的天然产物至今没有保留指数的文献值，还无法进行对照定性。

(2) 碳数规律法定性　大量实验证明，在一定温度下，同系物的调整保留时间的对数与分子中碳原子数呈线性关系：

$$\lg t'_R = A_1 Z + C_1 \tag{7-41}$$

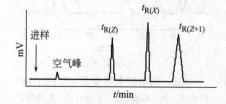

图7-33　保护指数测定示意图

式中，A_1 和 C_1 是常数，Z（$Z \geqslant 3$）为分子中的碳原子数。可见，若知道某一同系物中两个或更多组分的调整保留时间，则可根据上式推出同系物中其他组分的调整保留时间。

(3) 沸点规律法定性　同族具有相同碳数链的异构体化合物，其调整保留时间的对数与它们的沸点呈线性关系：

$$\lg t'_R = A_2 T_b + C_2 \tag{7-42}$$

式中，A_2 和 C_2 是常数；T_b 为组分的沸点，K。可见，根据同族同数碳链异构体中几个已知组分的调整保留时间，则可求得同族中具有相同碳数的其他异构体的调整保留时间。

7.8.1.3 联机定性法

色谱法对组成复杂的混合物具有很高的分离效能，但定性较困难。而质谱、红外光谱、紫外光谱和核磁共振波谱，即所谓的"四大谱"是鉴定有机物的常用方法，但要求待测组分必须很纯。因此，若将色谱仪与这些仪器联用，就能发挥各方法的长处，有效地对组成复杂的混合物进行定性分析，即联机定性。最成功和应用最广的气相色谱联用技术是气相色谱与质谱或傅里叶红外光谱的联用仪，气相色谱仪相当于光谱法的分离和进样装置，质谱仪或傅里叶红外光谱仪则相当于色谱法的定性检测器。未知物经过色谱分离后，质谱可以很快地给出未知组分的相对分子质量和电离碎片，提供是否含有某些元素或基团的信息。而红外光谱也可很快得到未知组分所含各类基团的信息，对结构鉴定提供可靠的依据。联用的关键在于将两者连接起来的接口技术。

除以上常用的色谱定性方法外，还可利用化学反应定性（较麻烦，一般要进行样品的前处理），利用检测器定性（最简便，但定性范围较窄）等，可查阅有关专著。

7.8.2 定量分析

色谱定量分析的任务就是根据仪器检测器的响应信号来确定试样中某一组分的准确含量。其理论依据是：在一定的色谱条件下，组分 i 的质量（m_i）或其在流动相中的浓度与检测器的响应信号（峰面积 A_i 或峰高 h_i）成正比：

$$m_i = f_i A_i \tag{7-43}$$

或

$$m_i = f_i^h h_i \tag{7-44}$$

式中，f_i 和 f_i^h 分别是组分 i 以峰面积和峰高为定量参数时的定量校正因子。由此可见，色谱定量分析的准确度与精密度除了取决于试样的采集与预处理、色谱分离操作条件及检测器的选择以外，还有赖于峰高、峰面积和定量校正因子的准确测定以及定量方法的正确选择。在严格控制操作条件下，气相色谱定量分析的相对标准偏差可达到 1%～3%。

7.8.2.1 峰高和峰面积的测量

准确测量峰高和峰面积的关键是峰底（或基线）的确定。峰底是从峰的起点与峰的终点之间的连接直线。一个完全分离的峰，峰底与基线是重合的。峰高的测量比峰面积更简单，特别适用于较窄的色谱峰。但峰面积的大小不易受操作条件，如柱温、流动相流速、进样速度等的影响，因此，峰面积更适于作为定量分析的参数。

峰面积的测量方法分为手工测量和自动测量两大类。现代色谱仪中一般都配有自动、准确测量峰面积的色谱数据处理机和色谱工作站，使用极其方便。若使用记录仪，则需要手工测量，再用有关公式计算峰面积。手工测量法是理解自动测量法原理的重要基础，通常有以下几种。

(1) 峰高乘半峰宽法　适于对称峰峰面积的测量，近似计算公式为：

$$A = 1.065 h W_{1/2} \tag{7-45}$$

在相对计算时，系数 1.065 可以约去。

(2) 峰高乘平均峰宽法 适于不对称峰峰面积的测量,近似计算公式为:

$$A=\frac{1}{2}h(W_{0.15}+W_{0.85}) \tag{7-46}$$

式中,$W_{0.15}$和$W_{0.85}$分别是峰高 0.15 和 0.85 处的峰宽值。此法的测量比较麻烦,但计算结果较准确。

(3) 峰高乘保留时间法 适于难以测量半峰宽的窄峰、未完全分离峰的峰面积测量。在一定操作条件下,同系物的半峰宽与保留时间成正比,近似计算公式为:

$$A=hbt_R \tag{7-47}$$

在相对计算时,系数 b 可以约去。

7.8.2.2 定量校正因子

峰面积(或峰高)是色谱分析的定量参数,但是峰面积的大小不仅与组分的量有关,而且还与组分的性质及检测器性能有关。用同一检测器测定同一种组分,当实验条件一定时,组分量越大,其峰面积就越大。但同一检测器测定相同质量的不同组分时,由于组分的性质不同,检测器对不同组分的响应值不同,产生的峰面积也不同。因此不能直接应用峰面积来计算组分的含量,而需引入"定量校正因子"来校正峰面积。定量校正因子分为绝对校正因子和相对校正因子。

(1) 绝对校正因子 由式(7-43)和式(7-44)可知,绝对校正因子是指某组分 i 通过检测器的量与检测器对该组分的响应信号之比,即

$$f_i=\frac{m_i}{A_i} \tag{7-48}$$

或

$$f_i^h=\frac{m_i}{h_i} \tag{7-49}$$

式中,f_i 和 f_i^h 分别是组分 i 以峰面积和峰高为定量参数时的绝对校正因子。显然,绝对校正因子受仪器及操作条件的影响很大,不易准确测量,其应用受到限制。因此,在实际测量中通常采用相对校正因子。

(2) 相对校正因子 相对校正因子是指组分 i 与基准组分 s 的绝对校正因子之比,即

$$f_{is}=\frac{f_i}{f_s}=\frac{m_iA_s}{m_sA_i} \tag{7-50}$$

或

$$f_{is}^h=\frac{f_i^h}{f_s^h}=\frac{m_ih_s}{m_sh_i} \tag{7-51}$$

式中,f_{is} 和 f_{is}^h 分别是组分 i 以峰面积和峰高为定量参数时的相对校正因子;f_s 和 f_s^h 分别是基准组分 s 以峰面积和峰高为定量参数时的绝对校正因子;m_s、A_s 和 h_s 分别是基准组分 s 的质量、峰面积和峰高,其余符号的含义同前。相对校正因子的使用注意事项如下。

① 由于绝对校正因子很少使用,因此,一般文献上或平时提到的校正因子,都是相对校正因子。用 TCD 时,常以苯作为基准组分;用 FID 时,则常以正庚烷作为基准组分。

② 相对校正因子是一个无量纲的量,但其数值与采用的计量单位有关。当组分 i 和 s 的计量单位用质量、物质的量或体积表示时,其相对校正因子分别称为相对质量校正因子(f_{is} 或 f_m')、相对摩尔校正因子(f_M')和相对体积校正因子(f_V')。相对质量校正因子是最常用的校正因子。

③ 相对校正因子的数值可以从文献上查得,但实际工作中一般都是自行测定。测定时,准确称取一定量的色谱纯(或已知准确含量)的待测组分的纯物质和基准物质,混匀后,在确定的色谱条件下进样分析,出峰后分别测量它们的峰面积(或峰高),然后根据式(7-50)

或式(7-51)，即可求出待测组分的相对校正因子。

④ 在实际分析时，有时也用到相对响应值（S_{is}或S'）。它是组分i与基准组分s的响应值（灵敏度）之比，单位相同时，与相对校正因子互为倒数，即

$$S_{is}=\frac{1}{f_{is}} \tag{7-52}$$

f_{is}和S_{is}只与试样组分、基准组分和检测器类型有关，而与操作条件，如柱温、载气流速、固定液性质等无关，是一个能通用的参数，可查阅有关色谱手册。但f_{is}^h受操作条件的影响较大，在用峰高定量时，一般不直接引用文献值，而必须在实际操作条件下进行测定。

7.8.2.3 定量方法

色谱法中常用的定量方法有归一化法、外标法、内标法和标准加入法。按测量参数又可分为峰面积法和峰高法，但一般采用峰面积法。在实际应用时，应根据分析目的和样品情况，并结合各种定量方法的特点来选择合适的定量方法。

(1) 归一化法　归一化法是主要用于色谱法的一种定量方法。它是将试样中所有组分（设为n个组分）的含量之和按100%计算，以组分经过校正的峰面积（或峰高）作为定量参数，通过下列公式计算各组分的质量分数w_i：

$$w_i=\frac{m_i}{m_1+m_2+\cdots+m_n}\times 100\%$$
$$=\frac{f_{is}A_i}{f_{is(1)}A_1+f_{is(2)}A_2+\cdots+f_{is(n)}A_n}\times 100\% \tag{7-53}$$
$$=\frac{f_{is}A_i}{\sum\limits_{i=1}^{n}f_{is}A_i}\times 100\%$$

或

$$w_i=\frac{f_{is}^h h_i}{\sum\limits_{i=1}^{n}f_{is}^h h_i}\times 100\% \tag{7-54}$$

式中，各组分的校正因子均采用相对质量校正因子。

当试样中各组分的f_{is}相近时（如同分异构体或同系物），计算公式可简化为：

$$w_i=\frac{A_i}{\sum\limits_{i=1}^{n}A_i}\times 100\% \tag{7-55}$$

由以上计算公式可知，使用归一化法的条件是：经过色谱分离后，试样中所有的组分都要能产生可测量的色谱峰。

归一化法的优点是：简便、准确；操作条件（如进样量、载气流速、柱温等）变化时，对分析结果影响较小。此法常用于常量分析和多组分的同时测定，尤其适合于进样量少而其体积不易准确测量的液体试样。但是，此法一般需要用每一组分的基准物质来测定校正因子。

(2) 外标法（标准曲线法）　不论试样中的所有组分是否全部出峰，均可采用外标法进行定量分析。

外标法的操作原理与分光光度法中的标准曲线法相似。首先用待测组分的纯物质配成已知浓度的标准系列溶液，在一定的色谱条件下等体积准确进样分析，从色谱图上测出待测组分的峰面积（或峰高），以峰面积（或峰高）对标准溶液的浓度绘制标准曲线，其斜率就是该组分的绝对校正因子。然后在与测定标准系列完全相同的色谱条件下，准确注入相同体积的试样溶液，测出待测组分的峰面积（或峰高），即可在标准曲线上查出试样中待测组分的

浓度。

当试样中待测组分的含量变化不大,并已知该组分的大概含量时,例如在生产控制分析中,可采用单点校正法,即直接比较法进行定量分析,而不必绘制标准曲线。其具体方法是:先配制一个和待测组分含量相近的已知浓度的标准溶液,在相同的色谱条件下,分别将试样溶液和标准溶液等体积准确进样,从色谱图上测出试样溶液和标准溶液中待测组分的峰面积(或峰高),即可按下式计算试样中待测组分的含量:

$$w_i = \frac{w_s}{A_s} A_i \tag{7-56}$$

或

$$w_i = \frac{w_s}{h_s} h_i \tag{7-57}$$

式中,w_i、w_s 分别是试样和标准溶液中待测组分的质量分数;A_i(h_i)是试样中待测组分的峰面积(峰高);A_s(h_s)是标准溶液中待测组分的峰面积(峰高)。显然,当存在系统误差时(即标准曲线不过原点),单点校正法的误差比标准曲线法更大。

外标法的优点是不需要测定校正因子,操作简便,因而适用于工厂控制分析、自动分析和大批量试样的快速分析。从定量参比物而言,外标法是最准确的方法,因为是同种组分进行比较。但由于每次样品分析的色谱条件(如检测器的响应性能、柱温、流动相流速、进样量等)很难完全相同,因此容易出现较大的误差,其分析结果的准确度取决于进样量的重现性和操作条件的稳定性。此外,待测组分标准样品与实际样品的组成不一致也会带来一定的测量误差。

(3) 内标法　当只需测定试样中某几个组分,或试样中所有组分不可能全部出峰时,可采用内标法定量。其具体方法是:准确称取 $m(g)$ 试样,加入 $m_s(g)$ 某种纯物质作为内标物,混匀。在一定的操作条件下注入色谱仪,出峰后测量待测组分 i 和内标物 s 的峰面积(或峰高),根据它们的相对校正因子,由下式求出待测组分 i 的含量:

$$w_i = \frac{m_i}{m} \times 100\% = \frac{m_s \dfrac{f_{is}A_i}{f_{ss}A_s}}{m} \times 100\% = \frac{m_s f_{is} A_i}{m f_{ss} A_s} \times 100\% \tag{7-58}$$

或

$$w_i = \frac{m_s f_{is}^h h_i}{m f_{ss}^h h_s} \times 100\% \tag{7-59}$$

式中,A_i(h_i)是试样中待测组分的峰面积(峰高);A_s(h_s)是内标物的峰面积(峰高);f_{is} 和 f_{ss} 分别是待测组分和内标物以峰面积为定量参数时的相对质量校正因子;f_{is}^h 和 f_{ss}^h 分别是待测组分和内标物以峰高为定量参数时的相对质量校正因子。

在实际工作中,一般以内标物作为基准组分来测定校正因子,即 $f_{ss}=1$,此时式(7-58)可简化为:

$$w_i = f_{is} \frac{m_s A_i}{m A_s} \times 100\% \tag{7-60}$$

同理,式(7-59)可简化为:

$$w_i = f_{is}^h \frac{m_s h_i}{m h_s} \times 100\% \tag{7-61}$$

在内标法定量时,因在试样中增加了一个内标物,常会造成分离困难,因此选择合适的内标物是内标法的关键。对内标物的要求是:试样中不含该物质;内标物的性质应与待测组分相近,使其出峰位置位于待测组分附近,最好在所有组分保留值的中间,且与其他组分峰分离良好;不与试样发生化学反应;内标物的加入量应接近试样中待测组分的含量。

内标法的优点是准确度较高,因为该法是用待测组分和内标物的峰面积的相对值进行计算,所以不要求严格控制进样量和操作条件。但每个试样的分析都要准确称取或量取试样和内标物的量,一般还需要测定待测组分的校正因子,操作比较麻烦,不适于大批量试样的快速分析。在实际工作中,可在样品前处理(如浓缩、萃取、衍生化等)前加入内标物,能部分补偿待测组分在样品前处理时的损失。还可以通过加入多种内标物进行测定,以获得高精度的分析结果。

(4) 标准加入法　标准加入法实质上是一种特殊的内标法,是在选择不到合适的内标物时,以待测组分的纯物质作为内标物,加入待测试样中,然后在相同的色谱条件下,测定加入待测组分纯物质前后的待测组分峰面积(或峰高),从而计算试样中待测组分含量的方法,故又称内加法。其具体方法是:首先在一定的色谱条件下测出试样的色谱图,求出待测组分 i 的峰面积 A_i(或峰高 h_i);然后在该试样中准确加入一定量的待测组分标样或纯物质(与试样相比,待测组分的浓度增量为 Δw_i),在完全相同的色谱操作条件下,测出已加入待测组分标样或纯物质后的试样色谱图,求出此时待测组分 i 的峰面积 A_i'(或峰高 h_i')。则可按下式计算试样中待测组分的含量:

$$w_i = \Delta w_i \frac{A_i}{A_i' - A_i} \tag{7-62}$$

或

$$w_i = \Delta w_i \frac{h_i}{h_i' - h_i} \tag{7-63}$$

标准加入法在色谱分析中较常用,其优点是不需要测定校正因子,也不需要另外的标准物质作内标物,只需待测组分的纯物质,操作简单。若在样品的预处理之前就加入已知准确量的待测组分,则可以完全补偿待测组分在预处理过程中的损失。但要求在加入待测组分纯物质前后的两次分析时,进样量必须准确一致,并保证色谱操作条件完全相同,否则将造成两次测定时的校正因子不相等而产生测定误差。

7.8.3　气相色谱法的应用及实例

气相色谱法是一种高分离效能、高选择性、高灵敏度和快速的分析方法。它广泛应用于分离分析气体和易挥发或可转化为易挥发的液体和固体。对于那些不易挥发和易分解的物质,可采用化学转化法使其转化为易挥发和稳定的衍生物后,再进行分析。例如,某些无机物可转化成金属卤化物(如 $GeCl_4$、$SnCl_4$、$AsCl_3$ 和 $TiCl_4$ 等)或金属配合物(如 β-二酮类)之后再进行分析。近年来,随着毛细管色谱、裂解气相色谱、反应气相色谱以及气相色谱与其他分析方法的联用技术等的迅速发展,使气相色谱法已成为分离分析复杂混合物最有效的手段之一,在现代仪器分析方法中应用最广。它不仅成功地用于不同领域中多组分物质的分离和分析,目前是化工生产过程中重要的监控手段,而且还广泛用于化学理论的研究工作。

7.8.3.1　在分离分析中的应用

(1) 石油化工和有机化工产品的分析　气相色谱法已广泛用于石油化工和有机化工产品的分析。尤其是高效毛细管色谱技术,已成功分离了全部石油产品,如低级气态烃、汽油与柴油、重油与石蜡、沥青和原油等。图 7-34 为重整生油的色谱图。

(2) 高分子材料的分析　高分子材料的分子量较大,常用裂解色谱法分析其裂解产物,以解析高分子化合物的共聚单体。图 7-35 为标准单体混合物的色谱图。

(3) 环境监测与污染物分析　气相色谱法已成为环境监测与污染物分析的有效手段。例如它可直接检测大气中质量分数为 $10^{-9} \sim 10^{-6}$ 的烷基铅、烃类、聚丙烯腈、CO、醛、酮、SO_2、H_2S 和若干氮氧化物等。图 7-36 为抽烟者和不抽烟者呼出气体中痕量 CO 的差别色谱图。

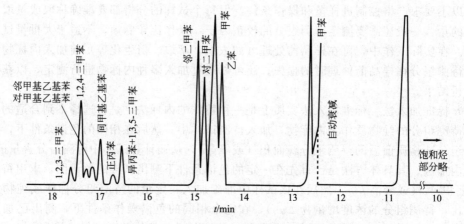

图 7-34 重整生油的色谱图（芳烃部分）

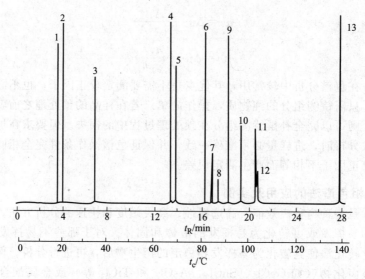

图 7-35 标准单体混合物色谱图

色谱柱：二甲基聚硅氧烷，25m×0.33mm，$d_f=1.0\mu m$；柱温：50℃（10 min）→150℃，5℃/min→250℃（10min），40℃/min；载气：He；检测器：FID；汽化室温度：220℃；检测器温度：250℃。

色谱峰：1—丙烯酸乙酯；2—异丁烯酸甲酯；3—异丁烯酸乙酯；4—聚乙烯；5—丙烯酸正丁酯；6—异丁烯酸异丁酯；7—2-羟基丙基丙烯酸酯；8—1-甲基-2-羟基乙基丙烯酸酯；9—异丁烯酸正丁酯；10—2-羟基乙基异丁烯酸酯；11—2-羟基丙基异丁烯酸酯；12—1-甲基-2-羟基乙基异丁烯酸酯；13—2-乙基己基丙烯酸酯

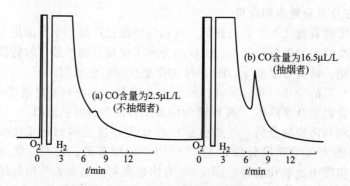

图 7-36 呼气中痕量 CO 的色谱图

(4) 农药、临床和中草药有效成分的分析 农药中常含有许多神经系统毒剂,气相色谱法的 ECD 和 FPD 常用于农药及其残留物的控制和分析,如分析农副产品、食品和水质中质量分数低至 $10^{-9} \sim 10^{-6}$ 的卤素、硫和磷等。气相色谱法也常用于分离和分析许多与临床有关的化合物,如氨基酸、糖类和血液中 CO_2、O_2、脂肪酸及其衍生物、血浆甘油三酸酯、甾族化合物(类固醇)、巴比妥酸盐和维生素等。典型色谱图如图 7-37 所示。

(5) 食品分析 气相色谱法主要用于食品组成的分析,也用于检测食品中的抗氧剂、乳化剂、营养补剂、防腐剂和污染物等。图 7-38 是甜酒的色谱图。

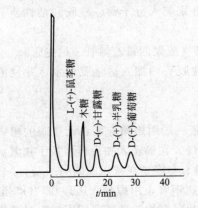

图 7-37 四甲基硅烷糖的衍生物色谱图

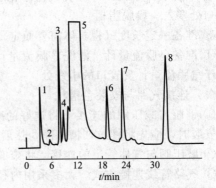

图 7-38 甜酒的色谱图
1—乙醛;2—未知物;3—乙酸乙酯;
4—乙缩醛;5—乙醇;6—正丙醇;
7—异丁醇;8—戊醇和异戊醇

此外,气相色谱法还广泛用于涂料、香料与精油、空间技术、公安、法医和地球化学等特种分析。

7.8.3.2 在化学研究中的应用

气相色谱法在化学研究中的应用很多,例如:通过测定保留时间来研究某些化学平衡的性质,如相变热、溶解热、活度系数、分配系数、熵变和焓变等;通过测定色谱峰在柱后展宽的程度来研究某些动力学过程,如测定液体和气体的扩散系数、反应速率常数和吸附速率常数等;根据保留体积或者峰面积来测定物质的某些物理化学性质,如相对分子质量、表面积、孔率分布及液膜厚度等。

技能训练 7-1 气相色谱仪基本操作(Ⅰ)

(一) 实训目的与要求

1. 阅读仪器说明书,认识气相色谱仪的基本组成系统及各组成部件的作用,明确气相色谱实验室的安全防护要求和管理规范。

2. 学会连接安装气路系统中各部件和色谱柱,能操作气源、气路调节阀及气相色谱仪各气体调节钮,掌握气路的检漏方法。

3. 掌握用皂膜流量计测定载气流量及其校正方法。

(二) 仪器与试剂

1. 仪器

GC9790Ⅱ型气相色谱仪(或其他型号气相色谱仪);气体钢瓶,减压阀,气体净化器,填充色谱柱,聚四氟乙烯管,金属压垫,"O"形橡胶密封圈,不锈钢衬管,石墨垫圈,螺帽,扳手,皂膜流量计等。

2. 试剂

肥皂水（或洗涤剂饱和溶液）。

（三）实训步骤

（1）按照仪器说明书，教师现场演示和介绍典型气相色谱仪的基本组成系统及各组成部件的作用，并讲解气相色谱实验室的安全防护要求和管理规范。

（2）实训器材准备工作

① 选择减压阀　H_2钢瓶选择氢气减压阀，N_2、空气等钢瓶选择氧气减压阀。

② 准备气体净化器　清洗气体净化管，烘干。分别装入分子筛、硅胶和活性炭。在气体出口处塞入一段脱脂棉。

③ 准备一定长度（视具体需要而定）的不锈钢管（或聚四氟乙烯管、尼龙管）。

④ 准备皂膜流量计　清洗皂膜流量计，在其下端胶头内加入适量肥皂水，并使液面恰好处于皂膜流量计支管口的中线处。

（3）连接气路与安装色谱柱

① 钢瓶与减压阀的连接　将选好的减压阀接钢瓶一端用螺帽拧紧在钢瓶阀的出口支管上。安装时，应先将螺纹凹槽擦净，然后用手旋紧螺母，在确实入扣后再用扳手扣紧。

② 减压阀与气体管道的连接　将聚四氟乙烯管用卡套旋紧在减压阀的另一端。

③ 气路管线连接方式　大多采用内径3mm的不锈钢管，用螺母、压环和"O"形密封圈进行气路连接。也可采用容易操作的耐压塑料管，此时在接头处就要用不锈钢衬管和一些密封材料。连接时注意保证气密性，又不能损坏接头。

④ 气体管道与气体净化器的连接　按③的方式将气体管道的出口连接至气体净化器相应的气体进口上。

⑤ 气体净化器与仪器主机的连接　按③的方式将气体净化器的出口连接至仪器主机相应的气体入口处。

注意！连接时切忌将气体进出口和气体种类接错。

⑥ 填充色谱柱的安装　按③的方式将选定的填充色谱柱的一端接至仪器的进样器出口处，另一端接至检测器入口处。

注意！连接时应用石墨垫圈替换"O"形密封圈，并注意石墨垫圈与柱径的配套性。同时，色谱柱的两头应用玻璃棉塞好，其安装深度应符合仪器进样系统的要求。

（4）气路检漏

① 钢瓶至减压阀间的检漏　关闭钢瓶减压阀T形阀杆，打开钢瓶总阀（注意！操作者不能面对钢瓶压力表，应位于压力表右侧），用肥皂水涂在钢瓶总阀开关、减压阀接头、减压阀本身等接头处，如有气泡不断涌出，则说明此接头处有漏气现象，应重新连接和检漏，确保不漏气。

② 进样口密封隔垫的检查　检查硅橡胶垫是否完好，否则应更换新的硅橡胶垫。

③ 气源至色谱柱间的检漏（此步在安装色谱柱之前进行）　用垫有橡胶垫的螺帽封死汽化室出口，打开载气减压阀T形阀杆并调节至输出压力为0.4MPa。然后打开气体净化器，调节载气稳流阀（逆时针方向打开）至柱前压为0.1MPa。用肥皂水涂在各接头处，若某处漏气，则重新连接和检漏。关闭气源，待30min后，若仪器上压力表指示的压力下降小于0.005MPa，则说明汽化室前的气路不漏气，否则，应重新仔细检查和连接，确保不漏气。

④ 汽化室至检测器出口间的检漏　安装好色谱柱，打开载气减压阀至输出压力为0.4MPa。将载气稳流阀的旋开圈数调至最大，再堵死仪器检测器出口处，用肥皂水检查各接头处，确保此段不漏气（或采用以上③步的堵气观察法）。

(5) 载气流量的测定　打开载气（N_2）钢瓶总阀，调节减压阀输出压力为 0.4MPa，打开气体净化器，准确调节仪器的载气总压为 0.3MPa。将准备好的皂膜流量计支管口用乳胶管接在仪器的载气排出口（柱出口或检测器出口）。调节载气稳流阀圈数分别为 2.0、2.5、3.0、3.5、4.0、4.5、5.0、5.5、6.0 等示值处，轻捏一下皂膜流量计胶头，使肥皂水上升封住支管，产生一个皂膜。用秒表（或仪器自带的秒表功能）测量皂膜上升至一定体积所需要的时间，并记录。每点平行测定三次。

注意！每次改变载气稳流阀圈数后，要等一段时间（0.5～1min），然后再测定载气流速。

(6) 实训结束工作　关闭钢瓶总阀，待压力表指针回零后，再关闭减压阀，然后关闭气体净化器，最后关闭载气稳流阀。清洗皂膜流量计，晾干后妥善保存。整理工作台，罩上仪器防尘罩，填写仪器使用记录。进行安全检查。

（四）注意事项

1. 必须严格遵守高压气瓶的安全使用规则。
2. 在恒温室或其他近高温处的接管，一般采用不锈钢管和紫铜垫圈，不用塑料垫圈。
3. 检漏结束后，应及时将在接头处涂抹的肥皂水擦拭干净，以免管道受损。检漏时，氢气尾气应排出室外。
4. 保证用气、用电安全，统筹安排实训过程，合理处理实验废液、废渣。

（五）数据记录、处理与结论

1. 列表记录仪器条件、测量条件和测量的实验数据。
2. 分别计算用皂膜流量计测量载气稳流阀不同圈数下的载气流速 $F_皂$（mL/min）的平均值和相对平均偏差。在坐标纸上绘制稳流阀调节圈数-$F_皂$的校正曲线，并注明载气种类、柱前压、柱温、室温和大气压力等参数。
3. 得出结论，并分析测定误差的来源和减免方法。

（六）思考题

1. 为什么要进行气相色谱仪气路系统的检漏？
2. 如何打开和关闭气体钢瓶与减压阀？

技能训练 7-2　气相色谱仪基本操作（Ⅱ）

（一）实训目的与要求

1. 巩固气相色谱仪的结构原理、气路检漏和气体调节方法；
2. 阅读仪器说明书，了解仪器各部件的性能特点，学会气相色谱仪的启动调试、TCD、FID 和色谱工作站（或色谱数据处理机）的基本操作方法；
3. 掌握用微量注射器进样的基本操作及进样重现性的评价方法。

（二）仪器与试剂

1. 仪器

GC9790Ⅱ型气相色谱仪（或其他型号气相色谱仪）；TCD；FID；色谱工作站（或色谱数据处理机）；N_2、H_2 和空气钢瓶（空气钢瓶也可用空气压缩机）；填充色谱柱（OV-101 柱，60～80 目，2m×3mm）；硅橡胶垫；微量注射器（10μL 和 1μL 各 1 支）；样品瓶等。

2. 试剂

苯（色谱纯级），无水乙醇（分析纯级）。

（三）实验步骤

(1) 按照仪器说明书，巩固气相色谱仪的结构原理、气路检漏和气体调节方法。

(2) 按照仪器说明书，教师现场演示和讲解气相色谱仪的启动调试、TCD、FID 和色谱工作站（或色谱数据处理机）的基本操作方法。参考如下色谱操作条件：

① TCD 柱温 80℃，检测器温度 120℃，汽化室温度 140℃，载气流速（H_2）30mL/min，桥电流 120mA，极性和衰减倍数适当，进样量 2μL。

② FID 柱温 90℃，检测器温度 140℃，汽化室温度 145℃，载气流速（N_2）30mL/min，H_2 流速 30mL/min，空气流速 300mL/min，极性和灵敏度适当，进样量 1μL。

(3) 气相色谱仪的开机和关机操作　打开或关闭气相色谱仪的电源开关与加热开关。

注意！必须打开载气并使其通入色谱柱后才能打开仪器电源开关与加热开关。同理，必须关闭仪器电源开关与加热开关之后才能关闭载气钢瓶与减压阀。

(4) 设置柱温、检测器温度及汽化室温度，仪器开始升温。

(5) 打开色谱工作站（或色谱数据处理机），设置分析方法和各种测量参数。

(6) 待各路温度稳定后，按照 TCD 和 FID 的说明书（参照 7.4.7 节）进行 TCD 和 FID 的调试操作，待基线稳定后即可进样分析。

(7) 进样操作练习（参照 7.4.2 节内容）

用无水乙醇抽洗微量注射器 10 次以上，再用苯抽洗微量注射器 10 次以上，排除气泡，准确吸取一定体积的苯进样。在色谱工作站（或色谱数据处理机）上采样，记录色谱图，最后停止采样，优化色谱图，记录苯的峰面积（或峰高），关闭色谱工作站。平行进样三次。

(8) 实训结束工作　按照 TCD 和 FID 的说明书（参照 7.4.7 节）进行 TCD 和 FID 的关机操作，最后关闭载气。清洗进样器，晾干后妥善保存。整理工作台，罩上仪器防尘罩，填写仪器使用记录。进行安全检查。

(四) 注意事项

1. 必须严格遵守高压气瓶的安全使用规则。

2. 必须严格遵守气相色谱仪、TCD、FID、色谱工作站（或色谱数据处理机）和微量注射器的使用规程，确保正确、规范地进行操作、维护与日常保养。

3. 使用 H_2 时应特别小心，应保证气相色谱实验室的通风良好，切忌将大量 H_2 排入室内。

4. 保证用气、用电安全，防止高温烫伤，统筹安排实训过程，合理处理实验废液、废渣。

(五) 数据记录、处理与结论

1. 列表记录仪器条件、色谱操作条件和测量的实验数据。

2. 计算苯的平行测定峰面积（或峰高）的平均值和相对平均偏差，并评价进样的重现性（相对平均偏差应＜5%）。

3. 比较 TCD 和 FID 的性能特点和操作方法。

4. 得出结论，并分析测定误差的来源和减免方法。

(六) 思考题

1. 为保护热丝，在使用 TCD 的过程中应注意什么？

2. 如何检查 FID 的氢火焰是否点燃？如果氢火焰点不燃，应怎样处理？

3. 使用 TCD 和 FID 时，为确保安全，应注意什么？若实验中途突然停电，应如何处置？

技能训练 7-3　载气流速及柱温变化对分离度的影响

(一) 实训目的与要求

1. 掌握理论塔板数、理论塔板高度和分离度的计算方法和影响因素。

2. 学会正确选择载气流速和柱温等色谱操作条件,并深入理解其对色谱分析的重要性。

3. 巩固气相色谱仪、TCD、色谱工作站和用微量注射器进样的基本操作。

(二) 基本原理

理论塔板数(n)或有效理论塔板数(n_{eff})是衡量柱效的重要指标,理论塔板数越多,柱效越高。但理论塔板数多到什么程度才能满足实际分离的要求,一般很难给出确切的定量指标。而分离度(R_s)可以作为色谱柱总分离效能的量化指标,因为它从本质上反映了实现色谱分离的热力学、动力学等因素的影响。

分离度主要是针对两个相邻色谱峰而言,在混合物中一般指"难分离物质对"。根据分离度的定义式(7-33)或式(7-34)可导出式(7-35),它表明了分离度是柱效(n)、选择性因子(α)和容量因子(k)的函数。因此,可通过调整柱温、流动相流速、柱压和柱内气、液相的体积等因素来改变n、α和k,从而达到改善分离度的目的。

(三) 仪器与试剂

1. 仪器

GC9790Ⅱ型气相色谱仪(或其他型号气相色谱仪);TCD;色谱工作站(或色谱数据处理机);H_2(或N_2)高压钢瓶;填充色谱柱(SE-30,80~100目,2m×3mm);硅橡胶垫;微量注射器(10μL 2支);样品瓶等。

2. 试剂

甲醇、乙醇、丙醇(色谱纯级),无水乙醇(分析纯级)。

3. 试样

含微量甲醇、乙醇和丙醇。

(四) 实训步骤

(1) 色谱仪的开机和调试

按照仪器及TCD的说明书(参照7.4.7节),进行气相色谱仪的开气、开机和升温,并将TCD和色谱工作站调试至正常工作状态。参考如下色谱操作条件:柱温100℃,TCD温度120℃,汽化室温度140℃,载气流速(H_2)40mL/min,桥电流120mA,极性和衰减倍数适当,进样量2μL。

(2) 最佳载气流速的选择

固定柱温为100℃,将载气流速分别调整为10mL/min、20mL/min、60mL/min、80mL/min、100mL/min,待仪器基线稳定后,用甲醇标样(用蒸馏水配制的适当浓度的甲醇标准溶液)和空气重复进样,测量甲醇和空气的保留时间及甲醇的半峰宽,并记录。每点平行测定三次。

(3) 最佳柱温的选择

固定载气流速为40mL/min,将柱温分别恒定在80℃、100℃、120℃,待仪器基线稳定后,用试样重复进样,测定试样中甲醇、乙醇和丙醇的保留时间和半峰宽(或峰底宽),并记录。每点平行测定三次。

(4) 实训结束工作

按照TCD的说明书(参照7.4.7节)进行TCD的关机操作,最后关闭载气。清洗进样器,晾干后妥善保存。整理工作台,罩上仪器防尘罩,填写仪器使用记录。进行安全检查。

(五) 注意事项

(1) 必须严格遵守高压气瓶、气相色谱仪、TCD、色谱工作站和微量注射器的使用规程,确保安全、正确、规范地进行操作、维护与日常保养。

(2) TCD使用时,必须先通入载气,再通电。关机时,应先断电,待柱温降下来后再关载气。否则,热导池热丝有被烧毁的危险。

(3) 改变柱温或流速后,必须待仪器基线稳定后再进样。

(4) 为了保证峰宽的准确测量,应调整适当的峰宽参数。

(5) 保证用气、用电安全,防止高温烫伤,统筹安排实训过程,合理处理实验废液、废渣。

(六) 数据记录、处理与结论

1. 列表记录仪器条件、色谱操作条件和测量的实验数据。

2. 以甲醇标样的保留时间和半峰宽的平均值分别计算在不同流速下甲醇的 H,以空气的保留时间分别计算在不同流速下的 $\bar{u}$,绘制 H-$\bar{u}$ 曲线,求出最佳线速度 $\bar{u}_{opt}$ (或最佳体积流速)。

3. 以试样中甲醇、乙醇和丙醇的保留时间和半峰宽(或峰底宽)的平均值,依据式(7-33) 或式(7-34)计算在不同柱温下试样中难分离物质对,即乙醇和甲醇或乙醇与丙醇的分离度 R_s,并确定试样测定的最佳柱温。

4. 得出结论,并分析测定误差的来源和减免方法。

(七) 思考题

1. 为什么过高或过低的载气流速会使柱效下降?

2. 若载气改为 N_2 后,H-$\bar{u}$ 曲线有何变化,为什么?

3. 怎样从测得相邻两组分的分离度来判断其分离情况?分离度越高越好吗?为什么?

4. 影响分离度的因素有哪些?怎样提高分离度?

5. 在实验给定的条件下,如果使乙醇与相邻两峰的分离度 $R_s=1.5$,所需的柱长是多少(设板高 $H=12$mm)?

技能训练 7-4 苯系物的分析——归一化法

(一) 实训目的和要求

1. 了解苯系物的气相色谱分析法,并掌握利用已知物保留值的对照定性、相对校正因子的测定和归一化法定量的方法和特点。

2. 熟练掌握气相色谱仪、TCD、色谱工作站和用微量注射器进样的基本操作。

(二) 基本原理

苯系物是指苯、甲苯、乙苯、二甲苯(包括对位、间位和邻位异构体)以及异丙苯、三甲苯等,在二甲苯的工业产品中常存在这些物质。由于苯系物各组分的化学性质很接近,用其他方法很难分离和分析。目前一般使用气相色谱法来分析苯系物。有机皂土-34 固定液对二甲苯异构体有很高的选择性,能使对位、间位和邻位二甲苯异构体分离,但不能使乙苯和对二甲苯分离,因此在有机皂土-34 中加入适量的邻苯二甲酸二壬酯(DNP)作固定液,则能使苯系物各组分完全分离,而且分析时间较短,如图 7-39 所示。

苯系物的气相色谱分析可利用已知物的保留值进行对照定性,通过相对校正因子的测定,以归一化法定量。

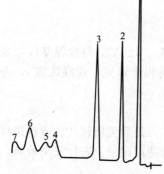

图 7-39 苯系物的色谱图
1—己烷;2—苯;3—甲苯;
4—乙苯;5—对二甲苯;
6—间二甲苯;7—邻二甲苯

(三) 仪器与试剂

1. 仪器

GC9790Ⅱ型气相色谱仪(或其他型号气相色谱仪);

TCD；色谱工作站（或色谱数据处理机）；H_2（或 N_2）高压钢瓶；填充色谱柱（有机皂土-34：DNP：101 载体＝3：2.5：100，60～80 目，2m×3mm）；硅橡胶垫；微量注射器（10μL2 支，1μL1 支）；样品瓶等。

2. 试剂

苯、甲苯、乙苯、对二甲苯、间二甲苯、邻二甲苯、己烷（色谱纯级），无水乙醇（分析纯级）。

3. 试样

含少量苯系物各组分，溶剂为己烷。

（四）实训步骤

（1）色谱仪的开机和调试

按照仪器及 TCD 的说明书（参照 7.4.7 节），进行气相色谱仪的开气、开机和升温，并将 TCD 和色谱工作站调试至正常工作状态。参考如下色谱操作条件：柱温 80℃，TCD 温度 120℃，汽化室温度 140℃，载气流速（H_2）30mL/min，桥电流 120mA，极性和衰减倍数适当，进样量 2μL。

（2）苯系物各组分标样和混合标样的配制

① 苯系物各组分标样的配制　将苯、甲苯、乙苯、对二甲苯、间二甲苯和邻二甲苯分别用己烷稀释至适当浓度，分置于干燥洁净的样品瓶中。

② 苯系物混合标样的配制　取一个干燥洁净的样品瓶，加入 3mL 己烷，再分别依次加入 100μL 的苯、甲苯、乙苯、对二甲苯、间二甲苯和邻二甲苯，准确称出各组分的质量，并记录。摇匀备用。

（3）苯系物的定性和定量分析

待仪器基线稳定后，用苯系物各组分标样进样，测量各组分的保留时间，并记录。

在相同的色谱操作条件下，用苯系物混合标样和试样重复进样，测量各组分色谱峰的保留时间和峰面积，并记录。平行测定三次。

（4）实训结束工作

按照 TCD 的说明书（参照 7.4.7 节）进行 TCD 的关机操作，最后关闭载气。清洗进样器，晾干后妥善保存。整理工作台，罩上仪器防尘罩，填写仪器使用记录。进行安全检查。

（五）注意事项

1. 必须严格遵守高压气瓶、气相色谱仪、TCD、色谱工作站和微量注射器的使用规程，确保安全、正确、规范地进行操作、维护与日常保养。

2. 微量注射器使用前，应先用无水乙醇（或丙酮）抽洗 10 次以上，再用待测样品抽洗 10 次以上。

3. 在进行色谱定性时，应保证进样操作与色谱工作站采样操作的时间一致。

4. 如果色谱峰信号太大，可酌情减少进样量，或者调整衰减倍数。

5. 如果用 N_2 作载气，桥电流一般选用 100mA。

6. 保证用气、用电安全，防止高温烫伤，统筹安排实训过程，合理处理实验废液、废渣。

（六）数据记录、处理与结论

1. 列表记录仪器条件、色谱操作条件和测量的实验数据。

2. 以苯系物各组分标样的保留时间分别确定苯系物混合标样与试样中各色谱峰所代表的组分。

3. 以苯系物混合标样中各组分的质量及其峰面积平均值，利用式（7-50）分别计算甲苯、乙苯、对二甲苯、间二甲苯和邻二甲苯以苯为基准组分的相对校正因子。

4. 以试样中各组分的峰面积和以上测得的相对校正因子，利用式（7-53）分别计算试样中苯、甲苯、乙苯、对二甲苯、间二甲苯和邻二甲苯的质量分数，并计算其平均值和相对平均偏差。

5. 得出结论，并分析测定误差的来源和减免方法。

（七）思考题

1. 保留值有哪些表示方法？利用保留值定性有何局限性？怎样解决？
2. 实验条件不稳定对定性分析结果会产生哪些影响？
3. 在什么情况下可以采用峰高归一化法定量？如何进行定量分析？
4. 归一化法定量有何特点？它对进样量的准确性有无严格要求？

技能训练 7-5　甲苯试剂纯度的测定——内标法

（一）实训目的与要求

（1）了解甲苯试剂纯度的气相色谱分析法，并掌握利用已知物保留值的对照定性、相对校正因子的测定和内标法定量的方法和特点。

（2）巩固气相色谱仪、FID、色谱工作站和用微量注射器进样的基本操作。

（二）基本原理

目前一般使用气相色谱法来分析甲苯试剂的纯度。DNP 是中等极性的固定液，在一定的色谱操作条件下能使一些简单的苯系物完全分离。由于甲苯试剂中常含有乙苯（主要杂质）、硫化合物、噻吩、水分等多种杂质，其中部分杂质在 FID 上无响应。所以，甲苯试剂纯度的气相色谱分析可利用已知物的保留值进行对照定性，通过相对校正因子的测定，以内标法定量。

（三）仪器与试剂

1. 仪器

GC9790Ⅱ型气相色谱仪（或其他型号气相色谱仪）；FID；色谱工作站（或色谱数据处理机）；N_2、H_2 和空气钢瓶（空气钢瓶也可用空气压缩机）；填充色谱柱（DNP 柱，100～120 目，2m×3mm）；硅橡胶垫；微量注射器（1μL 2 支）；样品瓶等。

2. 试剂

苯、甲苯、己烷（色谱纯级），无水乙醇（分析纯级）。

3. 试样

甲苯试剂（化学纯级或自制）。

（四）实训步骤

（1）色谱仪的开机和调试

按照仪器及 FID 的说明书（参照 7.4.7 节），进行气相色谱仪的开气、开机、升温和点火，并将 FID 和色谱工作站调试至正常工作状态。参考如下色谱操作条件：柱温 90℃，检测器温度 145℃，汽化室温度 145℃，载气流速（N_2）35mL/min，H_2 流速 30mL/min，空气流速 300mL/min，极性和灵敏度适当，进样量 1μL。

（2）定性各组分标样、甲苯测试标样和甲苯测试试样的配制

① 定性各组分标样的配制　将苯和甲苯分别用己烷稀释至适当浓度，分别置于干燥洁净的样品瓶中。

② 甲苯测试标样的配制　取一个干燥洁净的样品瓶，加入 3mL 己烷，再分别依次加入 100μL 的甲苯和苯（内标物），准确称出甲苯和苯的质量，并记录。摇匀备用。

③ 甲苯测试试样的配制　另取一干燥洁净的样品瓶，加入 3mL 已烷，再分别依次加入 100μL 的甲苯试剂和苯（内标物），准确称出甲苯试剂和苯的质量，并记录。摇匀备用。

（3）甲苯试剂的定性和定量分析

在仪器基线稳定后，用定性各组分标样进样，测量苯和甲苯的保留时间，并记录。

在相同的色谱操作条件下，用甲苯测试标样和甲苯测试试样重复进样，测量各组分色谱峰的保留时间和峰面积，并记录。平行测定三次。

（4）实训结束工作

按照 FID 的说明书（参照 7.4.7 节）进行 FID 的熄火关机操作，最后关闭载气。清洗进样器，晾干后妥善保存。整理工作台，罩上仪器防尘罩，填写仪器使用记录。进行安全检查。

（五）注意事项

1. 必须严格遵守高压气瓶、气相色谱仪、FID、色谱工作站和微量注射器的使用规程，确保安全、正确、规范地进行操作、维护与日常保养。

2. 通入氢气使管道中的残余气体排出后，应及时点火，并保证氢火焰是点燃的。FID 点火时，可将氢气开大些，点火后再慢慢将氢气流量调小（如调到 20～30mL/min）。

3. 使用 H_2 时应特别小心，应保证气相色谱实验室的通风良好，切忌将大量 H_2 排入室内。

4. FID 的灵敏度应适当，以保持稳定的基线。

5. 保证用气、用电安全，防止高温烫伤，统筹安排实训过程，合理处理实验废液、废渣。

（六）数据记录、处理与结论

1. 列表记录仪器条件、色谱操作条件和测量的实验数据。

2. 以定性各组分标样中甲苯和苯的保留时间分别确定甲苯测试标样与甲苯测试试样中各色谱峰所代表的组分。

3. 以甲苯测试标样中甲苯和苯的质量及其峰面积平均值，利用式(7-50) 计算甲苯以苯为基准组分的相对校正因子。

4. 以甲苯测试试样中甲苯试剂和苯的质量、甲苯和苯的峰面积和以上测得的相对校正因子，利用式(7-60) 计算甲苯试剂中甲苯的质量分数，并计算其平均值和相对平均偏差。

5. 得出结论，并分析测定误差的来源和减免方法。

（七）思考题

1. 本实验中选取苯作为内标物合适吗？为什么？

2. 本实验可以采用峰高法定量吗？为什么？

3. 试比较内标法和归一化法定量的优缺点。

4. 在内标法中，当内标物与试样的质量之比一定时，内标法的计算和操作能否简化？

技能训练 7-6　白酒中甲醇含量的测定——外标法

（一）实训目的

1. 了解气相色谱法在产品质量控制中的应用，掌握利用已知物保留值的对照定性和外标法定量的方法和特点。

2. 熟练掌握气相色谱仪、FID、色谱工作站和用微量注射器进样的基本操作。

（二）基本原理

在白酒的酿造过程中容易产生甲醇。根据国标 GB 10343—89，食用酒精中甲醇的含量应低于 0.1g/L（优级）或 0.6g/L（普通级）。目前一般使用气相色谱法来检测白酒中甲醇的含量，以 GDX-102 为固定相，利用已知物的保留值进行对照定性，通过比较白酒试样和标准样中甲醇的峰高，以外标法定量。

（三）仪器与试剂

1. 仪器

GC9790Ⅱ型气相色谱仪（或其他型号气相色谱仪）；FID；色谱工作站（或色谱数据处理机）；N_2、H_2 和空气钢瓶（空气钢瓶也可用空气压缩机）；填充色谱柱（GDX-102，80～100 目，2m×3mm）；硅橡胶垫；微量注射器（1μL 2 支）；样品瓶等。

2. 试剂

甲醇（色谱纯级），60% 乙醇水溶液（取 0.5μL 进样，无甲醇峰即可），无水乙醇（分析纯级）。

3. 试样

市售白酒。

（四）实训步骤

（1）色谱仪的开机和调试

按照仪器及 FID 的说明书（参照 7.4.7 节），进行气相色谱仪的开气、开机、升温和点火，并将 FID 和色谱工作站调试至正常工作状态。参考如下色谱操作条件：柱温 100℃，检测器温度 150℃，汽化室温度 160℃，载气流速（N_2）35mL/min，H_2 流速 35mL/min，空气流速 400mL/min，极性和灵敏度适当，进样量 0.5μL。

（2）甲醇标准溶液的配制

取两个干燥洁净的样品瓶，以 60% 乙醇水溶液为溶剂，分别配制浓度为 0.1g/L 和 0.6g/L 的甲醇标准溶液，并记录。摇匀备用。

（3）白酒中甲醇的定性和定量分析

在仪器基线稳定后，用甲醇标准溶液重复进样，测量各标液中甲醇色谱峰的保留时间和峰高，并记录。平行测定三次。

在相同的色谱操作条件下，用白酒试样重复进样，根据甲醇的保留时间确定白酒试样中的甲醇色谱峰，测量其峰高，并记录。平行测定三次。

（4）实训结束工作

按照 FID 的说明书（参照 7.4.7 节）进行 FID 的熄火关机操作，最后关闭载气。清洗进样器，晾干后妥善保存。整理工作台，罩上仪器防尘罩，填写仪器使用记录。进行安全检查。

（五）注意事项

1. 必须严格遵守高压气瓶、气相色谱仪、FID、色谱工作站和微量注射器的使用规程，确保安全、正确、规范地进行操作、维护与日常保养。

2. 进样量要准确一致，进样速度迅速且统一，否则重现性较差。

3. 在取样和整个分析过程中应保证样品瓶的密封性，防止样品挥发。

4. 保证用气、用电安全，防止高温烫伤，统筹安排实训过程，合理处理实验废液、废渣。

（六）数据记录、处理与结论

1. 列表记录仪器条件、色谱操作条件和测量的实验数据。

2. 以甲醇标准溶液中甲醇的保留时间确定白酒试样中的甲醇色谱峰。

3. 以甲醇标准溶液中甲醇的峰高，利用下式计算白酒试样中甲醇的含量，并计算其平均值和相对平均偏差。比较 h_i 和 h_s 的大小即可判断白酒中的甲醇是否超标。

$$\rho_i = \rho_s \frac{h_i}{h_s}$$

式中，ρ_i、ρ_s 分别是白酒试样和甲醇标准溶液中甲醇的质量浓度，g/L；h_i、h_s 分别是白酒试样和甲醇标准溶液中甲醇的峰高，mm。

4. 得出结论，并分析测定误差的来源和减免方法。

（七）思考题

1. 为什么用60％乙醇水溶液为溶剂来配制甲醇标准溶液？配制甲醇标准溶液时还需注意什么？

2. 外标法定量操作的关键是什么？试比较外标法和内标法定量的优缺点。

技能训练7-7　丙酮试剂中微量水分的测定——标准加入法

（一）实训目的与要求

1. 了解丙酮试剂中水分的气相色谱分析法，并掌握利用已知物保留值的对照定性和标准加入法定量的方法和特点。

2. 熟练掌握气相色谱仪、TCD、色谱工作站和用微量注射器进样的基本操作。

（二）基本原理

在气相色谱法中，利用GDX固定相的弱极性和强憎水性可分析各类有机溶剂中的微量水分。分析时，水的保留值小，水峰在有机溶剂主峰之前流出，且水峰对称，主峰对水峰的测定无干扰。

丙酮试剂中微量水分的气相色谱分析可利用已知物的保留值进行对照定性，以标准加入法定量，如图7-40所示。

（三）仪器与试剂

1. 仪器

GC9790Ⅱ型气相色谱仪（或其他型号气相色谱仪）；TCD；色谱工作站（或色谱数据处理机）；H_2（或 N_2）高压钢瓶；填充色谱柱（GDX-101，100～120目，2m×3mm）；硅橡胶垫；微量注射器（10μL 2支）；样品瓶等。

2. 试剂

蒸馏水，无水乙醇（分析纯级）。

3. 试样

丙酮试剂（分析纯级或自制）。

（四）实训步骤

(1) 色谱仪的开机和调试

按照仪器及TCD的说明书（参照7.4.7节），进行气相色谱仪的开气、开机和升温，并将TCD和色谱工作站调试至正常工作状态。参考如下色谱操作条件：柱温170℃，TCD温度190℃，汽化室温度220℃，载气流速（H_2）30mL/min，桥电流120mA，极性和衰减倍数适当，进样量2μL。

(2) 外加水丙酮标样的配制

取一个干燥洁净的样品瓶，加入3mL丙酮试剂，准确称出其质量 $m_{样}$（g），再加入20μL蒸馏水，准确称出其质量 m_s（g），并记录。摇匀备用。

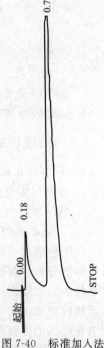

图7-40　标准加入法测定丙酮试剂中的微量水分
0.18min—水；
0.78min—丙酮

(3) 丙酮试剂中微量水分的定性和定量分析

在仪器基线稳定后,用蒸馏水进样分析,测量水峰的保留时间,并记录。

在相同的色谱操作条件下,用丙酮试剂和外加水丙酮标样重复进样,根据水的保留时间确定丙酮试剂和外加水丙酮标样中的水色谱峰,测量其峰高(h_i 和 h_i'),并记录。平行测定三次。

(4) 实训结束工作

按照 TCD 的说明书(参照 7.4.7 节)进行 TCD 的关机操作,最后关闭载气。清洗进样器,晾干后妥善保存。整理工作台,罩上仪器防尘罩,填写仪器使用记录。进行安全检查。

(五) 注意事项

1. 必须严格遵守高压气瓶、气相色谱仪、TCD、色谱工作站和微量注射器的使用规程,确保安全、正确、规范地进行操作、维护与日常保养。

2. 外加水丙酮标样应在使用时现配。样品瓶应保持干燥洁净,置干燥器中备用。

3. 平行测定时进样量要准确一致,进样速度迅速且统一,否则重现性较差。平行测定的相对平均偏差应小于 5%,否则应重新测定。

4. 保证用气、用电安全,防止高温烫伤,统筹安排实训过程,合理处理实验废液、废渣。

(六) 数据记录、处理与结论

1. 列表记录仪器条件、色谱操作条件和测量的实验数据。

2. 以水的保留时间确定丙酮试剂和外加水丙酮标样中的水色谱峰。

3. 用下式计算丙酮试剂中水分的质量分数 w_{H_2O}(%),并计算其平均值和相对平均偏差。

$$w_{H_2O} = \frac{m_s}{m_{样}} \times \frac{h_i}{h_i' - h_i} \times 100\%$$

4. 得出结论,并分析测定误差的来源和减免方法。

(七) 思考题

1. 能用标准加入法分析的样品可用内标法进行分析吗?为什么?

2. 试比较标准加入法和内标法定量的优缺点。

技能训练 7-8 气固色谱法分析 O_2、N_2、CO 及 CH_4 混合气体

(一) 实训目的

1. 理解气固色谱法分析气体的原理、方法和特点。

2. 熟练掌握气相色谱仪、TCD、色谱工作站和用微量注射器及六通阀进样的基本操作。

(二) 基本原理

气固色谱法以固体吸附剂为固定相,常用于永久性气体、烃类气体、惰性气体和低沸点有机物的分析。在这种吸附色谱中,常用吸附等温线来描述气体样品在吸附剂上的浓度与其在载气中的浓度之比。也就是说,固体吸附剂上气体样品的浓度随气相中气体样品浓度的增加而线性增加,使吸附等温线是一条直线,所得的色谱峰是对称峰。然而,在实际分析中,只有在样品浓度极低时,吸附等温线才是直线。在多数情况下,吸附等温线处于非线性状态,与其相对应的色谱峰是拖尾峰或伸舌峰。因此,样品进样量直接影响色谱峰的形状和保留时间的重现性,例如,进样量过大时,峰形拖尾,保留时间位移,各组分之间的分离变差。所以,样品的进样量应尽量减少,使吸附等温线近似于直线。

O_2、N_2、CO 及 CH_4 混合气体的气相色谱分析可利用已知物的保留值进行对照定性,

以归一化法定量。

（三）仪器与试剂

1. 仪器

GC9790Ⅱ型气相色谱仪（或其他型号气相色谱仪）；TCD；色谱工作站（或色谱数据处理机）；H_2高压钢瓶；填充色谱柱（5A分子筛，60~80目，2m×3mm）或多孔层毛细管柱（PLOT，内壁均匀涂敷氧化铝吸附剂，30m×0.32mm）；硅橡胶垫；微量注射器（1mL 2支）；六通阀进样器等。

2. 试剂

O_2、N_2、CO 和 CH_4 标准气样品。

3. 试样

O_2、N_2、CO 和 CH_4 的混合气样品。

（四）实训步骤

（1）色谱仪的开机和调试

按照仪器及TCD的说明书（参照7.4.7节），进行气相色谱仪的开气、开机和升温，并将TCD和色谱工作站调试至正常工作状态。参考如下色谱操作条件：柱温60℃，TCD温度80℃，汽化室温度80℃，载气流速（H_2）40mL/min，桥电流120mA，极性和衰减倍数适当，进样量适当。

（2）进样量对组分保留时间和半峰宽的影响

在仪器基线稳定后，用微量注射器分别注入0.3mL、0.4mL、0.5mL、0.6mL、0.7mL、0.8mL、0.9mL、1.0mL N_2（必要时采用六通阀进样），记录在各种进样量下N_2色谱峰的保留时间和半峰宽。

（3）混合气样品的定性和定量分析

在仪器基线稳定后，分别注入0.3mL O_2、N_2、CO、CH_4标准气样品和1.0mL混合气样品，记录各组分的保留时间和峰面积。平行测定三次。

（4）实训结束工作

按照TCD的说明书（参照7.4.7节）进行TCD的关机操作，最后关闭载气。清洗进样器，晾干后妥善保存。整理工作台，罩上仪器防尘罩，填写仪器使用记录。进行安全检查。

（五）注意事项

1. 必须严格遵守高压气瓶、气相色谱仪、TCD、色谱工作站和微量注射器的使用规程，确保安全、正确、规范地进行操作、维护与日常保养。

2. 先通载气，在确保载气通过TCD后，方可通入桥电流。

3. 在用注射器进样时，因进样器内有一定的压差，应注意注射器的安全使用。

4. 保证用气、用电安全，防止高温烫伤，统筹安排实训过程，合理处理实验废液、废渣。

（六）数据记录、处理与结论

1. 列表记录仪器条件、色谱操作条件和测量的实验数据。

2. 考察并讨论进样量对组分保留时间和半峰宽的影响。

3. 以标准气样品中各组分的保留时间分别确定混合气样品中各色谱峰所代表的组分。

4. 利用峰面积归一化法分别计算混合气样品中O_2、N_2、CO 和 CH_4 的百分含量，并计算其平均值和相对平均偏差。

5. 利用峰面积归一化法（不经校正）分别计算混合气样品中O_2、N_2、CO 和 CH_4 的百分含量，并计算其平均值和相对平均偏差。与（4）的计算结果进行比较和讨论。

6. 得出结论，并分析测定误差的来源和减免方法。

（七）思考题

1. 在分析永久性气体时为什么常采用 TCD？TCD 的检测灵敏度与其桥电流有什么关系？

2. 在色谱分析中，经常会出现色谱峰不对称的现象，除了进样量的影响以外，还有什么影响因素？

技能训练 7-9　程序升温毛细管色谱法分析白酒中微量成分的含量

（一）实训目的与要求

1. 了解毛细管色谱法在复杂样品分析中的操作方法和应用。

2. 学会程序升温的基本操作方法，熟练掌握气相色谱仪、FID、色谱工作站和用微量注射器进样的基本操作。

（二）基本原理

白酒中微量的芳香成分十分复杂，可分为醇、醛、酮、酯、酸等多类物质，共百余种。它们的极性和沸点变化范围很大，用传统的填充柱色谱法不可能一次同时完成分析。而用毛细管色谱法结合程序升温操作，利用 PEG-20M（或冠醚＋FFAP）交联石英毛细管柱，以已知物的保留值进行对照定性，以乙酸正丁酯为内标物，内标法定量，即可直接进样分析白酒中的醇、酯、醛、有机酸等几十种物质。图 7-41 为程序升温毛细管色谱法分析白酒中微量成分的色谱图。

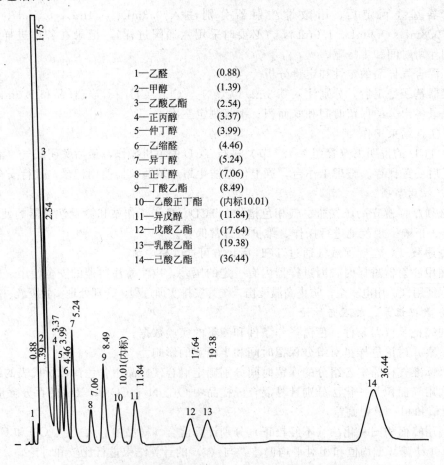

图 7-41　程序升温毛细管色谱法分析白酒中微量成分的色谱图

（三）仪器与试剂

1. 仪器

GC9790Ⅱ型气相色谱仪（或其他型号气相色谱仪）；FID；色谱工作站（或色谱数据处理机）；N_2、H_2和空气钢瓶（空气钢瓶也可用空气压缩机）；交联石英毛细管柱（PEG-20M或冠醚+FFAP，30m×0.25mm）；硅橡胶垫；微量注射器（1μL 2支）；样品瓶；容量瓶等。

2. 试剂

乙醛、甲醇、乙酸乙酯、正丙醇、仲丁醇、乙缩醛、异丁醇、正丁醇、丁酸乙酯、乙酸正丁酯（内标）、异戊醇、戊酸乙酯、乳酸乙酯、己酸乙酯（均为色谱纯级）；60%乙醇水溶液（取0.5μL进样，无甲醇峰即可）；无水乙醇（分析纯级）。

3. 试样

市售白酒。

（四）实训步骤

（1）色谱仪的开机和调试

按照仪器及FID的说明书（参照7.4.7节），进行气相色谱仪的开气、开机、升温和点火，并将FID和色谱工作站调试至正常工作状态。参考如下色谱操作条件：柱温升温程序（初始温度50℃，恒温6min，然后以4℃/min的速率升温至220℃，恒温5min）；检测器温度250℃，汽化室温度250℃，载气流速（N_2）100mL/min，分流比为1:100，H_2流速30mL/min，空气流速300mL/min，极性和灵敏度适当，进样量0.2μL。

（2）标样和试样的配制

① 标样（2%）的配制 分别吸取乙醛、甲醇、乙酸乙酯、正丙醇、仲丁醇、乙缩醛、异丁醇、正丁醇、丁酸乙酯、异戊醇、戊酸乙酯、乳酸乙酯和己酸乙酯2.00mL，用60%乙醇水溶液分别定容至100mL。

② 内标溶液（2%）的配制 吸取乙酸正丁酯2mL，用60%乙醇水溶液定容至100mL。

③ 混合标样（含内标）的配制 分别吸取①各组分标样0.80mL与②内标溶液0.40mL，混合后用60%乙醇水溶液配成25mL混合标样，备用。

④ 白酒试样的配制 吸取白酒试样10.00mL，加入②内标溶液0.40mL，混匀，备用。

（3）白酒试样的定性和定量分析

在仪器基线稳定后，分别用乙醛、甲醇、乙酸乙酯、正丙醇、仲丁醇、乙缩醛、异丁醇、正丁醇、丁酸乙酯、异戊醇、戊酸乙酯、乳酸乙酯和己酸乙酯标样进样，测量各组分的保留时间，并记录。

在相同的色谱操作条件下，用混合标样和白酒试样重复进样，测量各组分色谱峰的保留时间和峰面积（或峰高），并记录。平行测定三次。

（4）实训结束工作

实验完成后，在220℃柱温下老化2h。再按照FID的说明书（参照7.4.7节）进行FID的熄火关机操作，最后关闭载气。清洗进样器，晾干后妥善保存。整理工作台，罩上仪器防尘罩，填写仪器使用记录。进行安全检查。

（五）注意事项

1. 必须严格遵守高压气瓶、气相色谱仪、FID、色谱工作站和微量注射器的使用规程，确保安全、正确、规范地进行操作、维护与日常保养。

2. 毛细管柱易碎，必须按仪器说明书进行安装，而且要特别小心。

3. 不同型号色谱柱的色谱操作条件不同，应视具体情况进行调整。

4. 在一个升温程序执行完成后,应等待色谱仪回到初始状态并稳定后,才能进行下一次进样分析。

5. 进样量不宜太大。

6. 保证用气、用电安全,防止高温烫伤,统筹安排实训过程,合理处理实验废液、废渣。

(六) 数据记录、处理与结论

1. 列表记录仪器条件、色谱操作条件和测量的实验数据。

2. 以标样、混合标样和白酒试样中各组分的保留时间,利用式(7-9)计算各组分对标准物(异戊醇)的相对保留值,分别确定混合标样和白酒试样中各色谱峰所代表的组分。还可以在白酒试样中加入纯组分,以峰高增加法进一步证实。

3. 以混合标样中各组分和乙酸正丁酯的体积(或质量)及其峰面积(或峰高)平均值,利用式(7-50)分别计算各组分以乙酸正丁酯为基准组分的相对校正因子。

4. 以白酒试样的体积、加入乙酸正丁酯(内标物)的体积(或质量)、白酒试样中各组分的峰面积(或峰高)和以上测得的相对校正因子,利用式(7-60)分别计算白酒试样中各组分的体积分数(或质量浓度),并计算其平均值和相对平均偏差。按国标 GB/T 10345—2007 对白酒试样的品质进行综合评价。

5. 得出结论,并分析测定误差的来源和减免方法。

(七) 思考题

1. 比较毛细管色谱法和填充柱色谱法的特点和应用范围。
2. 程序升温气相色谱法与恒温色谱法相比,有哪些优点和缺点?
3. 在白酒分析时为什么用 FID,而不用 TCD? 为什么需采用内标法定量?
4. 程序升温的起始温度、升温速率和终止温度的设置依据是什么?
5. 在 PTGC 中可采用峰高法定量,为什么?

技能训练 7-10 玫瑰花中玫瑰精油的提取及分析(课外开放性实验)

(一) 实训目的与要求

(1) 了解玫瑰花中玫瑰精油的水蒸气蒸馏提取实验方法和气相色谱分析法。
(2) 熟练掌握气相色谱仪、FID、色谱工作站和用微量注射器进样的基本操作。
(3) 提高综合素质,培养较强的学习能力,能灵活应用所学知识与技能解决实际问题,学会撰写专业小论文。

(二) 基本原理

本实验采用水蒸气蒸馏法提取玫瑰花中的玫瑰精油,得油率为 0.032%,符合文献上玫瑰精油出油率在 0.02%~0.05%的要求。

一般采用气相色谱法来分离分析玫瑰精油,使用 PEG-20M 填充色谱柱,在柱温 120℃时,能达到满意的基线分离。用 FID 检测玫瑰精油的主要成分,玫瑰精油溶于水,而水不出峰。以峰面积归一化法对本实验提取的玫瑰精油和外购的玫瑰纯露进行定量分析和比较,确定牌号为"云中丝语"的玫瑰纯露中玫瑰香精油的含量(已知为 50%~60%)。

(三) 仪器与试剂

1. 仪器

调温电炉;水蒸气蒸馏装置一套(1000mL 圆底烧瓶 2 个,配套冷凝管,牛角管,250mL 锥形瓶,导管等);分液漏斗;R201D-11 型旋转蒸发仪。

GC9790Ⅱ型气相色谱仪(或其他型号气相色谱仪);FID;色谱工作站(或色谱数据处

理机）；N_2、H_2 和空气钢瓶（空气钢瓶也可用空气压缩机）；填充柱（PEG-20M 或 SE-30，80~100 目，2m×3mm）；硅橡胶垫；微量注射器（10μL 2 支）；样品瓶等。

2. 试剂

乙醚、NaCl、无水乙醇（分析纯级）；二次蒸馏水。

3. 试样

柏妮兰"云中丝语"天然玫瑰纯露一瓶。

（四）实训步骤

（1）样品的处理

采集新鲜的玫瑰花瓣，在阴凉通风的地方自然晾干。一般鲜花与干花的质量比为 4:1。收集晾干后的玫瑰花瓣，并剪成<1cm² 的碎片待用。

（2）玫瑰精油的提取

① 蒸馏 分别采用水蒸气蒸馏法和直接加热蒸馏法进行蒸馏，蒸馏时间都大于 6h。

a. 水蒸气蒸馏法 取干的玫瑰花瓣 70g（鲜重为 284g），置于 1000mL 的圆底烧瓶中，用水蒸气蒸馏装置进行蒸馏，如图 7-42 所示。

b. 直接加热蒸馏法 取干的玫瑰花瓣 70g（鲜重为 284g），置于 1000mL 的圆底烧瓶中，加入 280mL 盐水（质量分数为 2.5%），用简易蒸馏装置进行蒸馏，如图 7-43 所示。

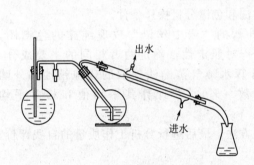

图 7-42 水蒸气蒸馏装置图

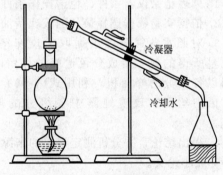

图 7-43 简易蒸馏装置图

② 萃取 用乙醚萃取馏出液，采用多次萃取的方法，取上层乙醚层，收集于干燥洁净的 100mL 圆底烧瓶中，用旋转蒸发仪蒸去乙醚，剩余物就是玫瑰精油，称重。水蒸气蒸馏法得精油 0.091g，直接加热蒸馏法得精油 0.080g。

③ 得油率计算 根据以下公式计算得油率：

$$得油率(\%) = \frac{精油体积(mL) \times 密度(g/mL)}{鲜花质量(g)} \times 100$$

水蒸气蒸馏法的得油率为 0.032%（见下表），直接加热蒸馏法的得油率为 0.028%。

蒸馏方法	鲜花质量/g	所得精油质量/g	得油率
水蒸气蒸馏法	250	0.08~0.09	0.03%左右

（3）色谱仪的开机、调试和色谱操作条件的选择

按照仪器及 FID 的说明书（参照 7.4.7 节），进行气相色谱仪的开气、开机、升温和点火，并将 FID 和色谱工作站调试至正常工作状态。用 PEG-20M 填充柱，参考如下条件对蒸馏所得的玫瑰精油进行色谱操作条件的选择：柱温 120℃，检测器温度 220℃，汽化室温度 220℃，载气流速（N_2）30mL/min，H_2 流速 30mL/min，空气流速 300mL/min，极性和灵敏度适当，进样量 2μL。尤其是柱温的选择和优化。

(4) 水蒸气蒸馏法提取的玫瑰精油和外购的"云中丝语"玫瑰纯露的色谱分析和比较

在仪器基线稳定后,分别用水蒸气蒸馏法提取的玫瑰精油和外购的"云中丝语"玫瑰纯露重复进样 $2\mu L$,对照所得的色谱图,测量各主要成分色谱峰的保留时间和峰面积,并记录。平行测定三次。

(5) 实训结束工作

按照 FID 的说明书(参照 7.4.7 节)进行 FID 的熄火关机操作,最后关闭载气。清洗进样器,晾干后妥善保存。整理工作台,罩上仪器防尘罩,填写仪器使用记录。进行安全检查。

(五) 注意事项

1. 必须严格遵守高压气瓶、气相色谱仪、FID、色谱工作站和微量注射器的使用规程,确保安全、正确、规范地进行操作、维护与日常保养。

2. 不同型号色谱柱的色谱操作条件不同,应视具体情况进行调整。

3. 保证用气、用电安全,防止高温烫伤,统筹安排实训过程,合理处理实验废液、废渣。

(六) 数据记录、处理与结论

1. 列表记录仪器条件、色谱操作条件和测量的实验数据。

2. 依据实验数据选择最佳的玫瑰精油提取方法和色谱分析操作条件。

3. 对照水蒸气蒸馏法提取的玫瑰精油和外购的"云中丝语"玫瑰纯露的色谱图,以测量所得的各主要成分色谱峰的保留时间进行对照定性,确定两者相同的主要成分。同时以各组分的峰面积,利用式(7-55)分别计算水蒸气蒸馏法提取的玫瑰精油和外购的"云中丝语"玫瑰纯露中各组分的质量分数(%),并计算其平均值和相对平均偏差。

4. 得出结论,并分析测定误差的来源和减免方法,最后进行分析工作质量的自我评价,撰写专业小论文。

(七) 结果与讨论示例

(1) 水蒸气蒸馏法提取的玫瑰精油与"云中丝语"玫瑰纯露的色谱图(PEG-20M 色谱柱,柱温 120℃)如图 7-44 和图 7-45 所示,供参考。

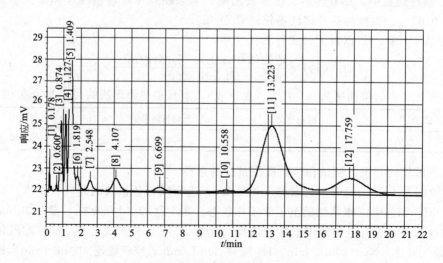

图 7-44 玫瑰精油色谱图

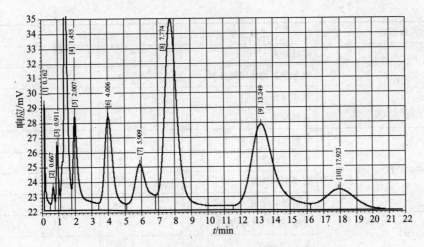

图 7-45 "云中丝语" 玫瑰纯露色谱图

(2) "云中丝语" 玫瑰纯露各成分的色谱分析数据(见下表)

保留时间/min	0.162	0.667	0.911	1.455	2.007	4.006	5.909	7.774	13.249	17.923
质量分数/%	1.20	0.69	1.76	11.83	6.41	9.34	6.90	29.85	24.40	7.61

(3) 结果与讨论

① 在玫瑰精油的提取实验中,水蒸气蒸馏法比直接加热蒸馏法的得油率高,设备简单,成本低,适合工业上的大规模生产。

② 用 PEG-20M 填充柱色谱分析玫瑰精油的关键是柱温的选择。在条件实验中,当柱温为 100℃时,易挥发组分的分离较好,但高沸点组分的出峰晚,峰宽太大,而且有明显的拖尾现象,不利于色谱定量分析。而当柱温达到 140℃时,虽然组分的出峰时间快,但易挥发组分明显分不开,高沸点组分还有重叠现象。所以,当柱温为 120℃时,玫瑰精油的主要成分能达到最好分离。

③ 对照水蒸气蒸馏法提取的玫瑰精油与商品"云中丝语"玫瑰纯露的色谱图可知,玫瑰精油是"云中丝语"玫瑰纯露的主要成分,占总成分的 50%~60%。

气相色谱法技能考核标准示例

甲苯试剂纯度测定(内标法,FID)的考核标准及评分表

操作人:_____ 班级:_____ 学号:_____

考核项目	考核标准	记录	分值	扣分	备注
开机、调试(24 分)	气路管道的连接与安装		2		
	色谱柱的选择与安装		2		
	气路系统的检漏		2		
	开机与关机步骤		4		一处错误扣 1 分
	钢瓶的使用		1		
	减压阀的使用		1		
	净化器的使用		1		
	载气流量的调节		1		
	柱温的设置		1		
	汽化室温度的设置		1		
	检测器温度的设置		1		
	空气流量的调节		1		
	氢气流量的调节		2		
	点火操作		2		
	检测器参数的设置		2		

续表

考核项目	考核标准	记录	分值	扣分	备注
测量操作(8分)	样品处理		2		
	微量注射器使用前处理		2		
	抽样操作		2		
	进样操作		2		
色谱工作站的使用(8分)	分析方法的设置		3		
	色谱图的绘制		1		
	色谱图的处理		2		
	色谱图的应用		2		
原始记录(6分)	完整、及时、清晰、规范		4		
	真实、无涂改		2		
数据处理与有效数字运算(6分)	计算公式正确		2		
	计算结果正确		2		
	有效数字正确		2		
平行测定偏差(18分)	<0.5%		18		
	0.5%～1%		14		
	1%～2%		10		
	2%～5%		5		
	≥5%		0		
结果准确度(18分)	<0.5%		18		
	0.5%～1%		14		
	1%～2%		10		
	2%～3%		5		
	≥3%		0		
报告与结论(4分)	合理、完整、明确、规范		4		无结论扣10分
实验态度(4分)	认真、严谨		4		根据实际情况酌情扣分
完成时间(4分)	开始时间		4		每超5min扣1分,超20min此项以0分计
	结束时间				
	实用时间				
总分					

考评员：_____ 日期：_____

思考题与习题

1. 名词解释题

色谱法，气相色谱法，固定相，流动相，色谱图，基线，色谱峰，峰高，峰面积，峰底宽，半峰宽，保留时间，调整保留时间，死时间，保留体积，调整保留体积，死体积，相对保留值，保留指数，选择性因子，分配系数，分配比，相比，检测器的灵敏度、检测限、噪声、漂移、线性范围和响应时间，理论塔板数，理论塔板高度，有效理论塔板数，涡流扩散，分子扩散，传质阻力，分离度，载体，固定液，绝对校正因子，相对校正因子，相对响应值。

2. 选择题

(1) 在色谱图中，与组分含量成正比的是（　　）。
A. 保留时间　　　　　B. 相对保留值　　　　C. 峰高　　　　　　D. 峰面积

(2) 在气液色谱法中，首先流出色谱柱的组分是（　　）。
A. 吸附能力大的　　　B. 吸附能力小的　　　C. 挥发性大的　　　D. 溶解能力小的

(3) 既可用于调节载气流量，也可用于控制燃气和空气的流量的是（　　）。
A. 减压阀　　　　　　B. 稳压阀　　　　　　C. 针形阀　　　　　D. 稳流阀

(4) 在毛细管色谱中，应用范围最广的色谱柱是（　　）。
A. 玻璃柱　　　　　　B. 石英玻璃柱　　　　C. 不锈钢柱　　　　D. 聚四氟乙烯管柱

(5) 应对色谱柱进行老化的情况有（　　）。
A. 每次安装了新的色谱柱后　　　　　　　B. 色谱柱使用一段时间后
C. 分析完一个样品后，准备分析其他样品之前　D. 更换了载气或燃气

(6) 下列气相色谱检测器中，属于浓度型检测器的有（　　）。
A. TCD　　　　　　　B. FID　　　　　　　C. ECD　　　　　　D. FPD

(7) 使用热导池检测器时，为得到较高的检测灵敏度，应选用的载气是（　　）。
A. N_2　　　　　　　B. H_2　　　　　　　C. Ar　　　　　　　D. N_2-H_2 混合气

(8) 气液色谱法中，氢火焰离子化检测器优于热导池检测器的原因有（　　）。
A. 装置简单　　　　　B. 更灵敏　　　　　　C. 可以检出更多的有机化合物
D. 较短的柱能够完成同样的分离　　　　　E. 操作方便

(9) 气相色谱法测定以下各种样品时，宜选用何种检测器？
农作物中含氯农药的残留量（　　）；有机溶剂中的微量水分（　　）；啤酒中微量硫化物（　　）；苯和二甲苯的异构体（　　）。
A. TCD　　　　　　　B. FID　　　　　　　C. ECD　　　　　　D. FPD

(10) 范第姆特方程式主要说明（　　）。
A. 板高的概念　　　　B. 色谱峰的扩张　　　C. 柱效降低的影响因素
D. 组分在两相间的分配情况　　　　　　　E. 色谱分离操作条件的选择

(11) 适合于强极性物质和腐蚀性气体分析的载体是（　　）。
A. 红色硅藻土载体　　B. 白色硅藻土载体　　C. 玻璃微球　　　　D. 氟载体

(12) 气相色谱法的定性参数有（　　），定量参数有（　　）。
A. 保留值　　　　　　B. 相对保留值　　　　C. 保留指数　　　　D. 峰高或峰面积

(13) 如果样品比较复杂，相邻两峰间的距离太近或操作条件不易控制稳定，要准确测量保留值有一定困难时，可采用（　　）进行定性分析。
A. 相对保留值　　　　B. 峰高增加法　　　　C. 文献值　　　　　D. 利用选择性检测器

3. 填空题

(1) 色谱峰的位置（即保留值）可用于_____，峰高或峰面积可用于_____。

(2) 在气固色谱法中，各组分的分离是基于不同组分在_____上的_____和_____能力的不同；而在气液色谱法中，各组分的分离则是基于不同组分在_____中的_____和_____能力的不同。

(3) 色谱峰越窄，表明理论塔板数就越_____，理论塔板高度就越_____，柱效能越_____。

(4) 范第姆特方程式说明了_____和_____关系。

(5) 气相色谱仪的温控系统主要是指对_____、_____、_____三处的温度控制。

4. 简答题

(1) 色谱法有哪些主要类型？简述色谱法的分离原理。

(2) 从色谱图上可以获得哪些分析信息？

(3) 简述气相色谱仪的分析流程及各组成部件的作用。

(4) 气相色谱仪的双柱双气路结构与单柱单气路结构相比有什么优点？

(5) 简述气液色谱柱老化的目的和方法。

(6) 简述 TCD 和 FID 的性能特点、结构、工作原理、影响灵敏度的因素和使用注意事项。

(7) 柱效能、柱选择性和柱的分离度有什么区别与联系？

(8) 对固定液和载体有何要求？选择固定液的原则是什么？请举例说明。

(9) 一甲胺、二甲胺和三甲胺的沸点分别为 $-6.7°C$、$7.4°C$ 和 $3.5°C$，试推测其混合物在角鲨烷色谱柱和三乙醇胺色谱柱上的出峰顺序。

(10) 根据范氏方程解释载气流速和柱温对柱效能的影响。为实现气相色谱的快速分析，应如何选择操作条件？

(11) 进样速度慢，对色谱峰有何影响？

(12) 改变如下条件，对板高有何影响？
① 增加固定液的含量；② 减慢进样速度；③ 升高汽化室的温度；④ 增加载气流速；⑤ 减小填料的粒度；⑥ 降低柱温。

(13) 在色谱定量分析中，为何要使用校正因子？在什么情况下可以不使用校正因子？

(14) 绝对校正因子和相对校正因子有何区别？哪个更常用？为什么？

(15) 常用的色谱定性和定量分析方法有哪些？简述各方法特点及适用范围。

(16) 在内标法定量中，选择内标物的条件是什么？

5. 计算题

(1) 混合试样进入气液色谱柱后，测定各组分的保留时间为：空气 45s，丙烷 1.5min，正戊烷 2.35min，丙酮 2.45min，丁醛 3.95min。当使用正戊烷为标准组分时，求各组分的相对保留值。

(2) 在某气液色谱分析中测得如下数据：保留时间 5.0min，死时间 1.0min，柱内液相体积 2.0mL，柱内载气的平均流速 50mL/min。求分配比、死体积、分配系数和保留体积。

(3) 组分 A 和 B 在一根 30cm 长的色谱柱上分离，其保留时间分别为 16.40min 和 17.63min；峰底宽分别为 1.11min 和 1.21min。不被保留的组分通过色谱柱需要 1.30min。求：① 分离度；② 柱子的平均塔板数；③ 板高；④ 分离度为 1.5 时，所需的柱长；⑤ 在长柱子上，组分 B 的保留时间。

(4) 假设两组分的调整保留时间分别为 19min 和 20min，死时间为 1min，求：① 较晚流出的第二组分的分配比；② 要达到分离度为 1.5 时，所需的理论塔板数。

(5) 热导池检测器灵敏度的测定。已知色谱柱长 3m，柱温 90°C，汽化室温度 110°C，检测器温度 110°C，室温 20°C，柱后载气流速 30.5mL/min，记录仪纸速 2.0mm/min，记录仪灵敏度 0.40mV/cm，衰减倍数 64，以高纯苯为标准物，注入苯 $1.0\mu L$（密度为 0.88g/mL），测得苯的峰面积为 $1.90cm^2$，求此检测器的灵敏度。

(6) 氢火焰离子化检测器灵敏度的测定。已知柱后载气流速 30mL/min，记录仪纸速 1.0cm/min，记录仪灵敏度 0.20mV/cm，总噪声 0.02mV，注入含苯 0.05% 的 CS_2 溶液 $1.0\mu L$，测得苯的峰高为 10cm，半峰宽为 0.5cm，求此检测器的灵敏度和检测限。

(7) 求下列化合物的保留指数：① 丙烷，$t'_R = 1.29min$；② 丁烷，$t'_R = 2.21min$；③ 戊烷，$t'_R = 4.10min$；④ 己烷，$t'_R = 7.61min$；⑤ 异丁烷，$t'_R = 2.67min$；⑥ 环己烷，$t'_R = 6.94min$。

(8) 准确称取苯、甲苯、乙苯和邻二甲苯的纯物质，配制成混合溶液，在一定条件下进行色谱分析，测得数据如下表：

组分	苯	甲苯	乙苯	邻二甲苯
质量/g	0.5967	0.5478	0.6120	0.6680
峰高/mm	180.1	84.4	45.2	49.0
半峰宽/mm	1.0	2.0	2.5	3.8

求甲苯、乙苯和邻二甲苯以苯为基准组分时的峰面积相对校正因子及峰高相对校正因子。

(9) 某石油裂解气的色谱分析数据如下表。若全部组分都出峰，求各组分的质量分数。

出峰次序	空气	甲烷	二氧化碳	乙烯	乙烷	丙烯	丙烷
峰面积/mm^2	34	3.14	4.6	298	87	260	48.3
校正因子 f_{is}	0.84	1.00	1.00	1.00	1.05	1.28	1.36

(10) 已知在混合酚试样中仅含有苯酚、邻甲酚、间甲酚和对甲酚四种组分，经乙酸化处理后，用液晶柱测得色谱图。其测量数据如下表，求各组分的质量分数。

出峰次序	苯酚	邻甲酚	间甲酚	对甲酚
h/mm	63.0	102.1	88.2	76.0
$W_{1/2}$/mm	1.91	2.48	2.85	3.22
相对校正因子 f_{is}	0.85	0.95	1.03	1.00

(11) 色谱分析 CO_2。已知 CO_2 标准气的体积分数分别为 80%、40% 和 20% 时，等体积进样，得到其峰高分别为 100mm、50mm 和 25mm，试绘制测定 CO_2 的外标曲线。现进一个等体积的试样，测得 CO_2 的峰高为 70mm，求此试样中 CO_2 的体积分数。

(12) 用内标法测定乙醇中微量水的含量。称取 2.2679g 乙醇试样，加入 0.0115g 甲醇（内标物），混匀后进样分析，测得 $h_{H_2O}=150$mm，$h_{CH_3OH}=174$mm，已知 $f^h_{H_2O/CH_3OH}=0.55$，求乙醇试样中水的质量分数。

(13) 已知某试样含有甲酸、乙酸、丙酸、水及苯等物质。现称取试样 1.055g，环己酮（内标物）0.1907g，混匀后，取 3μL 试液进样，从色谱图上测得下表数据：

出峰次序	甲酸	乙酸	环己酮	丙酸
峰面积 A_i/mm^2	15.8	74.6	135	43.4
相对响应值 S_{is}	0.261	0.562	1.00	0.938

求试样中甲酸、乙酸和丙酸的质量分数。

(14) 在一定的色谱条件下，分析只含有二氯乙烷、二溴乙烷和四乙基铅三组分的样品，测得数据如下表：

组分	二氯乙烷	二溴乙烷	四乙基铅
相对质量校正因子	1.00	1.65	1.75
峰面积/cm^2	1.50	1.01	2.82

① 用归一化法求各组分的百分含量。
② 若以甲苯为内标物（其相对质量校正因子为 0.87），加入样品中，甲苯与样品的质量配比为 1:10，进样分析后，测得样品中甲苯的峰面积为 0.95cm^2，另三个成分的测量数据同上表，求此样品中各组分的百分含量。

(15) 某工厂采用气相色谱法测定废水中二甲苯的含量。首先以苯作为标准物配制二甲苯的标准溶液，在一定的色谱条件下进样后，测得数据如下表所示：

组分	质量分数/%	峰面积/cm^2	组分	质量分数/%	峰面积/cm^2
间二甲苯	2.4	16.8	邻二甲苯	2.2	18.2
对二甲苯	2.0	15.0	苯	1.0	10.5

然后，在质量为 10.0g 的待测样品中加入 9.55×10^{-2}g 苯，混匀后，在相同的色谱条件下进样分析，测得间二甲苯、对二甲苯、邻二甲苯和苯的峰面积分别为 11.2cm^2、14.7cm^2、8.80cm^2、10.0cm^2。求此样品中间二甲苯、对二甲苯和邻二甲苯的质量分数。

第8章 高效液相色谱法（HPLC）

【学习指南】 高效液相色谱法是近40年来迅速发展起来的一种高速化、高效化的分析技术。高效液相色谱法弥补了气相色谱分析法的不足，能够分析气相色谱法不能分析的高沸点有机化合物、高分子、热稳定性差的化合物和具有生物活性以及多种天然产物（它们占全部有机物的80%），目前已成为有机合成、天然产物、生物化学、石油化工、医药工业以及环境监测等各个领域中不可缺少的一种重要分析手段。

本章主要介绍高效液相色谱分析法的基本理论、主要类型、高效液相色谱仪基本构造及其操作规程、分离操作条件的选择、色谱定性定量方法和高效液相色谱法的应用等基础知识。

8.1 概述

8.1.1 高效液相色谱法

高效液相色谱法又称"高压液相色谱"、"高速液相色谱"、"高分离度液相色谱"、"近代柱色谱"等。高效液相色谱是色谱法的一个重要分支，以液体为流动相，采用高压输液系统。

高效液相色谱用高压输液泵将具有不同极性的单一溶剂或不同比例的混合溶剂、缓冲液等流动相泵入装有固定相的色谱柱，经进样阀注入待测样品，由流动相带入柱内，在柱内各成分被分离后，依次进入检测器进行检测，从而实现对试样的分析。这种方法已成为化学、生化、医学、工业、农业、环保、商检和法检等学科领域中重要的分离分析技术，是分析化学、生物化学和环境化学工作者手中必不可少的工具。

1906年，俄国植物化学家茨维特（Tswett）首次提出"色谱法"（Chromotography）和"色谱图"（Chromatogram）的概念。他在论文中写到："（原文）一植物色素的石油醚溶液从一根主要装有碳酸钙吸附剂的玻璃管上端加入，沿管滤下，后用纯石油醚淋洗，结果按照不同色素的吸附顺序在管内观察到它们相应的色带，就像光谱一样，称之为色谱图。"

1930年以后，相继出现了纸色谱、离子交换色谱和薄层色谱等液相色谱技术。

1952年，英国学者Martin和Synge基于他们在分配色谱方面的研究工作，提出了关于气-液分配色谱的比较完整的理论和方法，把色谱技术向前推进了一大步，这是气相色谱在此后的十多年间发展十分迅速的原因。

1958年，基于Moore和Stein的工作，离子交换色谱的仪器化导致了氨基酸分析仪的出现，这是近代液相色谱的一个重要尝试，但分离效率尚不理想。

1960年中后期，气相色谱理论和实践的发展，以及机械、光学、电子等技术上的进步，液相色谱又开始活跃。到60年代末期把高压泵和化学键合固定相用于液相色谱就出现了高效液相色谱法（HPLC）。

20世纪70年代中期以后，微处理机技术用于液相色谱，进一步提高了仪器的自动化水平和分析精度。

1990年以后,生物工程和生命科学在国际和国内的迅速发展,为高效液相色谱技术提出了更多、更新的分离、纯化、制备的课题,如人类基因级计划,蛋白质组学用 HPLC 作预分离等。

8.1.2 高效液相色谱法的特点

高效液相色谱法有"三高、一广、一快"的特点。

(1) 高压　流动相为液体,流经色谱柱时,受到的阻力较大,为了能迅速通过色谱柱,必须对载液加高压。

(2) 高效　分离效能高。可选择固定相和流动相以达到最佳分离效果,比工业精馏塔和气相色谱的分离效能高出许多倍。

(3) 高灵敏度　紫外检测器可达 0.01ng,荧光和电化学检测器可达 0.1pg,进样量在 μL 数量级。

(4) 应用范围广　70%以上的有机化合物可用高效液相色谱分析,特别是高沸点、大分子、强极性、热稳定性差化合物的分离分析,显示出优势。

(5) 分析速度快、载液流速快　较经典液体色谱法速度快得多,通常分析一个样品在 15~30min,有些样品甚至在 5min 内即可完成,一般小于 1h。

此外高效液相色谱还有色谱柱可反复使用、样品不被破坏、易回收等优点,但也有缺点,与气相色谱相比各有所长,相互补充。高效液相色谱的缺点是有"柱外效应"。在从进样到检测器之间,除了柱子以外的任何死空间(进样器、柱接头、连接管和检测池等)中,如果流动相的流型有变化,被分离物质的任何扩散和滞留都会显著地导致色谱峰的加宽,柱效率降低。高效液相色谱检测器的灵敏度不及气相色谱。

由于气相色谱法只适合分析较易挥发、且化学性质稳定的有机化合物,而 HPLC 则适合于分析那些用气相色谱难以分析的物质,如挥发性差、极性强、具有生物活性、热稳定性差的物质。所以 HPLC 的应用范围已经远远超过气相色谱,位居色谱法之首。

8.1.3 高效液相色谱法与气相色谱法的比较

(1) 分析对象及范围　GC 分析只限于气体和低沸点的稳定化合物,而这些物质只占有机物总数的 20%;HPLC 可以分析高沸点、高分子量的稳定或不稳定化合物,这类物质占有机物总数的 80%。

(2) 流动相的选择　GC 采用的流动相中为有限的几种"惰性"气体,只起运载作用,对组分作用小;HPLC 采用的流动相为液体或各种液体的混合,可供选择的机会多。它除了起运载作用外,还可与组分作用,并与固定相对组分的作用产生竞争,即流动相对分离的贡献很大,可通过溶剂来控制和改进分离。

(3) 操作温度　GC 需高温;HPLC 通常在室温下进行。

因此从色谱分析的发展来看,HPLC 比 GC 更为有用、更具发展前途。

8.2　高效液相色谱仪

现在的液相色谱仪一般都做成一个个单元组件,然后根据分析要求将各所需单元组件组合起来。高效液相色谱仪最基本的组件是高压输液泵、进样器、色谱柱、检测器和数据处理系统(记录仪、积分仪或色谱工作站)。此外,还可根据需要配置流动相在线脱气装置、梯度洗脱装置、自动进样系统、柱后反应系统和全自动控制系统等。高效液相色谱仪的流程示意图见图 8-1。

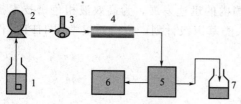

图 8-1 液相色谱仪的流程
1—流动相容器；2—高压输液泵；3—进样器；
4—色谱柱；5—检测器；
6—工作站；7—废液瓶

8.2.1 高压输液泵

高压输液泵是液相色谱仪的关键部件，其作用是将流动相以稳定的流速或压力输送到色谱系统。对于带在线脱气装置的色谱仪，流动相先经过脱气装置再输送到色谱柱。输液泵的稳定性直接关系到分析结果的重复性和准确性。

8.2.1.1 对高压输液泵的基本要求

（1）流量准确可调　对于一般的分析工作而言，流动相的流速在 0.5～2mL/min，输液泵的最大流量一般为 5～10mL/min。输液泵的流量控制精度通常要求小于±0.5%。输液泵必须能精确地调节流动相流量，这可以通过电子线路调节电机转速或冲程长短来实现。流量的测定通常采用热脉冲流量计。

（2）耐高压　高效液相色谱柱是将很细颗粒（3～10μm 粒径）的填料，在高压下填充到柱管中，为了保证流动相以足够大的流速通过色谱柱，需要足够高的柱前压。通常要求泵的输出压力达到 30～60MPa 的高压。

（3）液流稳定　输液泵输出的液流应无脉动，或配套脉冲抑制器。

（4）泵的死体积小　为了快速更换溶剂和适于梯度洗脱，泵的死体积通常要求小于 0.5mL。泵的结构材料应耐化学腐蚀。

8.2.1.2 高压输液泵

高压输液泵按输出液恒定的因素分恒压泵和恒流泵。对液相色谱分析来说，输液泵的流量稳定性更为重要，这是因为流速的变化会引起溶质的保留值的变化，而保留值是色谱定性的主要依据之一，因此，恒流泵的应用更广泛。

高压输液泵按工作方式分为气动泵和机械泵两大类。机械泵中又有螺旋传动注射泵、单活塞往复泵、双活塞往复泵和往复式隔膜泵。几种输液泵的基本性能总结于表 8-1。

表 8-1　几种高压输液泵的性能比较

名称	恒流或恒压	脉冲	更换流动相	梯度洗脱	再循环	价格
气动放大泵	恒压	无	不方便	需两台泵	不可	高
螺旋传动注射泵	恒流	无	不方便	需两台泵	不可	中等
单活塞往复泵	恒流	有	方便	可	可	较低
双活塞往复泵	恒流	小	方便	可	可	高
隔膜往复泵	恒流	有	方便	可	可	中等

（1）活塞型往复泵　活塞型往复泵是液相色谱仪中使用最广泛的一种恒流泵。

① 单活塞往复泵　如图 8-2 所示，在活塞柱的一端有一偏心轮，偏心轮连在电机上，电机带动偏心轮转动时，活塞柱则随之左右移动。在活塞的另一端有上下两个单向阀，各有 1～2 个蓝宝石或陶瓷球，由其起阀门的作用。下面的单向阀与流动相连通，为活塞的溶液入口；上面的单向阀与色谱柱相连，为活塞的溶液出口。活塞柱与活塞缸壁之间是由耐腐蚀材料制造的活塞垫，以防漏液。活塞向外移动时，出口单向阀关闭，入口单向阀打开，溶液（流动相）抽入活塞缸。活塞向里移动时，入口单向阀关闭，

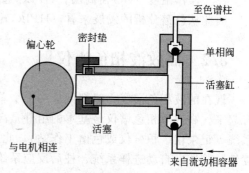

图 8-2　单活塞往复泵结构示意图

出口单向阀打开，流动相被压出活塞缸，流向色谱柱。这种单纯往复式单活塞泵构造简单、价格便宜。活塞的移动距离是可变的，流量由活塞的移动距离决定。因为偏心轮一般每分钟转50～60次，也就是流动相的抽入和吐出以每分钟50～60次的频率周期性变化，所以，产生的脉冲很显著。减缓脉冲的办法就是在泵出口与色谱柱入口之间安装一个脉冲阻尼器。脉冲阻尼器的种类很多，但其共同特征是具有一定的容积和弹性。最常见和最简单的脉冲阻尼器是将内径0.2～0.5mm的不锈钢管绕成弹簧状，利用其绕性来阻滞压力和流量的波动，起到一定的缓冲作用。为了减小谱带展宽，也为了便于清洗和更换流动相，阻尼器的体积应尽可能小。

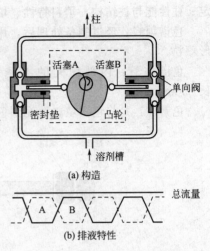

② 双活塞往复泵　如图8-3(a)所示，双活塞往复泵有一个精心设计的偏心凸轮，用同步电机或变速直流电机驱动偏心凸轮，偏心凸轮再推动两活塞作往复运动。偏心凸轮短半径端所对应的活塞向外伸，使该活塞的下单向阀打开吸入流动相，与此同时，偏心凸轮的长半径端所对应的另一活塞被推入，使其上单向阀打开，并将流动相送至色谱柱。于是，两活塞交替伸缩，往复运动，获得的排液特性如图8-3(b)所示，即具有稳定的输出流量，这样就能避免单活塞泵液流脉冲的问题。

图8-3　双活塞往复泵的构造
(a) 及排液特性 (b)

双活塞往复泵的输液流量比单活塞泵小得多。其优点是不必使用消除脉冲的阻尼器，避免了阻尼器的压力消耗，但缺点是设备成本较高，流量调节也比单活塞泵复杂。

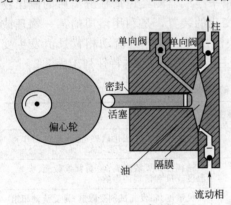

图8-4　隔膜型往复泵结构示意图

(2) 隔膜型往复泵　隔膜型往复泵也是一种恒流泵，其结构如图8-4所示。一块隔膜将泵缸分为两部分，一部分充满了油，另一部分充满了流动相。活塞与油接触，当活塞往复运动时，隔膜受到油压的作用，对流动相部分产生"吸引"或"推压"，使流动相部分的单向阀吸液或排液，从而获得稳定的液流。通过调节泵活塞的冲程即可进行流量调节。

隔膜泵的活塞不直接与流动相接触，故不存在活塞密封垫磨损对流动相的污染。隔膜泵的死体积小（约0.1mL），因此，更换流动相后平衡快，有利于梯度洗脱。隔膜泵的缺点是结构比较复杂，价格较贵，和单活塞机械往复泵一样，也产生脉冲，也需要配置阻尼装置来消除脉冲。

8.2.2　进样器

进样器是将样品溶液准确送入色谱柱的装置，分手动和自动两种方式。

进样器要求密封性好，死体积小，重复性好，进样时引起色谱系统的压力和流量波动很小。现在的液相色谱仪所采用的手动进样器几乎都是耐高压、重复性好和操作方便的六通阀进样器，其原理与气相色谱中所介绍的相同。

8.2.3　色谱柱

(1) 色谱柱的构成　色谱柱是实现分离的核心部件，要求柱效高、柱容量大和性能稳定。柱性能与柱结构、填料特性、填充质量和使用条件有关。

色谱填料：经过制备处理后，用于填充色谱柱的物质颗粒，通常是 $5\sim10\mu m$ 粒径的球形颗粒。

色谱柱管：内部抛光的不锈钢管。典型的液相色谱分析柱尺寸是内径 4.6mm、长 250mm。

色谱柱：是将色谱填料填充到色谱柱管中所构成的，其结构如图 8-5 所示。

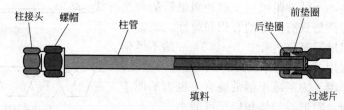

图 8-5　色谱柱的结构示意图

(2) 色谱柱的填充

干法填充：在硬台面上铺上软垫，将空柱管上端打开垂直放在软垫上，用漏斗每次灌入 $50\sim100mg$ 填料，然后垂直台面撅 $10\sim20$ 次。

湿法填充：又称淤浆填充法，使用专门的填充装置（见图 8-6）。

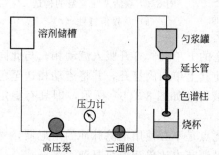

图 8-6　湿法填充装置

8.2.4　检测器

检测器是用来连续监测经色谱柱分离后的流出物的组成和含量变化的装置，是利用溶质的某一物理或化学性质与流动相有差异的原理，当溶质从色谱柱中流出时，会导致流动相背景值发生变化，从而在色谱图上以色谱峰的形式记录下来。几种主要检测器的基本特性列于表 8-2。

表 8-2　HPLC 中常见检测器的基本特性

检测器	检测下限 /(g/mL)	线性范围	选择性	梯度淋洗	主　要　特　点
紫外-可见光	10^{-10}	$10^3\sim10^4$	有	可	对流速和温度变化敏感；池体积可制作得很小；对溶质的响应变化大
荧光	$10^{-12}\sim10^{-11}$	10^3	有	可	选择性和灵敏度高；易受背景荧光、吸光、温度、pH 和溶剂的影响
化学发光	$10^{-13}\sim10^{-12}$	10^3	有	困难	灵敏度高；发光试剂受限制；易受流动相组成和脉动的影响
电导	10^{-8}	$10^3\sim10^4$	有	不可	是离子性物质的通用检测器；受温度和流速影响；不能用于有机溶剂体系
电化学	10^{-10}	10^4	有	困难	选择性高；易受流动相 pH 和杂质的影响；稳定性较差
蒸发光散射	10^{-9}		无	可	可检测所有物质
示差折光	10^{-7}	10^4	无	不可	可检测所有物质；不适合微量分析；对温度变化敏感
质谱	10^{-10}		无	可	主要用于定性和半定量
原子吸收光谱	$10^{-13}\sim10^{-10}$				选择性高
等离子体发射光谱	$10^{-10}\sim10^{-8}$		有		可进行多元素同时检测
火焰离子化	$10^{-13}\sim10^{-12}$	10^4	有	可	柱外峰展宽

8.2.4.1 紫外-可见光检测器

紫外-可见光检测器（UV-Vis）是基于 Lambert-Beer 定律，即被测组分对紫外光或可见光具有吸收，且吸收强度与组分浓度成正比。

很多有机分子都具紫外或可见光吸收基团，有较强的紫外或可见光吸收能力，因此 UV-Vis 检测器既有较高的灵敏度，也有很广泛的应用范围。由于 UV-Vis 对环境温度、流速、流动相组成等的变化不是很敏感，所以还能用于梯度淋洗。一般的液相色谱仪都配置有 UV-Vis 检测器。

用 UV-Vis 检测时，为了得到高的灵敏度，常选择被测物质能产生最大吸收的波长作检测波长，但为了选择性或其他目的也可适当牺牲灵敏度而选择吸收稍弱的波长，另外，应尽可能选择在检测波长下没有背景吸收的流动相。

值得一提的是以光电二极管阵列（或 CCD 阵列，硅靶摄像管等）作为检测元件的 UV-Vis 检测器（见图 8-7）。它可构成多通道并行工作，同时检测由光栅分光，再入射到阵列式接收器上的全部波长的信号，然后，对二极管阵列快速扫描采集数据，得到的是时间、光强度和波长的三维谱图。与普通 UV-Vis 检测器不同的是，普通 UV-Vis 检测器是先用单色器分光，只让特定波长的光进入流动池。而二极管阵列 UV-Vis 检测器是先让所有波长的光都通过流动池，然后通过一系列分光技术，使所有波长的光在接收器上被检测。

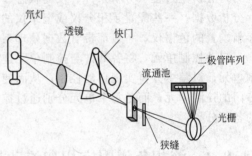

图 8-7　二极管阵列检测器结构示意图

直接紫外检测：所使用的流动相为在检测波长下无紫外吸收的溶剂，检测器直接测定被测组分的紫外吸收强度。多数情况下采用直接紫外检测。

间接紫外检测：使用具有紫外吸收的溶液作流动相，间接检测无紫外吸收的组分。在离子色谱中使用较多，如以具有紫外吸收的邻苯二甲酸氢钾溶液作阴离子分离的流动相，当无紫外吸收的无机阴离子被洗脱到流动相中时，会使流动相的紫外吸收减小。

柱后衍生化光度检测：对于那些可以与显色剂反应生成有色配合物的组分（过渡金属离子、氨基酸等），可以在组分从色谱柱中洗脱出来之后与合适的显色剂反应，在可见光区检测生成的有色配合物。

8.2.4.2　示差折光检测器

示差折光检测器（differential refractometers，RI）基于样品组分的折射率与流动相溶剂折射率有差异，当组分洗脱出来时，会引起流动相折射率的变化，这种变化与样品组分的浓度成正比。

示差折光检测法也称折射指数检测法。绝大多数物质的折射率与流动相都有差异，所以 RI 是一种通用的检测方法。虽然其灵敏度比其他检测方法相比要低 1~3 个数量级。对于那些无紫外吸收的有机物（如高分子化合物、糖类、脂肪烷烃）是比较适合的。在凝胶色谱中是必备检测器，在制备色谱中也经常使用。

RI 检测器根据其设计原理可分为反射型（根据 Fresnel 定律）、折射型（根据 Snell 定律）和干涉型三种类型。

8.2.4.3　荧光检测器

许多有机化合物，特别是芳香族化合物、生化物质，如有机胺、维生素、激素、酶等，被一定强度和波长的紫外光照射后，发射出较激发光波长要长的荧光。荧光强度与激发光强度、量子效率和样品浓度成正比。有的有机化合物虽然本身不产生荧光，但可以与发荧光物质反应衍生化后检测。荧光检测器（fluorescence detector）结构见图 8-8。

荧光检测器有非常高的灵敏度和良好的选择性，灵敏度要比紫外检测法高 2~3 个数量级。而且所需样品量很小，特别适合于药物和生物化学样品的分析。

8.2.5 工作站

色谱仪的数据处理系统，又称色谱工作站。

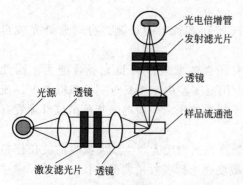

图 8-8 荧光检测器结构示意图

它可对分析全过程（分析条件、仪器状态、分析状态）进行在线显示，自动采集、处理和储存分析数据。一些配置了积分仪或记录仪的老型号液相色谱仪在很多实验室还在使用，但近年新购置的色谱仪，一般都带有数据处理系统，使用起来非常方便。

自动控制单元：将各部件与控制单元连接起来，在计算机上通过色谱软件将指令传给控制单元，对整个分析实现自动控制，从而使整个分析过程全自动化。也有的色谱仪没有设计专门的控制单元，而是每个单元分别通过控制部件与计算机相连，通过计算机分别控制仪器的各部分。

8.3 液相色谱固定相和流动相

在色谱分析中，如何选择最佳的色谱条件以实现最理想分离，是色谱工作者的重要工作，也是用计算机实现 HPLC 分析方法建立和优化的任务之一。下面着重讨论填料基质、化学键合固定相和流动相的性质及其选择。

8.3.1 基质（载体）

HPLC 填料可以是陶瓷性质的无机物基质，也可以是有机聚合物基质。无机物基质主要是硅胶和氧化铝。无机物基质刚性大，在溶剂中不容易膨胀。有机聚合物基质主要有交联苯乙烯-二乙烯苯、聚甲基丙烯酸酯。有机聚合物基质刚性小、易压缩，溶剂或溶质容易渗入有机基质中，导致填料颗粒膨胀，结果减少传质，最终使柱效降低。

8.3.1.1 基质的种类

（1）硅胶 硅胶是 HPLC 填料中最普遍的基质。除具有高强度外，还提供一个表面，可以通过成熟的硅烷化技术键合上各种配基，制成反相、离子交换、疏水作用、亲水作用或分子排阻色谱用填料。硅胶基质填料适用于广泛的极性和非极性溶剂。缺点是在碱性水溶性流动相中不稳定。通常，硅胶基质的填料推荐的常规分析 pH 范围为 2~8。

硅胶的主要性能参数如下。

① 平均粒度及其分布。

② 平均孔径及其分布，与比表面积成反比。

③ 比表面积。在液固吸附色谱法中，硅胶的比表面积越大，溶质的 k 值越大。

④ 含碳量及表面覆盖度（率）。在反相色谱法中，含碳量越大，溶质的 k 值越大。

⑤ 含水量及表面活性。在液固吸附色谱法中，硅胶的含水量越小，其表面硅醇基的活性越强，对溶质的吸附作用越大。

⑥ 端基封尾。在反相色谱法中，主要影响碱性化合物的峰形。

⑦ 几何形状。硅胶可分为无定形全多孔硅胶和球形全多孔硅胶,前者价格较便宜,缺点是涡流扩散项及柱渗透性差,后者无此缺点。

⑧ 硅胶纯度。对称柱填料使用高纯度硅胶,柱效高,寿命长,碱性成分不拖尾。

(2) 氧化铝　具有与硅胶相同的良好物理性质,也能耐较大的pH范围。它也是刚性的,不会在溶剂中收缩或膨胀。但与硅胶不同的是,氧化铝键合相在水性流动相中不稳定。不过现在已经出现了在水相中稳定的氧化铝键合相,并显示出卓越的pH稳定性。

(3) 聚合物　以高交联度的苯乙烯-二乙烯苯或聚甲基丙烯酸酯为基质的填料是用于普通压力下的HPLC,它们的压力限度比无机填料低。苯乙烯-二乙烯苯基质疏水性强。使用任何流动相,在整个pH范围内稳定,可以用NaOH或强碱来清洗色谱柱。甲基丙烯酸酯基质本质上比苯乙烯-二乙烯苯疏水性更强,但它可以通过适当的功能基修饰变成亲水性的。这种基质不如苯乙烯-二乙烯苯那样耐酸碱,但也可以承受在pH=13下反复冲洗。

所有聚合物基质在流动相发生变化时都会出现膨胀或收缩。用于HPLC的高交联度聚合物填料,其膨胀和收缩要有限制。溶剂或小分子容易渗入聚合物基质中,因为小分子在聚合物基质中的传质比在陶瓷性基质中慢,所以造成小分子在这种基质中柱效低。对于大分子像蛋白质或合成的高聚物,聚合物基质的效能比得上陶瓷性基质。因此,聚合物基质广泛用于分离大分子物质。

8.3.1.2　基质的选择

硅胶基质的填料被用于大部分的HPLC分析,尤其是小分子量的被分析物,聚合物填料用于大分子量的被分析物质,主要用来制成分子排阻和离子交换柱。

8.3.2　化学键合固定相

将有机官能团通过化学反应共价键合到硅胶表面的游离羟基上而形成的固定相称为化学键合相。这类固定相的突出特点是耐溶剂冲洗,并且可以通过改变键合相有机官能团的类型来改变分离的选择性。

(1) 键合相的性质　目前,化学键合相广泛采用微粒多孔硅胶为基体,用烷烃二甲基氯硅烷或烷氧基硅烷与硅胶表面的游离硅醇基反应,形成Si—O—Si—C键形的单分子膜而制得。硅胶表面的硅醇基密度约为5个/nm^2,由于空间位阻效应(不可能将较大的有机官能团键合到全部硅醇基上)和其他因素的影响,使得有40%~50%的硅醇基未反应。

残余的硅醇基对键合相的性能有很大影响,特别是对非极性键合相,它可以减小键合相表面的疏水性,对极性溶质(特别是碱性化合物)产生次级化学吸附,从而使保留机制复杂化(使溶质在两相间的平衡速度减慢,降低了键合相填料的稳定性。结果使碱性组分的峰形拖尾)。为尽量减少残余硅醇基,一般在键合反应后,要用三甲基氯硅烷(TMCS)等进行钝化处理,称封端(或称封尾、封顶,end-capping),以提高键合相的稳定性。另一方面,也有些ODS填料是不封尾的,以使其与水系流动相有更好的"湿润"性能。

由于不同生产厂家所用的硅胶、硅烷化试剂和反应条件不同,因此具有相同键合基团的键合相,其表面有机官能团的键合量往往差别很大,使其产品性能有很大的不同。键合相的键合量常用含碳量(C%)来表示,也可以用覆盖度来表示。所谓覆盖度是指参与反应的硅醇基数目占硅胶表面硅醇基总数的比例。

pH对以硅胶为基质的键合相的稳定性有很大的影响,一般来说,硅胶键合相应在pH=2~8的介质中使用。

(2) 键合相的种类　化学键合相按键合官能团的极性分为极性和非极性键合相两种。

常用的极性键合相主要有氰基(—CN)、氨基(—NH$_2$)和二醇基(DIOL)键合相。

极性键合相常用作正相色谱，混合物在极性键合相上的分离主要是基于极性键合基团与溶质分子间的氢键作用，极性强的组分保留值较大。极性键合相有时也可作反相色谱的固定相。

常用的非极性键合相主要有各种烷基（$C_1 \sim C_{18}$）和苯基、苯甲基等，以 C_{18} 应用最广。非极性键合相的烷基链长对样品容量、溶质的保留值和分离选择性都有影响，一般来说，样品容量随烷基链长增加而增大，且长链烷基可使溶质的保留值增大，并常常可改善分离的选择性；但短链烷基键合相具有较高的覆盖度，分离极性化合物时可得到对称性较好的色谱峰。苯基键合相与短链烷基键合相的性质相似。

另外 C_{18} 柱稳定性较高，这是由于长的烷基链保护了硅胶基质的缘故，但 C_{18} 基团空间体积较大，使有效孔径变小，分离大分子化合物时柱效较低。

(3) 固定相的选择　分离中等极性和极性较强的化合物可选极性键合相。氰基键合相对双键异构体或含双键数不等的环状化合物的分离有较好的选择性。氨基键合相具有较强的氢键结合能力，对某些多官能团化合物如甾体、强心苷等有较好的分离能力；氨基键合相上的氨基能与糖类分子中的羟基产生选择性相互作用，故被广泛用于糖类的分析，但它不能用于分离羰基化合物，如甾酮、还原糖等，因为它们之间会发生反应生成 Schiff 碱。二醇基键合相适用于分离有机酸、甾体和蛋白质。

分离非极性和极性较弱的化合物可选非极性键合相。利用特殊的反相色谱技术，例如反相离子抑制技术和反相离子对色谱法等，非极性键合相也可用于分离离子型或可离子化的化合物。ODS（octadecyl silane）是应用最为广泛的非极性键合相，它对各种类型的化合物都有很强的适应能力。短链烷基键合相能用于极性化合物的分离，而苯基键合相适用于分离芳香化合物。

8.3.3　流动相

(1) 流动相的性质要求　一个理想的液相色谱流动相溶剂应具有低黏度、与检测器兼容性好、易于得到纯品和低毒性等特征。

选好填料（固定相）后，强溶剂使溶质在填料表面的吸附减少，相应的容量因子 k 降低；而较弱的溶剂使溶质在填料表面吸附增加，相应的容量因子 k 升高。因此，k 值是流动相组成的函数。塔板数 n 一般与流动相的黏度成反比。所以选择流动相时应考虑以下几个方面。

① 流动相应不改变填料的任何性质。低交联度的离子交换树脂和排阻色谱填料有时遇到某些有机相会溶胀或收缩，从而改变色谱柱填床的性质。碱性流动相不能用于硅胶柱系统。酸性流动相不能用于氧化铝、氧化镁等吸附剂的柱系统。

② 纯度。色谱柱的寿命与大量流动相通过有关，特别是当溶剂所含杂质在柱上积累时。

③ 必须与检测器匹配。使用 UV 检测器时，所用流动相在检测波长下应没有吸收，或吸收很小。当使用示差折光检测器时，应选择折射率与样品差别较大的溶剂作流动相，以提高灵敏度。

④ 黏度要低。高黏度溶剂会影响溶质的扩散、传质、降低柱效，还会使柱压降增加，使分离时间延长。最好选择沸点在 100℃ 以下的流动相。

⑤ 对样品的溶解度要适宜。如果溶解度欠佳，样品会在柱头沉淀，不但影响了纯化分离，而且会使柱子恶化。

⑥ 样品易于回收。应选用挥发性溶剂。

(2) 流动相的选择　在化学键合相色谱法中，溶剂的洗脱能力直接与它的极性相关。在正相色谱中，溶剂的强度随极性的增强而增加；在反相色谱中，溶剂的强度随极性的增强而减弱。

正相色谱的流动相通常采用烷烃加适量极性调整剂。

反相色谱的流动相通常以水作基础溶剂,再加入一定量的能与水互溶的极性调整剂,如甲醇、乙腈、四氢呋喃等。极性调整剂的性质及其所占比例对溶质的保留值和分离选择性有显著影响。一般情况下,甲醇-水系统已能满足多数样品的分离要求,且流动相黏度小、价格低,是反相色谱最常用的流动相。但 Snyder 则推荐采用乙腈-水系统做初始实验,因为与甲醇相比,乙腈的溶剂强度较高且黏度较小,并可满足在紫外 185~205nm 处检测的要求,因此,综合来看,乙腈-水系统要优于甲醇-水系统。

在分离含极性差别较大的多组分样品时,为了使各组分均有合适的 k 值并分离良好,也需采用梯度洗脱技术。

反相色谱中,如果要在相同的时间内分离同一组样品,甲醇/水作为冲洗剂时其冲洗强度配比与乙腈/水或四氢呋喃/水的冲洗强度配比有如下关系:

$$C_{乙腈} = 0.32 C_{甲醇} + 0.57 C_{甲醇}$$

$$C_{四氢呋喃} = 0.66 C_{甲醇}$$

C 为不同有机溶剂与水混合的体积分数。100%甲醇的冲洗强度相当于 89%的乙腈/水或 66%的四氢呋喃/水的冲洗强度。

(3) 流动相的 pH　采用反相色谱法分离弱酸($3 \leqslant pK_a \leqslant 7$)或弱碱($7 \leqslant pK_b \leqslant 8$)样品时,通过调节流动相的 pH,以抑制样品组分的解离,增加组分在固定相上的保留,并改善峰形的技术称为反相离子抑制技术。对于弱酸,流动相的 pH 越小,组分的 k 值越大,当 pH 远远小于弱酸的 pK_a 值时,弱酸主要以分子形式存在;对弱碱,情况相反。分析弱酸样品时,通常在流动相中加入少量弱酸,常用 50mmol/L 磷酸盐缓冲液和 1%醋酸溶液;分析弱碱样品时,通常在流动相中加入少量弱碱,常用 50mmol/L 磷酸盐缓冲液和 30mmol/L 三乙胺溶液。

注:流动相中加入有机胺可以减弱碱性溶质与残余硅醇基的强相互作用,减轻或消除峰拖尾现象。所以在这种情况下有机胺(如三乙胺)又称为减尾剂或除尾剂。

(4) 流动相的脱气　HPLC 所用流动相必须预先脱气,否则容易在系统内逸出气泡,影响泵的工作。气泡还会影响柱的分离效率,影响检测器的灵敏度、基线稳定性,甚至使无法检测(噪声增大,基线不稳,突然跳动)。此外,溶解在流动相中的氧还可能与样品、流动相甚至固定相(如烷基胺)反应。溶解气体还会引起溶剂 pH 的变化,对分离或分析结果带来误差。

溶解氧能与某些溶剂(如甲醇、四氢呋喃)形成有紫外吸收的配合物,此配合物会提高背景吸收(特别是在 260nm 以下),并导致检测灵敏度的轻微降低,但更重要的是,会在梯度淋洗时造成基线漂移或形成鬼峰(假峰)。在荧光检测中,溶解氧在一定条件下还会引起猝灭现象,特别是对芳香烃、脂肪醛、酮等。在某些情况下,荧光响应可降低达 95%。在电化学检测中(特别是还原电化学法),氧的影响更大。

除去流动相中的溶解氧将大大提高 UV 检测器的性能,也将改善在一些荧光检测应用中的灵敏度。常用的脱气方法有:加热煮沸、抽真空、超声、吹氦等。对混合溶剂,若采用抽气或煮沸法,则需要考虑低沸点溶剂挥发造成的组成变化。超声脱气比较好,10~20min 的超声处理对许多有机溶剂或有机溶剂/水混合液的脱气是足够了(一般 500mL 溶液需超声 20~30min 方可),此法不影响溶剂组成。超声时应注意避免溶剂瓶与超声槽底部或壁接触,以免玻璃瓶破裂,容器内液面不要高出水面太多。

离线(系统外)脱气法不能维持溶剂的脱气状态,当停止脱气后,气体立即开始回到溶剂中。在1～4h内，溶剂又将被环境气体所饱和。

在线（系统内）脱气法无此缺点。最常用的在线脱气法为鼓泡，即在色谱操作前和进行时，将惰性气体喷入溶剂中。严格来说，此方法不能将溶剂脱气，它只是用一种低溶解度的惰性气体（通常是氦）将空气替换出来。此外还有在线脱气机。

一般来说有机溶剂中的气体易脱除，而水溶液中的气体较顽固。在溶液中吹氦是相当有效的脱气方法，这种连续脱气法在电化学检测时经常使用。但氦气昂贵，难以普及。

（5）流动相的过滤　所有溶剂使用前都必须经 $0.45\mu m$（或 $0.22\mu m$）过滤，以除去杂质微粒，色谱纯试剂也不例外（除非在标签上标明"已滤过"）。

用滤膜过滤时，特别要注意分清有机相（脂溶性）滤膜和水相（水溶性）滤膜。有机相滤膜一般用于过滤有机溶剂，过滤水溶液时流速低或滤不动。水相滤膜只能用于过滤水溶液，严禁用于有机溶剂，否则滤膜会被溶解！溶有滤膜的溶剂不得用于HPLC。对于混合流动相，可在混合前分别过滤，如需混合后过滤，首选有机相滤膜。现在已有混合型滤膜出售。

（6）流动相的贮存　流动相一般贮存于玻璃、聚四氟乙烯或不锈钢容器内，不能贮存在塑料容器中。因许多有机溶剂如甲醇、乙酸等可浸出塑料表面的增塑剂，导致溶剂受污染。这种被污染的溶剂如用于HPLC系统，可能造成柱效降低。贮存容器一定要盖严，防止溶剂挥发引起组成变化，也防止氧和二氧化碳溶入流动相。

磷酸盐、乙酸盐缓冲液很易长霉，应尽量新鲜配制使用，不要贮存。如确需贮存，可在冰箱内冷藏，并在3天内使用，用前应重新过滤。容器应定期清洗，特别是盛水、缓冲液和混合溶液的瓶子，以除去底部的杂质沉淀和可能生长的微生物。因甲醇有防腐作用，所以盛甲醇的瓶子无此现象。

（7）卤代有机溶剂应特别注意的问题　卤代溶剂可能含有微量的酸性杂质，能与HPLC系统中的不锈钢反应。卤代溶剂与水的混合物比较容易分解，不能存放太久。卤代溶剂（如 CCl_4、$CHCl_3$ 等）与各种醚类（如乙醚、二异丙醚、四氢呋喃等）混合后，可能会反应生成一些对不锈钢有较大腐蚀性的产物，这种混合流动相应尽量不采用，或新鲜配制。此外，卤代溶剂（如 CH_2Cl_2）与一些反应性有机溶剂（如乙腈）混合静置时，还会产生结晶。总之，卤代溶剂最好新鲜配制使用。如果是和干燥的饱和烷烃混合，则不会产生类似问题。

（8）HPLC用水　HPLC应用中要求超纯水，如检测器基线的校正和反相柱的洗脱。

8.4　高效液相色谱法的分类

高效液相色谱法按分离机制的不同分为液固吸附色谱法、液液分配色谱法（正相与反相）、离子交换色谱法、离子对色谱法及分子排阻色谱法。

8.4.1　液-固色谱法（液-固吸附色谱法）

使用固体吸附剂，被分离组分在色谱柱上的分离原理是根据固定相对组分吸附力大小不同而分离。分离过程是一个吸附-解吸附的平衡过程。常用的吸附剂为硅胶或氧化铝，粒度 $5\sim10\mu m$。适用于分离相对分子质量 200～1000 的组分，大多数用于非离子型化合物，离子型化合物易产生拖尾，常用于分离同分异构体。

（1）液-固色谱法的作用机制　吸附剂：一些多孔的固体颗粒物质，其表面常存在分散的吸附中心点。

流动相中的溶质分子X（液相）被流动相S带入色谱柱后，在随载液流动的过程中，发生如下交换反应：
$$X(液相)+nS(吸附) \rightleftharpoons X(吸附)+nS(液相)$$

其作用机制是溶质分子 X（液相）和溶剂分子 S（液相）对吸附剂活性表面的竞争吸附。

吸附反应的平衡常数为 K：K 值较小，溶剂分子吸附力很强，被吸附的溶质分子很少，先流出色谱柱；K 值较大，表示该组分分子的吸附能力较强，后流出色谱柱。

发生在吸附剂表面上的吸附-解吸平衡，就是液-固色谱分离的基础。

(2) 液-固色谱法的吸附剂和流动相　常用的液-固色谱吸附剂：薄膜型硅胶、全多孔型硅胶、薄膜型氧化铝、全多孔型氧化铝、分子筛、聚酰胺等。

一般规律：对于固定相而言，非极性分子与极性吸附剂（如硅胶、氧化铝）之间的作用力很弱，分配比 k 较小，保留时间较短；但极性分子与极性吸附剂之间的作用力很强，分配比 k 大，保留时间长。

对流动相的基本要求如下：
① 试样要能够溶于流动相中；
② 流动相黏度较小；
③ 流动相不能影响试样的检测；

常用的流动相有：甲醇、乙醚、苯、乙腈、乙酸乙酯、吡啶等。

(3) 液-固色谱法的应用　常用于分离极性不同的化合物、含有不同类型或不同数量官能团的有机化合物，以及有机化合物的不同异构体；但液-固色谱法不宜用于分离同系物，因为液-固色谱对不同相对分子质量的同系物选择性不高。

8.4.2　液-液色谱法（液-液分配色谱法）

流动相和固定相都是液体。试样溶于流动相后，在色谱柱内经过分界面进入固定液（固定相）中，由于试样组分在固定相和流动相之间的相对溶解度存在差异，因而溶质在两相间进行分配。

使用将特定的液态物质涂于载体表面，或化学键合于载体表面而形成的固定相，分离原理是根据被分离的组分在流动相和固定相中溶解度不同而分离。分离过程是一个分配平衡过程。

(1) 液-液色谱法的作用机制　溶质在两相间进行分配时，在固定液中溶解度较小的组分较难进入固定液，在色谱柱中向前迁移速度较快；在固定液中溶解度较大的组分容易进入固定液，在色谱柱中向前迁移速度较慢，从而达到分离的目的。

液-液色谱法与液-液萃取法的基本原理相同，均服从分配定律：$K=c_{固}/c_{液}$。

K 值大的组分，保留时间长，后流出色谱柱。

(2) 正相色谱和反相色谱　正相分配色谱用极性物质作固定相，非极性溶剂（如苯、正己烷等）作流动相。

反相分配色谱用非极性物质作固定相，极性溶剂（如水、甲醇、己腈等）作流动相。

一般地，正相色谱是固定液的极性大于流动相的极性，而反相色谱是固定相的极性小于流动相的极性。正相色谱适宜于分离极性化合物，反相色谱则适宜于分离非极性或弱极性化合物。

① 正相色谱法。采用极性固定相（如聚乙二醇、氨基与氰基键合相）；流动相为相对非极性的疏水性溶剂（烷烃类如正己烷、环己烷），常加入乙醇、异丙醇、四氢呋喃、三氯甲烷等以调节组分的保留时间。常用于分离中等极性和极性较强的化合物（如酚类、胺类、羰基类及氨基酸类等）。

② 反相色谱法。一般用非极性固定相（如 C_{18}、C_8）；流动相为水或缓冲液，常加入甲醇、乙腈、异丙醇、丙酮、四氢呋喃等与水互溶的有机溶剂，以调节保留时间。适用于分离非极性和极性较弱的化合物。RPC 在现代液相色谱中应用最为广泛，据统计，它占整个 HPLC 应用的 80% 左右。

随着柱填料的快速发展，反相色谱法的应用范围逐渐扩大，现已应用于某些无机样品或易解离样品的分析。为控制样品在分析过程中的解离，常用缓冲液控制流动相的 pH。但需要注意的是，C_{18} 和 C_8 使用的 pH 通常为 2.5～7.5 (2～8)，太高的 pH 会使硅胶溶解，太低的 pH 会使键合的烷基脱落。有报告新商品柱可在 pH1.5～10 范围内操作。正相色谱法与反相色谱法的比较见表 8-3。

表 8-3 正相色谱法与反相色谱法比较

项 目	正相色谱法	反相色谱法
固定相极性	高～中	中～低
流动相极性	低～中	中～高
组分洗脱次序	极性小先洗出	极性大先洗出

从上表可看出，当极性为中等时正相色谱法与反相色谱法没有明显的界线（如氨基键合固定相）。

(3) 液-液色谱法的固定相　常用的固定液为有机液体，如极性的 β,β'-氧二丙腈（ODPN），非极性的十八烷（ODS）和异二十烷（SQ）等。

缺点：涂渍固定液容易被流动相冲掉。采用化学键合固定相则可以避免上述缺点。使固定液与载体之间形成化学键，例如在硅胶表面利用硅烷化反应：形成 Si—O—Si—C 型键，把固定液的分子结合到载体表面上。见图 8-9。

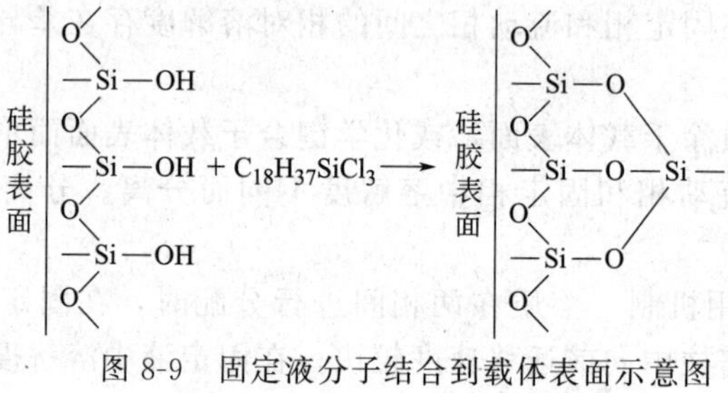

图 8-9　固定液分子结合到载体表面示意图

优点：
(1) 化学键合固定相无液坑，液层薄，传质速度快，无固定液的流失。
(2) 固定液上可以结合不同的官能团，改善分离效能。
(3) 固定液不会溶于流动相，有利于进行梯度洗提。
(4) 液-液色谱法的应用　液-液色谱法既能分离极性化合物，又能分离非极性化合物，如烷烃、烯烃、芳烃、稠环、染料、甾族等化合物。化合物中取代基的数目或性质不同，或化合物的相对分子质量不同，均可以用液-液色谱法进行分离。

8.4.3　离子交换色谱法

离子交换色谱法是基于离子交换树脂上可电离的离子与流动相中具有相同电荷的被测离子进行可逆交换，由于被测离子在交换剂上具有不同的亲和力（作用力）而被分离。

离子交换色谱法固定相是离子交换树脂，常用苯乙烯-二乙烯交联形成的聚合物骨架，在表面末端芳环上接上羧基、磺酸基（称阳离子交换树脂）或季铵基（阴离子交换树脂）。

被分离组分在色谱柱上分离原理是树脂上可电离离子与流动相中具有相同电荷的离子及被测组分的离子进行可逆交换,根据各离子与离子交换基团具有不同的电荷吸引力而分离。

(1) 离子交换色谱法的作用机制　聚合物的分子骨架上连接着活性基团,如:$-SO_3^-$,$-N(CH_3)_3^+$等。为了保持离子交换树脂的电中性,活性基团上带有电荷数相同但正、负号相反的离子 X,称为反离子。活性基团上的反离子可以与流动相中具有相同电荷的被测离子发生交换:

$$R-SO_3X + M^+ \rightleftharpoons R-SO_3M + X^-$$

离子交换色谱的分配过程是交换与洗脱过程。交换达到平衡时:

$$K = \frac{[R-SO_3M][X^-]}{[R-SO_3X][M^+]}$$

K 值越大,保留时间越长。

(2) 溶剂和固定相　两种类型:多孔性树脂与薄壳型树脂。

① 多孔性树脂:极小的球形离子交换树脂,能分离复杂样品,进样量较大;缺点是机械强度不高,不能耐受压力。

② 薄壳型离子交换树脂:在玻璃微球上涂以薄层的离子交换树脂,这种树脂柱效高,当流动相成分发生变化时,不会膨胀或压缩;缺点是但柱子容量小,进样量不宜太多。

(3) 离子交换色谱法的应用　主要用来分离离子或可离解的化合物,凡是在流动相中能够电离的物质都可以用离子交换色谱法进行分离。

广泛地应用于无机离子、有机化合物和生物物质(如氨基酸、核酸、蛋白质等)的分离。

8.4.4　凝胶色谱法(空间排阻色谱法)

固定相是有一定孔径的多孔性填料,流动相是可以溶解样品的溶剂。小分子量的化合物可以进入孔中,滞留时间长;大分子量的化合物不能进入孔中,直接随流动相流出。它利用分子筛对分子量大小不同的各组分排阻能力的差异而完成分离。常用于分离高分子化合物,如组织提取物、多肽、蛋白质、核酸等。

(1) 凝胶色谱法的作用机制　体积大于凝胶孔隙的分子,由于不能进入孔隙而被排阻,直接从表面流过,先流出色谱柱;小分子可以渗入大大小小的凝胶孔隙中而完全不受排阻,然后又从孔隙中出来随载液流动,后流出色谱柱;中等体积的分子可以渗入较大的孔隙中,但受到较小孔隙的排阻,介乎上述两种情况之间。

凝胶色谱法是一种按分子尺寸大小的顺序进行分离的一种色谱分析方法。

(2) 凝胶色谱法的固定相　凝胶色谱的固定相有软质凝胶、半硬质凝胶和硬质凝胶三种。

(3) 凝胶色谱法的应用特点　保留时间是分子尺寸的函数,适宜于分离相对分子质量大的化合物,相对分子质量在 $400\sim8\times10^5$ 的任何类型的化合物。

保留时间短,色谱峰窄,容易检测。固定相与溶质分子间的作用力极弱,趋于零,柱的寿命长。凝胶色谱法不能分辨分子大小相近的化合物,分子量相差需在 10% 以上时才能得到分离。

8.4.5　离子对色谱法

又称偶离子色谱法,是液液色谱法的分支。它是根据被测组分离子与离子对试剂离子形成中性的离子对化合物后,在非极性固定相中溶解度增大,从而使其分离效果改善。主要用于分析离子强度大的酸碱物质。

离子对色谱,特别是反相离子对色谱解决了以往难分离混合物的分离问题,诸如酸、碱和离子和非离子的混合物,特别对一些生化样品如核酸、核苷、儿茶酚胺、生物碱以及药物等的分离。另外还可以借助离子对的生成给样品引入紫外吸收或发荧光的基团,以提高检测的灵敏度。

分析碱性物质常用的离子对试剂为烷基磺酸盐,如戊烷磺酸钠、辛烷磺酸钠等。另外高氯酸、三氟乙酸也可与多种碱性样品形成很强的离子对。

分析酸性物质常用四丁基季铵盐,如四丁基溴化铵、四丁基铵磷酸盐。

离子对色谱法常用 ODS 柱(即 C_{18}),流动相为甲醇-水或乙腈-水,水中加入 3~10mmol/L 的离子对试剂,在一定的 pH 范围内进行分离。被测组分的保留时间与离子对性质、浓度、流动相组成及其 pH、离子强度有关。

8.5 高效液相色谱法分离方式的选择

色谱的分离方式是按固定相的分离机理分类的,选定了固定相(色谱柱)基本上就确定了分离方式。当然,即使同一根色谱柱,如果所用流动相和其他色谱条件不同,也可能成为不同的分离方式。选择分离方式大体上可以参照图 8-10。

(1) 根据样品的分子质量选择

① 相对分子质量小且容易挥发的样品,宜用气相色谱法分析。

② 相对分子质量在 200~2000 之间的,宜用液-液色谱、液-固色谱、排斥色谱进行分析。

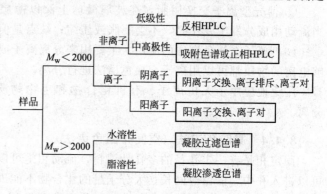

图 8-10 分离方式的选择原则

③ 相对分子质量>2000 的宜用凝胶色谱法进行分离。

(2) 根据样品的溶解度选择

① 能迅速溶于水的样品,可采用反相液-液色谱法进行分离。

② 凡能溶解于烃类的则用液-固吸附色谱法分离。

③ 若样品溶于二氯甲烷则多用常规的分配色谱和吸附色谱。

(3) 根据样品的分子结构(官能团)选择

① 化合物中有能离解的官能团(有机酸、碱)可用离子交换色谱分离。

② 脂肪族或芳香族可以用分配色谱、吸附色谱来分离。

一般用液-固色谱分离同分异构体,用液-液色谱分离同系物。

8.6 毛细管电泳(CE)

毛细管电泳(capillary electrophoresis,CE)也常称高效毛细管电泳(high performance capillary electrophoresis,HPCE),是以内径 20~200μm 的柔性毛细管柱作为分离通道,以高压直流电场为驱动力,对各种小分子、大分子以致细胞等进行高效分离、检测或微量制备等的有关技术的总称。

毛细管电泳作为一种经典电泳技术与现代微柱分离有机结合的新兴分离技术,近年来发展迅猛并得到广泛应用。由于 CE 显示了对生物分子如神经递质、肽、蛋白质、核苷酸的分离分析和 DNA 快速测序等的巨大潜力,符合以生物工程为代表的生命科学对各种对象的分离分析和微量制备的需求,所以它正逐步成为一种常用分析手段。

在电解质溶液中,带电粒子在电场作用下以不同的速度定向迁移的现象叫电泳。

电泳迁移速度 (v) 可用下式表示:

$$v = \mu E$$

式中,E 为电场强度 ($E=V/L$,V 为电压,L 为毛细管总长度);μ 为电泳淌度。

毛细管电泳所用的石英毛细管柱,在 pH>3 的情况下,其内表面带负电,和溶液接触时形成双电层。在高电压的作用下,双电层中的水合阳离子引起流体整体向负极方向迁移的现象叫电渗。电渗是毛细管中的溶剂因轴向直流电场的作用而发生的定向流动。

各种粒子在毛细管内电解质中的迁移速度等于电泳和电渗流两种速度的矢量和。正离子的运动方向和电渗流一致,故最先流出;中性粒子的电泳速度为零,故其迁移速度等于电渗流速度;负离子的运动方向和电渗流方向相反,但因电渗流速度一般都大于电泳速度,故它将在中性粒子之后流出。

各种粒子因迁移速度不同而实现分离。毛细管电泳仪主要部件有 0~30kV 可调稳压稳流电源、内径小于 100μm (常用 50~75μm)、长度一般为 30~100cm 的弹性石英毛细管、电极槽、检测器和进样装置。检测器有紫外/可见分光检测器、激光诱导荧光检测器和电化学检测器,前者最为常用。进样方法有电动法(电迁移)、压力法(正压力、负压力)和虹吸法。成套仪器还配有自动冲洗、自动进样、温度控制、数据采集和处理等部件。

毛细管电泳所用的石英毛细管柱,在 pH>3 的情况下,其内表面带负电,与缓冲液接触时形成双电层,在高压电场作用下,形成双电层一侧的缓冲液由于带正电荷而向负极方向移动,从而形成电渗流。同时,在缓冲溶液中,带电粒子在电场作用下,以各自不同速度向其所带电荷极性相反的方向移动,形成电泳。带电粒子在毛细管缓冲液中的迁移速度等于电泳和电渗流的矢量和。各种粒子由于所带电荷多少、质量、体积以及形状不同等因素引起迁移速度不同而实现分离。

目前,毛细管电泳的分离模式有以下几种。

① 毛细管区带电泳,用于分析带电溶质。为了降低电渗流和吸附现象,可将毛细管内壁涂层。

② 毛细管凝胶电泳,在毛细管中装入单体,引发聚合形成凝胶,主要用于测定蛋白质、DNA 等大分子化合物。另有将聚合物溶液等具有筛分作用的物质,如葡聚糖、聚环氧乙烷,装入毛细管中进行分析,称毛细管无胶筛分电泳,故有时将此种模式总称为毛细管筛分电泳,可分为凝胶和无胶筛分两类。

③ 胶束电动毛细管色谱,在缓冲液中加入离子型表面活性剂,如十二烷基硫酸钠,形成胶束,被分离物质在水相和胶束相(准固定相)之间发生分配并随电渗流在毛细管内迁移,达到分离。本模式能用于中性物质的分离。

④ 亲和毛细管电泳,在毛细管内壁涂布或在凝胶中加入亲和配基,以亲和力的不同达到分离目的。

⑤ 毛细管电色谱,是将 HPLC 的固定相填充到毛细管中或在毛细管内壁涂布固定相,以电渗流为流动相驱动力的色谱过程,此模式兼具电泳和液相色谱的分离机制。

⑥ 毛细管等电聚焦电泳,是通过内壁涂层使电渗流减到最小,再将样品和两性电解质混合进样,两个电极槽中分别为酸和碱,加高电压后,在毛细管内建立了 pH 梯度,溶质在毛细管中迁移至各自的等电点,形成明显区带,聚焦后用压力或改变检测器末端电极槽储液

的 pH，使溶质通过检测器。

⑦ 毛细管等速电泳，采用先导电解质和后继电解质，使溶质按其电泳消度不同得以分离。

以上各模式以①、②、③种应用较多。

电极槽和毛细管内的溶液为缓冲液，可以加入有机溶剂作为改性剂，以及加入表面活性剂，称作运行缓冲液。运行缓冲液使用前应脱气。电泳谱中各成分的出峰时间称迁移时间。胶束电动毛细管色谱中的胶束相当于液相色谱的固定相，但它在毛细管内随电渗流迁移，故容量因子为无穷大的成分最终也随胶束流出。其他各种参数都与液相色谱所用的相同。

目前毛细管电泳仪的进样精度较高效液相色谱法低，定量分析时以内标法为宜。

高效毛细管电泳（high performance capillary electrophoresis，HPCE）是近年来发展起来的一种分离、分析技术，它是凝胶电泳技术的发展，是高效液相色谱分析的补充。该技术可分析的成分小至有机离子，大至生物大分子如蛋白质、核酸等。可用于分析多种体液样本，HPCE 分析高效、快速，可分析微量组分。

8.7 固相萃取（SPE）

固相萃取（solid phase extraction，SPE）就是利用固体吸附剂将液体样品中的目标化合物吸附，与样品的基体和干扰化合物分离，然后再用洗脱液洗脱或加热解吸附，达到分离和富集目标化合物的目的。SPE 根据其相似相溶机理可分为四种：反相 SPE、正相 SPE、离子交换 SPE、吸附 SPE。

与液-液萃取相比，固相萃取有很多优点：固相萃取不需要大量互不相溶的溶剂，处理过程中不会产生乳化现象，它采用高效及高选择性的吸附剂（固定相），能显著减少溶剂的用量，简化样品预处理过程，同时所需费用也有所减少。一般来说固相萃取所需时间为液-液萃取的 1/2，费用为液-液萃取的 1/5。其缺点是：目标化合物的回收率和精密度要低于液-液萃取。

固相萃取的简要过程如下：
① 一个样品包括分离物和干扰物通过吸附剂；
② 吸附剂选择性的保留分离物和一些干扰物，其他干扰物通过吸附剂；
③ 用适当的溶剂淋洗吸附剂，使先前保留的干扰物选择性地淋洗掉，分离物保留在吸附剂床上；
④ 纯化、浓缩的分离物从吸附剂上淋洗下来。

鉴于固相萃取实质上是一种液相色谱的分离，故原则上讲，可作为液相色谱柱填料的材料都可用于固相萃取。但是，由于液相色谱的柱压可以较高，要求柱效较高，故其填料的粒度要求较严格，过去常用 $10\mu m$ 粒径填料，现在高效柱多用 $5\mu m$ 的填料，甚至用了 $3\mu m$ 的填料（随着 HPLC 泵压的提高，填料的粒径在逐渐减小）。对填料的粒径分布要求也很窄。固相萃取柱上所加压一般都不大，分离目的只是把目标化合物与干扰化合物和基体分开即可，柱效要求一般不高，故作为固相萃取吸附剂的填料都较粗，一般为 $40\mu m$ 即可用，粒径分布要求也不严格，这样可以大大降低固相萃取柱的成本。

（1）样品的保留和洗脱　在固相萃取中最通常的方法是将固体吸附剂装在一个针筒状柱子里，使样品溶液通过吸附剂床，样品中的化合物或通过吸附剂或保留在吸附剂上（依靠吸附剂对溶剂的相对吸附）。"保留"是一种存在于吸附剂和分离物分子间吸引的现象，造成当样品溶液通过吸附剂床时，分离物在吸附剂上不移动。保留是三个因素的作用。即分离物、溶剂和吸附剂。所以，一个给定的分离物的保留行为在不同溶剂和吸附剂存在下是变化的。"洗脱"是一种保留在吸附剂上的分离物从吸附剂上去除的过程，这通过加入一种对分离物的吸引比吸附剂更强的溶剂来完成。

(2) 吸附剂的容量和选择性　吸附剂的容量是在最优条件下，单位吸附剂的量能够保留一个强保留分离物的总量。不同键合硅胶吸附剂的容量变化范围很大。选择性是吸附剂区别分离物和其他样品基质化合物的能力，也就是说，保留分离物去除其他样品化合物。一个高选择性吸附剂是从样品基质中仅保留分离物的吸附剂。吸附剂选择性是三个参数的作用：分离物的化学结构、吸附剂的性质和样品基质的组成。

固相萃取选择分离模式和吸附剂时还要考虑以下几点：
① 目标化合物在极性或非极性溶剂中的溶解度，这主要涉及淋洗液的选择。
② 目标化合物有无可能离子化（可用调节 pH 实现离子化），从而决定是否采用离子交换固相萃取。
③ 目标化合物有无可能与吸附剂形成共价键，如形成共价键，在洗脱时可能会遇到麻烦。
④ 非目标化合物与目标化合物在吸附剂吸附点上的竞争程度，这关系到目标化合物与干扰化合物是否能很好分离。

固相萃取是一个包括液相和固相的物理萃取过程。在固相萃取中，固相对分离物的吸附力比溶解分离物的溶剂更大。当样品溶液通过吸附剂床时，分离物浓缩在其表面，其他样品成分通过吸附剂床；通过只吸附分离物而不吸附其他样品成分的吸附剂，可以得到高纯度和浓缩的分离物。

固相萃取作为样品前处理技术，在实验室中得到了越来越广泛的应用。它利用分析物在不同介质中被吸附的能力差将标的物提纯，有效地将标的物与干扰组分分离，大大增强对分析物特别是痕量分析物的检出能力，提高了被测样品的回收率。

8.8　高效液相色谱法的应用

高效液相色谱法的应用远远大于气相色谱法。它广泛用于合成化学、石油化学、生命科学、临床化学、药物研究、环境监测、食品检验及法学检验等领域。

(1) 在食品分析中的应用
① 食品营养成分分析：蛋白质、氨基酸、糖类、色素、维生素、香料、有机酸（邻苯二甲酸、柠檬酸、苹果酸等）、有机胺、矿物质等。
② 食品添加剂分析：甜味剂、防腐剂、着色剂（合成色素如柠檬黄、苋菜红、靛蓝、胭脂红、日落黄、亮蓝等）、抗氧化剂等。
③ 食品污染物分析：霉菌毒素（黄曲霉毒素、黄杆菌毒素、大肠杆菌毒素等）、微量元素、多环芳烃等。

(2) 在环境分析中的应用　多环芳烃（特别是稠环芳烃）、农药（如氨基甲酸酯类，反相色谱）残留等。

(3) 在生命科学中的应用　HPLC 技术目前已成为生物化学家和医学家在分子水平上研究生命科学、遗传工程、临床化学、分子生物学等必不可少的工具。其在生化领域中的应用主要集中于两个方面。
① 低分子量物质，如氨基酸、有机酸、有机胺、类固醇、卟啉、糖类、维生素等的分离和测定。

② 高分子量物质，如多肽、核糖核酸、蛋白质和酶（各种胰岛素、激素、细胞色素、干扰素等）的纯化、分离和测定。

过去对这些生物大分子的分离主要依赖于等速电泳、经典离子交换色谱等技术，但都有一定的局限性，远远不能满足生物化学研究的需要。因为在生化领域中经常要求从复杂的混合物基质，如培养基、发酵液、体液、组织中对感兴趣的物质进行有效而又特异的分离，通常要求检测限达 ng 级或 pg 级，并要求重复性好、快速、自动检测；制备分离、回收率高且不失活。在这些方面，HPLC 具有明显的优势。

（4）在医学检验中的应用　主要应用于体液中代谢物测定、药代动力学研究及临床药物监测。

① 合成药物：抗生素、抗忧郁药物（冬眠灵、氯丙咪嗪、安定、利眠宁、苯巴比妥等）、磺胺类药等。

② 天然药物：生物碱如吲哚碱、颠茄碱、鸦片碱、强心苷等。

（5）在无机分析中的应用　包括阳离子、阴离子的分析等。

技能训练 8-1　果汁中维生素 C 含量的测定

（一）实训目的与要求
1. 学习及了解高效液相色谱仪的工作原理及操作要点。
2. 掌握高效液相色谱法测定果汁中维生素 C 的原理及方法。

（二）基本原理

果汁是以水果为原料经过物理方法如压榨、离心、萃取等得到的汁液产品，一般是指纯果汁或 100% 果汁。果汁按形态分为澄清果汁和浑浊果汁。澄清果汁澄清透明，如苹果汁；而浑浊果汁均匀浑浊，如橙汁。

果汁中的维生素 C 在 ODS 柱上可以得到分离，并且在 206nm 波长下，维生素 C 有吸收，本方法对于测定果汁中添加维生素 C 的样品有较好的结果。

（三）仪器与试剂

（1）溶剂：过滤后的二次蒸馏水。

（2）流动相：0.01mol/L HCl 溶液。

（3）维生素 C 标准品：纯度 95%。

（4）维生素 C 标准溶液：称取维生素 C 标准品 0.25g，精确至 0.0001g，用流动相溶解，转移并定容标准品于 50mL 容量瓶中，混匀，作为贮备液。

（5）维生素 C 标准工作液：准确吸取 5.0mL 贮备液于 50mL 容量瓶中，用流动相定容，即可得到 10 倍的稀释液，其浓度为 0.5mg/mL。

（6）维生素 C 标准液的保存期不应超过半个月。

（7）高效液相色谱仪：单元泵，可变波长紫外检测器，数据分析系统。

（8）色谱柱：150mm×4.6mm，5μL 颗粒的键合 ODS 柱。

（9）进样器：25μL 微量进样针。

（10）色谱条件：

流动相：0.01mol/L HCl 溶液。

流量：1.0mL/min。

柱温：40℃。

检测波长：206nm。

保留时间：3.2min。

以上操作条件是典型条件，可根据仪器情况和分离情况加以适当调整，以期获得最佳定量效果。

（四）测定步骤

（1）样品的制备：称取浓缩汁样品 4.0g（清汁 10mL 或浓缩浊汁 6mL 左右），精确至 0.01g，用流动相溶解于 50mL 容量瓶中，并定容至刻度，摇匀，用带有 0.45μm 水系滤膜的过滤器过滤样品至样品瓶中，作为试样溶液。

（2）在上述操作条件下，等待仪器运行稳定后，按照标准溶液、试样溶液的顺序交叉进样进行测定。

（3）定量计算

以现配制的维生素 C 标准工作液做标准曲线，同时注射 5 针，从而确定响应系数，对于样品的面积积分结果采用外标法，即可得到样品中维生素 C 的含量。

（4）维生素 C（mg/100g）按下式计算：

$$V_c(mg/100g) = \frac{A_i \times c_s \times V \times 100}{A_s \times m}$$

式中，A_i、A_s 为样品与标样中维生素 C 的峰面积；c_s 为标样中维生素 C 的浓度，mg/mL；V 为标样定容体积，mL；m 为称取的试样量，g。

（5）允许差

两次平行测定结果之差，相对偏差≤10%。

技能训练 8-2　饮料中苯甲酸钠、糖精钠含量的测定

（一）实训目的与要求

1. 学习及了解高效液相色谱仪的工作原理及操作要点。
2. 掌握高效液相色谱法测定糖精钠、苯甲酸钠的原理及方法。
3. 学会使用高效液相色谱仪，学会识别色谱图。

（二）基本原理

样品加热除去二氧化碳和乙醇，调节 pH 至近中性后，过滤，然后经高效液相色谱仪反相色谱分离，根据保留时间和峰面积进行定性定量。

（三）仪器与试剂

1. 仪器

高效液相色谱仪、紫外检测器。

2. 试剂

（1）甲醇：经滤膜（0.5μm）过滤。

（2）氨水（1+1）：氨水与水等体积混合。

（3）0.02mol/L 乙酸铵溶液：称取 1.54g 乙酸铵，加水至 1000mL 溶解，经滤膜 0.45μm 过滤。

（4）糖精钠标准贮备液：准确称取 0.0851g 经 120℃ 烘干 4h 后的糖精钠，加水溶解定容至 100mL。此溶液糖精钠含量为 1.0mg/mL。

（5）糖精钠标准使用液：吸取糖精钠标准贮备液 10.0mL 于 100mL 容量瓶中，加水至刻度。经滤膜（0.45μm）过滤。此溶液每毫升相当于 0.10mg 糖精钠。

（四）测定方法

1. 样品处理

称取 5.0~10.0g 样品中，用氨水（1+1）调至 pH7，加水定容至适当体积，经滤膜

(0.45μm) 过滤，滤液用作 HPLC 分析。

2. 高效液相色谱参考条件

(1) 色谱柱：YWG-C_{18}，4.6mm×150mm，5μm，或其他型号 C_{18} 柱。

(2) 流动相：甲醇＋乙酸铵溶液 (0.02mol/L)(5:95)。

(3) 流速：1.0mL/min。

(4) 进样量：10μL。

(5) 检测器：紫外检测器，波长 230nm，灵敏度 0.2AUFS。

根据保留时间定性，外标峰面积法定量。

（五）结果计算

$$X = \frac{m_1 \times 1000}{m_2 \times \frac{V_2}{V_1} \times 1000}$$

式中，X 为样品中糖精钠的含量，g/kg(L)；m_1 为进样体积中糖精钠的质量，mg；m_2 为样品的质量，g；V_1 为样点稀释总体积，mL；V_2 为进样体积，mL。

技能训练 8-3　用反相液相色谱法分离芳香烃

（一）实训目的与要求

1. 学习高效液相色谱仪的操作。
2. 了解反相液相色谱法分离非极性化合物的基本原理。
3. 掌握用反相液相色谱法分离芳香烃类化合物的方法。

（二）基本原理

高效液相色谱法是重要的液相色谱法。它选用颗粒很细的高效固定相，采用高压泵输送流动相，分离、定性及定量全部分析过程都通过仪器来完成。除了有快速、高效的特点外，它能分离沸点高、分子量大、热稳定性差的试样。

根据使用的固定相及分离原理不同，一般将高效液相色谱法分为分配色谱、吸附色谱、离子交换色谱和空间排斥色谱等。

在分配色谱中，组分在色谱柱上的保留程度取决于它们在固定相和流动相之间的分配系数 K：

$$K = \frac{组分在固定相中的浓度}{组分在流动相中的浓度}$$

显然，K 越大，组分在固定相上的停留时间越长，固定相与流动相间的极性差值也越，因此，相应出现了流动相为非极性而固定相为极性物质的正相液相色谱法和流动相为极性而固定相为非极性物质的反相液相色谱法。目前应用最广的固定相是通过化学反应的方法将固定液键合到硅胶表面上，即所谓的键合固定相。若将正构烷烃等非极性物质（如 n-C_n 烷）键合到硅胶基质上，以极性溶剂（如甲醇和水）为流动相，则可分离非极性或弱极性的化合物。据此，采用反相液相色谱法可分离烷基苯类化合物。

（三）仪器与试剂

1. 仪器

(1) 高效液相色谱仪（紫外检测器）。

(2) 超声波清洗器

(3) 微量进样器 10μL。

(4) 色谱柱：250mm×4.6mm，n-C_{18} 柱。

2. 试剂

(1) 苯、甲苯、正丙基苯、正丁苯（均为分析纯）。

(2) 未知样品。

(四) 操作步骤

(1) 用流动相溶液（80%甲醇+20%水）配制浓度为10mg/mL的标准样品。

(2) 在教师指导下，按下述色谱条件操作色谱仪：

柱温：室温，流动相流速1.3mL/min。

(3) 待记录仪基线稳定后，分别进苯、甲苯、正丙基苯、正丁基苯、标准样各5μL。

(4) 获得四种标准样的色谱图后，按步骤（3）进未知试样20μL（由教师提供），记录色谱图。

(五) 实验数据及处理

1. 测定每一个标准样的保留距离（进样标记至色谱峰顶间的距离）。

2. 测定未知试样中每一个峰的保留距离，与标准样色谱图比较，标出未知试样中每一个峰代表什么化合物。

3. 用标样峰的峰面积，估算未知试样中相应化合物的含量。

(六) 问题与讨论

1. 解释未知试样中各组分的洗脱顺序。

2. 试说明苯甲酸在本实验的色谱柱上，是强保留还是弱保留？为什么？

技能训练8-4 阿莫西林胶囊含量的测定

(一) 实训目的与要求

1. 熟悉HPLC法测定的原理及操作。

2. 掌握外标法测定阿莫西林胶囊含量。

(二) 基本原理

供试品经流动相溶解并定量稀释，进入高效液相色谱仪进行色谱分离，用紫外吸收检测器，于波长254nm处检测阿莫西林的峰面积，计算出其含量。

(三) 测定操作

1. 鉴别

取本品内容物适量，在含量测定项下记录的色谱图中，供试品主峰的保留时间应与对照品主峰的保留时间一致。

2. 含量测定

① 色谱条件与系统适用性试验：用十八烷基硅烷键合硅胶为填充剂；以磷酸盐缓冲液（pH5.0）（取磷酸二氢钾13.6g，加水溶解后稀释到2000mL，用8mol/L氢氧化钾溶液调节pH至5.0±0.1）-乙腈（96:4）为流动相；流速约为1.0mL/min；检测波长254nm。理论塔板数按阿莫西林峰计算应不低于1700。

② 对照溶液的配制：取阿莫西林对照品约30mg，精密称定，置50mL容量瓶中，加磷酸盐缓冲液（pH5.0）溶解并稀释至刻度，摇匀即得。

③ 样品测定：取装量差异项下的内容物，混合均匀，精密称取适量，加磷酸盐缓冲液（pH5.0）溶解并稀释成约含0.6mg/mL的溶液，过滤，取续滤液20μL注入液相色谱仪，记录色谱图；另取阿莫西林对照溶液同法测定。按外标法以峰面积计算出样品中阿莫西林（$C_{19}H_{19}N_3O_5S$）的含量。本品含阿莫西林（$C_{19}H_{19}N_3O_5S$）应为标示量的90.0%~110.0%。

3. 说明

阿莫西林化学名（2S，5R，6R)-3,3-二甲基-6-[(R)-(—)-2-氨基-2-(4-羟基苯基)乙酰氨基]-7-氧代-4-硫杂-1-氮杂双环［3.2.0］庚烷-2-甲酸三水合物，结构如下：

分子式 $C_{16}H_{19}N_3O_5S \cdot 3H_2O$，相对分子质量 419.46，我国药典收载的相关制剂主要有片剂、胶囊剂及注射用阿莫西林钠。片剂规格：125mg×50、25mg×20、25mg×50。

液相色谱法技能考核标准示例

液相色谱分析法考核评分表

序号	评分点	配分	评 分 标 准	扣分	得分
1	容量瓶操作	5分	洗涤不符合要求,扣1分		
			没有试漏,扣1分		
			加入溶液的顺序不正确,扣1分		
			不能准确定容,扣1分		
			没有摇匀,扣1分		
2	测定前的准备	20分	流动相的预处理不当,扣2分		
			试样处理不当,扣1分		
			标样溶样不当,扣1分		
			色谱柱安装操作不当,扣2分		
			开机顺序不正确,扣2分		
			色谱工作站的工作方法设置不熟练,扣4分		
			流动相流速设置错误,扣2分		
			柱温选择不当,扣2分		
			检测波长选择错误,扣2分		
			输液泵开启错误,扣2分		
3	测定操作	15分	未等待基线稳定,扣3分		
			进样器未清洗或清洗不当,扣2分		
			吸样操作不当,扣2分		
			进样操作不当,扣3分		
			流动相配比和流速调整错误,扣3分		
			不会正确使用色谱工作站进行分析,扣3分		
4	测定的结束工作	10分	台面不清洁,扣1分		
			关机顺序和操作不当,扣8分		
			未清理进样器,扣1分		
5	测定结果	10分	色谱流出曲线上峰位置错误,扣5分		
			色谱分离度不适当,扣5分		
		15分	考生平行结果大于允差小于或等于1/2倍允差,扣7分		
			考生平行结果大于1/2倍允差,扣15分		
		25分	考生平均结果与参照值对比大于1倍小于或等于2倍允差,扣8分		
			考生平均结果与参照值对比大于2倍小于或等于3倍允差,扣15分		
			考生平均结果与参照值对比大于3倍允差,扣25分		
6	考核时间		考核时间为120min。超过5min扣2分,超过10min扣4分,超过15min扣8分。……以此类推,扣完本题分数为止		
合计		100			

思考题与习题

一、思考题

1. 从分离原理、仪器构造及应用范围上简要比较气相色谱及液相色谱的异同点。
2. 液相色谱有哪几种类型?
3. 液-液分配色谱的保留机理是什么?这种类型的色谱在分析应用中,最适宜分离的物质是什么?
4. 在液-液分配色谱中,为什么可分为正相色谱及反相色谱?
5. 何谓化学键合固定相?它有什么突出的优点?
6. 在毛细管中实现电泳分离有什么优点?

二、选择题

1. 液相色谱适宜的分析对象是(　　)。
   A. 低沸点小分子有机化合物　　B. 高沸点大分子有机化合物
   C. 所有有机化合物　　D. 所有化合物
2. HPLC 与 GC 的比较,可忽略纵向扩散项,这主要是因为(　　)。
   A. 柱前压力高　　B. 流速比 GC 的快
   C. 流动相黏度较小　　D. 柱温低
3. 在分配色谱法与化学键合相色谱法中,选择不同类别的溶剂(分子间作用力不同),以改善分离度,主要是(　　)。
   A. 提高分配系数比　　B. 容量因子增大
   C. 保留时间增长　　D. 色谱柱柱效提高
4. 吸附作用在下面哪种色谱方法中起主要作用(　　)。
   A. 液-液色谱法　　B. 液-固色谱法
   C. 键合相色谱法　　D. 离子交换法
5. 在正相色谱中,若适当增大流动相极性,则(　　)。
   A. 样品的 k 降低,t_R 降低　　B. 样品的 k 增加,t_R 增加
   C. 相邻组分的增加　　D. 基本无影响
6. 液相色谱中通用型检测器是(　　)。
   A. 紫外吸收检测器　　B. 示差折光检测器
   C. 热导池检测器　　D. 荧光检测器
7. 高压、高效、高速是现代液相色谱的特点,采用高压主要是由于(　　)。
   A. 可加快流速,缩短分析时间　　B. 高压可使分离效率显著提高
   C. 采用了细粒度固定相所致　　D. 采用了填充毛细管柱
8. 在液相色谱中,下列检测器可在获得色谱流出曲线的基础上,同时获得被分离组分的三维彩色图形的是(　　)。
   A. 光电二极管阵列检测器　　B. 示差折光检测器
   C. 荧光检测器　　D. 电化学检测器
9. 在液相色谱中,常用作固定相又可用作键合相基体的物质是(　　)。
   A. 分子筛　　B. 硅胶　　C. 氧化铝　　D. 活性炭
10. 在以硅胶为固定相的吸附柱色谱中,错误的说法是(　　)。
    A. 组分的极性越强,被固定相吸附的作用越强
    B. 物质的相对分子质量越大,越有利于吸附
    C. 流动相的极性越强,组分越容易被固定相所吸附
    D. 吸附剂的活度系数越小,对组分的吸附力越大

三、判断题

1. 液相色谱分析时,增大流动相流速有利于提高柱效能。
2. 高效液相色谱分析的应用范围比气相色谱分析的大。

3. 高效液相色谱仪的色谱柱可以不用恒温箱，一般可在室温下操作。
4. 高效液相色谱分析不能分析沸点高、热稳定性差、相对分子质量大于 400 的有机物。
5. 紫外-可见检测器是利用某些溶质在受紫外光激发后，能发射可见光的性质来进行检测的。
6. 紫外吸收检测器是离子交换色谱法的通用型检测器。
7. 在液相色谱中为避免固定相的流失，流动相与固定相的极性差别越大越好。
8. 正相分配色谱的流动相极性大于固定相极性。
9. 反相分配色谱适于非极性化合物的分离。
10. 液相色谱的流动相又称为淋洗液，改变淋洗液的组成，极性可显著改变组分分离效果。

第 9 章 离子色谱（IC）

【学习指南】 离子色谱分析法出现在 20 世纪 70 年代，80 年代迅速发展起来，以无机、特别是无机阴离子混合物为主要分析对象。

离子交换色谱法是利用离子交换原理和液相色谱技术的结合来测定溶液中阳离子和阴离子的一种分离分析方法。凡在溶液中能够电离的物质通常都可以用离子交换色谱法进行分离。现在离子交换色谱法不仅适用于无机离子混合物的分离，亦可用于有机物的分离，例如氨基酸、核酸、蛋白质等生物大分子，因此应用范围较广。

本章主要介绍离子色谱法的基本原理、离子色谱仪、实验技术及其应用。

9.1 基本原理

离子色谱（IC）是色谱技术的一个分支，是高效液相色谱的一种，它是以分析离子为主的一种液相色谱方法。早期的离子色谱主要用于阴离子分析，现在在无机和有机阴、阳离子及高极化分子分析起到了重要的作用。

9.1.1 分离原理

离子色谱（IC）分离是基于发生在流动相和键合在基质上的离子交换基团之间的离子交换过程，也包括部分非离子的相互作用。这种分离方式可用于有机和无机阴离子和阳离子的分离。

离子色谱的分离机理主要是离子交换，有三种分离方式，它们是高效离子交换色谱（HPIC）、离子排斥色谱（HPIEC）和离子对色谱（MPIC）。用于三种分离方式的柱填料的树脂骨架基本都是苯乙烯-二乙烯基苯的共聚物，但树脂的离子交换功能基和容量各不相同。HPIC 需用低容量的离子交换树脂，HPIEC 用高容量的树脂，MPIC 用不含离子交换基团的多孔树脂。

三种分离方式各基于不同的分离机理，HPIC 的分离机理主要是离子交换，HPIEC 主要为离子排斥，而 MPIC 则主要是基于吸附和离子对的形成。

(1) 高效离子交换色谱（HPIC） 应用离子交换的原理，采用低交换容量的离子交换树脂来分离离子，这在离子色谱中应用最广泛，其主要填料类型为有机离子交换树脂，以苯乙烯-二乙烯基苯共聚体为骨架，在苯环上引入磺酸基，形成强酸型阳离子交换树脂，引入叔氨基而成季铵型强碱型阴离子交换树脂，此交换树脂具有大孔或薄壳型或多孔表面层型的物理结构，以便于快速达到交换平衡，离子交换树脂耐酸碱可在任何 pH 范围内使用，易再生处理、使用寿命长，缺点是机械强度差、易溶胀、易受有机物污染。

硅质键合离子交换剂以硅胶为载体，将有离子交换基的有机硅烷与其表面的硅醇基反应，形成化学键合型离子交换剂，其特点是柱效高、交换平衡快、机械强度高，缺点是不耐酸碱、只宜在 pH=8 范围内使用。离子交换色谱是最常用的离子色谱。

(2) 离子排斥色谱 它主要根据 Donnon 膜排斥效应，电离组分受排斥不被保留，而弱酸则有一定保留的原理，制成离子排斥色谱主要用于分离有机酸以及无机含氧酸根，如硼酸根、碳酸根和硫酸根及有机酸等。它主要采用高交换容量的磺化 H 型阳离子交换树脂为填料，以稀盐酸为淋洗液。

（3）离子对色谱　离子对色谱的固定相为疏水型的中性填料，可用苯乙烯-二乙烯基苯树脂或十八烷基硅胶（ODS），也有用 C_8 硅胶或氰基固定相，流动相由含有所谓对离子试剂和含适量有机溶剂的水溶液组成，对离子是指其电荷与待测离子相反，并能与之生成疏水性离子，对化合物的表面活性剂离子，用于阴离子分离的对离子是烷基胺类如氢氧化四丁基铵、氢氧化十六烷基三甲烷等，用于阳离子分离的对离子是烷基磺酸类，如己烷磺酸钠、庚烷磺酸钠等。对离子的非极性端亲脂，而极性端亲水，其 CH_2 键越长则离子对化合物在固定相上的保留越强，在极性流动相中，往往加入一些有机溶剂，以加快淋洗速度，此法主要用于疏水性阴离子以及金属配合物的分离，至于其分离机理则有三种不同的假说，反相离子对分配离子交换以及离子相互作用。

9.1.2　离子色谱的特点

离子色谱有如下特点：

① 快速、方便　对常规的 7 种阴离子（F^-、Cl^-、Br^-、NO_2^-、NO_3^-、SO_4^{2-}、PO_4^{3-}），6 种常见的阳离子（Li^+、Na^+、NH_4^+、K^+、Mg^{2+}、Ca^{2+}）分析时间小于 10min。

② 灵敏度高　分析浓度为 $\mu g/L \sim mg/L$ 数量级，最低可达 $10^{-12}g/L$。

③ 选择性好。

④ 可同时分析多种离子化合物。

⑤ 分离柱的稳定性好，容量高。

9.1.3　离子色谱的新进展

（1）新型电化学技术在离子色谱中的应用　当前离子色谱发展的一个最新动向是由电化学技术结合新型高分子材料，并逐渐在离子色谱中得到广泛的应用。最显著的例子如下。

① 电化学自再生抑制器　电解法用于离子色谱抑制，最初由我国厦门大学田昭武院士等提出，并分别申请了中国和美国专利，实现商品化。美国 Dionex 公司对这一方法进行了改进，使抑制器的再生液只加水就能完成，通过水电解产生的 H^+ 或 OH^- 完成背景电导抑制，抑制器完全不必外加再生液就能完成电导抑制，使抑制型离子色谱的操作更为方便，而美国 Alltech 公司则采用固相电解法，利用树脂实现电导抑制由电解产生 H^+ 实现电化学再生，再将碳酸盐淋洗液中的 CO_2 去除，以进一步降低背景电导值，从而实现了碳酸的梯度淋洗。

② 淋洗液发生器　通过水电解法产生 OH^- 或 H^+，与树脂中已经结合的 K^+ 或 Cl^- 形成 KOH 或 HCl，成为淋洗液，这种方法减少了 OH^- 因空气中 CO_2 干扰使基线不稳、背景改变的情况，同时所产生的 KOH 浓度可以通过电流进行控制，很容易地进行梯度淋洗。

③ 离子回流　H. Small 等人在 1998 年提出了离子色谱的新设想，离子回流的原理是将离子色谱淋洗液发生器及离子色谱电化学自再生抑制器串联，从此离子色谱的淋洗形成一个循环系统，使离子色谱方法又有一个更新的概念。为此他本人在 1998 年日本大阪再次获得离子色谱学术大奖。

（2）新型离子色谱柱的研制和应用　新型离子色谱柱的发展方向除了提高离子色谱的效率外，主要从两个方面进行，首先为了进一步开发离子色谱的功能，提出了新型的离子色谱柱，目前除了常规离子色谱柱外，还有同时具有阳离子和阴离子交换功能的混合床离子色谱柱和同时具有离子交换功能和反相保留机理的多维色谱柱，这些柱的应用使离子色谱的使用领域得到扩大,特别在阴、阳离子的同时分析和有机物疏水性离子的分析中得到广泛应用。

其次就是从提高离子色谱柱寿命扩大,可用范围上发展采用特殊的离子交换材料高的交联度使离子色谱柱可以承受有机溶剂,以大大增强离子色谱柱的抗有机污染能力。

(3) 新型分离方法 新的分离方法也为离子色谱应用领域的扩大打下基础,在众多创新的分离手段中旅居日本的中国学者胡文治等提出的静电离子色谱颇有创意,其方法可以用纯水洗脱并用于多种阴、阳离子的分离和离子的形态,分析大环类化合物如烷冠醚等。结合在离子色谱柱上可以对一些化合物有特定的选择性,也是离子色谱分离的一个新动向,它为离子色谱的分离提供了一条新的发展途径。

(4) 新的检测手段的应用 离子色谱的检测方式也在不断发展,新的检测技术在离子色谱中得到广泛应用,目前国外主要是向新的联用技术方向发展,如离子色谱通过电解质抑制后进入质谱进行检测,该分析方法已经用于农药的分析。

国内也从扩大离子色谱应用领域着手,如通过间接抑制电导检测方法解决抑制电导检测无法测定弱电离物质等问题,姚守拙院士等提出压电体声波检测,可以使高背景电导在单柱型离子色谱中得到广泛的应用,解决了长期困扰单柱型离子色谱检测的不稳定问题,而由汪尔康院士等提出的采用电化学安培检测原理,对电极进行膜修饰研制成通用型阴离子和阳离子的检测器,则使离子色谱更为小型化,更为方便快捷。

9.2 离子色谱仪

1975 年,美国 Dow 化学公司的 H. Small 等人用电导检测器的连续检测柱流出物获得成功,标志着离子色谱法的诞生。经过近三十年的发展,离子色谱法(IC)已经成为分析离子性物质的常用方法。我国第一代离子色谱仪于 1983 年 6 月通过了专家鉴定。离子色谱仪与一般的液相色谱仪一样,由输液系统、进样系统、分离系统和检测系统构成,见图 9-1。

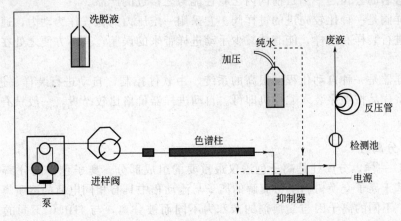

图 9-1 离子色谱仪的工作原理

9.2.1 输液系统

离子色谱的输液系统主要包括流动相容器、脱气装置、高压输液泵和梯度洗脱装置等。IC 对输液系统的一般要求是:流量稳定,耐高压性能好,耐腐蚀性强,脱气方便等。

(1) 脱气装置 流动相的脱气是离子色谱分析过程中的一个重要环节。输液泵的扰动或色谱柱前后的压力变化以及抑制过程都可能导致流动相中溶解的气体析出,形成小气泡。这些小气泡会产生很多尖锐的噪声峰,较大的气泡还可能引起输液泵流速的变化,因此对流动相要进行脱气处理。流动相脱气的方法主要有：真空泵直接脱气法、超声波振荡脱气法、惰性气体鼓泡吹扫脱气法以及在线脱气法。前三种方法的脱气效果都不错，但不足之处是一次性脱气，脱气后很难防止空气再次溶解进入流动相，而且存在流动相被污染的可能。

与前三种方法相比，在线脱气法可以避免上述情况的发生。其工作原理是：将一段用多孔合成树脂膜做的输液管密封于真空容器内，当流动相流经输液管时，由于膜外侧压力减小，流动相中的氧气、二氧化碳等小分子气体就会透过树脂膜而被排除。在实际操作中，真空容器内的气压应尽可能的稳定。因为气压的波动会使脱气效果不一致，导致基线起伏。目前，比较先进的离子色谱仪都自己有在线脱气系统。

（2）输液泵 输液泵的作用是使流动相以相对稳定的流量或压力通过流路系统。流量或压力的稳定将直接影响基线的稳定和分析结果的重现性。一般输液泵的流量可以设定在 0.01～10.0mL/min 之间，对于一般分析工作，0.5～2.0mL/min 的流量最为常用。输液泵在较低流量时，通常要求压力能够达到 30MPa。耐高压的能力是衡量离子色谱仪性能的一个重要指标。目前，离子色谱仪的耐高压性能越来越好。与高效液相色谱一样，离子色谱输液泵主要有气动放大泵、螺旋传动注射泵、隔膜型往复泵、柱塞往复泵等。

9.2.2 进样器

IC 对进样器的基本要求是：耐高压、耐腐蚀、重复性好、操作方便。进样器的种类主要有六通进样阀、气动进样阀和自动进样器。

六通进样阀目前最常用。它的特点是进样量的重复性非常好。但普通六通进样阀在装样（LOAD）和进样（INJECT）两个位置之间流路被截断时，会在扳阀过程中产生一个瞬间的高压，非常容易引起流路的泄漏。现在比较好的六通进样阀由于采用了断前接通技术，基本上消除了这种瞬间高压，同时也大大减少了误操作的可能。考虑到流动相的腐蚀，PEEK 和陶瓷材料制成的六通进样阀最适合离子色谱仪使用。美国 RHEODYNE 公司是生产高压六通进样阀最著名的公司之一。目前国内已有性能与之接近的产品。

气动进样阀是一种比较先进的进样阀。它采用一定压力的氮气作为动力，通过两路四通加载定量管进行装样和进样，能有效减少手动进样带来的误差，其不方便之处在于必须使用氮气钢瓶。

自动进样器是一种自动化程度很高的系统，由软件控制，自动进行装样、进样、清洗，操作者只需将样品按顺序装入贮样机即可。自动进样器价格比较昂贵，一般只有高档仪器才会配备。

9.2.3 分离柱

与 HPLC 一样，分离柱是离子色谱仪最重要的组成部分。离子色谱的分离机理主要是离子交换，基于离子交换树脂上可离解的离子与流动相中具有相同电荷的溶质离子之间进行的可逆交换，不同的离子因与交换剂的亲和力不同而被分离，与 HPLC 不同的是，离子色谱选择性的改变主要是通过采用不同的固定相来实现的。

（1）阴离子交换分离柱 阴离子交换分离柱使用的填料主要是表面附聚薄壳型阴离子交换树脂。树脂的内核是苯乙烯-二乙烯苯的共聚物（PS-DVB），核外是一层磺化层，最外层是粒度均匀的单层季铵化乳胶颗粒，以离子键结合在磺化层上。由于树脂的表面完全被乳胶颗粒覆盖，所以乳胶的性质决定了固定相的选择性。由于薄膜层快速的运动和大的渗透能力，薄壳材料比一般微孔离子交换物有更高的交换效能。这种类型的固定相的性能主要由三个因素决定：PS-DVB 树脂的交联度、乳胶颗粒的材料、季铵功能基的类型和结构。

早期的薄壳材料的核心颗粒采用 15～40μm 范围的球形 PS-DVB 树脂。这种微粒的交联度一般为2%～5%，有足够的物理稳定性。然而5%交联度的PS-DVB微粒没有足够的硬度允许使用有机溶剂，它们只能用水溶液作为流动相。使用乙烯基苯乙烯（EVB）、交联度为55%的二乙烯基苯的固定相是离子色谱发展的一大进步，因为有机溶剂，如甲醇、乙醇、丙三醇、乙腈，可以高浓度地加入流动相中以改变分离的选择性。

离子交换乳胶一般采用直径为10～500nm的微粒，以200nm最为通用。阴离子交换柱所用的乳胶主要通过与苯乙烯基氯（VBC）或甲基丙烯酸缩水甘油酯（GMA）的聚合物制备。甲基丙烯酸酯材料的性能优异，表现为：

① 对阴离子如碘离子和硫酸根离子选择性非常好。
② 可以增大F^-与水峰的分离。
③ 可以用来分离卤氧化物阴离子，如溴酸根离子、亚氯酸根离子和氯酸根离子。

(2) 阳离子交换分离柱　广泛应用的阳离子交换分离柱使用的是薄壳型树脂，树脂核是惰性PS-DVB共聚物，核的表面以共价键结合阳离子交换功能基。以前，阳离交换功能基大多采用磺酸基，一价阳离子和二价阳离子在磺化阳离子交换基上的保留行为差异太大，使得这两类离子的同时分析变得非常困难，只能分别进行。一价阳离子的洗脱采用无机强酸溶液，二价阳离子则采用柠檬酸与己二胺的混合溶液。研究表明，改变阳离子交换或离子交换功能基的密度可改变其选择性，从而达到一价阳离子和二价阳离子同时分离的目的。

9.2.4　检测器

用于IC的检测器主要有电导检测器、紫外可见光检测器、安培检测器、荧光检测器等。其中电导检测器是日常IC分析中最常用的检测器；紫外可见光检测器可以作为电导检测器的重要补充；安培检测器主要用于能发生电化学反应的物质；荧光检测器的灵敏度要比紫外吸收检测器高2～3个数量级，但在IC上的应用比较少。随着ICP-AES和ICP-MS的不断普及，它们与IC的联用技术正越来越受到人们的重视。

9.2.4.1　电导检测器

电导检测器分为抑制型电导检测器（双柱法）和非抑制型电导检测器（单柱法）。非抑制型电导检测器的结构比较简单，但灵敏度较低，对流动相的要求比较苛刻。抑制型电导检测器的灵敏度和线性范围都优于非抑制型电导检测器，甚至优于配有较好的色谱柱和恒温装置的单柱离子色谱系统。

在抑制型电导检测器中抑制器发挥着重要的作用。抑制器的作用是降低流动相的背景电导，同时增加被测物的电导，从而提高电导检测器的灵敏度。抑制器大致可以分为五种类型。

(1) 填充抑制柱　树脂填充抑制柱是最早的抑制器，正因如此，抑制法又可称为双柱法。所用的树脂是高容量的强酸型阳离子或强碱型阴离子交换树脂。抑制柱工作时，阳离子交换树脂由H^+型转变成Na^+型，阴离子交换树脂由OH^-型转变成NO_3^-型（或其他阴离子）。其主要缺点是不能长时间连续工作，树脂上的H^+和OH^-消耗后，失去抑制能力，需要用酸或碱进行再生。

(2) 管状纤维膜抑制器　管状纤维膜抑制器不需要停机再生，可连续工作。它通过管状离子交换纤维膜进行工作，管内淋洗液和管外再生液逆向流动，抑制反应在膜上进行。作阴离子分析时，再生液推荐使用硫酸或甲磺酸；作阳离子分析时，则推荐使用$Ba(OH)_2$。这种抑制器的缺点是抑制容量较低，机械强度较差，而且每使用半年左右就需要更换离子交换膜。

(3) 平板微膜抑制器　平板微膜抑制器与管状纤维膜抑制器的抑制方式相同，也可连续工作。它的优点是结构紧凑,死体积小,具有较高的抑制容量,适用于梯度淋洗。但仍需要化学试剂提供抑制反应所需的 H^+ 和 OH^-,而且工作曲线的线性范围也受到一定的影响。

(4)电渗析抑制器 回昭武等首次将电渗析原理引入抑制器,即电渗析抑制器。电渗析抑制器的抑制容量很大,抑制反应受恒定的抑制电流控制,所以抑制效果很稳定,基线漂移很小。其不方便之处在于必须定期更换两个电极室中的电解液,这种抑制器在国产离子色谱仪中曾被普遍采用,但现在已逐步被更先进的电解再生抑制器取代。

(5)电解再生抑制器 电解再生抑制器不需要化学再生液,而是通过电解水产生的 H^+ 和 OH^- 来满足抑制反应的需要,具有使用方便、平衡速度快、背景噪声低等特点。

9.2.4.2　紫外可见光检测器

紫外可见光(UV/Vis)检测器在 IC 中是仅次于电导检测器的重要检测方法。UV/Vis 检测器对环境温度、流动相组成、流速等的变化不敏感,可以用于梯度淋洗,这些特点正是电导检测器所欠缺的。二极管阵列 UV/Vis 检测器可以瞬间实现紫外-可见光区的全波长扫描,得到时间-波长-吸收强度三维色谱图。UV/Vis 检测器主要有三种检测方式:直接紫外检测、间接紫外检测及衍生化紫外/可见光检测。

在 IC 中,直接紫外检测应用不多,因为大多数无机离子没有紫外吸收或吸收很弱。直接紫外检测的一个重要应用是分析含有大量氯离子样品中的 NO_3^-、NO_2^-、Br^-、I^-。因为氯离子没有紫外吸收,而上述阴离子有紫外吸收。

间接紫外检测,采用具有紫外吸收的物质作为淋洗液,检测无紫外吸收的离子。由于溶质离子经过检测器时,紫外吸收信号减小,所以形成负方向的色谱峰。在普通 HPLC 仪器上就可以用这种方法进行离子色谱分离分析工作。

紫外衍生化是指将无紫外吸收或吸收很弱的物质与带有紫外吸收基团的衍生化试剂进行反应,产生可用于紫外检测的化合物。衍生化通常分为柱前衍生化和柱后衍生化,相对而言,柱后衍生化应用更广泛。通过衍生化能显著提高检测灵敏度和选择性。柱后可见光衍生化检测经常用于过渡金属离子的分析,将过渡金属离子柱流出物与显色剂反应,生成有色配合物后,在可见光波长下检测。

9.2.4.3　安培检测器

安培检测器由恒电位器和电化学池组成。电化学池有三个电极:工作电极、参比电极和对电极。恒电位器可以在工作电极和参比电极之间施加一个可任意选择的电位,并使输出电位保持恒定,不受电流变化的影响。工作电极的材料可以采用银、金、铂和玻碳四种,分别适于不同物质的分析。参比电极通常使用 Ag/AgCl 或饱和甘汞电极。对电极的材料有金、铂、玻碳、钛、不锈钢等多种。参比电极和对电极应置于工作电极的下游,以防止对电极的反应产物和参比电极的泄漏对工作电极产生干扰。安培检测器常用于分析解离度较低,用电导检测器难以检测,同时又具有电活性的离子。根据施加电位方式的不同,安培检测器可以分为直流安培检测器、脉冲安培检测器和积分安培检测器。

9.2.4.4　离子色谱与原子光谱或质谱仪的联用

近年来,对于离子色谱与 AAS、ICP-AES、ICP-MS 联用的研究越来越多,使离子色谱的高分离能力与其他分析法的定性能力相结合,对解决许多复杂分析问题很有帮助,特别是用于样品中各种元素的化学形态分析。离子色谱联用技术目前还处于发展阶段,许多技术还不成熟,有待于进一步完善。随着接口和基体消除技术的发展,离子色谱联用技术将得到更加广泛的应用。

离子色谱经过近 30 年的发展,已成为一种比较成熟的分析技术。但随着新材料、新技术的出现,离子色谱仍会有很大的发展空间。仪器将向一体化、小型化、便携化方向发展。新的固定相将会不断出现,例如:具有阴离子和阳离子交换功能的混合色谱柱,及寿命长、抗污染能力强的色谱柱等。新的检测手段将扩展离子色谱的应用范围。

9.3 实验技术

9.3.1 分离方式和检测方式的选择

(1) 分离方式的选择 在进行分析之前,首先应了解待测化合物的分子结构和性质以及样品的基体情况,如无机还是有机离子,离子的电荷数是酸还是碱,亲水还是疏水,是否为表面活性化合物等。待测离子的疏水性和水合能是决定选用何种分离方式的主要因素。

水合能高和疏水性弱的离子,如 Cl^- 或 K^+,最好用 HPIC 分离。水合能低和疏水性强的离子,如高氯酸(ClO_4^-)或四丁基铵,最好用亲水性强的离子交换分离柱或 MPIC 分离。有一定疏水性也有明显水合能的 pK_a 值在 $1\sim 7$ 之间的离子,如乙酸盐或丙酸盐,最好用 HPICE 分离。有些离子,既可用阴离子交换分离,也可用阳离子交换分离,如氨基酸、生物碱和过渡金属等。

(2) 检测方式的选择 很多离子可用多种检测方式。例如测定过渡金属时,可用单柱法直接用电导或脉冲安培检测器,也可用柱后衍生反应,使金属离子与 PAR 或其他显色剂作用,再用 UV/VIS 检测。一般的规律是:对无紫外或可见吸收以及强离解的酸和碱,最好用电导检测器;具有电化学活性和弱离解的离子,最好用安培检测器;对离子本身或通过柱后反应后生成的配合物在紫外可见有吸收或能产生荧光的离子和化合物,最好用 UV/VIS 或荧光检测器。若对所要解决的问题有几种方案可选择,分析方案的确定主要由基体的类型、选择性、过程的复杂程度以及是否经济来决定。表 9-1 和表 9-2 总结了对各种类型离子可选用的分离方式和检测方式。

表 9-1 分离方式和检测器的选择(阴离子)

	分 析 离 子		分离(机理)方式	检测器
无机阴离子	亲水性	强酸		
		F^-、Cl^-、NO_2^-、Br^-、SO_3^-、NO_3^-、PO_4^{3-}、SO_4^{2-}、PO_2^-、PO_3^-、ClO^-、ClO_2^-、ClO_3^-、BrO_3^-、低分子量有机酸	阴离子交换	电导、UV
		SO_3^{2-}	离子排斥	安培
		砷酸盐、硒酸盐、亚硒酸盐	阴离子交换	电导
		亚砷酸盐	离子排斥	安培
		弱酸	BO_3^-、CO_3^{2-}	离子排斥	电导
			SiO_3^{2-}	离子交换、离子排斥	柱后衍生/Vis
	疏水性		CN^-、HS^-(高离子强度基体) BF_4^-、$S_2O_3^{2-}$、SCN^-、ClO_4^- I^-	离子排斥 阴离子交换、离子对 阴离子交换	安培 电导 安培/电导
	缩合磷酸剂		未配合	阴离子交换	柱后衍生/Vis
	多价螯合剂		已配合	阴离子交换	电导
	金属配合物		$[Au(CN)_2]^-$、$[Au(CN)_4]^-$、$[Fe(CN)_6]^{4-}$、$[Fe(CN)_6]^{3-}$	离子对	电导
			EDTA-Cu	阴离子交换	电导

续表

分析离子			分离(机理)方式	检测器
有机阴离子	羧酸	1价		
		脂肪酸,$n_C<5$(酸消解样品,盐水,高离子强度基体)	离子排斥	电导
		脂肪酸,$n_C>5$的芳香酸	离子对/阴离子交换	电导,UV
	1~3价	一元、二元、三元羧酸+无机阴离子	阴离子交换	电导
		羟基羧酸,二元和三元羧酸+醇	离子排斥	电导
	磺酸	烷基磺酸盐、芳香磺酸盐	离子对,阴离子交换	电导,UV
	醇类	$n_C<6$	离子排斥	安培

表9-2 分离方式和检测方式的选择（阳离子）

分析离子		分离方式	检测器
无机阳离子	Li^+、Na^+、K^+、Rb^+、Cs^+、Mg^{2+}、Ca^{2+}、Sr^{2+}、Ba^{2+}、NH_4^+	阳离子交换	电导
	过渡金属 Cu^{2+}、Ni^{2+}、Zn^{2+}、Co^{2+}、Cd^{2+}、Pb^{2+}、Mn^{2+}、Fe^{2+}、Fe^{3+}、Sn^{2+}、Sn^{4+}、Cr^{3+}、V^{4+}、V^{5+}、UO_2^{2+}、Hg^{2+}	阴离子交换/阳离子交换	柱后衍生/Vis 电导
	Al^{3+}	阳离子交换	柱后衍生/Vis
	$Cr^{6+}(CrO_4^{2-})$	阴离子交换	柱后衍生/Vis
	镧系金属 La^{3+}、Ce^{3+}、Pr^{3+}、Nd^{3+}、Sm^{3+}、Eu^{3+}、Gd^{3+}、Tb^{3+}、Dy^{3+}、Ho^{3+}、Er^{3+}、Tm^{3+}、Yb^{3+}、Lu^{3+}	阴离子交换,阳离子交换	柱后衍生/Vis
有机阳离子	低分子量烷基胺,醇胺,碱金属和碱土金属	阳离子交换	电导、安培
	高分子量烷基胺,芳香胺,环己胺,季铵,多胺	阳离子交换,离子对	电导、紫外、安培

9.3.2 分离度的改善

9.3.2.1 决定保留的参数

与高效液相色谱不同，离子色谱的选择性主要由固定相的性质决定。对于待测离子而言，决定保留的主要参数是待测离子的价数、离子的大小、离子的极化度和离子的酸碱性强度。

(1) 价数 一般的规律是，待测离子的价数越高，保留时间越长，如二价的 SO_4^{2-} 的保留时间大于一价的 NO_3^- 的保留时间。例外是多价离子，如磷酸盐的保留时间与淋洗液的 pH 有关，在不同的 pH，磷酸盐的存在形态不同，随着 pH 的增高，磷酸由一价阴离子（$H_2PO_4^-$）到二价（HPO_4^{2-}）和三价（PO_4^{3-}），三价阴离子 PO_4^{3-} 的保留时间大于一价的 $H_2PO_4^-$。

(2) 离子大小 待测离子的离子半径越大，保留时间越长。例如，下列一价离子的保留时间按以下顺序增加：$F^-<Cl^-<Br^-\ll I^-$。

(3) 极化度 待测离子的极化度越大，保留时间越长，例如，二价 SO_4^{2-} 的保留时间小于极化度大的一价离子 SCN^-。因为 SCN^- 在固定相上的保留除了离子交换之外，还加上了吸附作用。

9.3.2.2 改善分离度

(1) 稀释样品 对组成复杂的样品，若待测离子对树脂亲和力相差颇大，就要作几次进样，并用不同浓度或强度的淋洗液或梯度淋洗。对固定相亲和力差异较大的离子，增加分离度的最简单方法是稀释样品或作样品前处理。例如，盐水中 SO_4^{2-} 和 Cl^- 的分离。若直接进样，其色谱峰很宽而且拖尾，表明进样量已超过分离柱容量，在常用的分析阴离子的色谱条件下，30min 之后 Cl^- 的洗脱仍在继续。在这种情况下，在未恢复稳定基线之前不能再进样。若将样品稀释10倍之后再进样就可得到 Cl^- 与痕量 SO_4^{2-} 之间的较好分离。对阴离子分析推荐的最大进样量，一般为柱容量的30%，超过这个范围就会出现大的平头峰或肩峰。

(2) 改变分离和检测方式　若待测离子对固定相亲和力相近或相同，样品稀释的效果常不令人满意。对这种情况下，除了选择适当的流动相之外，还应考虑选择适当的分离方式和检测方式。例如，NO_3^- 和 ClO_3^-，由于它们的电荷数和离子半径相似，在阴离子交换分离柱上共淋洗。但 ClO_3^- 的疏水性大于 NO_3^-，在离子对色谱柱上就很容易分开了。

(3) 样品前处理　对高浓度基体中痕量离子的测定，例如海水中阴离子的测定，最好的方法是对样品作适当的前处理。除去过量 Cl^- 的前处理方法有：使样品通过 Ag^+ 型前处理柱除去 Cl^-，或进样前加 $AgNO_3$ 到样品中沉淀 Cl^-；也可用阀切换技术，其方法是使样品中弱保留的组分和90%以上的 Cl^- 进入废液，只让10%左右的 Cl^- 和保留时间大于 Cl^- 的组分进入分离柱进行分离。

(4) 选择适当的淋洗液　离子色谱分离是基于淋洗离子和样品离子之间对树脂有效交换容量的竞争，为了得到有效的竞争，样品离子和淋洗离子应有相近的亲和力。下面举例说明选择淋洗液的一般原则。用 CO_3^{2-}-HCO_3^- 作淋洗液时，在 Cl^- 之前洗脱的离子是弱保留离子，包括一价无机阴离子、短碳链一元羧酸和一些弱离解的组分，如 F^-、甲酸、乙酸、AsO_2^-、CN^- 和 S^{2-} 等。对乙酸、甲酸与 F^-、Cl^- 等的分离应选用较弱的淋洗离子，常用的弱淋洗离子有 HCO_3^-、OH^- 和 $B_4O_7^{2-}$。由于 HCO_3^- 和 OH^- 易吸收空气中的 CO_2，CO_2 在碱性溶液中会转变成 CO_3^{2-}，CO_3^{2-} 的淋洗强度较 HCO_3^- 和 OH^- 大，因而不利于上述弱保留离子的分离。$B_4O_7^{2-}$ 亦为弱淋洗离子，但溶液稳定，是分离弱保留离子的推荐淋洗液。中等强度的碳酸盐淋洗液对高亲和力组分的洗脱效率低。

对离子交换树脂亲和力强的离子有两种情况：一种是离子的电荷数大，如 PO_4^{3-}、AsO_4^{3-} 和多聚磷酸盐等；一种是离子半径较大，疏水性强，如 I^-、SCN^-、$S_2O_3^{2-}$、苯甲酸和柠檬酸等。对前者以增加淋洗液的浓度或选择强的淋洗离子为主。对后一种情况，推荐的方法是在淋洗液中加入有机改进剂（如甲醇、乙腈和对氰酚等）或选用亲水性的柱子，有机改进剂的作用主要是减少样品离子与离子交换树脂之间的非离子交换作用，占据树脂的疏水性位置，减少疏水性离子在树脂上的吸附，从而缩短保留时间，减少峰的拖尾，并增加测定灵敏度。

9.3.2.3　减少保留时间

缩短分析时间与提高分离度的要求有时是相矛盾的。在能得到较好的分离结果的前提下分析的时间自然是越短越好。为了缩短分析时间，可改变分离柱容量、淋洗液流速、淋洗液强度，在淋洗液中加入有机改进剂和用梯度淋洗技术。

以上方法中最简便的是减小分离柱的容量，或用短柱。例如用 3mm×500mm 分离柱分离 NO_3^- 和 SO_4^{2-}，需用 18min，而用 3mm×250mm 的分离柱，用相同浓度的淋洗液只用 9min。但 NO_3^- 和 SO_4^{2-} 的分离不好，若改用稍弱的淋洗液就可得到较好的分离。

进样体积大有利于提高检测灵敏度，但导致大的系统死体积，即大的水负峰，因而推迟样品离子的出峰时间。为了减小保留时间，最好用小的进样体积。

增加淋洗液的流速可缩短分析时间，但流速的增加受系统所能承受的最高压力的限制，流速的改变对分离机理不完全是离子交换的组分的分离度的影响较大，例如对 Br^- 和 NO_2^- 之间的分离，当流速增加时分离度降低很多，而分离机理主要是离子交换的 NO_3^- 和 SO_4^{2-}，甚至在很高的流速时，它们之间的分离度仍很好。

在淋洗液中加入有机改进剂，可缩短保留时间和减小峰的拖尾。

9.3.2.4 改善检测灵敏度

首先是按说明书操作，使仪器在最佳工作状态，得到稳定的基线，才可将检测器的灵敏度设置在较高灵敏挡，这是提高检测灵敏度的最简单方法，但此时基线噪声也随之增大。

第二种方法是增加进样量。直接进样，进样量的上限取决于保留时间最短的色谱峰与死体积（IC 中一般称水负峰）之间的时间。

第三种方法是用浓缩柱，但一般只用于较清洁的样品中痕量成分的测定，用浓缩柱时要注意，不要使分离柱超负荷。

第四种方法是用微孔柱。离子色谱中常用的标准柱的直径为 4mm，微孔柱的直径为 2mm。因为微孔柱是标准柱的体积的 1/4，在微孔柱中进同样（与标准柱）质量的样品，将在检测器上产生 4 倍于标准柱的信号。而且淋洗液的用量只为标准柱的 1/4，因而减少淋洗液的消耗。

9.4 离子色谱法应用

（1）无机阴离子的检测　无机阴离子是发展最早，也是目前最成熟的离子色谱检测方法，包括水相样品中的 F^-、Cl^-、Br^- 等卤素阴离子、硫酸根、硫代硫酸根、氰根等阴离子，可广泛应用于饮用水水质检测，啤酒、饮料等食品的安全，废水排放达标检测，冶金工艺水样、石油工业样品等工业制品的质量控制。特别由于卤素离子在电子工业中的残留受到越来越严格的限制，因此离子色谱被广泛应用到无卤素分析等重要工艺控制部门。

无机阴离子交换柱通常采用带有季铵功能团的交联树脂或其他具有类似性质的物质，常见的阴离子交换柱如 Metrosep A supp 4-150、Asupp 5-250 等。常用的淋洗液为 Na_2CO_3 和 $NaHCO_3$ 按一定比例配制成的稀溶液，改变淋洗液的组成比例和浓度，可控制不同阴离子的保留时间和出峰顺序。

（2）无机阳离子的检测　无机阳离子的检测和阴离子检测的原理类似，所不同的是采用了磺酸基阳离子交换柱，如 Metrosep C1、C2-150 等，常用的淋洗液系统如酒石酸/二甲基吡啶酸系统，可有效分析水相样品中的 Li^+、Na^+、NH_4^+、K^+、Ca^{2+}、Mg^{2+} 等离子。

（3）有机阴离子和阳离子分析　随着离子色谱技术的发展，新的分析设备和分离手段不断出现，逐渐发展到分析生物样品中的某些复杂的离子，目前较成熟的应用如下。

① 生物胺的检测　Metrosep C1 分离柱；2.5mmol/L 硝酸-10％丙酮淋洗液；$3\mu L$ 进样，可有效分析腐胺、组胺、尸胺等成分，已经成为刑事侦查系统和法医学的重要检测手段。

② 有机酸的检测　Metrosep Organic Acids 分离柱，MSM 抑制器；0.5mmol/L H_2SO_4 作为淋洗液，可有效分析包括乳酸、甲酸、乙酸、丙酸、丁酸、异丁酸、戊酸、异戊酸、苹果酸、柠檬酸等各种有机酸成分，在微生物发酵工业、食品工业都是简便有效的分离方法。

③ 糖类分析　目前已经开发出各种糖类的分析手段，包括葡萄糖、乳糖、木糖、阿拉伯糖、蔗糖等多种糖类分析方法，在食品工业中的应用尤其广泛。

思考题与习题

1. 离子色谱法有哪些特点？
2. 离子色谱仪有哪些主要组成部分，与高效液相色谱仪有哪些区别？
3. 离子色谱法有哪些检测方式，如何选择？
4. 在离子色谱法中如何改善分离度？
5. 离子色谱法有哪些主要应用？

第 10 章 流动注射分析法（FIA）和荧光分析法（MFA）

【学习指南】 通过本章的学习了解流动注射分析法和荧光分析法的原理，了解仪器组成和方法的应用。

10.1 流动注射分析

10.1.1 概述

流动注射分析（FIA）是 1974 年丹麦化学家鲁齐卡（J Ruzicka）和汉森（E. H. Hansen）提出的一种新型的连续流动分析技术。这种技术是把一定体积的试样溶液注入一个流动着的、非空气间隔的试剂溶液（或水）载流中，被注入的试样溶液流入反应盘管，形成一个区域，并与载流中的试剂混合、反应，再进入流通检测器进行测定分析及记录。由于试样溶液在严格控制的条件下在试剂载流中分散，因而，只要试样溶液注射方法、在管道中存留时间、温度和分散过程等条件相同，不要求反应达到平衡状态就可以按照比较法，由标准溶液所绘制的工作曲线测定试样溶液中被测物质的浓度。

FIA 具有如下的特点。

（1）所需仪器设备结构较简单、紧凑　特别是集成或微管道系统的出现，致使流动注射技术朝微型跨进一大步。采用的管道多数是由聚乙烯、聚四氟乙烯等材料制成的，具有良好的耐腐蚀性能。

（2）操作简便、易于自动连续分析　流动注射技术把分光光度法、荧光分析法、原子吸收分光光度法、比浊法和离子选择电极分析法等分析流程管道化，除去了原来分析中大量而繁琐的手工操作，并由间歇式流程过渡到连续自动分析，避免了操作中人为的差错。

（3）分析速度快、分析精度高　由于反应不需要达到平衡后就测定，因而，分析频率很高，一般为 60～120 个样品/h。测定废水中 S^{2-} 时，分析频率高达 720 样品/h。注射分析过程的各种条件可以得到较严格的控制，因此提高了分析的精密度，相对标准偏差一般可达 1% 以内。

（4）试剂、试样用量少，适用性较广　流动注射分析试样、试剂的用量，每次仅需数十微升至数百微升，不但节省了试剂，降低了费用，对诸如血液、体液等稀少试样的分析显示出独特的优点。FIA 既可用于多种分析化学反应，又可以采用多种检测手段，还可以完成复杂的萃取分离、富集过程，因此扩大了其应用范围，可广泛地应用于临床化学、药物化学、农业化学、食品分析、冶金分析和环境分析等领域中。

10.1.2 分析过程

流动注射分析实际上是一种管道化的连续流动分析法。它主要包括试样溶液注入载流、试样溶液与载流的混合和反应（试样的分散和反应）、试样溶液随载流恒速地流进检测器被检测三个过程。

以流动注射分光光度法测定氯离子为例：将一定体积的试样溶液（含 Cl^- 的试液）通过

进样系统，间歇地注入一个由泵推动的密闭的连续流动的载流中，载流由水及反应试剂[此例中为$Hg(SCN)_2$、Fe^{3+}]组成。样品随载流进入反应器反应，由检测器检测信号并输出。图10-1所示是流动注射分光光度法仪器流程图和测定氯离子的光度扫描曲线。

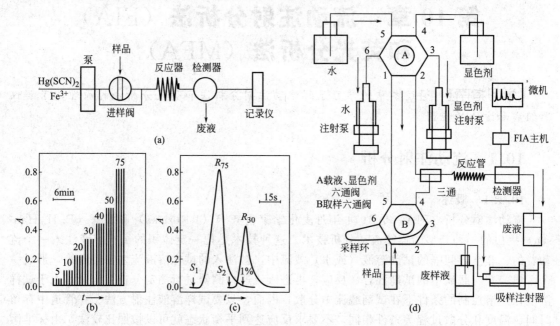

图 10-1　流动注射分光光度法仪器流路和测定氯化物的检测信号
(a) 流动注射吸光光度法流程图；(b) 浓度为 5～75μg/mL Cl^- 溶液，各平行测定 4 次的结果；
(c) 浓度为 30、75μg/mL Cl^- 溶液光度扫描曲线；(d) 流动注射分析商品仪器

刚注入的呈"塞"状分布的试样溶液（见图10-2）被载流带入反应器并与试剂分散混合，发生化学反应生成可被检测的物质。

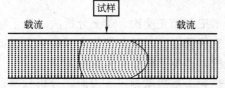

图 10-2　进样时的试样"塞"

在本例中，由于 Cl^- 的存在，它从 $Hg(SCN)_2$ 夺出 Hg^{2+} 而释放出 SCN^-，SCN^- 与 Fe^{3+} 反应形成红色配合物，然后进入流通检测器，在 480nm 波长处测定配合物的吸光度。

FIA试样与载流的分散混合以及试样与试剂的化学反应均没有达到平衡状态，之所以能在非平衡状态下进行定量分析，是由于将试样注入流路管道后所有各次试样以完全相同的方式相继通过各连接的分析管路，不仅每一试剂在管路中的经历时间一致，而且被分散的程度也一样（即分散达到严格的控制）。所以流动注射分析的基础是试样注入、受控分散和准确流动经历时间这三者的有机结合。

10.1.3　试样带的分散和分散系数

在 FIA 中，试样溶液通过注入系统进到恒速流动的载流中，形成了一个个试样带，并随着载流向前流动保持其完整性。但是，试样溶液在与载流接触及流动过程中，有分子的扩散及对流等物理作用，试样带发生分散，亦即试样带不断被载流稀释并沿着轴向变长，形成一个分散的试样带，如图10-3所示。试样带中心的浓度最大（c_{max}），由中心向两侧的浓度逐渐降低，形成一个任一流体微元，与相邻微元有着不同的浓度，每个微元都可以用来检测读出信号。

设计流动注射分析体系时,了解以下两点是十分重要的:试样从注入到测定经历多长时间。一般的分析是以测量峰高来测定的,从注样到出现峰的最高点所经历的时间称为留存时间(residence time);原试样溶液在流向检测器的过程中被载流稀释的程度。

为此,引入了分散系数 D (dispersion coefficient)的概念,D 定义为:在流动注射分析中,流体微元中组分在分散发生前与发生后的浓度比值,即

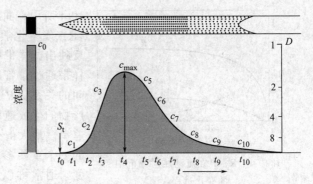

图 10-3 试样带的分散示意图
c_0—注入试样的原始浓度;D—分散系数

$$D = \frac{c_0}{c}$$

式中,c_0 为分散前(即原始试样溶液)的浓度;c 为分散后某流体微元的浓度。在记录曲线的峰值时,对应的是分散试样带中心微元的浓度 c_{max},这时,D 值最小,即 D_{min}

$$D_{min} = \frac{c_0}{c_{max}}$$

分散系数不仅描述了原试样溶液被稀释的程度,而且表明了试样同载流中试剂混合的比例关系。D 越大,说明试样被载流稀释越严重。当 $D=2$ 时,试样被载流以 1∶1 比例稀释。分散系数与存留时间结合起来,可以充分地描述流动注射体系的状态。

分散系数分为高($D>10$)、中(D 为 3~10)、低(D 为 1~3)三个等级,不同的分析目的和检测手段需要采用不同分散系数的流动注射分析体系的状态。如采用离子选择电极作为检测手段时,要求试样应尽可能集中,故设计用 D 低的体系;若要求扩展的 pH 梯度以区分试样中的多组分时,或需要稀释高浓度或进行流动注射滴定时,要用 D 高的体系;一般的分光光度法检测时,通常采用中等分散系数的体系;根据不同需要设计出具有特定分散系数的体系是流动注射分析中的关键问题。

分散系数取决于注入试样溶液的体积、载流的流速和管道的长短、半径及构型等实验号数。

① 改变注入试样溶液的体积是改变 D 的有效方法。增大试样的注入体积可以增加峰高,提高测定的灵敏度;稀释高浓度试样的最好方法是减少试样的注入体积。

② D 随试样带流经的管道长度的增大而增大,随流速减小而减小。因此,要获得低分散系数而又要得保持较长的留存时间,就需要采用短的管道并降低泵速。增加留存时间并避免进一步分散的最有效办法是采用停流技术,即将试样注入到反应管路中后,停泵,液流停止前进,待有足够的反应时间之后,重新启动泵,把液流推入检测器。

③ 任何带有混合室的体系都会产生分散系数,会导致测定灵敏度及进样频率的降低,同时增加试样和试剂的消耗;反应管道的不均匀性,及较粗的管道也会提高分散系数。所以,在设计 FIA 体系时,管道应粗细合适,均匀且经常采用盘绕、迂回弯曲、填充或三维错乱的构型。

10.1.4 化学反应动力学过程

在 FIA 中,由于试剂与试样在管道中的混合分散及化学反应尚未达到平衡状态,故在物理和化学方面均存在着动力学过程的问题。这两个同时发生的过程,其综合的状态如图

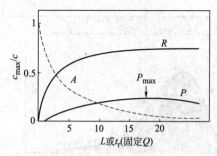

图 10-4 R、P 在流动注射分析中的变化过程

L—管长；t_r—留存时间；Q—流量

10-4 所示。曲线 A 描述了试样带的分散及其与试剂（R）发生化学反应时消耗物质（A）的情况。曲线 R 反映出试样带中心区域试剂浓度的增加；曲线 P 是试样带通过单管路 FIA 系统时反应产物（P）与反应时间的关系。P 曲线上有最高点（P_{max}），在这点上，产物的生成速率等于分散的速率，其位置取决于反应速率。最大值处的留存时间是进行 FIA 时所需要确定的一个重要参数。因为它能使测定达到最高的灵敏度。通常可以用改变反应管的长度、调节载流流量（流速）或采用停留结束达到这一最佳留存时间。

10.1.5 流动注射分析仪器

FIA 仪器由流体驱动单元、进样阀、反应器、检测器及记录仪（或微机处理系统）五个主要部分组成。

(1) **流体驱动单元** 最常用的流体驱动单元是蠕动泵，它依靠转动的滚轮带动滚柱挤压富有弹性的改性硅橡胶管来驱动液体流动。图 10-5 为蠕动泵工作示意图。当泵管夹于压盖与滚柱之间，滚轮转动使泵管两个挤压点之间形成负压，将载流抽吸至管道内连续流动。滚柱滚动的线速度和泵管内径大小决定了载液的流量。这种泵结构简单、方便，且不与化学试剂直接接触，避免了化学腐蚀的问题。通过调节泵速和泵管内径可获得所需载液速度，但载液的脉动不能完全避免，因此也易使输出信号发生一定程度的波动。泵头能安排的泵管数称为"道数"，蠕动泵一般为六道和八道。泵管壁厚的均匀性影响载液流速的均匀性。

泵管的用途是输送载流和试剂，因此应具有一定弹性、耐磨性，且壁厚均匀。常用的泵管材料有"Tygon"，这是加有适量添加剂的聚乙烯或聚氯乙烯管，它适用于水溶液、稀酸和稀碱溶液。

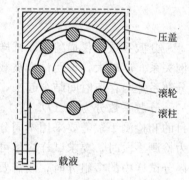

图 10-5 蠕动泵工作示意图

(2) **进样阀** 进样方式有注射注入和阀切换，后者常用，它类似于高效液相色谱的阀进样。当阀的转子转至"采样"位置时，样品被泵吸至定量取样孔内；当转子转至"注入"位置时，因定量取样孔直径大，对载流阻力小，因此载流自然进入取样孔，将"样品塞"带至反应器中。由于阀的旁路管内径小，管道长，阻力大，因此在"注入"位置时，旁路管中基本无载流通过。

(3) **反应器** 流动注射分析使用的反应器有以下三种。

① **空管式反应器** 这种反应器又可分为直管和盘管两种。直管式的内径为 0.3～0.5mm，常以聚乙烯、聚丙烯或聚氯乙烯等制成。载流在管内的流动属层流，"样品塞"在迁移过程中的展宽是纵向扩散和径向扩散的综合结果。盘管式又称螺旋式。当载流在螺旋形管道内以较高速度流动时，由于离心力的作用，使"试样塞"的纵向扩散减小，展宽程度下降，因而提高了进样频率。展宽程度下降，检测灵敏度自然提高。当盘管圈直径与盘管内径之比为 10 时，"样品塞"的展宽程度是直管的 1/3。盘管材料可用聚四氟乙烯、聚乙烯或聚丙烯等，内径在 0.5mm 左右。内径过大，展宽加剧；内径过小，易堵塞。

② **填充床反应器** 这种反应器类似于色谱分析中的填充柱。管中填充惰性颗粒填料，

如玻璃珠，一般来说，填料直径越小，"试样塞"展宽程度越小。采用填充床反应器的优点是，在反应器内接触充分，反应时间延长，易获得较高灵敏度，但是载流通过的阻力大，需采用高压泵。

③ 单珠串反应器　在管内，填充颗粒直径约为管子直径60%～80%的大粒填料，因此极易得到规则的填充结构。这种反应器的展宽程度是空管式的1/10，进样频率高。反应器内径约0.5mm。单珠串反应器中的载流流动阻力大，仍可采用普通蠕动泵作载流动力。

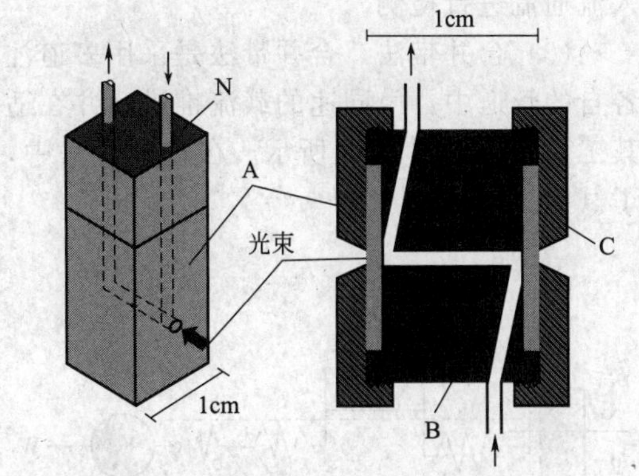

（4）检测器　流动注射分析中常用的检测手段有分光光度法、浊度法、化学发光法、荧光法、原子吸收光谱法、火焰光度法、离子选择电极电位法和伏安法等。检测方法所用的检测器基本上分为光学检测器和电化学检测器两大类。

在光学检测器中，应用最多的是带有流通池的分光光度计。常见的流通池如图10-6所示，在保证一定光路长度（一般为10～20min）的透光面积的前提下，它的容积应尽可能小，以减小载流量和试样量，并维持试剂-试样界面的原有扩散模式，以提高分析精度。这就要求光电检测系统灵敏、稳定。此外，流通池的设计应没有死角和稍有倾斜，以利于偶然带入的气泡排出。

图 10-6　分光光度计中使用的两种流通池
A—光学玻璃；B—黑色有机玻璃；
C—端螺丝；N—黑色玻璃

(a) 赫尔马(Hellma)型流通池　　(b) Z形流通池

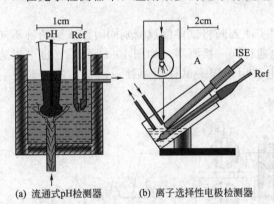

(a) 流通式pH检测器　　(b) 离子选择性电极检测器

图 10-7　流通式离子选择性电极检测器
pH—玻璃电极；Ref—参比电极；
ISE—离子选择性电极；A—敏感膜表面

在电化学检测器中，应用较多的是流通式离子选择电极检测器，见图10-7所示。离子选择性电极检测器采用"梯流"式电势流通池，这种流通池有一定角度的倾斜，使载流流向相对于敏感膜表面的方向处于最佳位置。注入的试样带首先与离子选择性电极接触，然后再与参比电极接触，在它们之间产生一个电动势。

流出液的液面通过排液管保持恒定。这种检测法与普通电极法不同之处在于：流动注射分析法并不需要电极电位达到稳定数值后才测定。由于流过电极表面的试液与流过的时间可以准确地控制，因此仍然可以得到与静态测定时完全一致的结果，并能大大提高分析速度。

在试剂应用中，流动注射分析仪可以自行组装，也可以选择各厂家制造的流动注射分析仪。

10.1.6　流动注射技术

（1）单道流动注射分析法　这种方法是最简单，也是较常用的FIA方法，如前面所述的Cl^-的测定（见图10-1）。

（2）多道流动注射分析法　当两种以上的试剂混合后会发生化学变化时，可采用这种方法。其流程如图10-8所示。各种试剂可以在不同时间、不同合并点加入到管路中，最后进入流通流进行检测。

（3）合并带法　合并带法是采用多道注射阀同时分别注入试剂和试样，使试剂和试样在各自的管道中，由同速的载流推进，并在适合点汇合成两者的合并带，进入反应器并检测，其工作原理如图10-9所示。在这种方法中，所使用的载流为蒸馏水或缓冲溶液，大大节省了试剂。

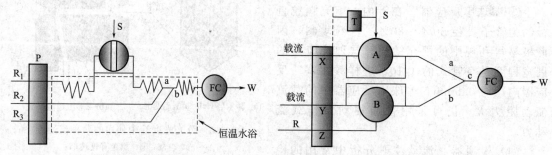

图10-8　多道流动注射法　　　　　图10-9　多道注射阀门合并带法工作原理示意图

还可以采用断续流动法的合并带体系，如图10-10所示。当试样从S注入载流时（载流为水和缓冲液），启动泵为Ⅰ，停闭泵Ⅱ，载流把试样带推进到距合并点某一位置上，由计时器T停闭泵Ⅰ，并启动泵Ⅱ，继续推进载流，并同时加入试剂R，当试样带全部通过合并点后，又启动泵Ⅰ，停闭泵Ⅱ。

（4）双注样法　双注样法是利用双通道同步注入阀将试样溶液分别同时注入到两种不同流路的载流中。注入的试样塞可以一前一后地通过同一检测器。如图10-11所示。也可以通过两个相同或不同的检测器分别检测。该法主要用于同一试样中两种不同物质的流动注射分析。

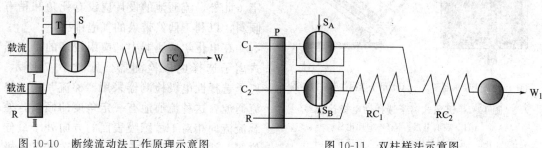

图10-10　断续流动法工作原理示意图　　　图10-11　双柱样法示意图
　　　　　　　　　　　　　　　　　　　　C_1、C_2—载流；R—试剂

（5）流动注射溶剂萃取法　该法摆脱了传统的手工萃取操作，实现了溶剂萃取自动化，提高了效率。流动注射萃取装置如图10-12所示。含待萃取组分的试样从进样器注入到水相载流中，到达某一点时，用相分隔器A把有机溶剂按比例、有规则地插入到水相载流中，形成有规则的水相和有机相互相间隔的区段，经过在萃取管道B中萃取后，由相分离器C将有机相和水相分开，有机相进入检测器。

（6）停流法　在FIA中，反应盘管不宜过长，要求反应速率要比较快，对于反应速率较慢的体系则有一定的局限性。采用流停法，可以有效地适用于化学反应缓慢的分析体系。该法是在试样分散带进入流通检测器的某适当时间内准确停泵（包括停泵时刻及停泵的时间长短），记录反应混合液在静止状态下进一步反应过程中发生的变化（如吸光度的变化等），使反应逐渐趋于完全，提高测定的灵敏度。它已应用于测定反应常数、研究反应机理、慢反应分析和有色试样分析等。

(7) 填充反应器 在 FIA 中，有时需用固态试剂，如作为还原剂的 Zn 粒 Cd 粒、不溶性酶或离子交换树脂等。这时必须把试剂的固体颗粒装入柱中并与反应管路相连，构成填充反应器。目前这种反应器主要有填充还原反应器、固定化酶反应器和离子交换填充反应器等。图 10-13 为带预浓集柱的 FIA 流程图。

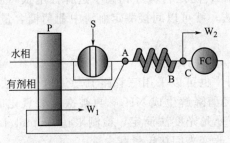

图 10-12 流动注射溶剂萃取法流路
A—相分隔器；B—萃取管道；C—相分离器

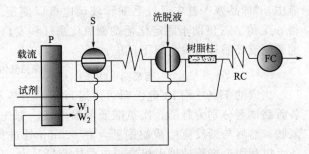

图 10-13 带预浓集柱的流动注射分析流程

此外流动注射梯度技术也已得到不少应用。在 FIA 中，注入到流动体系中的试样经分散后形成具有连续浓度梯度的分散试样带。在严格控制的条件下，分散试样带的任何一点都能提供确切的浓度信息。这种依靠准确控制条件来开发试样带浓度梯度中所包含的信息的技术称为梯度技术，如梯度稀释、梯度校正、梯度扫描、梯度滴定及梯度渗透等。

10.1.7 应用实例

流动注射分析应用非常广泛，它与许多检测技术及分离富集技术结合，已用于数百种有机或无机试样的分析，以及一些基本物理化学常数的测定。在环境、临床医学、农林、冶金地质、工业过程监测、生物化学、食品等许多领域中都得到广泛的应用，特别是环境科学和临床医学这两方面应用更多。下面扼要列举几种组分的分析，供参考。

(1) 土壤中有效锌的测定 采用流动注射萃取分析法可以测定土壤中有效锌，其装置如图 10-14 所示。萃取装置由相间隔器、PTEE 萃取管道（内径 0.8mm，长 2m）、相分离器和节流管（内径 0.5mm，长 1m 的 PTEE 管）组成。采用置换排出法输入有机相。两个出入口玻璃瓶分别装入双硫腙四氯化碳溶液和蒸馏水，通过调节 a，b 瓶中水量的增减使有机相不通过泵管进出萃取管道；萃取剂为 0.002%

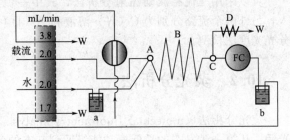

图 10-14 流动注射萃取分析装置
A—相间隔器；B—萃取管道；C—相分离器；D—节流管；
a—双硫腙四氯化碳溶液；b—蒸馏水；W—废液

双硫腙四氯化碳溶液；载流（含有掩蔽剂）为 1% 二乙基二硫代氨基甲酸的 0.85mol/L NH_4OH 溶液；土壤浸提剂为 0.05mol/L 二亚乙基三胺五乙酸 0.1mol/L $CaCl_2$-1.0mol/L 三乙醇胺，调节 pH 为 7.3，使用前用水稀释 10 倍，锌系列标准溶液用浸提剂稀释。

取 25g 通过 1mm 筛孔的风干土样，加入 50mL 浸提剂，振荡 2h 后过滤。分析流程及各项参数如图 10-14 所示。采样体积为 240μL。使用 8μL 流通池，于 535nm 处测定吸光度。分析速率为 60 个样/h。

(2) 水中某些组分的测定 雨水中 F^- 含量的检测，可以用氟离子选择性电极作为流动注射分析的检测器，检测限为 15ng/mL，标准偏差小于 3%，分析速度为 60 次/h。河水、海水及井水中的 PO_4^{3-} 可借助于磷钼蓝分光光度法作为检测手段进行流动注射分析法，检测

限达 $0.01\mu g/mL$，分析速度 30 次/h。水样中砷含量的分析，可以预先用硫酸肼将 As(Ⅴ) 还原成 As(Ⅲ)，再用小型阳离子交换柱将过量肼除去，然后用流动注射分析-安培检测器检测，检测限为 0.4×10^{-9}。

（3）**血清中某些组分的测定** 为了测定血清中的 Ca^{2+} 含量及 pH，可将血清样品注入载流中，"样品塞"首先通过毛细管玻璃电极以测定 pH，随之再流经钙离子选择性电极，测得 pCa 值。若借助于固定化葡萄糖氧化酶柱和安培法，就可以间接测定血清中葡萄糖含量。葡萄糖流经酶柱时发生以下反应：

$$葡萄糖 + O_2 + H_2O \xrightarrow{葡萄糖氧化酶} H_2O_2 + 葡萄糖$$

生成的 H_2O_2 用 Pt 电极即可以进行安培法检测，也可以采用三管路流动注射分析法，各管路试剂分别为脲酶、次氯酸及苯酚溶液。脲先经酶降解生成 NH_3，再被次氯酸氧化成氯胺，然后与酚反应生成靛酚蓝，在 620nm 处进行分光光度法测定，检测限达 2mmol/L。还可以利用毛细管玻璃电极进行电位法测量，由 pH 改变来间接定量脲含量：

$$NH_2CONH_2 + H_2O \xrightarrow{尿素酶} 2NH_3 + CO_2$$

将流动注射分析技术与原子吸收光谱法结合来测定接受锂治疗的病人血清中的锂含量。流动注射分析法也可以与电感耦合等离子体发射光谱法联用。

（4）**FIA 荧光法及动力学分析法结合** 将流动注射分析法与荧光光度法相结合，大大提高了分析灵敏度。利用铽与 EDTA、磺基水杨酸反应生成三元配合物，可以用荧光法测定矿石中铽含量。激发波长为 320nm，测定波长为 545nm。对 80pg 含量的铽，其测量的相对标准偏差为 4%，且各种金属离子不受干扰。

催化分析法的最大优点是灵敏度比一般化学分析法高得多，其检测极限可达 10^{-9} mol/L 左右。根据以下催化反应可以测定痕量 I^-：

$$2Ce^{4+} + AsO_3^{3-} + H_2O \xrightarrow{I^-} 2Ce^{3+} + AsO_4^{3-} + 2H^+$$

可以采用三流路流动注射分析法，其中一流路为二次蒸馏水作载流，以便将样品塞带入，另外两个流路分别为 Ce(Ⅳ) 溶液和 As(Ⅲ) 溶液，它们的流量都可以进行调节。可用分光光度法检测。

10.2 荧光分析法

荧光分析法（molecular fluorometry analysis，MFA）是分子外层价电子吸收紫外可见光后，从第一激发态的最低振动能级回到基态的各个振动能级，以光的形式失活，这种光称为荧光（fluorescence）。根据物质发荧光的波长及其强度进行物质定性和定量分析的方法称为荧光分析法。它的主要特点是灵敏度高，其最低检测浓度可达 $10^{-7}\sim10^{-9}$ g/mL，比紫外可见分光光度法的灵敏度高 10～1000 倍，可以测定许多痕量无机或有机成分；另外，其选择性也比紫外可见分光光度法好。在医学检验、卫生疫疫、生物医学、环境监测、食品分析等领域中的应用日益增多。

10.2.1 基本原理
10.2.1.1 荧光的产生

在没有能量作用时，分子的外层电子处于分子轨道能级的基态。所有电子都自旋配对的分子电子态叫基态单重态，以 S_0 表示。

当处于基态的分子受光照射时，其电子对的一个电子吸收光子而被激发到某一较高能级时，可能形成两种激发态：一种是受激电子的自旋仍然与处于基态的电子自旋相反，称为激发单重态,以 S 表示(S_1、S_2、……),另一种是两个电子的自旋相互平行(自旋相同),称为激发三重态,以 T 表示(T_1、T_2、……),如图 10-15 所示。

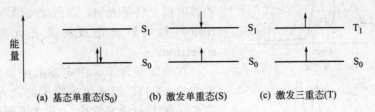

图 10-15 单重态与三重态的激发示意图

当吸收了紫外-可见光后,分子外层电子由轨道能级的基态跃迁到激发单重态(S)的各个振动能级。处于激发态的分子是不稳定的,可通过辐射和非辐射的去活化过程释放多余的能量而迅速回到基态。这个过程包括振动弛豫、内转换回到第一激发单重态的最低振动能级,然后以辐射形式回到基态的各个振动能级,这时发射的光称为荧光(见图 10-15)。

分子受到激发后,处于激发单重态(S),通过内转换、振动弛豫和体系间跨越,回到三重态(T)的最低振动能级,然后以辐射形式回到基态的各个振动能级,这时发射的光称为磷光(见图 10-16)。根据物质发磷光的波长及其强度进行物质定性和定量分析的方法称为磷光分析法。

分子受到激发后,处于激发单重态(S),通过内转换、振动弛豫和体系间跨越,跃迁到三重态(T)的振动能级,如果分子再次受激发,又回到激发单重态(S),然后以辐射形式回到基态的各个振动能级,这时发射的光称为延时荧光(见图 10-16)。

由于振动弛豫、内转换和体系间跨越损失了部分能量,荧光、磷光、延时荧光的能量都小于激发光能量,故发射光的波长总比激发光波长长。

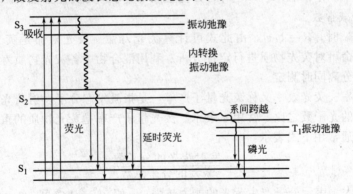

图 10-16 荧光、磷光及延时荧光的产生

10.2.1.2 荧光的分类

荧光按辐射源(即入射光)进行分类,可分为以下三类。

紫外-可见光荧光:是物质受紫外-可见光激发而发出的荧光,即通常所谓的荧光。

X 射线荧光:以 X 射线为辐射源发射出比入射 X 射线波长稍长的 X 射线。

红外光荧光:物质受红外光照射后发射出的比红外光波长稍长的红外光。

此外,荧光按待测物质的存在形式分类,可分为分子荧光和原子荧光。二者的区别在于前者待测物质以分子形式存在,后者待测物质以原子形式存在。本节主要介绍分子的紫外-可见光荧光。

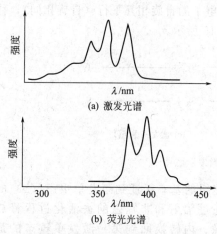

图 10-17 蒽的激发光谱和荧光光谱

10.2.1.3 荧光的性质

(1) **荧光的激发光谱和发射光谱** 任何荧光物质都有两个特征光谱，即激发光谱（excitation spectrum）和发射光谱或称荧光光谱（fluorescence spectrum）。

在一定条件下，固定发射波长（λ_{em}），扫描激发波长（λ_{ex}），记录荧光物质的荧光强度（F），以荧光强度 F 对激发波长 λ_{ex} 作图得到的曲线为激发光谱。激发光谱表明：不同激发波长的辐射引起物质发射某一波长荧光的相对效率。激发光谱形状与吸收光谱极为相似。图 10-17(a) 为蒽的激发光谱。

在一定条件下，固定激发波长（λ_{ex}），扫描发射波长（λ_{em}），记录荧光物质的荧光强度（F），以荧光强度 F 对发射波长 λ_{em} 作图得到的曲线为荧光光谱，也称发射光谱。图 10-17(b) 为蒽的荧光光谱。

激发光谱和发射光谱的特征：①在溶液中，分子荧光波长（λ_{em}）大于激发光波长（λ_{ex}），这种现象称为斯托克斯位移；②荧光光谱的形状与激发波长无关；③荧光光谱与激发光谱之间存在呈"镜像对称"关系。

分析时，应根据荧光光谱选择最强荧光的波长作为荧光测定波长，以 λ_{em} 表示。

激发光谱和荧光光谱可用来鉴别荧光物质，并作为进行荧光测定时选择适当测定波长的依据。

(2) **荧光寿命** 荧光寿命是指除去激发光源后，分子的荧光强度降低到最大荧光强度的 $1/e$ 所需的时间，常用 τ_f 表示。t 时刻的荧光强度 F_t 与最大荧光强度 F_0 之间关系：$F_t = F_0 e^{-Kt}$。K 是衰减常数。

当 $F_t = 1/e F_0$ 时，$K = 1/\tau_f$，由此式可计算荧光寿命。荧光寿命是荧光物质的特性参数，利用荧光寿命可对荧光物质进行定性分析。利用混合物中各荧光物质寿命的差别对荧光混合物进行不经分离同时测定。

(3) **荧光效率** 荧光效率又称荧光量子产率，是指激发态分子发射荧光的光子数与基态分子吸收激发光的光子数之比，常用 φ 表示。荧光量子产率是荧光物质的重要特性参数。

荧光效率 φ 通常用下式表示：

$$\varphi = \frac{\text{发射荧光的分子数}}{\text{激发的分子总数}} \tag{10-1}$$

荧光效率越大，表示分子产生荧光的能力越强，φ 值在 0~1 之间。

10.2.1.4 影响荧光的因素

(1) **分子结构** 发荧光的物质应具备：强的吸光系数；一定的荧光量子产率。同时满足以上条件的分子结构一般为：长共轭体系分子结构和刚性或共平面分子结构。共轭体系上的取代基对荧光光谱和荧光强度也有很大影响，所以共轭体系越长，刚性或共平面性越好，离域电子数越多，荧光强度（荧光效率）越大，荧光波长红移程度越大。

(2) **温度** 当温度升高时，绝大多数物质的荧光强度下降。因为温度升高后，待测物质分子运动速率加快，激发态分子与溶剂分子的有效碰撞增加，消耗了部分能量，导致荧光效率降低，故而降低温度有利于提高荧光效率。

(3) **溶液酸碱性** 荧光物质本身是弱酸或弱碱时，溶液的 pH 对该荧光物质的荧光强度有较大影响，如苯胺，其电离平衡如下：

$$\underset{\text{无荧光}}{\underset{\text{pH}<2}{C_6H_5NH_3^+}} \underset{H^+}{\overset{OH^-}{\rightleftharpoons}} \underset{\underset{\text{蓝色荧光}}{\text{pH 7～12}}}{C_6H_5NH_2} \underset{H^+}{\overset{OH^-}{\rightleftharpoons}} \underset{\underset{\text{无荧光}}{\text{pH}>13}}{C_6H_5NH^-}$$

苯胺在 pH 7～12 的溶液中主要以分子形式存在，能产生蓝色荧光。但在 pH<2 或 pH>13 的溶液中均以离子形式存在，不产生荧光。

（4）散射光　溶剂的散射光（瑞利散射和拉曼散射）、胶粒的散射光及容器表面的散射光中有些具有与激发光相同的波长，这些散射光进入到发射的荧光之中，将影响荧光强度的测量，必须采取措施消除。

（5）溶液浓度　荧光是由物质分子吸收激发光后产生的发射光，因此溶液的荧光强度与该溶液中荧光物质的浓度有关。在低浓度（一般 $\leqslant 10^{-6}$ g）时，荧光强度与荧光分子浓度呈正比关系，这也是荧光法的定量依据。当荧光物质浓度高到一定程度时，荧光分子间碰撞增多而使荧光强度有所减弱，这种现象称为自熄灭。自熄灭现象使荧光强度与荧光分子浓度偏离线性关系而产生误差。

（6）溶剂　同一物质在不同溶剂中的荧光光谱形状和强度有差别。一般情况下，随着溶剂极性的增大，荧光波长红移，且强度增强。

（7）荧光猝灭剂　荧光猝灭是指荧光物质分子与溶剂分子、杂质分子或溶质分子相互碰撞，使荧光分子失活，引起荧光强度降低的现象。引起荧光猝灭的物质称为荧光猝灭剂。猝灭剂浓度与荧光强度之间关系的 Stem-Volmer 方程为：

$$\frac{F_0}{F}=1+K_q\tau_0[Q]=1+K_{sv}[Q]$$

式中，τ_0 为没有猝灭剂存在时荧光分子的平均寿命；K_q 为猝灭速率常数；K_{sv} 为 Stem-Volmer 猝灭常数；[Q] 为猝灭剂浓度；F_0 为没有猝灭剂存时的荧光强度；F 为加入一定浓度猝灭剂时的荧光强度。常用的荧光熄灭剂有卤素离子、重金属离子、氧分子、硝基化合物、重氮化合物和羟基化合物等。荧光熄灭剂能使荧光强度减弱，虽然是一种不利因素，但有时也可利用这一作用进行间接荧光测定。

总之，影响荧光强度的因素很多，它们都会影响测定结果的准确度和精密度，所以实验条件要求非常严格。

10.2.2　荧光分析

荧光分光光度法可用于物质的定性分析和定量分析。由于物质分子结构不同，所吸收的紫外光的波长和发射出的荧光波长也各不相同，故可利用该特性进行物质的鉴别。物质分子发射出的荧光的强度与该物质分子在试样中的数量（或含量）成比例。因此，通过测定试样中物质分子发射的荧光强度，采用适当方法进行校正，便可求出该物质分子在试样中的百分含量。荧光物质的激发光谱和荧光光谱是定性与定量的依据。

10.2.2.1　荧光强度（F）与荧光物质浓度（c）的关系

当溶液中的荧光物质被入射光（I_0）照射后，分子受到激发，可在溶液任一方向上发出荧光。但由于部分入射光可被溶液透过（I_t），所以在入射光方向上不能观察到单纯的荧光，因此，需在与入射光垂直的方向上观测荧光强度（F）。

溶液的荧光强度（F）与溶液吸收入射光的多少（I_a）和溶液中荧光物质的荧光效率（φ）的关系为

$$F=\varphi I_a \tag{10-2}$$

当 I_0 一定,且浓度很稀时,荧光强度与荧光物质浓度成正比,即
$$F=Kc \tag{10-3}$$
式(10-3)即荧光分光光度法定量分析的依据。使用时要注意条件:①入射光为单色光;②$A\leqslant 0.05$;③入射光的强度 I_0 一定;④样品池厚度一定;⑤只适用于稀溶液。

10.2.2.2 荧光定量分析方法

(1) 直接测定法　在荧光分光光度法中,可以采用不同的实验方法进行物质浓度的测定。其中,最简单的方法是直接测定法。只要分析物质本身发荧光,便可以通过测量它的荧光强度以测定其浓度。当然,如果有其他干扰物质存在时,则要预先加以分离。许多有机芳香族化合物和生物物质由于具有内在的荧光性质,往往可以直接进行荧光测定。

① 标准曲线法　荧光分析中多采用标准曲线法进行测定。即用已知量的标准物质经过和待测样品相同的处理后,配制成一系列浓度的标准溶液,测出各自的荧光强度,以荧光强度 F 对标准溶液 c 作标准曲线(或回归方程),然后再在相同条件下测出待测样品溶液的荧光强度,由标准曲线(或回归方程)求出待测样品中荧光物质的浓度。

② 比例法　当荧光分光光度法制得的标准曲线通过原点时,就可在其线性范围内用比例法测定。取已知量的标准物质配制成标准溶液(c_s),使其浓度在线性范围内,测定荧光强度 F_s,然后在相同条件下测定待测样品溶液的荧光强度 F_x,按比例计算待测样品中荧光物质的含量(c_x)。若空白溶液的荧光强度调不到零时,则在测得的 F_s、F_x 值中扣除空白溶液的荧光强度值 F_0,按式(10-4)和式(10-5)计算:
$$F_s - F_0 = Kc_s \tag{10-4}$$
$$F_x - F_0 = Kc_x \tag{10-5}$$
对同一荧光物质,其常数 K 相同,则
$$c_x = \frac{F_x - F_0}{F_s - F_0} \times c_s \tag{10-6}$$

③ 多组分混合物的荧光分析　与紫外-可见分光光度法一样,荧光分光光度法也可从混合物中不经分离就测得被测组分的含量。

如果混合物中各个组分的荧光峰相距较远,且无显著的相互干扰,则可分别在不同波长处测定各组分的荧光强度,直接求其含量。如果不同组分的荧光光谱相互重叠,则利用荧光强度的加和性,在适宜的波长处测定混合物的荧光强度,再根据被测物质各自在此波长处的荧光强度,列出联立方程,分别计算出各自组分的含量。

(2) 间接测定法　许多有机化合物以及绝大多数无机化合物溶液,或者不发荧光,或者因荧光量子产率很低而只显现很微弱的荧光,无法进行直接测定,只能采用间接测定的方法。间接测定的方法有多种,可按分析物质的具体情况适当选择。

第一种方法是通过化学反应将非荧光物质转变为适合于测定的荧光物质。

第二种方法是荧光猝灭法。假如分析物质本身不发荧光,但是具有使某种荧光化合物荧光猝灭的能力,那么,通过测量荧光化合物荧光强度的下降,就可以间接地测定该分析物质的含量。

第三种方法是利用能量转换进行间接测定,即所谓敏化发光的方法。这种方法使用一种物质(称为敏化剂)吸收激发光,然后将激发能传递给发光的分析物质。对于浓度很低的分析物质,如果采用一般的荧光测定方法,其荧光信号可能会无法检测;但是,如果能选择到某种合适的敏化剂,并加大其浓度,在敏化剂与分析物质紧密接触的情况下,激发能的转移效率很高,这样便能大大提高分析物质测定的灵敏度。

10.2.3 荧光光度计
10.2.3.1 仪器的构成

荧光分析使用的仪器叫荧光计（fluorometer），通常由激发光源、单色器（两个）、样品池、检测器和放大显示系统等部分组成，如图 10-18 所示。

由激发光源发出的激发光，经激发光单色器后，得到所需波长的激发光（强度为 I_0），照射到样品上。荧光分

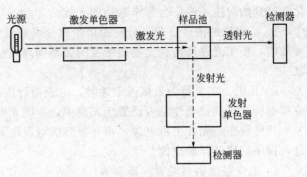

图 10-18 荧光分光光度计的基本构造

子吸收激发光后，将向四面八方发射荧光，但为了消除透射光的影响，荧光测量应在垂直激发光方向上进行。发射单色器可消除由激发光产生的其他杂散光而只让选定波长的荧光通过，然后由检测器把荧光变成电信号，经放大器放大后进行显示或记录。

(1) 激发光源　荧光计中所用光源一般比紫外可见分光光度计所用的光源发光强度大，它一般具备光强度大、适用范围宽两个特点。通常用高压汞灯和氙灯作为荧光分光光度计的激发光源，此外还有氢灯、氘灯、钨灯等。高压汞灯提供线光谱，光源强度随波长改变有很大变化。氙灯提供 250～600nm 的连续光谱，在 300～400nm 波段内的光强几乎相等。现代荧光仪器采用 12V50W 的新型溴钨灯作光源，在 300～700nm 波段内发射连续光谱。

(2) 单色器　单色器的作用是将复合光变成单色光；荧光分光光度计中有激发和发射两个独立的单色器。用滤光片作单色器，以干涉滤光片的性能最好，它具有半宽度窄、透光率高、经得起强光源长时间照射等优点。较精密的荧光分光光度计用光栅作单色器。如日立 F-4000 型荧光分光光度计，选用了两块等光程凹面衍射光栅（900 条/nm），分别作为激发单色器和发射单色器。

(3) 样品池　荧光分析用的样品池需采用低荧光材料制成，通常以石英为材料，因为普通玻璃会吸收 320nm 以下紫外光。样品池形状以散射光较少的正方形为宜，最常用的厚度为 1cm。

(4) 检测器　荧光强度通常较弱，因此，要求检测器有较高的灵敏度，一般采用光电倍增管为检测器，它能使光信号得以放大，体现出较高的灵敏度。一些较高级仪器采用光电二极管阵列检测器进行检测，以记录下完整的荧光光谱。

10.2.3.2 仪器的操作方法及注意事项

使用荧光分光光度法进行检测时，应先对仪器进行性能测试，再按规定配制对照品和供试品溶液。按仪器说明书要求的方式，选定激发光波长和发射光波长，并在测定前，用一定浓度的对照品溶液校正仪器的灵敏度，然后在相同条件下，读取对照品溶液及其试剂空白、供试品溶液及其空白的读数即得所测值。

(1) 一般荧光分光光度计的操作步骤

现代荧光分光光度计自动化程度不断增高，大多采用工作站控制。

① 配制对照品溶液和供试品溶液。荧光分光光度计的样品处理与其他分光光度计相似，按各药品项下的规定，选定激发光波长和发射光波长，并配制对照品溶液和供试品溶液。但需注意以下几个方面。

a. 溶剂和化学试剂的选择。制样过程中所用的溶剂和化学试剂选择要适宜，而且要有足够的纯度，这对荧光分析是非常重要的。如果溶剂在一定波长范围内有吸收，就不宜在此波段用作荧光试剂；同一荧光物质在不同溶剂中的荧光强度和荧光光谱有显著的不同。如果

化学试剂的纯度不高,会带来杂质的干扰。

b. 待测液的浓度。荧光分析是微量组分或痕量组分的分析,当 $A \geqslant 0.05$ 时,将产生浓度效应,使荧光强度与荧光物质浓度的关系偏离线性。浓度效应是导致荧光强度下降的原因之一。

② 开机。在仪器尚未接通电源时,电表指针应位于 "0" 刻度线。此外,在开机前,还应检查所选择的滤光片是否已置于光路中,否则光电管将受到强光照射而损伤。

开机程序是先开主机电源,再开氙灯的触发电源,最后开电路板控制电源,打开计算机进入程序,仪器开始自检。

③ 按仪器说明书设置仪器参数。

④ 测定。可将盛有已知浓度的溶液置于样品池中(约 4/5 高度),放在样品池架上,盖上样品室盖,调节满度调节钮,使电表指示在接近满度或其他任何数值。然后,将盛有试样溶液的样品池放在样品池架上,盖上样品室盖,即可测量读数并记录。

⑤ 关机。关机时跟开机步骤相反,但不用去按氙灯的触发电源钮,保证不删除应用程序即可。测定完毕后在记录本上作仪器使用登记。

(2) 注意事项

① 因荧光分析的灵敏度高,溶剂不纯会带入较大荧光,故应作空白检查,必要时,溶剂可用玻璃磨口蒸馏器蒸馏后再用。

② 对易被光分解的样品,可选择一种激发光波长和发射光波长都与之相近而对光稳定的物质的溶液作对照品溶液,校正仪器的灵敏度。例如蓝色荧光可用硫酸奎宁的硫酸溶液,黄绿色荧光可用荧光素钠的水溶液,红色荧光可用罗丹明 B 的水溶液。

③ 溶液中的悬浮物对光有散射作用,如果荧光光谱与这种散射光谱重叠,就会影响荧光的测量,因而在测定前应设法将悬浮物除去,可用垂熔玻璃过滤或用离心法除去。

④ 温度对荧光强度有较大的影响,测定时应控制温度前后一致。

⑤ 当荧光物质本身为强酸或强碱时,溶液 pH 的改变对荧光强度也有很大影响,故测定前后应保持 pH 一致。

⑥ 溶液中的溶解氧有降低荧光强度的作用,使之与荧光物质的浓度不呈线性关系,这种现象称为荧光的熄灭。必要时,可在测定前通入惰性气体除氧。

⑦ 测定用的玻璃仪器与样品池等必须保持高度洁净。

⑧ 操作者不能直视光源,以免紫外线损伤眼睛。

⑨ 氙灯内充气处于高压状态,安装或更换氙灯(氙灯寿命约为 2000h)时,要戴上防护眼镜并严格按规定的程序进行,小心发生意外。同时,由于氙灯启动时电压约为 20~40kV,因此,不仅要注意人身安全,而且要等氙灯稳定后再开计算机。

(3) 仪器的安装要求和保养维护 荧光分光光度计属于精密分析仪器,为使分析准确、可靠,并使分析结果理想,在日常分析中应注意以下几个方面的问题。

① 仪器的安装要求。荧光分光光度计的安装跟其他分析仪器一样,需要与之相适应的实验室条件:实验室要远离剧烈振动源,如机械加工车间、物理测试实验室等;远离强烈的电磁辐射源;远离化学实验室的酸、碱、腐蚀性气体污染源;室内应安装空调,调节温度在 15~28℃ 范围内,相对湿度低于 60%;室内要有防尘措施,如实验室墙壁涂白色油漆,通风口安装过滤器等;实验台要稳固,周围留通道,便于检修。

② 仪器的维护与保养。现代荧光分光光度计自动化程度普遍提高,在操作时有具体的要求,应严格按照仪器说明书规定进行操作。在保养维护方面需注意以下问题。

a. 电源。供电必须与灯的要求一致,应确认正负极位置、触发电压、工作电流、电源稳定程度等符合规定。

b. 光源。启动后需预热 20min，待光源发光稳定后方可开始检测；若光源中途熄灭，则应待灯管冷却后方可重新启动，以延长灯的寿命。灯及其窗口必须保持清洁，不能沾染油污，一旦污染（即使是手指触及），应尽快用无水乙醇擦净。对于高压氙灯和高压汞灯尤其要注意防止爆裂，不要被硬物碰撞。

c. 单色器。应随时注意防尘、防潮、防污和防机械损伤。对于仪器上的光栅不可随意拆卸，不要用手摸光栅表面，不能用嘴去吹上面的灰尘；狭缝不要随意拆卸，手动开启或关闭时用力要平稳，狭缝上有灰尘时，可用洗耳球、软毛刷清理。

d. 光电倍增管。加上高压时切不可受外来光线直接照射，以免缩短其使用寿命和降低灵敏度。平时应注意防尘、防潮，如有污染，可用洗耳球、软毛刷清理。

e. 样品池。样品池为石英制品，要保持光学窗面的透明度，防止被硬物划伤。样品池用后应立即弃去样品溶液，先后用自来水、弱碱洗涤剂、纯水清洗，于无尘处晾干备用，不可用热风吹干。严重污染的样品池可用体积分数为 5% 的稀 HNO_3 浸泡，或用有机溶剂如三氯甲烷、四氢呋喃溶液除去有机污染物。如果暂不使用，可将样品池洗涤干净后浸泡于纯水中；若长时间不用，应将干净池置于有机玻璃盒中保存。

10.2.4 应用与示例

（1）无机化合物的荧光分析　无机化合物除了钠盐等少数例外，一般不显示荧光，但很多金属或非金属离子可以与有电子共轭结构的有机化合物形成有荧光的化合物后，用荧光法测定。

形成配（螯）合物直接分析的元素：Al、Au、B、Be、Ca、Cd、Cu、Eu、Ga、Ge、Hf、Mg、Nb、Pb、Rh、Ru、S、Se、Sn、Si、Ta、Th、Te、W、Zn、Zr 等。

常用的有机荧光试剂有 8-羟基喹啉、安息香、茜素紫 R、黄酮醇、二苯乙醇酮等。

（2）有机化合物的荧光分析　荧光分析法主要应用于有机物、生化物质和药物的测定（200 多种）。包括有机化合物有多环胺类、萘酚类、吲哚类、多环芳烃、氨基酸、蛋白质等药物，如吗啡、喹啉类、异喹啉类、麦角碱、麻黄碱等，维生素如维生素 A、维生素 B_1、维生素 B_2、维生素 B_6、维生素 B_{12}、维生素 E、维生素 C、叶酸等，甾体、抗生素、酶、辅酶等。

常见荧光试剂：荧光胺是用于氨基酸分析的高灵敏荧光衍生化试剂，可用于脂肪族或芳香族伯胺类氨基酸；邻苯二甲醛（OPA）用于伯胺类及大多数氨基酸；4-肼基-7-硝基-2,1,3-苯并氧杂噁二唑（NBD）用于伯及仲胺类氨基酸，尤其是脯氨酸。

（3）基因研究及检测　遗传物质的脱氧核糖核酸（DNA），自身的荧光效率很低，一般条件下几乎检测不到 DNA 的荧光，因此，常选用某些荧光分子作为探针，通过探针标记分子的荧光变化来研究 DNA 与小分子及药物的作用机理，从而探讨致病原因及筛选和设计新的高效低毒药物。目前，典型的荧光探针分子为溴化乙锭（EB）。此外也使用钌的配合物等，在基因检测方面，已逐步使用荧光染料作为标记物来代替同位素标记，从而克服了同位素标记物产生污染、价格昂贵及难保存等的不足。

第 11 章 核磁共振波谱法（NMR）和质谱法（MS）

11.1 核磁共振波谱法（NMR）

核磁共振波谱类似于红外或紫外吸收光谱，是吸收光谱的另一种形式。

核磁共振波谱是测量原子核对射频辐射（4~600MHz）的吸收，核磁共振波谱法是推测化合物分子结构的最为有力的手段之一，特别是对有机化合物分子结构的分析。

一些具有核磁性质的原子核（或称磁性核或自旋核），在高强磁场的作用下，可以裂分为 2 个或 2 个以上的能级，若此时外加射频辐射的能量，恰好等于裂分后 2 个能极之差，即引起核自旋能级的跃迁并产生波谱，叫核磁共振波谱。利用核磁共振波谱进行分析的方法，称为核磁共振波谱法。

就其本质而言，核磁共振波谱与红外及紫外吸收光谱一样，是物质与电磁波相互作用而产生的，属于吸收光谱（波谱）的范畴。根据核磁共振波谱图上共振峰的位置、强度和精细结构可以研究分子结构。

11.1.1 基本原理

11.1.1.1 核磁共振波谱法的发展

核磁共振现象是 1946 年由美国斯坦福大学的 F. Bloch 等和哈佛大学的 E. M. Purcell 等各自独立发现的，Bloch 和 Purcell 因此获得了 1952 年诺贝尔物理学奖。NMR 发展最初阶段的应用局限于物理学领域，主要用于测定原子核的磁矩等物理常数。

1950 年前后，W. G. Proctor 等发现处在不同化学环境的同种原子核有不同的共振频率，即化学位移，接着又发现因相邻自旋核而引起的多重谱线，即自旋-自旋耦合，这些发现开拓了 NMR 在化学领域中的应用和发展。1953 年第一台商品化连续波核磁共振波谱仪问世。

20 世纪 60 年代末，由于快速傅里叶变换算法的出现及计算机的飞速发展，傅里叶变换核磁共振波谱仪应运而生。因其观测灵敏度高、测量速度快、功能多、操作方便，一跃成为 20 世纪 70 年代主要商品核磁共振波谱仪，引起了该领域的革命性进步。此后，随着超导磁体的引入，计算机及电子技术的进一步发展，许多新技术的开发（如多维核磁共振、固体高分辨率磁共振、磁共振成像等），核磁共振波谱仪变得更完善、更多样化，也更复杂。

核磁共振不仅形成一门有完整理论的新兴学科——核磁共振波谱学，并且，各种新的实验技术不断发展、仪器不断完善，在化学、生物学、医学、药学等多个领域得到了广泛的应用。目前，核磁共振波谱仪已成为研究分子结构和分子运动等不可缺少的工具。1991 年诺贝尔化学奖被授予瑞士苏黎世联邦理工学院的核磁共振专家 R. R. Ernst 教授，这不仅是对 Ernst 教授为核磁共振的发展所做出的杰出贡献的表彰，也是对核磁共振波谱学在化学领域所发挥的重要作用的肯定。

核磁共振波谱学长盛不衰的快速发展，使它在有机化学、生物化学、药物化学、物理学、临床医学以及众多工业部门中得到广泛应用，也成为化学家、生物化学家、物理学家以及医学家等研究者不可缺少的重要工具。

11.1.1.2 核磁共振现象

(1) 产生核磁共振波谱的必要条件

① 原子核必须具有核磁性质,即必须是磁性核(或称自旋核),有些原子核不具有核磁性质,不能产生核磁共振波谱,这表明了核磁共振的局限性。

② 需要有外加磁场,磁性核在外磁场作用下发生核自旋能级的分裂,产生不同能量的核自旋能级,才能吸收能量发生能级的跃迁。

③ 只有那些能量与核自旋能级能量差相同的电磁辐射才能被共振吸收,即 $h\nu=\Delta En$,这就是核磁共振波谱的选择性。由于核磁能级的能量差很小,所以共振吸收的电磁辐射波长较长,处于射频辐射光区。

(2) 磁性核的存在　原子核是由中子和质子组成的,有相应的质量数和电荷数。当原子有自旋现象时,即产生磁矩,这样的原子核可称为磁性核,是核磁共振研究的对象。

物理学的研究表明,各种不同的原子核,自旋的情况不同,是以原子核的自旋量子数 I 来表示的,如表11-1所示。

表11-1　各种原子核的自旋量子数

质量数	原子序数	自旋量子数	示　例
偶数	偶数	0	$I=0$: ^{12}C、^{16}O、^{28}Si、^{32}S
偶数	奇数	正整数	$I=1$: ^{2}H、^{6}Li、^{14}N $I=2$: ^{58}Co $I=3$: ^{10}B
奇数	偶数或奇数	半整数	$I=1/2$: $I=3/2$: ^{7}Li、^{9}Be、^{11}Be、^{33}S、^{79}Br $I=5/2$: ^{17}O、^{29}Mg、^{127}I

自旋量子数等于零的原子核有 ^{12}C、^{16}O、^{28}Si、^{32}S 等,经实验证明,没有自旋现象,因此没有磁矩,不产生共振吸收谱,故不能用核磁共振来研究。

自旋量子数等于1或大于1的原子核,如表11-1中的 ^{2}H、^{6}Li、^{14}N、^{17}O、^{29}Mg 等,这类原子核核电荷分布可看作是一个椭圆体,电荷分布不均匀,它们的共振吸收会很复杂,目前在核磁共振研究中应用还很少。

自旋量子数等于1/2的原子核有 ^{1}H、^{3}C、^{15}N、^{19}F、^{31}P、^{77}Se 等,这些核可当作一个电荷均匀分布的球体,并像陀螺一样的自旋,故有磁矩产生,适于进行核磁共振研究。其中氢核(质子)易于测定,而且是组成有机化合物的主要元素,因此在有机分析中很重要,本章主要以 ^{1}H-NMR 为主介绍核磁共振的基本工作原理和方法。

(3) 外磁场中磁性核能级的分裂

① 磁旋比和自旋角动量　氢核在绕着其自旋轴转动时产生磁场,形成一个磁偶极子,具备一定的核磁矩 (μ)。原子核有一定的质量,而一定质量物质的自旋就形成了自旋角动量 (P)。核磁矩与自旋角动量之间的关系如下:

$$\mu=\gamma P \tag{11-1}$$

式中,γ 为磁旋比,是原子核的重要属性。

② 外加磁场下核自旋的取向　当空间中存在着静磁场时,磁偶极子在磁场中的取向不同,则其在磁场中的能量也不同,当磁偶极子与外磁场方向一致时,处于较低能量的状态,相反,则处于较高能量的状态。根据量子力学的理论,磁性核置于外加磁场中,其取向是不连续的,即其对于外加磁场只能有 ($2I+1$) 个不同的取向。对于氢核 ($I=1/2$) 来说,只

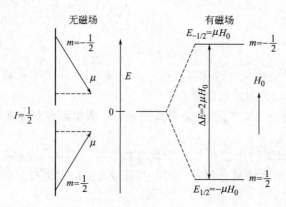

图 11-1 $I=1/2$ 的磁性核在外磁场
条件下的核磁能级裂分示意图

有两种取向。一种与外磁场取向一致，这时能量较低，以磁量子数 $m=+1/2$ 表示；一种与外磁场取向相反，这时氢核的能量稍高，以 $m=-1/2$ 表示，如图 11-1 所示。

③ 拉摩尔进动及核磁能级的能量差 在低能态的氢核中，外磁场将使所有氢核取向于外磁场的方向，也就是在外磁场的作用下，原子核除了自旋外，还要附加一个以外磁场方向为轴线的回旋，磁性核一边自旋，一边围绕着磁力线方向发生回旋，这种回旋运动称进动（precession），也叫拉摩尔进动（Larmor precession）。它类似于陀螺一边自旋，一边沿重力方向进行回旋，产生摇头运动。进动时的频率称为拉摩尔频率 ν，它与自旋核的角速度 ω 及外加磁场强度 H_0 有关。

$$\omega = 2\pi\nu = \gamma H_0 \tag{11-2}$$

如图 11-1 所示，在大磁场条件下，磁性核的自旋取向对能量无影响，有外磁场时，磁性核的自旋取向不同，将产生不同的能级。对氢核来说，两种不同能级的能量差为：

$$\Delta E = 2\mu H_0 \tag{11-3}$$

（4）核磁共振现象 在外磁场条件下，氢核磁性核吸收到 $2\mu H_0$ 的能量时，就能从低能级跃迁到高能级，发生共振现象。核磁能级差 ΔE 所对应的辐射为一定能量的射频电磁波辐射。当电磁波的能量符合下式时

$$\Delta E = 2\mu H_0 = h\nu \tag{11-4}$$

进动核便与辐射电磁波相互作用，发生共振现象，体系吸收能量，发生能级跃迁。

根据量子力学和经典力学的推导，可得到 $P=\dfrac{h}{2\pi}I$，将其与式(11-1)合并，并在 $I=1/2$ 时可得：

$$\gamma = \frac{4\pi\mu}{h} \tag{11-5}$$

由式(11-2)、式(11-4) 和式(11-5) 可知，光子频率和磁性核进动频率是一致的，且发生共振时，该频率与磁性核的磁旋比 γ 和外加磁场强度 H_0 有如下关系：

$$\nu = \frac{\gamma H_0}{2\pi} \tag{11-6}$$

式(11-6) 即为核磁共振发生的条件。可见，对于不同的原子核，由于磁旋比 γ 不同，在相同的磁场中发生共振的条件不同，根据这一点可以鉴别各种元素和同位素；同时，对于同一种核，磁旋比 γ 是一定的，当外加磁场发生变化时，共振频率也随着改变，且外加磁场越大，核磁共振能级间的能量差越大，则共振频率也越大。例如，氢核在 1.409T 的磁场中，共振频率为 60MHz，而在 2.350T 的磁场中，共振频率为 100MHz。

根据核磁共振发生的条件，获得核磁共振谱有两种方法，即扫频和扫场。固定 H_0，进行频率扫描，得到在此 H_0 条件下的共振吸收频率 ν，称为扫频；固定 ν，进行磁强扫描，得到在对此频率产生共振吸收所需要的 H_0，称为扫场。采用这两种方法，可分别得到核磁共振随射频辐射频率变化的图谱和随外加磁场强度变化的图谱，根据图谱中电磁波的吸收峰，来计算磁性核的磁旋比，从而对磁性核的特性进行研究。

(5) 饱和弛豫现象 在有外磁场存在的情况下,低能级更利于稳定存在,但由于分子热运动的作用,使高能级的磁性核也能存在。根据玻耳兹曼分布定律可以计算出,在室温条件和一定磁场条件下,处于低能级的核通常仅比处于高能级的核多出百万分之十左右。在射频电磁波的照射下(尤其在强照射下),氢核吸收能量发生跃迁,其结果就使处于低能态的氢核的微弱多数趋于消失,能量的净吸收逐渐减少,共振吸收峰渐渐降低,甚至消失,使吸收无法测量,这时发生饱和现象。

使氢核从高能级返回低能级,保持低能级数量上的相对多数,才能维护稳定的核磁共振信号。从高能级向低能级跃迁有两种方式:一种是通过发射光谱线失去能量而返回到低能级状态;另一种是通过非光谱的途径返回低能级的方式。由于核磁共振氢谱的能量差很小,不可能以发射光谱的途径返回低能级,只能以热运动能量传递的方式进行,这种由高能级返回低能级而不以发射光谱方式失去原来所吸收的能量的过程称为弛豫过程。

弛豫过程有两种,即自旋-晶格弛豫过程和自旋-自旋弛豫过程。

① 自旋-晶格弛豫过程。处于高能级的氢核,把能量转移给周围分子(固体为晶格,液体则为周围的溶剂分子或同类分子)而转变成周围分子的热运动,同时自身返回低能级的过程,叫自旋-晶格弛豫。这种能量的传递不像分子间那样通过热运动的碰撞传递,而是通过所谓的晶格场来实现的,被转移的能量变为晶格的平动或转动能。这种弛豫从磁核的全体而言,总能量降低了,所以也叫纵向弛豫过程。

气体和液体的纵向弛豫时间约为 1s,而固体和高黏度试样较大,有时甚至可达数小时。

② 自旋-自旋弛豫过程。两个进动频率相向而进动取向不同(即能级不同)的磁性核,在一定距离内,会发生能量的相互交换而改变各自的进动取向,使原来处于高能级的氢核返回低能级,即自旋-自旋弛豫过程。对磁核全体而言,总能量未变,高、低能态的数目比例也未变,能量只是在磁核之间转移,所以称横向弛豫。

气体和液体的横向弛豫时间也是 1s 左右,但固体及高黏度试样中由于各个核的相互位置比较固定,有利于相互间的能量转移,故横向弛豫时间非常小,磁性核迅速往返于高能态和低能态之间,其结果是使共振吸收峰的宽度增大,分辨率降低。因此在核磁共振分析中固体试样应先配成溶液。

11.1.1.3 化学位移与自旋耦合

(1) 化学位移 根据核磁共振条件公式,在 1.409T 磁场中,^1H 将吸收 60MHz 的射频辐射,与其他因素是无关的。而实际的核磁共振吸收中却不是如此,各种化合物中不同的物质,所吸收的频率稍有不同,也就是说核磁共振的吸收与质子所处的化学环境有关,这样核磁共振谱就能提供化合物结构的信息。

① 化学位移的产生。每个原子核都被不断运动着的电子云所包围。当氢核处于磁场中时,在外加磁场的作用下,电子的运动产生感应磁场,其方向与外加磁场相反,也就是说外围电子起到了对抗外磁场的作用,这种对抗外加磁场的作用称为屏蔽效应。

屏蔽作用的大小与核外电子云密度相关,电子云密度越大,屏蔽作用也愈大,共振时所需的外加磁场强度也愈强。而电子云密度是与氢核所处的化学环境有关的,与之相邻的基团是推电子还是吸电子都会对屏蔽作用产生影响,这种由屏蔽作用所引起的共振时磁场强度的移动现象,称为化学位移。

化学位移用位移常数 δ 来表示,位移常数在扫场时可用磁场强度的改变来表示,在扫频时可用频率的改变来表示。

② 标准物质。由于裸露的氢核是不存在的,要为化学位移找一个标准,一般用四甲基硅烷(TMS)作内标,即在试样中加入少许 TMS,以 TMS 中氢核共振时的磁场强度为标

准,把其化学位移定义为零。

用 TMS 作为标准有以下几点原因:a. TMS 中的 12 个氢核处于完全相同的化学环境中,它们的共振条件完全一样,在核磁共振谱中只出现一个峰;b. TMS 的氢核都是最强烈地被屏蔽着,共振时需要的外加磁场强度最强,绝对位移量最大,不会和其他化合物重叠,而其他化合物的峰都处在 TMS 峰的一侧,便于测量和计算;c. TMS 化学性质不活泼,一般不会和试样发生反应;d. TMS 易溶于有机溶剂,且沸点低(27℃),因此回收比较容易。

与 TMS 相比,其他有机物中氢核的化学位移均为负值,为方便起见,不加负号。凡是 δ 值大的氢核,就称为低场,位于图谱的左面;反之,位于图谱的右面,TMS 峰位于图谱的最右面。

③ 化学位移的表示方法。化学位移通常用 δ 表示。

在扫频的情况下(ν_0 为操作仪器的选用频率):

$$\delta = \frac{\nu_{样} - \nu_{标}}{\nu_{标}} \times 10^6 \approx \frac{\nu_{样} - \nu_{标}}{\nu_0} \times 10^6 \tag{11-7}$$

在扫场的情况下(H_0 为操作仪器的选用磁场):

$$\delta = \frac{H_{0样} - H_{0标}}{H_{0标}} \times 10^6 \approx \frac{H_{0样} - H_{0标}}{H_0} \times 10^6 \tag{11-8}$$

上述公式中,分子比分母小几个数量级,因此基准物质的共振频率(或磁场强度)可用仪器的选用频率或场强来代替。

多数情况下,δ 一般不大于 10.00,有时为了坐标表示的方便,化学位移用另一参数 τ 表示:

$$\tau = 10.00 - \delta \tag{11-9}$$

此时,TMS 的位移常数为 10.00,大多数试样的化学位移都成为较小的正值。τ 小,屏蔽效应小,共振峰位于低场。使用时,要注意核磁共振谱图中各物理量或参数的方向,如图 11-2 所示。

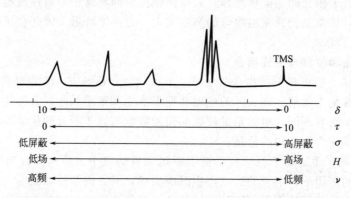

图 11-2 核磁共振谱图上各物理量或参数的方向示意图

(2) 影响化学位移的因素 化学位移是由核外电子云密度决定的,因此影响电子云密度的各种因素都将影响化学位移。其中包括与质子相邻元素或基团的电负性、各向异性效应、溶剂效应及氢键作用等。

① 电负性和诱导效应的影响。如果化合物分子中含有某些具有电负性的原子或基团,如卤素原子、硝基、氰基等,由于其诱导(吸电子)作用,使与其连接或邻近的磁核周围电子云密度降低,屏蔽效应减弱,δ 变大,即共振信号移向低场或高频。在没有其他影响因素的情况下,屏蔽效应随电负性的增大及数量的增加而减弱,δ 随之相应增大,如表 11-2 所示。

表 11-2　甲烷质子的化学位移与取代基之间的关系

化合物	H₃F	CH₃OCH₃	CH₃Cl	CH₃I	CH₃CH₃	CH₃Li
δ	4.26	3.24	3.05	2.16	0.88	−1.95

取代基的诱导效应沿着碳链延伸，α-碳原子上的氢位移较明显，β-碳原子上的氢有一定的位移，γ-位以后的碳原子上的氢位移甚微。

② 共轭效应的影响。共轭效应是有机化学中重要的电子效应，也能改变氢核周围的电子云密度，使其化学位移发生变化。当发生 p-π 共轭时，电负性原子以单键形式连接到双键上，使 π 键上相连的氢核电子云密度升高，屏蔽效应增强，因此 δ 降低，共振吸收移向高场；而当发生 π-π 共轭时，电负性大的原子将电子云拉向自己，使 π 键上连接的氢核电子云密度降低，屏蔽效应减弱，因此 δ 变大，共振吸收移向低场。

③ 相邻键的磁各向异性。在外磁场的作用下，核外的环电子流产生了次级感应磁场。由于磁力线的闭合性质，感应磁场在不同部位对外磁场的屏蔽作用不同，在一些区域中，感应磁场与外磁场方向相反，起到抗外磁场的屏蔽作用，这些区域为屏蔽区，处于此区域的氢核 δ 小，共振吸收在高场（或低频）；而在另一些区域中，感应磁场与外磁场的方向相同，起去屏蔽作用，这些区域为去屏蔽区，处于此区的氢核 δ 变大，共振吸收在低场（高频）。这种作用称为磁的各向异性效应。磁的各向异性效应只发生在具有 π 电子的基团中，它是通过空间感应磁场起作用的，涉及的范围大，所以又称为远程屏蔽。

④ 形成氢键的影响。当分子形成氢键时，氢键中质子的共振信号明显地移向低场，δ 变大。一般认为是由于形成氢键时，质子周围的电子云密度降低，屏蔽效应削弱所致。对于分子间形成的氢键，化学位移的改变与溶剂的性质及浓度有关；而分子内氢键，其化学位移的变化与浓度无关，只与其自身结构有关。

⑤ 溶剂的影响。在 NMR 法中，溶剂选择十分重要，对于质子谱来讲，不仅溶剂分子中不能含有质子，而且要考虑溶剂极性的影响，同时要注意，不同溶剂可能具有不同的磁各向异性，以不同方式作用于溶质分子而使化学位移发生变化。因此，在进行 NMR 分析时，溶液一般很稀，以有效避免溶质间的相互作用。

影响核磁共振谱化学位移的因素很多，有一定的规律性，而且在每一系列给定的条件下，化学位移数值可以重复出现，因此根据化学位移来推测氢核的化学环境很有价值。

(3) 自旋-自旋然耦合　一般情况下，在高分辨率核磁共振谱中，都会呈现出谱峰的分裂，显示出更精细的图谱结构，称之为峰的裂分。产生峰裂分的原因是由于核磁矩之间的相互作用，这种作用称为自旋-自旋耦合作用。

对于有机分子中的碳核和氢核来说，^{12}C 核为非磁性核，没有核磁矩，不产生耦合作用。而氢核本身有两种核磁取向，这两种核磁取向会产生局部磁场，叠加在外磁场上，从而对邻近的氢核产生干扰，可能使原来的一个吸收峰裂分成两个峰。这种干扰根据相互耦合的核之间的间隔可分为同碳耦合、邻碳耦合及远程耦合三类。相互干扰程度的大小，也就是裂分后峰之间的距离，用耦合常数表示。

同碳耦合常数范围很大，从几赫兹到几十赫兹不等，邻碳耦合通常通过 2~3 个单键进行传递，耦合常数在 0~16Hz 之间，是进行立体化学研究最有效的信息之一，相隔 4 个或 4 个以上键之间的远程耦合常数较小，一般小于 1Hz。

自旋-自旋耦合现象是相互的，一个磁性核影响其他核的同时，也被其他核影响，发生谱线的裂分，产生复杂的谱线精细结构。

以碘乙烷（CH_3CH_2I，忽略碘作为磁性核时对氢谱的自旋耦合影响）为例，分子中甲基（—CH$_3$）上的三个氢核与亚甲基（—CH$_2$—）形成两组质子，甲基上的三个质子和亚甲基上的两个质子，其周围的化学环境是相同的，其化学位移也严格相同，称为化学等价。同时这两组质子都对另一组质子产生自旋耦合效应，且甲基上的三个质子和亚甲基上的两个质子对另外一个核的耦合相等，表现为相同的耦合常数，称为磁等价。

甲基中的三个质子分别有两种核磁取向，表示为"＋"和"－"，这样对亚甲基上的两个质子产生的耦合作用分成四种，第一种影响表示为"＋＋＋"，共振信号出现在最低的磁场强度上；第二种为"＋＋－"、"＋－＋"、"－＋＋"，三者等价，共振信号出现在较低的磁场强度上；第三种为"－－＋"、"－＋－"、"＋－－"，三者等价，共振信号出现在较高的磁场强度上；第四种为"－－－"，共振信号出现在最高的磁场强度上，从而使亚甲基上氢核的共振峰裂分为四重峰，峰面积的比例为 1∶3∶3∶1。同理，亚甲基的两个磁性核使甲基上的三个质子裂分成三重峰，峰面积的比例为 1∶2∶1，如图 11-3 所示。

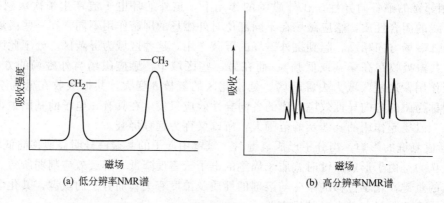

(a) 低分辨率NMR谱   (b) 高分辨率NMR谱

图 11-3　碘乙烷自旋耦合 NMR 谱示意图

一般情况下，裂分数可以应用 ($n+1$) 规律，即二重峰表示邻碳有一个质子，三重峰表示邻碳有两个质子等。而裂分后各组多重峰的强度比为：二重峰，1∶1；三重峰，1∶2∶1；四重峰，1∶3∶3∶1 等。即比例数为 $(a+b)^n$ 展开后各项的系数。

11.1.2　核磁共振波谱仪

核磁共振波谱仪主要有两类：连续波核磁共振波谱仪和脉冲傅里叶变换核磁共振波谱仪。

11.1.2.1　连续波核磁共振波谱仪

连续波核磁共振波谱仪主要由磁铁、探头、射频发射器、场扫描单元、信号接收处理单元等组成，如图 11-4 所示。

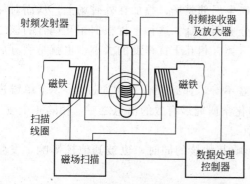

图 11-4　连续波核磁共振仪原理示意图

(1) 磁铁　磁铁有三种：永久磁铁、电磁铁和超导磁铁。永久磁铁一般提供 0.7046T 或 1.4092T 的磁场，对应质子的共振频率为 30MHz 和 60MHz。超导磁铁可以提供更高的磁场，对应共振频率最高可达 800MHz。商品 NMR 仪是使用永久磁铁的低档仪器，供教学及日常分析使用，高场强的 NMR 仪，由于设备本身及运行费较高，主要用于研究工作。

(2) 探头　探头是使样品管保持在磁场中某一固定位置的器件，同时包括互相垂直放置的扫描线圈和接收线圈,是核磁共振仪的心脏。

(3) 射频源　核磁共振仪通过采用恒温下石英晶体振荡器产生基频,放大后反馈进入与磁场成 90°的线圈中。射频振荡线圈的发射频率保持与核磁共振频率相匹配,通过对发射频率的连续改变,实现扫频分析,若使场扫描线圈连续改变,则实现扫场分析的操作。

(4) 信号接收处理单元　共振核对相应的发射频率进行吸收而产生的射频信号,通过探头上的接收线圈进行检测,形成电信号经放大后,记录下来,并通过积分仪或计算机进行处理,形成核磁共振波谱图。

11.1.2.2　脉冲傅里叶变换核磁共振波谱仪

脉冲傅里叶变换核磁共振波谱仪与连续波波谱仪不同的是增设了脉冲程序控制器和数据采集及处理系统,如图 11-5 所示。

脉冲程序控制器使用一个周期性的脉冲序列来间断地进行射频发射器的输出。脉冲发射时,在整个频率范围内,使所有的自旋核发生激发,产生共振现象;脉冲终止时,及时准确地启动接收系统,接收激发核弛豫过程中产生的感应电流信号,待被激发的核通过弛豫过程返回到平衡位置时再进行下一个脉冲的发射。

脉冲射频通过一个线圈照射到样品

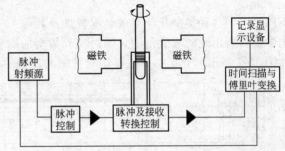

图 11-5　脉冲傅里叶变换核磁共振波谱仪示意图

上,脉冲终止后,该线圈作为接收线圈收集弛豫过程的感应电信号,这一过程通常在数秒内完成,大大提高了核磁共振的效率和灵敏度。收集的电信号经快速傅里叶变换后即可获得频域上的波谱图。这种分析方法速度快,可用于核的动态过程、瞬时过程、反应动力学等方面的研究。

11.1.3　核磁共振波谱实验方法和技术

11.1.3.1　实验样品的制备

在测试样品时,应选用合适的溶剂配制样品溶液。样品溶液应有较低的黏度,否则会降低谱峰的分辨率。

对于核磁共振氢谱应采用氘代试剂以避免干扰信号。氘代试剂中的氘核可作核磁波谱仪锁场之用。以用氘代试剂作锁场信号的"内锁"方式作图,可得到分辨率较好的核磁共振波谱图。对低、中极性的样品,最常采用氘代氯仿作溶剂,价格比其他氘代试剂有较大优势;极性较大的化合物可采用氘代丙酮、重水等;针对一些特殊的样品,可采用相应的氘代试剂,如氘代苯、氘代二甲基亚砜、氘代吡啶等。

当样品需要做变温测试时,应根据温度的不同选用合适凝固点或沸点的溶剂。

11.1.3.2　核磁共振波谱图提供的主要信息

核磁共振波谱图上提供的主要信息是在扫频(或扫场)的范围内,对各个频率(或场强)位置产生的吸收峰。

核磁共振可以提供的主要参数有化学位移、质子的裂分峰数、耦合常数及各组分相对峰面积。与红外光谱一样,对于简单的分子,仅根据其本身的图谱,即可进行鉴定。对于复杂的化合物,则需与质谱、红外光谱以及元素分析结果共同进行分析。

核磁共振仪都配备有自动积分仪,对每组峰的峰面积进行自动积分,在谱中以积分高度显示。各组峰的积分面积的简比,代表了相应的氢核数目的简比。如图 11-6 所示,从左到

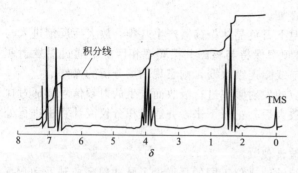

图 11-6 核磁共振波谱图示例

右三组峰的积分高度的简比为 4∶2∶3，其质子数目之比也应为 4∶2∶3。

现代傅里叶变换核磁共振波谱仪一般都使用计算机处理，谱图中化学位移的范围、每个峰的化学位移值、每条积分线的高度都可以打印和记录。

11.1.3.3 各基团提供的化学特征位移图

化学位移是核磁共振谱的重要特征。从化学位移数据中可以获得有关电负性、不同基团中各种类型化学键的各向异性及其他一些基本信息。经过研究，将一些常见基团的化学位移所出现的大致范围，通过实验数据加以整理总结，可得到标准的化学特征位移图，如图 11-7 所示。化学特征位移图对核磁共振谱的解析有很大的帮助。

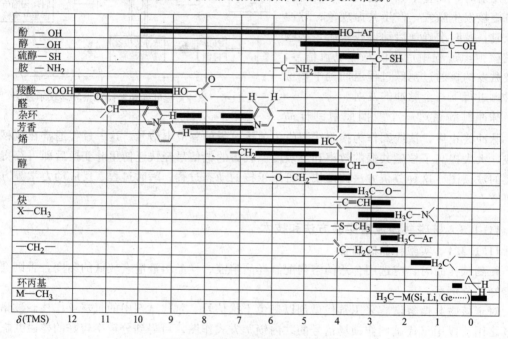

图 11-7 部分基团化学特征位移图

11.1.3.4 有机化合物结构的鉴定

NMR 谱法一般经历如下的步骤进行谱图的解析。

① 与 IR 法相同，首先尽可能了解清楚样品的一些自然情况，以便对样品有一些大概的认识；通过元素分析获得化合物的化学式，计算不饱和度 Ω。

② 根据化学位移值确认可能的基团，一般先辨认孤立的、未耦合裂分的基团，即单峰，即不同基团的 ^1H 之间距离大于三个单键的基团及一些活泼氢基团，如甲基醚（CH_3—C—O—R）、甲基酮（$H_3C-\overset{O}{\underset{\|}{C}}-R$）、甲基叔胺（$H_3C-\overset{R}{\underset{|}{N}}-R$）、甲基取代苯等中的甲基质子及苯环上的质子，活泼氢为—OH、$\underset{HN}{|}-$、—SH 等；然后再确认耦合的基团。从有关图或表中的 δ 可以确认可能存在的基团，这时应注意考虑影响 δ 的各种因素，如电负性原子或基团的诱导效应、共轭效应、磁的各向异性效应及形成氢键的影响等。

③ 根据耦合裂分峰的重数、耦合常数，判断基团的连接关系。先解析一级光谱，然后复杂光谱。进行复杂光谱解析时，应先进行简化。

④ 根据积分高度确定出各基团中质子数比，印证耦合裂分多重峰所判断的基团连接关系。

⑤ 通过以上几个程序，一般可以初步推断出可能的一种或几种结构式。然后，反过来，从可能的结构式按照一般规律预测可能产生的 NMR 谱，与实际谱图对照，看其是否符合，从而可以推断出某种最可能的结构式。

【例 11-1】 某化合物的化学式为 $C_7H_{12}O_4$，IR 谱表明 1750cm^{-1} 附近有一很强的吸收峰，NMR 谱如下，试确定其结构。

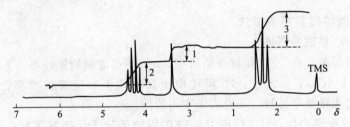

解 $\Omega = 1 + 7 + \dfrac{-12}{2} = 2$；

有三组峰，相对面积为 2∶1∶3，若分别为 2、1、3 个 ^1H，则总数为 6，为分子式 12 个 ^1H 的一半，因此分子可能有对称性；

IR 显示 1750cm^{-1} 附近有一强峰，可能有 $\diagdown$C=O 存在，且分子中有 4 个 O，则可能有 2 个 $\diagdown$C=O；

$\delta \approx 1.2$ 处有一组三重峰，可能为 —CH$_3$，且受 $\diagdown$CH$_2$ 裂分，而 $\delta \approx 4.2$ 处有一组四重峰，与 $\delta \approx 1.2$ 是典型的 —CH$_2$CH$_3$ 组合；而 δ 较大，可能为 CH$_3$CH$_2$—O 的组合；$\delta \approx 3.3$ 处有一单峰，相对面积为 1，则是一个与羰基相连的孤立（不耦合）的 ^1H，可能为

$$\overset{O}{\underset{H}{\overset{\|}{-C-C-}}}$$

所以可能组合为：

$$CH_3-CH_2-O-\overset{O}{\overset{\|}{C}}-\overset{H}{\underset{}{C}}-$$

而此结合的 ^1H、O 的数目为分子式的一半，而 C 原子数一半多半个原子。因此可以推测出整个分子以中间 C 原子为对称的结构，可能为

$$CH_3CH_2-O-\overset{O}{\overset{\|}{C}}-\overset{H}{\underset{H}{C}}-\overset{O}{\overset{\|}{C}}-O-CH_2CH_3$$

以此可能结构，推测其 NMR 谱，与实验谱图比较，结果相符合。

11.1.3.5 定量分析

根据核磁共振谱积分曲线的高度可以对样品中质子浓度进行定量分析。核磁共振方法最大的优点是不需引进任何校正因子，也不需纯样品就可直接测量。

对一个混合物体系来说，如果其中每一组分都能找到一个不与其他组分相重叠的氢谱峰组，就可以用氢谱来进行定量分析工作。

为了确定仪器的积分高度与质子浓度的关系，必须采用一种标准化合物来进行鉴定。内标法原理是准确称取样品和内标化合物，以合适的溶剂配成适宜的浓度，测定准确性高，操作方便，使用较多。当分析组分较复杂的试样，且难以找到合适的内标时，可用外标准参比物和试样在同样条件下分别绘制核磁共振谱，使用外标法时要求严格控制操作条件，以保证结果的准确性。

核磁共振用于混合物中各组分的定量测定比其他方法有特殊的优越性。核磁共振可用于一些平衡体系中各组分的定量测定，如体系内存在酮式和烯醇式、顺式和反式等化学环境与基团各向异性的平衡组分时，核磁共振能在维持平衡体系的条件下进行各组分的定量分析。分析方法上可以有两种方法——内标法和外标法。

11.1.4 其他核磁共振波谱法

11.1.4.1 ^{13}C 核磁共振谱

^{13}C 核的共振现象早在1957年就开始研究，由于 ^{13}C 的磁旋比较小，天然丰度低，所以相对灵敏度比质子小几千分之一。70年代快速脉冲傅里叶变换技术和去偶技术的发展，使 ^{13}C 核磁共振谱变得简单易行，并进入了实用阶段。

与质子核磁共振谱相比，^{13}C 核磁共振谱提供的是分子骨架的信息；对大多数分子来说，其化学位移范围可达到200，比质子核磁共振谱10左右要大得多，即不同基团峰的重叠现象小得多；由于丰度较低，分子内的自旋耦合现象很少发生，降低了图谱的复杂性。基于以上优点，^{13}C 核磁共振谱应用于结构分析意义重大。

目前，^{13}C 核磁共振谱广泛应用于涉及有机化学的各个领域，在结构测定、构象分析、动态过程分析、活性中间体及反应机制的研究、聚合物立体规整性和序列分布的研究及定量分析等方面都显示了巨大的威力，成为化学、生物、医药等领域不可缺少的测试方法。

11.1.4.2 ^{31}P 核磁共振谱和 ^{19}F 核磁共振谱

^{31}P 的自旋为1/2，其核磁共振谱的化学位移可达到700，在4.7T磁场中的共振频率为81.0Hz，目前主要应用于生物化学领域中。

^{19}F 的自旋为1/2，其磁旋比与质子相近，在4.7T的磁场中，其共振频率为188Hz。氟的化学位移与所处的环境密切相关，最高可达300，而且溶剂效应也比质子大得多，主要应用于氟化学领域的研究。

11.1.4.3 固体高分辨率 NMR 谱

固体高分辨 NMR 谱的常用方法是交叉极化（closs polorization，CP）和魔角旋转（magic angle spinning，MAS）相结合的方法，即 CP-MAS 法。

固体样品的 NMR 谱线比液体样品的 NMR 谱线宽得多，原因是存在于液体中核之间自旋-自旋耦合作用以及基团的各向异性作用，这种作用在液体样品中可以通过分子的快速运动而平均掉，在固体中则表现出来。

科学家们经过长期探索，采用高功率去偶和交叉极化等技术相结合，可以造成真实空间或自旋空间的快速运动而消除化学位移各向异性引起的谱峰加宽，从而实现了对固体样品的直接核磁共振分析。

11.1.4.4 二维、三维核磁共振谱

一维核磁共振实验是从脉冲发射开始，到感应电流自由衰减过程，包含了一个时间变量，经傅里叶变换可得到频率范围内的一维核磁共振谱。

二维核磁共振实验是通过利用脉冲序列，应用两个与感应电流衰减有关的过程，得到包

含两个时间变量的函数,经傅里叶变换后可得到两个方向上的核磁共振谱。二维核磁共振谱可以是同核位移相关谱,其图形为正方形,有两组位移数据;也可以分别是氢核和碳核的二维位移相关谱。二维核磁共振谱可以得到比氢谱、碳谱更为丰富的信息,解决更复杂的结构分析问题。

三维核磁共振实验是在二维实验的基础上发展起来的,主要用于生物大分子的序列确认,如蛋白质在溶液中的二级结构等。

11.1.4.5 磁共振成像

磁共振成像(magnetic resonance image,MRI)是基于核磁共振原理,应用波谱技术获得有关分子的微观化学和物理信息。磁共振成像是 1975 年提出的,1980 年 Edelstein 和他的研究小组实践了人体的成像,对于一个简单的成像仅需 5min,1996 年成像时间降低至 5s。改变不同的实验方式,可获得不同的图像,如质子密度像、车间分布像、化学位移像等。质子密度像、空间分布像已用于医疗诊断,以确定肿瘤的大小和位置。

11.2 质谱法(MS)

质谱法(mass spectrum,MS)是通过样品离子质荷比的测定来进行分析的一种分析方法。

11.2.1 质谱法概述

样品在真空条件下受电子流的"轰击"或强电场的作用,电离成离子,同时发生某些化学键有规律的断裂,生成具有不同质量的带正电荷的离子,这些离子按质荷比 m/z(离子质量 m 与其所带电荷数 z 之比)的大小被分离、收集并记录,形成质谱图,根据质谱图提供的信息可以进行有机物及无机物的定性和定量分析、复杂化合物的结构分析、样品中各种同位素比的测定及固体表面的结构和组成分析等。

1913 年,J. J. Thomson 制成第一台质谱仪,并报道了氖气是由 ^{20}Ne 和 ^{22}Ne 两种同位素组成的。第一次世界大战后,质谱法及仪器有了进一步的提高,特别是 Aston 采用质谱法发现同位素并将质谱法应用于质量分析而于 1922 年获得诺贝尔奖。早期的质谱仪主要是用来进行同位素测定和无机元素分析,到 20 世纪 30 年代中叶,质谱法已经对大多数稳定同位素进行了鉴定并精确地测定了质量。

由于质谱法独特的电离过程及分离方式,从中获得的信息是具有化学特性,直接与其结构相关的,对各种物质分子结构的研究有重大意义。1942 年出现了用于石油分析的第一台商品质谱仪,并开始用于有机物分析,至 60 年代出现了气相色谱-质谱联用仪,使质谱仪的应用领域大大扩展,更加普遍地应用到有机化学和生物化学领域中。

20 世纪 80 年代以后又出现了一些新的质谱技术,如快原子轰击电离源、基质辅助激光解吸电离源、电喷雾电离源、大气压化学电离源,以及随之而来比较成熟的液相色谱-质谱联用仪、感应耦合等离子体质谱仪、傅里叶变换质谱仪等。这些新的电离技术和新的质谱仪器使质谱分析又取得了长足的发展。

目前,质谱分析法已广泛地应用于化学、化工、材料、环境、地质、能源、药物、刑侦、生命科学、运动医学等各个领域。

11.2.2 质谱仪

质谱仪主要由高真空系统、进样系统、离子源、质量分析器、检测器和记录系统组成,如图 11-8 所示。

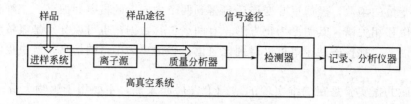

图 11-8　质谱仪构造框图

而图 11-9 为单聚焦质谱仪示意图。

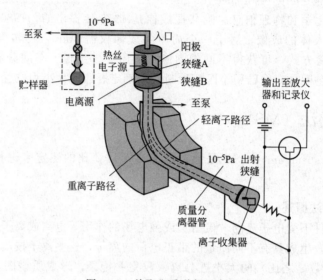

图 11-9　单聚焦质谱仪示意图

质谱仪的离子源、质量分析器及检测器必须处于高真空状态，其中离子源的真空度应达 $10^{-3} \sim 10^{-5}$ Pa，质量分析器中应达到 10^{-6} Pa。若真空度过低，会造成离子源灯丝损坏、分析成本增高、副反应过多使谱图更复杂、干扰离子源的调节、加速电压放电等问题。一般质谱仪都采用机械泵预抽真空后，再用高效率扩散泵连续地运行以保持真空。现代质谱仪采用分子泵以获得更高的真空度。

下面，从进样系统、离子源、质量分析器和检测器几个方面介绍质谱仪的工作原理。

11.2.2.1　进样系统

进样系统的目的是高效重复地将样品引入到离子源中并且不能造成真空度的降低。固体和沸点较高的液体样品可通过进样推杆送入离子源并在其中加热汽化，低沸点样品在贮气器中汽化后进入离子源，气体样品可经贮气器进入离子源。

目前常用的进样装置有间歇式进样系统、直接探针进样、色谱进样系统、高频电感耦合等离子体进样系统。一般质谱仪都配有前两种进样系统以适应不同的样品需要。

间歇式进样系统可用于气体、液体和中等蒸气压的固体样品的进样。通过可拆卸的试样管将少量固体或液体试样引入试样贮存器中，并通过进样系统的低压（通常 $1.3 \sim 0.13$ Pa）和贮存器的加热装置使试样保持气态，如图 11-10 所示。由于进样系统的压强比离子源的压强大，样品离子可通过分子漏隙（见图 11-10 中的小孔）以分子流的形式渗透进高真空的离子源中。

对于那些在间歇式进样系统的条件下无法变成气体的固体、热敏性固体及非挥发性液体试样，可用探针将其直接引入到离子源中。探针是一直径 6mm、长 25cm 的不锈钢杆，其末端有盛放样品的石英毛细管或小黄金坩埚，然后将其插入电离室，探针上的加热丝使其升温挥发，可使电离室中样品的蒸气压达到 10^{-4} Pa 左右，见图 11-11。

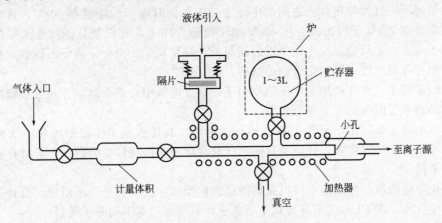

图 11-10　间歇进样系统示意

直接进样法使质谱法的应用范围迅速扩大，使许多少量且复杂的有机化合物、有机金属化合物可以进行有效的分析，如糖、低摩尔质量聚合物等都可以获得质谱图。

11.2.2.2　离子源

离子源的作用是将欲分析的样品电离，得到带有样品信息的离子。不同样品在离子化时，需要的能量和条件都不同，需要采用不同的离子源。常用的离子源有电子轰击离子源、化学电离源、场电离源、高频火花电离源、激光电离源、光电离源、热离子源、大气压化学

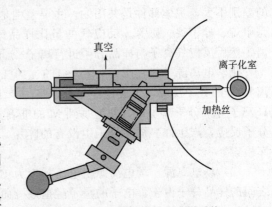

图 11-11　直接探针引入进样系统

电离源等。离子源中得到的离子一般是单电荷离子，有时也有少量的多电荷离子。

（1）电子轰击离子源　电子轰击离子源（electron ionization，EI）是应用最为广泛的离子源，它主要用于挥发样品的电离，其结构如图 11-12 所示。

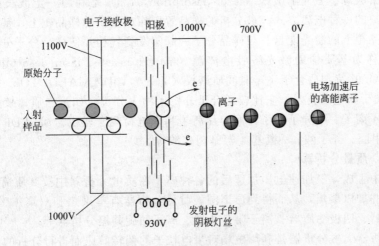

图 11-12　电子轰击电离源示意

以气体形式进入离子源的样品,与由灯丝发出的高能电子束发生碰撞,使样品分子分离。

一般情况下,灯丝与接收极之间的电压为70V,此时电子的能量有70eV。目前所有的标准质谱都是在70eV下做出的,在70eV电子碰撞作用下,有机物分子可能被打掉一个电子形成分子离子,也可能会发生化学键的断裂形成碎片离子。由分子离子可以确定化合物分子质量,由碎片离子可以得到化合物的结构。

形成的正离子,在两极加速电压的作用下,穿过电极中心的狭缝,并经过狭缝的准直作用,以较高的最后能量进入质量分析器。

电子电离源主要适用于易挥发有机样品的电离,其优点是工作稳定可靠,结构信息丰富,有标准质谱图可以检索;缺点是只适用于易汽化的有机物样品分析,并且对有些化合物得不到分子离子。

(2) 化学电离源 在质谱中可以获得样品的重要信息之一就是分子质量,而对于一些稳定性差的化合物,用 EI 方式不易得到分子离子,因而也就得不到分子质量。

为了得到分子质量可以采用化学电离源(chemical ionization,CI)。CI 和 EI 在结构上的差别不大,主体部件是共用的,主要差别是 CI 源工作过程中要引进一种反应气体,可以是甲烷、异丁烷、氨等。反应气的量比样品气要大得多。灯丝发出的电子首先将反应气电离,然后反应气离子与样品分子进行离子-分子反应,并使样品气电离。

化学电离源一般在 $1.3 \times 10^2 \sim 1.3 \times 10^3$ Pa 压强下工作,反应气与样品气(M)通过电离和离子-分子反应,生成比样品分子多一个 H 或少一个 H 的离子,由 M+H 离子或 M-H 离子等准分子离子可方便地得到 M 的准确分子质量。由于化学电离源产生了复杂的离子-分子反应,产生许多样品分子中没有的碎片,所以 CI 得到的质谱不是标准质谱,不能进行库检索。

(3) 场电离源 场电离源由电压梯度为 $10^7 \sim 10^8$ V/cm 的两个尖细电极组成。流经电极之间的样品分子由于价电子的量子隧道效应而发生电离,电离后被阳极排斥出离子室并加速经过狭缝进入质量分析器。场电离源所用的电极是经过特殊处理的电极,电极表面呈多尖阵列的微碳针电极,其电离效率比普通电极高几个数量级。

场电离源是一种温和的技术,产生的碎片少。结构分析中,往往最好同时获得场电离源、化学电离源和电子轰击电离源的质谱图,从而获得分子质量和分子结构的信息。

(4) 激光解吸源 激光解吸源(laser desorption,LD)是利用一定波长的脉冲式激光照射使样品电离的一种电离方式。被分析的样品置于涂有基质的样品靶上,基质分子吸收并传递照射在样品靶上的激光能量。与样品分子一起蒸发到气相并使样品分子分离。因此,这种电离源通常称为基质辅助激光解吸电离源(matrix assisted laser desorption ionization,MALDI)。MALDI 特别适合于飞行时间质谱仪(TOF),组成 MALDI-TOF。

MALDI 属于软电离技术,它比较适合于分析生物大分子,如蛋白质、核酸等。得到的质谱主要是分子离子、准分子离子,而碎片离子和多电荷离子较少。MALDI 常用的基质有 2,5-二羟基苯甲醛、芥子酸、α-氰基-4-羟基肉桂酸等。

11.2.2.3 质量分析器

在离子源中生成,经加速电压加速后的各种离子在质量分析器中按其质荷比(m/z)的大小进行分离并加以聚焦,从而得到质谱图。质量分析器有单聚焦和双聚焦磁质量分析器、飞行时间分析器、四极滤质器、离子阱分析器、离子回旋共振分析器等。

(1) 磁分析器 磁分析器是利用磁场对带电粒子的偏转效应而进行分析的仪器,由于不同质荷比的带电粒子在磁场中的偏转程度是不同的,可以对来自离子源的离子流进行分离。

仅用一个扇形磁场进行质量分析的质谱仪称为单聚焦质量分析器，共扇形磁场有的 60°、90°、180°等多种。图 11-13 中的 (a) 和 (b)，分别为 60°和 180°两种单聚焦质量分析器的原理示意图。

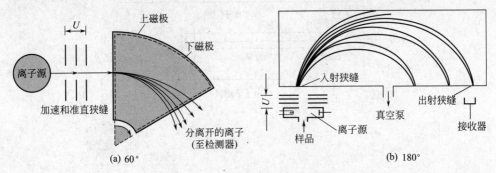

图 11-13　单聚焦质量分析器原理图

单聚焦质量分析器中离子的质荷比，可通过改变分析器的磁场强度、离子在磁场中的回旋半径和离子加速电压三个因素来测定。一般来说，固定离子加速电压，通过改变分析器的磁场使不同离子在不同的场强下从出射狭缝射出，从而得到质谱图，这种方法入射和出射狭缝的位置不变，离子回旋半径不变，如图 11-13 中的 (b)；也可以在分析器的磁场不变的情况下，通过对分离开的离子进行感光板照相记录来得到质谱，这种方法将在不同的回旋半径处得到不同离子的检测信号。

单聚焦质量分析器中的磁场不仅具有质量色散功能，还具有能量色散功能。当样品在加速电场前具有初始能量时，在磁场中相同质荷比、不同能量的原子也发生了色散，从而降低了质量分析器的灵敏度和分辨率。

为消除离子能量对分析结果的影响，在磁场前面加一个静电场，它起到一个能量分析器的作用，将不同质量相同能量的离子聚焦在一点，而不起质量分离作用。通过调整相关参数，使静电场的能量色散作用和磁场的能量色散作用大小相等方向相反，就可以消除能量分散对分辨率的影响，只要是质量相同的离子，经过电场和磁场后可以会聚在一起。旧磁场的色散作用则将不同质量的离子会聚在不同的点，实现不同质荷比离子的分离。这种内电场和磁场共同实现质量分离的分析器，同时具有方向聚焦和能量聚焦作用，叫双聚焦质量分析器，如图 11-14 所示。双聚焦分析器的优点是分辨率高，缺点是扫描速度慢，操作、调整比较困难，而且仪器造价也比较昂贵。

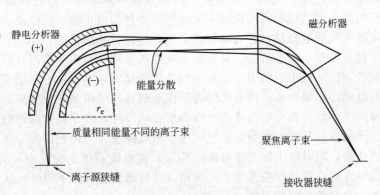

图 11-14　双聚焦分析器原理示意图

(2) 飞行时间分析器　飞行时间质量分析器 (time of fright analyzer) 的主要部分是一

个离子漂移管，其结构如图 11-15 所示。

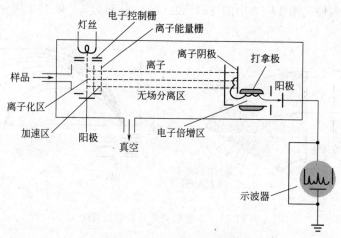

图 11-15 飞行时间分析器原理

在离子进入漂移管前，首先经过一个加速电场，使所有的离子在图示加速区加速，并获得基本一致的动能；然后离子进入真空漂移管，在漂移管中做无场的漂移，最终到达检测极；由于不同离子的质量不同，离子在漂移管中飞行的时间与离子质量的平方根成正比，能量相同的离子，离子的质量越大，达到接收器所用的时间越长，质量越小，所用时间越短。这样就可以通过离子到达检测极的时间来分析离子的质量，从而得到质谱图。根据这一原理，可以把不同质量的离子分开。适当增加漂移管的长度可以增加分辨率。

如果电离和加速使离子连续不断地通过飞行管，那么检测器的检测信号也连续输出，记录发生重叠，无法得到可供分析的信息。所以飞行时间质谱仪采用脉冲式的程序操作，每个脉冲分析过程分为三步反复进行：第一步，开动电离室的电子枪，大约 10^{-9} s 时间，样品电离，形成离子束；第二步，施加加速电压，大约 10^{-4} s 时间，离子被加速后进入漂移管；第三步，关闭所有电源，大约在几毫秒内，使离子流在飞行管内无场漂移，完成检测过程。然后开始下一个循环。

(3) 四极滤质器　四极滤质器又称为四极杆分析器（quadrupole analyzer），是由 4 根棒状电极组成的，电极材料是镀金陶瓷或钼合金，如图 11-16 所示。4 根棒状电极形成一个四极电场。当离子从离子源进入四极电场后，在电场的作用下产生振动，只有一种质荷比的离子能维持振动状态，通过四极电场，其余离子则因振幅不断增大，最后碰到四极杆而被吸收。通过四极杆的离子到达检测器被检测。改变所加电场的电压值，可以使不同质荷比的离子依次通过四极场实现质量扫描，从而得到质谱图，达到分析的目的。

(4) 其他质量分析器　离子阱是一种通过电场或磁场将气相离子控制并贮存一段时间的装置。离子在被控制的区域中，随周围电磁场的性质变化发生共振，不同离子有不同的共振振幅，最终通过电磁场射频扫描，使不同的离子依次离开离子阱而进行检测。

傅里叶变换离子回旋共振分析器是离子阱分析器的一种，离子被控制在回旋器中做回旋运动，回旋的离子可以从与其匹配的交变电磁场中吸收能量。当回旋器外加这种电场，离子吸收能量后速度加快，同时产生称为相电流的信号，相电流在停止交变电场后可以观测到。观测到的不同信号经计算机进行快速傅里叶变换，可检测出各种频率成分，从而根据频率和质量的已知关系，得到常见的质谱图。

傅里叶变换离子回旋共振质谱仪具有分辨率高、多级质谱功能、可以和任何离子源相连、扫描速度快、性能稳定可靠、质量范围宽等优点，但价格昂贵、运行维护费用高。

第11章 核磁共振波谱法（NMR）和质谱法（MS）

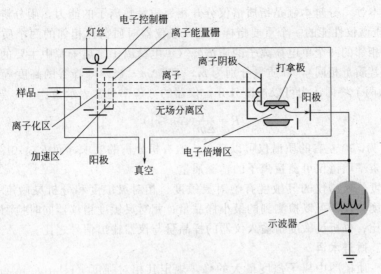

图 11-16 四极滤质器原理示意

11.2.2.4 检测器

质谱仪常用的检测器有法拉第杯（Faraday cup）、电子倍增器及闪烁计数器、照相底片等。

法拉第杯是其中最简单的一种，其结构如图 11-17 所示。当来自质量分析器的离子，以一定的速度经过准直狭缝、抑制电极等进入法拉第杯中时，将产生电流；产生的电流经转换成电压后进行放大和记录。法拉第杯的优点是简单可靠，只适用于加速电压小的质谱仪，因为更高的加速电压将产生能量较大的离子流，这样离子流轰击入口狭缝或抑制栅极时会产生大量二次电子甚至二次离子，从而影响信号检测。

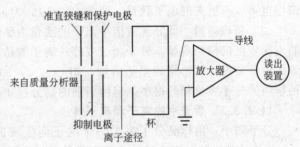

图 11-17 法拉第杯结构原理示意图

电子倍增器和光电倍增管是质谱仪常用的检测部件。当一定能量的离子轰击阴极时，导致电子发射，电子在电场的作用下，依次轰击下一级电极而被放大，电子倍增器的放大倍数一般为 $10^5 \sim 10^8$。近代质谱仪中常采用隧道电子倍增器，体积小，多个隧道电子倍增器可以串列起来，用于同时检测多个不同质荷比的离子，从而大大提高分析效率。

照相检测是在质谱仪特别是在无机质谱仪中应用最早的检测方式，灵敏度可以满足一般分析的要求，但其操作麻烦，效率不高。

现代质谱仪一般都采用较高性能的计算机对产生的信号进行快速接收与处理，同时通过计算机可以对仪器条件等进行严格的监控，从而使精密度和灵敏度都有一定程度的提高。

11.2.3 质谱图解析的基础知识

11.2.3.1 质谱仪的性能参数

（1）质谱测定范围 质谱仪的质量测定范围表示质谱仪所能够进行分析的样品的相对原子质量（或相对分子质量）范围。通常用原子质量单位进行度量。测定气体用的质谱仪，一般质量测定范围为 2～100，而有机质谱仪一般可达几千，现代质谱仪甚至可以研究相对分子质量达几十万的生化样品。

(2) 分辨本领　分辨本领是指质谱仪分开相邻质量数离子的能力，用分辨率来度量。分辨率（R）是质谱仪性能的一个重要指标，它反映仪器对质荷比相邻的两个质谱峰的分辨能力。对质荷比相邻的两个单电荷离子的质谱峰（单电荷离子是离子源中主要的生成离子，其质荷比数值与其质量相同），其质量分别为 m，$m+\Delta m$，当两峰峰谷的高度等于或小于峰高的 10% 时，这两个峰即认为可以被区分开。仪器的分辨率通常表示为：

$$R=\frac{m}{\Delta m}(\Delta m \leqslant 1) \tag{11-10}$$

分辨率 R 为 500 左右的质谱仪可以满足一般有机分析的要求，而 $R \geqslant 10^4$ 时为高分辨率质谱仪，高分辨率质谱仪可测量离子的精确质量。

(3) 灵敏度　质谱仪的灵敏度有绝对灵敏度、相对灵敏度和分析灵敏度等几种表示方式。绝对灵敏度指仪器可以检测到的最小样品量；相对灵敏度指仪器同时检测的大组分和小组分的含量之比；分析灵敏度指输入仪器的样品量与仪器输出信号之比。

11.2.3.2　质谱术语

(1) 基峰　质谱图中离子强度最大的峰，规定其相对强度（relative intensity，RI）或相对丰度（relative abundance，RA）为 100。

(2) 质荷比　离子的质量与所带电荷数之比，用 m/z 或 m/e 表示。m 为组成离子的各元素同位素原子核的质子数目和中子数目之和。如 H，1；C，12、13；O，16、17、18；Cl，35、37 等。质谱中的质荷比依据的是单个原子的质量，所以质谱中测得的原子质量为该元素某种同位素的原子质量，而不是通常化学中用的平均原子质量。z（或 e）为离子所带正电荷或所丢失的电子数目，通常 z（或 e）为 1。

(3) 精确质量　低分辨质谱中离子的质量为整数，高分辨质谱给出分子离子或碎片离子的不同程度的精确质量。分子离子或碎片离子的精确质量的计算基于精确原子质量。由精确原子质量表可计算出精确原子质量，如 CO，27.9949；N_2，28.0062；C_2H_4，28.0313。三种物质的分子质量相差很小，但用精确的高分辨质谱就可以把它们区分开来。

11.2.3.3　质谱中的离子和离子峰

分子离子：由样品分子丢失一个电子而生成的带正电荷的离子，$z=1$ 的分子离子的 m/z 就是该分子的分子质量。分子离子是质谱中所有离子的起源，它在质谱图中所对应的峰为分子离子峰。

碎片离子：由分子离子裂解产生的所有离子，碎片离子与分子解离的方式有关，可以根据碎片离子来推断分子结构。

重排离子：经过重排反应产生的离子，其结构并非原分子中所有。在重排反应中，化学键的断裂和生成同时发生，并丢失中性分子或碎片。

同位素离子：当分子中有同种元素不同的同位素时，此时的分子离子由多种同位素离子组成，不同同位素离子峰的强度与同位素的丰度成正比。

母离子与子离子：任何一个离子进一步裂解生成质荷比较小的离子，前者称为后者的母离子，后者称为前者的子离子，分子离子是母离子的特例。在质谱解析中，若能确定两离子间的这种"母子"关系，有助于推导化合物的结构。

奇电子离子和偶电子离子：带有未配对电子的离子为奇电子离子。如 M^+、A^+ 等，无未配对电子的离子为偶电子离子，如 B^+、C^+ 等，分子离子是奇电子离子，在质谱解析中，奇电子离子较重要。

多电荷离子：一个分子丢失一个以上电子形成的离子称为多电荷离子。在正常电离条件下，有机化合物只产生单电荷或双电荷离子。在质谱图中，双电荷离子再现在单荷离子的

1/2 质量处。

准分子离子：用 CI 电离法，常得到比分子质量多(或少)1 质量单位的离子称为准分子离子。如 $(M+H)^+$、$(M-H)^+$ 等。在醚类化合物的质谱图中出现的 $(M+1)$ 峰为 $(MH)^+$。

亚稳离子：从离子源出口到达检测器之间产生并记录下来的离子称亚稳离子。离子从离子源到达检测器所需时间数量级为 10^{-5} s（随仪器及实验条件而变），寿命大于 10^{-5} s 的稳定离子足以到达检测器，而寿命小于 10^{-5} s 的离子可能裂解：

$$M_1^+ \longrightarrow M_2^+ + 中性碎片$$

正常的裂解都是在电离室中进行的，生成的碎片离子就会在质荷比为 m_2 的地方被检测出来。

在质量分析器内裂解的离子因其动能低于正常离子而被偏转掉。

但如上述裂解是在 M_1^+ 离开了加速电场，进入质量分析器之前发生的，裂解产生的 M_2^+ 因其动能小于离子源生成的 M_2^+，在磁分析器中的偏转不同，以低于表观质量（跨 2～3 个质量单位）处被记录下来，其 m/z 一般不为整数。m^* 与 m_1 和 m_2（分别为 M_1、M_2 离子的质量）之间的关系为：

$$m^* = \frac{m_2^2}{m_1}$$

在质谱解析中，可利用 m^* 来确定 m_1 和 m_2 之间的"母子"关系。例如，苯乙酮的质谱图中出现 m/z 分别为 134、105、77、56.47 等多个离子的峰，其中 56.47 为亚稳离子峰。由 $56.47 = 77^2/105$ 可知，m/z 为 77 的离子是由 m/z 为 105 的离子裂解丢失 CO 产生的。

11.2.4 质谱解析的一般规律

11.2.4.1 质谱图和质谱表

质谱法所给出的数据有两种形式：一种是棒图即质谱图，另一种为质谱表。

质谱图是以质荷比（m/z）为横坐标，相对强度为纵坐标构成，一般将原始质谱图上最强的离子峰定为基峰并定为相对强度 100%，其他离子峰以对基峰的相对百分值表示。

如图 11-18 所示，m/z 88 为丁酸的分子离子峰，m/z 60 为基峰，m/z 29、m/z 45、m/z 60、m/z 73 等为碎片离子峰。

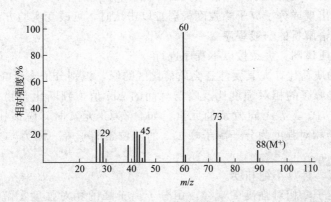

图 11-18 丁酸质谱图的示意

质谱表是用表格形式表示的质谱数据，质谱表中有两项给出质荷比及相对强度对应的数值。质谱图直观地反映了整个分子的质谱全貌，而质谱表则可以准确地给出精确的 m/z 值及相对强度值。

11.2.4.2 分子和离子峰的解析

(1) 分子离子峰的重要性　在有机结构分析和质谱解析过程中，分子离子具有特别重要的意义，它的存在为确定化合物的分子质量提供了可靠的信息。根据分子离子和相邻质荷比较小的碎片离子的关系，可以判断化合物的类型及可能含有的基团。由分子离子及其同位素峰的相对强度或由高分辨率质谱仪测得的精确分子质量，可推导化合物的分子式。

识别质谱图中的分子离子峰必须注意：①在质谱图中，分子离子峰应该是最高质荷比的离子峰（同位素离子及准分子离子峰除外）；②分子离子峰是奇电子离子峰；③分子离子能合理地丢失中性碎片（自由基或中性分子），与其相邻的质荷比较小的碎片离子关系合理。通常在分子离子峰的左侧3~14个质量单位处，不应有其他碎片离子峰出现。如有其他峰（出现），则该峰不是分子离子峰。因为，不可能从分子离子上失去相当于3~14个质量单位的结构碎片。

(2) 氮律　组成有机化合物的大多数元素，就其天然丰度高的同位素而言，偶数质量的元素具有偶数化合价（如^{12}C为4价、^{16}O为2价、^{32}S为2价、4价或6价、^{28}Si为4价等），奇数质量的元素具有奇数化合价（如^{1}H、^{35}Cl、^{79}Br为1价；^{31}P为3价、5价等），只有^{14}N反常，质量数是偶数（14），而化合价是奇数（3价、5价）。

由此得出以下规律，称为氮律：在有机化合物中，不含氮或含偶数氮的化合物，分子质量一定为偶数（单电荷分子离子的质荷比为偶数）；含奇数氮的化合物分子质量一定奇数。反过来，质荷比为偶数的单电荷分子离子峰，不含氮或含偶数氮。

根据氮律，在质谱图中假定的分子离子峰的m/z为奇数时，化合物必然含奇数氮，否则不是分子离子峰；同理，若假定的分子离子峰的m/z为偶数，化合物中应不含氮或含有偶数个氮，否则该峰也一定不是分子离子峰。

(3) 分子离子峰的相对强度　相等实验条件下，分子离子峰的相对强度取决于分子离子结构的稳定性。而一般分子离子结构的稳定性与分子的化学稳定性是一致的。具有大共轭体系的分子离子稳定性高，有π键的化合物比无π键化合物分子离子的稳定性高。在已测得的电子轰击离子源（70eV）质谱图中，15%~20%的分子离子峰在质谱图中不出现或极弱。

另外，烯烃分子离子峰的相对强度比相应烷烃高。烯烃的对称性越强，分子离子峰强度越大；同系物中分子离子的相对强度与分子质量的关系不十分明确，对于含支链的化合物，分子离子的相对强度一般随分子质量的增大而降低。

分子离子峰不出现或分子离子峰强度极弱难以辨认时，可改变实验方法测试。

11.2.4.3 质谱解析的一般程序

解析未知样的质谱图，大致按以下程序进行。

① 标出各峰的质荷比，尤其要注意高质荷比区的峰，识别分子离子峰。

② 分析同位素峰簇的相对强度比及峰与峰间的Δm值，判断化合物是否含有Cl、Br、S、Si等元素及F、P、I等无同位素的元素。如含有Cl元素时，应该在大于分子离子峰(M+2)处，有一个相对强度为分子离子峰1/3的同位素离子峰。因为^{35}Cl和^{37}Cl在自然界的相对丰度为3:1。

③ 推导分子式，计算不饱和度。

④ 根据分子离子峰相对强度的规律，由分子离子峰的相对强度了解分子结构的信息。由特征离子峰及丢失的中性碎片了解可能的结构信息。

⑤ 综合分析以上得到的全部信息，结合分子式及不饱和度，推导出化合物的可能结构。

⑥ 分析所推导的可能结构的裂解机理，看其是否与质谱图相符，确定其结构，并进一步解释质谱，或与标准谱图比较，或与其他谱图（^{1}HNMR、^{13}CNMR、IR）配合，确证

结构。

　　质谱图的解析是有一定困难的，需要丰富的经验。自从有了计算机联机检索之后，特别是质谱仪可靠性越来越好，数据库越来越全，使质谱图的解析更多地依靠计算机检索，但对新的分析方法和未知的领域，人工解析仍是非常必要的。

思　考　题

1. 核磁共振产生的条件是什么？影响磁性核共振吸收频率的因素有哪些？
2. 简述核磁共振的饱和弛豫现象。
3. 简述化学位移的影响因素。
4. 简述连续波核磁共振波谱仪的结构和工作原理。
5. 质谱仪主要由哪几个部件组成？各部件作用如何？
6. 质谱仪离子源有哪几种？叙述其工作原理和应用特点。
7. 质谱仪质量分析器有哪几种？叙述其工作原理和应用特点。
8. 分子离子峰有何特点？试述如何确定质谱图中的分子离子峰。
9. 名词解释

　　拉摩尔进动频率　扫场　扫频　化学位移　标准物质　耦合常数　二维核磁共振谱　质荷比　分辨率　相对强度　分子离子　碎片离子　同位素离子

第 12 章 仪器联用技术简介

【学习指南】 色谱法和光谱法有机结合的联用技术,因结合了两者的长处,成为分离、定性和定量分析复杂混合物的有效手段。目前,随着电子与计算机技术的发展,联用技术已成为现代仪器分析和分析仪器的一个主要发展方向。本章简要介绍主要的联用技术,以拓宽知识面和专业技术的综合应用。

早期的色谱法和光谱法联用技术是分别进行的,称为"间歇式",是将色谱仪分离后需要进行定性分析的某些组分分别收集起来,然后再送入光谱仪进行分析。此法较繁琐,费时,易污染样品。现在则多采用"在线式",即将色谱仪与光谱仪通过适当的联接技术——"接口"直接连接起来,将色谱仪分离后的每一组分,通过"接口"直接送到光谱仪中进行定性分析。在这种联用系统中,色谱仪相当于光谱仪的分离和进样装置,光谱仪则相当于色谱仪的定性检测器。联用的关键是将两者连接起来的接口技术。目前,联用技术主要有气相色谱-质谱联用(GC-MS)、气相色谱-傅里叶变换红外光谱(GC-FTIR)联用和液相色谱-质谱联用(LC-MS),其中前两者的应用最广,也最成功。

12.1 气相色谱-质谱联用(GC-MS)

12.1.1 GC-MS 联用系统

气相色谱-质谱联用仪器(简称气-质联用或 GC-MS)是分析仪器中较早实现联用技术的仪器,在所有联用技术中发展最完善,应用最广泛。

典型的 GC-MS 联用仪器系统如图 12-1 所示。气相色谱仪分离样品中的各组分,接口把气相色谱流出的各组分送入质谱仪进行检测,质谱仪对接口依次引入的各组分进行分析,计算机系统则交互控制气相色谱、接口和质谱仪,进行数据采集和处理。

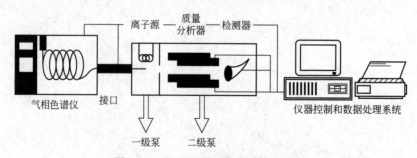

图 12-1 GC-MS 联用仪器系统示意图

GC-MS 联用中应解决的主要技术问题是连接两者的仪器接口技术,因为质谱仪必须在高真空条件($10^{-5} \sim 10^{-6}$Pa)下工作,而气相色谱的出口是处于常压下,并含有大量的载气。因此,必须用接口技术尽可能除去载气,保留或浓缩待测物,使近似大气压的气流转变成适合离子化装置的粗真空,并协调色谱仪和质谱仪的工作流量。同时,由于气相色谱峰很窄,还要求质谱仪有较高的扫描速度,才能在很短的时间内完成多次全范围的质量扫描。另外,应尽可能使质谱仪小型化。

GC-MS联用仪器有多种分类方法,如按照仪器的机械尺寸,可分为大型、中型和小型;按照仪器的性能,可分为高档、中档和低档,或研究级和常规检测级;按照质谱技术,GC-MS是指四极杆质谱或磁质谱,GC-ITMS是指气相色谱-离子阱质谱,GC-TOFMS是指气相色谱-飞行时间质谱等;按照质谱仪的分辨率,又可分为高分辨(分辨率高于5000)、中分辨(分辨率在1000~5000之间)和低分辨(分辨率低于1000)。小型台式四极杆质谱检测器(MSD)的质量范围一般低于1000。四极杆质谱由于其本身固有的限制,分辨率一般在2000以下。市场占有率较大的、和气相色谱联用的高分辨磁质谱的最高分辨率可达60000以上。和气相色谱联用的飞行时间质谱(TOFMS),其分辨率可达5000左右。

12.1.2 GC-MS的接口

GC-MS的接口是解决气-质联用的关键组件,理想的接口要能除去全部载气,并能把待测物毫无损失地从气相色谱仪传输到质谱仪。GC-MS接口有直接导入型、开口分流型和喷射式分子分离器等。目前常用的是喷射式分子分离器,适用于填充柱或毛细管柱气相色谱,其结构和工作原理如图12-2所示。它是基于在膨胀的超音喷射气流中,不同相对分子质量的气体具有不同的扩散率的原理而设计的。它由一对同轴收缩型喷嘴构成,喷嘴被封在一真空室中。当色谱流出物经第一级喷嘴喷出后,相对分子质量小的载气扩散快,大部分被真空泵抽走,而试样气中相对分子质量大的组分扩散慢,继续前进,此时

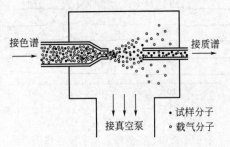

图12-2 喷射式分子分离器结构原理图

的压强已降至约10Pa,再经一次喷射,压强可降至约10^{-2}Pa,经过两次浓缩的试样气随即进入离子源。

12.1.3 GC-MS的质量色谱图

GC-MS分析的关键是设置合适的分析条件,使各组分能满意地分离,并得到很好的重建离子色谱图和质谱图,进而获得满意的定性和定量分析结果。GC-MS得到的分析信息为:样品的总离子流色谱图或重建离子色谱图、样品中每一个组分的质谱图、每个质谱图的检索结果、质量色谱图、三维色谱质谱图等。

(1) 总离子流色谱图 在一般的GC-MS分析中,样品连续进入离子源并被连续电离。质量分析器每扫描一次(例如1s),检测器就得到一个完整的质谱图并送入计算机存储。由于样品的浓度随时间而变化,得到的质谱图也随时间而变化。一个组分从色谱柱开始流出到完全流出大约需要10s,计算机就会得到这个组分不同浓度下的质谱图10个。同时,计算机还可以把每个质谱图的所有离子相加而得到总离子流强度。这些随时间变化的总离子流强度所描绘的曲线就称为样品的总离子流色谱图(TIC)或由质谱重建而成的重建离子色谱图。总离子流色谱图是由一个个质谱得到的,所以它包含了样品中所有组分的质谱,其外形和一般色谱仪的色谱图相同。只要所用色谱柱相同,样品的出峰顺序也就相同,只是重建离子色谱图所用的检测器是质谱仪,而一般色谱仪所用的检测器是氢火焰离子化检测器、热导池检测器等,两种色谱图中各成分的校正因子不同。

(2) 质谱图 由总离子流色谱图可以得到任何一个组分的质谱图。一般情况下,为了提高信噪比,通常由色谱峰峰顶处得到相应的质谱图。但如果两个色谱峰有相互干扰,应尽量选择不发生干扰的位置得到质谱图,或通过扣本底来消除其他组分的影响。

(3) 质量色谱图 总离子流色谱图是将每个质谱的所有离子加和所得的色谱图。同样,由质谱中任何一个质量的离子也可以得到色谱图,即质量色谱图(MC),又称为离子碎片色谱图,图 12-3 是轻油的质量色谱图。由于质量色谱图是由一个质量的离子得到的,因此,其质谱中不存在这种离子的化合物,也就不会出现色谱峰。由此可以识别具有某种特征的化合物,也可以通过选择不同质量的离子做离子质量色谱图,使正常色谱不能分开的两个峰实现分离,以便进行定量分析。进行定量分析时,也要使用同一离子得到的质量色谱图进行标定或测定校正因子。

12.1.4 GC-MS 的应用

GC-MS 在很多领域的分析、检测和科研中发挥了越来越重要的作用,已成为分析复杂有机化合物和生物化学混合物的最有力的工具之一。例如在环境监测有机污染物中,二噁英等标准方法中就规定用 GC-MS;在药物研制、生产、质量控制和

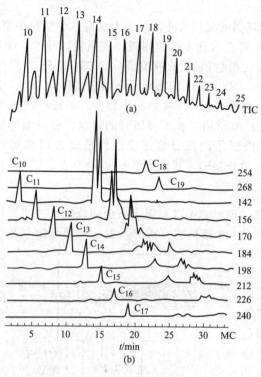

图 12-3 轻油的总离子流色谱图(a)和质量色谱图(b)

进出口中都用到 GC-MS;在法庭科学中对燃烧、爆炸现场的调查,对各种案件现场残留物,如纤维、呕吐物、血迹等的检验与鉴定,也用到 GC-MS;在石油、食品、化工等工业生产中都离不开 GC-MS;甚至在竞技体育运动中也用 GC-MS 来检测兴奋剂。

12.2 气相色谱-傅里叶变换红外光谱联用(GC-FTIR)

12.2.1 GC-FTIR 联用系统

目前,典型的气相色谱-傅里叶变换红外光谱联用系统(GC-FTIR)如图 12-4 所示。它主要由气相色谱单元、联机接口装置和傅里叶变换红外光谱仪组成。图中的接口部分常用光管接口(也可用冷阱接口,即低温收集器)。光管由长度为 10~40cm,内径为 1~3mm,内壁镀反射率极高的硼硅玻璃组成。光管的两端装有红外透明的 KBr 窗片。经干涉仪调制后的红外光束被聚焦到光管的入射窗片上,被光管内壁多次反射后,通过出射窗口到达汞镉碲(MCT)液氮低温光电检测器。当气相色谱分离后的

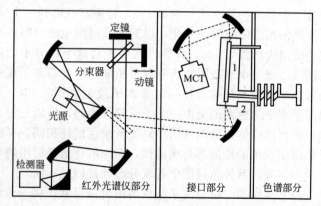

图 12-4 GC-FTIR 联用仪器系统示意图
1—光管;2—传输线

试样各组分按保留时间顺序通过光管时,所产生的红外吸收信号便被计算机数据系统存储,经快速傅里叶变换而得到各组分的气态红外光谱图,通过谱库检索而得到各组分的结构分析信息。为了避免气态样品的冷凝,常常需要加热光管。

12.2.2 GC-FTIR 的红外光谱图

物质在不同状态下测得的红外光谱图是不同的。气相色谱仪的流出物是气体,而气态物质的红外光谱图与固态和液态物质不同,其主要区别是:气态红外光谱图会出现转动光谱的精细结构,而且在其红外光谱中不能反映分子间的相互作用力,如醇、酸分子间形成的氢键。目前已有的大量红外光谱数据都是用固态和液态物质测得的,因此给 GC-FTIR 图谱的解析带来一定的困难。

12.2.3 GC-FTIR 的应用

随着 GC-FTIR 联用技术的不断发展与完善,目前 GC-FTIR 已成为定性、定量分析复杂有机混合物的有效手段,在环保、医药、石油、化工、食品、香料和生化等领域得到了广泛的应用。

12.3 液相色谱-质谱联用 (LC-MS)

12.3.1 LC-MS 的难点与解决方法

液相色谱-质谱联用 (LC-MS) 比 GC-MS 更困难,必须解决以下问题。

(1) 液相色谱流动相对质谱工作条件的影响 液相色谱的流动相流速一般为 1mL/min,如果流动相是甲醇,其汽化后换算为常压下的气体流速为 560mL/min,就比气相色谱的流动相流速大几十倍,而且溶剂中一般还含有较多的杂质。因此,在进入质谱仪前必须先清除流动相及其杂质对质谱仪的影响。

(2) 质谱离子源的温度对液相色谱分析源的影响 液相色谱的分析对象主要是难挥发和热不稳定的物质,这与质谱仪中常用的离子源要求样品汽化是不相适应的。

为此,可以改进液相色谱(采用微型柱,降低流动相流量等)和质谱(主要是离子化方法),使它们之间达到联用的要求。在实际过程中,一般是选用合适的接口来协调液相色谱和质谱的不同特殊要求。

12.3.2 LC-MS 的接口

常用于 LC-MS 的接口有移动带技术(MB)、热喷雾接口、粒子束接口(PB)、快原子轰击(FAB)、电喷雾接口(ESI)等。其中,电喷雾接口的应用最广泛,并具有许多优点,例如具有高的离子化效率(对蛋白质接近 100%);有多种可供选择的离子化模式;蛋白质的分子量测定范围可高达几十万甚至上百万;"软"离子化方式使热不稳定化合物产生高丰度的准分子离子峰;将气动辅助电喷雾技术运用在接口中,使得接口可与大流量(约 1mL/min)的 HPLC 联机使用;能使用仪器专用化学工作站进行仪器的调试和控制等。

电喷雾接口的结构如图 12-5 所示。接口主要由大气压离子化室和离子聚焦透镜组件构成。喷口一般由双层同心管组成,外层通入氮气作为喷雾气体,内层输送流动相及样品溶液。某些接口还增加了"套气"(sheath gas)设计,以改善喷雾条件和提高离子化效率。

离子化室和聚焦单元之间由一根内径为 0.5mm 的、带有惰性金属(金或铂)包头的玻璃毛细管相通。其主要作用是形成离子化室和聚焦单元的真空差,造成聚焦单元对离子化室的负压,传输由离子化室形成的离子进入聚焦单元并隔离加在毛细管入口处的 3~8kV 的高电压。此高电压的极性可通过化学工作站方便地进行切换,以形成不同的离子化模式来适应

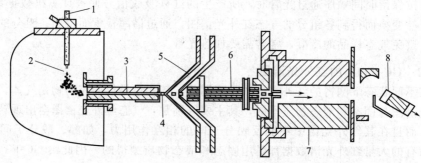

图 12-5　电喷雾接口的结构示意图

1—液相入口；2—雾化喷口；3—毛细管；4—CID 区；5—锥形分离器；
6—八极杆；7—四极杆；8—HED 检测器

不同的需要。离子聚焦部分一般由两个锥形分离器和静电透镜组成，并可以施加不同的调谐电压。

以一定流速进入喷口的样品溶液及液相色谱流动相，经喷雾作用被分散成直径为 $1 \sim 3 \mu m$ 的细小液滴。在喷口和毛细管入口之间设置的几千伏特的高电压的作用下，这些液滴由于表面电荷的不均匀分布和静电引力而被破碎成为更细小的液滴。在加热的干燥氮气作用下，液滴中的溶剂被快速蒸发，直至表面电荷增大为库仑排斥力大于表面张力而爆裂，产生带电的子液滴。子液滴中的溶剂继续蒸发引起再次爆裂。此过程循环往复直至液滴表面形成很强的电场，而将离子由液滴表面排入气相中。进入气相的离子在高电场和真空梯度的作用下进入玻璃毛细管，经聚焦单元聚焦，被送入质谱离子源进行质谱分析。

在没有干燥气体设置的接口中，离子化过程也可进行，但流量必须限制在每分钟数微升，以保证足够的离子化效率。如接口具备干燥气体设置，则此流量可大到每分钟数百微升乃至 $1000 \mu L/min$ 以上，可满足常规液相色谱柱的良好分离要求，实现与质谱的在线联机操作。

电喷雾接口的主要缺点是它只能接受非常小的液体流量（$1 \sim 10 \mu L/min$），此缺点可以通过采用最新研制出来的离子喷雾接口（ISP）来克服。

12.3.3　LC-MS 的应用

LC-MS 适合于分析含有非挥发性成分的试样，目前已在药物、化工、临床医学、分子生物学等许多领域中获得了广泛的应用，尤其是有机合成中间体、药物代谢物和基因工程产品等的分析，可为生产和科研提供了大量有价值的数据。

附 录

附表1 相对原子质量表

原子序数	元素名称	元素符号	相对原子质量	原子序数	元素名称	元素符号	相对原子质量	原子序数	元素名称	元素符号	相对原子质量
1	氢	H	1.00794(7)	32	锗	Ge	72.64(1)	63	铕	Eu	151.964(1)
2	氦	He	4.002602(2)	33	砷	As	74.92160(2)	64	钆	Gd	157.25(3)
3	锂	Li	6.941(2)	34	硒	Se	78.96(3)	65	铽	Tb	158.92535(2)
4	铍	Be	9.012182(3)	35	溴	Br	79.904(1)	66	镝	Dy	162.500(1)
5	硼	B	10.811(7)	36	氪	Kr	83.798(2)	67	钬	Ho	164.93032(2)
6	碳	C	12.017(8)	37	铷	Rb	85.4678(3)	68	铒	Er	167.259(3)
7	氮	N	14.0067(2)	38	锶	Sr	87.62(1)	69	铥	Tm	168.93421(2)
8	氧	O	15.9994(3)	39	钇	Y	88.90585(2)	70	镱	Yb	173.04(3)
9	氟	F	18.9984032(5)	40	锆	Zr	91.224(2)	71	镥	Lu	174.967(1)
10	氖	Ne	20.1797(6)	41	铌	Nb	92.90638(2)	72	铪	Hf	178.49(2)
11	钠	Na	22.98976928(2)	42	钼	Mo	95.94(2)	73	钽	Ta	180.94788(2)
12	镁	Mg	24.3050(6)	43	锝	Tc	[97.9072]	74	钨	W	183.84(1)
13	铝	Al	26.9815386(8)	44	钌	Ru	101.07(2)	75	铼	Re	186.207(1)
14	硅	Si	28.0855(3)	45	铑	Rh	102.90550(2)	76	锇	Os	190.23(3)
15	磷	P	30.973762(2)	46	钯	Pd	106.42(1)	77	铱	Ir	192.217(3)
16	硫	S	32.065(5)	47	银	Ag	107.8682(2)	78	铂	Pt	195.084(9)
17	氯	Cl	35.453(2)	48	镉	Cd	112.411(8)	79	金	Au	196.966569(4)
18	氩	Ar	39.948(1)	49	铟	In	114.818(3)	80	汞	Hg	200.59(2)
19	钾	K	39.0983(1)	50	锡	Sn	118.710(7)	81	铊	Tl	204.3833(2)
20	钙	Ca	40.078(4)	51	锑	Sb	121.760(1)	82	铅	Pb	207.2(1)
21	钪	Sc	44.955912(6)	52	碲	Te	127.60(3)	83	铋	Bi	208.98040(1)
22	钛	Ti	47.867(1)	53	碘	I	126.90447(3)	84	钋	Po	[208.9824]
23	钒	V	50.9415(1)	54	氙	Xe	131.293(6)	85	砹	At	[209.9871]
24	铬	Cr	51.9961(6)	55	铯	Cs	132.9054519(2)	86	氡	Rn	[222.0176]
25	锰	Mn	54.938045(5)	56	钡	Ba	137.327(7)	87	钫	Fr	[223]
26	铁	Fe	55.845(2)	57	镧	La	138.90547(7)	88	镭	Re	[226]
27	钴	Co	58.933195(5)	58	铈	Ce	140.116(1)	89	锕	Ac	[227]
28	镍	Ni	58.6934(2)	59	镨	Pr	140.90765(2)	90	钍	Th	232.03806(2)
29	铜	Cu	63.546(3)	60	钕	Nd	144.242(3)	91	镤	Pa	231.03588(2)
30	锌	Zn	65.409(4)	61	钷	Pm	[145]	92	铀	U	238.02891(3)
31	镓	Ga	69.723(1)	62	钐	Sm	150.36(2)	93	镎	Np	[237]

续表

原子序数	元素名称	元素符号	相对原子质量	原子序数	元素名称	元素符号	相对原子质量	原子序数	元素名称	元素符号	相对原子质量
94	钚	Pu	[244]	103	铹	Lr	[262]	112		Uub	[285]
95	镅	Am	[243]	104	𬬻	Rf	[261]	113		Uut	[284]
96	锔	Cm	[247]	105	𬭊	Db	[262]	114		Uuq	[289]
97	锫	Bk	[247]	106	𬭳	Sg	[266]	115		Uup	[288]
98	锎	Cf	[251]	107	𬭛	Bh	[264]	116		Uuh	[292]
99	锿	Es	[252]	108	𬭶	Hs	[277]	117		Uus	[291]
100	镄	Fm	[257]	109	鿏	Mt	[268]	118		Uuo	[293]
101	钔	Md	[258]	110	𫟼	Ds	[271]				
102	锘	No	[259]	111	𬬭	Rg	[272]				

注：本表数据源自 2005 年 IUPAC 元素周期表（IUPAC 2005 standard atomic weights）。本表方括号内的原子质量为放射性元素的半衰期最长的同位素质量数。相对原子质量末位数的不确定度加注在其后的括号内。

附表 2　压力换算

压力单位	Pa	kgf/cm²	atm	bar	mmHg	psi
Pa	1	1.019716×10^{-5}	9.869236×10^{-6}	1×10^{-5}	7.5006×10^{-3}	1.45×10^{-4}
kgf/cm²	9.80665×10^{4}	1	0.967841	9.80665	735.559	14.216
atm	1.01325×10^{5}	1.03323	1	1.01325	760	14.696
bar	1×10^{5}	1.019716	0.9869236	1	750.06	14.514
mmHg	133.3224	1.35951×10^{-3}	1.315789×10^{-3}	1.3332×10^{3}	1	0.01935
psi	6.895×10^{3}	0.0703448	0.0680457	0.0689	51.6794	1

附表 3　不同温度下一些液体的密度

温度/℃	密度/(g/cm³)						
	水	苯	甲苯	乙醇	氯仿	汞	醋酸
0	0.9998425	—	0.886	0.806	1.526	13.596	1.0718
5	0.9999668	—	—	0.802	—	13.583	1.0660
10	0.9997026	0.887	0.875	0.798	1.496	13.571	1.0603
11	0.9996081	—	—	0.797	—	13.568	1.0591
12	0.9995004	—	—	0.796	—	13.566	1.0580
13	0.9993801	—	—	0.795	—	13.563	1.0568
14	0.9992474	—	—	0.795	—	13.561	10.557
15	0.9991026	0.883	0.870	0.794	1.486	13.559	1.0546
16	0.9989460	0.882	0.869	0.793	1.484	13.556	1.0534
17	0.9987779	0.882	0.867	0.792	1.482	13.554	1.0523
18	0.9985986	0.881	0.866	0.791	1.480	13.551	1.0512
19	0.9984082	0.880	0.865	0.790	1.478	13.549	1.0500
20	0.9982071	0.879	0.864	0.789	1.476	13.546	1.0489
21	0.9979955	0.879	0.863	0.788	1.474	13.544	1.0478
22	0.9977735	0.878	0.862	0.787	1.472	13.541	1.0467

续表

温度/℃	水	苯	甲苯	乙醇	氯仿	汞	醋酸
23	0.9975415	0.877	0.861	0.786	1.471	13.539	1.0455
24	0.9972995	0.876	0.860	0.786	1.469	13.536	1.0444
25	0.9970479	0.875	0.859	0.785	1.467	13.534	1.0433
26	0.9967867	—	—	0.784	—	13.532	1.0422
27	0.9965162	—	—	0.784	—	13.529	1.0410
28	0.9962365	—	—	0.783	—	13.527	1.0399
29	0.9959478	—	—	0.782	—	13.524	1.0388
30	0.9956502	0.869	—	0.781	1.460	13.522	1.0377
40	0.9922187	0.858	—	0.772	1.451	13.497	—
50	0.9880393	0.847	—	0.763	1.433	13.473	—
90	0.9653230	0.836	—	0.754	1.411	13.376	—

附表4 几种常用物质的蒸气压

物质的蒸气压 p(mmHg) 按下式计算:

$$\lg p = A - \frac{B}{C+t}$$

式中, t 为摄氏温度; A、B、C 在一定温度范围内为常数, 并列于下表中。

名称	分子式	温度范围/℃	A	B	C
氯仿	$CHCl_3$	$-30\sim+150$	6.90328	1163.03	227.4
乙醇	C_2H_6O	$-30\sim+150$	8.04494	1554.3	222.65
丙酮	C_3H_6O	$-30\sim+150$	7.02447	1161.0	224
醋酸	$C_2H_4O_2$	$0\sim36$	7.80307	1651.2	225
醋酸	$C_2H_4O_2$	$36\sim170$	7.18807	1416.7	211
乙酸乙酯	$C_4H_8O_2$	$-20\sim+150$	7.09808	1238.71	217.0
苯	C_6H_6	$-20\sim+150$	6.90565	1211.033	220.790
汞	Hg	$100\sim200$	7.46905	2771.898	244.831
汞	Hg	$200\sim300$	7.7324	3003.68	262.482

附表5 不同温度下水的饱和蒸气压

温度/℃	压力/kPa	温度/℃	压力/kPa	温度/℃	压力/kPa
0	0.6125	9	1.148	18	2.064
1	0.6568	10	1.228	19	2.197
2	0.7058	11	1.312	20	2.338
3	0.7580	12	1.402	21	2.487
4	0.8134	13	1.497	22	2.644
5	0.8724	14	1.598	23	2.809
6	0.9350	15	1.705	24	2.985
7	1.002	16	1.818	25	3.167
8	1.073	17	1.937	26	3.361

续表

温度/℃	压力/kPa	温度/℃	压力/kPa	温度/℃	压力/kPa
27	3.565	52	13.61	77	41.88
28	3.780	53	14.29	78	43.64
29	4.006	54	15.00	79	45.47
30	4.248	55	15.74	80	47.35
31	4.493	56	16.51	81	49.29
32	4.755	57	17.31	82	51.32
33	5.030	58	18.14	83	53.41
34	5.320	59	19.01	84	55.57
35	5.623	60	19.92	85	57.81
36	5.942	61	20.86	86	60.12
37	6.275	62	21.84	87	62.49
38	6.625	63	22.85	88	64.94
39	6.992	64	23.91	89	67.48
40	7.376	65	25.00	90	70.10
41	7.778	66	26.14	91	72.80
42	8.200	67	27.33	92	75.60
43	8.640	68	28.56	93	78.48
44	9.101	69	29.83	94	81.45
45	9.584	70	31.16	95	84.52
46	10.09	71	32.52	96	87.67
47	10.61	72	33.95	97	90.94
48	11.16	73	35.43	98	94.30
49	11.74	74	35.96	99	97.76
50	12.33	75	38.55	100	101.30
51	12.96	76	40.19		

附表6 常用酸碱溶液的浓度（25℃）

溶液名称	密度ρ/(g/mL)	含量/%	浓度/(mol/L)
盐酸	1.18~1.19	3.6~3.8	11.6~12.4
硝酸	1.39~1.40	65.0~68.0	14.4~15.2
硫酸	1.83~1.84	95~98	35.6~36.8 $c(1/2H_2SO_4)$
磷酸	1.69	85	14.6 $c(H_3PO_4)$
高氯酸	1.68	70.0~72.0	11.7~12.0
冰醋酸	1.05	99.8（优级纯） 99.0（分析纯、化学纯）	17.4
氢氟酸	1.13	40	22.5
氢溴酸	1.49	47.0	8.6
氨水	0.88~0.90	25.0~28.0	12.9~14.8

附表 7　弱电解质的电离常数（25℃）

弱电解质	电离常数 K	弱电解质	电离常数 K
H_3AlO_3	$K_1=6.31\times10^{-12}$	H_2S	$K_1=1.07\times10^{-7}$
$HSb(OH)_6$	$K=2.82\times10^{-3}$		$K_2=1.26\times10^{-13}$
$HAsO_2$	$K=6.61\times10^{-10}$	$HBrO$	$K=2.51\times10^{-9}$
H_3AsO_4	$K_1=6.03\times10^{-3}$	$HClO$	$K=2.88\times10^{-8}$
	$K_2=1.05\times10^{-7}$	HIO	$K=2.29\times10^{-11}$
	$K_3=3.16\times10^{-12}$	HIO_3	$K=0.16$
H_3BO_3	$K_1=5.57\times10^{-16}$	HNO_2	$K=7.24\times10^{-4}$
	$K_2=1.82\times10^{-13}$	H_3PO_4	$K_1=7.08\times10^{-3}$
	$K_3=1.58\times10^{-14}$		$K_2=6.31\times10^{-8}$
$H_2B_4O_7$	$K_1=1.00\times10^{-4}$		$K_3=4.17\times10^{-13}$
	$K_2=1.00\times10^{-9}$	H_2SiO_3	$K_1=1.70\times10^{-10}$
H_2CO_3	$K_1=4.37\times10^{-7}$		$K_2=1.58\times10^{-12}$
	$K_2=4.68\times10^{-11}$	H_2SO_4	$K_1=1.29\times10^{-2}$
$H_2C_2O_4$	$K_1=5.37\times10^{-2}$		$K_2=6.17\times10^{-8}$
	$K_2=5.37\times10^{-5}$	$H_2S_2O_3$	$K_1=0.25$
H_2CrO_4	$K_1=1.80\times10^{-1}$		$K_2=0.03\sim0.02$
	$K_2=3.16\times10^{-7}$	$HCOOH$	$K=1.77\times10^{-4}$
HCN	$K=6.16\times10^{-10}$	CH_3COOH	$K=1.75\times10^{-5}$
HF	$K=6.61\times10^{-4}$	NH_3+H_2O	$K=1.76\times10^{-5}$
H_2O_2	$K_1=2.24\times10^{-12}$		

参 考 文 献

[1] 董慧茹. 仪器分析. 北京：化学工业出版社，2000.
[2] 武汉大学化学系. 仪器分析. 北京：高等教育出版社，2001.
[3] 黄一石. 仪器分析. 第2版. 北京：化学工业出版社，2007.
[4] 朱明华. 仪器分析. 第3版. 北京：高等教育出版社，2000.
[5] 谭湘成. 仪器分析. 第3版. 北京：化学工业出版社，2008.
[6] 邓勃. 原子吸收光谱分析的原理技术和应用. 北京：清华大学出版社，2004.
[7] 孙汉文. 原子吸收光谱分析技术. 北京：中国科学技术出版社，1992.
[8] 陈培榕，邓勃. 现代仪器分析实验与技术. 北京：清华大学出版社，1999.
[9] 张剑荣，戚苓，方惠群编. 仪器分析实验. 北京：科学出版社，1999.
[10] 黄一石. 分析仪器操作技术与维护. 北京：化学工业出版社，2005.
[11] 黄德培. 离子选择电极的原理及应用. 北京：新时代出版社，1982.
[12] 李晓燕，张晓辉主编. 现代仪器分析. 北京：化学工业出版社，2008.
[13] 张祥民. 现代色谱分析. 上海：复旦大学出版社，2006.
[14] 金恒亮等. 高压液相色谱法. 北京：原子能出版社，1987.
[15] 牟世芬，刘克纳. 离子色谱法及应用. 北京：化学工业出版社，2000.
[16] 苏宇亮，方黎. 离子色谱法在饮用水水质分析中的应用. 净化技术，2005，(2)：62-64.
[17] 方肇伦等. 流动注射分析法. 北京：科学出版社，1999.
[18] 李永生. 承慰才. 流动注射分析. 北京：北京大学出版社，1986.
[19] 李继睿，禹练英. 停流光谱应用与发展. 理化检验（化学分册），2009，3：372-374
[20] 许金钩，王尊本. 荧光分析法. 第3版. 北京：科学出版社，2006.
[21] 郭景文. 现代仪器分析技术. 北京：化学工业出版社，2004.
[22] 翁诗甫. 傅里叶变换红外光谱仪. 北京：化学工业出版社，2005.
[23] 杰尔·沃克曼等. 近红外光谱解析实用指南. 北京：化学工业出版社，2009.
[24] 陆婉珍. 现代近红外光谱分析技术. 第2版. 北京：中国石化出版社，2007.